# OpenStack开源云王者归来

—— 云计算、虚拟化、Nova、Swift、Quantum与Hadoop

戢 友 编著

清华大学出版社

北 京

## 内 容 简 介

本书按照入门、剖析、扩展的讲授方式，由浅入深地介绍了开源云计算平台 OpenStack（Grizzly 版本）的整体框架、安装部署、源码剖析及扩展开发。本书附带的所有源代码和安装脚本均可以在 Github（https://github.com/JiYou/openstack）上获得。

本书共 19 章，分为 4 篇。第 1 篇介绍了云计算常识及虚拟化技术（KVM、Libvirt）必备知识；第 2 篇着重讲解了 OpenStack 主要组件的安装部署，以及 OpenStack 整个框架的参考部署；第 3 篇主要从源码剖析的角度讲解了 Keystone、Swift、Quantum 和 Nova 重要组件的设计思想与实现方法；第 4 篇介绍了如何利用 OpenStack 进行扩展开发，包括如何在 OpenStack 平台上搭建 Hadoop，对 Nova 进行扩展，以及如何开发独立的 OpenStack 组件。

本书内容全面，实例众多，实践性强，讲解清晰，适合想要从事开源云 OpenStack 开发的技术人员阅读。对于 IT 首席技术官、云计算研发和运维等相关人员，本书有很高的参考价值。

---

本书封面贴有清华大学出版社防伪标签，无标签者不得销售。
版权所有，侵权必究。举报：010-62782989，beiqinquan@tup.tsinghua.edu.cn。

图书在版编目（CIP）数据

OpenStack 开源云王者归来：云计算、虚拟化、Nova、Swift、Quantum 与 Hadoop / 戢友编著.
—北京：清华大学出版社，2014（2022.8 重印）
ISBN 978-7-302-36700-0

Ⅰ. ①O… Ⅱ. ①戢… Ⅲ. ①计算机网络–研究 Ⅳ. ①TP393

中国版本图书馆 CIP 数据核字（2014）第 116931 号

责任编辑：夏兆彦
封面设计：欧振旭
责任校对：徐俊伟
责任印制：丛怀宇

出版发行：清华大学出版社
网　　址：http://www.tup.com.cn，http://www.wqbook.com
地　　址：北京清华大学学研大厦 A 座　　邮　编：100084
社 总 机：010-83470000　　邮　购：010-62786544
投稿与读者服务：010-62776969，c-service@tup.tsinghua.edu.cn
质量反馈：010-62772015，zhiliang@tup.tsinghua.edu.cn

印 装 者：三河市龙大印装有限公司
经　　销：全国新华书店
开　　本：185mm×260mm　　印　张：41　　字　数：1021 千字
版　　次：2014 年 8 月第 1 版　　印　次：2022 年 8 月第 9 次印刷
定　　价：99.80 元

产品编号：059435-01

# 前　言

## 为什么要写这本书

　　云计算已经从概念走向现实，从讨论走向实践。各种各样的云计算平台也层出不穷，基于云计算的应用也不断推出。相对于天价的商业云计算软件，众多的云计算爱好者和公司开始考虑一种易用的开源云计算软件。开源云 OpenStack 正是在这样的环境下诞生的。在 OpenStack 诞生之前也有很多的开源云软件，但是 OpenStack 却成为了当下最热门的开源云平台。这主要得益于 OpenStack 的优秀特性：灵活的结构、巧妙的模块化设计及极强的扩展性能。但是，OpenStack 的入门却有着不低的门槛。除了技术本身的障碍之外，眼花缭乱的安装部署方式、尚待完善的官方文档、良莠不齐的技术博客、炒作概念的各种讨论会等，让希望了解开源云 OpenStack 的人望而却步。此外，OpenStack 版本升级较快，模块变化较大，也给很多研究人员带了很重的学习负担。本书以实践为宗旨，由浅入深，从入门到精通，一点一滴地介绍了 OpenStack 的核心技术。

　　本书以 OpenStack Grizzly 版本为基础，详细介绍了 OpenStack 的几个方面：云计算技术的基础、集群搭建、组件剖析及扩展开发。阅读完本书后，读者能够掌握 OpenStack 实现的技术细节与设计思想，并且将这些技术灵活地运用在云计算的开发中。理解了 OpenStack 的精髓，无论 OpenStack 更新到何种版本，学习起来都会游刃有余。

## 本书有何特色

### 1. 讲解了云计算入门所需的虚拟化技术

　　为了将读者带入云计算的领域，虚拟化技术是一个绕不开的坎。作者专门介绍了 OpenStack 用到的虚拟化技术，并编写了大量的实例、程序及脚本供读者参考。

### 2. 涵盖 OpenStack 大部分组件

　　本书涵盖了 MySQL、RabbitMQ、Keystone、Swift、Glance、Cinder、Quantum、Nova 和 Dashboard 重要组件的安装。每一种组件的安装都单独成一个模块，并且介绍了这些组件之间安装部署的相互依赖关系。此外，还提供了多种多样的参考部署方式。通过安装篇提供安装脚本，读者只需要简单地配置，便可以快速地部署相应的服务。此外，本书对 OpenStack 用到的关键技术和重要组件都有源代码剖析。

### 3．案例经典，注重实践

为了讲解 OpenStack 的各种技术细节，书中编写了大量的程序和脚本。为了讲解云计算设计思想与实现细节，本书的每一章都设计了经典案例、脚本及代码实现。

### 4．循序渐进，由浅入深

本书从云计算最基本的虚拟化技术入手，由虚拟机、虚拟资源的管理引出开源云 OpenStack 的实现，由浅入深，层层解开了开源云 OpenStack 的关键技术与重要组件。

### 5．提供完善的技术支持

本书所有的程序、脚本和文件资源均可以在 https://github.com/JiYou/openstack 上下载，并且会提供后续的更新与支持，让作者与读者可以面对面直接交流。

## 本书内容及知识体系

### 第 1 篇　基础篇（第 1～2 章）

本篇介绍了云计算的基本概念及开源云 OpenStack 的基本知识。主要包括云计算概念的产生与优势、开源云 OpenStack 的框架与特点、KVM 和 Libvirt 虚拟化技术的使用。

### 第 2 篇　安装篇（第 3～10 章）

本篇介绍了 OpenStack 系统的安装与集成，包含了 OpenStack 所需组件的安装部署，涵盖 MySQL、RabbitMQ、Keystone、Swift、Glance、Cinder、Quantum、Nova 及 Dashboard。每个组件的安装部署都单独成章，并且给出了 OpenStack 集群部署的几种常用参考架构。讲解安装的同时，也介绍了 OpenStack 各个组件之间的相互依赖关系。

### 第 3 篇　剖析篇（第 11～16 章）

本篇主要介绍了 OpenStack 重要组件所利用的关键技术。剖析的组件包括 Keystone、Swift、Quantum 和 Nova。此外，还重点介绍了 Nova Compute 虚拟机管理服务。介绍的 OpenStack 关键技术包括 OpenStack RESTful API 的实现、RPC 消息通信服务和 Swift 存储系统设计。介绍这些关键技术时，由浅入深地提供了大量的参考代码与实现细节，逐步剥开了 OpenStack 关键技术细节的面纱。

### 第 4 篇　扩展篇（第 17～19 章）

本篇介绍了如何利用 OpenStack 做二次开发。涵盖的内容有：如何在 OpenStack 上搭建 Hadoop 大数据分析系统；Nova 扩展开发；添加自定义组件。添加自定义组件时，介绍了如何从基础代码构建一个兼容 OpenStack 的独立模块。详细介绍了数据库的设计与实现、API 接口的添加、模块之间 RPC 调用。还介绍了将 OpenStack 的关键技术运用在一个独立开发的模块中。

## 如何获得本书资源

为了方便读者阅读本书,笔者将本书所涉及的所有代码上传于 https://github.com/JiYou/openstack。包括的内容如下:
- 本书引用的 OpenStack Grizzly 版本的源代码、image 资源、脚本和 python 包;
- 剖析 OpenStack 关键技术细节时所编写的示例;
- 添加自定义组件时,创建的兼容于 OpenStack 的组件 Monitor 的整个项目源码和安装脚本;
- 后续勘误与安装脚本的更新。

## 适合阅读本书的读者

- 需要入门并且全面学习云计算的人员;
- 希望使用 OpenStack 开源云的研究人员;
- 需要了解云计算实现技术细节和内部运作机制的程序员;
- 需要利用 OpenStack 做快速二次开的程序员;
- 开源云 OpenStack 数据中心的管理员;
- 对云计算感兴趣的公司或个人。

## 阅读本书的建议

- 云计算初学者,请务必从一章开始阅读,并且熟练掌握第 2 章虚拟化技术。熟练的虚拟机管理操作,会给后续的研究与 OpenStack 系统安装带来极大的方便。此外,还需要基本的 Python 知识,以及熟练掌握 Linux 系统,特别是 Ubuntu-12.10 Service Edition 的使用。
- 云计算入门者,有一定云计算概念,并且知道如何操作 KVM/Libvirt 的读者,可以直接阅读安装篇,了解安装 OpenStack 各个组件的基本流程。
- 阅读本书时,请务必对照 https://github.com/JiYou/openstack/tree/master/packages/source 上提供的 OpenStack 的代码,以保持 OpenStack 版本一致。此外,操作系统最好选用 Ubuntu-12.10,因为本书所提供的安装脚本和安装包均基于 Ubuntu-12.10。
- 注意关键技术。由于 OpenStack 系统过于庞大,本书也只是挑选了 OpenStack 重要组件中的关键技术细节进行介绍。理解了这些关键技术细节,读通整个 OpenStack 项目的代码便绝非难事。
- 一切密秘尽在 OpenStack 的源码中,正所谓"师傅领进门,修行靠自身"。本书的目的在于将欲入门而不得其要领的人带入 OpenStack 开发的大门。就如同告诉"挖宝人"宝藏的所在地和挖掘方法一样,本书将读者带入门后,真正的挖掘还需要读者多看源码,多动手实践。

## 勘误和支持

由于笔者水平所限，加之本书的篇幅和编写时间的限制，使得本书写作比较仓促。因此书中可能会出现一些疏漏或者不准确的表述，恳请读者批评与指正。本书后续更新与勘误将会发布在 https://github.com/JiYou/openstack 相应的章节中。如果读者在阅读本时有疑问，或者对本书有什么宝贵的意见与建议，欢迎将邮件发送至 jumail@qq.com 或 bookservice2008@163.com。

## 本书作者

本书由英特尔亚太研发中心的戢友主笔编写。其他参与编写的人员有梁胜斌、林阳、林珍珍、刘爱军、刘海峰、罗明英、马奎林、乔建军、施迎、石小勇、宋晓薇、苏亚光、谭东平、王守信、王向军、王晓东、王晓倩、王晓艳、魏来科、吴俊、闫芳、杨丹、杨艳、宜亮、余柏山、张春杰、张春晓、张娜、赵东、钟晓鸣、朱翠红、朱萍玉、龚力、黄茂发、邢岩、符滔滔。

## 致谢

感谢提供了大量帮助的贺丹，他为本书提供了大篇幅的修改意见。在介绍 OpenStack 关键技术时，他设计并参与了大量经典案例的编写与检测。本书素材的选取、内容章节的编排、OpenStack 重要组件的剖析，他都给予了非常多而且极具参考价值的建议与意见。

感谢这本书的编辑们，正是由于他们积极而又耐心的帮助，才使得本书的出版成为可能。

感谢为本书部分章节提出修改意见的刘丹，他对本书安装篇的内容和脚本更正了不少错误。

感谢我的父母！他们对我的写书工作表示了极大的理解和支持，并给了我无处不在的关怀与照顾。

感谢我亲爱的老婆杨丹凤！她对于我写书给了极大的鼓励与支持。

此外，感谢在 Intel IT Flex 部门一起工作的各位 Manager 和同事们！

谨以此书献给我最亲爱的家人及众多热爱开源云 OpenStack 的朋友们！

最后希望各位读者通过阅读本书，能很好地掌握 OpenStack 开源云技术，成为这个领域中的"王者"。我将倍感欣慰！所学授之于人，不亦乐乎？最后祝读书快乐！

戢友

于上海

# 目 录

## 第1篇 基 础 篇

### 第1章 OpenStack 概述 ··· 2
#### 1.1 云计算简介 ··· 2
- 1.1.1 什么是云计算 ··· 2
- 1.1.2 什么是云存储 ··· 3
- 1.1.3 私有云与公有云 ··· 4

#### 1.2 为什么使用云计算 ··· 5
- 1.2.1 方案1：简单的服务部署 ··· 5
- 1.2.2 方案2：分布式服务部署 ··· 6
- 1.2.3 方案3：基于虚拟化的服务部署 ··· 8
- 1.2.4 方案4：云计算的解决方案 ··· 11

#### 1.3 OpenStack 架构 ··· 13
- 1.3.1 OpenStack 与云计算 ··· 13
- 1.3.2 OpenStack 发展与现状 ··· 13
- 1.3.3 OpenStack 优势 ··· 14
- 1.3.4 OpenStack 学习建议 ··· 15

#### 1.4 OpenStack 各个组件及功能 ··· 16
- 1.4.1 虚拟机管理系统 Nova ··· 16
- 1.4.2 磁盘存储系统 Glance 与 Swift ··· 17
- 1.4.3 虚拟网络管理 Quantum ··· 18
- 1.4.4 OpenStack 三大组件 ··· 18

#### 1.5 小结 ··· 19

### 第2章 虚拟化技术 ··· 20
#### 2.1 虚拟化技术简介 ··· 20
- 2.1.1 KVM ··· 20
- 2.1.2 Xen ··· 21
- 2.1.3 Libvirt ··· 22

#### 2.2 安装 Libvirt 虚拟化工具 ··· 22
- 2.2.1 安装 KVM ··· 22

|       | 2.2.2 安装 Libvirt ···································· 24 |
|-------|---|

## 2.3 虚拟机配置文件详解 ···································· 25
- 2.3.1 xml 描述 hypervisor ···································· 26
- 2.3.2 虚拟机整体信息 ···································· 28
- 2.3.3 系统信息 ···································· 29
- 2.3.4 硬件资源特性 ···································· 29
- 2.3.5 突发事件处理 ···································· 30
- 2.3.6 raw 格式 image ···································· 30
- 2.3.7 qcow2 格式 image ···································· 31
- 2.3.8 格式的选择 ···································· 34
- 2.3.9 多个 image ···································· 35
- 2.3.10 虚拟光盘 ···································· 36
- 2.3.11 虚拟网络 ···································· 36
- 2.3.12 vnc 配置 ···································· 39

## 2.4 制作 image ···································· 39
- 2.4.1 virt-manager 创建 image ···································· 40
- 2.4.2 virsh 命令创建 image ···································· 44

## 2.5 快速启动虚拟机 ···································· 47
- 2.5.1 手动安装 ···································· 47
- 2.5.2 直接复制 ···································· 47
- 2.5.3 qcow2 快速创建 ···································· 48
- 2.5.4 修改 qcow2 image ···································· 49
- 2.5.5 大批量创建虚拟机 ···································· 52

## 2.6 虚拟机桌面显示 ···································· 57
- 2.6.1 准备工作 ···································· 58
- 2.6.2 创建 Windows 7 Image ···································· 58
- 2.6.3 创建 Windows 7 虚拟机 ···································· 60
- 2.6.4 spice 桌面显示 ···································· 61

## 2.7 常见错误与分析 ···································· 62

## 2.8 小结 ···································· 63
- 2.8.1 常用的 virsh 命令 ···································· 63
- 2.8.2 磁盘快照管理 ···································· 66

# 第 2 篇 安 装 篇

## 第 3 章 安装 Keystone 安全认证服务 ···································· 70
- 3.1 Keystone 简介 ···································· 70
- 3.2 搭建局域网源 ···································· 71
  - 3.2.1 局域网 apt-get 源搭建方法 ···································· 71

|     | 3.2.2 | 局域网 python 源搭建方法 | 72 |
| --- | --- | --- | --- |
|     | 3.2.3 | Ubuntu-12.10 局域网源 | 74 |
| 3.3 | 搭建 MySQL 数据库 | | 74 |
|     | 3.3.1 | apt-get 安装 MySQL | 74 |
|     | 3.3.2 | 源码安装 MySQL | 78 |
| 3.4 | 安装 RabbitMQ 消息通信服务 | | 80 |
| 3.5 | 安装 Keystone | | 81 |
|     | 3.5.1 | python 源码包的安装 | 81 |
|     | 3.5.2 | Keystone 自动化安装 | 83 |
|     | 3.5.3 | Keystone 客户端使用及测试 | 91 |
|     | 3.5.4 | Keystone 的管理 | 92 |
| 3.6 | 常见错误与分析 | | 94 |
|     | 3.6.1 | 无法下载 python 依赖包 | 95 |
|     | 3.6.2 | Keystone 命令运行失败 | 95 |
| 3.7 | 小结 | | 96 |

## 第 4 章 安装 Swift 存储服务 ... 97

| 4.1 | Swift 基本概念 | | 97 |
| --- | --- | --- | --- |
|     | 4.1.1 | Swift 的特性 | 97 |
|     | 4.1.2 | Swift 的架构 | 98 |
|     | 4.1.3 | Swift 的故障处理 | 99 |
|     | 4.1.4 | Swift 的集群部署 | 100 |
| 4.2 | 搭建环境 | | 101 |
|     | 4.2.1 | 准备工作 | 101 |
|     | 4.2.2 | 创建 Proxy Node | 102 |
|     | 4.2.3 | 创建 Storage Node | 102 |
| 4.3 | 安装 Proxy 服务 | | 102 |
|     | 4.3.1 | 解决依赖关系 | 103 |
|     | 4.3.2 | 注册 Swift 服务 | 104 |
|     | 4.3.3 | 配置 Proxy 服务 | 105 |
|     | 4.3.4 | 启动 Proxy 服务 | 108 |
| 4.4 | 安装存储服务 | | 109 |
|     | 4.4.1 | 磁盘格式化 | 110 |
|     | 4.4.2 | 同步服务 | 112 |
|     | 4.4.3 | 子服务 | 113 |
|     | 4.4.4 | 启动存储服务 | 115 |
| 4.5 | 管理存储服务 | | 116 |
|     | 4.5.1 | 使用存储服务 | 116 |
|     | 4.5.2 | 删除存储节点 | 117 |
|     | 4.5.3 | 添加存储节点 | 117 |

|     |       | 4.5.4 添加 Proxy 节点 ································································· 118 |
| --- | ----- | --- |
| 4.6 | 常见错误及分析 ··················································································· 118 |
|     | 4.6.1 | Keystone 注册用户失败 ······································································ 118 |
|     | 4.6.2 | Proxy 服务无法正常启动 ···································································· 119 |
|     | 4.6.3 | 存储服务无法使用 ············································································ 119 |
| 4.7 | 小结 ······································································································· 121 |
|     | 4.7.1 | 安装 Proxy Node ··············································································· 121 |
|     | 4.7.2 | 安装 Storage Node ············································································ 122 |

## 第 5 章  安装 Glance 镜像服务 ·················································································· 123

| 5.1 | Glance 简介 ··························································································· 123 |
| --- | --- |
| 5.2 | Glance 服务的安装 ··············································································· 123 |
|     | 5.2.1 解决依赖关系 ············································································ 124 |
|     | 5.2.2 注册 Glance 服务至 Keystone ···················································· 124 |
|     | 5.2.3 Glance 源码包的安装 ································································ 126 |
| 5.3 | Glance 服务的配置 ··············································································· 127 |
|     | 5.3.1 Glance 服务的基本配置 ···························································· 127 |
|     | 5.3.2 使用文件系统存储镜像 ···························································· 128 |
|     | 5.3.3 使用 Swift 对象存储服务存储镜像 ········································· 130 |
|     | 5.3.4 上传复杂的磁盘镜像 ································································ 131 |
|     | 5.3.5 上传磁盘镜像参考脚本 ···························································· 133 |
| 5.4 | Glance 自动化安装 ··············································································· 133 |
| 5.5 | 常见错误分析 ·························································································· 134 |
|     | 5.5.1 上传磁盘镜像中断的解决方案 ················································ 134 |
|     | 5.5.2 openssl 出错 ················································································ 135 |
|     | 5.5.3 上传大磁盘镜像的方法 ···························································· 135 |
| 5.6 | 小结 ······································································································· 136 |

## 第 6 章  安装 Quantum 虚拟网络服务 ·········································································· 137

| 6.1 | Open vSwitch 虚拟交换机 ···································································· 137 |
| --- | --- |
|     | 6.1.1 Open vSwitch 简介 ······································································ 137 |
|     | 6.1.2 GRE 隧道模式 ············································································ 138 |
|     | 6.1.3 VLAN 模式 ················································································· 142 |
| 6.2 | 解决依赖关系 ·························································································· 145 |
| 6.3 | 注册 Quantum 服务至 Keystone ························································ 146 |
| 6.4 | 安装 Quantum 服务 ············································································· 147 |
|     | 6.4.1 源码安装 Quantum ····································································· 148 |
|     | 6.4.2 Quantum Server 的配置 ······························································ 149 |
|     | 6.4.3 配置 OVS agent ··········································································· 151 |
|     | 6.4.4 配置 dhcp agent ·········································································· 152 |
|     | 6.4.5 配置 l3 agent ··············································································· 152 |

## 目录

- 6.5 Quantum 自动化安装 ... 153
- 6.6 Quantum 服务使用及测试 ... 154
  - 6.6.1 创建内部网络 ... 154
  - 6.6.2 创建外部网络 ... 155
- 6.7 常见错误与分析 ... 156
  - 6.7.1 虚拟机之间无法通信 ... 156
  - 6.7.2 dhcp 和 agent 服务启动警告 ... 156
- 6.8 小结 ... 157
  - 6.8.1 Open vSwitch 的使用 ... 157
  - 6.8.2 Quantum 的安装 ... 157

### 第 7 章 安装 Cinder 块存储服务 ... 159

- 7.1 Cinder 基本概念 ... 159
  - 7.1.1 Cinder 的特性 ... 159
  - 7.1.2 Cinder 的架构 ... 160
  - 7.1.3 Cinder 架构的优缺点 ... 162
- 7.2 搭建环境 ... 163
  - 7.2.1 准备工作 ... 163
  - 7.2.2 创建 API Node ... 163
  - 7.2.3 创建 Volume 存储节点 ... 164
- 7.3 安装 Cinder API 服务 ... 164
  - 7.3.1 解决依赖关系 ... 164
  - 7.3.2 注册 Cinder 服务至 Keystone ... 165
  - 7.3.3 配置 MySQL 服务 ... 167
  - 7.3.4 修改配置文件 ... 168
  - 7.3.5 运行 Cinder API 服务 ... 169
- 7.4 安装 Cinder Volume 服务 ... 170
  - 7.4.1 准备工作 ... 170
  - 7.4.2 启动 Volume 服务 ... 171
- 7.5 参考部署 ... 171
  - 7.5.1 单节点部署 ... 171
  - 7.5.2 多节点部署 ... 177
- 7.6 常见错误及分析 ... 180
  - 7.6.1 虚拟机之间无法通信 ... 180
  - 7.6.2 cinder 客户端命令执行失败 ... 182
  - 7.6.3 没有额外分区 ... 182
- 7.7 小结 ... 183
  - 7.7.1 安装 Cinder API Node ... 183
  - 7.7.2 安装 Cinder Volume Node ... 183

· IX ·

# 第 8 章 安装 Nova 虚拟机管理系统 ·················· 184
## 8.1 Nova 基本概念 ······························ 184
### 8.1.1 Nova 的特性 ························· 184
### 8.1.2 Nova 的架构 ························· 186
### 8.1.3 Nova 架构的优缺点 ···················· 189
## 8.2 搭建环境 ································· 189
### 8.2.1 准备工作 ·························· 189
### 8.2.2 创建节点 ·························· 191
## 8.3 安装 Nova API 服务 ························· 191
### 8.3.1 准备工作 ·························· 192
### 8.3.2 解决依赖关系 ······················· 194
### 8.3.3 注册 Nova 服务 ····················· 195
### 8.3.4 配置 MySQL 服务 ···················· 196
### 8.3.5 修改 Nova 配置文件 ·················· 197
## 8.4 安装 Nova Compute 服务 ····················· 199
### 8.4.1 准备工作 ·························· 199
### 8.4.2 解决依赖关系 ······················· 200
### 8.4.3 配置文件 ·························· 201
### 8.4.4 启动服务 ·························· 201
### 8.4.5 检查服务 ·························· 202
## 8.5 参考部署 ································· 202
### 8.5.1 单节点部署 ························ 203
### 8.5.2 多节点部署 ························ 205
## 8.6 客户端使用 ······························· 207
### 8.6.1 环境变量 ·························· 208
### 8.6.2 创建虚拟机 ························ 208
## 8.7 小结 ··································· 209
### 8.7.1 安装 Nova API Node ·················· 209
### 8.7.2 安装 Nova Compute Node ··············· 210

# 第 9 章 安装 Dashboard Web 界面 ··················· 211
## 9.1 Dashboard 简介 ···························· 211
## 9.2 Dashboard 的安装 ··························· 211
### 9.2.1 解决依赖关系 ······················· 212
### 9.2.2 源码安装 Horizon ···················· 213
## 9.3 Dashboard 的配置 ··························· 214
### 9.3.1 local_settings.py 文件的配置 ············ 214
### 9.3.2 secret_key.py 文件的修改 ·············· 215
### 9.3.3 Apache2 的配置 ····················· 216
### 9.3.4 vncproxy 的配置 ···················· 217

| | | |
|---|---|---|
| 9.4 | Dashboard 自动化安装 | 218 |
| 9.5 | Web 界面使用及测试 | 219 |
| | 9.5.1 登录 Dashboard | 219 |
| | 9.5.2 使用 Dashboard 上传镜像 | 221 |
| | 9.5.3 使用 Dashboard 创建网络 | 222 |
| | 9.5.4 使用 Dashboard 创建虚拟机 | 223 |
| 9.6 | 常见错误分析 | 224 |
| 9.7 | 小结 | 225 |

## 第 10 章 OpenStack 部署示例 ... 226

| | | |
|---|---|---|
| 10.1 | OpenStack 单节点部署 | 226 |
| | 10.1.1 单节点部署的特点 | 226 |
| | 10.1.2 准备工作 | 227 |
| | 10.1.3 系统初始化配置 | 229 |
| | 10.1.4 安装 OpenStack 各组件 | 229 |
| 10.2 | OpenStack 多节点部署 | 237 |
| | 10.2.1 多点部署特点 | 237 |
| | 10.2.2 部署流程 | 239 |
| 10.3 | OpenStack 实用部署 | 249 |
| | 10.3.1 实用部署特点 | 249 |
| | 10.3.2 部署流程 | 251 |
| 10.4 | 常见错误及分析 | 255 |
| | 10.4.1 eth1 网卡无法使用 | 256 |
| | 10.4.2 自建源无法使用 | 256 |
| | 10.4.3 客户端命令执行失败 | 256 |
| 10.5 | 小结 | 257 |
| | 10.5.1 单节点安装 | 257 |
| | 10.5.2 多节点安装 | 257 |
| | 10.5.3 实用安装 | 257 |

# 第 3 篇 剖 析 篇

## 第 11 章 OpenStack 服务分析 ... 260

| | | |
|---|---|---|
| 11.1 | RESTful API 简介 | 260 |
| 11.2 | 搭建 RESTful API | 261 |
| | 11.2.1 一个简单的 WSGI 服务 | 262 |
| | 11.2.2 使用 PasteDeploy 定制 WSGI 服务 | 262 |
| | 11.2.3 带过滤器的 WSGI 服务 | 264 |
| | 11.2.4 利用类来实现过滤器和应用 | 266 |
| | 11.2.5 实现 WSGI 服务的 URL 映射 | 268 |

| | | |
|---|---|---|
| 11.3 | 基于消息通信的 RPC 调用 | 274 |
| | 11.3.1 AMQP 简介 | 275 |
| | 11.3.2 RabbitMQ 分析 | 276 |
| | 11.3.3 RPC 调用的实现 | 278 |
| 11.4 | 小结 | 290 |
| | 11.4.1 RESTful API | 290 |
| | 11.4.2 RPC 调用 | 291 |

## 第 12 章 Keystone 的安全认证 292

| | | |
|---|---|---|
| 12.1 | Keystone 框架结构 | 293 |
| | 12.1.1 Keystone 服务端架构 | 293 |
| | 12.1.2 Keystone 客户端架构 | 300 |
| 12.2 | 用户管理 | 303 |
| | 12.2.1 用户认证 | 303 |
| | 12.2.2 本地认证 | 310 |
| | 12.2.3 用户信息的维护 | 313 |
| 12.3 | 多租户机制 | 315 |
| | 12.3.1 租户管理 | 316 |
| | 12.3.2 角色管理 | 317 |
| | 12.3.3 权限管理 | 318 |
| 12.4 | Token 管理 | 322 |
| | 12.4.1 Token 认证方式 | 322 |
| | 12.4.2 Token 的存储 | 325 |
| 12.5 | 服务的安全认证 | 326 |
| 12.6 | OpenStack 各个模块与 Keystone 的交互 | 329 |
| 12.7 | 小结 | 335 |
| | 12.7.1 Keystone 服务器端架构 | 335 |
| | 12.7.2 客户端发送 HTTP 请求流程 | 335 |
| | 12.7.3 用户认证 | 335 |
| | 12.7.4 访问 OpenStack 服务的流程 | 336 |

## 第 13 章 Swift 存储服务 337

| | | |
|---|---|---|
| 13.1 | Swift 框架概述 | 337 |
| 13.2 | 问题描述 | 338 |
| 13.3 | 炮灰方法 | 339 |
| 13.4 | 快拳方法 | 339 |
| | 13.4.1 算法原理 | 339 |
| | 13.4.2 算法实现 | 340 |
| | 13.4.3 算法分析 | 341 |
| | 13.4.4 算法破绽 | 342 |
| 13.5 | 太极拳 | 344 |

| | | |
|---|---|---|
| 13.5.1 | 算法原理 | 344 |
| 13.5.2 | 算法实现 | 347 |
| 13.5.3 | 算法分析 | 348 |
| 13.5.4 | 算法升级 | 349 |
| 13.5.5 | 算法破绽 | 351 |

13.6 虚实相生 ......352
　13.6.1 算法原理 ......352
　13.6.2 算法实现 ......354
　13.6.3 算法分析 ......355
　13.6.4 算法升级 ......357
　13.6.5 算法分析 ......361
13.7 扩展 ......364
　13.7.1 映射中的动与不动 ......365
　13.7.2 虚节点数目 ......366
　13.7.3 剩余话题 ......368
13.8 小结 ......369

# 第14章 Quantum 虚拟网络 ......370

14.1 Quantum 框架概述 ......370
14.2 Quantum Server 服务 ......371
　14.2.1 Quantum Server 启动流程 ......371
　14.2.2 启动 ovs plugin RPC 服务 ......375
　14.2.3 创建网络 ......377
　14.2.4 创建子网 ......379
　14.2.5 创建端点 ......380
14.3 Quantum OpenVSwitch Agent 服务 ......384
　14.3.1 Quantum OVS Agent 启动流程 ......385
　14.3.2 Quantum OVS Agent 定时任务 ......390
　14.3.3 虚拟网络的实现 ......397
14.4 Nova 与 Quantum 的交互 ......398
　14.4.1 分配逻辑网络资源 ......398
　14.4.2 创建 OpenVSwitch 端点 ......400
14.5 Quantum DHCP Agent 服务 ......402
　14.5.1 服务的启动 ......403
　14.5.2 Manager 类 ......407
　14.5.3 Dnsmasq DHCP 的维护 ......410
14.6 小结 ......416
　14.6.1 Quantum 主要数据库表单 ......416
　14.6.2 Quantum OpenVSwitch Agent 的启动 ......416
　14.6.3 虚拟机通信流程 ......417

| | | |
|---|---|---|
| 14.6.4 | 创建端点的流程 | 418 |
| 14.6.5 | 创建 Dnsmasq DHCP 服务 | 418 |

## 第 15 章 Nova 框架 ... 420

- 15.1 Nova 框架介绍 ... 420
- 15.2 Nova API 服务 ... 421
  - 15.2.1 Nova API 服务的启动 ... 421
  - 15.2.2 处理 HTTP 请求的流程 ... 423
  - 15.2.3 创建虚拟机流程 ... 427
- 15.3 Nova RPC 服务 ... 432
  - 15.3.1 Nova Scheduler 的启动流程 ... 433
  - 15.3.2 Nova RPC 服务的创建 ... 434
- 15.4 Nova Scheduler 服务分析 ... 438
  - 15.4.1 创建虚拟机请求的处理流程 ... 439
  - 15.4.2 调度算法 ... 441
  - 15.4.3 资源信息的更新 ... 443
  - 15.4.4 过滤和权值计算 ... 444
- 15.5 Nova Conductor 服务 ... 453
- 15.6 小结 ... 456
  - 15.6.1 创建虚拟机请求的处理流程 ... 456
  - 15.6.2 调度算法 ... 456

## 第 16 章 Nova Compute 服务 ... 458

- 16.1 定时任务 ... 458
  - 16.1.1 定时任务的启动 ... 458
  - 16.1.2 update_available_resource ... 464
  - 16.1.3 report_driver_status ... 469
  - 16.1.4 publish_service_capabilities ... 470
- 16.2 创建虚拟机 ... 471
  - 16.2.1 创建虚拟机的流程 ... 471
  - 16.2.2 创建虚拟机镜像文件 ... 474
  - 16.2.3 创建虚拟机 XML 定义文件 ... 481
  - 16.2.4 创建虚拟机和虚拟网络 ... 487
- 16.3 虚拟机的在线迁移 ... 488
  - 16.3.1 virsh 命令实现在线迁移 ... 489
  - 16.3.2 虚拟机迁移的整体流程 ... 491
  - 16.3.3 虚拟机迁移的前期检查 ... 494
  - 16.3.4 Nova Compute 服务中的迁移流程 ... 502
- 16.4 虚拟机快照管理 ... 510
  - 16.4.1 Nova API 创建快照流程 ... 511
  - 16.4.2 Nova Compute 创建快照流程 ... 513

16.5 小结 520
    16.5.1 Nova RPC 定时任务的创建 520
    16.5.2 Nova Compute 创建虚拟机 521
    16.5.3 virsh 命令迁移虚拟机 522
    16.5.4 Nova Compute 在线迁移 523
    16.5.5 Nova Compute 服务创建快照流程 524

# 第 4 篇 扩 展 篇

## 第 17 章 从 OpenStack 到云应用 526
17.1 Hadoop 简介 526
    17.1.1 HDFS 文件系统 526
    17.1.2 Map Reduce 机制 529
17.2 Hadoop 的安装 530
    17.2.1 准备工作 530
    17.2.2 Hadoop 的单节点模式 532
    17.2.3 Hadoop 的伪分布式模式 533
    17.2.4 Hadoop 的全分布式模式 536
17.3 Hadoop 的性能分析 537
    17.3.1 Chukwa 与 Hitune 简介 537
    17.3.2 Chukwa 的安装与配置 538
    17.3.3 使用 Hitune 分析 Hadoop 的性能 542
17.4 Hadoop 和 Chukwa 的自动化安装 546
17.5 OpenStack 上的 Android 测试环境 548
    17.5.1 Android 测试环境简介 548
    17.5.2 搭建 Android 测试环境 549
17.6 常见错误与分析 553
    17.6.1 Hadoop 常见错误 553
    17.6.2 Chukwa 常见错误 554
    17.6.3 搭建 Android 测试环境 555
17.7 小结 556
    17.7.1 安装 Hadoop 556
    17.7.2 安装 Chukwa 557
    17.7.3 Hadoop Job 报表 558
    17.7.4 创建 Android 虚拟机 558

## 第 18 章 基于 Nova 的扩展 560
18.1 定制调度算法 560
    18.1.1 配置 filter 560

  18.1.2 添加自定义 filter ········································································· 563
  18.1.3 filter_properties ···································································· 566
18.2 自定义 Extension API ····································································· 569
  18.2.1 Extension API 的启动流程 ···················································· 569
  18.2.2 实现自定义 Extension API ···················································· 576
18.3 自定义 Extention API 客户端 ························································· 578
  18.3.1 Extention API 客户端加载流程 ············································· 578
  18.3.2 添加 Extention API 客户端 ··················································· 578
18.4 Nova 中添加自定义模块 ································································· 581
  18.4.1 添加新模块 ············································································ 581
  18.4.2 添加新模块的 API ································································ 583
  18.4.3 添加定时任务 ········································································ 587
  18.4.4 添加数据库接口 ···································································· 589
18.5 小结 ································································································ 598
  18.5.1 定制 filter 的步骤 ·································································· 598
  18.5.2 添加 Extension API 的步骤 ··················································· 598
  18.5.3 扩展 Nova Client 模块的方法 ················································ 598
  18.5.4 添加 Nova 模块的步骤 ·························································· 598
  18.5.5 创建自定义 Nova 数据库 ······················································ 599

# 第 19 章 添加自定义组件 ···································································· 600
19.1 自定义组件概述 ············································································· 600
  19.1.1 自定义组件及优缺点 ···························································· 600
  19.1.2 自定义组件的使用 ································································ 601
  19.1.3 需求 ······················································································· 601
19.2 准备工作 ························································································ 602
  19.2.1 开发环境 ··············································································· 602
  19.2.2 准备安装包 ············································································ 602
  19.2.3 安装依赖服务 ········································································ 602
  19.2.4 安装 Monitor 服务 ································································· 604
19.3 设计原理 ························································································ 608
  19.3.1 框架 ······················································································· 608
  19.3.2 Dashboard ·············································································· 609
  19.3.3 python-monitorclient ······························································ 610
  19.3.4 monitor-api ············································································ 611
19.4 数据库设计与实现 ········································································· 612
  19.4.1 连接数据库 ············································································ 613
  19.4.2 创建数据库表单 ···································································· 614
  19.4.3 模型类 ···················································································· 619
  19.4.4 访问数据库 ············································································ 620

|    | 19.4.5 | 发布数据库 API ································· 623 |
|----|--------|----------------------|
| 19.5 | Conductor 数据库服务 ································· 623 | |
|    | 19.5.1 | 配置项目 ································· 624 |
|    | 19.5.2 | 添加配置项 ································· 625 |
|    | 19.5.3 | Conductor 实现 ································· 626 |
|    | 19.5.4 | 启动 Conductor 服务 ································· 628 |
| 19.6 | 添加 RESTful API ································· 629 | |
|    | 19.6.1 | RESTful API 处理流程 ································· 629 |
|    | 19.6.2 | 消息路由器 Router ································· 629 |
|    | 19.6.3 | 消息处理函数 ································· 630 |
|    | 19.6.4 | 客户端发送请求 ································· 631 |
|    | 19.6.5 | 客户端的使用 ································· 631 |
| 19.7 | 小结 ································· 633 | |

# 第 1 篇　基础篇

▶▶　第 1 章　OpenStack 概述

▶▶　第 2 章　虚拟化技术

# 第 1 章　OpenStack 概述

云计算从提出到成熟，中间经历了较长的时间。云计算的各种概念也在不断发展更新。了解各种概念，学习各种理论，只是纸上谈兵。中国南宋的陆游曾经说过："纸上得来终觉浅，绝知此事要躬行。"在了解这些概念的同时，初学者都希望有一个初具规模的云计算系统可供学习、试验和使用。幸运的是，OpenStack 正是这样一个开源的云计算系统，可供学习及使用[1]。在开始动手搭建 OpenStack 之前，本章首先介绍一些云计算的基本常识，然后对 OpenStack 的框架做一个概述性的介绍。

本章主要涉及到的知识点如下。

- ❑ 云计算：了解云计算，可以知道云计算产生的原因，以及应用场景。
- ❑ 云存储：了解云存储，可以知道云计算系统中大数据的存储方式。
- ❑ 私有云和公有云：云计算两种不同的应用场景，本章将会介绍两者的联系与区别。
- ❑ OpenStack 架构：了解 OpenStack 框架，并且明白 OpenStack 内部各个部件的作用。

## 1.1　云计算简介

本节介绍云计算技术产生的原因，以及发展过程，并且介绍如何利用云计算解决问题。

云计算从功能上可以分为两类：云计算，主要是提供虚拟主机服务；云存储，主要是提供海量数据存储服务。

云计算从应用场景上可以分为两种：公有云，面向社会个人或企业提供云服务；私有云，面向企业内部部门或员工提供云服务。

### 1.1.1　什么是云计算

每天打开电视、拧开水龙头，有没有想过这些资源使用起来为什么这么方便？不需要亲自去建一个发电站、自来水厂，电和水想用就用，不用的时候就关掉了，也不会出现浪费。这些资源都是按需收费的，用多少，付多少的费用。这些资源的产生、输送和维护都有专门的工作人员来操作，使用者并不需要过多地担心，真是太方便了！

如果把计算机、网络、磁盘存储这种 IT 基础设施与水电等资源做比较的话，IT 基础设施还远远未达到像水电资源那样的高效利用。就当下而言，无论是个人还是企业，都是自己准备这些 IT 基础设施，空置率相当高，并没有得到有效地利用。产生这种情况的主要原因是由于 IT 基础设施在流通性上并不如水电那样便利。

---

[1] 虽然 OpenStack 还处于快速发展中，但已经初具规模，很多企业已经开始进行大规模的测试及部署。

科技在飞速发展，网络带宽、硬件计算能力都在不断提升。这些硬件技术的发展，为IT基础设施的流通创造了关键的条件。那么当IT基础设施具备流通性的时候，就有企业开始考虑转向IT基础设施提供商的角色。其实发电站与自来水厂的产生，也是需要解决流通性这个关键的问题（铺设管道与线路成为可能）。任何商品的产生，也是首先要解决流通的问题。如果物品不能流通，进而无法交换，那么也就具备不了商品价值。

首先设想一下，有那么一个IT基础设施提供商，愿意提供个人和企业所需要的IT基础设施（按需收费与使用）。这些IT基础设施，如CPU、存储、硬件维护、硬件更新都有人来维护，不需要个人和企业参与。这是多么方便的一件事情！如果IT基础设施能够像水电一样流通、按需收费，便是狭义上的云计算。如果把IT资源从基础设施扩展至软件服务、网络应用、数据存储，就引申出了广义的云计算。这也就意味着IT资源能够通过网络交付及使用了。

由于云计算期望达到的目标是与水电资源的交付一样，因此云计算具备的特征（虚拟化除外），水电都具备[1]。表1.1中罗列了云计算与水电特征的比较。

表1.1 云计算与水电资源特征比较

| | 云 计 算 | 水 电 |
|---|---|---|
| 资源弹性提供 | 根据客户需要来提供IT资源，实现资源的弹性提供。当客户的需求增加时，可以多提供一些资源；当需求减少时，可以将资源回收，供其他客户使用 | 水电都是具备弹性提供的。用户可以很容易地通过水龙头和电源开关控制水电的使用量 |
| 资源自助化 | 客户在云计算系统中，按照自己的需求选择自己所需要的资源类型 | 只要铺设了管道及线路，水电的使用都是自助化的，开关随意 |
| 便捷 | IT资源通过网络访问，变得相当便捷 | 水电的使用相当方便 |
| 计量收费 | IT资源在流通的过程中，应该按照用户使用量（比如：占用磁盘大小、网络带宽、CPU数量等等）进行计费 | 水电的使用一般都是按照计量收费的，收费的时候只需要读水表、电表就可以了 |
| 资源虚拟化 | IT资源虚拟化可以实现资源整合，便于统一管理与使用 | 由于水电物理资源特性，较易实现整合管理，无需虚拟化 |

云计算技术上的实现，需要虚拟化、并行计算、效用计算、网络存储和负载均衡等旧有的技术。虽然云计算是旧有技术的整合，却能够带来生活、生产方式以及商业模式的变化，因此云计算的实现总是引人瞩目。

## 1.1.2 什么是云存储

云计算将IT资源变得像水电资源一样易于管理与流通。但是云计算系统却面临另外一个大问题：存储。这好比，自来水厂需要大容量的存储设备来处理从水源抽取的水（保存起来以供净化）。云计算系统除了修建数据中心存放物理设备之外，还需要存储大规模的数据。这些数据来源有多种可能：用户数据、系统运行所需数据以及互联网数据（比如搜索引擎抓取的数据）。

---

[1] 使用云计算的原因，还有很多，从价格上讲，购买多台低配置服务器比买一台超高配置的服务器要便宜很多。

采用何种方式存储与管理这些大规模的数据，就成了云计算系统需要考虑的问题。因此，云计算系统中需要实现一个以存储为目标的子系统，即云存储系统。

云存储的概念应该是被云计算所包含，平时所提及的云计算包含了云存储。之所以云存储需要单独提出来，则是因为云存储在整个云计算系统中，是一个比较完整的子系统。与云计算的其他模块相比，比较独立。甚至云存储可以从云计算系统中脱离出来，只是单纯地面向用户提供存储服务（如 Dropbox、微盘、网盘等等）。由于云存储的特殊性，云存储经常被单独讨论。

那么云存储要实现怎么样的目标呢？由于云的真正含义是将 IT 资源变得像水电一样流通使用。那么云存储的目标就是将存储资源变得像水电一样方便人们使用。

云存储在设计的时候，为了达成这样的目标，将云存储系统分为 4 层。

（1）硬件层：硬件层是云存储最底层、最基础的部分。硬件层包括了网络光纤、iSCSI 设备、SSD 硬盘或者其他多种多样的存储设备。有时候，这些设备并不集中于某一地，而是通过网络联接在一起。

（2）管理层：管理层是最核心的部分。管理层主要是通过分布式文件系统、网络通信来实现，进而保证硬件设备协同工作。管理层保证了系统的可靠性、持久性和稳定性，进而向用户提供有效的存储服务。

（3）API 层：只是有了管理层还远远不够，还需要提供网络访问的 API。有了这些 API，就可以为各式各样的应用提供服务，比如视频点播、网盘和 Dropbox 等等。

（4）客户端：一个完整的云存储系统还需要有方便易用的客户端。简洁的 UI 和人性化的设计都是客户端应该考虑的重点。

### 1.1.3 私有云与公有云

什么是私有云？什么又是公有云？两者有什么区别？

打个比方，小李开了个大公司，在生产的时候，不能停水，并且要保证水质纯净。如果过度依赖自来水厂，那么有两种情况可能发生：输水管道破裂，断水；水源出现污染。当出现这两种情况的时候，大公司由于产品不达标，就会巨额亏损。这个时候怎么办呢？小李就想干脆在公司内部成立一个供水部门，买来净化水的设备，直接向生产部门供应水。在运作时，供水部门需要检查供水管道，并且保证水质。

与此类似，很多公司在使用云计算系统的时候，出于安全、性能和保密等原则，自己设计了云计算系统以供本公司使用。这样的云计算系统就是私有云（相当于小李自己成立的供水部门）。

公有云的地位则相当于面向公共供水的自来水厂。公有云并不特定地面向某个公司，或者某个个人提供服务，而是面向需要云计算资源的所有企业和个人提供服务。简而言之，面向公众的云计算称之为公有云。

公有云与私有云的差别主要体现在应用场景上。两种云计算系统核心实现甚至可以完全相同。但是，两个很关键的因素却导致了公有云的发展并没有跟上私有云的步伐。如果把私有云比作老婆管钱的话，那么公有云就是银行管钱。实际上银行管钱比老婆管钱要晚很多很多年。那么是什么原因导致这种情况呢？主要是以下两个原因。

（1）安全性：个人，尤其是企业非常关心数据的安全性。一旦出现数据泄漏，企业的核心数据外泄，那么导致的后果很有可能会严重影响企业的发展。相对而言，私有云的安全性，则由于访问控制等原因，可以得到一定的保证。同样的道理，在遥远的古代，银行尚未成型的时候，老婆管钱可能比地下钱庄管钱安全得多。

（2）服务可靠性：公有云为了节省资源，在超负荷运行、出现宕机的时候，容易对企业造成影响。比如某视频网站在直播春晚的时候，发现申请的公有云资源宕机了，直播就只能暂停。同样的道理，在遥远的古代（黄金白银还是硬通货的时候），急用钱时只需要向老婆申请就可以了，地下钱庄则并不能保证急用时能把钱给预支出来。

在公有云开成型的今天，主要是有上面两大因素制约着公有云的发展。而私有云则还处于发展阶段。但是两者的核心实现，对程序员而言，差异并不大。对于初学者而言，只需要关心云计算的核心实现。当具备一定基础与实力之后，可以在公有云或者企业私有云上大展拳脚。

## 1.2  为什么使用云计算

上一节中，从理论上介绍了云计算的作用：将 IT 资源变得像水电一样可流通。但是为什么使用云计算？云计算对于互联网的设计会带来怎么样的变化？云计算产生的背景又是什么呢？

考虑这样一个简单的问题。设计一个网站来提供 http、MySQL 和 ftp 这 3 个服务。http 提供动态页面显示[1]，MySQL 提供后台数据记录与查询服务，ftp 提供简单的文件上传与共享服务。

### 1.2.1  方案 1：简单的服务部署

**1．部署方式**

对于有经验的互联网的开发人员而言，很快就有了图 1.1 所示的模型。

图 1.1  http、ftp 和 MySQL 服务都部署到一台主机中[2]

在这个模型中，所有的服务都在一台主机里。很多开发人员在开发时候，都会采用这种部署方式，优点是开发、调试都很简单。

---

1 本书提到的 http 服务都是利用 Django 框架在 Apache 上面架设动态网站。
2 这里用 Apache 的图标来表示 http 服务。

## 2. 存在的问题

（1）安全

所有的服务都是放在一台机器上，当出现安全问题的时候，所有的服务都受到了威胁。整个网站都暴露了，没有任何隐秘信息可言。

（2）可靠性

采用这种方式，可靠性太低了。当物理服务器一出现问题，所有的服务都不可用了。整个系统的可靠性相当差。

（3）扩展难度

当访问量以及数据量开始上升之后，方案1又会遇到扩展的制约。一种简单的办法是，换一台更强劲的服务器（旧的机器就被闲置浪费了）。但是市场上的最好的服务器，它的性能以及所能支撑的数据访问量也是有限的。

（4）维护成本

维护时，服务软件本身的故障较易处理，毕竟只需要把精力集中于一台机器上。但是，当造成故障的原因是操作系统、硬件时，维护就变得较为困难，因为所有的服务都受到了严重的干扰。

## 3. 生活实例

这种部署方式，好比小李想开一个饭店。小李征求到的方案1：会计、厨师、采购员[1]都小李一个人做。这种简单的做法，会有哪方面的隐患呢？

安全性而言，当采购员小李钱包被偷了，没买到菜。小李也没法做菜，于是收入也没有了。一个小问题，就直接导致小李的饭店停业一天。

可靠性而言，比如小李生病了，那么会直接导致饭店关门歇业。

扩展性而言，由于所有的业务都需要一个人来做，需要找到一个与小李一样精通会计、厨师、采购的人还真不容易。

维护而言，就小李一个人，看似简单。不过有一天，小李手受伤了，缠着绷带要休息几天，饭店又关门歇业了。

有这么多缺陷的一个方案，很快被小李否决了。

## 1.2.2 方案2：分布式服务部署

### 1. 部署方式

在投资界，有一句至理名言，"不要把鸡蛋都放在一个篮子里"。说的是投资需要分散风险，以免因孤注一掷的失败造成巨大的损失。在服务器架设方面，一般也需要满足这个原则。方案1由于把所有的服务都放到一个服务器上，带来的风险是巨大的。当这个服务器一出现问题，所有的服务都瘫痪了。

针对这个问题，很自然地会想到分布式系统的处理方法，也就是方案2。既然架设在

---

[1] 开一个饭店，所具备的职能远不此这3个。为了简单起见，暂且考虑这3个重要的职能。

一台服务器上是危险的,那么把这 3 个服务分散至 3 台不同的物理服务器上,提出图 1.2 所示模型。

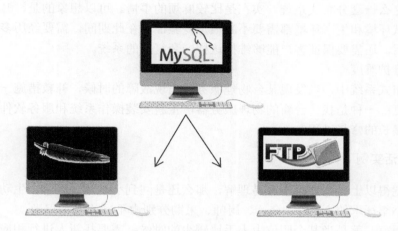

图 1.2　分布式架构模型

采用分布式模型,会带来很多优点。
（1）安全
由于服务都分散至了 3 台机器,3 个服务之间是相互隔离的,并且每台机器可以针对性地设置防火墙。当一台机器被攻击的时候,别的服务可以不受影响,不会出现所有服务都崩溃的情况。因此,可以说,在安全性方面,相比简单模型方案 1 而言,分布式的方案 2 已经有了明显的改观。
（2）可靠性
每个服务不同的可靠性问题,在分布式架构下都可以得到解决。比如 http 需要的高可用服务,只需要额外添加一台备用服务器[1],当 http 服务器出现问题的时候,就使用备用服务器。MySQL 服务可以采用高可用集群[2]的部署方式。ftp 文件存储服务,可以替换为分布式存储服务[3],或者直接采用云存储作为存储服务。

**2. 存在的问题**

采用分布式架构之后,可以解决安全、可靠性、扩张等等问题。但是,扩展、部署和维护都会直接面对大量的物理服务器,其难度也相应增加。
（1）扩展难度
当用户增加,访问量开始上升的时候,对系统管理员、维护人员来说,又要进行采购设备、配置硬件、安装系统、配置软件等一系列重复而又繁琐的工作。
此外,还存在潜在的浪费。比如对于持续高访问量的网站而言,只需要连续不断地增加服务器,可称之为添油战术。但是有的网站的访问量,在特定的时期会出现暴发式增长。

---

[1] 保证 http 服务高可用,还有负载均衡（比如 Nginx）一系列办法,这里只是简单介绍,不展开讨论。
[2] MySQL 高可用集群是一种廉价的大规模数据库部署方式,确保了较强的故障恢复能力和在不停机状态下执行预定维护的能力。
[3] 分布式存储服务,比如 Hadoop、Swift。

采用添油战术的情况下,平时的低访问量,将造成大量的服务器闲置和浪费。

(2) 部署难度

部署这么一套分布式系统,实在是比较麻烦的事情。可以想象的是,开发人员的开发环境、测试环境和生产环境都需要不断地重复验证。在此期间,需要经历多少次反复。交付客户之后,还需要保证客户能够维护这样一套复杂的系统。

(3) 维护难度

在分布式系统中,当发现某台物理服务器出现故障的时候,补救措施一种是在原机器上进行修复;一种是找一台新的物理服务器,重新安装操作系统和服务软件。在此期间,需要经历漫长的修复过程。

**3. 生活实例**

如果觉得以上这些理论不容易理解,那么还是回到小李开饭店这个生动而又形象的例子上吧。小李征求的方案2:会计、厨师、采购分别由不同的人来担当。

扩展而言,就是当某个职位上人手比较少的时候,需要找新人进行相应职能的培训[1]。比如缺少采购,需要招新人进行采购的培训。每次招人的时候,还需要考虑到人员过剩的情况。

部署而言,就是需要找齐相应的人,并且进行相应的培训。还要保证这些人员之间可以进行较好的合作。方案2的实施由于涉及到很多人,小李部署这套方案也有很大压力。

维护而言,就是当某个人身体出现问题的时候,小李有两种方案:一种是等待这个员工恢复健康;一种是另外找人,并进行培训。这两种方案都会浪费不少时间。

尽管方案2存在一系列问题,不过已经基本能够满足开一个小饭店的需要了,小李有点犹豫了。

## 1.2.3 方案3:基于虚拟化的服务部署

**1. 部署方式**

在使用分布式方案部署的过程中,会遇到一系列难以解决的问题。一种有趣的想法是,能不能把这些服务部署到虚拟机上。通过虚拟机管理软件(Hypervisor)来进行管理。粗略一看,部署到虚拟机上,与部署到物理机上,没什么差别,并且还需要考虑性能损失的问题(虚拟机与同样配置的物理机,性能方面会有一定的损失)。

设计一个系统的时候,需要考虑的因素很多。比如在这个系统中,要考虑的因素就有:性能、安全、可靠性、扩展难度、部署难度和可维护性等。需要综合这些所有的因素来设计这样一个系统[2]。值得考虑的是,如果把服务部署到虚拟机中,带来的便利性是否胜过性能上的损失,以及性能上的损失是否是在可接受的范围内。

---

1 对一个新人的培训过程,正好对应了操作系统及一系列软件的安装过程。现实生活中,也有针对性招聘,招聘的对象是已经是学会某种技能。这里不考虑这种情况,设想招聘过来的新人什么都不会(因为买来的服务器,大多数也是需要重新装操作系统及软件)。

2 很多 ERP 系统选择 Java,基本上也是基于性能、可维护性、可移植性和软件设计综合考虑。程序设计语言的发展路线也是逐渐走这样综合考虑的趋势。

在这种思路下，可以提出方案 3：利用虚拟机架构的系统，见图 1.3。

图 1.3　基于虚拟机方案的架构

图 1.3 中，KVM（Kernel Based Virtual Machine）表示运行于 Linux 平台上的虚拟机管理软件[1]。在 KVM 上面，运行着 3 台虚拟机，分别运行着 http、ftp 和 MySQL 3 个服务。采用这种方式，与分布式的架构相比，有以下这些优点。

（1）安全

采用虚拟机的架构，除了保证物理服务器的安全之外，还需要保证虚拟机的安全。物理机与虚拟机，以及虚拟机与虚拟机之间，可以通过设置不同的网络、防火墙策略进行隔离，避免相互感染。

（2）可靠性

采用虚拟机架构的情况下，可靠性与分布式方案略有不同。分布式方案中需要添加物理机，在此方案中，只需要添加虚拟机。

（3）扩展

扩展的时候，首先是在资源空闲的物理机上建立虚拟机。当且仅当物理机资源不够时，才需要添加物理机资源。创建虚拟机的方式是将现有资源充分利用（当访问量低的时候，甚至可以把虚拟机集中于某些服务器，把空闲的关机以节省资源）。

（4）部署

虚拟机的部署远比物理机的部署方便。添加一个新的虚拟机，最简单的办法是复制一个虚拟机磁盘模板[2]。维护人员只需要通过 Hypervisor 便可以部署虚拟机（可以免掉那些重复的操作系统安装、软件配置过程）。

（5）维护

把服务架设于虚拟机上面后，物理服务器的维护可以交给少量专业的机房管理员。整个系统的管理员可以专注于虚拟机的管理。

由此，可以看出，基于虚拟机的架构主要是把系统部署在虚拟机上。那么整个系统并不直接依赖于底层物理服务器，而是直接依赖于虚拟机。因此，整个系统可以分为如图 1.4 中的 3 个层次。

从图 1.4 可以看出，系统依赖于虚拟机，虚拟机依赖于底层硬件。整个系统分为了 3

---

1　Linux 平台上免费的开源 Hypervisor 主要是 KVM 和 XEN，除此之外，商业软件有 vmware 和微软的 HyperV。

2　Image Template 是指当装好一个虚拟机操作系统，并且配置好所需软件之后，关掉此虚拟机，保存其磁盘作为模板。新建虚拟机时，直接复制一份作为磁盘。在第 2 章中，将详细介绍这种方法。

层，每层都有相应的管理人员或工具进行管理与维护，职能更加专一。网站管理员可以从繁琐的物理服务器管理中解脱出来，把精力放在网站功能及虚拟机管理上。

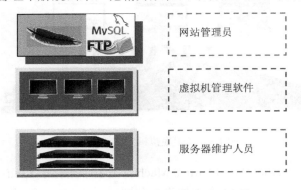

图 1.4　基于虚拟机架构分层示意图

## 2．存在的问题

方案 3 已经能够解决很多问题了。但是现在仍然面临一个问题：当规模上去之后，怎么办？采用方案 3，小规模部署方式如图 1.5 所示。

图 1.5　虚拟机架构小规模示意图

图 1.5 显示了小规模部署的情况，只有 4 台服务器，一两台虚拟机。如果采用人工管理的方式，可以轻松搞定。但是，由于 Hypervisor 只能管理到某一台物理机上的虚拟机，当物理机与虚拟机数量上升之后，直接基于 Hypervisor 的管理方式就不太适合了。大型互联网应用往往有上千万台虚拟机，采用人工管理的方式就不适用了。此外，除了负责虚拟机创建之外，还需要处理虚拟机的网络、磁盘、内存等等的管理，人工来处理这些事务极繁琐且易出错。

## 3．生活实例

小李征求意见时，看到了方案 3：会计、厨师、采购人员依然由不同的人来担任，额外添加两个部门，一个是人事部门（人事部门对应图 1.4 中的服务器维护人员），一个是培训部门（培训部门对应图 1.4 中的虚拟机管理软件）。

在平时，人事部门负责人员管理、招聘、裁员和医疗等事务（对应了物理服务器的维护）。培训部门主要是负责将人事部门招聘来的新人培训成具备某种技能的员工（对应了虚拟机管理软件的功能）。

当业务扩张的时候,首先是向培训部门要人,如果培训部门发现有人可以培训,则把这些人培训为所需要的员工。如果培训部门发现没有人可供培训,那么会向人事部门要人。人事部门则会寻找相应的人,并提供给培训部门。裁员则比较简单了。

由于将人员管理、人员培训和饭店运作这 3 种功能进行了明白的划分,小李看了这个方案很满意。但是小李还有一个疑问就是人事部门与培训部门又怎么运作呢?人事部门与培训部门又如何管理呢?

### 1.2.4 方案 4:云计算的解决方案

采用方案 3,使用虚拟机架构,还是会面临同时管理物理机与虚拟机的难题。特别是当系统规模扩大之后,使用的物理机与虚拟机数目都会急剧地增加。这时,Hypervisor 的管理功能已经不适合这种大规模的场景。需要设计一个虚拟机提供系统。

使用过 C 语言的人,都能够体会到内存资源使用的便利性。只需要简单地使用 malloc 与 free 两个函数,就可以很方便地申请和释放内存。那么,能否把虚拟机资源管理系统设计得如同内存管理系统一样,通过简单的函数调用,就可以生成或销毁虚拟机?

```
virtual_machine *vm = malloc_virtual_machine()
free_virtual_machine(vm);
```

这样的虚拟机资源管理系统,就被称为云计算系统。虚拟机管理是云计算系统较为核心的功能,除此之外,还包含着对存储、网络和 CPU 资源的管理。在过去的示意图中,经常用云来表示互联网及底层基础设施,当计算能力可以通过虚拟机,转化成为基础设施的时候,这样的系统也就称为云计算系统。

当采用云计算系统之后,整个系统的结构就发生了变化,如图 1.6 所示。

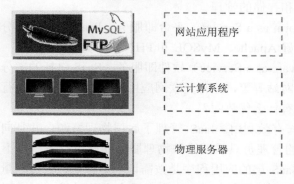

图 1.6 采用云计算系统之后的三层结构示意图

采用云计算系统之后,网站应用程序就可以直接运行在虚拟机之上了。不过,仔细想一下也就容易发现问题。从虚拟机到一个可供使用的网站应用程序还是有很长的路要走。那么按照以前的设想,能不能把这些步骤加以细化和系统化?当有一个可用的云计算系统之后,还需要有哪些步骤:

(1)云计算系统搭建完成之后,可以申请、管理虚拟机。
(2)利用申请的虚拟机搭建 MySQL、Apache 和 Ftp 等服务。
(3)利用搭建的软件服务,搭建出互联网应用程序。

这 3 个步骤进行仔细的划分，也就成了著名的云计算三层架构模型，如图 1.7 所示。

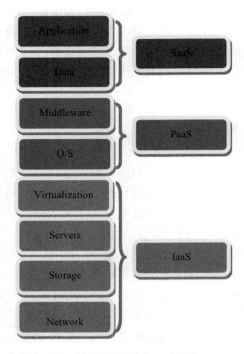

图 1.7　云计算系统三层架构

在这三层中，每层代表的具体含义如下。

（1）IaaS（Infrastructure as a Service）基础设施即服务。IaaS 包括的部分如：物理机的管理、虚拟机的管理和存储的管理。

（2）PaaS（Platform as a Service）平台即服务。PaaS 包括的部分如：在虚拟机中搭建开发环境。比如配置好 Apache、MySQL 和 PHP 等环境。

（3）SaaS（Software as a Service）软件即服务。SaaS 包括的部分如：搭建一个购物网站、博客网站、微博网站等等，这种互联网应用可以像商品一样进行流通。

采用这三层架构有什么优势呢？

❑ 资源的管理与有效利用。IaaS 管理了底层物理资源，并且向上层提供虚拟机。因此数据中心的管理员只需要维护物理服务器就可以了，并不需要了解上层应用程序。此外，SaaS 层的应用程序是按需请求虚拟机，当需求量较少的时候，可以关闭空闲的服务器以节省电量；当需求量上升的时候，可以新开一些服务器提供虚拟机，从而可以达到资源的有效利用。

❑ 快速部署中间件服务[1]。PaaS 可以快速批量地生成中间件服务，用来支持上层各种各样的互联网应用。如网上商店、博客应用都需要各自的数据库服务，可以分别向 PaaS 请求各自的数据库。此时，PaaS 会自动生成两个相互独立的数据库服务，而不需要开发人员手动配置数据库。

---

[1] 中间件服务，例如 MySQL 数据库服务、Apache、PHP 等服务。这种服务直接面向开发人员，并不直接面向终端用户。

❑ 加速互联网应用开发。当 PaaS 平台稳定之后，开发人员不再需要从底层搭建各种中间件服务。可以直接调用 PaaS 的 API，进一步生成应用程序，因此互联网应用开发变得更加容易、快速。

一般而言，提到云计算系统的时候，就是指 IaaS 系统。可以说，IaaS 是整个云计算系统最核心的部分，也是最难实现的部分。

## 1.3 OpenStack 架构

IaaS 是云计算系统中最复杂、最难实现的部分。尽管当下有许多云计算系统，但是能够让程序员操作并且能够通过源码实践的，也就只有开源云计算软件。开源云计算软件中，OpenStack 的出现并不早，但是却通过优美的代码、灵活的模块和不断地完善得到了开源社区的青睐[1]。OpenStack 在开源云计算的影响力也直线上升。因此，本书就 OpenStack 进行了专门的介绍与研究。

### 1.3.1 OpenStack 与云计算

OpenStack 是美国国家宇航局（NASA）和 Rackspace 合作开发的旨在为公有云和私有云提供软件的开源项目。OpenStack 是一个 IaaS 层的软件[2]，其目标在于提供可靠的云部署方案及良好的可扩展性，从而实现类似于 Amazon 的云基础架构服务（IaaS）。

云计算可以分为私有云和公有云，尽管 OpenStack 的最终目标是实现一个可以灵活定制的公有云 IaaS 软件。但是，由于 OpenStack 的灵活性，要定制一个私有云相当容易。正是由于这个原因，OpenStack 作为开源云计算的佼佼者，除了有 Rackspace 和 NASA 的大力支持外，也得到了 Dell、Citrix、Cisco、Canonical、惠普、Intel 和 AMD 等公司的大力扶持。底层的虚拟机可以支持 KVM、XEN、VirtualBox、Qemu、LXC 和 vmware 等[3]。

在应用方向，很多企业如 Intel、IBM、新浪都在做基于 OpenStack 私有云方面的测试和部署。新浪联合众多合作者推出 stacklab[4]，使得对 OpenStack 感兴趣的人，可以随时使用 OpenStack。在开发方面，除了 Racksapce 与 NASA 在大力研发之外，Intel、IBM、新浪以及大量的开源爱好者都在 OpenStack 开源社区提交了大量的 patch，从而推动着 OpenStack 快速发展。

### 1.3.2 OpenStack 发展与现状

OpenStack 有着众多的版本，但是，OpenStack 在标识版本的时候，并不采用其他软件版本采用数字的标识方法。OpenStack 采用了 A～Z 开头的不同的单词来表示各种不同的版

---

1 也正是由于 OpenStack 的这些特点，对于初学者而言，上手 OpenStack 并不会显得很难。
2 PaaS 层较出名的开源软件为 CloudFoundry（http://www.cloudfoundry.com/）。
3 尽管有如此多的支持，但是 KVM 的支持是做得最为完善的。
4 http://stacklab.org/。

本[1]。

2010 年发布了 Austin 版本，也是 OpenStack 的第一版本。从 Austin 版本开始，经历了 Bexar、Cactus、Diablo、Essex、Folsom，然后是当下的 Grizzly。Austin 版本只是有两个模块：Nova[2]和 Glance[3]。在 Bexar 版本中，加入了云存储模块 Swift。那时，Bexar 版本已经拥有了云计算与云存储两个重要的模块。但是 Bexar 版本还存在相当多的问题，安装、部署和使用都比较困难。发展至 Cactus 版本的时候，OpenStack 才真正具备了可用性。但是在易用性方面，还是只能通过命令行进行交互。此外，值得一提的是，到 Cactus 为止，OpenStack 一直都使用的是 Amazon 的 API 接口。

Diablo 版本的出现，可以认为是 OpenStack 的分水岭。因为以前的版本，都是在强调如何模仿 Amazon 的云计算平台。从 Diablo 开始，OpenStack 的发展方向开始朝着自由化的方向发展。Diablo 中添加了更多可用的模块，更加灵活的 OpenStack API（Amazon 的 API 只是兼容）。在 Diablo 中，加入了基于 Python 语言 Django 框架的 Horizon 模块。大大提高了可用性与易用性。

但是 Diablo 版本发行不久，由于 Bug 较多，在修改 Bug 的基础上做了大量的改动。不断提交的 Bug 和 Patch，催生了 Essex 版本的快速出现。在 Essex 版本中，Nova、Horizon 和 Swift 都变得较为稳定。因此，如果是要基于 OpenStack 做二次开发，不要选择 Diablo。此外，由于软件定义网络的出现，Essex 中还出现了网络管理模块 Quantum。尽管 Quantum 还是存在着各种各样的问题。Quantum 的出现，标志着 OpenStack 可以对虚拟网络加强定制与管理。

Folsom 版本的出现，则标志着 OpenStack 开始真正走向正轨。Folsom 中，将 OpenStack 分为 3 大组件：Nova、Swift 和 Quantum。这 3 个组件分别负责云计算、云存储和网络虚拟化。Folsom 也是 OpenStack 中较为稳定的版本。

Grizzly 版本在执笔之时，还处于开发之中。本书的安装及代码分析都基于 Grizzly-rc2 两版本。

### 1.3.3 OpenStack 优势

在云计算领域，从程序员角度，可以将云计算软件分为两部分：商业软件和开源软件。商业软件就意味着程序员并不能看到整个系统的所有代码。开源软件无论对于个人或是企业，都能够在其 License 范围之内，阅读并修改其源码。

商业软件由于其价格及闭源性，阅读其源码几乎不可能（商业软件开发人员除外）。开源软件则相反，提供了云计算系统的大部分功能，并且由开源社区升级版本及维护。对于要涉足云计算的程序员而言，这些开源代码的阅读显得极为重要。

不过开源的云计算系统也有很多，比较著名的有 Eucalyptus、OpenNebula 和 CloudStack。在开源云计算系统里面，OpenStack 具备的优势如下：

（1）模块松耦合。与其他 3 个开源软件相比，OpenStack 模块分明。添加独立功能的

---

1 https://launchpad.net/nova/+download?罗列了新旧的各种版本。

2 Nova 主要用于管理虚拟机。

3 Glance 用于存储虚拟机磁盘。

组件非常简单。有时候，不需要通读整个 OpenStack 的代码，只需要了解其接口规范及 API 使用，就可以轻松地添加一个新的模块。

（2）组件配置较为灵活。和其他 3 个开源软件一样，OpenStack 也需要不同的组件。但是 OpenStack 的组件安装异常灵活。可以全部都装在一台物理机上，也可以分散至多个物理机中，甚至可以把所有的结点都装在虚拟机中。

（3）二次开发容易。OpenStack 发布的 OpenStack API 是 Rest-full API。其他所有组件也是采种这种统一的规范。因此，基于 OpenStack 做二次开发，较为简单。而其他 3 个开源软件则由于耦合性太强，导致添加功能较为困难。

### 1.3.4  OpenStack 学习建议

尽管这本书会介绍很多关于云计算的内容，并且会介绍如何安装及分析 OpenStack。但是，对云计算而言，阅读是远远不够的。OpenStack 需要很强的动手能力。因此在阅读本书的同时，最好能够准备好带虚拟化设备的物理机或者服务器供研究使用。

动手是最重要的。此外，还须查阅各种关于 OpenStack 的资料。首先，OpenStack 官网[1]是不容错过的。在 OpenStack 官方网址上，发布了关于 OpenStack 各种最新的动态。此外，还提供了极为详细的文档。在官方网址的博客中，提供了各种关于 OpenStack 的有趣的活动及技术沙龙。

学习好 OpenStack，首先需要顺利地安装 OpenStack 的各个组件。在安装成功的基础上，学会使用 OpenStack 系统创建和管理虚拟机、虚拟网络及存储资源。

如果需要再深入地研究，那么就需要阅读 OpenStack 的源代码了。代码的获得主要有两个来源，较为稳定的发行版位于 https://launchpad.net/。比如 https://launchpad.net/openstack 就罗列了整个 OpenStack 的概貌。在 Projects 一栏中，则列出了 OpenStack 所有相关的组件（如图 1.8 所示）。

图 1.8  OpenStack 组件图（局部）

而 OpenStack 最新的代码，则位于 GitHub（https://github.com/openstack）。在学习的

---

[1] www.openstack.org。

时候,建议使用 launchpad 网站上的稳定版本的代码。对 OpenStack 有了相当了解之后,在学习的过程中,发现一些 Bug 需要提交 Patch 的时候,就需要用到 GitHub 上面最新的代码了。

学习好 OpenStack 之后,也可以基于 OpenStack 做一些有意思的二次开发,无论是开发公有云或者私有云,都变得比较有意思。了解 OpenStack 的内部机制之后,添加一些自定义的模块或者驱动都是相当容易。也就真正地能够将 OpenStack 握在手中,为我所用了。

## 1.4 OpenStack 各个组件及功能

在介绍 OpenStack 之前,可以先考虑这样一个问题:一个云计算系统[1]应该具有哪些重要的模块,以及如何让这些模块相互协调工作?通过这一系列思考,可以更加明白 OpenStack 的核心部件,更重要的是,明白为什么需要这些部件。

### 1.4.1 虚拟机管理系统 Nova

首先考虑第一个问题:一个云计算系统,应该具有什么样的核心部件?比如设计 OpenStack,应该是怎么样来设计?浮现在脑海中的,首先是一种粗略的景象,如图 1.9 所示。

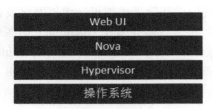

图 1.9 云计算系统粗略结构图

先简单介绍一下每个模块的作用。
(1) Web UI:主要是呈现给管理员使用。主要要求是:界面简洁、流程简单、稳定。
(2) Nova:主要负责用户、权限管理;数据库交互;最主要的还是虚拟机资源管理。
(3) Hypervisor:虚拟机管理软件,比如 Qemu、KVM/Libvirt、XEN 等开源软件。
(4) 操作系统:采用 Linux 发行版[2]。

在图 1.9 所示的模块里,第(3)、(4)层都可以直接使用开源软件实现,只有(1)、(2)层需要自己动手。Nova[3]这一层变成了最核心、最复杂的一层。由于这一层里面整合了太多的模块与功能。值得注意的是,当系统的某一模块变得臃肿,或者事务逻辑复杂的时候,说明这一个模块需要重新划分,使得系统设计变得更加明了。在此前提下,对 Nova

---

[1] 后文中提到的云计算系统主要是指 IaaS,即虚拟机管理系统。
[2] 本书使用的 Linux 发行版为 Ubuntu 12.04,由于后续关于 OpenStack 的安装也是基于此版本,强烈建议读者使用 Ubuntu 12.04 系统。
[3] Nova 是 OpenStack 三大部件之一,云计算最核心的部件。

进行更进一步的划分。

## 1.4.2 磁盘存储系统 Glance 与 Swift

如果读者安装过虚拟机，每次虚拟机从 ISO 安装都是一个繁琐的过程。在互联网应用中，往往需要大规模地创建新的虚拟机。如果每台虚拟机都从 ISO 进行安装，无疑会浪费许多的时间。尽管 PXE 网络自动化安装[1]，也是一个不错的选择，但是依然会把时间浪费在操作系统的安装上（只是节省了人力时间）。并且 PXE 网络安装还面临的问题是虚拟机所处的网络环境可能是比较复杂的。

有一种简单的虚拟机安装方式：复制 Image[2]。做法也很简单，当安装好一台虚拟机之后，关闭这台虚拟机，保留 Image。当需要创建一台新的虚拟机的时候，直接复制 Image 作为新建虚拟机的 Image 就可以了[3]。

采用这种方式，还有一个好处。用户在使用云计算系统的时候，可以定制一个自己的 Image，然后上传到云系统中，就可以创建自己定制的虚拟机系统了。

虚拟机 Image 的传输常常需要占用大量的网络带宽。如果所有的 Image 的传输都通过 Nova 模块来进行，那么 Nova 接口的压力会变得相当大。所以，应该考虑把 Image 的管理独立出来，成为一个独立的 Image 管理系统，在 OpenStack 中命名为 Glance。无论是用户 Image 的传输以及管理，或者 Nova 内部对 Image 的请求，都转向 Glance。虚拟机 Image 的管理，则由 Glance 全权代理了。

Glance 主要的功能是管理 Image。但是 Glance 只是一个代理。也就意味着，"Image 的存储只是通过 Glance 这个接口得到了使用"这句不如改成：Glance 本身并不实现存储功能，它只是提供了一系列的接口来调用底层的存储服务。为什么要采用这样的设计呢？最主要的原因是由于用户在 Image 的存储方案上，有着各式各样的复杂的需求。比如：

（1）有的公司有着独有的存储系统（包括硬件和软件）。

（2）大型企业需要高可靠性、高稳定性的存储需求，但是没有自己的存储系统。

（3）小企业与开发人员需要简单易用的存储系统。

针对一系列不同的需求，把 Glance 设置成代理是一种比较好的解决方案。有的企业可能有自己的存储系统，那么只要接在 Glance 的后端，就可以提供给云计算系统作为 Image 存储服务了。但是，对于没有自己独有的存储系统的企业而言，Glance 后端可以使用开源免费的 Swift 存储系统[4]。对小企业或者开发者而言，有可能并不专注于如何实现一个存储系统，觉得直接基于 Linux 文件系统上复制一下就挺好了。这时，Glance 的后端存储就可以直接接入 Linux 文件系统。这时，Glance 的结构与功能就很清楚了，如图 1.10 所示。

值得一提的，Swift 是 OpenStack 的三大部件之一，同时也是 object storage 及云存储的开源实现。在只需要云存储的环境中（比如只提供存储服务，各种云盘、网盘等等），也

---

[1] PXE 安装是通过网络进行操作系统的自动化安装。经常运用于服务器的成批量大规模部署。作者实现了一个 PXE 安装 Ubuntu 12.04 的工具包，位于 https://github.com/JiYou/easyinstall。

[2] 本书提到的 Image，都是指虚拟机的磁盘。

[3] 有的 Hypervisor 可能不支持这种方式，比如 virtual box。Linux 环境下的 KVM/XEN 都可以支持。

[4] Swift 是 object storage 的开源实现，属于 OpenStack 的三大部件之一。

可以单独使用。

图 1.10　Glance 代理模式

### 1.4.3　虚拟网络管理 Quantum

在大型互联网应用中，虚拟机都不是单独使用的，往往需要组建局域网，甚至需要划分子网，以实现虚拟机与主机，及虚拟机之间的通信。传统的组网方式都是直接基于硬件进行操作，但是，在解决虚拟机的网络问题的时候，并不需要也不能采用硬件手工操作方式了。需要软件来定义虚拟机的网络（亦称之为虚拟网），即 Software defined network（SDN）。SDN 在各个商业公司里面，都是作为重要的商业软件，此外，SDN 业界也没有明确统一的标准。因此，SDN 软件除去商业利益的争夺以外，同时还意味着标准定义的争夺。

虚拟网络如此重要，实在没有任何理由将其放到 Nova 中。云计算的虚拟网络管理，应该独立出来，在 OpenStack 中取名为 Quantum。

虽然 Quantum 已经从 Nova 中独立出来了，并且已经成为重量级部件，但是依照 Glance 的设计原理与经验，在这里依然需要依从使用者的需求，也不外乎那么几乎同样的 3 个问题：

（1）有的企业可能使用私有的网络设备以及自定义的 SDN 软件。

（2）有的企业有 SDN 软件的需求，但是并没有这样的软件。

（3）小型环境或开发人员有时候只需要简单的网络环境（比如开发的重点并不在虚拟网络）。

针对这些不同的需求，Quantum 采用代理模式是一个较好的选择。那么使用者可以根据自己的情况，在 Quantum 的后端选择接入自己的设备，或者采用 SDN 的开源实现 Open vSwitch，或者直接采用 Linux bridge 桥接网络。这时，Quantum 的结构就更加清晰，如图 1.11 所示。

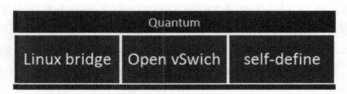

图 1.11　Quantum 代理模式

### 1.4.4　OpenStack 三大组件

OpenStack 包含 3 个重量级组件：Nova、Quantum 和 Swift。三大组件如图 1.12 所示。

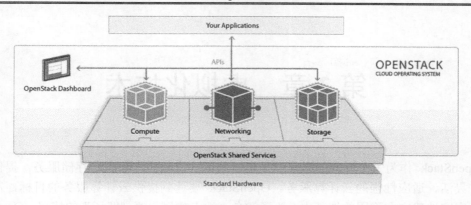

图 1.12　OpenStack 整体架构图

在三大组件中，Nova 负责 Compute 模块，Quantum 负责虚拟网络，而 Swift 主要负责云存储。至此，OpenStack 的整个大体环境已经了解了，并且已经明白为什么要这样设计。

## 1.5　小　　结

本章所介绍的都属于理论知识，理解这些知识，有助于了解整个云计算的功能、用途和出现的原因。这样读者就可以带着很强的目的性去安装、部署、使用和分析 OpenStack。此外，本章还分析了 OpenStack 的发展路线以及每个版本的特点。本章最后在基于 Grizzly 版本的基础上，大体介绍了 OpenStack 几个重要组件的功能和设计原因。

# 第 2 章  虚拟化技术

OpenStack 作为一个开源的云计算平台,利用虚拟化技术和底层存储服务,提供了可扩展、灵活、适应性强的云计算服务。OpenStack 要达到提供云计算服务的目标,需要将其基石牢牢地建立在稳固的地基上。为了避免"沙上建塔,顷刻即坏"的情况,OpenStack 选择了什么样的技术作为其地基呢?答案就是虚拟化技术。

如果把 OpenStack 比做《易筋经》,那么虚拟化技术就是打通任督二脉。学习虚拟化技术是掌握 OpenStack 云计算平台的关键。因此,本章将对虚拟化技术进行详细的介绍。实际上,虚拟化技术涉及的范围相当广泛,比如 I/O 优化、安全、虚拟网络、高清桌面传输等等。由于篇幅限制,在介绍虚拟化技术时,并不会全面展开,只是重点介绍了 OpenStack 中涉及到的范围,重点掌握这些内容,有助于快速理解与使用 OpenStack。

本章主要涉及到的知识点如下。

- ❑ 虚拟化技术介绍:简单地介绍了常用虚拟化工具 KVM、Xen 和 Libvirt。
- ❑ 虚拟化工具安装:详细介绍了 KVM、Libvirt、Qemu 的安装和配置。
- ❑ 虚拟机操作实践:详细介绍了如何手动搭建虚拟机,以及如何快速批量创建虚拟机。

## 2.1  虚拟化技术简介

如果把虚拟化技术比作打通任督二脉,那么打通这个"任督二脉"的方法有很多。在开源软件里面,主要是采用 KVM 和 Xen。尽管 OpenStack 对 KVM 和 Xen 都支持,但是 OpenStack 对 KVM 的支持明显要比 Xen 做得好。因此,在介绍时,将以 KVM 为重点。

### 2.1.1  KVM

基于内核的虚拟机 KVM(Kernel-Based Virtual Machine)是 2007 年问世的开源虚拟化解决方案。KVM 需要两个条件:硬件支持全虚拟化;操作系统为 Linux。

基于内核实现虚拟化,KVM 包含了一个加载的内核模块 kvm.ko。此外,由于 KVM 对硬件 x86 架构的依赖,会需要一个处理器规范模块。处理器规范模块与处理器类型相关,如果使用的是 Intel 的 CPU,那么就加载 kvm-intel.ko;如果使用的是 AMD 的 CPU,就加载 kvm-amd.ko 模块。当 Linux 内核加载 KVM 模块之后,KVM 模块只负责对虚拟机的虚拟 CPU、虚拟内存进行管理和调度。

虚拟机只具备虚拟 CPU、虚拟内存还是无法完成很多工作。有时候,虚拟机还是需要很多的外设(可能是真实或虚拟的外设),如何管理这些外设呢?外设分为以下两种。

（1）真实硬件设备：虚拟机如果要与这些真实的硬件设备交互，就需要利用 Linux 系统内核来进行管理。

（2）虚拟的外部设备：虚拟机要与虚拟机的外设交互时，KVM 需要借助另外一个虚拟化项目 Qemu。通过 Qemu，KVM 就能够很好地与虚拟外设交互。实际上，Qemu 中，也利用软件编写了很多虚拟机的外部设备。除非特别需要，很多外设都采用了 Qemu 的虚拟外设。

从而可以看出，KVM 本身只关注于虚拟机调度、内存管理这两大方面。外设的任务交给 Linux 内核、Qemu。因此，KVM 是一个轻量级的 Hypervisor，显得小巧灵活。正是由于 KVM 轻量级的特性，在很多 Linux 发行版中，已将 KVM 加入到虚拟化解决方案中。KVM 在系统中的结构如图 2.1 所示。

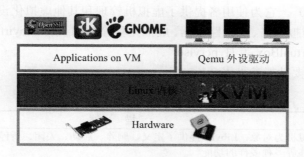

图 2.1　KVM 虚拟化系统框架

## 2.1.2　Xen

Xen 是 2003 年由剑桥大学研发的开源 Hypervisor。Xen 与 KVM 不同的是：当硬件不具备虚拟化能力的时候，Xen 可以采用半虚拟化[1]（Para-Virtualization）的方式来运行虚拟机。

Xen 的开发要比 KVM 早，因此从技术上而言，Xen 更加成熟。也正是由于 Xen 的成熟性、稳定性以及消耗资源少的特点，在国内外都得到了大规模的使用。

Xen 设计时，为了提高虚拟化的性能，物理硬件[2]都可以直接交付给虚拟机使用（称为 passthru[3]）。这种处理，却是以牺牲灵活性为代价的：Xen 的安装，需要更新或修改 Linux 内核。由于 Xen 的虚拟化实现是直接与宿主机的内核绑定，安全性也会有所降低。

虽然 OpenStack 也支持 Xen 虚拟机，但是支持的功能不能与 KVM 相比。因此，本书采用虚拟化时，也使用了 KVM 的方案。在后续的章节，也将会讲到如何完善 OpenStack 对 Xen 的支持。

---

[1] 半虚拟是指不依赖于硬件而从软件上实现的虚拟化。运行于 Xen 半虚拟化的虚拟机，使用了宿主机操作系统的系统调用，需要保持与宿主机内核版本一致。因此，半虚拟化的应用会受到很多限制，最为明显的是，虚拟机采用 Xen 半虚拟化时，就不能运行 Windows 操作系统。

[2] 在 Xen 4.1 版本之后，PCI 设备、VGA 显卡和声卡都可以直接交付给虚拟机使用。

[3] http://wiki.xen.org/wiki/Xen_VGA_Passthrough；http://wiki.xen.org/wiki/Xen_PCI_Passthrough。

### 2.1.3 Libvirt

在一个数据中心里面，有可能使用了不同的 Hypervisor：早一些的服务器使用了 Xen；新一批的服务器使用了 KVM；也有可能是购置的商业虚拟化软件。由于时间、地域、部门、企业的关系，使用的 Hypervisor 都不会相同。如何管理这些不尽相同的 Hypervisor，一直是一个比较头疼的问题。最理想的情况是：能有一个统一的管理工具来管理各种各样的 Hypervisor，并且能够提供统一的 API 来支持上层应用。

Libvirt 就是在这种情况下诞生的。为了达到理想化的目标，Libvirt 为多种 Hypervisor 提供一种统一的管理方式。Libvirt 是一个软件的集合，包括 API 库、后台运行程序（Libvirtd）和命令行工具（virsh）。它为使用者提供了虚拟机管理和其他虚拟化设备管理。这些虚拟化设备包括：磁盘、虚拟网络、虚拟路由器、虚拟光驱等等。目前，Libvirt 支持 Xen、QEMU、LXC、OpenVZ 和 VirtualBox 等 Hypervisor[1]。

Libvirt 包括的主要功能参见表 2.1。

表 2.1 Libvirt功能

| 功　　能 | 描　　述 |
| --- | --- |
| 虚拟机管理 | 以虚拟机为对象，Libvirt 提供了定义、删除、启动、关闭、暂停、恢复、保存、回滚和迁移等多种多样的功能 |
| 虚拟设备管理 | 能够管理各种各样的虚拟外设，比如虚拟磁盘、虚拟网卡、内存、虚拟 CPU 等虚拟机使用的外部设备 |
| 远程控制 | Libvirt 除了对本机的 Hypervisor 进行管理之外，还提供了远程连接功能。通过提供的 virsh 程序或 API 能够远程连接其他物理机的 Hypervisor |

## 2.2　安装 Libvirt 虚拟化工具

本节首先介绍 KVM 的安装，然后介绍如何安装 Libvit，最后介绍虚拟化工具的配置。源码安装的好处是能够实现离线安装，不会因为网络原因而影响安装进度，甚至造成安装失败。在以后的章节中将看到，很多地方都用到了源码安装。读者应该慢慢熟悉这种安装方法。

### 2.2.1　安装 KVM

安装 KVM 顺序如下。
（1）BIOS 开启 VT

KVM 需要硬件虚拟化特性[2]的支持。因此，在安装 KVM 之前，应该在 BIOS 中，将 CPU 虚拟化开启。首先找到 CPU features，然后找到 Virtualization Technology（VT）此项，

---

1 尽管 Libvirt 支持多种多样的 Hypervisor，但是对 KVM 的支持做得最好。
2 虚拟化技术（Virtualization Techonology，VT），不同的厂商对于虚拟化技术称呼不同，Intel 命令为 Intel-VT，而 AMD 称之为 AMD-V。本书中统称为 VT。

将值设置为 Enabled。图 2.2 演示了一种 BIOS 的设置方式。

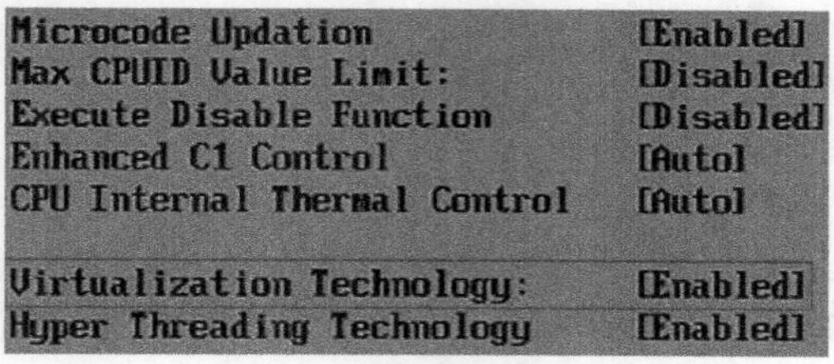

```
Microcode Updation            [Enabled]
Max CPUID Value Limit:        [Disabled]
Execute Disable Function      [Disabled]
Enhanced C1 Control           [Auto]
CPU Internal Thermal Control  [Auto]

Virtualization Technology:    [Enabled]
Hyper Threading Technology    [Enabled]
```

图 2.2　BIOS 设置 VT 示意图

> **注意**：除了此项需要设置之外，如果发现 VT-d Tech 选项，也应该将此项开启。VT-d 技术表示 CPU 支持直接 I/O 访问的虚拟化技术。如果在 BIOS 中，没有发现 Virtualization 字样，应该查询相应的 CPU 型号，以确认使用的 CPU 是否支持虚拟化。如果 BIOS 中虚拟化并没有开启，安装 KVM 之后，KVM 模块仍然不能使用。

（2）检测 VT

在 BIOS 中设置完毕之后，重新进入 ubuntu 系统，利用如下命令确认 CPU 是否支持虚拟化：

```
root@ubuntu:~#egrep -o "(vmx|svm)" /proc/cpuinfo
vmx
```

> **注意**：如果输出为 vmx 或 svm，就说明 CPU 支持虚拟化技术。其中 vmx 说明此 CPU 是 Intel 系列，采用了 Intel-VT 技术；svm 则表示 CPU 是 AMD 系列，采用了 AMD-V 技术。

（3）安装 KVM

确定 CPU 支持虚拟化技术后，便可以开始安装 KVM 了：

```
root@ubuntu:~#apt-get install qemu-kvm ubuntu-vm-builder bridge-utils
```

安装完成之后，启用 KVM 内核模块：

```
root@ubuntu:~#modprobe kvm
root@ubuntu:~#modprobe kvm_intel
root@ubuntu:~#modprobe kvm_amd
```

> **注意**：正常情况下，这些命令并不会有任何输出。如果有报错的情况，那么应该检查——BIOS 中是否开启 VT；CPU 型号是否支持 VT；某些系统安装完 KVM 之后，需要重启才能正常使用。

安装完成之后，可以通过如下命令检查 KVM 是否安装成功。如果得到相应的输出，则表明 KVM 已经安装成功。

```
root@ubuntu:~#kvm-ok
INFO: /dev/kvm exists
KVM acceleration can be used
```

当 KVM 模块安装完成之后,添加用户 root 到 kvm 组。执行如下命令:

```
root@ubuntu:~#adduser root kvm
Adding user 'root' to group 'kvm'…
```

### 2.2.2 安装 Libvirt

安装 Libvirt 有两种方法:一种是通过源码编译安装(不是很建议采用这种方式);一种是通过 apt-get 安装。下面介绍这两种安装方式。

#### 1. 源码安装 Libvirt

源码安装 Libvirt,首先需要安装好依赖环境。安装依赖环境命令如下:

```
apt-get install -y build-essential python-dev libxml2-dev libxslt-dev tgt lvm2 \
python-lxml unzip python-mysqldb mysql-client memcached openssl expect \
iputils-arping python-xattr python-lxml kvm gawk iptables ebtables sqlite3 sudo kvm \
vlan curl socat python-libxml2 iscsitarget iscsitarget-dkms open-iscsi build-essential \
libxml2 libxml2-dev make fakeroot dkms openvswitch-switch openvswitch-datapath-dkms \
libxslt1.1 libxslt1-dev vlan gnutls-bin libgnutls-dev cdbs debhelper libncurses5-dev \
libreadline-dev libavahi-client-dev libparted0-dev libdevmapper-dev libudev-dev \
libpciaccess-dev libcap-ng-dev libnl-3-dev libapparmor-dev \
python-all-dev libxen-dev policykit-1 libyajl-dev libpcap0.8-dev libnuma-dev radvd \
libxml2-utils libnl-route-3-200 libnl-route-3-dev libnuma1 numactl \
libnuma-dbg libnuma-dev dh-buildinfo expect \
ebtables iptables iputils-ping iputils-arping sudo dnsmasq-base dnsmasq-utils
```

🔔 **注意**:需要使用 root 来执行这条命令[1]。

依赖包安装完成之后,再下载 Libvirt 的源代码[2]。在下载源码时,注意源码更新的时候,尽量选择较新的版本,当前所使用的版本为 libvirt-0.10.2.tar.gz。当下载完成之后,可以采用如下方式进行安装。

```
01   root@ubuntu:~ #tar zxf libvirt-0.10.2.tar.gz
02   cd libvirt-0.10.2
03   ./configure --prefix=/usr        #检测配置,并且安装到/usr 目录
04   make; make install               #编译源码,编译完成之后安装
```

🔔 **注意**:检测配置的时候,如果发现检测出错,那么要注意一下报错的原因。如果缺少某些开发包,直接安装就可以了。

安装完成之后,运行如下命令启动 Libvirt 后台进程:

---

[1] 尽管占了很多行,但是这条命令是一个整体,不能一行一行地运行。
[2] 源码位于 http://libvirt.org/sources/。

```
root@ubuntu:~ #/usr/sbin/libvirtd -d
```

> **注意**：-d 表示后台运行，会将日志输出到/var/log/libvirt/libvirtd.log；如果不带-d 参数，那么会直接输出到终端。

### 2．apt-get 安装 Libvirt

与源码安装相比，apt-get 安装就显得简单快捷[1]。apt-get 安装的好处在于会自动解决依赖关系，并且做好相应配置。只需要运行如下命令：

```
root@ubuntu:~ #apt-get install libvirt-bin qemu virt-manager
```

安装完成之后，可以通过以下步骤来检测安装是否成功。

（1）启动服务

首先启动 libvirtd 服务：

```
root@ubuntu:~ #service libvirtd restart
root@ubuntu:~ #virsh list --all
 Id    Name                           State
----------------------------------------------------
```

如果看到相应输出，那么表明 Libvirt 已经安装成功。

（2）管理界面

也可以通过 virt-manager 管理界面来检测。打开终端，运行如下命令：

```
root@ubuntu:~ #virt-manager
```

如果看到如图 2.3 所示界面，则表明安装成功[2]。

图 2.3　virt-manager 界面

## 2.3　虚拟机配置文件详解

本节将介绍如何利用 Libvirt 通过配置文件[3]管理虚拟机。此外，还将介绍如何管理虚

---

1 除此之外，还会安装一系列辅助工具，强烈建议采用这种安装方法。
2 第一次打开界面的时候，容易出现正在连接的情况，稍等片刻即可。
3 也称为虚拟机定义文件或者 xml 文件。

拟磁盘和虚拟网络。最后介绍如何通过远程访问虚拟机。virsh 是 Libvirt 自带的命令行工具。通过 virsh 命令，可以很方便地对虚拟机的 CPU、内存、网络和磁盘等各种资源进行管理。virsh 主要是通过 xml 文件来对这些资源进行描述的。

此外本节介绍的是配置文件中基础而又重要的知识。急于动手实践虚拟机的读者可以阅读下一节，并将本节作为手册翻阅。但仍然强烈建议按照顺序读下去。

### 2.3.1 xml 描述 hypervisor

Libvirt 的 xml 文件[1]分为几个重要部分。首先看整体结构：

```
01    <domain type='kvm'>
02        虚拟机整体信息
03        系统信息
04        硬件资源特性
05        突发事件处理
06        虚拟磁盘（单个或者多个）
07        虚拟光盘（可选）
08        虚拟网络（单个或者多个）
09        vnc/spice 配置
10    </domain>
```

在 Libvirt 官方文档里面，将虚拟机定义为 domain，而不是 vm（virtual machine）。Xen 中 Domain 0 表示宿主机系统[2]。而在 KVM 中，domain 完全指虚拟机系统。

type 一项指明了使用的是哪种虚拟化技术。如果使用的是 KVM，那么值为 kvm。如果使用的是 Xen，那么值为 xen。当然，如果使用的是其他 hypervisor，值也不尽相同。首先看一下 xml 文件示例：

```
01    <domain type='kvm'>                          #描述 hypervisor
02        <name>%VM_NAME%</name>                   #定义虚拟机整体信息
03        <uuid>%UUID%</uuid>
04        <memory>1048576</memory>
05        <currentMemory>1048576</currentMemory>
06        <vcpu>1</vcpu>
07        <os>                                     #系统信息
08            <type arch='x86_64' machine='pc-0.14'>hvm</type>
09            <boot dev='cdrom'/>      #默认从 cdrom 启动，安装系统时需要，不用则删除此行
10            <boot dev='hd'/>
11            <bootmenu enable='yes'/>
12        </os>
13        <features>                               #硬件资源特性
14            <acpi/>
15            <apic/>
16            <pae/>
17        </features>
```

---

[1] https://github.com/JiYou/openstack/blob/master/chap03/cloud/_base/back 有一份模板，以供参考。模板中%%表示变量名，需要手动更改，或者利用 sed 命令更改。

[2] 虚拟机像寄生虫一样寄生于物理机系统上。比如在笔记本安装了 Win 7 系统，Win 7 系统又利用 virtualbox 安装了 redhat。那么 Win 7 系统就是宿主系统，而 redhat 是虚拟机系统，也是寄生系统。

```
18      <clock offset='localtime'/>
19      <on_poweroff>destroy</on_poweroff>         #突发事件处理
20      <on_reboot>restart</on_reboot>
21      <on_crash>restart</on_crash>
22      <devices>                                   #外设资源
23        <emulator>/usr/bin/kvm</emulator>
24        <disk type='file' device='disk'>          #描述虚拟磁盘 image
25          <driver name='qemu' type='qcow2' cache='none'/>
26          <source file='%IMAGE_PATH%'/>
27          <target dev='vda' bus='virtio'/>
28          <alias name='virtio-disk0'/>
29        </disk>
30        <disk type='file' device='cdrom'>         #添加虚拟光盘
31          <driver name='qemu' type='raw'/>
32          <source file='%ISO_PATH%'/>
33          <target dev='hdb' bus='ide'/>
34          <readonly/>
35          <address type='drive' controller='0' bus='1' unit='0'/>
36        </disk>
37        <controller type='ide' index='0'>
38          <address type='pci' domain='0x0000' bus='0x00' slot='0x01' function='0x1'/>
39        </controller>
40        <controller type='fdc' index='0'/>
41      #虚拟网络配置，基于网桥
42        <interface type='bridge'>
43          <mac address='%MAC%'/>
44          <source bridge='br100'/>
45          <target dev='vnet0'/>
46          <alias name='net0'/>
47          <address type='pci' domain='0x0000' bus='0x00' slot='0x03' function='0x0'/>
48        </interface>
49      #虚拟网络，基于虚拟局域网配置
50        <interface type='network'>
51          <mac address='%MAC2%'/>
52          <source network='default'/>
53          <target dev='vnet7'/>
54          <alias name='net1'/>
55          <address type='pci' domain='0x0000' bus='0x00' slot='0x06' function='0x0'/>
56        </interface>
57      #串口信息可以不用更改
58        <serial type='pty'>
59          <target port='0'/>
60        </serial>
61        <console type='pty'>
62          <target type='serial' port='0'/>
63        </console>
64        <input type='tablet' bus='usb'/>
65        <input type='mouse' bus='ps2'/>            #注意更改 vnc 端口如下
66        <graphics type='vnc' port='5900' autoport='yes' listen='0.0.0.0' keymap='en-us'>
67          <listen type='address' address='0.0.0.0'/>
68        </graphics>
```

```
69      <sound model='ich6'>                              #从此往下的内容可以不用更改
70        <address type='pci' domain='0x0000' bus='0x00' slot='0x04'
          function='0x0'/>
71      </sound>
72      <video>
73        <model type='vga' vram='9216' heads='1'/>
74        <address type='pci' domain='0x0000' bus='0x00' slot='0x02'
          function='0x0'/>
75      </video>
76      <memballoon model='virtio'>
77        <address type='pci' domain='0x0000' bus='0x00' slot='0x05'
          function='0x0'/>
78      </memballoon>
79    </devices>
80  </domain>
```

## 2.3.2 虚拟机整体信息

描述完 hypervisor 信息之后,开始从整体上描述虚拟机所需资源。描述格式如下:

```
01    <name>%NAME%</name>
02    <uuid>%UUID%</uuid>
03    <memory>1048576</memory>
04    <currentMemory>1048576</currentMemory>
05    <vcpu>1</vcpu>
```

注意:描述的先后顺序。%XX%表示此处是一个用户自定义字符串,可以自行更改,比如将%NAME%更改为"redhatvm"。

其中,第 01 行定义了虚拟机的名字。Libvirt 可以通过虚拟机的名字对虚拟机进行管理。在同一台物理机上,虚拟机的名字必须要保证是唯一的。如果存在重名的情况,添加和创建虚拟机时,会失败。

第 02 行定义的虚拟机的 UUID。在同一台物理机上,UUID 值也必须是唯一的,否则会出现冲突,进而导致创建虚拟机失败。UUID 是一长串单调的字符串,用户也可以自行定义,不过更加妥善的办法是利用 uuidgen 命令生成:

```
root@ubuntu:~#uuidgen
70a99d2a-b206-4e8a-baac-3b110e6d47b6
```

注意:每次生成的 UUID 的值都不相同。

第 03~04 行描述了虚拟机内存信息,通常以 KB 为单位。一般而言,为了方便内存的管理与分配,都将 memory 和 currentMemory 的值设置为同一值。

第 05 行指明了分配的虚拟 CPU 的个数[1]。单个虚拟机,最多可分配的虚拟 CPU 个数,可以通过如下命令确定:

```
root@ubuntu:~#cat /proc/cpuinfo | grep processor | wc -l
4
```

---

[1] 以整数为单位。

> 注意：不同的物理机输出值应该不相同，这里的 4 表明最多可以有 4 个虚拟 CPU 供分配。在宿主机上，所有虚拟机的虚拟机 CPU 总和可以大于虚拟 CPU 数目。此时会导致虚拟机运算性能下降。

### 2.3.3 系统信息

接下来则是对系统进行描述：

```
01    <os>
02      <type arch='x86_64' machine='pc-0.14'>hvm</type>
03      <boot dev='hd'/>
04      <bootmenu enable='yes'/>
05    </os>
```

这部分描述信息主要是通过<os></os>包含。在这里主要是包括了两部分信息：类型；启动信息。

第 02 行描述了类型，arch='x86_64'首先指明了系统结构，在示例中采用的是 64 位 x86 架构[1]。machine='pc-0.14'则指明了使用的机器类型。可以通过如下命令来查看本机上支持的机器类型：

```
01  root@ubuntu:~#qemu-system-x86_64 -M ?
02  Supported machines are:
03  pc            Standard PC (alias of pc-0.14)
04  pc-0.14       Standard PC (default)
05  pc-0.13       Standard PC
06  pc-0.12       Standard PC
07  pc-0.11       Standard PC, qemu 0.11
08  pc-0.10       Standard PC, qemu 0.10
09  isapc         ISA-only PC
```

通常设置的值都是采用 default 所指向的值。接下来的 hvm 所代表的含义是 hardware virtual machine，也就是基于硬件的虚拟化[2]。实际上，第 02 行简写为<type>hvm</type>就可以了，其他选项的值，Libvirt 会自动使用默认值。

第 03 行表示了启动介质选项。<boot dev='hd'/>表示首先选择 hard disk 作为启动介质。第 1 启动介质也可以设置为其他选项，比如 cdrom、floppy 等可启动介质。

第 04 行则表示是否开启启动选项菜单。<bootmenu enable='yes'/>表示开启启动项菜单。当虚拟机启动之后，按 F12 键可以进入启动菜单选项。如果要关闭启动项，可以设置其值为<bootmenu enable='no'/>。

### 2.3.4 硬件资源特性

接下描述了一些硬件资源特性，这些特性主要是包括两方面：电源管理及内存扩展。描述格式如下：

---

[1] 如果是在 32 位机上，arch 的值可以写为 arch='i686'。
[2] 与 hvm 相比，pvm（Parallel Virtual Machine）半虚拟化技术，并不依赖于硬件。Xen 具有这种特性。

```
01    <features>
02        <acpi/>
03        <apic/>
04        <pae/>
05    </features>
06    <clock offset='localtime'/>
```

第 02~04 行描述了硬件特性信息，其中 acpi 是指 Advanced Configuration and Power Interface（高级配置与电源接口）。apic 是指 Advanced Programmable Interrupt Controller（高级可编程中断控制器）。pae 是指 Physical Address Extension（pae），表示物理地址扩展。

第 06 行描述了时钟设置，在这里直接使用本地本机时间。

### 2.3.5 突发事件处理

xml 文件接下来会对突发事件进行处理，处理格式如下：

```
01    <on_poweroff>destroy</on_poweroff>
02    <on_reboot>restart</on_reboot>
03    <on_crash>restart</on_crash>
```

第 01~03 行定义了对 3 种不同的虚拟机突发事件的处理方式，当发生 poweroff[1]时，直接 destroy[2]虚拟机。当虚拟机 reboot、crash 的时候，会自动采用重启操作。用户也可以根据自己的需要，定制事件处理操作，比如<on_crash>destroy</on_crash>。

### 2.3.6 raw 格式 image

在虚拟化技术或者云计算中，都使用 image 一词来表示虚拟磁盘。接下来是定义虚拟机需要使用的虚拟外设。可以说，这些虚拟外设是整个虚拟机配置文件的重点。所有的虚拟外设都包括在<devices></devices>中，格式如下：

```
01    <devices>
02        <emulator>/usr/bin/kvm</emulator>
03        …
04    </devices>
```

第 02 行 emulator 设置的值为/usr/bin/kvm，也就是使用 KVM hypervisor。在 Xen 中，设置的值为<emulator>/usr/lib/xen/bin/qemu-dm</emulator>。

添加虚拟机磁盘之前，需要知道如何制作一个 image。通常用到的 image 格式有两种：raw 和 qcow2。这里先介绍 raw 格式 image 的制作与添加方法。

制作一个 raw 格式的 image 命令如下：

```
root@ubuntu:/root#qemu-img create -f raw ubuntu-12.10.raw 20G
Formatting 'ubuntu-12.10.raw', fmt=raw size=21474836480
```

> 注意：这里只是测试性地新建了一个 image ubuntu-12.10.raw。如果新建 image 是为了安装操作系统，Windows XP、Ubuntu 系统建议 20G，Windows 2003 及 Windows 7

---

1 断电有两种情况：（1）物理机断电；（2）通过 Libvirt 或 virt-manager 实施断电。
2 destroy 的操作与物理机断电情况极为类似，当虚拟机死机无法关闭的时候，可以采取 destroy 操作。

建议 30G 以上。此外，还需要根据自己的需要来设置大小。创建 image，打个比方，只是相当于给计算机添加了一个物理硬盘，此时这个硬盘上还没有操作系统，操作系统还需要安装，后面会讲解如何安装操作系统。

image 格式不同时，xml 描述格式也不相同。因此，在添加 image 时，应该用如下命令辨认 image 的格式：

```
01  root@ubuntu:/image#qemu-img info ubuntu-12.10.raw
02  image: ubuntu-12.10.raw
03  file format: raw
04  virtual size: 20G (21474836480 bytes)
05  disk size: 20G
```

注意：file format: raw 指明了此磁盘格式为 raw 格式。

为虚拟机添加 raw 格式的 image 的时候，需要按照如下格式：

```
01      <disk type='file' device='disk'>
02        <driver name='qemu' type='raw'/>
03        <source file='%IMAGE_PATH%'/>
04        <target dev='vda' bus='virtio'/>
05        <address type='pci' domain='0x0000' bus='0x00' slot='0x06'
          function='0x0'/>
06      </disk>
```

注意：<disk type= type='file' device='disk'></disk>是一个整体，定义一个完整的虚拟磁盘。无论是 KVM 或 Xen，写法都固定，唯一不同的是内部参数并不相同。

第 02 行，指明了使用的 image 驱动为 qemu，并且 image 格式为 raw 格式。

第 03 行，指明了所使用的 image 路径。xml 配置文件并不支持相对路径，路径需要使用全路径，如/var/lib/xen/images/win03.img。

第 04 行，dev 指明了添加的 image 作为第几个硬盘。第 1 个硬盘记为 vda，第 2 个硬盘记为 vdb，以此类推。bus 代表了所使用的磁盘驱动类型，在这里使用的是 virtio[1]。virtio 是一种高效的 image 数据传输方式，在条件允许的情况下，应该尽量选择这种设置方式。

第 05 行，描述了 image 所使用的 pci 地址，此行省略亦可。如果一定要添加此行，注意在同一个配置文件中，两个设备不能有相同的 slot 编号。比如，示例中硬盘就独占了为 0x06 的编号。

### 2.3.7　qcow2 格式 image

image 除了使用 raw 格式之外，经常使用到的还有 qcow2 格式[2]。创建一个 qcow2 格式 image 可以采用如下命令：

```
root@ubuntu:/root#qemu-img create -f qcow2 -o cluster_size=
```

---

[1] Windows 操作系统并没有添加 virtio 驱动，在安装操作系统时，需要手动添加 virtio 驱动。

[2] qcow2 表示 qemu copy-on-write 2 virtual disk format，当下一种比较主流的虚拟化磁盘格式，具有占用空间小、支持加密、支持压缩的特点。

```
2M,backing_file=ubuntu-12.10.raw ubuntu-nova.qcow2 40G
Formatting 'ubuntu-nova.qcow2', fmt=qcow2 size=42949672960 backing_
file='ubuntu-12.10.raw' encryption=off cluster_size=2097152
```

> 注意：这里采用的是 backing file 方式来创建 qcow2 格式 image。这里的 40G 并不会真正占用 40G 的空间，只是限制了 ubuntu-nova.qcow2 文件最大的大小（这里的文件大小与 image 内部数据、分区大小都没有关联）。此外，当 raw 格式文件中安装的系统是 Windows 系列的时候，创建 qcow2 格式最后文件大小需要比 raw 格式大 2~3 倍。例如一个大小为 30G 的 win7.raw 格式文件，创建 qcow2 格式磁盘命令如下：qemu-img create -f qcow2 -o cluster_size=2M,backing_file=win7.raw windows-7.qcow2 60G。

这里的 ubuntu-nova.qcow2 文件并不是一个独立的 image。在使用时，需要与 ubuntu-12.10.raw 磁盘一起使用（需要保持 backing_file 绝对路径不变，qcow2 文件可以移动）。利用 qcow2 格式 image 创建虚拟机如图 2.4 所示。

图 2.4　虚拟机使用 qcow2 格式示意图

虚拟机是直接与 qcow2 格式 image 交互。raw 格式 image 作为 backing file，对虚拟机而言，是完全透明的。实际上，qcow2 文件采用的是写时复制策略。qcow2 格式 image 只是保存了所有的更改数据，raw 格式 image 中的数据不会发生丝毫变动。

> 注意：对 backing_file 的读操作可以进行，而写操作必须禁止。因此，一个 backing_file 可以被多个虚拟机采用 qcow2 的方式进行共享，因为此时虚拟机不会直接对 backing_file 进行写操作。

那么虚拟机对虚拟磁盘的操作需要分成以下两部分。
- ❑ 读操作：如果虚拟机并未更改数据，那么虚拟机会直接读取 raw 格式磁盘。如果对 raw 格式磁盘数据有所更改，那么虚拟机会读取 qcow2 磁盘上的数据。
- ❑ 写操作：写操作时数据如果与 raw 虚拟磁盘上的数据并不相同，则将此部分数据保存至 qcow2 格式磁盘。

可以看出，无论是读或者写，都会有差异性的判断。因此，qcow2 格式磁盘与直接使用 raw 格式磁盘相比，读写性能会略有下降[1]。可以放心的是，这种性能上的损失并不明显，完全可以接受。

那么为什么要采用 qcow2 格式 image？有什么好处呢？好处有两点！首先第一点，并

---

[1] 磁盘 I/O 要求较低的虚拟机，建议使用 raw 格式虚拟机磁盘。

不会像 raw 格式 image 一样，创建的同时，就会占用掉大量空间。比如创建一个 20G 的 raw 格式 image，那么这个 raw 格式 image 会立马占用掉 20G 的空间。而 qcow2 格式文件则是采用动态增长策略。也就意味着，如果创建 20G 的 qcow2 格式 image，如果并没有数据写入，几乎不会占用空间。其空间的大小总是随着写入数据的多少而变化。

在讲第 2 个好处之前，先考虑一个问题：如何快速创建同样的 10 台 ubuntu-12.10 的虚拟机。假设已经具备一个 ubuntu-12.10.raw 格式的 image（20G），这个 image 中已经安装好了 ubuntu-12.10 系统。

第一种简单粗暴的办法是：复制 ubuntu-12.10.raw 文件 10 份，分别利用备份文件创建虚拟机。时间主要花费在复制 image，复制的数据总量为 200G。如图 2.5 所示。

图 2.5　利用 raw 格式 image 创建 10 台虚拟机

第 2 种简单优雅的办法是：利用 ubuntu-12.10.raw 文件作为 backing file，创建 10 份 qcow2 格式 image。再分别利用这些 qcow2 文件创建虚拟机。时间花费非常少，创建 qcow2 文件速度与运行 ls 命令一样快。利用这 10 份 qcow2 文件创建虚拟机，如图 2.6 所示。

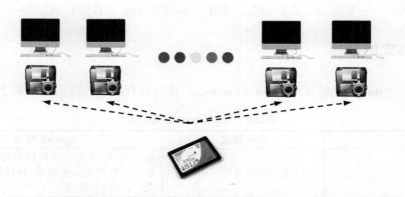

图 2.6　利用 qcow2 格式 image 快速创建 10 台虚拟机

采用这种方式创建虚拟机，创建速度快得惊人。并且创建速度与 raw 格式磁盘大小没有关系。而简单地复制 raw 格式 image 的方法，则会随着 raw 格式 image 的大小，呈线性上升。在实际环境中，经常会遇到 raw 格式文件大小为 100G~200G 的情况，采用复制操作，浪费大量时间的同时，也占用了少空间。

关于 qcow2 格式 image 的 backing file，值得说明的还有两点。

（1）qcow2 格式 image 也可以不使用 backing file。此时与 raw 格式 image 唯一的区别就是：qcow2 格式 image 的大小可以动态增长。其他与 raw 格式并无太大区别。此时创建 image 命令如下：

```
root@ubuntu:/root#qemu-img create -f qcow2 ubuntu-12.10.qcow2 20G
```

```
Formatting 'ubuntu-12.10.qcow2', fmt=qcow2 size=21474836480
```

（2）qcow2 格式的 backing file 强烈建议采用 raw 格式[1]。

介绍完 qcow2 的注意事项之后，还需要知道如何将 qcow2 文件添加到虚拟机配置文件 xml 中。首先需要使用如下命令来判断一个虚拟磁盘是否是 qcow2 格式：

```
01  root@jiyou-os:/image#qemu-img info ubuntu-nova.qcow2
02  image: ubuntu-nova.qcow2
03  file format: qcow2
04  virtual size: 40G (42949672960 bytes)
05  disk size: 3.8G
06  cluster_size: 2097152
07  backing file: ubuntu-12.10.raw (actual path: ubuntu-12.10.raw)
```

**注意**：有的 qcow2 格式磁盘并没有 backing file 这一项。

如果使用的是 qcow2 格式的磁盘，那么虚拟机 xml 文件应该按照如下格式填写：

```
01  <disk type='file' device='disk'>
02    <driver name='qemu' type='qcow2'/>
03    <source file='%IMAGE_PATH%'/>
04    <target dev='vda' bus='virtio'/>
05  </disk>
```

**注意**：与 raw 磁盘格式的描述文件相比，type 的值有所变化。

从格式可以看出，除了指明 type 值有所更改之外，其他没有变化。因此，在添加虚拟磁盘的时候，一定要先确认虚拟磁盘的类型，并且在 xml 文件中正确填写[2]。

## 2.3.8 格式的选择

通常用的 image 的格式为：raw 和 qcow2，各自具有各自的特点，如表 2.2 所示。

表 2.2 raw 和 qcow2 格式特点

|  | raw 格式 | qcow2 格式 |
| --- | --- | --- |
| 格式转换 | 可以直接转换为其他格式 | 很多时候，不能直接转换为其他格式，不过可以先转换为 raw 格式，再转换成为别的格式。花费时间较长 |
| 占用空间 | qemu-img 命令旧版本是硬盘多大则占用多大空间。新版本则根据实际使用量来决定占用空间 | 根据实际使用量来决定占用空间大小 |
| 宿主机文件系统 | 需要宿主机分区使用某些特定的文件系统：ext2、ext3、ext4、NTFS 等等 | 宿主机文件系统选择泛围更大 |

---

1 backing file 采用 qcow2 也可以，但是 Xen 在读取这样的 qcow2 文件时，会读取失败，导致虚拟机无法启动。

2 如果 xml 中 image 格式与 image 的真实格式并不匹配，会导致虚拟机无法正常启动。报错形式一般为"找不到可启动介质"。

续表

|  | raw 格式 | qcow2 格式 |
|---|---|---|
| 改变空间最大值 | 直接可以改变 | 直接不可以改变，需要间接改变。需要以 raw 格式为中转 |
| 挂载 | 可以直接挂载 | 也可以挂载，略繁琐一些 |
| 加密、压缩、快照 | 不支持 | 支持 |
| 删除文件 | 占用空间与磁盘使用量会变小 | 只是删除了文件描述符，并没有真正删除数据，占用空间不变 |

总体来说，最后两项对应用的影响较大。有的应用需要使用快照，那么此时必然选择 qcow2 格式 image。但是，如果是大规模数据存储的情况，使用 qcow2 格式 image 就不太适合。除去性能的比较之外，还有一个考虑则是数据删除之后的影响，即 qcow2 由于文件删除之后，数据仍然保留，会出现占用额外空间的情况。

## 2.3.9 多个 image

有时候，虚拟机需要使用多个 image，类似于物理机需要多个硬盘一样。那么如何在虚拟机里面添加多个 image？

当要添加 image 的时候，需要注意两点：

（1）确认要添加 image 的格式，属于 raw 或 qcow2。

（2）要添加 image 的次序。

查看 image 格式可以使用 qemu-img 命令。这里作为示例，创建两个 image：

```
01  root@ubuntu:/root#qemu-img create -f raw main-disk.raw 10G
02  Formatting 'main-disk.raw', fmt=raw size=10737418240
03  root@ubuntu:/root#qemu-img create -f raw add-disk.raw 10G
04  Formatting 'add-disk.raw', fmt=raw size=10737418240
```

这里将 main-disk.raw 作为主盘，add-disk.raw 作为从盘。那么 xml 文件应该描述如下：

```
01      <disk type='file' device='disk'>
02        <driver name='qemu' type='raw'/>
03        <source file='/image/main-disk.raw'/>
04        <target dev='vda' bus='virtio'/>         #主盘应该设置为 vda
05      </disk>
06      <disk type='file' device='disk'>
07        <driver name='qemu' type='raw'/>
08        <source file='/image/add-disk.raw'/>
09        <target dev='vdb' bus='virtio'/>         #从盘应该设置为 vdb
10      </disk>
```

注意：按此类推，额外还需要添加的磁盘可以使用 vdc、vdd 等标号[1]。

---

1 磁盘标号，如果是使用 virtio 驱动，那么就采用 vda、vdb、vdc 的顺序，如果采用 ide 驱动，那么就采用 hda、hdb、hdc 的顺序。注意开头字母的不同。

## 2.3.10 虚拟光盘

在虚拟机配置文件 xml 中，可以指定要使用的虚拟光盘。尽管虚拟机也可以使用真实的物理光驱，但是由于读取速度较慢，多个虚拟机难以共享等原因，建议读者在使用虚拟光盘时，尽量采用 iso 文件。iso 文件具有读取速度快、易共享、易管理、环保又不易损坏。在 Linux 系统上，如果有光盘，制作一个 iso 极其简单，只需要运行如下命令：

```
root@ubuntu:~/ cp /dev/cdrom Ubuntu-12.10.iso
```

此外，很多网站都提供了 Linux 发行版系统，可以直接下载其 iso 文件，以供系统安装使用。当准备好 iso 文件之后，便可以添加 iso 至 xml 描述文件中。描述格式如下：

```
01    <disk type='file' device='cdrom'>
02      <driver name='qemu' type='raw'/>
03      <source file='/image/Ubuntu-12.10.iso'/>
04      <target dev='hdb' bus='ide'/>
05      <readonly/>
06    </disk>
```

> 注意：iso 文件属于 raw 格式的一种，除此之外，需要使用 ide 驱动读写。最后注意加上只读标志<readonly/>。

虚拟光盘并不是虚拟机必需的，在下面两种情况下需要用到：
（1）安装操作系统（如果是采用 pxe 安装操作系统，那么可以不用虚拟光盘）。
（2）向虚拟机传输数据，将数据打包成 iso，再添加给虚拟机。

## 2.3.11 虚拟网络

虚拟网络有很多，不同的 Hypervisor 提供了不同的虚拟网络以供虚拟机使用。本小节来介绍经常使用到的虚拟网络。

### 1. 桥接网络

桥接网络主要是通过网桥，从而虚拟出多个"真实网卡"以提供给虚拟机使用，如图 2.7 所示。

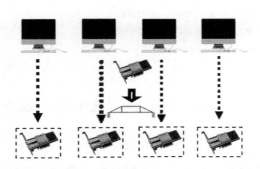

图 2.7 真实网卡通过网桥虚拟出多个网卡提供给虚拟机

可以看出，通过网桥，每个虚拟机可以拥有"自己的网卡"。但是虚拟机的网卡的配置，却是受到真实网卡所在网络限制的。这也就意味着，真实网卡处于哪个网络环境，虚拟网卡也处于什么样的网络环境。

明白了桥接网格，那么首先要搭建的是网桥。新建网桥时，需要根据物理机所在网络环境做出配置。物理机所在网络环境，一般而言有两种：DHCP 或静态 IP。无论是采用 DHCP 或者静态 IP 地址，都应该更改/etc/network/interfaces 网络配置文件[1]。

### 2. DHCP网桥

DHCP 环境下，网格 bridge 配置如下（以单网卡为例）：

```
01  auto lo
02  iface lo inet loopback
03
04  auto eth0
05  iface eth0 inet dhcp              #配置 eth0 网卡为 dhcp
06
07  auto br100
08  iface br100 inet dhcp             #配置 br100 网桥为 dhcp
09      bridge_ports eth0             #网桥 br100 建立在 eth0 上
10      bridge_stp off                #网桥是否关闭
11      bridge_maxwait 0
12      bridge_fd 0
```

> **注意**：示例中的网卡名称为 eth0，网桥名为 br100[2]。如果使用更新版本的 Ubuntu，其名字有可能已经更改为 em1。在配置网络时，注意真实网卡的名称。建立好网桥之后，需要重启网络方可生效：/etc/init.d/networking restart。

第 01~02 行都是配置 loopback，不需要进行更改。第 04~05 行在配置真实网卡 eth0。第 07~12 行都是在配置网桥 br100。在配置网桥的时候，第 07~08 行的格式与第 04~05 行并没有什么不同，区别在于第 09~12 行指出 br100 是一个建立在 eth0 上的网桥。其中第 09~12 行，格式较为固定，添加在 br100 之后就可以了。

### 3. 静态IP网桥

静态 IP 环境下，配置格式略有不同，参考配置如下：

```
01  auto lo
02  iface lo inet loopback
03  auto eth0
04  iface eth0 inet static            #将真实网卡 eth0 配置为静态 IP
05      address 10.239.82.26          #设置 IP 地址
06      netmask 255.255.255.0         #设置掩码
07      broadcast 10.239.82.255       #设置广播地址
08      gateway 10.239.82.1           #设置网关地址
09  auto br100
```

---

[1] 每种系统的网络配置文件及配置格式都不相同。这里采用 Ubuntu 系统的配置文件及配置格式。

[2] 在 OpenStack 中，默认使用 br100 作为网桥，在此处，沿用 OpenStack 的默认网桥。根据需要，更改为其他名字亦可。

```
10   iface br100 inet static
11       bridge_ports eth0           #设置网桥信息
12       bridge_stp off
13       bridge_maxwait 0
14       bridge_fd 0
15       address 10.239.82.26        #设置br100,此处配置与eth0的配置信息一致
16       netmask 255.255.255.0
17       broadcast 10.239.82.255
18       gateway 10.239.82.1
```

🔔**注意**:以上示例中,IP 地址、broadcast 和 gateway 都应该按照实际情况进行配置。此处提供的 IP 信息仅供参考。建立好网桥之后,需要重启网络方可生效:/etc/init.d/networking restart。

静态 IP 情况下的网桥配置,与动态 IP 情况下的基本一样。需要修改的有两处:
(1) 需要把 dhcp 改为 static。
(2) 在真实网卡 eth0 和网桥 br100 下方添加网络信息。

### 4. 基于网桥的虚拟网卡

建立网桥之后,需要查看一下 br100 是否生效。可以通过如下命令查看:

```
01  root@ubuntu:~#ifconfig br100
02  br100     Link encap:Ethernet  HWaddr 00:15:17:ce:75:e8
03            inet addr:10.239.82.26  Bcast:10.239.82.255  Mask:255.255.255.0
04            inet6 addr: fe80::215:17ff:fece:75e8/64 Scope:Link
05            UP BROADCAST RUNNING MULTICAST  MTU:1500  Metric:1
06            RX packets:23728411 errors:0 dropped:0 overruns:0 frame:0
07            TX packets:551293 errors:0 dropped:0 overruns:0 carrier:0
08            collisions:0 txqueuelen:0
09            RX bytes:1394190790 (1.3 GB)  TX bytes:3612407271 (3.6 GB)
```

🔔**注意**:这里要保证 br100 能够拿到 IP,并且网络连接正常,方可证明网桥建立成功。

建立好 br100 之后,可以在 xml 中添加如下基于 br100 虚拟网卡信息:

```
01      <interface type='bridge'>
02        <mac address='%MAC%'/>             #注意此处的%MAC%变量需要配置
03        <source bridge='br100'/>           #注意设置此处的bridge值
04        <target dev='vnet0'/>  #注意选择vnet0,同一个bridge设置为相同的值
05        <alias name='net0'/>   #注意选择net0,同一个bridge设置为相同的值
06        <address type='pci' domain='0x0000' bus='0x00' slot='0x03'
          function='0x0'/>
07      </interface>
```

%MAC%变量可以通过如下命令生成,输出值即是%MAC%地址。

```
root@ubuntu:~/#MACADDR="fa:92:$(dd if=/dev/urandom count=1 2>/dev/null |
md5sum | sed 's/^\(..\)\(..\)\(..\)\(..\).*$/\1:\2:\3:\4/')";
echo $MACADDR
```

🔔**注意**:字符串 fa:92 不可随意更改,否则网桥不易识别。一般利用网桥方式建立的网卡的 MAC 地址,多以 fa:92 开头。

### 5. 基于虚拟局域网的虚拟网卡

除了基于网桥的虚拟网卡之外，还可以建立基于虚拟局域网的虚拟网卡。此处的虚拟局域网可以使得位于同一台物理机的虚拟机再组成一个局域网[1]。添加格式如下：

```
01    <interface type='network'>
02      <mac address='%MAC2%'/>           #需要设置此处的%MAC2%变量
03      <source network='default'/>       #这里设置为default，不用更改
04      <target dev='vnet1'/>             #需要位于同一个虚拟局网的虚拟机，设置相同的值
05      <alias name='net1'/>              #注意此处net1设置的值
06      <address type='pci' domain='0x0000' bus='0x00' slot='0x06'
        function='0x0'/>
07    </interface>
```

%MAC2%的值，需要利用如下命令生成并替换：

```
MACADDR2="52:54:$(dd if=/dev/urandom count=1 2>/dev/null | md5sum | sed
's/^\(..\)\(..\)\(..\)\(..\).*$/\1:\2:\3:\4/')";
echo $MACADDR2
```

> 注意：MAC 地址开头字符串 52:54 不可随意更改，基于内部局域网的 MAC 地址多以 52:54 开头。

## 2.3.12 vnc 配置

一般而言，通过 virt-manager 生成的 vnc 配置都容易导致外部无法访问。其实只需要按照如下配置 vnc：

```
01    <graphics type='vnc' port='5900' autoport='yes' listen='0.0.0.0'
      keymap='en-us'>
02      <listen type='address' address='0.0.0.0'/>
03    </graphics>
```

> 注意：在使用的时候，直接复制粘贴就可以了。注意不要去更改粗体处的值。

# 2.4 制作 image

制作一个带操作系统的 image 大致有两种方法：virt-manager 和 virsh。virt-manager 需要通过桌面环境才可以使用，而 virsh 可以直接在命令行中完成操作。这两种方式各有优缺点。下面将介绍如何新建一个虚拟机并且为这个虚拟机安装操作系统。

这里制作的 image 用于作为 qcow2 磁盘的 backing file，以供批量虚拟机使用。因此，创建 image 成功之后，需要将相应虚拟机删除（仅保留制作好的 image），并且尽量不要去修改此 image。除了不要直接利用此 image 创建虚拟机之外，也不要有其他人为读写进

---

[1] 也可以建立跨越物理机的虚拟局域网，现在并不展开讨论。

程对此 image 进行操作，比如挂载。

## 2.4.1 virt-manager 创建 image

使用 virt-manager，因为有界面的帮助，创建和访问虚拟机都比较方便。但是如果需要实现自动化就比较困难。对于初学者而言，virt-manager 依然是入门上手的好工具。在安装和使用 virt-manager 之前应该确保 libvirt 正确安装并且可以正常使用。

### 1. 创建虚拟机

（1）安装并启动 virt-manager 可以使用如下命令[1]：

```
root@ubuntu:/root/#apt-get install virt-manager
root@ubuntu:/root/#virt-manager
```

将会打开 virt-manager 的运行界面，如图 2.8 所示。

（2）在 virt-manager 开始运行之后，单击 new 按钮，创建一个新的虚拟机，如图 2.9 所示。

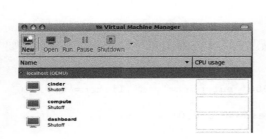
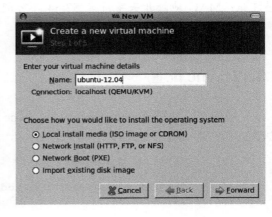

图 2.8　virt-manager 运行界面　　　　图 2.9　输入虚拟机名字

在创建新的虚拟机时，这里采用的是通过 iso 进行安装，如果对于其他安装方法熟悉，也可以采用其他方法安装[2]。

（3）单击 Forward 按钮之后，出现如图 2.10 所示界面。

注意：OS type 和 Version 可以按照最接近的值进行选择。

（4）安装虚拟机时，由于读取速度及共享的原因，强烈建议采用 iso 作为安装介质。单击 Browse 按钮，选择 ubuntu-12.10-server-amd64.iso，如图 2.11 所示。

（5）设置好安装介质之后，单击 Forward 按钮，进入设置 vcpu 和内存的界面，如图 2.12 所示。

---

1　在安装 virt-manager 之前，应该确保 BIOS 虚拟化开启、kvm 已经安装成功且运行正常。
2　第 2 项 Network Install 和第 3 项 Network Boot 都需要配置网络环境，依赖条件较多，此处不进行介绍。

# 第 2 章 虚拟化技术

图 2.10 选择 iso 作为安装介质

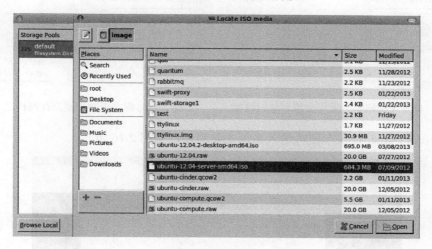

图 2.11 从文件系统中选择 iso 文件

**注意**：修改数值时，内存个数和 CPU 个数都要根据硬件性能进行设置。

（6）单击 Forward 按钮，进入虚拟磁盘创建界面，如图 2.13 所示。设置好虚拟磁盘之后，单击 Forward 按钮，得到如图 2.14 所示界面。如果需要将虚拟网卡建立在网桥上，那么需要将虚拟网卡设置进行修改，如图 2.15 所示。

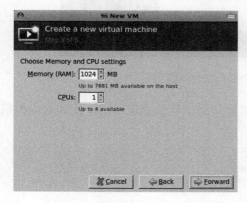

图 2.12 设置虚拟机内存及 CPU 个数

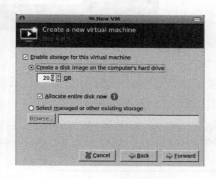

图 2.13 创建虚拟机硬盘

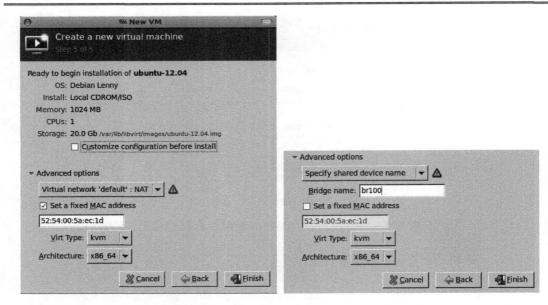

图 2.14　设置虚拟网卡，采用虚拟局域网设置　　图 2.15　将虚拟网卡建立在网桥之上[1]

（7）单击 Finish 按钮，便可进入系统安装界面，如图 2.16 所示。

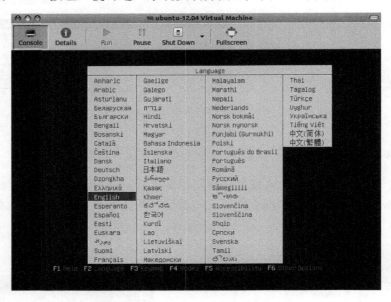

图 2.16　虚拟机系统安装界面

接下来，便是给虚拟机安装操作系统，当操作系统安装完成之后，安装好虚拟机中需要使用的软件。将虚拟机关闭[2]：

```
root@ubuntu:~#virsh destroy ubuntu-12.10
Domain ubuntu-12.10 has been destroy
```

---

1　br100 是手动输入的，这时需要知道手动建立网桥的名字。如何建立网桥，参见前一节。
2　登录到虚拟机中运行 shutdown -h now，或在宿主机中运行 virsh destroy ubuntu-12.10。

接下来需要保存两个文件：虚拟机定义文件和虚拟机硬盘。

## 2. 保存虚拟机定义文件

虚拟机定义文件可以通过如下步骤得到：

```
root@ubuntu:~#virsh list -all          #查看所有的虚拟机
 Id Name                 State
--------------------
  1 ubuntu-12.10         shut off
```

发现创建的虚拟机之后，采用如下命令保存 ubuntu-12.10 虚拟机的定义文件：

```
root@ubuntu:~#virsh dumpxml ubuntu-12.10 > ubuntu-12.10.xml
```

**注意**：黑体部分表示虚拟机的名字，如果虚拟机名字不同，那么需要根据情况做出相应更改。virsh dumpxml vm_name 表示将虚拟机 vm_name 的配置文件打印出来。

## 3. 保存 image

保存好虚拟机定义文件之后，找到虚拟机硬盘 image 定义部分，定义内容如下：

```
01      <disk type='file' device='disk'>
02        <driver name='qemu' type='raw'/>
03        <source file='/var/lib/libvirt/images/ubuntu-12.10.img'/>
                                              #虚拟磁盘全路径
04        …
05      </disk>
```

source file 指明了虚拟磁盘 image 全路径。将此 image 剪切至保存目录，如/image 目录[1]：

```
root@ubuntu:~#mv /var/lib/libvirt/images/ubuntu-12.10.img /image/
```

## 4. undefine 虚拟机

由于此虚拟机不再使用，将此虚拟机取消定义（undefine），运行命令如下：

```
root@ubuntu:~#virsh undefine ubuntu-12.10
Domain ubuntu-12.10 has been undefined
```

取消定义，其含义仅仅是指此虚拟机不再接受 virsh 命令的管理。如果使用命令：

```
root@ubuntu:~#virsh list -all          #查看所有的虚拟机
 Id Name                 State
--------------------
```

发现 ubuntu-12.10 虚拟机已经不再显示之列。

## 5. undefine 与 delete 的区别

与虚拟机删除的区别在于，undefine 只是取消了虚拟机的定义，相当于从数据库删除

---

[1] /image 目录作为 image 保存目录，读者亦可自行定义一个目录（尽量不要位于/root 和/home 目录下）。

了这条虚拟机记录,并不意味着将与虚拟机有关的资源也删除了,比如虚拟磁盘、iso 等资源还是存在。

如果需要删除虚拟机[1]及其相关资源,那么有两种方法。

(1) 第一种是基于命令行:

```
root@ubuntu:~#virsh dumpxml ubuntu-12.10 > ubuntu-12.10.xml
                                              #导出定义文件,可跳过
root@ubuntu:~#cat ubuntu-12.10.xml | grep file=
                                              #输出虚拟机所占资源文件路径
    <source file='/var/lib/libvirt/images/ubuntu-12.10.img'/>
    <source file='/image/ubuntu-12.10-server-amd64.iso'/>
root@ubuntu:~#rm -rf /var/lib/libvirt/images/ubuntu-12.10.img
                                              #删除虚拟机磁盘
```

(2) 另外一种办法是从 virt-manager 进行操作,打开 virt-manager,选中虚拟机 ubuntu-12.10 并且右击,在快捷菜单中选中 delete 命令,如图 2.17 所示。单击 Delete 按钮之后,出现删除界面,如图 2.18 所示。

图 2.17　删除虚拟机菜单

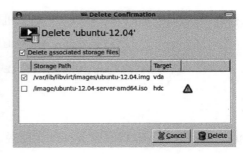

图 2.18　删除虚拟资源示意图

🔔注意:如果不想删除虚拟机磁盘,那么不要勾选任何复选框。

由于在本节中,需要将 image 和 iso 文件都要保存,以后还会使用,所以这里只是 undefine 而不是 delete。

## 2.4.2　virsh 命令创建 image

作为一个 Linux 使用者,由于各种原因,不能使用桌面环境(ubuntu server 发行版就没有提供桌面)。在这种情况下,只能通过命令行来操作。Libvirt 提供了 virsh、qemu-img 等命令以供使用者使用。

(1) 定义模板

准备创建虚拟机之前,应该有一个虚拟机配置文件模板。这里直接采用上一节中提供的模板[2],命令为 template.xml。这里并不直接修改 template.xml,而是将 template.xml 复制

---

[1] virsh 并没有提供 virsh delete 命令。

[2] 参见 xml 描述 hypervisor 一节。

一份[1]：

```
root@ubuntu:/image#cp template.xml ubuntu-12.10.xml
```

（2）UUID

作为一个模块，里面有些参数并没有明确地指定。比如 UUID 的值，可以通过如下命令指定：

```
root@ubuntu:/image#UUID=`uuidgen`
root@ubuntu:/image#sed -i "s,%UUID%,$UUID,g" ubuntu-12.10.xml
```

注意：`uuidgen`此外不是单引号，而是 Tab 键上面的一个按键输入的符号。

（3）image

接下来，需要设置%IMAGE_PATH%的值。由于此时还没有 image，需要用 qemu-img 制作一个 raw 格式[2]的 image：

```
root@ubuntu:/image/#qemu-img create -f raw ubuntu-12.10.raw 30G
root@ubuntu:/image/#sed -i "s,%IMAGE_PATH%,/image/ubuntu-12.10.raw,g" ubuntu-12.10.xml
```

（4）iso

此外，还需要设置虚拟光盘，用来安装操作系统。假设 ubuntu-12.10-server-amd64.iso 位于/image 目录下。

```
root@ubuntu:/image/#sed -i "s,%ISO_PATH%,/image/ubuntu-12.10-server-amd64.iso,g" \
 ubuntu-12.10.xml
```

（5）虚拟网卡

在配置虚拟网卡之前，需要确保 br100 启用。如下命令生成并替换%MAC%、%MAC2%变量：

```
01  root@ubuntu:/image#MAC="fa:95:$(dd if=/dev/urandom count=1 2>
    /dev/null | md5sum | sed 's/^\(..\)\(..\)\(..\)\(..\).*$/\1:\2:\3:\4/')"
02  root@ubuntu:/image#sed -i "s,%MAC%,$MAC,g" ubuntu-12.10.xml
03  root@ubuntu:/image#MAC2="52:54:$(dd if=/dev/urandom count=1 2>
    /dev/null | md5sum | sed 's/^\(..\)\(..\)\(..\)\(..\).*$/\1:\2:\3:\4/')"
04  root@ubuntu:/image#sed -i "s,%MAC2%,$MAC2,g" ubuntu-12.10.xml
```

（6）启动虚拟机

当 ubuntu-12.10.xml 文件已经配置并且修改好之后，就可以创建并且启动虚拟机了。在启动虚拟机之后，需要先进行 define 操作。

```
root@ubuntu:/image#virsh define ubuntu-12.10.xml
```

---

1 此时的工作目录为/image，凭个人喜好，也可以放在方便的位置。不要放在/root、/home 目录下。
2 如果制作的 image 是长期使用的，那么尽量采用 raw 格式。

define 操作的含义在于告诉 libvirt，有一个虚拟机要被 libvirt 管理了。打个比方，在上学前需要注册，注册也只是告诉学校，有一个学生即将去那个学校读书。而此时，还并不意味着已经开始上学。

define 完成之后，就可以通过 virsh 命令查看和管理 ubuntu-12.10 这台虚拟机了。

```
root@ubuntu:/image#virsh list --all
 Id Name                 State
--------------------
  - ubuntu-12.10         shut off
```

接下来，便可以开启虚拟机：

```
root@jiyou-os:/image#virsh start ubuntu-12.10
Domain ubuntu-12.10 started
```

（7）vnc 查看虚拟机

虚拟机启动之后，通过如下命令可以查看虚拟机 vnc 端口：

```
root@ubuntu:~#root@jiyou-os:/image#virsh vncdisplay ubuntu-12.10
:0
```

确定端口之后，可以通过 vncviewer 查看虚拟机。如果是在 ubuntu 上，需要安装 vncviewer：

```
root@ubuntu:~#apt-get install vncviewer
```

安装完成之后，利用如下命令查看：

```
root@ubuntu:~#vncviewer 10.239.82.26:0
```

> 注意：命令格式为 vncviewer ip:port。

如果是在 Windows 操作系统上，要查看虚拟机的界面，需要安装 TightVNC Viewer。下载安装之后，确保宿主机操作与 Windows 系统是在同一个网络，那么就可以通过 TightVNC 查看虚拟机界面了，如图 2.19 所示。

图 2.19　TightVNC 连接虚拟机

连接上之后，便可以访问虚拟机系统，并且安装操作系统和需要的软件，如图 2.20 所示。如果安装完成之后，采用了 lvm 安装方式，那么在虚拟机中运行 vgdisplay 命令，并且记下 image 中主分区名字，以便以后挂载硬盘。

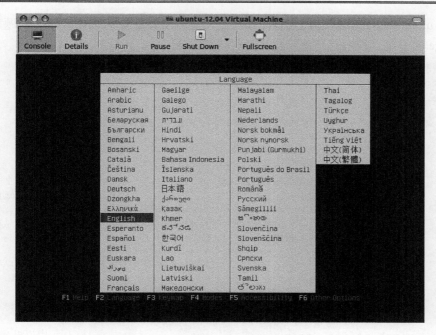

图 2.20　虚拟机安装 ubuntu 操作系统

当虚拟机操作系统及需要的软件安装完成之后，将虚拟机关闭，并且将虚拟机 image 保存。

## 2.5　快速启动虚拟机

学会如何创建虚拟机之后，还需要考虑的问题是：如何快速方便地创建出一系列 ubuntu 虚拟机？下面给出一系列解决方案。

### 2.5.1　手动安装

手动安装就意味着，每个虚拟机都需要手动写配置文件，手动安装操作系统等等。无论是使用命令行或者是使用 virt-manager，都无法逃避 OS 的安装。

说实话，实在没比这个更差的解决方案了。每个虚拟机都要反复创建和安装操作系统。中间如果安装失败，还需要返工。当需要安装的虚拟机数量上升的时候，手动安装操作系统的工作量也直线上升，整个过程变得让人无法承受。

有没有好一点的解决方法？

### 2.5.2　直接复制

吸取手动安装失败的原因，操作系统的安装是导致工作量上升的最主要原因，也是工作量、进度最不可控的部分。那么有没有什么办法可以避免大规模的操作系统的安装呢？

假设 ubuntu-12.10.raw 已经装好操作系统，复制 image[1]就可以解决这个问题了。基于复制 image 的方案，很容易写出一个可运行的脚本来：

```
01  #!/bin/bash
02  for i in $(seq 10); do
03      file=ubuntu-${i}.xml
04      cp template.xml $file
05      sed -i "s,%VM_NAME%,ubuntu-${i},g" $file        #更改虚拟机名字
06      UUID=`uuidgen`                                  #更改 UUID
07      sed -i "s,%UUID%,$UUID,g" $file
08      cp -rf ubuntu-12.10.raw ubuntu-${i}.raw         #复制 image
09      IMAGE_PATH="/image/ubuntu-${i}.raw"             #更改 image 路径
10      sed -i "s,qcow2,raw,g" $file                    #更改磁盘读写驱动
11      sed -i "s,%IMAGE_PATH%,$IMAGE_PATH,g" $file
12      ISO_PATH="/image/ubuntu-12.10-server-amd64.iso"   #更改 iso 路径
13      sed -i "s,%ISO_PATH%,$ISO_PATH,g" $file
14      MAC="fa:95:$(dd if=/dev/urandom count=1 2>/dev/null \
15          | md5sum | sed 's/^\(..\)\(..\)\(..\)\(..\).*$/\1:\2:\3:\4/')"
16      sed -i "s,%MAC%,$MAC,g" $file                   #更改 MAC 地址
17      MAC2="52:54:$(dd if=/dev/urandom count=1 2>/dev/null \
18          | md5sum | sed 's/^\(..\)\(..\)\(..\)\(..\).*$/\1:\2:\3:\4/')"
19      sed -i "s,%MAC2%,$MAC2,g" $file
20      virsh define $file                              #define 虚拟机
21      virsh start ubuntu-${i}                         #启动虚拟机
22  done
```

可以看出，这种方案的关键在于复制 image。由于 image 的大小一般都是几个 G 至上百 G，如果直接复制，会导致开销很大。

尽管避免了在虚拟机中安装操作系统，但是如果 image 的 size 上升之后，时间花销也不小。

有没有更好一点的解决方法？

### 2.5.3 qcow2 快速创建

由于 raw 格式磁盘复制会花费大量的时间，那么有没有可能将时间缩短？

如果利用 ubuntu-12.10.raw 作为 backing file，创建出大量的 qcow2 磁盘，以供批量的虚拟机使用。根据使用经验可以知道，创建 qcow2 虚拟磁盘的时间，与运行 ls 命令时间几乎一样。那么如果采用 qcow2 格式来解决这个问题，就可以成功快速地建立起大批量的虚拟机。

```
01  #!/bin/bash
02  for i in $(seq 10); do
03      file=ubuntu-${i}.xml
04      cp template.xml $file
05      sed -i "s,%VM_NAME%,ubuntu-${i},g" $file
06      UUID=`uuidgen`                                  #更改 UUID
07      sed -i "s,%UUID%,$UUID,g" $file
08      qemu-img create -f qcow2 -o \
```

---

[1] 值得庆幸的是 KVM 的 image 复制之后，还可以正常使用，但是 virtualbox 的 image 复制之后，有时无法使用。

```
09              cluster_size=2M,backing_file=ubuntu-12.10.raw
                ubuntu-$i.qcow2 40G
10      IMAGE_PATH="/image/ubuntu-${i}.qcow2"    #更改 image 路径
11      sed -i "s,%IMAGE_PATH%,$IMAGE_PATH,g" $file
12      ISO_PATH="/image/ubuntu-12.10-server-amd64.iso"#更改 iso 路径
13      sed -i "s,%ISO_PATH%,$ISO_PATH,g" $file
14      MAC="fa:95:$(dd if=/dev/urandom count=1 2>/dev/null \
15              | md5sum | sed 's/^\(..\)\(..\)\(..\)\(..\).*$/\1:\2:\3:\4/')"
16      sed -i "s,%MAC%,$MAC,g" $file                    #更改 MAC 地址
17      MAC2="52:54:$(dd if=/dev/urandom count=1 2>/dev/null \
18              | md5sum | sed 's/^\(..\)\(..\)\(..\)\(..\).*$/\1:\2:\3:\4/')"
19      sed -i "s,%MAC2%,$MAC2,g" $file
20      virsh define ubuntu-${i}.xml
21      virsh start ubuntu-${i}
22  done
```

注意：当使用 qcow2 格式 image 的时候，不需要再更改 image 读写驱动了。template.xml 原本默认的读写驱动为 qcow2。

不过利用这种方法建立起来的虚拟机，容易遇到以下问题：

（1）主机名完全相同。

（2）网络有时候无法使用，虚拟机内保存的 MAC 地址仍是 backing file 中的 MAC 地址。

那么有没有更好的方法可以解决这个问题？

### 2.5.4 修改 qcow2 image

基于 qcow2 的方案，除了主机名和网络问题，已经比较完善了。那么有没有办法解决主机名和网络问题呢？

在解决这个问题之前，首先考虑清楚问题的限制条件：

- 主机名的更改不能手动，需要体现自动化。
- 不能等到虚拟机启动之后再更改。启动之后再更改主机名，需要再次重启主机[1]。
- 网络问题，主要是由于 MAC 地址与定义文件中的 MAC 不一致导致。那么需要将 qcow2 文件中记录的 MAC 地址修改得和定义文件中一致。

解决这个问题的唯一办法就是将 qcow2 image 挂载之后，再更改其中的主机名及网络 MAC 地址。

#### 1. 挂载qcow2文件

挂载 qcow2 文件，首先需要安装依赖包：

```
root@ubuntu:/image#apt-get install kpartx
```

接下来，需要使用 nbd 模块挂载 qcow2 文件，运行如下命令：

```
01  modprobe nbd max_part=63                            #激活 nbd 模块
02  qemu-nbd -c /dev/nbd0 /image/ubuntu-$i.qcow2
```

---

[1] 主机名更改之后，需要重启才能生效。

```
03    kpartx -a /dev/nbd0               #处理/dev/nbd0 下的分区
04    sleep 1                           #这里需要停顿一下
```
                                        #将 qcow2 文件挂载至/dev/nbd0 设备

> 注意：如果发现/dev/nbd0 被占用，可以使用/dev/nbd1 设备。

kpartx 处理分区之后，需要查看 qcow2 文件中的各种分区：

```
root@ubuntu:/image#ls /dev/mapper/
control  nbd0p1  nbd0p2  nbd0p5
```

> 注意：这里看到带 nbd 字样的，才是可挂载的分区。哪个分区是根分区，需要尝试之后才能做出判定。

在本文用到的 qcow2 文件中，/dev/mapper/nbd0p1 才是根分区，确定方式如下：

```
01    root@ubuntu:/image#temp_file=`mktemp`
02    root@ubuntu:/image#rm -rf $temp_file; mkdir -p $temp_file  #创建临时目录
03    root@ubuntu:/image#mount /dev/mapper/nbd0p1 $temp_file
04    root@jiyou-os:/image#ls $temp_file/usr
05    bin  games  include  lib  local  sbin  share  src
```

> 注意：挂载成功之后，如果 ls 命令有类似输出，则证明相应分区是根分区。否则需要尝试其他分区。在挂载别的分区的时候，首先需要 umount $temp_file，然后再重新挂载。有时候，如果在创建 image，安装虚拟机操作系统时，使用了 lvm，那么需要采用 vgdisplay 查看 lvm，然后挂载相应的逻辑分区。

### 2．修改主机名

找到正确的分区，挂载此分区之后，修改主机名：

```
root@ubuntu:/image#HOST_NAME=ubuntu-$i
root@ubuntu:/image#sed -i "s,127.0.1.1.*,127.0.1.1 $HOST_NAME,g" $temp_file/etc/hosts
root@ubuntu:/image#echo $HOST_NAME > $temp_file/etc/hostname
```

> 注意：修改主机名需要设置/etc/hosts 和/etc/hostname，这些文件都位于$temp_file 挂载目录下。

### 3．修改网络 MAC 地址

ubuntu 系统的 MAC 地址配置需要修改 $temp_file/etc/udev/rules.d/70-persistent-net.rules。首先需要修改此文件：

```
01    root@ubuntu:/image#file=$temp_file/etc/udev/rules.d/70-persistent-
      net.rules
02    root@ubuntu:/image#cat <<"EOF" >$file
03    #This file was automatically generated by the /lib/udev/write_net_rules
04    #program, run by the persistent-net-generator.rules rules file.
05    #
```

```
06  #You can modify it, as long as you keep each rule on a single
07  #line, and change only the value of the NAME= key.
08  #PCI device 0x10ec:0x8139 (8139cp)
09  SUBSYSTEM=="net", ACTION=="add", DRIVERS=="?*", ATTR{address}
    =="%MAC%", ATTR{type}=="1", KERNEL=="eth*", NAME="eth0"
10  SUBSYSTEM=="net", ACTION=="add", DRIVERS=="?*", ATTR{address}==
    "%MAC2%", ATTR{type}=="1", KERNEL=="eth*", NAME="eth1"
11  EOF
```

注意：%MAC%和%MAC2%这两个 MAC 地址都需要修改。这里的值不能再随机生成，而需要前面变量的值$MAC 和$MAC2。

利用前面生成的变量，替换 MAC 值：

```
root@ubuntu:/image#sed -i "s,%MAC%,$MACADDR,g" $file
root@ubuntu:/image#sed -i "s,%MAC2%,$MACADDR2,g" $file
```

### 4．设置网络IP信息

虚拟机的 IP 信息，记录在$temp_file/etc/network/interfaces 文件中，按如下格式进行修改：

```
01  root@ubuntu:/image#file=$temp_file/etc/network/interfaces
02  root@ubuntu:/image#cat <<"EOF">$file
03  auto lo                          #设置自循环网络
04  iface lo inet loopback
05
06  auto eth0                        #由于br100网桥是DHCP,eth0亦需要设置为DHCP
07  iface eth0 inet dhcp
08
09  auto eth1                        #eth1基于虚拟局域网，设置静态IP信息
10  iface eth1 inet static
11      address 192.168.1.254
12      netmask 255.255.255.0
13      broadcast 192.168.1.1
14      gateway 192.168.1.1
15  EOF
```

注意：这里使用的 br100 网桥采用的是 DHCP，因此 eth0 设置为 dhcp。eth1 则是基于虚拟局域网，设置为静态 IP 信息。

### 5．卸载分区

卸载分区的时候，首先需要卸载$temp_file 目录，再接着卸载 nbd0 模块：

```
root@ubuntu:/image#umount $temp_file
root@ubuntu:/image#qemu-nbd -d /dev/nbd0
```

注意：这里要注意卸载顺序。

## 2.5.5 大批量创建虚拟机

基于 qcow2 快速创建虚拟机方案，如果能够修改 qcow2 文件，那么这个方案就可以用来大规模创建虚拟机（当然创建出来的是同一种系统）。此处提供大规模创建虚拟机的脚本。首先，准备虚拟机定义模板 template.xml（相比于前面的模板，由于不需要再安装操作系统，删除了 iso 一项）。

```
01  <domain type='kvm'>
02    <name>%VM_NAME%</name>              #注意 VM_NAME 是变量，运行时被脚本替换
03    <uuid>%UUID%</uuid>                 #UUID 也是变量
04    <memory>1048576</memory>            #可以根据需要设置内存大小
05    <currentMemory>1048576</currentMemory>
06    <vcpu>1</vcpu>                      #根据需要与硬件特性设置虚拟 CPU 个数
07    <os>
08      <type arch='x86_64' machine='pc-0.14'>hvm</type>
09      <boot dev='hd'/>    #由于已经安装好了操作系统，因此，直接从虚拟硬盘启动
10      <bootmenu enable='yes'/>
11    </os>
12    <features><acpi/><apic/><pae/></features>
13    <clock offset='localtime'/>
14    <on_poweroff>destroy</on_poweroff>
15    <on_reboot>restart</on_reboot>
16    <on_crash>restart</on_crash>
17    <devices>
18      <emulator>/usr/bin/kvm</emulator>
19      <disk type='file' device='disk'>
20        <driver name='qemu' type='qcow2' cache='none'/>
21        <source file='%IMAGE_PATH%'/>   #qcow2 格式磁盘路径，后面被替换为全路径
22        <target dev='vda' bus='virtio'/>
23        <alias name='virtio-disk0'/>
24      </disk>
25      <controller type='ide' index='0'>
26        <address type='pci' domain='0x0000' bus='0x00' slot='0x01' function='0x1'/>
27      </controller>
28      <controller type='fdc' index='0'>
29      <interface type='bridge'>          #基于网桥的虚拟网卡配置
30        <mac address='%MAC%'/>
31        <source bridge='br100'/>
32        <target dev='vnet0'/>
33        <alias name='net0'/>
34        <address type='pci' domain='0x0000' bus='0x00' slot='0x03' function='0x0'/>
35      </interface>
36      <interface type='network'>         #基于虚拟局域网的网桥设置
37        <mac address='%MAC2%'/>
38        <source network='default'/>
39        <target dev='vnet7'/>
40        <alias name='net1'/>
41        <address type='pci' domain='0x0000' bus='0x00' slot='0x06' function='0x0'/>
42      </interface>
43      <serial type='pty'><target port='0'/></serial>
44      <console type='pty'><target type='serial' port='0'/></console>
```

```
45      <input type='tablet' bus='usb'/><input type='mouse' bus='ps2'/>
46      <graphics type='vnc' port='5900' autoport='yes' listen='0.0.0.0'
        keymap='en-us'>
47        <listen type='address' address='0.0.0.0'/>
                                             #注意 vnc 的设置，不需要做修改
48      </graphics>
49      <sound model='ich6'>
50        <address type='pci' domain='0x0000' bus='0x00' slot='0x04'
        function='0x0'/>
51      </sound>
52      <video>
53        <model type='vga' vram='9216' heads='1'/>
54        <address type='pci' domain='0x0000' bus='0x00' slot='0x02'
        function='0x0'/>
55      </video>
56      <memballoon model='virtio'>
57        <address type='pci' domain='0x0000' bus='0x00' slot='0x05'
        function='0x0'/>
58      </memballoon>
59    </devices>
60  </domain>
```

**注意**：将此文件保存并且重命名为 template.xml，文件存放目录位于/image[1]。注意此处模板与前面模板的不同之处在于：这里的 backing file（即 raw 格式文件）已经安装好操作系统，不需要再从 iso 启动，删除了 iso 配置部分。

设置好 template.xml[2] 文件之后，编写脚本 quick.sh[3]，利用 template.xml 和 ubuntu-12.10.raw 创建虚拟机。由于脚本较长，将分部分讲解[4]。

### 1. 全局设置

与 C 语言类似，在脚本中，有一些变量是通篇都需要使用的。这一类变量在脚本开始进行设置。

```
01  #!/bin/bash
02  set -e              #set -e 表示一旦脚本运行出错就报错并停止执行余下命令
03  set -o xtrace       #set -o xtrace 表示会跟踪脚本的执行过程，有利于调试
04  temp_dir=`mktemp`; rm -rf $temp_dir; mkdir -p $temp_dir
                        #利用 mktemp 生成临时目录
05  TOPDIR=$(cd $(dirname "$0") && pwd)    #TOPDIR 变量保存脚本所在路径
```

第 01～03 行在调用脚本的时候，经常使用。当脚本没有问题之后，可以将 02～03 行去掉。如果添加了第 03 行，那么在脚本的最后需要添加一行 set +o xtrace，表示取消跟踪运行。

第 04 行利用 mktemp 命令生成一个临时目录，先删除再创建的原因：mktemp 命令生成的是一个临时文件，而不是一个临时目录。这里是获得临时文件的名字，然后删除此临时文件，最后再创建一个同名的临时目录。使用临时目录的原因是为了方便后面挂载文件

---

[1] 本文操作目录以及磁盘文件都存放于/image 目录下。
[2] https://github.com/JiYou/openstack/blob/master/chap02/template.xml。
[3] https://github.com/JiYou/openstack/blob/master/chap02/quick.sh。
[4] 各部分的行号不再从 1 开始，而是使用连续行号，未出现的行号表示空行，比如第 6 行。

系统。不使用常规目录/mnt 或/media 的原因是因为这些目录如果被占用，那么挂载容易失败。使用临时目录则没有这个问题。

第 05 行用来获得脚本所在目录。如果脚本放在/image 目录下，那么 TOPDIR=/image。如果放在别的目录，那么也会获得相应目录的路径。

### 2．MAC配置模板

获得全局设定之后，虚拟机的网络信息通过模板来设定。生成这些模板则是通过函数完成。MAC 地址配置文件[1]如下：

```
07   function _create_mac_file(){      #_create_mac_file函数主要是创建MAC 配置模板
08   mac_temp=$TOPDIR/mac_temp
09   cat <<"EOF" >$mac_temp
10   #This file was automatically generated by the /lib/udev/write_net_rules
11   #program, run by the persistent-net-generator.rules rules file.
12   #
13   #You can modify it, as long as you keep each rule on a single
14   #line, and change only the value of the NAME= key.
15   #PCI device 0x10ec:0x8139 (8139cp)
16   SUBSYSTEM=="net", ACTION=="add", DRIVERS=="?*", ATTR{address}
     =="%MAC%", ATTR{type}=="1", KERNEL=="eth*", NAME="eth0"
17   SUBSYSTEM=="net", ACTION=="add", DRIVERS=="?*", ATTR{address}==
     "%MAC2%", ATTR{type}=="1", KERNEL=="eth*", NAME="eth1"
18   EOF
19   }
```

注意：在模板中指定了使用了两个网卡。如果只使用了一个网卡，可以把 eth1 删除。此外，还需要注意不同的系统对于 eth 的命令并不相同，需要根据实际系统进行设置。

这个函数相当简单，其任务就是将 ubuntu-12.10 系统的 MAC 信息输出到 mac_temp 文件中。后面将根据变量替换掉其中的 MAC 和 MAC2 变量值。

### 3．IP配置模板

ubuntu-12.10 系统的 IP 信息主要是位于/etc/network/interfaces。由于不同虚拟机的 IP 信息肯定不同，此处提供了一个系统网络 IP 模板。同样，也是使用函数生成。生成 IP 信息模板函数如下：

```
21   function _create_net_file(){      #_create_net_file()函数用于创建IP 信息模板
22   net_temp=$TOPDIR/net_temp
23   cat <<"EOF">$net_temp
24   auto lo
25   iface lo inet loopback
26
27   auto eth0
28   iface eth0 inet dhcp
29
30   auto eth1
31   iface eth1 inet static    #网络信息比如IP 地址、掩码、广播地址、网关等信息都
```

---

[1] 此处配置文件行号并不从 1 开始，表示与前面一段代码属于同一个文件。

```
32          address 192.168.1.%IP%           #要根据实际情况进行设置
33          netmask 255.255.255.0
34          broadcast 192.168.1.1
35          gateway 192.168.1.1
36    EOF
37    }
```

> **注意**：生成的模板文件位于 net_temp。需要根据虚拟机实际情况改写 IP 配置模板。%IP% 表示 IP 地址，后面将用实际值进行替换。

在模板中，虚拟机的 eth0 是基于网桥实现的，采用了 DHCP 自动获得 IP 地址，不需要再进行配置。虚拟机的 eth1 则是基于虚拟局域网实现的，采用静态 IP 地址设置。eth1 的 IP 信息也可以设置为其他网段。

### 4．挂载/卸载 qcow2 文件

接下来的两个函数则是提供了挂载与卸载 qcow2 文件的功能。

```
39    function __mount_qcow2_disk(){  #挂载 qcow2 文件，函数需要 1 个参数：qcow2 文件名
40        modprobe nbd max_part=63
41        qemu-nbd -c /dev/nbd0 $TOPDIR/ubuntu-$1.qcow2
42        sleep 1
43        kpartx -a /dev/nbd0
44        sleep 1
45        mount /dev/mapper/nbd0p1 $temp_dir  #粗体的部分，需要根据 qcow2 文件来决定
46    }
47
48    function __umount_qcow2_disk(){          #卸载 qcow2 文件，函数不需要参数
49        umount $temp_dir
50        qemu-nbd -d /dev/nbd0
51        for n in `ls /dev/mapper | grep -v control | grep -v nbd`; do
52            dmsetup clear /dev/mapper/$n     #清除挂载过的 nbd 设备
53            dmsetup remove /dev/mapper/$n
54        done
55        #注意，这两个 for 循环并不可以混在一起使用
56        for n in `ls /dev/mapper | grep -v control | sort -r`; do
57            dmsetup clear /dev/mapper/$n
58            dmsetup remove /dev/mapper/$n
59        done
60
61        rmmod nbd
62    }
```

> **注意**：无论是 qemu-nbd 连接 qcow2 文件，或者 kpartx 分析 /dev/nbd0 设备，都是停留了 1 秒钟时间。这是由于在实际操作中，经常出现 read sector error 的报错。这是由于读写磁盘时，磁盘还未充分挂载好导致。添加 sleep 1 之后，将读写磁盘的操作延迟 1 秒，以保证磁盘完全挂载完毕，因此错误不再出现。如果时间不足，可将休眠时间更改为 2 秒或 3 秒。

唯一需要特别指出的是，每个虚拟磁盘由于分区不同，采用的逻辑卷命名不同，都会导致粗体部分（挂载路径）各不相同，这里需要根据实际情况进行修改。

### 5. 创建及修改虚拟磁盘

接下来_create_image()函数则是提供了创建和修改 qcow2 文件的功能。修改 qcow2 文件仍然是前面提到的 3 个方面：MAC 信息、IP 信息和主机名。与前文不同是，在脚本里面，是通过函数调用生成模板之后，再根据实际值替换模板中的变量。函数代码如下：

```
53   function _create_image(){
                                #_create_image()接受 3 个参数：IP 地址、eth0 的 MAC 地址
54       ip=$1; mac=$2; mac2=$3; HOST_NAME=ubuntu-${ip}
                                #以及 eth1 的 MAC 地址
55       qemu-img create -f qcow2 -o \
56         cluster_size=2M,backing_file=$TOPDIR/ubuntu-12.10.raw ubuntu-
           $ip.qcow2 40G
57
58       __mount_qcow2_disk $ip           #调用提供的挂载 qcow2 文件的函数
59       mac_file=$temp_dir/etc/udev/rules.d/70-persistent-net.rules
60       net_file=$temp_dir/etc/network/interfaces
61       cp -rf $TOPDIR/mac_temp $mac_file#利用 MAC 地址模板替换 qcow2 磁盘中的文件
62       cp -rf $TOPDIR/net_temp $net_file#利用 IP 信息模板替换 qcow2 磁盘中的文件
63       sed -i "s,%MAC%,$mac,g"    $mac_file    #替换相应的 MAC 地址信息
64       sed -i "s,%MAC2%,$mac2,g"  $mac_file
65       sed -i "s,%IP%,$ip,g" $net_file         #替换相应的 IP 信息
66       sed -i "s,127.0.1.1.*,127.0.1.1   $HOST_NAME,g"  $temp_dir/etc/hosts
                                                #替换主机名
67       echo "$HOST_NAME" > $temp_dir/etc/hostname
68       __umount_qcow2_disk                     #调用函数，卸载 qcow2 磁盘
69   }
```

> **注意**：从代码中可以看出 qcow2 文件的文件名与 IP 信息直接关联。此外，hostname 也与 IP 信息相关联，都是 ubuntu-${ip}。采用这种方式是省去了为虚拟机命名的时间，便于快速创建与启动虚拟机。当然，通过这种方式启动的虚拟机就不能灵活命名了。

### 6. 创建及修改xml文件

由于有了 xml 文件的模板，那么创建及修改 xml 文件就变得非常简单了。并且有了前面提供的 qcow2 磁盘修改函数，修改 qcow2 文件也很简单。生成 xml 文件的函数定义如下：

```
71   function create_xml(){       #生成 xml 的函数，需要一个参数：虚拟机 IP 地址
72       ip=$1
73       xml_file=ubuntu-${ip}.xml
                         #为了自动化方便，xml 的文件名自动命名为 ubuntu-ip.xml
74       cp -rf $TOPDIR/template.xml $xml_file
                         #把 xml 的模板文件复制为本虚拟机配置文件
75       sed -i "s,%VM_NAME%,ubuntu-${i},g" $xml_file   #修改虚拟机名字
76       UUID=`uuidgen`
77       sed -i "s,%UUID%,$UUID,g" $xml_file            #修改虚拟机 UUID
78       MAC="fa:95:$(dd if=/dev/urandom count=1 2>/dev/null \
79          | md5sum | sed 's/^\(..\)\(..\)\(..\)\(..\).*$/\1:\2:\3:\4/')"
80       sed -i "s,%MAC%,$MAC,g" $xml_file              #修改 eth0 的 MAC 地址信息
81       MAC2="52:54:$(dd if=/dev/urandom count=1 2>/dev/null \
```

```
82                  | md5sum | sed 's/^\(..\)\(..\)\(..\)\(..\).*$/\1:\2:\3:\4/')"
83      sed -i "s,%MAC2%,$MAC2,g" $xml_file      #修改 eth1 的 MAC 地址信息
84      _create_image $ip $MAC $MAC2             #创建并修改 qcow2 文件中的网络信息
85
86      IMAGE_PATH="${TOPDIR}/ubuntu-${i}.qcow2"
                                                 #修改 xml 模板文件中 qcow2 路径信息
87      sed -i "s,%IMAGE_PATH%,$IMAGE_PATH,g" $xml_file
88  }
```

> **注意**：虚拟机的显示名称为 ubuntu-${ip}也是为了全面自动化，利用 IP 信息自动生成。此外，值得一提的是：两个虚拟网卡的 MAC 地址都是通过随机数生成，但是需要确保 qcow2 文件中记录的 MAC 信息与 xml 文件中记录的 MAC 信息完全一致。

### 7. 创建虚拟机

有了前面的那些函数，创建并启动虚拟机就变得很简单了。由于虚拟机的 eth1 网卡采用了静态 IP，需要提供 IP 地址。创建虚拟机代码如下：

```
90  _create_mac_file                             #创建 MAC 信息模板
91  _create_net_file                             #创建 IP 信息模板
92  for i in 233 235 190; do
93      create_xml $i                            #创建虚拟机配置文件
94      virsh define ubuntu-${i}.xml             #定义虚拟机
95      virsh start ubuntu-${i}                  #启动虚拟机
96  done
97
98  set +o xtrace        #关闭命令执行跟踪，与脚本开头 set -o xtrace 成对使用
```

> **注意**：i 表示的是虚拟机 eth1 静态 IP 地址中的最后一部分。比如 233 表示的是 192.168.1.233。也就意味着，在使用这个脚本来快速创建虚拟机的时候，需要提供虚拟机 eth1 的 IP 地址的最后一部分信息。而至于网段信息如：192.168.1.这一部分，可以在 IP 信息配置模板中进行修改。

第 92~96 行的 for 循环代码，表示指定了多少个 IP 地址信息，也就意味着，会有多少台虚拟机将会被创建。

## 2.6 虚拟机桌面显示

有时候，在利用虚拟机做实验的时候，需要远程连接上虚拟机的桌面。除了默认提供的 vnc 访问之外，KVM 还提供了高清的访问方式：spice[1]。在这里，将根据 Windows 7 的安装和配置来讲解如何设置虚拟机的桌面显示。除了使用命令行安装方式之外，GitHub 上

---

[1] spice 是类似于 vnc 的远程桌面工具。与 vnc 不同的是，spice 需要更高的传输速率，但同时也带来了相当高清的桌面。

提供了一种利用 virt-manager 进行简易安装的方法[1]，以供参考。

## 2.6.1 准备工作

如果要使用 spice 作为高清显示，那么需要安装额外的一些包，这些包将提供高清显示需要的 spice、qxl[2]驱动。安装命令如下：

```
root@ubuntu:~/ apt-get install qemu-kvm-spice spice-client spice-client-gtk
```

由于 Windows 系列系统都不自带 virtio 驱动，因此在安装 Windows 系列虚拟机的时候，需要额外提供 virtio 驱动。virtio-win-0.1-52.iso[3]对 Windows 系统提供了 virtio 的磁盘驱动（下载至/iso/目录下）。除此之外，还需要准备 Windows 7 的系统安装 iso 文件（保存于 /iso/win7.iso）。

## 2.6.2 创建 Windows 7 Image

创建 Windows 7 的 Image 需要如下步骤：
（1）创建 Windows 7 的虚拟机的时候，首先准备好模板文件 win7.template[4]。接着创建 raw 格式的磁盘：

```
root@ubuntu:/image#qemu-img create -f raw win7.raw 30G
Formatting 'win7.raw', fmt=raw size=32212254720
```

根据环境，创建 Windows 7 虚拟机，运行创建虚拟机脚本[5]：

```
01  #!/bin/bash
02  #根据模板创建 xml 文件，文件名为 win7
03  cp -rf win7.template win7
04  #修改虚拟机名字，重命名为 win7
05  sed -i "s,%VM_NAME%,win7,g" win7
06  #修改虚拟机的 UUID
07  UUID=`uuidgen`
08  sed -i "s,%UUID%,$UUID,g" win7
09  #修改虚拟机虚拟磁盘及 iso 路径
10  sed -i "s,%IMAGE_PATH%,/image/win7.raw,g" win7
11  sed -i "s,%ISO_PATH%,/iso/win7.iso,g" win7
12  sed -i "s,%ISO_PATH2%,/iso/virtio-win-0.1-52.iso,g" win7
13  #修改虚拟机 MAC 地址
14  MAC="fa:92:$(dd if=/dev/urandom count=1 2>/dev/null | md5sum | sed 's/^\(..\)\(..\)\(..\)\(..\).*$/\1:\2:\3:\4/')";
15  sed -i "s,%MAC%,$MAC,g" win7
16  #定义并启动虚拟机
17  virsh define win7
```

---

1 https://github.com/JiYou/openstack/blob/master/chap02/win7spice.pdf。
2 qxl 是虚拟显卡的一种，能够与 spice 结合使用。
3 http://alt.fedoraproject.org/pub/alt/virtio-win/latest/images/bin/。
4 https://github.com/JiYou/openstack/blob/master/chap02/win7.template。
5 https://github.com/JiYou/openstack/blob/master/chap02/create_win7_vm.sh。

```
18  virsh start win7
```

> **注意**：在命名时，虚拟机名字、虚拟机 xml 文件名以及虚拟磁盘名都采用了 win7 加后缀的方式，主要是为了采用命令操作时，使用 Tab 键更加方便。

（2）当虚拟机正常运行之后，可以通过 vnc 安装 Windows 7 操作系统。当安装至如图 2.21 所示界面时，系统会提示找不到硬盘。

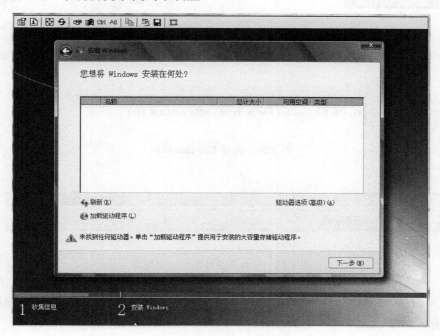

图 2.21  Windows 7 无法识别硬盘

当遇到这个问题的时候，就需要手动加载 virtio 驱动。

（3）单击"加载驱动程序"，如图 2.22 所示。此时会弹出如图 2.23 所示的对话框。单击"浏览"按钮，在弹出界面中选中 virtio 驱动光盘，如图 2.24 所示。展开文件夹，选中 AMD64，如果是 32 位系统，请选择 x86，如图 2.25 所示。单击"确定"按钮之后，还需要进一步指定其驱动程序，如图 2.26 所示。选择好相应驱动程序之后，系统将会加载此驱动程序。

图 2.22  单击"加载驱动程序"

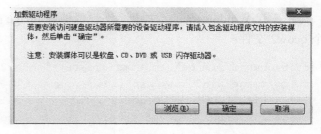

图 2.23  "加载载驱动程序"对话框

（4）加载驱动程序结束之后，将会看见硬盘图标及空闲可用空间，如图 2.27 所示。

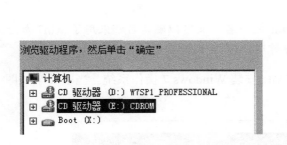

图 2.24 选中 virtio 驱动光盘

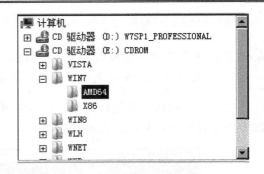

图 2.25 64 位系统选择 AMD64 驱动

图 2.26 选择 Red Hat 系列

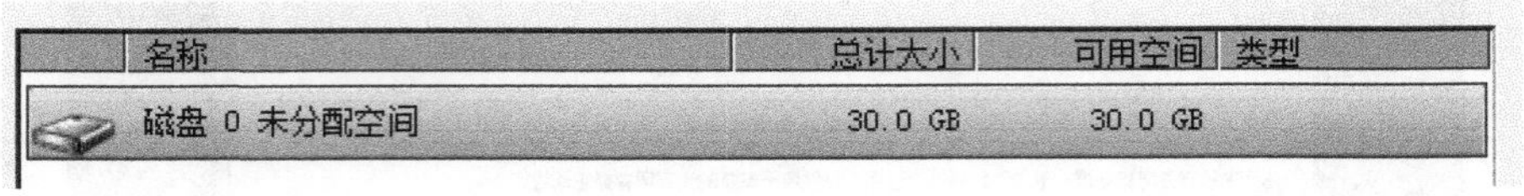

图 2.27 安装光盘检测出虚拟硬盘

接下来的安装系统流程则与正常 Windows 7 的安装流程并没有什么不同,因此不再做过多的讲解。安装完成之后,将虚拟机关闭。并且执行如下命令:

```
root@ubuntu:/image#virsh undefine win7
Domain win7 has been undefined
```

注意:这里 undefine 的原因是为了将 win7.raw 作为 backing file。作为 backing file 的 win7.raw 磁盘不能直接被其他虚拟机使用,因此将此虚拟机 undefine。

## 2.6.3 创建 Windows 7 虚拟机

为了新建 Windows 7 的虚拟机,在已经做好 image 的情况下,要利用 win7.raw 文件创建一个 qcow2 文件:

```
root@ubuntu:/image#qemu-img create -f qcow2 -o cluster_size=2M,backing_
file=/image/win7.raw  win7.spice.qcow2 60G
Formatting 'win7.spice.qcow2', fmt=qcow2 size=64424509440 backing_file='/
image/win7.raw' encryption=off cluster_size=2097152
```

注意:创建 Windows 系列 image 的 qcow2 文件时,最后参数大小应该是原 image 大小的 2~3 倍。

创建虚拟机时，直接复制 win7 虚拟机的 xml 配置文件模板[1]。除此之外，运行如下脚本[2]：

```bash
#!/bin/bash
#复制配置文件
cp -rf win7 win7.spice
#更改虚拟机配置文件名
sed -i "s,<name>win7</name>,<name>win7.spice</name>,g" win7.spice
#更改 UUID
UUID=`uuidgen`
sed -i "s,<uuid>.*</uuid>,<uuid>$UUID</uuid>,g" win7.spice
#删除 iso 有关配置
begin_line=`grep -n "disk.*cdrom" win7 | awk '{print $1}' | head -1`
begin_line=${begin_line%:*}
end_line=`grep -n "/disk" win7 | awk '{print $1}' | tail -1`
end_line=${end_line%:*}
sed -i "${begin_line},${end_line}d" win7.spice
#更改虚拟磁盘
sed -i "s,type='raw',type='qcow2',g" win7.spice
sed -i "s,win7.raw,win7.spice.qcow2,g" win7.spice
#启动新建的虚拟机
virsh define win7.spice
virsh start win7.spice
```

注意：修改 xml 配置文件主要涉及以下方面：虚拟机名、UUID、虚拟磁盘、虚拟磁盘读写接口以及是否需要使用 iso 文件。win7.spice 文件可以从 GitHub 上找到[3]，以供参考。

### 2.6.4 spice 桌面显示

虚拟机成功运行之后，为了使用 spice 连接虚拟机，需要在虚拟机中安装 spicet-tools[4]。安装的时候，对于警告和提醒可以忽略，直接安装即可。安装完成之后，将虚拟机显示分辨率设置为如图 2.28 所示的样子。

图 2.28　设置虚拟机显示分辨率

注意：显示分辨率一定要按图 2.28 进行设置，否则采用 spice 之后，会黑屏。

设置完成之后，关闭虚拟机[5]。并且 undefine win7.spice：

---

1　https://github.com/JiYou/openstack/blob/master/chap02/win7。
2　https://github.com/JiYou/openstack/blob/master/chap02/create_vm_from_image.sh。
3　https://github.com/JiYou/openstack/blob/master/chap02/win7.spice。
4　http://www.spice-space.org/download/binaries/spice-guest-tools/spice-guest-tools-0.3.exe。
5　Windows 7 的虚拟机建议在虚拟机内部关机，采用 virsh destroy 容易出问题。

```
01  root@ubuntu:/image#virsh list -all    #运行这条命令，查看虚拟机是否关闭
02   Id Name                 State
03  -------------------
04   -  win7.spice           shut off
05  root@ubuntu:/image#virsh undefine win7.spice   #undefine win7.spice 虚
拟机
06  Domain win7.spice has been undefined
```

采用高清显示桌面，虚拟机的配置文件还需要重新定义。此处 xml 文件在以前的 xml 文件的基础上做了很多的修改，在 GitHub 上，也提供了一份配置作为参考[1]。

利用这一份 xml 文件，可以很快地创建出带 qxl 视频驱动和 spice 显示的虚拟机。当虚拟机启动之后，可以通过如下命令查看 spice 的显示端口。

```
root@ubuntu:/image#ps aux | grep win7 | grep spice
tablet,id=input0 -spice port=5903,addr=0.0.0.0,disable-ticketing -vga qxl
-global
```

🔔**注意**：port=5903 则表示 spice 的显示端口位于 5903。

spice 的客户端工具可以从 http://www.spice-space.org/download.html 页面下载获得，不同的系统，需要安装不同的 Client 工具包。安装完成之后，便可利用 spice 客户端连接虚拟机，并且使用高清桌面。

## 2.7 常见错误与分析

（1）启动虚拟机时发现客户操作系统无法从硬盘启动。

分析：这可能是因为虚拟机的 XML 定义文件出错所致。检查 XML 定义文件，看里面 <disk> 标签中的 type 属性，是否与磁盘镜像文件的属性一致。

（2）当使用 kpartx 删除虚拟设备分区列表时，显示如下信息：

```
device-mapper: remove ioctl failed: Device or resource busy
```

分析：这是由于虚拟设备的某个分区仍在使用。首先使用 dmsetup table 命令查看正在被使用的分区。然后使用 dmsetp clear <mapname> 命令将正在使用的分区映射清除掉。

（3）virbr0 不存在。

如果找不到 virbr0，可以通过如下命令建立 virbr0：

```
01  #生成网络配置定义文件，必须使用 XML 格式
02  $ cat default.xml
03  <network>
04    <name>default</name>
05    <uuid>%UUID%</uuid>
06    <forward mode='nat'/>
07    <bridge name='virbr0' stp='on' delay='0' />
08    <ip address='192.168.122.1' netmask='255.255.255.0'>
09      <dhcp>
10        <range start='192.168.122.2' end='192.168.122.254' />
```

---

[1] https://github.com/JiYou/openstack/blob/master/chap02/win7.qxl.spice。

```
11        </dhcp>
12      </ip>
13 </network>
14 #需要替换 UUID 变量
15 $ UUID=`uuidgen`
16 $ sed -i "s,%UUID%,$UUID,g" default.xml
17 #定义此网络
18 $ virsh net-define default.xml
19 #激活此网络
20 $ virsh net-start default
21 #查看网络状态
22 $ virsh net-list
23 Name                 State      Autostart
24 ----------------------------------------
25 default              active     yes
```

(4) 启动 virt-manager 时,出现 "D-BUS daemon.." 出错信息。
注意切换到 root 用户时,使用 su - 命令,而不是只使用 su 进行切换。
(5) 如果挂载 qcow2 之后,卸载时,应该使用命令:

```
01 umount $temp_file                                    #卸载已挂载的目录
02 qemu-nbd -d /dev/nbd${dev_number}                    #删除相应的 nbd 设备
03 for n in `ls /dev/mapper | grep -v control | grep -v nbd`; do
                                                        #清除/dev/mapper 设备
04     dmsetup clear /dev/mapper/$n
05     dmsetup remove /dev/mapper/$n
06 done
07
08 for n in `ls /dev/mapper | grep -v control | sort -r`; do
                                                        #清除/dev/mapper 设备
09     dmsetup clear /dev/mapper/$n
10     dmsetup remove /dev/mapper/$n
11 done
12
13 rmmod nbd                                            #删除 nbd 模块
```

## 2.8 小　　结

### 2.8.1 常用的 virsh 命令

本小节对常用的 virsh 命令进行一个总结,以供读者参考。
(1) virsh create <XML file>。创建虚拟机。当虚拟机创建好以后,会直接进入运行状态。例如:

```
01 root@ubuntu:/image#virsh create ubuntu.xml
02 Domain ubuntu created from ubuntu.xml
03 root@ubuntu:/image#virsh list --all
04 Id    Name                          State
05 ------------------------------------
06  119  ubuntu                        running
```

注意,通过 create 命令创建的虚拟机关闭以后,会直接被删除。例如:

```
01 root@ubuntu:/image#virsh shutdown ubuntu
```

```
02  Domain ubuntu is being shutdown
03  root@ubuntu:/image#virsh list --all
04   Id    Name                          State
05  ----------------------------------------
```

（2）virsh define &lt;XML file&gt;。定义但不启动虚拟机。例如：

```
01  root@ubuntu:/image#virsh define ubuntu.xml
02  Domain ubuntu defined from ubuntu.xml
03  root@ubuntu:/image#virsh list --all
04   Id    Name                          State
05  ----------------------------------------
06   -     ubuntu                        shut off
```

> 注意：对于已经存在的虚拟机，也可以执行 define 命令。这样 Libvirt 会根据最新的定义文件修改虚拟机的配置。

（3）virsh destroy &lt;domain&gt;。强制关闭虚拟机。其后的参数可以是虚拟机名、虚拟机的运行 ID 或虚拟机的 uuid。例如，通过虚拟机名关闭虚拟机：

```
root@ubuntu:/image#virsh destroy ubuntu
Domain ubuntu destroyed
```

通过 uuid 关闭虚拟机：

```
root@ubuntu:/image#virsh destroy 44ec8308-5700-4199-9daa-3305dd82eaee
Domain 44ec8308-5700-4199-9daa-3305dd82eaee destroyed
```

通过运行 ID 关闭虚拟机：

```
root@ubuntu:/image#virsh destroy 124
Domain 124 destroyed
```

（4）virsh domid &lt;domain&gt;。根据虚拟机的虚拟机名或 uuid 获取虚拟机的运行 ID。例如：

```
root@ubuntu:/image#virsh domid ubuntu
125
root@ubuntu:/image#virsh domid 44ec8308-5700-4199-9daa-3305dd82eaee
125
```

> 注意：只有运行的虚拟机才有运行 ID。

（5）virsh domname &lt;domain&gt;。根据虚拟机的 uuid 或者运行 ID 获取虚拟机名。
（6）virsh domuuid &lt;domain&gt;。根据虚拟机名或者 ID 获取虚拟机的 uuid。
（7）virsh dumpxml &lt;domain&gt;。获取虚拟机的配置信息，配置信息是以 XML 形式输出到终端的。例如：

```
01  root@ubuntu:/image#virsh dumpxml ubuntu
02  <domain type='kvm' id='125'>
03    <name>ubuntu</name>
04    <uuid>44ec8308-5700-4199-9daa-3305dd82eaee</uuid>
05    <memory unit='KiB'>1048576</memory>
06    <currentMemory unit='KiB'>1048576</currentMemory>
07    <vcpu placement='static'>1</vcpu>
08    …
```

可以看到输出的信息基本上与虚拟机的定义文件相同。

（8）virsh edit <domain>。在线编辑虚拟机的配置文件，这相当于对虚拟机进行重定义。

（9）virsh list [参数]。查看虚拟机列表，其中主要的参数参见表 2.3。

表 2.3  virsh list 参数列表

| 参数 | 描　　述 |
| --- | --- |
| --all | 列出所有的虚拟机 |
| --state-running | 列出所有运行的虚拟机（默认） |
| --inactive | 列出所有关闭的虚拟机 |
| --uuid | 只列出虚拟机的 uuid |
| --name | 只列出虚拟机名 |
| --table | 以表格形式列出虚拟机（默认） |

例如：

```
01  root@ubuntu:~#virsh list
02   Id    Name                      State
03  ----------------------------
04   125   ubuntu                    running
05  root@ubuntu:~#virsh list --inactive
06   Id    Name                      State
07  ----------------------------
08   -     centos                    shut off
09  root@ubuntu:~#virsh list --state-running
10   Id    Name                      State
11  ----------------------------
12   125   ubuntu                    running
13  root@ubuntu:~#virsh list --all
14   Id    Name                      State
15  ----------------------------
16   125   ubuntu                    running
17   -     centos                    shut off
18  root@ubuntu:~#virsh list --all --uuid
19  44ec8308-5700-4199-9daa-3305dd82eaee
20  31e693ca-387b-3526-eb93-de667e16ac9f
21  root@ubuntu:~#virsh list --all --name
22  ubuntu
23  centos
```

注意：当以表格形式列出虚拟机时，会输出 3 列。第 1 列是虚拟机的运行 ID（关闭的虚拟机没有运行 ID），第 2 列是虚拟机名，第 3 列是虚拟机的运行状态。

（10）virsh reboot <domain>。重新启动虚拟机。

（11）virsh shutdown <domain>。关闭虚拟机。shutdown 是非强制关机。

（12）virsh start <domain>。启动虚拟机。

（13）virsh undefine <domain>。删除虚拟机。

（14）virsh vncdisplay <domain>。显示虚拟机的 VNC 端口号。

## 2.8.2 磁盘快照管理

磁盘快照（snapshot）的作用是进行数据备份和恢复。广义上的磁盘快照分为两种：一种是镜像型快照，一种是指针型快照。所谓镜像型快照，其实就是对数据进行完全备份。这对系统会造成一定的负荷，也需要占用很大的磁盘空间。但是当原数据损坏时，不会造成太大影响；指针型快照不会进行数据复制操作，它只是把当时使用的数据块的指针记录下来。在此之后的读写操作必须在新的数据块上进行，不能覆盖原来数据块的内容。它的特点是速度快，占用空间极小，但原数据损坏后无法恢复。这里所说的磁盘快照，即指指针型快照。

创建 snapshot 的命令为：

```
qemu-img snapshot -c <snapshot_name> <path>
```

其中<snapshot_name>是指定创建的 snapshot 的名字，<path>指定 qcow2 磁盘镜像文件的路径。例如：

```
root@ubuntu:/image#qemu-img snapshot -c snapshot1 ubuntu.qcow2
```

以上示例为 ubuntu.qcow2 镜像创建了一个名为 snapshot1 的 snapshot。通过这个命令生成 snapshot 并不会在物理机上创建任何文件，snapshot 的信息保存在 ubuntu.qcow2 磁盘镜像文件内部。可以通过以下命令来查看创建的 snapshot。

```
qemu-img snapshot -l <path>
#<path>可表示相对路径或绝对路径。例如：root@ubuntu:/image#qemu-img snapshot -l
ubuntu.qcow2
Snapshot list:
ID        TAG                 VM SIZE             DATE         VM CLOCK
1         snapshot1           0 2013-02-10        23:13:33     00:00:00.000
```

snapshot 创建好以后，当前存放数据的磁盘块就会被锁定。以后对磁盘的任何操作，都不会改变原来磁盘块的内容。有兴趣的读者不妨做这样的一个试验：首先为一个 qcow2 格式的磁盘镜像创建一个 snapshot。然后将 qcow2 文件挂载到虚拟机上。在虚拟机中给一个大文件重命名，观察该 qcow2 文件的大小变化。在没有创建 snapshot 的情况下，重命名一个文件是不会改变磁盘镜像文件的大小的。而如果创建了 snapshot，由于不能修改原来磁盘块的内容，所以系统会使用新的磁盘块来保存重命名后的文件。因此，磁盘镜像文件的大小会增大。

在任何时候都可以通过如下命令将磁盘镜像文件还原到创建 snapshot 时的样子：

```
qemu-img snapshot -a <snapshot_name> <path>
```

其中<snapshot_name>是指定还原的 snapshot 的名字，<path>指定 qcow2 磁盘镜像文件的路径。例如：

```
root@ubuntu:/image#qemu-img snapshot -a snapshot1 ubuntu.qcow2
```

删除 snapshot 的命令为：

```
qemu-img snapshot -d <snapshot_name> <path>
```

其中<snapshot_name>是指定删除的 snapshot 的名字，<path>指定 qcow2 磁盘镜像文件的路径。例如：

```
root@ubuntu:/image#qemu-img snapshot -d snapshot1 ubuntu.qcow2
```

> **注意**：qcow2 磁盘镜像文件支持同时多个 snapshot，但建议只创建一个。因为如果 qcow2 文件保存了多个 snapshot，在进行读写操作的过程中，很容易导致所有的 snapshot 都失效。在对 qcow2 文件进行 snapshot 操作时，请确定 qcow2 文件及其 backing file 没有被使用。如果 qcow2 文件及其 backing file 被挂载在物理机上，须先进行卸载。如果 qcow2 文件及其 backing file 被定义为虚拟机磁盘，须先关闭虚拟机。

# 第 2 篇　安装篇

▶▶ 第 3 章　安装 Keystone 安全认证服务

▶▶ 第 4 章　安装 Swift 存储服务

▶▶ 第 5 章　安装 Glance 镜像服务

▶▶ 第 6 章　安装 Quantum 虚拟网络服务

▶▶ 第 7 章　安装 Cinder 块存储服务

▶▶ 第 8 章　安装 Nova 虚拟机管理系统

▶▶ 第 9 章　安装 Dashboard Web 界面

▶▶ 第 10 章　OpenStack 部署示例

# 第 3 章　安装 Keystone 安全认证服务

早期的 OpenStack 版本中，并没有 Keystone 安全认证模块。用户、消息、API 调用的认证，都是放在 Nova 模块中。

在后来的开发中，由于有各种各样的模块加入到 OpenStack 中，安全认证所涉及的面也变得更加广泛，如用户登录、用户消息传递、模块消息通信、服务注册等各不相同的认证。处理这些不同的安全认证变得越来越复杂，于是需要一个模块来处理这些不同的安全认证。Keystone 也就应运而生。本章主要介绍 MySQL 的安装与使用，以及 Keystone 服务安装及测试。

本章主要涉及到的知识点如下。
- MySQL：数据库的介绍与安装。
- RabbitMQ：消息通信服务的介绍与安装。
- Keystone：安全认证服务的介绍与安装。

## 3.1　Keystone 简介

OpenStack 管理了众多的软硬件资源，并且利用这些资源提供云服务。任何资源的管理，都会涉及到安全的管理。就 OpenStack 而言，安全的管理，分为以下几个方面：用户认证、服务认证和口令认证。

无论是私有云还是公有云，都会开放接口给众多的用户。Keystone 在对于用户进行认证的同时，也对用户的权限进行了限制。Keystone 还会保证 OpenStack 的服务可以正常注册。除此之外，各服务组件之间的消息传递还需要用口令，当口令过期则不再使用此口令。

如果把 OpenStack 比作一个别墅，OpenStack 内部的各种服务好比各种房间，用户比作住在别墅里面的人，那么 Keystone 就是相当于别墅的安全机制。首先，进入别墅的人需要进行身份认证。除此之外，当用户进入到别墅之后，只能进入属于自己可以访问的房间，并不是所有的房间都可以进去（好比 Keystone 的用户权限管理）。别墅里面的房间都需要进行安全机制的管理（如上锁、刷卡）。此外串门的时候，还需要使用口令[1]。

由于 OpenStack 所有的服务都需要在 Keystone 上进行注册，所以 OpenStack 的安装需要从 Keystone 入手。

---

[1] 实际上，在家里面，也经常使用口令。进门的时候会说"我回来了"，进入父母的房间会说"我可以进来么"，人的声音就起到了口令的作用。

## 3.2 搭建局域网源

数据中心中的结点，并不能保证都能够正常地访问公共网络。在这些节点上安装服务时，最好的方式是使用离线源。本节介绍如何搭建两种将会在 OpenStack 中用到的源：deb 源和 python 安装包源。

### 3.2.1 局域网 apt-get 源搭建方法

实际安装部署时，并不能保证每个结点都可以访问网络。因此，建立局域网 apt-get 源显得非常必要。建立局域网源方法如下。

#### 1. 下载deb包

假设有两类相同 Ubuntu 版本的结点：A 类结点可以直接访问公共网络；B 类结点不能直接访问公共网络。

首先需要在 A 类结点上安装所需要的 deb 包。比如，如果 B 类结点需要安装 python-dev 包，那么需要在 A 类结点上执行：

```
root@A-node#apt-get install python-dev
```

如果 B 类结点需要安装的包非常多，那么只需要将这些包，在 A 类结点上都执行一遍即可。安装命令执行成功之后，在 A 结点上收集所有的 deb 包，放置于/tmp/debs/目录下：

```
root@A-node#mkdir -p /tmp/debs/
root@A-node#cd /var/cache/apt/
root@A-node#find . -name "*.deb" | xargs -i cp -rf {} /tmp/debs/
```

#### 2. 创建deb结构描述文件

/tmp/debs 目录包含了所需的 deb 包，可是/tmp/debs 目录并不能直接作安装源使用。还需要创建目录结构描述文件 Packages.g。创建目录结构描述文件需要利用 dpkg-scanpackages 命令，首先需安装 dpkg-dev 包：

```
root@A-node#apt-get install -y --force-yes dpkg-dev
```

安装成功之后，可以创建目录描述文件：

```
root@A-node#cd /tmp/
root@A-node#rm -rf debs/Packages.gz
root@A-node#dpkg-scanpackages debs/ |gzip > debs/Packages.gz
```

#### 3. 使用局域网源

此时，/tmp/debs 目录已经具备了目录结构描述文件 Packages.gz。但是，如何使用呢？答案便是安装 Apache 服务。

```
01  root@A-node#apt-get install -y --force-yes openssh-server build-
    essential git \
```

```
python-dev python-setuptools python-pip libxml2-dev \
libxslt1.1 libxslt1-dev libgnutls-dev libnl-3-dev \
python-virtualenv libnspr4-dev libnspr4 pkg-config \
apache2 unzip
02  [[ -e /usr/include/libxml ]] && rm -rf /usr/include/libxml
03  ln -s /usr/include/libxml2/libxml /usr/include/libxml
04  [[ -e /usr/include/netlink ]] && rm -rf /usr/include/netlink
05  ln -s /usr/include/libnl3/netlink /usr/include/netlink
```

> **注意**：这里多安装了一些包，是为了在安装 python 某些源包时，自动解决掉其依赖。比如 python-lxml 包。

在 A 结点上，将/tmp/debs 复制至/var/www/目录下。

```
root@A-node#cp -rf /tmp/debs /var/www/
```

使用方法比较简单，只需要在/etc/apt/sources.list 文件中添加如下内容：

```
root@B-node#cp -rf /etc/apt/sources.list /etc/apt/sources.list_bak
root@B-node#echo "deb http://192.168.111.140 debs/ " >/etc/apt/sources.list
```

> **注意**：192.168.111.140 是 A 类结点在局域网内的 IP 地址。也可以使用主机名。

### 3.2.2 局域网 python 源搭建方法

除了 apt-get 源之外，还需要建立 python 安装包的源，以便 pip 命令安装依赖包使用。如果局域网内的结点不能访问网络，利用 pip 命令安装依赖包将会失败。那么，如何建立 python 包源给局域网使用呢？

#### 1. 下载python包

同理，假设有两类相同环境的 Ubuntu 结点：A 类结点可以直接访问公共网络；B 类结点不能直接访问公共网络。需要在 A 类结点上安装相应的 python 包，比如：

```
root@A-node#pip install -r pip-requires --download-cache=/tmp
```

pip-requires 并不是一个 python 包，而是一系列 python 包的列表，内容如下：

```
kombu>=0.9.17
routes>=1.12.3
```

执行成功之后，pip 会将 pip-requires 中需要的包都下载至/tmp/目录。在/tmp/目录下的安装包名字显得比较混乱，比如：

```
#ls /tmp/
http%3A%2F%2Fpypi.python.org%2Fpackages%2Fsource%2Fk%2Fkombu%2Fkombu-2.5.10.tar.gz
http%3A%2F%2Fpypi.python.org%2Fpackages%2Fsource%2Fp%2Fpycrypto%2Froutes-1.12.3.tar.gz
```

通过运行如下脚本，可以简化包的名字：

```
01  #cat ch.sh
```

```
02  #!/bin/bash
03  rm -rf *type *.html
04  for n in `find . -name "http*"`
05  do
06      mv $n ${n##*2F}
07  done
```

简化之后的结果如下:

```
#ls /tmp/
kombu-2.5.10.tar.gz    routes-1.12.3.tar.gz
```

### 2. 建立目录树

接下来,只需要建立如下目录树:

root@A-node #tree /tmp/pip

```
/tmp/pip
├── kombu
│   └── kombu-2.5.10.tar.gz
├── routes
    └── routes-1.12.3.tar.gz
```

### 3. Apache服务

python 安装包源的建立,最好的依赖方式还是使用 Apache 服务来支撑。首先安装好 Apache 服务:

```
root@A-node#apt-get install apache2
root@A-node#cp -rf /tmp/pip /var/www/
root@A-node#service apache2 restart
```

### 4. 使用局域网python源

安装某个包时,只需要指定下载服务器即可,比如:

```
root@B-node#pip install routes -i http://192.168.111.140/pip
```

或者批量安装:

```
root@B-node#pip install -r pip-requires -I http://192.168.111.140/pip
root@B-node#cat pip-requires
kombu>=0.9.17
routes>=1.12.3
```

注意:192.168.111.140 是 A 类结点在局域网内的 IP 地址。也可以使用主机名。

### 5. 自动建立OpenStack Python依赖源

由于 OpenStack Python 依赖包太多,本文也提供了自动下载并构建目录树的脚本[1]。运行方式如下:

```
root@A-node #git clone https://github.com/JiYou/openstack.git
```

---

[1] https://github.com/JiYou/openstack/tree/master/tools/pip.sh。

```
root@A-node#cd openstack/tools/
root@A-node#./pip.sh
```

> 📖 **注意**：保证运行结点能够直接连上公共网络；如果需要设置 proxy，请将 proxy 设置于
> ~/proxy 文件中。文件内容如下：

```
export https_proxy="http://ip:port"
export http_proxy=$value
export ftp_proxy=$value
```

### 3.2.3　Ubuntu-12.10 局域网源

由于本书使用的是 Ubuntu-12.10 Server，在 GitHub 上，早已准备好了相应的资源。如果操作系统版本一致，那么构建 OpenStack 所用的局域网源就比较简单了（确保 OpenStack 版本一致）。

（1）建源

```
root@A-node #git clone https://github.com/JiYou/openstack.git
root@A-node#cd openstack/tools/
root@A-node#./create_http_repo.sh
```

（2）使用

其他结点使用 A 结点上的源，设置方式如下：

```
root@B-node#cp -rf /etc/apt/sources.list /etc/apt/sources.list_bak
root@B-node#echo "deb http://A-node debs/ " >/etc/apt/sources.list
```

此外，在后续的安装中，如果涉及到 localrc 文件中的 PIP_HOST 变量，即是指向 A 结点。例如：

```
PIP_HOST=A-node
```

## 3.3　搭建 MySQL 数据库

Keystone 所有的数据都存放于数据库中。由于 MySQL 数据库的大规模使用，在 OpenStack 中，也推荐使用 MySQL 作为数据库。MySQL 数据库的搭建本来不是 OpenStack 的重点，在很多安装文档中，也都一笔带过。但是 MySQL 数据库安装及配置带来的问题，会影响到整个 OpenStack 环境，因此本节专门讲解 MySQL 数据库的搭建。

MySQL 数据库的搭建，有大、中、小 3 种规模。大型应用情况下，还可以使用集群部署来保证数据查询的性能。但是本节由于是试验性质，并不讲解各种复杂的安装与部署方法。本节根据部署经验，选择了简单、快捷的部署方式。大型环境下的安装，需要参考 MySQL 更加专业的文档[1]。

### 3.3.1　apt-get 安装 MySQL

安装 MySQL 数据库，一般而言，有两种方法：apt-get 安装；源码编译安装。本书的

---

1 《构建高可用 linux 服务器》一书中提到了各种 MySQL 数据库的部署方法，可供参考。

OpenStack 安装环境，是将每个服务单独进行安装，以便进行讲解与调试。每个服务单独安装与介绍，也容易理解。因此，本书的每个服务都是尽量单独安装到不同的物理机或者虚拟机中。为了安全和方便，将 MySQL 单独安装到一台物理机或者虚拟机中[1]。

### 1. 准备虚拟机

本书是将 MySQL 安装到一个单独的虚拟机中，如果已经有了 ubuntu-12.10 的虚拟机，或者物理机，此步骤可以略过。

首先应该采用本书 2.4 节介绍的方法，制作 ubuntu-12.10.raw 虚拟磁盘，并将虚拟磁盘存放于 /cloud/_base 目录下。

当准备好 raw 格式的 ubuntu-12.10 虚拟磁盘之后，还需要一个 xml 文件作为虚拟机配置模板。本书提供了一个虚拟机配置文件[2]，下载此文件并保存为 /cloud/_base/back。

此外还提供了一个快速创建虚拟机的脚本 vm.sh[3]，下载之后，放在 /cloud/ 目录下。进而形成如下的目录结构：

```
root@server4:/#tree /cloud
/cloud
├── _base
│   ├── back              #虚拟机 xml 配置文件模板
│   └── ubuntu-12.10.raw  #做好的 ubuntu-12.10 的虚拟磁盘，作为 backing file
└── vm.sh                 #快速创建虚拟机的脚本
```

> 注意：使用 vm.sh 创建虚拟机的时候，需要根据所使用的 ubuntu-12.10.raw 文件修改 vm.sh 第 48 行：mount /dev/mapper/ubuntu--12-root $temp_file。/dev/mapper/Ubuntu--12--root 路径表示了虚拟磁盘根分区在宿主机上的路径。

当准备好脚本之后，可以利用脚本创建 mysql 的虚拟机，运行命令如下：

```
root@server4:/cloud#./vm.sh mysql
root@server4:/cloud#virsh define mysql/mysql
root@server4:/cloud#virsh start mysql
root@server4:/cloud#virsh vncdisplay mysql
:0
```

如果虚拟机使用的是 DHCP 获得网络 IP，在第一次连接时，需要使用 vnc 登录[4]，从而获得虚拟机的 IP 地址，如图 3.1 所示。

获取虚拟机的 IP 之后，会发现虚拟机有两个 IP 地址。SSH 应该使用哪个 IP 地址登录虚拟机呢？值得注意的一点是：如果处于公有网段（或和宿主机一样网段），连接虚拟机时都需要采用 eth0 的 IP 地址。eth1 的静态 IP 地址，主要是用于同一台宿主机上的虚拟机相互通信[5]。

---

1 这台物理机或者服务器，不要安装别的 OpenStack 组件，否则容易出现数据库连接不上的问题。
2 https://github.com/JiYou/openstack/blob/master/chap03/cloud/_base/back。
3 https://github.com/JiYou/openstack/blob/master/chap03/cloud/vm.sh。
4 连接 vnc 时，采用 vncviewer，输入宿主机 IP：端口号即可。
5 采用这种方式，虚拟机之间的相互通信，就可以采用固定 IP 地址，不用再担心 IP 地址的变化。

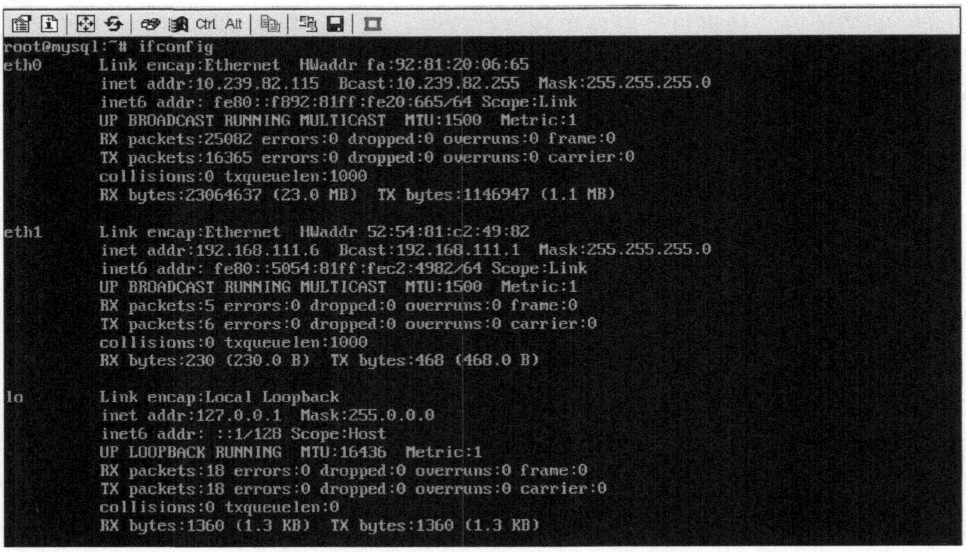

图 3.1　vnc 连接虚拟机查看 IP 地址

## 2. 安装MySQL

当虚拟机或者物理机准备就绪之后，便可以安装 MySQL[1]。在安装 MySQL 之前，首先需要设置防火墙。配置防火墙命令如下：

```
01  iptables -I INPUT 1 -p tcp --dport 3306 -j ACCEPT #MySQL
02  iptables -I INPUT 1 -p tcp --dport 5672 -j ACCEPT #AMPQ
03  iptables -I INPUT 1 -p tcp --dport 5000 -j ACCEPT #Keystone public
04  iptables -I INPUT 1 -p tcp --dport 35357 -j ACCEPT #Keystone admin
05  iptables -I INPUT 1 -p tcp --dport 9191 -j ACCEPT #Glance registry
06  iptables -I INPUT 1 -p tcp --dport 9292 -j ACCEPT #Glance api
07  iptables -I INPUT 1 -p tcp --dport 8773 -j ACCEPT #nova-api
08  iptables -I INPUT 1 -p tcp --dport 5900:6400 -j ACCEPT  #nova-compute
09  iptables -I INPUT 1 -p tcp --dport 8776 -j ACCEPT #Cinder
10  iptables -I INPUT 1 -p tcp --dport 3260 -j ACCEPT #iSCSI for cinder-
                                                      #volume
11  iptables -I INPUT 1 -p tcp --dport 9696 -j ACCEPT #Quantum
12  iptables -I INPUT 1 -p tcp --dport 6080 -j ACCEPT #noVNC port
13  iptables -I INPUT 1 -p tcp --dport 80   j ACCEPT  #dashboard web port
```

如果每次机器重启之后都要输入这些命令，并不是一个好方法。因此，一种简单的办法是在每次开机启动的时候，执行这些设置。

```
01  function setup_iptables() {
02      set +o xtrace
03      sed -i "/exit/d" /etc/rc.local       #修改开机启动脚本，去掉 exit 0
04      sed -i "/iptable/d" /etc/rc.local
                                             #如果有旧的 iptables 设置，删除掉，防止冲突
05
06      for n in 3306 5672 5000 35357 9191 9292 8773 8774 8775 8776 5900:6400
```

---

1 MySQL 的安装程序放于 https://github.com/JiYou/openstack/tree/master/chap03/mysql。在使用时，请先运行 init.sh 脚本。接着再运行 mysql.sh 安装 MySQL。

```
              3260 9696 6080 80; do                    #为每个端口加入防火墙配置方案
07          echo "iptables -I INPUT 1 -p tcp --dport $n -j ACCEPT" >> /etc/rc.local
08      done
09      echo "exit 0" >> /etc/rc.local    #加上 exit 0 退出开机运行脚本
10      chmod +x /etc/rc.local
11      set -o xtrace
12  }
```

> **注意**：这段代码位于 function 文件[1]中。

当配置好防火墙之后，就可以安装 MySQL 了。一种简单而又方便的方式是直接 apt-get install mysql-server mysql-client，便可以在 Ubuntu 上将 MySQL 安装好。但是采用这种安装方式，需要手动输入密码。并不利于自动化安装及配置。

因此，在这里，需要讲一下本书涉及到的安装方式。本书中采用的安装方式，在将每个服务分别安装的同时，尽量将安装及配置分开。因此，安装一般分为以下几个部分：

- OpenStack 源码，比如 Nova、Keystone 和 Swift；
- 安装依赖包，主要是 python 依赖包；
- 程序安装脚本，如 nova.sh、mysql.sh 和 keystone.sh 等等，以服务为一个单位；
- 配置文件 localrc；
- 工具包函数，位于 tools/function 目录下。

在安装 MySQL 时，应该先在配置文件中配置好 MySQL 的密码，以及写入 MySQL 服务所在的 IP。为 MySQL 的配置如下：

```
MYSQL_ROOT_PASSWORD=mysqlpassword
MYSQL_HOST=10.239.82.83
```

> **注意**：在使用时，应该根据自己所在环境做出更改。

配置完成之后，执行 init.sh 设置防火墙，再执行 mysql.sh 安装 MySQL。现将 mysql.sh 脚本分段进行讲解。

MySQL 密码配置代码如下：

```
set_password MYSQL_ROOT_PASSWORD
```

其中 set_password 会调用 tools/function 中的 set_password 函数：

```
01  function set_password {
02      set +o xtrace
03      var=$1;
04      pw=${!var}
05      localrc=$TOP_DIR/localrc
06      if [ ! $pw ]; then                    #查看用户是否设置了 MySQL 密码，如果没有设置
07          if [ ! -e $localrc ]; then        #就生成一个 10 位长度的随机密码以供使用
08              touch $localrc
09          fi
10          pw=`openssl rand -hex 10`         #随机生成 10 位数长度的随机密码
11          eval "$var=$pw"
12          echo "$var=$pw" >> $localrc       #将随机生成的密码保存至用户的配置文件中
13      fi
```

---

[1] https://github.com/JiYou/openstack/blob/master/chap03/mysql/tools/function。

```
14        set -o xtrace
15  }
```

> 注意：set_password 函数会自动添加与设置变量 MYSQL_ROOT_PASSWORD 的值。如果发现使用者并没有在 localrc 中设置 MYSQL_ROOT_PASSWORD 变量的值，那么将会使用一个长度为 10 的随机密码替代。

安装 MySQL 则使用如下命令：

```
DEBIAN_FRONTEND=noninteractive \
apt-get --option "Dpkg::Options::=--force-confold" --assume-yes \
install -y --force-yes mysql-server
```

> 注意：如果直接使用 apt-get install mysql-server 会在终端中弹出输入框，输入 root 用户的密码，对于自动化安装而言，不是很方便。

### 3．配置MySQL

当采用这种方式安装好 MySQL 之后，MySQL 并没有设置 root 的密码，如果直接连接，则会失败。这时，需要设置 MySQL 数据库 root 用户[1]的密码。

```
if [[ `cat /etc/mysql/my.cnf | grep "0.0.0.0" | wc -l` -eq 0 ]]; then
    mysqladmin -uroot password $MYSQL_ROOT_PASSWORD   #设置root用户的密码
    sed -i 's/127.0.0.1/0.0.0.0/g' /etc/mysql/my.cnf
                                                      #修改配置，允许任何主机连接
fi
```

> 注意：在执行命令时，首先检查 MySQL 配置文件是否被修改，如果未被修改，那么设置 MySQL 的 root 用户密码以及修改配置文件。

接下来则是配置 root 用户的权限，以免在连接的时候，出现不能连接的情况。

```
service mysql restart
mysql -uroot -p$MYSQL_ROOT_PASSWORD  -e "GRANT ALL PRIVILEGES ON *.* TO
'root'@'%' identified by '$MYSQL_ROOT_PASSWORD'; FLUSH PRIVILEGES;"
mysql -uroot -p$MYSQL_ROOT_PASSWORD  -e "GRANT ALL PRIVILEGES ON *.* TO
'root'@'%' identified by '$MYSQL_ROOT_PASSWORD'  WITH GRANT OPTION; FLUSH
PRIVILEGES;"
service mysql restart
```

配置好权限之后，重启 MySQL 服务，便可以正常使用了。

## 3.3.2 源码安装 MySQL

对于希望自定义安装 MySQL 的使用者而言，没有比源码安装更好的方式了。与 apt-get 安装方式相比，源码编译安装需要更多的配置步骤。

---

[1] 值得注意的是，这里的 root 用户并不是 Linux 系统的 root 用户，而是数据库的根用户。

在开始源码安装之前,需要下载 cmake[1]与 MySQL 的源代码[2]。源码安装 MySQL 的主要步骤介绍如下(具体细节可以参见完整的脚本[3])。

(1)安装编译环境

```
DEBIAN_FRONTEND=noninteractive \
apt-get --option "Dpkg::Options::=--force-confold" --assume-yes \
install -y --force-yes openssh-server binutils cpp fetchmail \
flex gcc libarchive-zip-perl libc6-dev \
libpcre3 libpopt-dev lynx m4 make ncftp \
nmap perl perl-modules unzip zip zlib1g-dev \
autoconf automake1.9 libtool bison autotools-dev \
g++ build-essential libncurses5-dev
```

注意:这里是一行代码,不要分成几个命令执行。

(2)编译安装 cmake

```
01   if [[ ! -d $DIR/cmake ]]; then      #查看安装目录是否已经安装过了
02       cd $TEMPDIR                     #编译时,将代码解压至临时目录编译
03       tar zxvf $TOPDIR/tarfile/cmake-2.8.8.tar.gz
04       cd cmake-2.8.8
05       ./configure --prefix=$DIR/cmake #confiugre 时,只需要指定安装路径即可
06       make ; make install             #编译并且安装
07   fi
```

注意:默认的 DIR=/opt,因此脚本默认将 cmake 安装至/opt/cmake 目录下。

(3)至此,cmake 就安装好了。接下来需要添加 mysql 用户

```
01     if [[ `cat /etc/passwd | grep mysql | wc -l` -eq 0 ]]; then
                                          #查看是否已经有了 mysql 用户
02         groupadd mysql                 #添加 mysql 组
03         useradd -g mysql mysql         #添加 mysql 用户至 mysql 组中
04     fi
```

(4)解压源码

```
01     cd $TEMPDIR                        #源码安装时,将源码解压至临时目录
02     tar zxvf $TOPDIR/tarfile/mysql-5.5.20.tar.gz
03     cd mysql-5.5.20
```

(5)利用 cmake 编译 MySQL

```
01     #compile source code.
02     $DIR/cmake/bin/cmake \    #cmake 还支持更多的参数,不过这 3 个参数足够了
03       -DCMAKE_INSTALL_PREFIX=$DIR/mysql \      #指定安装目录
04       -DMYSQL_DATADIR=$DIR/mysql/data \        #指定数据库存储目录
05       -DEXTRA_CHARSETS=utf8                    #指定编码方式
06     make ; make install
```

---

[1] cmake 一种简单的安装方式是 apt-get install -y cmake。新版本 MySQL 需要使用 cmake 来生成 Makefile。
[2] cmake 的源码位置是 http://www.cmake.org/cmake/resources/software.html。MySQL 的源码从 https://edelivery.oracle.com/注册之后,便可以下载。
[3] 完整的脚本位于 https://github.com/JiYou/openstack/blob/master/chap03/mysql/mysql-src-ist.sh。

（6）安装完成之后，并不能直接使用，还需要做进一步的配置。这些配置如果是使用 apt-get 安装，那么都已经配置好，不需要手动修改。

```
01    chmod +w $DIR/mysql
02    chown -R mysql:mysql $DIR/mysql
03    cp $DIR/mysql/support-files/my-large.cnf /etc/my.cnf
                                                       #复制MySQL配置文件
04    cp $DIR/mysql/support-files/mysql.server /etc/init.d/mysql
                                                       #复制服务启动脚本
05    chmod +x /etc/init.d/mysql          #给服务启动脚本添加执行权限
06    chmod a+w $DIR/mysql
07    mkdir -p $DIR/mysql/var/mysql       #创建服务运行时所需要的目录
08    mkdir -p $DIR/mysql/var/mysql/data
09    mkdir -p $DIR/mysql/var/mysql/log
10    mkdir -p $DIR/mysql/var/mysql/lock
11    mkdir -p $DIR/mysql/var/run/mysqld
12    chown -R mysql:mysql $DIR/mysql     #注意更改所有者
```

> 注意：由于这些安装操作都是在 root 下完成的，因此，在安装时，一定要掌握权限的设置。

（7）初始化数据库

```
$DIR/mysql/scripts/mysql_install_db \
--basedir=$DIR/mysql/ \              #指向安装目录，与cmake参数一致
--datadir=$DIR/mysql/data \          #指向数据库存储目录，与cmake参数一致
--user=mysql
```

设置 MySQL 数据库密码：

```
service mysql restart                    #首先启动服务
$DIR/mysql/bin/mysqladmin -u root password $MYSQL_ROOT_PASSWORD  #设置
[ -e /usr/bin/mysql ] && rm -rf /usr/bin/mysql
ln -s /opt/mysql/bin/mysql /usr/bin/mysql          #建立mysql可行执程序的链接
```

当设置好 MySQL 数据库密码之后，接下来设置 root 用户的访问权限：

```
mysql -uroot -p$MYSQL_ROOT_PASSWORD  -e "GRANT ALL PRIVILEGES ON *.* TO
'root'@'%' identified by '$MYSQL_ROOT_PASSWORD'; FLUSH PRIVILEGES;"
mysql -uroot -p$MYSQL_ROOT_PASSWORD  -e "GRANT ALL PRIVILEGES ON *.* TO
'root'@'%' identified by '$MYSQL_ROOT_PASSWORD' WITH GRANT OPTION; FLUSH
PRIVILEGES;"
```

## 3.4 安装 RabbitMQ 消息通信服务

MySQL 安装成功之后，接下来安装 RabbitMQ 消息通信服务。MySQL 为 OpenStack 提供了数据库服务，而 RabbitMQ 则提供了基于消息的通信服务和远程函数调用功能。

与传统的远程函数调用不同，RabbitMQ 的远程函数调用也是基于消息传递的。这种灵活的方式为函数调用提供了极大的便利，开发者在写远程函数调用的时候，不需要写服务端和客户端代码。因此，服务端函数的修改，有时候并不会影响客户端代码。

RabbitMQ 的安装相对简单，但是在安装时，建议找一台性能相对较好的机器进行

安装。

在安装之前，首先要配置 RabbitMQ 安装需要的变量[1]：

```
RABBITMQ_HOST=10.239.82.159              #RabbitMQ 主机的 IP 地址
RABBITMQ_USER=guest                       #连接 RabbitMQ 服务时使用的用户名
RABBITMQ_PASSWORD=rabbit_password         #连接时使用的密码
```

当配置好环境之后，便可以进行 RabbitMQ 的安装[2]：

```
set_password RABBITMQ_PASSWORD                           #设置连接密码参数
apt-get install -y rabbitmq-server                       #安装 RabbitMQ 服务
rabbitmqctl change_password guest $RABBITMQ_PASSWORD     #设置连接密码
```

安装成功之后，可以运行一下命令来检查 RabbitMQ 服务是否正常运行：

```
$ ps aux | grep rabbit
/usr/lib/erlang/erts-5.9.1/bin/beam -W w -K true -A30 -P 1048576 -- -root
/usr/lib/erlang -progname erl -- -home /var/lib/rabbitmq -- -noshell
-noinput -sname rabbit@arabbitmq -boot /var/lib/rabbitmq/mnesia/rabbit
@arabbitmq-plugins-expand/rabbit -kernel inet_default_connect_options
[{nodelay,true}] -sasl errlog_type error -sasl sasl_error_logger false
-rabbit error_logger {file,"/var/log/rabbitmq/rabbit@arabbitmq.log"}
-rabbit sasl_error_logger {file,"/var/log/rabbitmq/rabbit@arabbitmq-sasl
.log"} -os_mon start_cpu_sup false -os_mon start_disksup false -os_mon
start_memsup false -mnesia dir "/var/lib/rabbitmq/mnesia/rabbit@arabbitmq"
```

注意：具体输出可能不相同。

## 3.5 安装 Keystone

讲了这么久，总算是要开始真正涉及 OpenStack 的安装了。首先要安装的是 OpenStack 最关键的组件 Keystone。Keystone 主要为整个 OpenStack 提供安全认证服务。OpenStack 用户登录、服务注册以及消息通信都会用到这个关键组件。掌握安全组件的安装，直接关系到整个 OpenStack 的安装是否顺利。在安装时，强烈建议 git 下载 OpenStack 安装脚本进行安装。

```
git clone https://github.com/JiYou/openstack.git
```

### 3.5.1 python 源码包的安装

首先下载源码时，如果不是为了参与社区开发，都应该首选 launchpad[3] 上面提供的 OpenStack 的稳定版本的代码。

一个 python 源码包主要有以下安装步骤。

---

[1] 完整的配置参见 https://github.com/JiYou/openstack/blob/master/chap03/rabbitmq/localrc。
[2] 完整的脚本参见 https://github.com/JiYou/openstack/blob/master/chap03/rabbitmq/rabbitmq.sh。
[3] https://launchpad.net/openstack。

（1）下载源码包

Keystone 的源码应该从 https://launchpad.net/openstack/keystone 链接处下载，如图 3.2 所示。

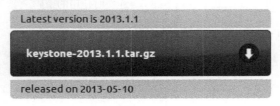

图 3.2  Keystone 下载页面

（2）安装依赖包

下载完成之后，接下来以 Keystone 为例，介绍如何手动安装 python 源码包。

首先应该安装 pip 工具及 pyton 开发包 python-dev：

```
01  apt-get install -y python-pip python-dev build-essential
02  apt-get install -y libxml2-dev libxslt-dev
                                        #安装python-lxml时需要这个开发库
03  [[ -e /usr/include/libxml ]] && rm -rf /usr/include/libxml
04  ln -s /usr/include/libxml2/libxml /usr/include/libxml
```

注意：02～03 行都是为安装 python-lxml 包做准备。如果是编译安装 python-lxml，这些步骤必不可少。

接下来，进入到 keystone/tools/目录，在此目录下，有一个 pip-requires.txt 文件。里面记录着 Keystone 所依赖的 python 包。首先安装这些依赖包：

```
~/keystone-2013.1.1/tools#pip install -r pip-requires
```

（3）安装源码包

当依赖包安装完成之后，进入源码主目录：

```
~/keystone-2013.1.1#python setup.py build
```

build 命令会检查依赖是否安装完整。如果 build 成功之后，便可以安装：

```
~/keystone-2013.1.1#python setup.py develop
```

由于 keystone 源码是留作开发或者测试使用，直接安装在当前目录，并不需要放至系统目录中。如果是一些系统 python 包，比如 python-django 等，在安装这些包时，需要运行：

```
~/keystone-2013.1.1#python setup.py install
```

install 与 develop 的主要区别就在于：install 会将 python 代码安装至系统目录，而 develop 则直接使用当前目录，以供开发测试使用。

## 3.5.2 Keystone 自动化安装

通过上一小节的介绍，已经能够手动安装 Keystone 源码包了。但是，对于自动化安装而言，这是远远不够的。接下来，将介绍如何进行 Keystone 的自动化安装[1]。

安装分为以下几步：

（1）init.sh 初始化系统环境，设置防火墙。

（2）配置 localrc 文件中的 Keystone 相关变量。用户只需要配置此步骤则可，其他步骤不需要修改便可安装。

（3）运行 keystone.sh 安装并测试 Keystone 服务。

（4）service keystone status 查看运行状态

（5）service keystone test 测试 Keystone 服务。

接下来讲解 https://github.com/JiYou/openstack/tree/master/chap03/keystone 的安装脚本。

### 1. 配置环境变量

安装之前，首先应该配置好 localrc 文件中必要的参数：

```
01  PIP_HOST=10.239.82.179                    #安装 python 依赖包的源
02  MYSQL_KEYSTONE_USER=keystone              #keystone 连接 MYSQL 时的用户名
03  MYSQL_KEYSTONE_PASSWORD=keystone_password #keystone 连接 MYSQL 的密码
04  KEYSTONE_HOST=10.239.82.179               #Keystone 所在主机 IP
05  ADMIN_PASSWORD=admin_user_password        #设置 Keystone 管理员密码
06  ADMIN_TOKEN=admin_token                   #设置用 token 密码
07  SERVICE_TOKEN=$ADMIN_TOKEN                #不要修改此行参数
08  ADMIN_USER=admin                          #管理员用户名，不建议修改此行
09  SERVICE_TENANT_NAME=service               #Keystone 管理服务的租户名
```

> 注意：第 01~06 行可以根据自己的环境做相应的修改，而第 07~09 行不建议修改。

配置好 localrc 文件中的 Keystone 的相关参数之后，就可以安装 Keystone 了。

接下来讲解 keystone.sh 脚本[2]，首先需要设置一些会影响安装的环境变量：

```
01  unset http_proxy
02  unset https_proxy
03  unset ftp_proxy
04  export OS_USERNAME=""
05  export OS_AUTH_KEY=""
06  export OS_AUTH_TENANT=""
07  export OS_STRATEGY=""
08  export OS_AUTH_STRATEGY=""
09  export OS_AUTH_URL=""
10  export SERVICE_ENDPOINT=""
```

---

1 完整的 keystone 安装脚本位于 https://github.com/JiYou/openstack/blob/master/chap03/keystone/keystone.sh。
2 在安装的时候，keystone.sh 脚本不需要修改与配置，相应配置都已经放到 localrc 中。

> **注意**：在安装 Keystone 时，一定要设置这些变量。由于有时候需要设置这些环境变量去访问 Keystone 服务。当 Keystone 服务需要重装的时候，这些环境变量会严重干扰 Keystone 服务的重新安装。

紧接着设置 Keystone 访问 MySQL 服务时的链接[1]：

```
BASE_SQL_CONN=mysql://$MYSQL_KEYSTONE_USER:$MYSQL_KEYSTONE_PASSWORD@$MYSQL_HOST
```

Keystone 安装时，需要的环境变量设置如下：

```
01   KEYSTONE_AUTH_HOST=$KEYSTONE_HOST              #Keystone 认证服务所在 IP
02   KEYSTONE_AUTH_PORT=35357                       #Keystone 认证服务端口
03   KEYSTONE_AUTH_PROTOCOL=http                    #Keystone 认证服务协议
04   KEYSTONE_SERVICE_HOST=$KEYSTONE_HOST           #Keystone 服务管理结点 IP
05   KEYSTONE_SERVICE_PORT=5000                     #Keystone 服务管理端口
06   KEYSTONE_SERVICE_PROTOCOL=http                 #Keystone 服务管理协议
07   SERVICE_ENDPOINT=http://$KEYSTONE_HOST:35357/v2.0   #认证服务链接
08   KEYSTONE_DIR=$DEST/keystone                    #Keystone 安装目录
09   KEYSTONE_CONF_DIR=$DEST/keystone/etc           #Keystone 配置文件目录
10   KEYSTONE_CONF=$KEYSTONE_CONF_DIR/keystone.conf #Keystone 配置文件
11   KEYSTONE_CATALOG_BACKEND=sql                   #Keystone 记录服务方式
12   KEYSTONE_LOG_CONFIG="--log-config $KEYSTONE_CONF_DIR/logging.conf"
13   logfile=/var/log/nova/keystone.log             #日志文件所在路径
```

有人会困惑 KEYSTONE_AUTH*与 KEYSTONE_SERVICE*的区别，这主要是由于 Keystone 不同的职能造成的。Keystone 提供的安全服务主要是面向两个：用户认证及内部各组件通信。

第 01～03 行：用户认证主要是对用户的登录信息、用户请求的资源以及用户的权限进行检测。也就是说 KEYSTONE_AUTH*主要是为用户提供安全认证的参数。

第 04～06 行：OpenStack 内部组件之间，还需要通信，比如 Nova 与 Quantum 的通信。Nova 如何知道 Quantum 服务所在地址，如何知道提供的 Quantum 服务是否安全。这些就需要 Keystone 来提供安全的保证。因此，KEYSTONE_SERVICE*主要是为服务注册与安装认证的变量。

第 07 行 SERVICE_ENDPOINT 变量主要是提供给用户登录、认证使用。

第 08～10 行主要是设置了 Keystone 的安装目录以及配置文件模板，需要注意的是，配置文件模板与配置文件不可混淆。配置文件模板 keystone.conf 位于 keystone 源码包 etc 目录下。根据此模板作出修改之后，才作为正式使用的配置文件。Keystone 真正使用的配置文件位于/etc/keystone/keystone.conf。

第 11 行，指明采用何种方式登记服务。Keystone 需要记录哪些服务已经注册，有两种记录方式：文件和数据库。sql 就表示使用数据库来记录。

第 12～13 行则是为了设置日志而使用。使用者可以根据自己的需要来设置日志文件的输出。

---

[1] 确认此时 localrc 文件中已有 MySQL 服务的正确配置。

## 2. 安装依赖包

在安装时,由于需要使用 MySQL 的客户端连接 MySQL 服务器,在这里将 mysql-client 安装一下:

```
DEBIAN_FRONTEND=noninteractive \
apt-get --option \
"Dpkg::Options::=--force-confold" --assume-yes \
install -y --force-yes mysql-client
```

安装完成之后,清理早期的安装痕迹:

```
01  nkill keystone                           #杀死 Keystone 服务
02  mysql_cmd "DROP DATABASE IF EXISTS keystone;"
                                             #删除 MySQL 中的 keystone 数据库
03  [[ -d $DEST/keystone/etc ]] && cp -rf $TOPDIR/openstacksource/keystone/
    etc/* $DEST/keystone/etc/                #利用配置文件模板覆盖配置文件
```

把早期的安装痕迹清理掉是非常有必要的。有些时候,这些早期的安装会影响新的安装操作。

安装 Keystone 的依赖开发包:

```
DEBIAN_FRONTEND=noninteractive \
apt-get --option \
"Dpkg::Options::=--force-confold" --assume-yes \
install -y --force-yes openssh-server build-essential git \
python-dev python-setuptools python-pip \
libxml2-dev libxslt-dev unzip python-mysqldb mysql-client
```

为了从源码编译安装 python-lxml 包,需要进行 xml 头文件目录配置:

```
[[ -e /usr/include/libxml ]] && rm -rf /usr/include/libxml
                                             #配置 xml 头文件路径
ln -s /usr/include/libxml2/libxml /usr/include/libxml
```

从 apt-get 安装好一些依赖包之后,另外 Keystone 还依赖许多 python 包,安装这些 python 包如下:

```
01  [[ ! -d $DEST ]] && mkdir -p $DEST
02  install_keystone
```

install_keystone 函数定义于 openstack/tools/function 文件中,主要负责安装 Keystone 所需的各种依赖包、Keystone 和 python-keystoneclient。

## 3. 配置MySQL数据库

Keystone 源码包及其依赖包安装完成之后,接下来配置 MySQL 数据库,配置 MySQL 数据库分为两方面:

❑ Keystone 连接数据库时需要的用户名$MYSQL_KEYSTONE_USER 及密码[1]。
❑ Keystone 在 MySQL 数据库中的相应表项。

---

[1] 有很多 OpenStack 的安装介绍里面并没有单独为 Keystone 设置用户名与密码,而是直接使用 MySQL root 和 root 的密码,这种方式并不可取。

```
01  cnt=`mysql_cmd "select * from mysql.user;" | grep $MYSQL_KEYSTONE_USER
    | wc -l`
02  if [[ $cnt -eq 0 ]]; then
03      mysql_cmd "create user '$MYSQL_KEYSTONE_USER'@'%' identified by
        '$MYSQL_KEYSTONE_PASSWORD';"
04      mysql_cmd "flush privileges;"              #对MySQL做的改动立即生效
05  fi
```

第 01 行，首先计算 MySQL 数据库中是否有$MYSQL_KEYSTONE_USER 用户。如果没有此用户，那么创建此用户。

第 02～05 行，连接至数据库，创建相应的用户。

值得一提的是，mysql_cmd 是位于 tools/function 中的函数：

```
01  function mysql_cmd() {
02      set +o xtrace
03      mysql -uroot -p$MYSQL_ROOT_PASSWORD -h$MYSQL_HOST -e "$@"
04      set -o xtrace
05  }
```

这个函数的功能就是要达到以 root 用户去执行 MySQL 相应命令的效果。使用者只需要：

```
mysql_cmd -e "show databases;"
```

就可以执行相应的 MySQL 命令，而不需要重复地输入以下命令：

```
mysql -uroot -pmysqlpassword -h10.239.82.83 " -e
```

当用户创建好之后，紧接着需要为 Keystone 创建相应的 database[1]：

```
01  cnt=`mysql_cmd "show databases;" | grep keystone | wc -l`
                                                #检测database是否已经存在
02  if [[ $cnt -eq 0 ]]; then                   #创建相应的atabase及权限
03      mysql_cmd "create database keystone CHARACTER SET utf8;"
04      mysql_cmd "grant all privileges on keystone.* to '$MYSQL_KEYSTONE
        _USER'@'%' identified by '$MYSQL_KEYSTONE_PASSWORD';"
05      mysql_cmd "GRANT ALL PRIVILEGES ON *.* TO 'root'@'%' identified by
        '$MYSQL_ROOT_PASSWORD'; FLUSH PRIVILEGES;"
06      mysql_cmd "GRANT ALL PRIVILEGES ON *.* TO 'root'@'%' identified by
        '$MYSQL_ROOT_PASSWORD'  WITH GRANT OPTION; FLUSH PRIVILEGES;"
07      mysql_cmd "flush privileges;"
08  fi
```

> 注意：权限的开放相当重要，否则容易出现数据库连接失败的情况。在开放权限时，同时开放了$MYSQL_KEYSTONE_USER 及 root 用户的权限。这是由于在实际操作中，发现权限更改之后，用 root 连接 MySQL 有失败的情况。

---

[1] 本书中的 database 是指 MySQL 中 show databases 中的 database，不是指广义上的数据库。

### 4. 修改keystone.conf文件

尽管可以自定义 keystone.conf 文件的放置目录，但是在实际操作中发现，放在 /etc/keystone 目录下可以免去很多不必要的错误[1]。因此建议将 Keystone 的相关配置文件放于 /etc/keystone 目录下：

```
mkdir -p /etc/keystone
cp -rf $DEST/keystone/etc/* /etc/keystone/
```

当 /etc/keystone 目录下的配置文件准备好之后，运行如下命令来修改 keystone.conf 文件：

```
01  file=/etc/keystone/keystone.conf
02  cp -rf $KEYSTONE_CONF_DIR/keystone.conf.sample $file
03  sed -i "s,#admin_token = ADMIN,admin_token = $ADMIN_TOKEN,g" $file
04  sed -i "s,#connection = sqlite:///keystone.db,connection = $BASE_
    SQL_CONN/keystone?charset=utf8,g" $file
05  sed -i "s,#driver = keystone.catalog.backends.sql.Catalog,driver =
    keystone.catalog.backends.sql.Catalog,g" $file
06  sed -i "s,#token_format = PKI,token_format = UUID,g" $file
07  sed -i "s,#driver = keystone.contrib.ec2.backends.kvs.Ec2,driver =
    keystone.contrib.ec2.backends.sql.Ec2,g" $file
```

第 01～02 行，将配置文件指向 /etc/keystone/keystone.conf 文件。紧接着利用模板文件覆盖掉配置文件，以清理以前的安装痕迹。

第 03 行，设置 admin_token。Keystone 中的 admin_token，作用相当于酒楼老板中的钥匙，有了酒楼老板的同意，才可以决定开放哪些服务，请哪些服务员，请什么样的厨子。

第 04 行，设置 MySQL 数据库连接方式。

第 05 行，由于我们的 Catalog 服务使用 sql 方式[2]，因此需要更改相应的 driver。

第 06 行，修改 token 格式。由于 PKI 的配置非常复杂，并且认证非常慢，实用性较低，这里直接采用 UUID 的方式。

第 07 行，修改 ec2 接口的 driver。与第 05 行原因相同，同样是因为 localrc 中配置为数据库存储。

### 5. 日志配置

除此之后，还需要修改的是 Keystone 的日志配置：

```
01  file=/etc/keystone/logging.conf                          #日志配置文件
02  TONE_LOG_CONFIG="--log-config $file"                     #日志参数
03  cp $KEYSTONE_DIR/etc/logging.conf.sample $file           #覆盖原有的日志配置文件
04  sed -i "s,level=WARNING,level=DEBUG,g" $file             #修改日志等级
05  sed -i "s/handlers=file/handlers=devel,production/g" $file
06  [[ -d /var/log/nova ]] && rm -rf /var/log/nova/keytone*
                                                             #删除原有的日志
07  mkdir -p /var/log/nova
08  logfile=/var/log/nova/keystone.log                       #日志文件所在位置
```

---

1 OpenStack 每个组件的搜索目录都是从 /etc/ 目录开始。比如 Nova 是 /etc/nova，Swift 是 /etc/swift 目录。
2 Localrc 中配置了 KEYSTONE_CATALOG_BACKEND=sql。

> 注意：本文中将所有 OpenStack 的日志都放置于/var/log/nova 目录下。主要原因是由于 Nova 模块经常调试，经常到/var/log/nova/下查看日志。将其他日志也放置于此目录则是为了查看方便。

### 6. 创建表单

尽管前面在 MySQL 数据库中创建了 Keystone 的 database，但是并没有创建好相应的表单。

```
$KEYSTONE_DIR/bin/keystone-manage \
--config-file /etc/keystone/keystone.conf db_sync
```

运行 db_sync，则会将 Keystone 需要的表单与 MySQL 数据库中的 database 中的表单进行同步，也就意味着，Keystone 需要的数据库准备好了。

本质上来说，运行 db_sync 的时候，会依次调用：

```
01  ./keystone/common/sql/migrate_repo/versions/002_sqlite_upgrade.sql
02  ./keystone/common/sql/migrate_repo/versions/002_sqlite_downgrade.sql
03  ./keystone/common/sql/migrate_repo/versions/003_sqlite_upgrade.sql
```

通过查看这些文件，就可以清楚地了解 Keystone 数据库中表单的配置。

此外，除了创建表单，还会放一些初始化数据在数据库中，因此，在运行 db_sync 的时候，请务必保证配置文件都修改好。

### 7. 运行服务

接下来，便可以运行 Keystone 服务：

```
cd $KEYSTONE_DIR
nohup python ./bin/keystone-all \
--config-file /etc/keystone/keystone.conf \      #指定配置文件路径
--log-config /etc/keystone/logging.conf \        #指定日志配置文件路径
-d --debug >$logfile 2>&1 &                      #重定向至日志文件中，并且后台运行
```

> 注意：采用 nohup 是为了防止被打扰。比如在 ssh 的情况下执行某些后台程序，当 ssh 退出之后，这些程序有可能随之而退出。因此，采用 nohup 是非常有必要的。

当服务成功运行之后，如何检测 Keystone 是否正常运行呢？首先应该查看一下是否可以访问 service endpoint[1]。

```
01  sleep 20                                    #需要等一段时间才可以访问 Keystone 服务
02  ps aux | grep keystone                      #查看一下进程是否存在
03  sleep 10                                    #接着再等待一段时间
04  echo $SERVICE_ENDPOINT                      #用 curl 访问 service endpoint。
05  if ! timeout 5 sh -c "while ! curl -s $SERVICE_ENDPOINT/ >/dev/null; do
      sleep 1; done"; then
06      echo "keystone did not start"
                                                #如果用 curl 访问 service endpoint 不成功
```

---

[1] endpoint 在 OpenStack 中表示服务访问结点，意味着服务入口。

```
07          echo "ERROR occur!"         #直接报错并退出，说明安装不成功
08          exit 1
09       fi
```

### 8. 初始化Keystone

能够访问 service endpoint，并不意味着 Keystone 服务已经可以运行。还需要做一些关键的配置，本文将这些配置放到 keystone_data.sh[1]中，在运行这些脚本之前，首先需要将管理员信息、密码、keystone 服务的 endpoint 提供给 keystone_data.sh。

```
01   cp -rf $TOPDIR/tools/keystone_data.sh /tmp/
02   sed -i "s,%KEYSTONE_HOST%,$KEYSTONE_HOST,g" /tmp/keystone_data.sh
03   sed -i "s,%SERVICE_TOKEN%,$SERVICE_TOKEN,g" /tmp/keystone_data.sh
04   sed -i "s,%ADMIN_PASSWORD%,$ADMIN_PASSWORD,g" /tmp/keystone_data.sh
05   sed -i "s,%SERVICE_TENANT_NAME%,$SERVICE_TENANT_NAME,g" /tmp/
     keystone_data.sh
06   sed -i "s,%KEYSTONE_CATALOG_BACKEND%,$KEYSTONE_CATALOG_BACKEND,g" /
     tmp/keystone_data.sh
07   sed -i "s,%SERVICE_ENDPOINT%,$SERVICE_ENDPOINT,g" /tmp/keystone
     _data.sh
```

第 01 行，首先将脚本模板放到/tmp/目录下。

第 02～07 行，将 Keystone 服务的关键信息写入到脚本中。

当这些信息写入完成之后，执行初始化脚本就可以初始化 Keystone 了：

```
chmod +x /tmp/keystone_data.sh
/tmp/keystone_data.sh
```

接下来将讲解 keystone_data.sh。首先需要了解几个概念。
- Keystone：好比一个公司的安全部门。
- Tenant[2]：好比安全部门的多个办公室，比如部长办公室、科室、工作室等等。
- User：在安全部门上班的员工，有的是管理员，有的是一般用户。
- Role：安全部门内部的各种权限，好比安全部门的权力和钥匙，哪些办公室可以进去，哪些文件可以看等等。
- Service：被安全部门认可的职能。安全部门的职能是要被自我认可的[3]。

Keystone 进程运行起来之后，只是相当于安全部门的楼修好了，此时安全部门还并不能发挥职能。首先需要设置 BOSS 的办公室、科室、工作室等，放在 Keystone 里面，就是创建 Tenant：

```
01   ADMIN_TENANT=$(get_id keystone tenant-create --name=admin)
02   SERVICE_TENANT=$(get_id keystone tenant-create --name=$SERVICE_
     TENANT_NAME)
03   DEMO_TENANT=$(get_id keystone tenant-create --name=demo)
04   INVIS_TENANT=$(get_id keystone tenant-create --name=invisible_
     to_admin)
```

第 01 行，ADMIN_TENANT 顾名思义，意指管理员 tenant，相当于 BOSS 的办公室。

---

[1] https://github.com/JiYou/openstack/blob/master/chap03/keystone/tools/keystone_data.sh
[2] 中文的翻译叫租户，但是这个概念在 OpenStack 中，理解起来相对困难，本文采用不翻译的方案。
[3] 也就意味着，保安需要确认自己是安全的，不会带来破坏安全的举动。

第 02 行，SERVICE_TENANT 则相当于科室。这个安全部门的科室记录着整个公司的服务，哪些是被认可的服务。比如在软件开发公司，安全部门的科室就认可了提供茶水服务是允许的，但是在公司里面摆地摊则是不被允许的（因为没有去安全部门取得认证）。

第 03 行，DEMO_TENANT 则相当于安全部门的宣传室，宣传室主要负责职能的宣传与演示。Keystone 的 DEMO_TENANT 则负责 OpenStack 项目的功能演示。

第 04 行，创建了一个不可见的 INVIS_TENANT，这个主要是为 OpenStack 中的 Horizon 和 Swift 提供服务。其实一个公司的安全部门也有些办公室是只针对公司内部某些部门服务，比如 Lab 安全检查科室，就只负责 Lab 的安全检查。

Tenant 创建好了，只是相当于部长办公室、科室、宣传室等等办公的房间准备好了。但是人还没到位，还没有人上班呢。这时，就需要创建 User，User 就相当于进入公司时，对身份的认定，需要在前台登记个人信息。

Keystone 一开始，就创建了两个 Users：

```
01  ADMIN_USER=$(get_id keystone user-create --name=admin \
02                                  --pass="$ADMIN_PASSWORD" \
03                                  --email=admin@example.com)
04  DEMO_USER=$(get_id keystone user-create --name=demo \
05                                  --pass="$ADMIN_PASSWORD" \
06                                  --email=demo@example.com)
```

第 01～03 行，创建了公司 BOSS 即 ADMIN_USER，创建的时候，需要指定名字、密码和邮箱。

第 04～06 行，创建了宣传部的宣传员。

尽管只有 BOSS 和员工两个人，不过好像对 OpenStack 而言，暂时已经够了。现在 OpenStack 的安全部门 Keystone 有了两个人来上班，可是光有人上班，还不行。还需要划分每个员工的职能与权力。这时候，就需要创建 Roles 了。

```
01  ADMIN_ROLE=$(get_id keystone role-create --name=admin)
02  KEYSTONEADMIN_ROLE=$(get_id keystone role-create --name=KeystoneAdmin)
03  KEYSTONESERVICE_ROLE=$(get_id keystone role-create --name=Keystone-
    ServiceAdmin)
04  ANOTHER_ROLE=$(get_id keystone role-create --name=anotherrole)
05  MEMBER_ROLE=$(get_id keystone role-create --name=Member)
```

第 01 行，ADMIN_ROLE 指明了管理员权限，也即公司的最大的 BOSS 的权限。

第 02 行，KEYSTONEADMIN_ROLE 指明了安全部门的部长的权限。

第 03 行，KEYSTONESERVICE_ROLE 指明了安全部门科室的权限。

第 04 行，ANOTHER_ROLE 则是相当于访客的权限。

第 05 行，MEMBER_ROLE 则是由于 Horizon 与 Swift 服务需要而保留。

当权限创建好了之后，还需要把这些权限分发，首先看一下 ADMIN_USER 获得了哪些权限：

```
01  keystone user-role-add --user_id $ADMIN_USER --role_id $ADMIN_ROLE
    --tenant_id $ADMIN_TENANT
02  keystone user-role-add --user_id $ADMIN_USER --role_id $ADMIN_ROLE
    --tenant_id $DEMO_TENANT
03  keystone user-role-add --user_id $ADMIN_USER --role_id $KEYSTONEADMIN
    _ROLE --tenant_id $ADMIN_TENANT
04  keystone user-role-add --user_id $ADMIN_USER --role_id $KEYSTONESERVICE
```

```
   _ROLE --tenant_id $ADMIN_TENANT
```

第 01 行将 ADMIN_USER 加入到 ADMIN_TENANT 中，并且赋予 ADMIN_ROLE 权限。也就是相当于公司的 BOSS 有了自己的办公室，有了 BOSS 的一切权限。

第 02 行将 ADMIN_USER 加入到了 DEMO_TENANT 中，并且赋予 ADMIN_ROLE。这个也比较好理解，由于公司只有 BOSS 与一个员工，那么当 BOSS 在干活的时候，他仍然是 BOSS 咯。

第 03 行将 ADMIN_USER 以 KEYSTONEADMIN_ROLE 的身份加入到 ADMIN_TENANT 中，也就意味着公司的 BOSS 可以用安全部门部长的身份进入 BOSS 的办公室（可以想象一个公司只有 BOSS 的职工的情况，应该是 BOSS 带有安全部长的权限的）。

第 04 行将 ADMIN_USER 以 KEYSTONESERVICE_ROLE 的身份加入到 ADMIN_TENANT 中，也就意味着公司的 BOSS 可以管理公司内部服务的认证。在现实生活中也是这样，如果要在公司内部摆摊卖点小吃什么的，BOSS 是有权力管理的。

接下来则是设置 DEMO_USER 的权限与职能，即设置唯一的员工的职能：

```
01   keystone user-role-add --user_id $DEMO_USER --role_id $ANOTHER_ROLE --
     tenant_id $DEMO_TENANT
02   keystone user-role-add --user_id $DEMO_USER --role_id $MEMBER_ROLE --
     tenant_id $DEMO_TENANT
03   keystone user-role-add --user_id $DEMO_USER --role_id $MEMBER_ROLE --
     tenant_id $INVIS_TENANT
```

第 01 行将 DEMO_USER 以 ANOTHER_ROLE 的身份加入到 DEMO_TENANT 中，好比一个正式员工总是可以用访问的身份去参观公司的宣传科室的。

第 02～03 行都是为了 Horizon 与 Swift 提供服务而添加的，不用过多叙述。

当公司的核心员工已经具备，内部职能已经划分清楚，就可以挂牌开张了，不过第一个开张的是 Keystone 服务，即相当于公司的安全部门要先开张嘛。

```
KEYSTONE_SERVICE=$(get_id keystone service-create \
                                              #数据库中新创建 Keystone 服务
   --name=keystone \
   --type=identity \
   --description="Keystone Identity Service")
keystone endpoint-create \                    #Keystone 服务注册
   --region RegionOne \
   --service_id $KEYSTONE_SERVICE \
   --publicurl "http://$KEYSTONE_HOST:\$(public_port)s/v2.0" \
   --adminurl "http://$KEYSTONE_HOST:\$(admin_port)s/v2.0" \
   --internalurl http://$KEYSTONE_HOST:\$(admin_port)s/v2.0
```

在这里，相当于首先成立了公司的安全部门。然后，安全部门进行自我登记。也即相当于安全部门向外界宣布，本公司的安全部门地址位于 X 楼 X 室。

### 3.5.3　Keystone 客户端使用及测试

到现在为止，只是知道 OpenStack 的安全部门已经开始工作了。但是，总得检测一下安全部门是否真正可用。下面将测试 Keystone 服务是否可用：

```
01   curl -d "{\"auth\": {\"tenantName\": \"$ADMIN_USER\", \"passwordCrede
     ntials\":{\"username\": \"$ADMIN_USER\", \"password\": \"$ADMIN_
```

```
     PASSWORD\"}}}" -H "Content-type: application/json" $SERVICE_ENDPOINT
     /tokens | python -mjson.tool
02   TOKEN=`curl -s -d  "{\"auth\":{\"passwordCredentials\":{\"username\":
     \"$ADMIN_USER\", \"password\": \"$ADMIN_PASSWORD\"}, \"tenantName\":
     \"admin\"}}" -H "Content-type: application/json" $SERVICE_ENDPOINT/
     tokens | python -c "import sys; import json; tok = json.loads(sys.
     stdin.read()); print tok['access']['token']['id'];"`
03   echo $TOKEN
```

第 01 行，利用 curl 访问 Keystone 的 service endpoint。即相当于首先去安全部门向外界宣称的 X 楼 X 室看一下，是不是有人正在上班，设备是否都在正常运行。

第 02 行，利用 python 脚本，以管理员的身份去取一个 TOKEN。TOKEN 比较容易理解，在古代或近代战争中，两边人马来往，都需要用口令才能通过。一个事务、消息在 OpenStack 内部传递的时候，仍然需要口令来保证消息的安全性。类似于公司的公章，只有盖了公章的文件才能算作公司的正式文件，才会产生业务效力。

如果测试通过，将会看到类似如下输出：

```
01         "user": {
02            "id": "2a513269b32142f6a16a31c5a154a36b",
03            "name": "admin",
04            "roles": [
05               {
06                  "name": "KeystoneAdmin"
07               },
08               {
09                  "name": "KeystoneServiceAdmin"
10               },
11               {
12                  "name": "admin"
13               }
14            ],
15            "roles_links": [],
16            "username": "admin"
17         }
18      }
19  }
20  eba4ca639eeb4d52a96f693dde39ebf8
```

## 3.5.4　Keystone 的管理

安装好一个服务之后，需要提供最基本的服务管理脚本。通过利用这个脚本[1]，可以实现：

```
01  service keystone start
02  service keystone stop
03  service keystone restart
04  service keystone status
```

---

[1] https://github.com/JiYou/openstack/blob/master/chap03/keystone/tools/keystone。

```
05    service keystone test
```

下面将讲解这个 keystone 脚本。安装好 keystone.sh 之后，此脚本位于/etc/init.d/keystone。
在进行操作之前，首先查看一下 Keystone 的进程是否在运行：

```
is_running=`ps aux | grep keystone-all | grep -v grep | wc -l`
```

### 1. Start Keystone

通过执行 service keystone start 就可以开启 Keystone 服务，具体代码如下：

```
01    start)
02        if [[ $is_running -gt 0 ]]; then            #如果服务已经在运行
03            echo "keystone is running"
04        else
05            cd $KEYSTONE_DIR
06            nohup python ./bin/keystone-all \        #启动 Keystone 服务
07              --config-file /etc/keystone/keystone.conf \
08              --log-config /etc/keystone/logging.conf \
09              -d --debug >$logfile 2>&1 &
10            echo "keystone begin to start, please wait."
11            sleep 5                                  #等待一段时间，并且输出一些日志
12            cat $logfile | tail -5
13        fi
```

流程是先检测服务是否运行，如果没有运行则开启 Keystone 服务。

### 2. Stop Keystone

通过执行 service keystone stop 就可以关闭 Keystone 服务，具体代码如下：

```
01    stop)
02        if [[ $is_running -gt 0 ]]; then
                                                    #如果 Keytone 服务在运行，则杀死[1]进程
03            echo "begin to stop keystone"
04            nkill keystone-all >/dev/null 2>&1 &
05        else                                      #如果并未运行，则直接输出信息
06            echo "keystone is stopped"
07        fi
```

### 3. Restart Keystone

通过执行 service keystone restart 就可以重启 Keystone 服务，具体代码如下：

```
01    restart)
02        if [[ $is_running -gt 0 ]]; then          #如果发现服务在运行，关闭之
03            nkill keystone-all > /dev/null
04        fi
05        cd $KEYSTONE_DIR
06        nohup python ./bin/keystone-all \         #开启 Keystone 服务
07          --config-file /etc/keystone/keystone.conf \
08          --log-config /etc/keystone/logging.conf \
09          -d --debug >$logfile 2>&1 &
```

---

[1] 与直接使用 kill 命令相比，nkill 则是一个根据进程名字查询并且杀死进程的脚本。位于 https://github.com/JiYou/openstack/blob/master/chap03/keystone/tools/nkill。

### 4. Test/Status Keystone

对 Keystone 服务的测试，则是按照上小节介绍的方法进行，不需要再叙述。通过 service keystone test 就可以对 Keystone 服务进行测试。而 service keystone status 则可以查看 Keystone 的状态。

查看 Keystone 状态的代码如下：

```
01        status)
02            if [[ $is_running -gt 0 ]]; then
                                        #如果 Keystone 服务在运行，那么直接输出
03                echo "keystone is running"    #日志最后 5 行信息
04                tail -5 $logfile
05            else
06                echo "keystone is not running"
                                        #如果 Keystone 服务并未运行，那么检查日志
07                cat $logfile | grep -i "error" | tail -5
                                        #文件，查看是否有错误发生
08            fi
```

### 5. Keystone信息

除了服务的管理之外，Keystone 还提供了 keystone 命令来查询 Keystone 的信息，运行这个命令，首先需要设置环境变量：

```
01   ~#cat keyrc
02   export OS_TENANT_NAME=admin
03   export OS_USERNAME=admin
04   export OS_PASSWORD=admin_user_password
05   export OS_AUTH_URL=http://10.239.82.187:5000/v2.0/
```

可以手动设置，或者 source ~/keyrc。

查看 user 信息：

```
$ source ~/keyrc
$ keystone user-list
+----------------------------------+-------+---------+-------------------+
|                id                |  name | enabled |       email       |
+----------------------------------+-------+---------+-------------------+
| 763f0f17c4bb4618b93589d657a6d175 | admin |   True  | admin@example.com |
| 0dc34b1476644267a224c9fdc3028b0f |  demo |   True  |  demo@example.com |
+----------------------------------+-------+---------+-------------------+
```

其他常用的还有：keystone tenant-list、keystone service-list 和 keystone endpoint-list，分别用于查看相应信息。

## 3.6 常见错误与分析

在安装 Keystone 的过程中，总会遇到各种各样的错误，那么哪些错误是会经常遇到的？这些错误又该如何处理呢？

## 3.6.1 无法下载 python 依赖包

对于喜欢手动安装的人而言，经常会在 pip 安装依赖包的时候，卡在某个地方一直不动，处于 Downloading 状态。除了检查网络之后，还有一个方法是确认是否需要设置代理来访问外部网络。如果需要设置代码，那么请设置如下 3 个代理：

```
export http_proxy="http://somewhere.com:90"
export https_proxy="http://somewhere.com:90"
export ftp_proxy=http://somewhere.com:90
```

为了方便，可以将以上内容保存至 proxyrc 文件中，需要时，只需要 source proxyrc 即可。以下方法不建议使用：

- 将环境变量添加至~/.bashrc 文件中。尽管网络上有不少文章采用了这种方法，但是这种方法安装 OpenStack 则是不可取的，有时候会导致访问失败。需要记住的是，在内部网络中，访问 OpenStack 的服务，需要将以上 3 个变量 unset。
- 将环境变量添加至/etc/profile。非常不建议，原因也是因为在内部网络环境下，访问 OpenStack 服务，不能设置此 3 个变量。

## 3.6.2 Keystone 命令运行失败

Keystone 提供了终端命令 keystone，通过这个命令，可以查看 Keystone 的内部配置等信息。但是在运行时，经常出现下面的错误：

```
01  ~#keystone user-list
02  Expecting authentication method via
03    either a service token, --os-token or env[OS_SERVICE_TOKEN],
04    or credentials, --os-username or env[OS_USERNAME].
```

这是由于环境变量配置不足造成，在运行 keystone 命令时，需要设置环境变量，例如：

```
01  export OS_TENANT_NAME=admin
02  export OS_USERNAME=admin
03  export OS_PASSWORD=admin_user_password
04  export OS_AUTH_URL="http://10.239.82.179:5000/v2.0/"
```

注意：这里在访问的时候，使用的是 admin 用户进行访问。

如果是使用 keystone.sh 脚本安装的 Keystone 服务，那么会自动在~/目录下生成一个 keyrc 文件。按照如下方式运行，则会成功：

```
~#source keyrc
~#keystone user-list
|                id                | name  | enabled |       email       |
| 763f0f17c4bb4618b93589d657a6d175 | admin | True    | admin@example.com |
| 0dc34b1476644267a224c9fdc3028b0f | demo  | True    | demo@example.com  |
```

## 3.7 小　　结

在这里将总结一下本章所介绍的内容，并且简明扼要地指出如何安装 Keystone。

（1）安装 MySQL

```
01  #下载代码
02  git clone https://github.com/JiYou/openstack
03  ./openstack/create_link.sh
04  cd ./openstack/chap03/mysql
05  ./init.sh
06  #设置环境变量
07  #修改 localrc 中与 MySQL 相关的变量
08  #some operations here
09  #安装 MySQL
10  ./mysql.sh
```

（2）安装 Keystone

```
01  #下载代码
02  git clone https://github.com/JiYou/openstack
03  cd openstack
04  ./create_link.sh
05  cd ./openstack/chap03/keystone
06  ./init.sh
07  #设置环境变量
08  #修改 localrc 中与 MySQL 及 Keystone 相关的变量，需要与安装 MySQL 环境中的参数一致
09  #设置 localrc 中的环境变量
10  ./keystone.sh
```

（3）Keystone 服务管理

```
service keystone start|stop|restart|status|test
```

（4）Keystone 信息

```
source ~/keyrc
keystone tenant-list|user-list|service-list|endpoint-list
```

# 第 4 章 安装 Swift 存储服务

Swift 是 OpenStack 云存储服务的重要组件，提供了高可用、分布式、持久性、大文件的对象存储服务。此外，Swift 还可以利用一系列价格便宜的硬件存储设备，提供安全、高效又可靠的存储服务。本章将重点介绍如何安装及使用 Swift 存储服务。

本章主要涉及到的知识点如下。

- Swift 基本概念：了解这些基本概念，有助于搭建 Swift 系统，维护系统也更加容易，并且为阅读源码做好准备。
- 搭建环境与解决依赖：学会如何搭建开发环境以及解决安装包之间的依赖关系。
- 注册服务：学会把服务注册到 Keystone 中。
- 安装 Proxy 服务：学会如何安装 Proxy 服务。Proxy 服务节点是 Swift 存储服务最关键的部分，Proxy 服务处理了发往 Swift 的每个请求。此外，Proxy 服务还提供了公共的 API。
- 安装存储节点：学会安装存储节点，并且了解存储节点如何与 Proxy 服务进行交互。存储节点提供了存储空间，用于存储用户的数据。
- 管理 Swift：学会如何使用存储服务。并且学习添加、删除存储节点。了解安装及运行中可能出现的各种问题。

## 4.1 Swift 基本概念

本节介绍 Swift 组件的基本概念，理解这些概念，将有助于安装和维护 Swift 对象存储服务。同时，对 Swift 源码的阅读而言，也大有益处。

### 4.1.1 Swift 的特性

决定使用 Swift 之前，需要回答一个问题：为什么采用 Swift？Swift 有什么优点？从 Swift 的特性着手，就能够知道 Swift 能够解决什么样的问题。

（1）数据持久性

数据持久性（Durability）是衡量存储系统的重要指标。所谓数据持久描述的是用户数据存储到系统中丢失的可能性。从理论上而言，针对较小部署的环境，Swift 也能够提供极高的数据持久性。为了防止数据丢失，Swift 采用了冗余 Replica（副本）的处理办法。Replica 的默认值是 3。

(2）架构对称性

对称性是指 Swift 架构设计上，每个节点[1]的功能和作用均等。并没有采用 HDFS（Hadoop Distributed File System）的主从架构。如果采用 HDFS 的主从架构，容易导致控制节点（master server）压力增加，运营维护困难会相对增加。对称性带来的便利之处就是整个系统的稳定性，不会因为某个主控节点的失效而变得不可用。

（3）无单点故障

Swift 采用对称性设计，每个节点的地位完全平等，没有一个角色是单点的。因此系统的性能并不会因为某个节点的失效而导致整个系统的不可用。此外，Swift 对元数据[2]处理与对象文件存储处理方式并没有什么不同。元数据也是和对象文件一样，完全多份均匀随机分布。

（4）可扩展性

从理论上讲，当加入新节点到 Swift 集群中的时候，会给扩展性带来两方面的影响：容量的增加；系统性能的提升。由于采用了对称性设计，每个节点所起的作用相当，因此只需要将新的节点加入到 Swift 系统中就可以了。

值得注意的是，Swift 系统采用的是完全对称的系统架构。新加入的节点并未存储数据，新节点的地位如果想要与旧有的节点地位保持一致，就需要将 Swift 系统中已存储的数据进行迁移，迁移的结果是保持每个节点的地位完全平等。但是当存储数据量上升之后，扩容会面临大量数据的迁移。对称性设计带来的数据迁移也制约着 Swift 系统的推广与使用。

（5）简单可靠性

Swift 采用的原理简单易懂，架构设计、代码和算法实现都较易读懂，但是却提供了较高的可靠性。系统结构简单带来的好处是部署以及维护都较容易，出现问题较容易解决。

### 4.1.2 Swift 的架构

Swift 系统中的服务器，主要分为 3 种。

1. Authentication Node

Authentication node（认证节点）提供身份验证功能。值得一提的是，对于只想使用 Swift 作为存储系统的用户而言，可以使用 Swift 内置的认证服务，并将此认证服务运行于 Authentication node 上。如果把 Swift 放到 OpenStack 中，则会采用 Keystone 的认证服务，此时 Authentication node 就并不属于 Swift。在本书中，搭建的 Swift 存储系统，即采用了 Keystone 提供的认证服务，有利于与其他 OpenStack 组件进行交互。

2. Proxy Node

Proxy Server（代理节点）是提供 Swift API 的服务进程，负责把客户端的请求进行转发。Proxy Server 提供了 Rest-full API，使得开发者可以基于 Swift API 构建自己的应用程序。

---

1 节点（node），即服务器。服务器常常是批量购置的，除非特别指明，默认节点配置相同。
2 元数据（meta data），包含了数据的描述信息，这些信息包括了数据所有者、类型、安全等等信息。

### 3. Storage Node

Storage Server（存储节点）将磁盘存储服务转化成为 Swift 中的存储服务。由于存储目标的类型不同，Storage Node 上运行的存储服务也分为 3 类。

- ❑ Object Server：对象[1]服务提供了二进制大对象存储服务。对象数据本身是直接利用文件系统的存储功能。但是，对象的元数据却是存放在文件系统的扩展属性中。因此，Object Server 需要底层文件系统提供扩展属性。
- ❑ Container Server：容器[2]服务主要是处理对象列表。容器服务管理的是从容器到对象的单一映射关系。也就是说，容器服务并不知道对象存放在哪个容器，但是却知道容器上存放了哪些对象。这部分信息以文件的形式与对象数据一样，采用完全均匀随机多份存储。唯一不同的是，文件格式采用的是 SQLite[3] 格式进行存储。容器服务也会统计对象的总数以及节点存储空间的使用情况等信息。
- ❑ Account Server：账户服务处理的对象主要是容器列表。除此之外，账户服务与容器服务处理方式上并没有什么不同。

图 4.1 所示是一个简单的 Swift 部署示例。在实际应用中，为了部署与维护的方便，经常将 Object Server、Container Server 以及 Account Server 这 3 种服务都运行在存储节点上。采用这种部署方式，如果硬件配置相同，那么 Storage Node 之间的地位是平等的。

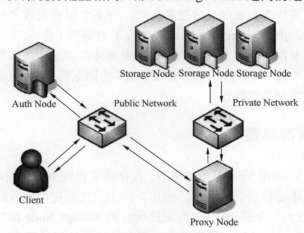

图 4.1 Swift 架构图

## 4.1.3 Swift 的故障处理

存储系统的实际应用中，利用文件系统提供存储服务，以及提供 Rest-full API 并不困

---

[1] 在存储服务的范畴里，对象的含义与程序设计语言的含义略有不同，一般是指用户需要存储的数据。
[2] 容器是存储组件，用于存放用户数据。可以把容器理解为文件夹，但是容器不能像文件夹那样嵌套。
[3] SQLite 是轻型关联式、嵌入式数据库，占用资源非常少，在多种嵌入式产品中均有使用。

难。存储系统真正的难点在于，由于数据损坏或硬件故障导致的数据不一致。存储系统一般都采用了多个备份随机均匀存储的处理方式来避免数据丢失。不过也因此带来了这多个备份之间可能不一致的问题。比如一个文件有 3 个备份，分别存放于 A、B、C 这 3 台服务器上。当 A 服务器把文件写入到磁盘过程中，由于种种原因（如突然断电），系统重启之后，获得的数据，肯定与 B、C 服务器上的备份不一致。

Swift 存储系统在设计时，就设计了故障处理机制来保证数据的一致性。主要有 3 个服务来进行故障处理：Auditor、Updater 和 Replicator。

（1）Auditor：审计器会在本地服务器反复地检测容器、账户和对象的一致性。一旦发现某个文件的数据不完整，该文件就会被隔离。然后，Auditor 会通知 Replication 复制器，从其他一致的副本复制并替换此文件。如果其他错误出现，比如所有的副本都坏了，那么把此类错误记录到日志文件中。

（2）Updater：更新器的主要作用是延迟更新。延迟更新产生的原因，主要是为了应对用户数据上传过程中的故障与异常。先来了解一下正常情况下的更新顺序。当用户的数据上传成功之后，Object Server 会向 Container Server 发送通知，通知 Container Server 某个 Container 中新加入了一个 Object。当 Container Server 接收到该通知，更新好 Object 列表之后，再向 Account Server 发送通知。Account Server 接收到此通知并更新 Container 列表。这是在理想情况下的更新顺序。在实际应用中，由于各种原因的干扰，比如网络断开、系统高度负荷、磁盘写等待都有可能导致更新失败。当某个更新失败之后，此次更新操作会被加入到更新队列中，由 Updater 来处理这些失败了的更新工作。

（3）Replicator：复制器负责将完好的副本替换损坏的数据。通常情况下是每隔一定时间会扫描一下本地文件的 Hash 值，并且与远端的其他副本的 Hash 值进行比较，如果不相同，则会进行相应的复制替换操作。

### 4.1.4  Swift 的集群部署

图 4.1 提供了一个 Swift 简单的部署模型。在存储节点较少的时候，这个简单的模型就可以工作了，不过，还是存在一些问题。例如，出于系统稳定性和收益的考虑，一般需要"不把所有的鸡蛋都放到一个篮子中"。如果把所有的 Storage Node 都放于同一个网段或同一个机房中，一旦发生网络故障、机房断电，那么导致的结果是整个 Swift 系统都不可用。此外，Storage Node 的地理位置也有可能不同，可能分别位于北京与上海。这时候，系统的扩展也会遇到一些问题。

Swift 出于安全、地理位置和隔离的考虑，引入了 Zone（域）的概念。可以根据不同的需要，比如地理位置、安全、网络等因素，把不同的 Storage Node 划分到不同的 Zone 中。Zone 的划分是人为操作的，可以是一个 Storage Node，一个机房，或者一个数据中心。图 4.2 是多个 Zone 划分示意图，并且一个 Storage Node 就是一个 Zone。

当存在多个 Storage Node 或者多个 Zone 的时候，同一个存储对象的多个 Replica 不能只存放在某个 Storage Node 或某个 Zone 中。此策略保证，当某个 Storage Node 或者某个 Zone 失效的时候，仍然能够取得有效数据。

当硬件配置相同的时候，Swift 的每个节点的作用是对等的，满足对称性的要求。在实际应用中，并不能够完全保证每个节点的硬件配置都是完全相同。比如，现有的两个 Storage

Node，就存储容量而言，一台是 2TB，一台是 1TB。那么存储容量更大的节点，在存储系统中应该显得更重要。Swift 为了处理这种情况，引入了 Weight（权重）的概念。当添加更大容量的 Storage Node 时，可以得到更大的权重。比如 2TB 的 Storage Node 分得的 Weight 值是 200，而 1TB 的 Storage Node 分得的 Weight 值为 100。在图 4.2 中，由于每个 Storage Node 的硬件配置完全相同，因此其 Weight 值都是相同的。

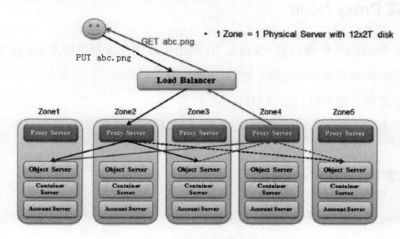

图 4.2　Swift Zone 划分示意图

## 4.2　搭建环境

本节主要介绍部署 Swift 之前的准备工作。在学习安装的过程中，往往容易出错，导致依赖环境损坏、磁盘重新分区或者系统重装。这些繁琐的步骤往往会消耗大量的时间。本着磨刀不误砍柴工的原则，先把一些搭建环境中常用的方法与技巧进行介绍。这些知识在 Swift 的安装部署中，能够起到事半功倍的效果。

### 4.2.1　准备工作

在学习安装部署的过程中，一些错误容易导致部署失败。如果再重新分区、安装系统都是比较繁琐的工作。因此，在学习部署的过程中，采用虚拟机进行试验是一个比较方便快捷的方法。部署失败之后，系统重装、网络配置都可以利用 Libvirt 工具，快速地建立新的部署环境以供试验。当安装方法稳定之后，则可以采用物理机，真刀真枪地进行部署。

由于是采用虚拟机进行安装部署，需要准备好一台带虚拟化的物理机（性能越强劲越好）。系统使用 Ubuntu 12.10，虚拟机管理软件采用 Kvm、Libvirt 和 Qemu。

此外，在安装 Swift 之前，还需要 MySQL 与 Keystone 服务都已经安装并且服务正常运行。在本章的 Swift 部署中，Keystone 是作为 Authentication node 给 Swift 提供认证服务。在条件允许的前提下，尽量不要把 Swift 与 Keystone 部署在同一个服务器中。

为了部署试验，在测试环境中，可以利用虚拟机来安装 Swift 存储系统。在 Swift 存储系统中，服务器的角色分为 Authentication node、Proxy Node 和 Storage Node 这 3 种。在本书的部署中，Keystone 替代了 Authentication node，接下来将介绍 Proxy Node 及 Storage Node 的安装方法。为了简单起见，先准备两台虚拟机，一台作为 Proxy Node，另外一台作为 Storage Node。当掌握了这种简易的安装方法之后，再介绍如何添加和删除 Storage Node。

### 4.2.2 创建 Proxy Node

创建一个 Proxy Node 虚拟机，流程如下，利用快速创建虚拟机脚本 vm.sh[1]创建虚拟机：

```
root@ubuntu:/cloud#./vm.sh aswift-proxy
```

创建完毕之后，便可以启动虚拟机：

```
root@ubuntu:/vms#virsh define aswift-proxy
root@ubuntu:/vms#virsh start aswift-proxy
```

### 4.2.3 创建 Storage Node

创建 Storage Node 所需要的步骤与 Proxy Node 并没有什么不同，也是利用 vm.sh 创建一个虚拟机：

```
root@ubuntu:/cloud#./vm.sh aswift-az-anode
```

唯一不同的是，Storage Node 需要额外提供一块磁盘以供 Swift 使用[2]。

通过 qemu-img 创建一块大小为 20G 的 raw 格式虚拟磁盘：

```
root@ubuntu:/vms#qemu-img create -f raw object-storage1.raw 20G
```

在 Storage Node 中的配置文件中，加入此虚拟磁盘：

```
01  <disk type='file' device='disk'>
02    <driver name='qemu' type='raw' cache='none'/>
03    <source file='/cloud/aswift-az-anode/object-storage1.raw'/>
04    <target dev='vdb' bus='virtio'/>
05  </disk>
```

准备好之后，便可以启动虚拟机：

```
root@ubuntu:/vms#virsh define aswift-az-anode
root@ubuntu:/vms#virsh start aswift-az-anode
```

## 4.3 安装 Proxy 服务

Swift 存储系统，最先安装的应该是 Proxy 服务，Proxy 服务在 Swift 存储系统中，主要是向外提供了 Web Service 服务，此外还管理着众多的存储节点。安装 Swift 存储系统，

---

[1] https://github.com/JiYou/openstack/blob/master/chap03/cloud/vm.sh

[2] 尽管通过 dd 命令创建虚拟磁盘也可以提供给 Swift 系统使用，但是真实环境中，Swift 系统一般是使用单独的磁盘进行操作。采用独立磁盘的方式，有助于扩展至真实部署环境。

## 第4章 安装 Swift 存储服务

最先开始安装的服务便是 Proxy 服务。

为了快速安装 Proxy 服务，可以采用以下几个步骤。

（1）确认 keystone 服务已经正确安装、启动、并且可用。

（2）执行命令：git clone https://github.com/JiYou/openstack.git。

（3）执行命令：cd openstack/chap04。

（4）根据环境修改 localrc 配置文件。

（5）./swift.sh，运行此脚本，便可以将 proxy 服务安装并启动。

接下来的几小节将介绍 localrc 配置文件及 swift.sh 安装脚本的几个关键部分。在阅读以下几个小节时，应该参考 swift.sh 安装脚本[1]。

### 4.3.1 解决依赖关系

建立本地源：

```
git clone https://github.com/JiYou/openstack.git
cd ./openstack/tools/
./create_http_repo.sh
```

脚本运行完成，则本地源建立成功。可以通过访问 http://localhost/pip 来确认是否安装成功。

在安装之前，需要修改的是 localrc 文件，在 localrc 文件中添加如下几项：

```
01  PIP_HOST=192.168.111.16
02  SWIFT_HOST=192.168.111.16
03  SWIFT_NODE_IP=192.168.111.18
04  KEYSTONE_SWIFT_SERVICE_PASSWORD=keystone_swift_password
05  SWIFT_DISK_PATH=/dev/vdb
06  SWIFT_NODE_NIC_CARD=eth2
```

第 02 行，SWIFT_HOST 表示 proxy node 所在的 IP 地址。

第 03 行，SWIFT_NODE_IP 表示存储节点所在的 IP 地址。

> **注意**：SWIFT_NODE_IP 有以下几种写法，在脚本中均支持。
> ① 只有一个 zone，并且只有一个存储节点：SWIFT_NODE_IP=192.168.111.18，或者 SWIFT_NODE_IP={192.168.111.18}。
> ② 有两个 zone，示例：SWIFT_NODE_IP={{192.168.111.12},{192.168.111.13}}。
> ③ 有多个 zone，多个存储节点，示例：
> SWIFT_NODE_IP={192.168.111.9,192.168.111.10,192.168.111.11},{192.168.111.13,192.168.111.14,192.168.111.15},{192.168.111.122,192.168.111.135}

第 04 行，表示 Swift 在向 Keystone 注册服务时，需要使用的用户密码。

第 05 行，表示存储磁盘所在的路径。

第 06 行，存储节点 IP 地址所在的网卡（最好统一用同一类型网卡）。

处理 Swift 的依赖包：

---

[1] https://github.com/JiYou/openstack/blob/master/chap04/swift.sh。

```
01  DEBIAN_FRONTEND=noninteractive \
    apt-get --option "Dpkg::Options::=--force-confold" --assume-yes \
    install -y --force-yes openssh-server build-essential git \
    curl gcc git git-core libxml2-dev libxslt-dev \
    memcached openssl expect mysql-client unzip \
    python-pam python-lxml memcached \
    python-dev python-setuptools python-pip \
    python-iso8601 python-prettytable python-requests \
    python-coverage python-nose python-setuptools \
    python-simplejson python-xattr sqlite3 \
    xfsprogs python-eventlet python-greenlet \
    python-pastedeploy python-netifaces
02  [[ -e /usr/include/libxml ]] && rm -rf /usr/include/libxml
03  ln -s /usr/include/libxml2/libxml /usr/include/libxml
```

尽管有一些包，对于 Proxy Node 而言，并不是必须要安装的，这里为了将 Proxy Node 与 Storage Node 统一，将所有的依赖包都安装了。

安装 Swift 的 python 依赖包：

```
01  install_keystone          #安装 keystone
02  install_swift             #安装 swift
03  install_swift3            #安装 swift3。Swift3 主要是支持亚马逊 S3 存储接口。
```

> 注意：这里安装 Keystone 只是作为 Swift 的一个依赖选项存在。对于不需要使用 Keystone 的安装方式而言，就不需要安装 Keystone。

安装 Keystone 只是作为 Swift 的依赖出现，并不需要启动 Keystone 服务。在本文中，Keystone 服务已经安装在另外一台独立的虚拟机中。

### 4.3.2 注册 Swift 服务

本文为了将 OpenStack 几个重要组件形成一个整体，并没有使用 Swift 自带的认证机制。如果要将服务加入到 OpenStack 中，那么必然需要向 Keystone 注册服务。因为只有经过 Keystone 认证的服务才是合法的服务，才能被其他的服务所访问。

将 Swift 服务注册到 Keystone 时，需要使用 Keystone 中的 admin 账号[1]。因此，需要设置好如下两个变量：

```
export SERVICE_TOKEN=$ADMIN_TOKEN
export SERVICE_ENDPOINT=http://$KEYSTONE_HOST:35357/v2.0
```

注册服务时，需要将服务以管理员身份注册至 service tenant。因此，需要获得这两个变量的值：

```
get_tenant SERVICE_TENANT service
get_role ADMIN_ROLE admin
```

有了以上信息，就可以创建一个 swift 用户，并且以 admin 权限注册到 service tenant 中。为什么要注册这个用户呢？有两个原因：

（1）Swift 提供存储服务时，需要有管理员权限的用户以供其他服务（比如 Glance）

---

[1] 参考 https://github.com/JiYou/openstack/blob/master/chap04/localrc。

使用。

（2）Swift 提供一个初始用户以提供存储服务，并且将用户管理模块放至 Keystone。

```
01  SWIFT_USER=$(get_id keystone user-create \       #创建 swift 用户
    --name=swift \
    --pass="$KEYSTONE_SWIFT_SERVICE_PASSWORD" \      #用户的密码
    --tenant_id $SERVICE_TENANT \                    #注册至 service tenant
    --email=swift@example.com)
02  keystone user-role-add \                         #赋予 swift 用户在 servicetenant
                                                      中的管理员权限
    --tenant_id $SERVICE_TENANT \
    --user_id $SWIFT_USER \
    --role_id $ADMIN_ROLE
```

到现在为止，只是证明 swift 这个用户是可以通过认证的。swift 用户能通过认证，只是相当于要开店的老板是合法公民，至于这个老板开的店提供什么样的服务，还需要向工商局注册。同样的道理，Swift 服务也需要向 Keystone 注册其服务，以保证存储服务是合法的。

```
01  SWIFT_SERVICE=$(get_id keystone service-create \
                                                     #创建 swift 存储服务及描述
    --name=swift \
    --type="object-store" \
    --description="Swift Service")
02  keystone endpoint-create \                       #注册 swift 服务
    --region RegionOne \
    --service_id $SWIFT_SERVICE \
    --publicurl "http://$SWIFT_HOST:8080/v1/AUTH_\$(tenant_id)s" \
                                                     #提供服务的 IP 及端口
    --adminurl "http://$SWIFT_HOST:8080/v1" \
    --internalurl http://$SWIFT_HOST:8080/v1/AUTH_\$(tenant_id)s
```

标准的 Swift 存储服务已经注册好了，如果需要支持 S3 存储服务[1]，还需要注册 S3 服务：

```
01  S3_SERVICE=$(get_id keystone service-create \    #创建 S3 服务
    --name=s3 \
    --type=s3 \
    --description="S3")
02  keystone endpoint-create \
    --region RegionOne \
    --service_id $S3_SERVICE \
    --publicurl "http://$SWIFT_HOST:$S3_SERVICE_PORT" \
    --adminurl "http://$SWIFT_HOST:$S3_SERVICE_PORT" \   #注册 S3 服务
    --internalurl "http://$SWIFT_HOST:$S3_SERVICE_PORT"
```

## 4.3.3 配置 Proxy 服务

### 1．添加用户

Swift 存储服务在 Linux 系统上运行的时候，需要一个 swift 用户，按照如下方法建立此用户：

---

[1] 亚马逊提供的存储服务接口称为 S3。

```
01  if [[ `cat /etc/passwd | grep swift | wc -l` -eq 0 ]] ; then
02      groupadd swift                          #添加 swift 组
03      useradd -g swift swift                  #在 swift 组中添加 swift 用户
04  fi
```

### 2．生成散列值

Swift 在存储数据时，是将数据分割存放至某些指定的目录，这些目录由 Swift 进行管理。这些目录的名字的前缀则是采用了一段散列值进行处理：

```
01  [[ -d /etc/swift ]] && rm -rf /etc/swift    #删除旧有的配置文件
02  mkdir -p /etc/swift
03  cat >/etc/swift/swift.conf <<EOF            #生成的新的 swift.conf 文件
04  [swift-hash]
05  swift_hash_path_suffix = `od -t x8 -N 8 -A n </dev/random`
                                                #随机生成散列值
06  EOF
```

### 3．配置memcached服务

```
sed -i 's/127.0.0.1/0.0.0.0/g' /etc/memcached.conf  #允许从任意节点进行访问
service memcached restart                           #重启服务
```

### 4．DEFAULT的配置

此处所介绍的配置文件是整个 Swift 服务中最复杂的，也是最关键的。配置文件模板可以从 https://github.com/JiYou/openstack/blob/master/templates/proxy-server.conf 下载（这里并不通篇介绍此配置文件，只介绍几个比较关键的地方）。

[DEFAULT]，采用配置如下：

```
[DEFAULT]
bind_ip = 0.0.0.0           #绑定 Swift 服务所在 IP
bind_port = 8080            #绑定 Swift 服务的端口
user = swift                #Swift 运行时所使用的用户（Linux 系统）
```

### 5．生成证书

尽管 swift 的源码提供的模板中还提供了其他很多参数，这里都没有采用，还需要注意的是，默认参数中，还使用了 OpenSSL 生成的证书来进行认证，这里需要创建证书：

```
01  cd /etc/swift
02  cat <<"EOF">>auto_ssl.sh
03  #!/usr/bin/expect -f
04  spawn openssl req -new -x509 -nodes -out cert.crt -keyout cert.key
05  expect {
06  "Country Name*" { send "CN\r"; exp_continue }
07  "State or Province Name*" { send "Shanghai\r"; exp_continue }
08  "Locality Name*" {send "Shanghai\r"; exp_continue }
09  "Organization Name*" { send "internet\r"; exp_continue }
10  "Organizational Unit Name*" { send "cloud.computing\r"; exp_continue }
11  "Common Name *" { send "Cloud Computing\r"; exp_continue }
12  "Email Address*" { send "cloud@openstack.com\r" }
13  }
```

```
14  expect eof
15  EOF
16  chmod a+x auto_ssl.sh
17  ./auto_ssl.sh
```

注意：为了自动化安装，这里采用自动应答脚本 expect 来自动生成。如果是手动安装，那么只需要运行 spawn openssl req -new -x509 -nodes -out cert.crt -keyout cert.key 即可。

### 6. 配置pipeline

swift 服务的 pipeline[1] 配置如下：

```
[pipeline:main]
pipeline = catch_errors healthcheck proxy-logging cache slo ratelimit swift3
s3token authtoken keystoneauth container-quotas account-quotas proxy-
logging proxy-server
```

注意：如果不需要提供 S3 的支持，那么可以将 swift3 和 s3token 删除。

### 7. Keystone认证配置

那么 Swift 是如何支持 S3 和 Keystone 认证的呢？Keystone 认证，需要设置如下：

```
01  [filter:keystoneauth]
02  use = egg:swift#keystoneauth
03  operator_roles = Member,admin,swiftoperator
04
05  [filter:authtoken]
06  paste.filter_factory = keystoneclient.middleware.auth_token:filter_
    factory
07  delay_auth_decision = true
08  signing_dir = /etc/swift/keystone-signing  #修改时，保证目录所有者为swift
09  auth_protocol = http                        #服务认证时所使用的协议
10  auth_host = %KEYSTONE_HOST%                 #Keystone 服务IP地址
11  auth_port = 35357                           #Keystone 服务所在端口
12  auth_token = %ADMIN_TOKEN%                  #Keystone 服务管理员口令
13  admin_tenant_name = %SERVICE_TENANT_NAME%   #Swift 服务所属的 tenant
14  admin_user = %SERVICE_USER%                 #在 Keystone 中注册的用户
15  admin_password = %SERVICE_PASSWORD%         #在 Keystone 中注册的密码
```

而对 S3 服务的支持还需要添加如下 filter：

```
01  [filter:s3token]
02  paste.filter_factory = keystone.middleware.s3_token:filter_factory
03  auth_port = %KEYSTONE_AUTH_PORT%            #Keystone 服务认证端口
04  auth_host = %KEYSTONE_HOST%                 #Keystone 服务IP地址
05  auth_protocol = %KEYSTONE_PROTOCOL%         #Keystone 服务认证协议
06  auth_token = %AUTH_TOKEN%                   #Keystone 管理员口令
```

---

[1] 关于 pipeline，后面会详细进行介绍。在这里，可以简单地认为是消息处理的流程。在这个处理流程中，每一个步骤都是一个 filter。每个 filter 都是一个消息处理类或者处理函数。

```
07    admin_token = %ADMIN_TOKEN%
08
09    [filter:swift3]
10    use = egg:swift3#swift3
```

当准备好这个模板之后,可以根据真实环境替换掉模板中的参数:

```
01    cp -rf $TOPDIR/templates/proxy-server.conf /etc/swift/
02    file=/etc/swift/proxy-server.conf
03    #替换掉模板文件中的变量
04    sed -i "s,%KEYSTONE_AUTH_PORT%,$KEYSTONE_AUTH_PORT,g" $file
05    sed -i "s,%KEYSTONE_HOST%,$KEYSTONE_HOST,g" $file
06    sed -i "s,%KEYSTONE_PROTOCOL%,$KEYSTONE_PROTOCOL,g" $file
07    sed -i "s,%AUTH_TOKEN%,$ADMIN_TOKEN,g" $file
08    sed -i "s,%ADMIN_TOKEN%,$ADMIN_TOKEN,g" $file
09    sed -i "s,%SERVICE_TENANT_NAME%,$SERVICE_TENANT_NAME,g" $file
10    sed -i "s,%SERVICE_USER%,swift,g" $file
11    sed -i "s,%SERVICE_PASSWORD%,$KEYSTONE_SWIFT_SERVICE_PASSWORD,g" $file
```

**8. 修改权限**

由于 Swift 服务在运行时,使用的是 swift 用户来操作。因此,需要保证以下这些目录为 swift 用户所拥有:

```
01    mkdir -p /etc/swift/keystone-signing
02    chown -R swift:swift /etc/swift
03    mkdir -p /var/log/swift
04    chown -R swift:swift /var/log/swift
05    mkdir -p /var/cache/swift/
06    chown -R swift:swift /var/cache/swift
```

### 4.3.4 启动 Proxy 服务

在本文中,Proxy 服务节点并不与存储节点放在同一台机器中。因此,在启动 Proxy 服务时,至少需要一个存储节点(只需要知道 IP 就可以,此存储节点是否开机都不要紧)。

**1. 创建 ring[1]**

```
01    cd /etc/swift
02    swift-ring-builder object.builder create 18 3 1
03    swift-ring-builder container.builder create 18 3 1
04    swift-ring-builder account.builder create 18 3 1
```

> **注意**:18 表示一个 ring 被分割为 2 的 18 次方个分区,3 表示一个存储数据会被 3 个备份同时存储,1 表示 ring 中的一个分区在 1 个小时之后,才可以被移动。

**2. 添加存储节点**

```
01    list=${SWIFT_NODE_IP//\{/ }
02    list=${list//\},/ }
03    list=${list//\}/ }
```

---

[1] ring 文件主要是用于定位存储节点所在位置。

```
04  zone_iter=1
05  for n in $list; do
06      zone_nodes=${n//,/ }
07          for node in $zone_nodes; do
08  swift-ring-builder object.builder add z${zone_iter}-${node}:6010/sdb1 100
09  swift-ring-builder container.builder add z${zone_iter}-${node}:6011/sdb1 100
10  swift-ring-builder account.builder add z${zone_iter}-${node}:6012/sdb1 100
11          done
12      let "zone_iter = $zone_iter + 1"
13  done
```

> **注意**：${zone_iter}表示一个 zone，后面紧接着的是存储节点的 IP 地址${node}。接下来表示 3 个进程 object、container 和 account 会占用的 3 个端口（必须与存储节点的端口对应起来，安装存储节点时需要特别注意这里），sdb1 表示存储节点提供存储的位置。而 100 表示节点之间的权值，存储性能越好的机器权值越大。如果存储节点之间相差无几，都采用相同的值即可。

每次添加存储节点之后，需要重新生成 ring 文件：

```
01  swift-ring-builder account.builder
02  swift-ring-builder container.builder
03  swift-ring-builder object.builder
04
05  swift-ring-builder object.builder rebalance
06  swift-ring-builder container.builder rebalance
07  swift-ring-builder account.builder rebalance
```

### 3. 启动服务

生成 ring 文件之后，便可以启动 proxy-server 服务了。

```
01  mkdir -p /var/log/swift
02  chown -R swift /var/log/swift              #修改日志目录权限
03  cat <<"EOF" > /root/start.sh
04  #!/bin/bash
05  cd /opt/stack/swift                        #启动服务进程
06  nohup ./bin/swift-proxy-server /etc/swift/proxy-server.conf -v > /var/log/swift/swift.log 2>&1 &
07
08  EOF
09
10  chmod +x /root/start.sh
11  /root/start.sh
```

> **注意**：尽管有时候使用 swift-init proxy-server start 命令也可以将 proxy-server 服务启动起来，但是这种启动方式比较难以查看日志。

## 4.4 安装存储服务

至此，proxy-server 服务应该已经可以启动了。但是要明白，proxy-server 服务，只是提供了 API 映射功能，并不提供实际存储服务。因此，除了安装并启动 proxy-server 服务之外，还需要安装存储服务[1]。

为了快速安装存储服务，下面是几个简单快捷的步骤：

（1）确保 Proxy 节点及 Keystone 服务都已经正常运行。
（2）运行 git clone https://github.com/JiYou/openstack.gitcd openstack/chap04/。
（3）修改 localrc 文件，使 SWIFT_NODE_IP 为当前主机 IP 地址。
（4）修改 localrc 文件，使 SWIFT_HOST 指向 Proxy 节点 IP 地址。
（5）修改 localrc 文件，使 PIP_HOST 指向 Proxy 节点 IP 地址。
（6）./swift-storage.sh

通过这几步，便可以将 Swift 的存储服务安装起来。下面几小节将介绍 swift-storage.sh 脚本中涉及到的几个关键步骤。在阅读以下几小节时，请参考 swift-storage.sh 安装脚本。

## 4.4.1 磁盘格式化

### 1. 创建用户

Swift 的存储服务仍然是以 swift 用户的权限来运行的，因此在安装 Swift 存储服务时，需要创建 Swift 用户，以及更改某些指定目录的权限。

```
01  if [[ `cat /etc/passwd | grep swift | wc -l` -eq 0 ]] ; then
02      groupadd swift                          #创建 swift 组
03      useradd -g swift swift                  #添加 swift 用户
04  fi
05
06  [[ -d /etc/swift ]] && rm -rf /etc/swift/*  #删除旧有的配置文件
07  mkdir -p /etc/swift                         #创建/etc/swift 目录
08  chown -R swift:swift /etc/swift             #更改/etc/swift 所有者为 swift
09  mkdir -p /var/log/swift                     #创建日志目录
10  chown -R swift /var/log/swift               #更改日志目录所有者
```

### 2. 格式化分区

在准备安装存储服务时，应该有一个独立的分区[2]以供使用。如果没有独立的分区以供 swift 使用，那么可以参考 http://docs.openstack.org/developer/swift/development_saio.html 提供的方法：生成一个文件，并且将此文件作为一个 xfs 格式的分区，以供 swift 使用。在大规模部署的时候，尽量还是采用独立分区的方法。

查看供 swift 使用的分区是否被使用或格式化过（键入命令之后，输入 p）：

```
01  $ fdisk /dev/vdb
02
03  Command (m for help): p
04
05  Disk /dev/vdb: 32.2 GB, 32212254720 bytes
06  4 heads, 51 sectors/track, 308404 cylinders, total 62914560 sectors
07  Units = sectors of 1 * 512 = 512 bytes
```

---

1 完整的安装脚本可以参考 https://github.com/JiYou/openstack/blob/master/chap04/swift-storage.sh。
2 本文中供 Swift 存储服务的分区为/dev/vdb。

```
07  Sector size (logical/physical): 512 bytes / 512 bytes
08  I/O size (minimum/optimal): 512 bytes / 512 bytes
09  Disk identifier: 0x736ca411
10
11     Device Boot      Start         End      Blocks   Id  System
12  /dev/vdb1            2048    62914559    31456256   83  Linux
```

如果出现相应输出,说明此分区已被占用,继续输入 d(表示 delete),直至没有任何分区表为止,最后输入 w(表示 write)写入磁盘格式化改动,然后自动退出。

检查/dev/vdb 是否挂载至/srv/node/sdb1 目录下:

```
$ mount
/dev/vdb1 on /srv/node/sdb1 type xfs (rw,noatime,nodiratime,nobarrier,
logbufs=8)
```

如是出现所示输出,表示分区已经被挂载,则需要卸载此分区:

```
$ umount /srv/node/sdb1
```

### 3. 挂载分区

当这些准备工作做好之后,就可以将独立分区格式化为 xfs 格式磁盘了。由于手动格式化需要用户输入及交互,这里仍然采用了 expect 自动应答脚本来自动格式化:

```
01  rm -rf /srv/node/sdb1              #清除以前的存储数据
02  DISK_PATH=/dev/vdb                 #存储数据的独立分区(不要使用 Linux 系统所在分区)
03  cat <<"EOF">auto_fdisk.sh          #生成自动应答脚本
04  #!/usr/bin/expect -f
05  spawn fdisk %DISK_PATH%            #注意分区的参数化表示,后面将会被替换
06  expect "Command (m for help):"
07  send "n\r"
08
09  expect "Select*:"
10  send "p\r"
11
12  expect "Partition number*:"
13  send "\r"
14
15  expect "First sector*:"
16  send "\r"
17
18  expect "Last sector, +sectors or +size*:"
19  send "\r"
20
21  expect "Command (m for help):"
22  send "w\r"
23
24  expect eof
25  EOF                                #自动应答脚本结束
26  sed -i "s,%DISK_PATH%,$DISK_PATH,g" auto_fdisk.sh
27  chmod a+x auto_fdisk.sh
28  ./auto_fdisk.sh                    #运行自动应答脚本
```

至此,分区已经被成功格式化,上面的数据已经丢失。但是,此时并没有将文件系统安装好。因此需要格式化成 xfs 格式的文件系统:

```
01  cnt=`fdisk -l | grep ${DISK_PATH#*dev/*} |grep Linux |awk '{print $1}'
```

```
   | wc -l`
02 if [[ $cnt -eq 0 ]]; then
03     DEV_PATH=$DISK_PATH
04 else
05     DEV_PATH=`fdisk -l|grep ${DISK_PATH#*dev/*}|grep Linux | awk '{print
       $1}'`
06 fi
07 mkfs.xfs -i size=1024 $DEV_PATH              #格式化为 xfs 文件系统
08 echo "$DEV_PATH /srv/node/sdb1 xfs noatime,nodiratime,nobarrier,
   logbufs=8 0 0" >> /etc/fstab                 #添加至系统分区表
```

格式化成功之后，还需要将此文件系统挂载至 Linux 系统目录树中，以供使用：

```
01 mkdir -p /srv/node/sdb1                      #注意创建目录的路径名
02 mount /srv/node/sdb1                         #注意挂载的位置
03 chown -R swift:swift /srv/node               #更改目录所有者
04 chmod a+w -R /srv                            #允许读操作
```

### 4.4.2 同步服务

为了在各个存储节点之间同步数据，还需要配置数据同步服务。为什么需要同步服务？缘于数据的多重备份。为了保证数据存储的可靠性，不仅需要将数据拆分成碎片分散存储，还需要将数据保存多个备份（否则某个碎片的丢失会导致数据不完整）。如果保存多个备份（一般备份数为 3，主要是出于安全性和经济上的折衷），那么当某个备份出现问题的时候（出错或者丢失），需要使用数据同步服务来同步这些数据。

生成同步服务的配置模板：

```
01 cat <<"EOF">/etc/rsyncd.conf
02 uid = swift                                  #运行时使用的用户 ID
03 gid = swift                                  #运行时使用的组 ID
04 log file = /var/log/rsyncd.log
05 pid file = /var/run/rsyncd.pid
06 address = %HOST_IP%                          #指定本机 IP 地址
07
08 [account]
09 max_connections = 2                          #指定最大连接数
10 path = %STOR_PATH%                           #account 数据存储目录
11 read only = false                            #是否是只读
12 lock file = /var/lock/account.lock           #锁文件位置
13
14 [container]
15 max_connections = 2                          #指定最大连接数
16 path = %STOR_PATH%                           #container 数据存储目录
17 read only = false                            #是否只读
18 lock file = /var/lock/container.lock         #container 数据同步锁
19
20 [object]
21 max_connections = 2                          #指定最大连接数
22 path = %STOR_PATH%                           #object 数据存储目录
23 read only = false                            #数据是否只读
24 lock file = /var/lock/object.lock            #object 数据同步锁
25 EOF
```

在这个配置文件中,主要是有两个变量:%HOST_IP%和%STOR_PATH%。使用者可以根据自己的环境做出相应的配置:

```
01  HOST_IP=`nic_ip $SWIFT_NODE_NIC_CARD`    #这里指向本机IP地址
02  STOR_PATH=/srv/node/                     #这里指向独立分区挂载目录的上级目录
03  sed -i "s,%HOST_IP%, $HOST_IP,g" /etc/rsyncd.conf
04  sed -i "s,%STOR_PATH%,$STOR_PATH,g" /etc/rsyncd.conf
05  sed -i 's/RSYNC_ENABLE=false/RSYNC_ENABLE=true/g' /etc/default/rsync
```

> 注意:%STOR_PATH%指向的目录是独立分区挂载目录的上级目录,比如在本文中 xfs 存储分区挂载于/srv/node/sdb1 目录,那么应该设置 STOR_PATH=/srv/node/。

配置成功之后,重启 rsync 服务:

```
service rsync restart
```

### 4.4.3 子服务

Swift 存储服务主要是由 3 个子服务支持的,因此需要依次配置这 3 个子服务。

#### 1. Object 服务

启动 Object 服务,需要生成一个配置文件模板:

```
01  cat <<"EOF"> /etc/swift/object-server.conf
02  [DEFAULT]
03  bind_ip = 0.0.0.0                        #绑定可供访问的IP地址,允许任何访问
04  bind_port = 6010                         #绑定服务端口
05  workers = 1                              #工作进程
06  user = swift                             #进程运行时使用的用户
07  swift_dir = /etc/swift                   #配置文件所在路径
08  devices = %STOR_PATH%                    #指向存储目录所在路径
09  #以下配置较为固定,不建议更改
10  [pipeline:main]
11  pipeline = recon object-server
12
13  [app:object-server]
14  use = egg:swift#object
15
16  [filter:recon]
17  use = egg:swift#recon
18  recon_cache_path = /var/cache/swift      #指向缓冲目录路径
19
20  [object-replicator]
21
22  [object-updater]
23
24  [object-auditor]
25  EOF
```

> 注意:bind_port 这个参数的值非常重要,需要与 proxy-server 添加存储节点时的端口一致。正如前文添加存储节点时运行命令:

```
swift-ring-builder object.builder add z1-${SWIFT_NODE_IP}:6010/sdb1 100
```

添加节点时指定的 object 端口需要与存储节点的 object 配置文件中的端口完全一致，否则 Swift 服务无法正常使用。

准备好配置文件之后，需要根据环境替换掉配置文件中的变量值，注意 %STOR_PATH% 的值应该保持不变，与同步服务中的设置一致。

```
sed -i "s,%STOR_PATH%,$STOR_PATH,g" /etc/swift/object-server.conf
```

### 2. Container服务

与 Object 服务类似，Container 服务也需要一个配置模板：

```
01  cat <<"EOF">/etc/swift/container-server.conf
02  [DEFAULT]
03  bind_ip = 0.0.0.0                        #可以从任意主机访问服务
04  bind_port = 6011                         #绑定的服务端口
05  workers = 1                              #工作时的进程数
06  user = swift                             #进程运行所使用的用户
07  swift_dir = /etc/swift                   #配置文件所在目录
08  devices = %STOR_PATH%                    #数据存放目录
09  #注意以下的配置较为固定，不建议更改
10  [pipeline:main]
11  pipeline = recon container-server
12
13  [app:container-server]
14  use = egg:swift#container
15
16  [filter:recon]
17  use = egg:swift#recon
18
19  [container-replicator]
20  vm_test_mode = yes
21
22  [container-updater]
23
24  [container-auditor]
25
26  [container-sync]
27  EOF
```

> **注意**：%STOR_PATH% 的值需要与同步服务中设置的值一致。此外 bind_port 的值需要与 proxy-server 中添加节点时，所指定的端口一致：

```
swift-ring-builder container.builder add z1-${SWIFT_NODE_IP}:6011/sdb1 100
```

准备好配置文件之后，可以根据环境设置 %STOR_PATH%，注意 %STOR_PATH% 的值需要与同步服务中设置的值一致。

```
sed -i "s,%STOR_PATH%,$STOR_PATH,g" /etc/swift/container-server.conf
```

### 3. Account服务

生成一个配置模板：

```
01  cat <<"EOF">/etc/swift/account-server.conf
02  [DEFAULT]
03  bind_ip = 0.0.0.0                        #允许任意主机访问
04  bind_port = 6012                         #绑定服务端口
05  workers = 1                              #account 工作进程数目
06  user = swift                             #account 进程运行时使用的用户
07  swift_dir = /etc/swift                   #account 服务配置文件目录
08  devices = %STOR_PATH%                    #account 数据存放目录
09  #以下配置较为固定,不建议更改
10  [pipeline:main]
11  pipeline = recon account-server
12
13  [filter:recon]
14  use = egg:swift#recon
15
16  [app:account-server]
17  use = egg:swift#account
18
19  [account-replicator]
20
21  [account-auditor]
22
23  [account-reaper]
24  EOF
```

注意:%STOR_PATH%的值需要与同步服务中设置的值一致。此外 bind_port 的值需要与 proxy-server 中添加节点时,所指定的端口一致:

```
swift-ring-builder account.builder add z1-${SWIFT_NODE_IP}:6012/sdb1 100
```

准备好配置文件之后,可以根据环境设置%STOR_PATH%,注意%STOR_PATH%的值需要与同步服务中设置的值一致。

```
sed -i "s,%STOR_PATH%,$STOR_PATH,g" /etc/swift/account-server.conf
```

### 4.4.4 启动存储服务

尽管已经设置好了 3 个子服务的配置文件,但是存储节点的/etc/swift 目录下的 ring 文件需要与 Swift 的 proxy node 的 ring 文件保持一致:

```
scp $SWIFT_HOST:/etc/swift/*.ring.gz  /etc/swift/
scp $SWIFT_HOST:/etc/swift/swift.conf  /etc/swift/
```

这里$SWIFT_HOST 指代的是 proxy node 的 IP 地址。

(1)启动 Account 服务

```
01  cd /opt/stack/swift/bin
02  nohup ./swift-account-auditor /etc/swift/account-server.conf -v >
    /var/log/swift/account-auditor.log 2>&1 &
03  nohup ./swift-account-server /etc/swift/account-server.conf -v >
    /var/log/swift/account-server.log 2>&1 &
04  nohup ./swift-account-reaper /etc/swift/account-server.conf -v >
    /var/log/swift/account-reaper.log 2>&1 &
05  nohup ./swift-account-replicator /etc/swift/account-server.conf -v >
    /var/log/swift/account-replicator.log 2>&1 &
```

（2）启动 Container 服务

```
01  nohup ./swift-container-updater /etc/swift/container-server.conf -v >
    /var/log/swift/container-updater.log 2>&1 &
02  nohup ./swift-container-replicator /etc/swift/container-server.conf
    -v>/var/log/swift/container-replicator.log 2>&1 &
03  nohup ./swift-container-auditor /etc/swift/container-server.conf -v
    >/var/log/swift/container-auditor.log 2>&1 &
04  nohup ./swift-container-sync /etc/swift/container-server.conf -v >
    /var/log/swift/container-sync.log 2>&1 &
05  nohup ./swift-container-server /etc/swift/container-server.conf -v >
    /var/log/swift/container-server.log 2>&1 &
```

（3）启动 Object 服务

```
01  nohup ./swift-object-replicator /etc/swift/object-server.conf -v >
    /var/log/swift/object-replicator.log 2>&1 &
02  nohup ./swift-object-auditor    /etc/swift/object-server.conf -v >
    /var/log/swift/object-auditor.log 2>&1 &
03  nohup ./swift-object-updater    /etc/swift/object-server.conf -v >
    /var/log/swift/object-updater.log 2>&1 &
04  nohup ./swift-object-server     /etc/swift/object-server.conf -v >
    /var/log/swift/object-server.log 2>&1 &
```

## 4.5 管理存储服务

至现在为止，proxy-server 与存储节点的服务都已经在运行了。那么，如何使用这些服务？如何管理这些节点？如何添加与删除存储节点？如何支持高可用？

### 4.5.1 使用存储服务

存储服务的使用，步骤如下。

（1）查看服务状态

安装好各种服务之后，需要测试服务是否可以正常访问及使用。设置如下几个关键的环境变量：

```
01  export OS_TENANT_NAME=service         #Swift 服务注册的 tenant
02  export OS_USERNAME=swift              #Swift 服务在 Keystone 中的用户名
03  export OS_PASSWORD=keystone_swift_password
                                          #Swift 服务在 Keystone 中的密码
04  export OS_AUTH_URL=http://192.168.111.8:5000/v2.0/  #Keystone 服务
```

也可以直接写在 swiftrc[1] 文件中，需要时，直接：

```
$ source swiftrc
```

环境变量设置好之后，可以运行以下命令查看状态：

```
01  $ swift stat
02     Account: AUTH_e880930c37d04a88b8baac6238d87eb5
```

---

[1] https://github.com/JiYou/openstack/blob/master/tools/swiftrc。

```
03    Containers: 0
04       Objects: 0
05         Bytes: 0
06    Accept-Ranges: bytes
07    X-Timestamp: 1369568384.00287
08    X-Trans-Id: txde3d8e0c6dfe423eb8f2975281a40023
09    Content-Type: text/plain; charset=utf-8
```

如果能够得到相应的输出，那么表明 Swift 服务已经可以正常运行了。

（2）上传文件

为了尝试上传文件，应该在 Swift 中创建一个文件夹[1]，命令如下：

```
$ swift post mydir
```

创建成功之后，没有任何输出，否则就是出错了。确定命令执行成功之后，可以向这个文件夹中存放数据：

```
$ swift upload mydir cirros-0.3.0-x86_64-uec.tar.gz
cirros-0.3.0-x86_64-uec.tar.gz
```

使用 upload 的时候，第 1 个参数是创建的目录，第 2 个参数是要上传的数据。上传成功之后，可以查看目录中的文件：

```
$ swift list mydir
cirros-0.3.0-x86_64-uec.tar.gz
```

（3）下载文件

上传文件成功之后，便可以下载文件了：

```
$ swift download mydir cirros-0.3.0-x86_64-uec.tar.gz
cirros-0.3.0-x86_64-uec.tar.gz [headers 0.312s, total 1.120s, 6.212s MB/s]
```

下载之后的文件便位于当前目录。

## 4.5.2  删除存储节点

在一个多节点存储系统中，如果某个存储节点失效，在这个时候读取数据，会发现数据仍然是可以读取的。这是由于 Swift 系统在存储数据时，除了将数据碎片化分散存储之后，还会将原始数据保留多个备份（一般为 3 个备份）。当某个存储节点失效之后，最多可以影响 1～2 个备份数据。Swift 存储系统仍然可以将数据拼接好，并且交还给用户。

如果按照以前的安装步骤将此节点恢复（重装系统之后再安装存储服务），会发现这个存储节点可以立即从其他的存储节点中同步回丢失的数据。

## 4.5.3  添加存储节点

新增一个存储节点，比如 192.168.1.15。只需要在 proxy node 上执行：

```
01   swift-ring-builder object.builder add z1-192.168.1.15:6010/sdb1 100
```

---

[1] 文件夹只是一个通俗易懂的说法，在 Swift 中称为 Container，并且不允许嵌套。也就是说，不允许 Container 中再放 Container。

```
02  swift-ring-builder container.builder add z1-192.168.1.15:6011/sdb1 100
03  swift-ring-builder account.builder add z1-192.168.1.15:6012/sdb1 100
```

运行成功之后,再重新生成 ring 文件:

```
01  swift-ring-builder account.builder
02  swift-ring-builder container.builder
03  swift-ring-builder object.builder
04
05  swift-ring-builder object.builder rebalance
06  swift-ring-builder container.builder rebalance
07  swift-ring-builder account.builder rebalance
```

生成 ring 文件成功之后,复制至所有节点,重启所有节点的服务即可。

### 4.5.4　添加 Proxy 节点

假设要新添加一个 Proxy 节点 proxy2,按照 Proxy 服务的步骤部署好。唯一值得注意的是需要将旧有的 Proxy 节点的/etc/swift/目录下的所有文件复制到 proxy2:/etc/swift/目录下。再启动相关 Proxy 服务。

对于大型环境而言,还可以添加多个 Proxy 节点。在最前端添加 Nginx 服务或者 LVS,而可以将请求分散至不同的 Proxy 节点,从而实现负载均衡。

## 4.6　常见错误及分析

### 4.6.1　Keystone 注册用户失败

向 Keystone 注册用户失败,需要注意以下两个方面。

(1) Keystone 服务

在本文中 Keystone 需要按照第 3 章的安装方式进行安装。安装完成之后,可以进行测试。除了服务正常之外,还需要保证网络可以互 ping,并且防火墙不会干扰服务端口。有时候公司内部防火墙会起到很强的干扰作用。因此,强烈建议将 Keystone 与 Swift 服务搭建在同一个局域网中。

(2) 环境变量

环境变量是否正确设置,在添加用户及密码时,或者是注册新的服务时,需要使用 ADMIN_TOKEN,而不是 ADMIN_PASSWORD。注意 ADMIN_TOKEN 与 ADMIN_PASSWORD 的区别:

- ADMIN_TOKEN 是 Keystone 的超级管理员口令,类似于 Linux 系统中的 root 用户的密码。
- ADMIN_PASSWORD 只是 Keystone 中 admin 用户的密码,类似于 Linux 系统中的 admin 用户的密码。

可以想象,Linux 在安装系统级的程序时,需要的应该是 root 用户的口令,而不是 admin 用户的口令。与此类似,添加新用户时,Keystone 使用的是 ADMIN_TOKEN。

```
export SERVICE_TOKEN=$ADMIN_TOKEN
export SERVICE_ENDPOINT=http://$KEYSTONE_HOST:35357/v2.0
```

## 4.6.2 Proxy 服务无法正常启动

Proxy 服务的启动出现问题,应该查看日志:/var/log/swift/swift.log。查看具体出错的原因。主要有以下方面的原因。

(1) 权限

Swift Proxy 服务是在 Linux 系统上,采用 swift 用户执行。因此,如果权限没有正确设置,容易导致访问失败。需要注意的是,以下目录需要确保为 swift 用户所拥有。

```
01  mkdir -p /etc/swift                    #创建/etc/swift 目录
02  chown -R swift:swift /etc/swift        #更改/etc/swift 所有者为 swift
03  mkdir -p /var/log/swift                #创建日志目录
04  chown -R swift /var/log/swift          #更改日志目录所有者
05  mkdir -p /var/cache/swift              #数据缓冲目录
06  chown -R swift /var/cache/swift        #更改目录所有者
```

(2) ring 文件创建成功

要启动 Proxy Node 服务,至少应该有一个存储节点(无论这个存储节点是否开机),并且生成了相应的 ring 文件。

这也就意味着,要启动 Proxy 服务,必须运行以下命令:

```
01  swift-ring-builder object.builder add z1-192.168.1.XX:6010/sdb1 100
02  swift-ring-builder container.builder add z1-192.168.1.XX:6011/sdb1 100
03  swift-ring-builder account.builder add z1-192.168.1.XX:6012/sdb1 100
04  swift-ring-builder account.builder
05  swift-ring-builder container.builder
06  swift-ring-builder object.builder
08  swift-ring-builder object.builder rebalance
09  swift-ring-builder container.builder rebalance
10  swift-ring-builder account.builder rebalance
```

无论此时 192.168.1.XX 这台机器是否开机。

(3) Keystone 与 Swift3

如果需要利用 Keystone 进行用户认证,那么必须确保 Keystone 已经安装。手动安装命令如下:

```
/opt/stack/keystone$ python setup.py build
/opt/stack/keystone$ python setup.py develop
```

在本文的 Swift 安装脚本中,已经自动安装 Keystone。

同理,如果需要支持 S3 服务,也需要安装 swift3:

```
/opt/stack/swift3$ python setup.py build
/opt/stack/swift3$ python setup.py develop
```

## 4.6.3 存储服务无法使用

存储服务出现问题,主要有以下几个原因。

(1) 磁盘格式化

如果第 1 次运行 swift-storage.sh，那么/dev/vdb 分区可以被成功格式化（如果使用的是其他分区，请更改/dev/vdb 为相应分区）。

但是，如果是重新装的时候，在运行 swift-storage.sh 之前，需要手动格式化此分区：

```
$ fdisk /dev/vdb
```

一直输入 d，直到没有任何分区为止。最后输入 w 并且退出。

然后查看此分区是否被挂载至目录树中：

```
$ mount
/dev/mapper/ubuntu--12-root on / type ext4 (rw,errors=remount-ro)
……
/dev/vda1 on /boot type ext2 (rw)
/dev/vdb1 on /srv/node/sdb1 type xfs (rw,noatime,nodiratime,nobarrier,
logbufs=8)
```

可以看到/dev/vdb 分区已经被挂载至/srv/node/sdb1 目录下，此时需要：

```
$ umount /srv/node/sdb1
```

处理成功之后，便可以运行 swift-storage.sh 脚本。

(2) 路径映射关系

需要注意的是，在安装 Proxy 节点和存储节点的时候，关于存储路径都有严格的映射关系。从 Proxy 节点添加存储节点时说起：

```
swift-ring-builder object.builder add z1-${SWIFT_NODE_IP}:6010/sdb1 100
swift-ring-builder container.builder add z1-${SWIFT_NODE_IP}:6011/sdb1 100
swift-ring-builder account.builder add z1-${SWIFT_NODE_IP}:6012/sdb1 100
```

此时指定的目录为 sdb1。

当挂载磁盘分区的时候，需要指定挂载路径，此时的挂载路径必须以 sdb1 结尾：

```
echo "$DEV_PATH /srv/node/sdb1 xfs noatime,nodiratime,nobarrier,logbufs=8
0 0" >> /etc/fstab                    #将分区映射添加至系统分区表中
mkdir -p /srv/node/sdb1               #创建目录树
mount /srv/node/sdb1                  #挂载此分区
```

> 注意：这里名称 sdb1 都极为固定。如果需要替换为其他名字，注意把 Proxy Node 与 Storage Node 的值都替换。分区挂载目录的上级目录与/etc/swift/object- server.conf、/etc/swift/account-server.conf 和/etc/swift/container-server.conf 这 3 个配置文件中的路径都直接相关，值都是/srv/node。在更改路径时，也要时刻注意。

(3) 端口映射关系

除了路径上的映射之外，还需要注意端口的映射。Proxy Node 添加存储节点的时候，运行命令如下：

```
01  swift-ring-builder object.builder add z1-${SWIFT_NODE_IP}:6010/sdb1 100
02  swift-ring-builder container.builder add z1-${SWIFT_NODE_IP}:6011/sdb1 100
03  swift-ring-builder account.builder add z1-${SWIFT_NODE_IP}:6012/sdb1 100
```

第 01 行，指定了存储节点 object 服务需要绑定 6010 端口，因此在${SWIFT_NODE_IP}

中需要 object 配置文件指定此端口值：

```
$ cat /etc/swift/object-server.conf
[DEFAULT]
bind_ip = 0.0.0.0
bind_port = 6010
```

第 02 行，指定了存储节点 container 服务需要绑定 6011 端口，因此在${SWIFT_NODE_IP}中需要 container 配置文件指定此端口：

```
$ cat /etc/swift/container-server.conf
[DEFAULT]
bind_ip = 0.0.0.0
bind_port = 6011
workers = 1
```

第 03 行，指定了存储节点 account 服务需要绑定 6012 端口，因此在${SWIFT_NODE_IP}中需要 account 配置文件指定此端口：

```
$ cat /etc/swift/account-server.conf
[DEFAULT]
bind_ip = 0.0.0.0
bind_port = 6012
workers = 1
```

## 4.7 小　　结

在本章中主要介绍了如何安装及使用 Swift 存储系统，那么总结一下如何安装 Swift 存储系统。Swift 存储系统的安装，主要分为两部分：Proxy Node 和 Storage Node。

### 4.7.1 安装 Proxy Node

（1）准备工作

```
git clonehttps://github.com/JiYou/openstack.git
cd ./openstack/chap04
./init.sh
```

（2）配置

复制安装 Keystone 服务的 localrc 文件，然后在 localrc 文件中添加下面 3 项（注意根据自己的环境进行修改）：

```
01  SWIFT_HOST=192.168.111.16                              #Proxy 节点 IP 地址
02  SWIFT_NODE_IP=192.168.111.18                           #存储节点地址
03  #Swift 服务在 Keystone 中的密码
04  KEYSTONE_SWIFT_SERVICE_PASSWORD=keystone_swift_password
```

（3）运行

```
$ ./swift.sh
```

## 4.7.2 安装 Storage Node

(1) 准备工作

```
git clonehttps://github.com/JiYou/openstack.git
cd ./openstack/chap04
./init.sh
```

(2) 配置

复制安装 Proxy Node 的 localrc 文件，然后在 localrc 文件中添加下面 3 项（注意根据自己的环境进行修改）：

```
01    SWIFT_HOST=192.168.111.16                            #Proxy 节点 IP 地址
02    SWIFT_NODE_IP=192.168.111.18                         #存储节点地址
03    #Swift 服务在 Keystone 中的密码
04    KEYSTONE_SWIFT_SERVICE_PASSWORD=keystone_swift_password
05    SWIFT_DISK_PATH=/dev/vdb
06    SWIFT_NODE_NIC_CARD=eth2
```

(3) 运行

```
$ ./swift-storage.sh
```

# 第 5 章 安装 Glance 镜像服务

第 2 章已经介绍过,要想创建虚拟机,首先需要准备虚拟机的磁盘镜像。而虚拟机的创建,是 OpenStack 需要完成的一项最基本的工作。一个 OpenStack 平台,可能需要运行千百台虚拟机。如果这些虚拟机的磁盘镜像都需要人工来管理,那将是一件非常头疼的事情。因此,需要有一个 OpenStack 服务专门管理虚拟机的镜像。而 Glance 正是 OpenStack 的镜像服务。

本章主要涉及到的知识点有:
- Glance 服务的安装和配置。
- 配置使用简单文件系统和 Swift 服务存储镜像。
- 如何上传大镜像。

注意:在学习本章前,须保证 Keystone(第 3 章)和 Swift(第 4 章)已经被正确安装。

## 5.1 Glance 简介

Glance 是 OpenStack 的镜像服务。它提供了虚拟镜像的查询、注册和传输等服务。值得注意的是,Glance 本身并不实现对镜像的储存功能。Glance 只是一个代理,它充当了镜像存储服务与 OpenStack 的其他组件(特别是 Nova)之间的纽带。Glance 共支持两种镜像存储机制:简单文件系统和 Swift 服务存储镜像机制。
- 所谓的简单文件系统,是指将镜像保存在 Glance 节点的文件系统中。这种机制相对比较简单,但是也存在明显的不足。例如,由于没有备份机制,当文件系统损坏时,将导致所有的镜像不可用。
- 所谓的 Swift 服务存储镜像机制,是指将镜像以对象的形式保存在 Swift 对象存储服务器中。由于 Swift 具有非常健壮的备份还原机制,因此可以降低因为文件系统损坏而造成的镜像不可用的风险。

Glance 服务支持多种格式的虚拟磁盘镜像。其中包括 raw/qcow2、VHD、VDI、VMDK、OVF、kernel 和 ramdisk。另外,读者也可以不把 Glance 当作是镜像服务,而简单地把它当作是一个对象存储代理服务。可以通过 Glance 存储任何其他格式的文件。

## 5.2 Glance 服务的安装

本节介绍 Glance 的安装,共分为安装依赖包、注册 Glance 至 Keystone 服务器和编译安装源码包 3 个部分。在学习本章之前，读者须先准备 1 台 Ubuntu 12.10 的虚拟机[1]，假设该虚拟机的主机名为 glance。本章的所有操作都在该虚拟机上执行。

## 5.2.1 解决依赖关系

### 1. 安装apt-get依赖包

（1）安装 mysql-client。

```
DEBIAN_FRONTEND=noninteractive \
apt-get --option "Dpkg::Options::=--force-confold" --assume-yes install -y --force-yes mysql-client
```

（2）安装其他依赖包。

```
apt-get install -y --force-yes openssh-server build-essential git python-dev python-setuptools \
python-pip unzip mysql-client memcached openssl expect libxml2-dev libxslt-dev \
unzip python-mysqldb mysql-client
```

### 2. 安装pip依赖包

（1）下载 Glance 源码包[2]。可执行如下命令下载和解压 Glance 源码包：

```
01  root@glance:~#mkdir -p /opt/stack
02  root@glance:~#cd /opt/stack/
03  root@glance:/opt/stack#wget \
04  > https://launchpad.net/glance/grizzly/2013.1/+download/glance-2013.1.tar.gz
05  root@glance:/opt/stack#tar zxvf glance-2013.1.tar.gz
```

以上命令执行完成后，会在/opt/stack 目录下生成 1 个 glance-2013.1/目录。为了统一起见，建议读者将该目录重命名为 glance/。

（2）执行下面命令安装 Glance 的 pip 依赖包：

```
root@glance:/opt/stack#cd glance/tools/
root@glance:/opt/stack/glance/tools#pip install -r pip-requires -i http://$PIP_HOST/pip
```

这里的$PIP_HOST 是 pip 源服务器的地址。如果没有指定$PIP_HOST[3]，则表示使用官方 pip 源。读者也可以通过本书提供的脚本[4]创建本地 pip 源。

## 5.2.2 注册 Glance 服务至 Keystone

在 OpenStack 中，几乎所有的服务（包括 Keystone 服务）要想正常运行，都必须首先

---

[1] 创建虚拟机的流程参见第 2.3.1 小节。

[2] 下载地址为 https://launchpad.net/glance/grizzly/2013.1/+download/glance-2013.1.tar.gz。

[3] 即使用 pip install -r pip-requires 命令。

[4] https://github.com/JiYou/openstack/blob/master/tools/create_http_repo.sh。

向 Keystone 服务器注册。每一个服务需要向 Keystone 注册以下两方面的信息：
- 注册用户。
- 注册服务（service）和端点（endpoint）。

### 1. 注册Glance用户

注册 Glance 用户的目的，是为了认证用户身份的。当一个用户向 Glance 服务器发送请求时，Glance 服务器首先要认证该用户是否合法。此时，Glance 会使用注册的 Glance 用户向 Keystone 服务器发送认证请求。

由于本书中，所有的虚拟资源都是创建在 service 租户[1]下。因此，Glance 用户必须在 service 租户下具有 admin 权限。注册 Glance 用户，共分为以下 3 步。

（1）加载 keyrc 文件

```
root@glance:~#source keyrc
```

注意：这里的 keyrc 采用管理员方式认证，需提供如下变量：

```
export SERVICE_TOKEN=%ADMIN_TOKEN%
export SERVICE_ENDPOINT=http://%KEYSTONE_HOST%:35357/v2.0
```

这里的%ADMIN_TOKEN%为 Keystone 节点的 keystone.conf[2]配置文件中设置的 admin_token 属性。%KEYSTONE_HOST%为 keystone 节点的地址。

（2）添加 Glance 用户

```
keystone user-create --name=glance --pass=%KEYSTONE_GLANCE_ PASSWORD% \
--tenant_id %SERVICE_TENANT% --email=glance@example.com
```

这里的%KEYSTONE_GLANCE_ PASSWORD%是 glance 用户的密码，可自行设定。%SERVICE_TENANT%是 service 租户的 UUID。可执行 keystone tenant-list 命令查询所有租户的 UUID。

（3）为 Glance 用户分配 admin 角色

```
keystone user-role-add --tenant_id %SERVICE_TENANT% --user_id %GLANCE
_USER% \
--role_id %ADMIN_ROLE%
```

这里的%SERVICE_TENANT%为 service 租户的 UUID，可执行 keystone tenant-list 命令查询所有租户的 UUID。%GLANCE_USER%为 glance 用户的 UUID，可执行 keystone user-list 命令查询所有用户的 UUID。%ADMIN_ROLE%为 admin 角色的 UUID，可执行 keystone role-list 命令查询所有用户的 UUID。

### 2. 注册Glance服务和端点

注册服务和端点的目的是为了保证 Glance client 能够顺利访问 Glance 服务。当某一用户想要通过 Glance client 访问 Glance 服务时，首先需要向 Keystone 服务器发送认证请求。

---

[1] service 租户在第 3.5.2 小节已经创建好了。
[2] Keystone 节点的/etc/keystone/keystone.conf 文件。

如果认证成功，Keystone 服务器会返回 1 个服务目录，里面包含了 Glance 服务的端点信息，以及 1 个 OpenStack 服务的端点，包含了该服务所在节点的地址以及监听端口等信息。

（1）注册 Glance 服务

```
keystone service-create --name=glance --type=image --description="Glance Image Service"
```

（2）注册 Glance 端点

```
keystone endpoint-create --region RegionOne --service_id %GLANCE_SERVICE% \
 --publicurl "http://%GLANCE_HOST%:9292/v1" --adminurl "http://%GLANCE_HOST%:9292/v1" \
 --internalurl http://%GLANCE_HOST%:9292/v1
```

这里的%GLANCE_SERVICE%是第（1）步中创建的 glance 服务的 UUID，可执行 keystone service-list 命令查看所有服务的 UUID。%GLANCE_HOST%为 Glance 节点的地址。

## 5.2.3　Glance 源码包的安装

### 1. 创建Glance数据库

向 MySQL Server 添加 Glance 用户，创建 Glance 数据库。

（1）在 MySQL 数据库中创建 glance 用户

```
01  #判断 Glance 用户是否存在
02  cnt=`mysql_cmd "select * from mysql.user;" | grep $MYSQL_GLANCE_USER | wc -l`
03  if [[ $cnt -eq 0 ]]; then    #如果 Glance 用户不存在，则创建用户
04      mysql_cmd "create user '$MYSQL_GLANCE_USER'@'%' \
05              identified by '$MYSQL_GLANCE_PASSWORD';"
06      mysql_cmd "flush privileges;"
07  fi
```

（2）创建 Glance 数据库

```
01  #判断 Glance 数据库是否存在
02  cnt=`mysql_cmd "show databases;" | grep glance | wc -l`
03  if [[ $cnt -eq 0 ]]; then        #如果 Glance 数据库不存在，则创建数据库
04      #创建数据库
05      mysql_cmd "create database glance CHARACTER SET utf8;"
06      #更新 Dashboard 数据库权限
07      mysql_cmd "grant all privileges on glance.* to '$MYSQL_GLANCE_USER'@'%' \
08              identified by '$MYSQL_GLANCE_PASSWORD';"
09      #更新 root 用户权限
10      mysql_cmd "GRANT ALL PRIVILEGES ON *.* TO 'root'@'%' \
11              identified by '$MYSQL_ROOT_PASSWORD'; FLUSH PRIVILEGES;"
12      mysql_cmd "GRANT ALL PRIVILEGES ON *.* TO 'root'@'%' \
13              identified by '$MYSQL_ROOT_PASSWORD' WITH GRANT OPTION;\
14              FLUSH PRIVILEGES;"
15      mysql_cmd "flush privileges;"
16  fi
```

> **注意：**
> ① 以上代码中 $MYSQL_GLANCE_USER 是 MySQL Server 中 Glance 用户名，$MYSQL_GLANCE_PASSWORD 是 MySQL Server 中 Glance 用户名密码。这两个变量，读者可以自行配置。
> ② $MYSQL_ROOT_PASSWORD 为第 3.3 节配置的 root 用户的密码。
> ③ mysql_cmd 是本书定义的一个数据库操作函数，其使用方法参见第 3.3 节配置 MySQL 数据库部分。

### 2. 源码安装Glance包

```
root@glance:~#cd /opt/stack/glance/
root@glance:/opt/stack/glance#python setup.py buid
root@glance:/opt/stack/glance#python setup.py develop
```

## 5.3 Glance 服务的配置

本节首先介绍 Glance 的基本配置，然后分别介绍如何使用简单文件系统和 Swift 方式存储虚拟机镜像，最后介绍如何使用 glance 命令上传镜像。

### 5.3.1 Glance 服务的基本配置

（1）将 Glance 源码包下的配置模板复制到/etc 目录下。

```
01  root@glance:~#mkdir -p /etc/glance
02  root@glance:~#cp /opt/stack/glance/etc/* /etc/glance/
03  root@glance:~#ls /etc/glance/
04  glance-api.conf          glance-registry.conf        logging.cnf.sample
05  glance-api-paste.ini     glance-registry-paste.ini   policy.json
06  glance-cache.conf        glance-scrubber.conf        schema-image.json
```

（2）修改配置文件。这里需要修改 glance-api.conf 和 glance-registry.conf 两个配置文件。由于这两个文件需要做的修改基本相同，因此仅以 glance-api.conf 为例加以说明。
以下是 glance-api.conf 文件中需要修改的部分。

```
01  #日志文件存放路径
02  log_file = /var/log/nova/glance-api.log
03  #数据库连接字符串
04  sql_connection = mysql://%MYSQL_CONNECTION%/glance?charset=utf8
05  #Rabbitmq Server
06  rabbit_host = %RABBITMQ_HOST%
07  rabbit_userid = guest
08  rabbit_password = %RABBITMQ_GUEST_PASSWORD%#Keystone 服务器
09  [keystone_authtoken]
10  auth_host = %KEYSTONE_HOST%
11  auth_port = 35357
12  auth_protocol = http
```

```
13  admin_tenant_name = service
14  admin_user = glance
15  admin_password = %KEYSTONE_GLANCE_PASSWORD%
```

以上配置中，各个属性值的详细说明见表 5.1。

表 5.1　glance-api.conf中各个属性的值

| 属　性　名 | 说　明 |
| --- | --- |
| %MYSQL_CONNECTION% | %MYSQL_CONNECTION%=\\ $MYSQL_GLANCE_USER:$MYSQL_GLANCE_PASSWORD @$MYSQL_HOST 其中： $MYSQL_GLANCE_USER 为 Mysql 服务器中 Glance 的用户名； $MYSQL_GLANCE_PASSWORD 为 Mysql 服务器中 Glance 的用户的密码； $MYSQL_HOST 为 Mysql 服务器所在主机的地址1 |
| %RABBITMQ_HOST% | Rabbitmq 服务器[2]所在主机的地址 |
| %RABBITMQ_GUEST_PASSWORD% | Rabbitmq 服务器中 guest 用户的密码[3] |
| %KEYSTONE_HOST% | Keystone 服务器所在主机的地址 |
| %KEYSTONE_GLANCE_PASSWORD% | Keystone 服务器中 Glance 用户的密码 |

⚠ 注意：

① 在 glance-registry.conf 文件中，数据库连接字符串和 Keystone 服务器部分的设置与 glance-api.conf 相同，而 Rabbitmq Server 部分无需设置。log_file 可设置如下：

```
log_file = /var/log/nova/glance-registry.log
```

② 由于日志文件保存在/var/log/nova/目录下，因此须保证/var/log/nova/目录已经创建好了。

```
root@glance:~#mkdir -p /var/log/nova
```

（3）执行如下命令，同步数据库。

```
root@glance:~#glance-manage db_sync
```

## 5.3.2　使用文件系统存储镜像

### 1. 配置Glance服务

（1）修改配置文件

要想使用简单文件系统存储虚拟磁盘镜像，在 5.3.1 小节基本配置的基础上，还需要在 glance-api.conf 中做如下配置。

---

1 MySQL 服务器的安装参见第 3.3 节。

2 Rabbitmq 服务器的安装，参见第 3.4 节。

3 可使用 rabbitmqctl change_password 命令设定 Rabbitmq 服务器中用户的密码，参见第 3.4 节。

```
default_store = file                                    #默认采用简单文件系统存储镜像
filesystem_store_datadir = /opt/stack/data/images       #存储路径
image_cache_dir = /opt/stack/data/cache/                #缓存路径
```

以上配置完成后，还需建立存储路径和缓存路径。

```
root@glance:~#mkdir -p /opt/stack/data/images
root@glance:~#mkdir -p /opt/stack/data/cache
```

（2）重启 Glance 服务

为了让更新的配置生效，必须重启 Glance 服务。如果 Glance 服务已经启动，可首先执行如下命令关闭 Glance 服务。

```
ps aux | grep -v "grep" | grep -v "res"| grep "glance" | awk '{print $2}'
 | xargs -i kill -9 {} ;
```

🔔 注意：读者也可以通过本书提供的 nkill 脚本[1]来关闭 Glance 服务。

确认 Glance 服务关闭后，执行如下命令启动 Glance。

```
01  cd /opt/stack/glance
02  nohup python ./bin/glance-registry --config-file=/etc/glance/glance-
    registry.conf \
03  >/var/log/nova/glance-registry.log 2>&1 &
04  nohup python ./bin/glance-api --config-file=/etc/glance/glance-api
    .conf \
05  >/var/log/nova/glance-api.log  2>&1 &
```

2. 测试Glance服务

这部分将验证后台为简单文件系统的 Glance 服务是否正常运行。首先，通过 glance 命令上传 1 个磁盘镜像；然后查看该磁盘镜像是否保存在 glance-api.conf 文件指定的存储路径中。

（1）构造 glancerc 文件，glancerc 文件的内容如下：

```
#export OS_TENANT_NAME=service
#export OS_USERNAME=glance
#export OS_PASSWORD=%KEYSTONE_GLANCE_PASSWORD%
#export OS_AUTH_URL="http://%KEYSTONE_HOST%:5000/v2.0/"
```

以上配置中，%KEYSTONE_GLANCE_PASSWORD%是 Keystone 服务器中 glance 用户的密码，%KEYSTONE_HOST%是 Keystone 服务器所在主机的地址。

（2）将 glancerc 文件保存在~/目录下，并执行如下命令加载配置项：

```
root@glance:~#source glancerc
```

🔔 注意：要正常访问 Glance 服务，必须使用用户名-密码方式认证，而不能使用 5.2.2 小节介绍的 admin_token 方式。

（3）上传磁盘镜像，其语法为：

---

[1] https://github.com/JiYou/openstack/blob/master/chap03/keystone/tools/nkill。

```
root@glance:~#glance image-create --name <img-name> --public \
> --container-format <container-format> --disk-format <disk-format>
< <img-path>
```

<img-name>是镜像名,可自行指定。<container-format>和<disk-format>是容器格式和镜像格式,常见的格式有 ami、aki 和 ari 等。其中 ami 是普通的磁盘镜像,aki 是内核镜像,ari 是 ramdisk 镜像。在 OpenStack 中,有的镜像不能单独工作,必须同内核镜像和 ramdisk 镜像一起,才能完成工作。<img-path>是要上传的镜像的路径,可以是本地路径,也可以是外部 URL。

例如以下脚本,将 ttylinux.img 镜像上传到 Glance 服务器,并将其命名为 ttylinux1。

```
root@glance:~#glance image-create --name "ttylinux1" --public \
> --container-format ami --disk-format ami  < ttylinux.img
```

注意:
① 在执行以上脚本前,须先将 ttylinux.img[1]准备好,保存在本机 home 目录下。
② 直接使用 glance image-create 命令上传的镜像不宜过大,上传大镜像的方法,参见第 5.3.4 小节上传大镜像部分。

(4)查看镜像存储路径。在本节的配置 Glance 服务部分,设置了镜像存储路径为 /opt/stack/data/images。以下输出结果表明,镜像确实已经保存在指定的存储路径下了。

```
root@glance:~#ls /opt/stack/data/images/
af6ee5ed-4913-4262-9cbc-3bea5e8e0f6e
```

## 5.3.3 使用 Swift 对象存储服务存储镜像

### 1. 配置Glance服务

(1)修改配置文件。

要想使用 Swift 对象服务器存储虚拟磁盘镜像,需在第 5.3.1 小节的基础上,对 glance-api.conf 中做如下配置。

```
01    #默认采用 Swift 对象存储服务存储镜像
02    default_store = swift
03    #配置 Swift 属性
04    swift_store_auth_address = http://%KEYSTONE_HOST%:5000/v2.0/
05    swift_store_user = service:glance
06    swift_store_key = %KEYSTONE_GLANCE_PASSWORD%
07    swift_store_container = glance
08    #缓存路径
09    image_cache_dir = /opt/stack/data/cache/
```

以上配置中:
- %KEYSTONE_HOST%为 Keystone 服务器所在节点的地址。
- %KEYSTONE_GLANCE_PASSWORD%为 Keystone 服务器中 Glance 用户的密码。
- swift_store_container 属性指明磁盘镜像将保存在 glance 容器中。

---

[1] 可下载本书提供的镜像 https://github.com/JiYou/openstack/blob/master/tools/ttylinux.img。

> **注意**：这里假设 Swift 是通过 Keystone 方式认证的。

（2）配置完成后，使用如下命令重启 Glance 服务：

```
01  ps  aux | grep -v "grep" | grep -v "res"| grep "glance" | awk '{print
    $2}' | xargs -i kill -9 {} ;
02  cd /opt/stack/glance
03  nohup python ./bin/glance-registry --config-file=/etc/glance/glance-
    registry.conf \
04  >/var/log/nova/glance-registry.log 2>&1 &
05  nohup python ./bin/glance-api --config-file=/etc/glance/glance-api
    .conf \
06  >/var/log/nova/glance-api.log 2>&1 &
```

**2．测试Glance服务**

这部分将验证在 Swift 服务存储镜像机制下的 Glance 服务是否正常运行。首先，通过 glance 命令上传 1 个磁盘镜像；然后查看该磁盘镜像是否保存在 Swift 对象服务器中。

（1）加载 glancerc 文件，此处略。

（2）上传磁盘镜像。以下脚本将 ttylinux.img 镜像上传到 Glance 服务器，并将其命名为 ttylinux2。

```
root@glance:~#glance image-create --name "ttylinux2" --public \
> --container-format ami --disk-format ami  < ttylinux.img
```

（3）查看虚拟磁盘镜像是否保存在 Swift 对象存储服务器中。

```
root@glance:~/osinst/tools#swift list glance
3d1662f6-1d9a-4897-a0d9-f73ad19e0ef7
```

以上命令列出了 glance 容器下的所有对象。可见，磁盘镜像已经成功上传到 Swift 对象存储服务器中了。

## 5.3.4　上传复杂的磁盘镜像

本小节首先介绍如何上传大镜像，然后介绍如何上传带内核镜像和 ramdisk 镜像的镜像。

**1．上传大镜像**

在使用 glance image-create 命令上传镜像，尤其是上传很大的镜像（比如在第 2.4 节制作的 Ubuntu 12.10 镜像）时，经常会上传失败。这时候，就需要采用如下方法上传。

```
01  #向 Keystone 服务器申请 Token
02  TOKEN=`curl -s -d  "{\"auth\":{\"passwordCredentials\": \
03  {\"username\": \"glance\", \"password\": \"%KEYSTONE_GLANCE_
    PASSWORD%\"},\
04  \"tenantName\": \"service\"}}"  -H "Content-type: application/json" \
05  http://$KEYSTONE_HOST:5000/v2.0/tokens | python -c "import sys; import
    json; \
06  tok=json.loads(sys.stdin.read()); print tok['access']['token']['id'];"`
07  #上传镜像
```

```
08  glance --os-auth-token $TOKEN --os-image-url http://%GLANCE_HOST%:9292 \
09    image-create --name "ubuntu12.10" --public \
10    --container-format ami --disk-format ami < ubuntu-12.10.raw
```

以上代码中，%KEYSTONE_GLANCE_PASSWORD%是 Keystone 服务器中 Glance 用户的密码。%GLANCE_HOST%是 Glance 服务器所在节点的地址。ubuntu-12.10.raw 是在第 2.4 节制作的 ubuntu-12.10 磁盘镜像。

> 注意：由于磁盘镜像文件较大，故需要花费数十分钟的时间上传。

### 2．上传带内核镜像和ramdisk镜像的磁盘镜像

在 KVM 中，有的虚拟机磁盘镜像需要同特定的内核镜像和 ramdisk 镜像一起，才能完成工作。而 OpenStack 支持这种类型的磁盘镜像。在早期的版本中，磁盘镜像、内核镜像和 ramdisk 镜像是独立存储在 Glance 服务器中的。只有在需要创建虚拟机时，才指定哪个镜像作为内核镜像，哪个镜像作为 ramdisk 镜像。最新的版本中，当向 Glance 服务注册磁盘镜像时，需要同时指定该磁盘镜像的内核镜像和 ramdisk 镜像。接下来，就通过 1 个实例，来说明如何上传带内核镜像和 ramdisk 镜像的磁盘镜像。

可使用本书提供的 cirros 镜像[1]进行实验。

（1）将 cirros 镜像下载下来，并解压到~/目录下。此时在~/目录下会生成如下 3 个镜像文件。

```
cirros-0.3.0-x86_64-vmlinuz          #内核镜像文件
cirros-0.3.0-x86_64-initrd           #ramdisk 镜像文件
cirros-0.3.0-x86_64-blank.img        #磁盘镜像文件
```

（2）执行如下脚本，上传这 3 个文件。

```
01  #向 Keystone 服务器申请 Token
02  TOKEN=`curl -s -d "{\"auth\":{\"passwordCredentials\": \
03  {\"username\": \"glance\", \"password\": \"%KEYSTONE_GLANCE_
    PASSWORD%\"},\
04  \"tenantName\": \"service\"}}"  -H "Content-type: application/json" \
05  http://$KEYSTONE_HOST:5000/v2.0/tokens | python -c "import sys; import
    json; \
06  tok=json.loads(sys.stdin.read());print tok['access']['token']['id'];"`
07  #上传内核镜像
08  glance --os-auth-token $TOKEN --os-image-url http://%GLANCE_HOST%:9292 \
09    image-create --name "cirros-kernel" --public --container-format aki
      --disk-format aki < \
10    cirros-0.3.0-x86_64-vmlinuz
11  #上传 ramdisk 镜像
12  glance --os-auth-token $TOKEN --os-image-url http://%GLANCE_HOST%:9292 \
13    image-create --name "cirros-kernel" --public --container-format ari
      --disk-format ari < \
14    cirros-0.3.0-x86_64-initrd
15  #上传磁盘镜像
16  glance --os-auth-token $TOKEN --os-image-url http://%GLANCE_HOST%:9292 \
17    image-create --name "cirros" --public --container-format ami --disk-
      format ami \
```

---

[1] https://github.com/JiYou/openstack/blob/master/tools/cirros-0.3.0-x86_64-uec.tar.gz。

```
18    --property kernel_id=%KERNEL_ID% --property ramdisk_id=%RAMDISK_ID% < \
19    cirros-0.3.0-x86_64-blank.img
```

以上代码中，%KEYSTONE_GLANCE_PASSWORD%为 Keystone 服务器中 Glance 用户的密码。%GLANCE_HOST%为 Glance 节点的地址。%KERNEL_ID%和%RAMDISK_ID%分别为内核镜像和 ramdisk 镜像的 UUID。可以通过 glance image-list 命令查看所有镜像的 UUID。

### 5.3.5 上传磁盘镜像参考脚本

由于上传镜像比较复杂，在 GitHub 上提供了两个脚本，供上传镜像使用：
- register_cirros.sh[1]，上传带 kernel、ramdisk 和 image 的镜像。
- register_ttylinux.sh[2]，上传单个 image。

需要注意的是，如果镜像中的操作系统支持 virtio 驱动，则不需要执行：

```
glance image-update --property hw_disk_bus=ide $n
```

如果镜像中的操作系统不支持 virtio 磁盘驱动，则必须执行这行命令，指定利用此镜像创建的虚拟机都使用 ide 磁盘驱动。

## 5.4　Glance 自动化安装

第 5.2 和 5.3 节详细介绍了 Glance 的安装流程。另外本书还提供了自动化安装的脚本。
（1）将安装脚本[3]下载到本地，然后在 chap05 目录下执行如下命令：

```
ln -s ../tools/ tools
ln -s ../packages/source/ openstacksource
```

（2）修改 localrc 文件，需要修改的变量值如下：

```
01    PIP_HOST=%PIP_HOST%
02    MYSQL_ROOT_PASSWORD=%MYSQL_ROOT_PASSWORD%
03    MYSQL_HOST=%MYSQL_HOST%
04    RABBITMQ_HOST=%RABBITMQ_HOST%
05    RABBITMQ_USER=guest
06    RABBITMQ_PASSWORD=%RABBITMQ_PASSWORD%
07    KEYSTONE_HOST=%KEYSTONE_HOST%
08    SWIFT_HOST=%SWIFT_HOST%
09    GLANCE_HOST=%GLANCE_HOST%
10    MYSQL_GLANCE_USER=glance
11    MYSQL_GLANCE_PASSWORD=%MYSQL_GLANCE_PASSWORD%
12    KEYSTONE_GLANCE_SERVICE_PASSWORD=%KEYSTONE_GLANCE_PASSWORD%
```

其中，各个变量值的详细说明，见表 5.2。

---

1 https://github.com/JiYou/openstack/blob/master/tools/register_cirros.sh。
2 https://github.com/JiYou/openstack/blob/master/tools/register_ttylinux.sh。
3 https://github.com/JiYou/openstack/blob/master/。

表 5.2 localrc中各个属性的值

| 属　性　名 | 说　　明 |
| --- | --- |
| %PIP_HOST% | pip 源服务器的地址[1] |
| %MYSQL_ROOT_PASSWORD% | Mysql 服务器中 root 用户的密码 |
| %MYSQL_HOST% | Mysql 服务器的地址 |
| %RABBITMQ_HOST% | Rabbitmq 服务器所在主机的地址 |
| %RABBITMQ_GUEST_PASSWORD% | Rabbitmq 服务器中 guest 用户的密码 |
| %KEYSTONE_HOST% | Keystone 服务器所在主机的地址 |
| %SWIFT_HOST% | Swift Proxy 所在主机的地址 |
| %GLANCE_HOST% | Glance 服务器所在主机的地址 |
| %MYSQL_GLANCE_PASSWORD% | Mysql 服务器中 Glance 用户的密码 |
| %KEYSTONE_GLANCE_PASSWORD% | Keystone 服务器中 Glance 用户的密码 |

注意：
① 如果使用简单文件系统存储镜像，变量 SWIFT_HOST 可以不设置。
② 在自动化安装脚本中，假设 Swift 是采用 Keystone 方式认证。
③ 运行安装脚本。

本书提供了两个 Glance 服务的安装脚本。glance-no-swift.sh 脚本安装的 Glance 服务采用简单文件系统存储镜像文件。glance-with-swift.sh 脚本安装的 Glance 服务采用 Swift 对象存储服务存储镜像文件。

安装 Glance 服务时，首先在 chap03/mysql/目录下执行如下命令完成初始化工作。

```
./init.sh
```

然后在 chap05/目录下执行：

```
./glance-no-swift.sh                    #使用简单文件系统存储镜像
```

或者：

```
./glance-with-swift.sh                  #使用 Swift 镜像存储服务存储镜像
```

完成 Glance 服务的安装。

注意：如果采用 Swift 镜像存储服务存储镜像，必须先保证 Swift 服务正确安装。

## 5.5　常见错误分析

### 5.5.1　上传磁盘镜像中断的解决方案

使用 glance image-create 命令上传镜像时，经常会上传一半时报上传失败的错误。为

---

[1] 在使用自动化安装脚本时，必须创建本地 pip 源。可在$PIP_HOST 主机上执行 openstack-master/龙江 tools/create_http_repo.sh 脚本创建本地 pip 源。

了能够顺利上传磁盘镜像，尤其是大磁盘镜像，建议读者采用第 5.3.4 小节介绍的方法进行上传。

## 5.5.2 openssl 出错

当使用 glance 命令时，出现如下错误：

```
Authorization Failed: Unable to communicate with identity service: {"error":
{"message": "An unexpected error prevented the server from fulfilling your
request. Command 'openssl' returned non-zero exit status 3", "code": 500,
"title": "Internal Server Error"}}. (HTTP 500)
```

以上输出表明 Keystone 的用户认证失败。Keystone 共有两种格式的 Token：PKI 和 UUID。其实 PKI 格式的 Token 是通过使用 openssl 来认证用户的身份的，这种认证方式相较于 UUID，格式更加安全快捷，因此这也是 Keystone 默认的认证方式。

但是，使用这种认证方式，经常会出现问题。比如笔者在安装 Folsom 版本时，就遇到执行 quantum 命令时认证失败的情况。其原因可能是因为 openssl 证书没有配置正确，也可能是 OpenStack 本身代码的问题。到如今，笔者也没能找到满意的答案。

因此，这里先介绍一种权宜的解决方案，即使用 UUID 格式的 Token。修改 Keystone 节点上的 keystone.conf 文件，将其 token_format 属性设置成 UUID。例如：

```
[signing]
token_format = UUID
```

然后，重启 Keystone 服务。

```
service keystone restart
```

注意：以上修改都是在 Keystone 节点上进行。

## 5.5.3 上传大磁盘镜像的方法

（1）向 Keystone 服务器申请 Token

```
01  TOKEN=`curl -s -d  "{\"auth\":{\"passwordCredentials\": \
02  {\"username\": \"glance\", \
03   \"password\": \"%KEYSTONE_GLANCE_PASSWORD%\"},\
04   \"tenantName\": \"service\"}}"  -H "Content-type: application/json" \
05  http://$KEYSTONE_HOST:5000/v2.0/tokens | python -c "import sys; import
    json; \
06  tok = json.loads(sys.stdin.read()); print tok['access']['token']
    ['id'];"`
```

（2）使用 glance 命令上传镜像

```
glance --os-auth-token $TOKEN --os-image-url http://%GLANCE_HOST%:9292 \
 image-create --name <image-name> --public \
--container-format ami --disk-format ami  < <image-path>
```

## 5.6 小　　结

安装 glance 的步骤如下。

（1）安装 apt-get 和 pip 依赖包。

（2）向 Keystone 注册 Glance 服务：添加 Glance 用户、注册 Glance 服务和端点。

（3）配置 MySQL Server：创建 Glance 用户和数据库。

（4）安装 Glance 源码包。

（5）Glance 服务的基本配置。

需要配置 glance-api.conf 和 glance-registry.conf 这两个文件。在 glance-api.conf 中需要配置数据库连接字符串、Rabbitmq 服务器、Keystone 认证和日志文件等内容。在 glance-registry.conf 中需要配置数据库连接字符串、Keystone 认证和日志文件等内容。

（6）Glance 服务的存储配置。

若采用简单文件系统存储，需要配置镜像存储路径和镜像缓存路径。若采用 Swift 对象服务器方式存储，需要配置 Swift proxy 主机地址以及 Swift 认证所需的用户名、租户名和密码等信息。

（7）启动 Glance 服务。

```
01  cd /opt/stack/glance
02  nohup python ./bin/glance-registry --config-file=/etc/glance/glance-
    registry.conf \
03  >/var/log/nova/glance-registry.log 2>&1 &
04  nohup python ./bin/glance-api --config-file=/etc/glance/glance-api
    .conf \
05  >/var/log/nova/glance-api.log  2>&1 &
```

（8）关闭 Glance 服务。

```
ps aux | grep -v "grep" | grep -v "res"| grep "glance" | awk '{print $2}' | xargs -i kill -9 {} ;
```

或者：

```
nkill glance
```

# 第 6 章　安装 Quantum 虚拟网络服务

在第 1 章介绍过，Quantum 是 OpenStack 的 3 大组件之一。它主要是负责为虚拟机提供虚拟网络，以实现虚拟机之间和虚拟机与物理机之间的通信。需要指出的是，Quantum 只是一个代理，它本身并不直接提供虚拟网络资源。真正的虚拟网络资源，是由 plugin 提供的，而 Quantum 是连接 OpenStack 与 plugin 的纽带。目前，Quantum 支持的 plugin 有 Open vSwitch[1]、Cisco[2]、Linux Bridge[3]、Nicira NVP[4]、Ryu[5]和 NEC OpenFlow[6]等。本书中只介绍 Open vSwitch。

本章主要涉及到的知识点如下。
- Open vSwitch 虚拟交换机：介绍 Open vSwitch 的基本概念及其简单使用。
- 解决依赖关系：安装 Quantum 的依赖包。
- 注册 Quantum 服务至 Keystone：向 Keystone 注册与 Quantum 有关的用户、service 和 endpoint。
- 安装 Quantum 服务：介绍在控制节点、网络节点和计算节点的 Quantum 的安装。
- Quantum 服务使用及测试：介绍如何使用 Quantum 命令创建内部和外部网络。

注意：在安装 Quantum 前，须先保证 MySQL（参见第 3.3 节）、RabbitMQ（参见第 3.4 节）和 Keystone（参见第 3.5 节）已经正确安装。

## 6.1　Open vSwitch 虚拟交换机

Quantum 是 OpenStack 的网络服务，它底层需要调用第三方的软件来创建部署虚拟网络环境。本书使用的第三方软件是 Open vSwitch。因此，在学习 Quantum 的安装之前，有必要花一些篇幅来学习 Open vSwitch 的基本知识。

### 6.1.1　Open vSwitch 简介

Open vSwitch 是一个开放的虚拟交换标准，它是在 Apache 2 许可下的一个开源项目。

---

1　参见 http://www.openvswitch.org/openstack/documentation。
2　参见 quantum/plugins/cisco/README 和 http://wiki.openstack.org/cisco-quantum。
3　参见 quantum/plugins/linuxbridge/README 和 http://wiki.openstack.org/Quantum-Linux-Bridge-Plugin。
4　参见 quantum/plugins/nicira/nicira_nvp_plugin/README 和 http://www.nicira.com/support。
5　参见 quantum/plugins/ryu/README 和 http://www.osrg.net/ryu/using_with_openstack.html。
6　参见 http://wiki.openstack.org/Quantum-NEC-OpenFlow-Plugin。

它的目的是为了通过编程扩展等手段，在保持对标准管理接口和网络协议支持的同时，实现大型网络自动化管理。

所谓虚拟交换，就是利用软件的方法来实现物理交换机的功能。由于是软件模拟，它相比于物理交换机，具有配置灵活、价格低廉等特点。目前，Open vSwitch 可以用于所有基于 Linux 的虚拟化平台，如 KVM、Xen 等。Open vSwitch 可以实现 VLAN、GRE 隧道等多种网络类型。GRE 隧道模式是指在通过网桥中添加 GRE 端口，来实现不同物理机上的虚拟机之间的通信。VLAN 模式是将实际的物理网卡加到虚拟网桥中，网桥中的物理网卡承担主机间的报文转发任务。在此基础上，Open vSwitch 可以通过物理网卡创建出多个虚拟网络，以实现复杂的网络部署。第 6.1.2 小节和第 6.1.3 小节将分别介绍 GRE 和 VLAN 网络模式的配置。

与传统的交换技术不同，Open vSwitch 是采用 Open Flow 来实现报文转发的。它的内核模块实现了多个数据路径（DataPath，类似于网桥），一个数据路径可以含多个 vport（类似于端口）。一个数据路径有一张流规则表与之对应。流规则表中可以包含多条规则，用于设置对报文的处理方式。当报文通过网桥时，Open vSwitch 会根据规则表中的规则来处理传来的报文。

Open vSwitch 主要由以下组件组成：ovs-vswitchd 是用于实现虚拟交换功能的守护进程，ovsdb-server 是用于保存 Open vSwitch 配置信息的轻量级数据库，ovs-vsctl 是用于查询、更新 ovs-vswitchd 信息的工具，ovs-appctl 是用于向 ovs-vswitchd 进程发送命令的工具，ovs-controller 是简单的 Open Flow 控制器，ovs-ofctl 是用于查询和控制 Open Flow 控制器的工具。

### 6.1.2　GRE 隧道模式

本小节介绍如何通过 Open vSwitch 实现 GRE 隧道网络模式。GRE 模式的核心思想是在主机的 Open vSwitch 网桥下添加一个 gre 端点，该端点与其他主机的网卡形成一条单向的隧道。网桥下产生和接收的报文，都可通过 gre 端点转发到其他主机上。

#### 1. 定义和启动HOST1、HOST2

为了完成本小节的内容，须准备两台主机，这两台主机都只需要 1 块网卡即可。为了便于描述，在本小节中称这两台物理机为 HOST1 和 HOST2。考虑到有的读者可能没有两台物理机，这里首先创建两台虚拟机来分别作为 HOST1 和 HOST2。

创建虚拟机的流程大体与第 2.5 节介绍的一致。不同的是，由于在实验中需要在 HOST1 和 HOST2 上创建虚拟机（即在虚拟机中创建虚拟机），因此需要对 HOST1 和 HOST2 的配置做一些修改。

（1）修改虚拟机 XML 定义文件。

为了完成本次实验，需要对虚拟机的 XML 定义文件做如下两个方面的修改。

❑ 修改虚拟机 CPU 属性。前面介绍过，创建 KVM 虚拟机，需要 CPU 的支持。因此要在 HOST1 和 HOST2 上创建虚拟机，首先必须使得 HOST1 和 HOST2 的 CPU 满足 KVM 特性。因此需要在虚拟机的 XML 定义文件中添加如下配置。

```
<cpu match='exact'>
<model>core2duo</model>
<feature policy='require' name='vmx'/>
</cpu>
```

❑ 为虚拟机添加磁盘。笔者在实验时，HOST1 和 HOST2 的 qcow2 格式的磁盘镜像文件大概是 4G，这么大的空间没办法容纳一个 raw 格式的 Ubuntu-12.10 镜像。因此，需要为 HOST1 和 HOST2 各添加一块 raw 格式的磁盘。在虚拟机定义文件中添加如下配置。

```
01  <disk type='file' device='disk'>
02    <driver name='qemu' type='raw' cache='none'/>
03    <source file='/image/hostX-vm-vdb.raw'/>
04    <target dev='vdb' bus='virtio'/>
05    <alias name='virtio-disk0'/>
06  </disk>
```

这里的 hostX-vm-vdb.raw 是自己创建的一块数据磁盘镜像文件。可在 /image 目录下执行如下命令创建数据磁盘镜像文件。

```
qemu-img create -f raw hostX-vm-vdb.raw 10G
```

> 注意：以上配置是让虚拟机的虚拟 CPU 满足 vmx 特性。笔者物理机使用的 CPU 为 Intel 的，对于 AMD 的 CPU 配置可能有所不同，笔者没有去试验，需要读者自己研究。

（2）定义和启动虚拟机。读者可在本节提供的模板[1]基础上进行修改，构造 HOST1 和 HOST2 的 XML 定义文件。并为虚拟机创建 qcow2 格式的主磁盘镜像文件和 raw 格式的数据磁盘镜像文件。然后通过 virsh 命令定义和启动虚拟机[2]。

读者也可以使用本书提供的脚本[3]快速创建 HOST1 和 HOST2。首先将 back 虚拟 XML 定义文件[4]和 vm.sh 下载下来，形成如下目录。

```
/cloud
├── _base
│   ├── back              #虚拟机 xml 配置文件模板
│   └── ubuntu-12.10.raw  #做好的 ubuntu-12.10 的虚拟磁盘，作为 backing file
└── vm.sh                 #快速创建虚拟机的脚本
```

这里的，ubuntu-12.10.raw 磁盘文件的制作流程参见第 2.4 节。以上目录构造好以后，可以使用如下命令快速创建 HOST1 和 HOST2。

```
/cloud/vm.sh <VM-NAME> <VDB-NAME>
```

这里的<VM-NAME>是虚拟机名，<VDB-NAME>是为虚拟机添加的 raw 格式磁盘名。

---

[1] https://github.com/JiYou/openstack/blob/master/chap06/cloud/_base/back。
[2] 虚拟机的定义和启动流程参见第 2.4.2 小节。为虚拟机添加多块磁盘的方法参见第 2.3.9 小节。
[3] https://github.com/JiYou/openstack/blob/master/chap03/cloud/vm.sh。
[4] 这里的 back 文件须使用本节提供的 back 文件。

## 2. 配置HOST1、HOST2的系统环境

HOST1 和 HOST2 启动好以后，还需要执行如下步骤，配置 HOST1 和 HOST2 的系统环境。

（1）配置 br100 网桥。

```
01  #以下是/etc/network/interfaces 文件中的内容
02  auto lo
03  iface lo inet loopback
04
05  auto br100
06  iface br100 inet dhcp
07      bridge_ports eth0
08      bridge_stp off
09      bridge_maxwait 0
10      bridge_fd 0
```

本次实验中，HOST1 的 IP 为 10.239.82.199，HOST2 的 IP 为 10.239.82.89。

（2）分别在 HOST 和 HOST2 上安装好 KVM 和 Libvirt[1]、Open vSwitch[2]。

> 注意：为了节省时间，建议读者创建一块安装好了 KVM，Libvirt 和 Open vSwitch 的 raw 格式的 Ubuntu 12.10 磁盘镜像。

（3）将添加的 raw 格式磁盘挂载到 HOST1 和 HOST2 中。

```
#以下脚本，分别在 HOST1 和 HOST2 中执行
root@hostX:~#mkdir -p /image/ubuntu
root@hostX:~#mkfs /dev/vdb
root@hostX:~#mount /dev/vdb /image/ubuntu
```

（4）便可将 raw 格式的 ubuntu-12.10 磁盘镜像文件复制到 HOST1 和 HOST2 的/image/ubuntu 目录下。

## 3. 配置GRE网络模式

（1）分别在 HOST1 和 HOST2 上创建名为 br-gre 的 OVS 网桥。

```
#以下脚本，分别在 HOST1 和 HOST2 中执行
root@hostX:~#ovs-vsctl add-br br-gre
```

（2）分别在 HOST1 和 HOST2 上，为 br-gre 网桥添加 GRE 端口。

```
#以下脚本，分别在 HOST1 和 HOST2 中执行
root@hostX:~#ovs-vsctl add-port br-gre gre1
root@hostX:~#set interface gre1 type=gre options:remote_ip=10.239.82.89
```

> 注意：以上脚本的第 1 条命令是在网桥 br-gre 中添加一个名为 gre1 的端口。第 2 条命令是指定 gre1 端口为 GRE 类型的端口。在 HOST1 中，应指定 gre1 端口的 remote_ip 为 HOST2 的 IP；在 HOST2 中，应指定 gre1 端口的 remote_ip 为 HOST1 的 IP。

---

1 见第 2.2 节。

2 见第 6.1 节。

（3）分别在 HOST1 和 HOST2 上创建名为 ubuntu-gre1 和 ubuntu-gre2 的虚拟机[1]。可以从此处[2]获得配置文件。这里需要特别注意虚拟机 XML 定义文件中网络接口部分的定义。

```
01      <interface type='bridge'>
02        <mac address='54:52:00:f9:22:36'/>
03        <source bridge='br-gre'/>
04        <virtualport type='openvswitch'>
05        </virtualport>
06        <model type='virtio'/>
07      </interface>
```

注意：以上代码中的 bridge 字段指定的是刚刚通过 ovs-vsctl 命令创建的 br-gre 网桥。另外，代码中的 virtualport 属性指定了虚拟机使用 Open vSwitch 网络。

HOST1、HOST2、ubuntu-gre1 和 ubuntu-gre2 之间的拓扑结构，如图 6.1 所示。

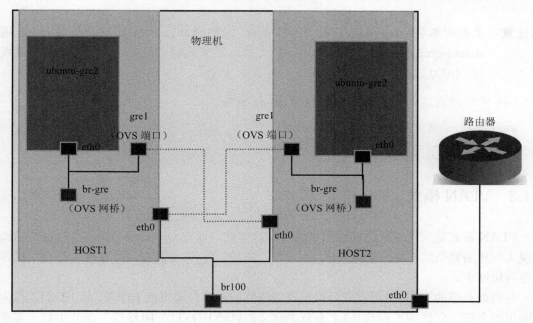

图 6.1　GRE 虚拟网络的拓扑结构

（4）定义和启动虚拟机[3]。虚拟机创建好以后，可分别在 HOST1 和 HOST2 上执行如下命令，来查看两台主机的 Open vSwitch 是否学习到了两台虚拟机的 MAC。

```
root@hostX:~#ovs-appctl fdb/show br-gre
 port  VLAN  MAC                Age
    2     0  54:52:00:f9:22:29  148
    1     0  54:52:00:f9:22:36   20
```

如果在 HOST1 和 HOST2 上都能查到两台虚拟机的 MAC 地址，就说明两台虚拟机已

---

1　关于虚拟机的创建过程，参见第 2.3 节。本次试验中的虚拟机 XML 定义文件，参见 https://github.com/JiYou/openstack/blob/master/chap06/openvswitch/ubuntu-openvswitch.xml。

2　https://github.com/JiYou/openstack/blob/master/chap06/openvswitch/ubuntu-openvswitch.xml。

3　参见第 2.3.1 小节。

经可以相互通信了。

> 注意：由于 GRE 模式非常低效，所以可能需要过一段时间才能完成 MAC 地址的学习。当执行完以上命令后，不能显示两台虚拟机 MAC 地址时，可稍微等等再尝试。因为其低效，GRE 模式一般不适合于大规模的网络部署。

（5）分别为 ubuntu-gre1 和 ubuntu-gre2 指定同一网段下的静态 IP，并验证它们之间是否能够 ping 通。

```
root@ubt1210:~#ifconfig eth 0 192.168.0.1
root@ubt1210:~#ping 192.168.0.2
PING 192.168.0.2 (192.168.0.2) 56(84) bytes of data.
64 bytes from 192.168.0.2: icmp_req=1 ttl=64 time=2.74 ms
64 bytes from 192.168.0.2: icmp_req=2 ttl=64 time=0.956 ms
```

> 注意：上面脚本将 ubuntu-gre1 的 IP 设置成 192.168.0.1，然后验证是否能 ping 通 ubuntu-gre2。在 ping ubuntu-gre2 之前，须首先将 ubuntu-gre2 的 IP 设置成 192.168.0.2。

（6）实验结束后，可删除 gre1 端口和 br-gre 网桥。

```
#以下脚本，分别在 HOST1 和 HOST2 上执行
root@hostX:~#ovs-vsctl del-port gre1
root@hostX:~#ovs-vsctl del-br br-gre
```

## 6.1.3　VLAN 模式

VLAN 模式是应用最广泛的虚拟机网络部署方式。通过 Open vSwitch，可以很容易地实现大规模的复杂的网络部署。为了完成本小节的内容，读者需要两台主机，每台主机各需要两块网卡。

与前面介绍的 GRE 隧道模式一样，这里依然创建两台虚拟机 HOST1 和 HOST2 作为实验用的主机，创建的流程与 6.1.2 小节 "定义和启动 HOST1、HOST2" 部分类似。需要特别指出，HOST1 和 HOST2 的虚拟机 XML 定义文件的网络配置如下所示。

```
01    <interface type='bridge'>
02      <mac address='%MACADDR%'/>
03      <source bridge='br100'/>
04    </interface>
05    <interface type='network'>
06      <mac address='%MACADDR2%'/>
07      <source network='default'/>
08      <target dev='vnet1'/>
09      <alias name='net1'/>
10      <address type='pci' domain='0x0000' bus='0x00' slot='0x06'
        function='0x0'/>
11    </interface>
```

**注意:**

① HOST1 和 HOST2 的第 1 块网卡是桥接在 br100 上,而第 2 块网卡是通过"default" network 定义的。在第 2.3.3 小节介绍过,所谓的"default" network,其实是将网卡桥接在 Libvirt 创建的 virbr0 网桥中。

② 为了防止出现网络问题,建议读者把第 1 块网卡的 MAC 地址设置为 fa:92 开头,第 2 块设置为 52:54 开头。

HOST1 和 HOST2 的网络配置[1]如下。

```
auto lo
iface lo inet loopback
auto eth0
iface eth0 inet dhcp
```

HOST1 和 HOST2 虚拟机创建好以后,还需像 6.1.2 小节介绍的那样安装 KVM、Libvirt 和 Open vSwitch,加载虚拟硬盘,复制 Ubuntu 12.10 磁盘镜像文件。

准备工作完成后,可按照如下步骤搭建 VLAN 环境。

(1) 在 HOST1 和 HOST2 上创建一个 ovs 网桥 br-eth1,并且将 eth1 添加到 br-eth1 中。

```
#以下脚本,分别在 HOST1 和 HOST2 中运行
root@hostX:~#ovs-vsctl add-br br-eth1
root@hostX:~#ovs-vsctl add-port br-eth1 eth1
root@hostX:~#ifconfig eth1 up
```

**注意:** eth1 不能分配 IP。如果 HOST1 和 HOST2 是物理机,那么它们的 eth1 口应该接在交换机上,且相应的端口应该设置为 trunk。

(2) 在 HOST1 和 HOST2 上,创建一个 fake 网桥 vlan2,并添加到 br-eth1 中,设置其 tag 为 2。

```
#以下脚本,分别在 HOST1 和 HOST2 中运行
root@hostX:~#ovs-vsctl add-br vlan2 br-eth1 2
```

创建 fake 网桥的语法为:

```
ovs-vsctl add-br <BRIDGE> <PARENT> <VLAN>
```

其中<BRIDGE>是 fake 网桥的名字,<PARENT>是 fake 网桥所属的父网桥的名字,<VLAN>是 fake 网桥所属的 VLAN 的 ID 号。定义 fake 网桥的目的,是为了便于批量管理。试想一下这样的场景,OpenStack 创建了许许多多的虚拟机(比如几百台)。因为某种原因,需要改变这些虚拟机的网络配置,比如改变某些虚拟机所属的 VLAN。如果一台一台虚拟机地修改,需要进行大量重复的工作,费时费力,而且很容易出错。但是有了 fake 网桥,事情就变得很简单了。将同一类型的虚拟机都放在同样的 fake 网桥里面,当需要对这些虚拟机的网络配置进行修改时,只需要改变相应的 fake 网桥即可。

(3) 分别在 HOST1 和 HOST2 上创建虚拟机 ubuntu-vlan1 和 ubuntu-vlan2。需特别注意虚拟机网络接口的定义。

---

[1] /etc/network/interfaces 配置文件中的配置。

```
01      <interface type='bridge'>
02        <mac address='54:52:00:66:91:12'/>
03        <source bridge='vlan2'/>
04        <virtualport type='openvswitch'>
05        </virtualport>
06        <model type='virtio' />
07      </interface>
```

以上代码的 vlan2 为刚刚创建的 fake 网桥。

（4）ubuntu-vlan1 和 ubuntu-vlan2 创建好以后，可以查看 HOST1 和 HOST2 上的 ovs 网桥的信息。

```
01  root@hostX:~ #ovs-vsctl show
02  2b81d78b-4222-42a0-ab7f-d07198c9d534
03      Bridge "br-eth1"
04          Port "vlan2"
05              tag: 2
06              Interface "vlan2"
07                  type: internal
08          …
09          Port "vnet0"
10              tag: 2
11              Interface "vnet0"
12      ovs_version: "1.4.3"
```

> 注意：以上输出的第 02 行是网桥的 UUID；第 03 行是网桥的名字；第 04~07 行是添加的 fake 网桥 vlan2 的信息，其中第 05 行指明它所属的 vlan 号为 2；第 09~11 行是创建的虚拟机的网络端口信息。在虚拟机的 XML 定义文件的配置中，虚拟机的网络端口是挂载在 vlan2 中，但是由于 vlan2 是 fake 网桥，因此虚拟机网络端口不会真正挂载在 vlan2 中，而是挂载在 vlan2 的父网桥，即 br-eth1 中。但是虚拟机网络端口具有与 vlan2 fake 网桥一致的属性。例如在本例中，虚拟机网络端口的 VLAN 号与 vlan2 fake 网桥的 VLAN 号一样，也是 2。

HOST1、HOST2、ubuntu-vlan1 和 ubuntu-vlan2 之间的拓扑结构，如图 6.2 所示。

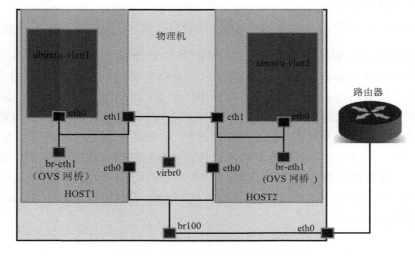

图 6.2 VLAN 虚拟网络的拓扑结构

（5）分别为 ubuntu-vlan1 和 ubuntu-vlan2 分配 IP，并验证它们之间是否能够 ping 通。

```
root@ubt1210:~#ifconfig eth 0 192.168.122.200
root@ubt1210:~#ping 192.168.122.100
PING 192.168.122.100 (192.168.122.100) 56(84) bytes of data.
64 bytes from 192.168.122.100: icmp_req=1 ttl=64 time=1.97 ms
64 bytes from 192.168.122.100: icmp_req=2 ttl=64 time=1.66 ms
```

以上脚本是将 ubuntu-vlan2 的 IP 设置为 192.168.122.200，然后 ping ubuntu-vlan1。在执行 ping 命令前，必须先将 ubuntu-vlan1 的 IP 设置为 192.168.122.100。

注意：HOST1 和 HOST2 是不能 ping 通 ubuntu-vlan1 和 ubuntu-vlan2 的。在 OpenStack 中为了实现主机和虚拟机之间的通信，引入了浮动 IP 的技术。但是要实现浮动 IP，必须预留一块空闲的外网 IP 供 OpenStack 使用，而且需要有一台 3 块网卡的主机。笔者手上没有这样的资源，因此也没能试验成功。

（6）将 ubuntu-vlan2 定义在另一个 vlan 中，并检验它们之间是否能够 ping 通。首先运行如下脚本。

```
#以下脚本，在 HOST2 中运行
root@host2:~#virsh destroy ubuntu-vlan2
root@host2:~#ovs-vsctl add-br vlan3 br-eth1 3
```

然后将 ubuntu-vlan2 虚拟机 XML 定义文件网络接口中的 source bridge 属性定义为 vlan3，再执行命令：virsh define ubuntu-vlan2&&virsh start ubuntu-vlan2。此时由于 ubuntu-vlan2 和 ubuntu-vlan1 不在同一个 VLAN 中，它们之间不能 ping 通。

（7）删除网桥：

```
#以下脚本，在 HOST1 和 HOST2 中运行
root@hostX:~#ovs-vsctl del-br br-eth1
```

注意：在删除网桥前，须保证网桥中没有活动端口。比如在本例中，须先将虚拟机关闭；删除网桥时，会将网桥中的非活动端口一并删除。比如在本例中，删除 br-eth1 后，fake 网桥 vlan2、vlan3 也被删除了。

## 6.2　解决依赖关系

从本节开始到第 6.4 节，将详细介绍 Quantum 的安装流程。本节介绍 Quantum 依赖包的安装。在进行安装之前，须先准备一台干净的 Ubuntu 12.10 虚拟机[1]进行试验。从本节到第 6.5 节所有的安装与测试脚本，都在这台虚拟机上进行。为了便于描述，本章中称该虚拟机为 aquantum。

### 1．安装apt-get依赖包

（1）安装 Mysql client。

```
apt-get install mysql-client
```

---

[1] 读者可以使用脚本 vm.sh 快速创建虚拟机。

（2）安装 OpenvSwitch。

```
apt-get install openvswitch-switch openvswitch-datapath-dkms
```

（3）安装其他依赖包。

```
01  apt-get install -y --force-yes openssh-server build-essential git \
02  python-dev python-setuptools python-pip \
03  libxml2-dev libxslt-dev python-pam python-lxml \
04  python-iso8601 python-sqlalchemy python-migrate \
05  python-routes  python-passlib \
06  python-greenlet python-eventlet unzip python-prettytable \
07  python-mysqldb mysql-client memcached openssl expect \
08  python-netifaces python-netifaces-dbg make fakeroot dkms \
09  ebtables iptables iputils-ping iputils-arping sudo python-boto \
10  python-iso8601 python-routes python-suds python-netaddr \
11   python-greenlet python-kombu python-eventlet \
12  python-sqlalchemy python-mysqldb python-pyudev python-qpid dnsmasq-base \
13  dnsmasq-utils vlan
```

### 2. 安装pip依赖包

在安装 pip 依赖包之前，须先下载 quantum 的源代码[1]：

```
01  root@aquantum:~#mkdir -p /opt/stack
02  root@aquantum:~#cd /opt/stack/
03  root@aquantum:/opt/stack#wget \
04  > https://launchpad.net/quantum/grizzly/2013.1.1/+download/quantum.tar.gz
05  root@aquantum:/opt/stack#tar zxvf quantum.tar.gz
```

以上脚本执行完以后，会在/opt/stack 目录下创建一个 quantum/目录，该目录下就是 Quantum 的源代码。为了统一起见，建议读者将该目录重命名为 quantum/。

然后执行如下脚本完成 pip 依赖包的安装。

```
root@quantum:/opt/stack#cd quantum/tools/
root@quantum:/opt/stack/quantum/tools#pip install -r pip-requires -i http://$PIP_HOST/pip
```

这里的$PIP_HOST 是 pip 源服务器的地址。如果没有指定$PIP_HOST[2]，则表示使用官方 pip 源。读者也可以通过本书提供的脚本[3]创建本地 pip 源。

## 6.3 注册 Quantum 服务至 Keystone

前面已经多次介绍过，任何 OpenStack 服务（包括 Keystone 本身），要想正常运行，首先必须向 Keystone 服务器注册。每个 OpenStack 服务需要向 Keystone 服务器注册两方面

---

1 Quantum 各个版本的源代码均可在 https://launchpad.net/quantum/+download 中找到。本书使用的版本是 2013 年 5 月 10 日更新的版本，其下载地址为 https://launchpad.net/quantum/grizzly/2013.1.1/+download/quantum.tar.gz。

2 即使用 pip install -r pip-requires 命令。

3 https://github.com/JiYou/openstack/blob/master/tools/create_http_repo.sh。

的信息：
- 注册用户信息，主要是用于 UUID 格式的 Token 的用户认证。
- 服务端点信息，主要是保证 quantum client 能够找到 Quantum 服务器。

（1）注册用户信息。

在本书中，所有的 OpenStack 资源都是定义在 service 租户[1]下。因此，需要为 Quantum 创建一个用户，它在 service 租户下具有 admin 角色。

```
keystone user-create --name=quantum --pass=$SERVICE_PASSWORD\
>             --tenant-id $SERVICE_TENANT
keystone user-role-add --tenant-id $SERVICE_TENANT \
>             --user-id quantum --role-id $ADMIN_ROLE
```

注意：
① 在执行以上脚本之前需要先加载 keystone 管理员的 rc 文件[2]。
② 以上脚本中的$SERVICE_PASSWORD 是 quantum 用户的密码，读者可以自行指定；$SERVICE_TENANT 是 service 租户的 UUID；$ADMIN_ROLE 是 admin 角色的 UUID，读者须根据实际情况设定。可通过 keystone tenant-list 命令查询所有租户的 UUID，通过 keystone role-list 命令查询所有角色的 UUID。

（2）注册服务和端点信息。

```
keystone service-create --name quantum --type network\
>             --description 'OpenStack Networking Service'
keystone endpoint-create --region 'RegionOne' --service-id $SERVICE_ID \
>             --publicurl 'http://$IP:9696/' --adminurl 'http://$IP:9696/'
--internalurl 'http://$IP:9696/'
```

以上脚本中的$SERVICE_ID 是创建的 quantum service 的 UUID，可以通过 quantum service-list 命令查看所有 service 的 UUID。$IP 是指 Quantum Server 的 IP。

## 6.4 安装 Quantum 服务

在安装 Quantum 之前，有必要对 Quantum 的整体框架有个大致的了解。表 6.1 列出了 Quantum 的重要部件及其作用。

表 6.1　Quantum 的重要部件

| 名称 | 描述 |
| --- | --- |
| quantum server | 是一个守护进程，暴露了一系列的 API 供 OpenStack 的其他组件（尤其是 Nova）调用 |
| plugin agent | 运行在每个计算节点[3]上，为虚拟机提供虚拟交换服务。在本书中使用的是 quantum-openvswitch-agent |
| dhcp agent | 为虚拟机提供 DHCP 服务 |
| l3 agent | 为虚拟机提供 3 层交换/NAT 服务，以使得虚拟机能够访问外网 |

---

1 service 租户在第 3.4.2 小节已经创建完毕。
2 参见第 3.5.4 小节。
3 所谓的计算节点是指在 OpenStack 中运行虚拟机的节点，第 8 章将进一步介绍。

表 6.1 中的各个服务并不需要在每个节点中都启动，不同节点需要启动的服务如图 6.3 所示。

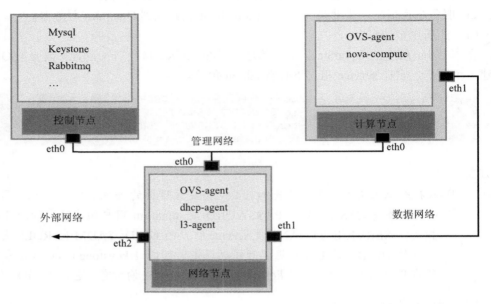

图 6.3　OpenStack 各个节点需要运行的 Quantum 服务

△注意：
① 虽然有的节点可能不需要 Quantum 所有的服务，但是由于 Quantum 源码包没有提供单独安装 Quantum 某个部件的功能[1]，因此在每个节点中还是需要把 Quantum 所有的部件都安装完成。
② 所谓的控制节点、计算节点和网络节点只是对主机进行功能上的一个分类，它们之间并没有特别严格的区分。在 OpenStack 中，一个节点同时可以扮演一个或者多个角色。
③ 从图 6.3 可以看到，控制节点需要 1 块网卡，计算节点需要两块网卡，网络节点需要 3 块网卡。上述节点中的 eth0 网卡通常用于连接内网，eth1 用于连接到交换机的 trunk 口上，eth2 用于连接外网。

### 6.4.1　源码安装 Quantum

△注意：本节中列出的脚本必须在所有的网络节点、控制节点和计算节点上运行。

（1）执行如下命令，完成 Quantum 的安装。

```
root@aquantum:~#cd /opt/stack/quantum/
root@aquantum:/opt/stack/quantum#python setup.py buid
root@aquantum:/opt/stack/quantum#python setup.py develop
```

---

1 如果采用 apt-get 安装，则可以有选择性地安装 Quantum 的某些部件。

如果输出如下结果,就表示安装成功了。

```
Finished processing dependencies for quantum==2013.1.1
```

(2)将 Quantum 的配置复制到/etc 目录下。

```
root@aquantum:/opt/stack/quantum#mkdir /etc/quantum
root@aquantum:/opt/stack/quantum#cp -r etc/*.* /etc/quantum/
root@aquantum:/opt/stack/quantum#cp -r etc/quantum/* /etc/quantum/
```

以上命令完成后,应该在/etc/quantum/目录下生成如下的目录结构。

```
quantum/
├api-paste.ini
├dhcp_agent.ini
├l3_agent.ini
├plugins/
│   └openvswitch/
│       └ovs_quantum_plugin.ini
└quantum.conf
```

注意:以上结构只列出了/etc/quantum 目录下比较重要的配置文件。

## 6.4.2　Quantum Server 的配置

Quantum Server 是 Quantum 各个部件中的核心。首先,Quantum Server 暴露了一系列的 API 供外部调用;其次,Quantum 的其他部件之间的通信,都是通过 Quantum Server 完成的。

### 1. 配置quantum.conf[1]

主要需配置以下属性。

```
01  [DEFAULT]
02  core_plugin =
quantum.plugins.openvswitch.ovs_quantum_plugin.OVSQuantumPluginV2
03  rabbit_host = %RABBIT_HOST%
04  rabbit_password = %RABBIT_PASSWORD%
05  [keystone_authtoken]
06  auth_host = %KEYSTONE_HOST%
07  auth_port = 35357
08  auth_protocol = http
09  admin_tenant_name =service
10  admin_user = quantum
11  admin_password = %QUANTUM_PASSWORD%
12  signing_dir = /var/lib/quantum/keystone-signing
```

以上配置中:
- %RABBIT_HOST%是 Rabbitmq Server 所在主机的地址。

---

[1] /etc/quantum/quantum.conf。

- %RABBIT_PASSWORD%是Rabbitmq Server的guest用户的密码[1]。
- %KEYSTONE_HOST%是Keystone服务器所在主机的地址[2]。
- %QUANTUM_PASSWORD%是quantum用户[3]的密码。

注意：在G版本以前的版本中，keystone authtoken是在api-paste.ini中配置的，G版本将该配置挪到了quantum.conf中。读者在配置时须参照安装包的配置模板[4]，看清楚authtoken的配置究竟是放在哪个文件中。

### 2. 配置MySQL数据库[5]

（1）登录MySQL Server，创建quantum用户和数据库。

```
01  root@aquantum:~#mysql -uroot -p%ROOT_PASSWORD% -h%MYSQL_HOST%
02  mysql> create user 'quantum'@'%' identified by '%MYSQL_QUANTUM
    _PASSWORD%';
03  mysql> flush privileges;
04  mysql> create database quantum CHARACTER SET utf8;
05  mysql> grant all privileges on quantum.* to 'quantum'@'%'
06     -> identified by  '%MYSQL_QUANTUM_PASSWORD%';
07  mysql> grant all privileges on quantum.* to 'quantum'@'localhost'
08     -> identified by '%MYSQL_QUANTUM_PASSWORD%';
09  mysql> grant all privileges on *.* to 'root'@'%'
10     -> identified by '%MYSQL_ROOT_PASSWORD%' with grant option;
11  mysql> grant all privileges om *.* TO 'root'@'localhost'
12     -> identified by '%MYSQL_ROOT_PASSWORD%' with grant option;
13  mysql> flush privileges;
14  mysql> exit;
```

以上代码中第01行是登录MySQL Server，其中%ROOT_PASSWORD%是root用户的密码，%MYSQL_HOST%是MySQL Server所在主机的地址；第02～03行是创建quantum用户，其中%MYSQL_QUANTUM_PASSWORD%是quantum用户的登录密码，可以任意指定；第04行是创建quantum数据库；第05～08行是分别给quantum用户分配远程和本地访问权限；第09～12行是分别更新root用户的远程和本地访问权限。

注意：第05～06、07～08、09～10和11～12行分别是1条命令。

（2）在ovs_quantum_plugin.ini[6]文件中配置数据库连接字符串。

```
[DATABASE]
sql_connection = mysql://quantum:%QUANTUM_PASSWORD%@%MYSQL_HOST%/quantum
```

注意：在其他的OpenStack组件中，数据库连接字符串是配置在XXX.conf文件中。比如Keystone服务的连接字符串是在keystone.conf文件中，Nova服务的数据库连

---

1 参见第3.4节。
2 Keystone服务的安装，参见第3.5节。
3 quantum用户的创建，参见第6.3节。
4 OpenStack的每个源码安装包都有一个etc目录存放配置文件模板。本节示例中的配置模板存放在/opt/stack/quantum/etc/目录下。
5 本节使用的是第3.3节使用的数据库。
6 /etc/quantum/plugins/openvswitch/ovs_quantum_plugin.ini。

接字符串是配置在 nova.conf 中。但是，由于 Quantum 是一个网络代理，它的网络服务是通过 plugin 来实现的。而为了防止切换不同的 plugin 时引起的数据库相冲突，Quantum 把数据连接字符串配置在各个 plugin 的配置文件中。也就是说，每个 plugin 都使用各自的数据库。

所有的配置完成后，可通过如下命令启动 Quantum Server。

```
nohup python /opt/stack/quantum/bin/quantum-server \
--config-file /etc/quantum/quantum.conf \
--config-file /etc/quantum/plugins/openvswitch/ovs_quantum_plugin.ini \
> /var/log/quantum/quantum-server.log 2>&1 &
```

注意：
① /opt/stack/quantum/ 是本书中 Quantum 源码包的路径，读者须根据实际情形设定。
② /var/log/quantum/quantum-server.log 是 Quantum Server 的日志文件，读者可以自行指定，但必须保证日志文件所在目录已经创建好了。

### 6.4.3 配置 OVS agent

OVS agent 需要在所有的计算节点上运行，见图 6.3。要保证 OVS agent 能够正常运行，也需要 quantum.conf 和 ovs_quantum_plugin.ini 文件。quantum.conf 的配置与 6.4.2 小节介绍的相同，这里主要介绍一下 ovs_quantum_plugin.ini 的配置。

```
01  [DATABASE]
02  sql_connection =\
03   mysql://quantum:%QUANTUM_PASSWORD%@%MYSQL_HOST%/quantum
04  [OVS]
05  network_vlan_ranges = phynet1:1000:3999
06  tunnel_id_ranges =
07  integration_bridge = br-int
08  bridge_mappings = phynet1:br-eth1
```

从以上配置可以看到，ovs_quantum_plugin.ini 需要配置两个组。其实[DATABASE]组是用来配置数据库连接的，第 6.4.2 节已经介绍过。[OVS]组是用来配置 Open vSwitch 的相关参数。这里的 integration_bridge 是用于指定集成网桥。所谓的集成网桥有点类似于 fake 网桥，它把主机上所有的虚拟机都集合在一起，以便管理。这里的 br-int 必须是创建好的 OVS 网桥。bridge_mappings 是用于指定物理网桥的映射，真正实现虚拟机之间通信的是物理网桥。这里的 phynet1 是物理网桥在 Quantum 中的名字，可以任意指定；而 br-eth1 是一个 OVS 网桥，必须预先创建好。network_vlan_ranges 属性用于指定 Quantum 网络使用的 VLAN ID 的范围。

注意：在第 6.5 节将看到，要想创建 VLAN 类型的网络，必须向 Quantum Server 服务器提供 --provider:physical_network 和 --provider:segmentation_id 两个参数。这里的 --provider:physical_network 参数指定的是 Quantum 创建的虚拟网络，关联在哪个网桥上；而 --provider:segmentation_id 参数指定创建的虚拟网络的 VLAN ID。VLAN ID 必须在 network_vlan_ranges 属性指定的范围之内。

前面已经说过，br-int 和 br-eth1 必须是预先创建好的 OVS 网桥。

```
root@aquantum:~#ovs-vsctl add-br br-int
root@aquantum:~#ovs-vsctl add-br br-eth1
root@aquantum:~#ovs-vsctl add-port br-eth1 eth1
```

配置完成后，可通过如下命令启动 OVS agent。

```
nohup python /opt/stack/quantum/bin/quantum-openvswitch-agent \
--config-file /etc/quantum/quantum.conf \
--config-file /etc/quantum/plugins/openvswitch/ovs_quantum_plugin.ini \
> /var/log/nova/quantum-ovs.log 2>&1 &
```

### 6.4.4　配置 dhcp agent

dhcp agent 需要在网络节点上运行，见图 6.3。要保证 dhcp agent 能够正常运行，也需要 quantum.conf 和 dhcp_agent.ini[1] 文件。quantum.conf 的配置与 6.4.2 小节介绍的相同，dhcp_agent.ini 使用默认的配置即可。dhcp agent 的启动脚本如下。

```
nohup python /opt/stack/quantum/bin/quantum-dhcp-agent \
--config-file /etc/quantum/quantum.conf \
--config-file=/etc/quantum/dhcp_agent.ini \
>/var/log/nova/quantum-dhcp.log 2>&1 &
```

### 6.4.5　配置 l3 agent

l3 agent 需要在网络节点上运行，见图 6.3。要保证 l3 agent 能够正常运行，也需要 quantum.conf 和 l3_agent.ini[2] 文件。quantum.conf 的配置与 6.4.2 小节介绍的相同，l3_agent.ini 使用默认的配置即可。这里需要特别注意的是，在 l3_agent.ini 文件中指定了一个默认的外部网桥。

```
external_network_bridge = br-ex
```

这里的 br-ex 是一个 OVS 网桥，用于连接外网的。br-ex 也需要手动创建。

```
root@aquantum:~#ovs-vsctl add-br br-ex
root@aquantum:~#ovs-vsctl add-port br-ex eth2
```

注意：br-ex 只需在网络节点上创建即可。

br-ex 网桥创建好以后，便可通过如下脚本启动 l3 agent。

```
nohup python /opt/stack/quantum/bin/quantum-l3-agent \
--config-file /etc/quantum/quantum.conf \
--config-file=/etc/quantum/l3_agent.ini \
> /var/log/nova/quantum-l3.log 2>&1 &
```

---

1　/etc/quantum/dhcp_agent.ini。

2　/etc/quantum/l3_agent.ini。

## 6.5　Quantum 自动化安装

本节将介绍 Quantum 自动化脚本的使用。

（1）将本书提供的安装包下载到本地[1]。

（2）转到 chap03/mysql/ 目录下执行如下命令，完成初始化工作。

```
./init.sh
```

（3）在 chap06/ 目录下执行如下命令：

```
ln -s ../../tools/ tools
ln -s ../../packages/source/ openstacksource
```

（4）在 chap06/ 目录下创建 localrc 文件，设置如下配置项：

```
01  PIP_HOST=%PIP_HOST%
02  MYSQL_ROOT_PASSWORD=%MYSQL_PASSWORD%
03  MYSQL_HOST=%MYSQL_HOST%
04  RABBITMQ_HOST=%RABBITMQ_HOST%
05  RABBITMQ_USER=guest
06  RABBITMQ_PASSWORD=%RABBITMQ_PASSWORD%
07  KEYSTONE_HOST=%KEYSTONE_HOST%
08  ADMIN_TOKEN=%ADMIN_TOKEN%
09  SERVICE_TENANT_NAME=service
10  QUANTUM_HOST=%QUANTUM_HOST%
11  MYSQL_QUANTUM_USER=quantum
12  MYSQL_QUANTUM_PASSWORD=%QUANTUM_MYSQL_PASSWORD%
13  KEYSTONE_QUANTUM_SERVICE_PASSWORD=%Q_KEYSTONE_PASSWORD%
```

localrc 中各个参数的说明见表 6.2。

表 6.2　localrc 中各个参数一览

| 参 数 名 称 | 描　　述 |
| --- | --- |
| PIP_HOST | PIP 本地源服务器的地址 |
| %MYSQL_PASSWORD% | MySQL 服务器的 root 用户的登录密码 |
| %MYSQL_HOST% | MySQL Server 所在主机的地址 |
| %RABBITMQ_HOST% | RabbitMQ Server 所在主机的地址 |
| %RABBITMQ_PASSWORD% | RabbitMQ Server 的 guest 用户的密码 |
| %KEYSTONE_HOST% | Keystone 服务器所在主机的地址 |
| %ADMIN_TOKEN% | Keystone 服务器管理员用户的 Token。必须与 keystone.conf 配置文件中设置的 admin_token 相一致 |
| %QUANTUM_HOST% | Quantum Server 所在主机的地址 |
| %QUANTUM_MYSQL_PASSWORD% | quantum 用户登录 MySQL Server 的密码。可自行设定 |
| %Q_KEYSTONE_PASSWORD% | quantum 用户登录 Keystone 服务器的密码。可自行设定 |

（5）quantum 的自动安装。在 chap06 目录下共有两个脚本文件。quantum.sh 文件须在网络节点上运行，quantum-agent.sh 须在 Nova 计算节点上运行[2]。

---

1　可从 https://github.com/JiYou/openstack/tree/master/ 上下载。
2　Nova 服务的安装步骤将在第 8 章介绍。

## 6.6 Quantum 服务使用及测试

本节通过介绍如何使用 quantum 命令来创建内部和外部网络。所谓的内部网络,是指供虚拟机之间内部通信的网络;而外部网络是指供虚拟机与外网通信的网络。

### 6.6.1 创建内部网络

(1)创建网络。Quantum 提供了 3 种类型的网络:local、gre 和 vla/n。其中 local 是默认的网络类型,它是最简单的网络类型,支持同一台主机内的虚拟机之间的通信。为了让不同主机之间的虚拟机能够实现互联,须将网络设置成 vlan 或者是 gre 类型。本节只介绍 vlan 类型的网络,其语法为:

```
quantum net-create <NET-NAME> --provider:network_type vlan \
--provider:physical_network <PHYS_NET>
--provider:segmentation_id <SEG_ID>
```

其中<NET-NAME>是网络名,可以任意指定;<PHYS_NET>是物理网桥名,须在 ovs_quantum_plugin.ini 文件的 bridge_mappings 属性中配置;<SEG_ID>是 VLAN ID,该值必须在 ovs_quantum_plugin.ini 文件的 network_vlan_ranges 属性指定的范围之内[1]。例如:

```
root@aquantum:~#quantum net-create net1 --provider:network_type vlan \
> --provider:physical_network phynet1 --provider:segmentation_id 2048
```

以上命令创建了一个名为 net1 的网络。

> 注意:由于 VLAN 1 经常会有其他的用途,因此在创建网络时,最好不要将 -provider:segmentation_id 的值设置为 1。为了保险起见,不妨取一个比较大的值。

(2)创建子网。一个网络,只有与子网关联,才能为虚拟机提供网络服务。所谓的子网,其实是一个网段。当 Nova 向 Quantum 发送分配网络请求时,Quantum 会在指定网络的子网中,选择一个空闲的 IP 分配给虚拟机。一个网络可以和一个或多个子网关联。创建子网的语法为:

```
quantum subnet-create <NET-NAME> <NET-CIDR>
```

其中<NET-NAME>是子网关联的网络的 name,<NET-CIDR>是子网的网段地址。例如:

```
root@aquantum:~#quantum subnet-create net1 192.168.1.0/24
```

以上命令为 net1 分配了一个子网,其网段地址为 192.168.1.0/24。

(3)查看创建的网络。

```
root@aquantum:~#quantum net-show net1
+---------------------------+---------------------------------+
```

---

[1] 参见 6.4.3 小节。

```
| Field                     | Value                                |
+---------------------------+--------------------------------------+
| admin_state_up            | True                                 |
| id                        | b3c51e99-39fb-4455-a7fa-ecddd1ef67fd |
| name                      | net1                                 |
| provider:network_type     | vlan                                 |
| provider:physical_network | default                              |
| provider:segmentation_id  | 2048                                 |
| router:external           | False                                |
| shared                    | False                                |
| status                    | ACTIVE                               |
| subnets                   | 9e634f3d-cf40-4cf0-a630-d9a436421257 |
| tenant_id                 | 6a37330aea094e74aa9ae5ed34873825     |
+---------------------------+--------------------------------------+
```

## 6.6.2 创建外部网络

(1) 创建路由器：

```
root@aquantum:~#quantum router-create router1
```

以上脚本创建了一个名为 router1 的路由器。

(2) 将路由器添加到 subnet 中。其语法为：

```
quantum router-interface-add %ROUTER_ID% %SUBNET-ID%
```

其中%ROUTER_ID%为第（1）步中创建的路由器的 UUID，可通过 quantum router-list 命令查看所有路由器的 UUID；%SUBNET-ID%是在上一小节中创建的 net1 的子网的 UUID，可通过 quantum net-show <NET-NAME>命令查看网络<NET-NAME>下的所有子网的 UUID。

(3) 创建外部网络：

```
root@aquantum:~#quantum net-create ext_net -- --router:external=True
```

以上脚本创建了一个名为 ext_net 的网络。另外，该网络设置了--router:external 属性，指明该网络允许外部路由。

注意：ext_net 所属的租户须和 net1 所属的租户不同，因此在创建 ex_net 时须重新加载 rc 文件，新的 rc 文件的租户名不能为 service。

(4) 创建子网。其语法为：

```
quantum subnet-create ext_net %NET-CIDR% -- --enable_dhcp=False
```

注意：以上脚本中%NET-CIDR%所指定的网段地址必须和网络节点的 eth2 属于同一个网段。

(5) 为外部网络设置路由。其语法为：

```
quantum router-gateway-set %ROUTER_ID% %EXTERNAL_NETWORK_ID%
```

以上脚本中的%ROUTER_ID%为第（1）步中创建的路由器的 UUID；%EXTERNAL_

NETWORK_ID%为创建的 ext_net 的 UUID，可通过 quantum net-list 命令查看所有创建的网络的 UUID。

## 6.7 常见错误与分析

下面介绍一些在安装 Quantum 网络服务过程中容易出现的错误。这里并没有将所有的错误罗列出来，仅罗列了一些常见的错误以供参考。

### 6.7.1 虚拟机之间无法通信

造成虚拟机之间不能通信的原因有很多，笔者也不可能一一列举。这里只能列出一些常见的或者笔者遇到的原因。

（1）在 GRE 模式下，可能有如下原因，造成虚拟机无法通信。
- HOST1 和 HOST2 之间本身无法互联。
- 误将 HOST1 和 HOST2 的 eth0 网卡添加到 OVS 网桥中。须切记，在 GRE 模式下，OVS 网桥中是不需要添加物理网卡的。只需要在 OVS 网桥下添加 GRE 端口。

（2）在 VLAN 模式下虚拟机之间不能通信。造成的原因可能有：
- 没有将物理网卡 eth1 添加到 OVS 网桥中。
- eth1 没有启动，可以通过如下命令启动 eth1：

```
ifconfig eth1 up
```

- eth1 设置了 IP，须通过如下命令将 IP 清除：

```
ifconfig eth1 0
```

另外，OVS 方式不同于前面几章经常用到的桥接方式，虚拟机与主机之间无法通信是属于正常的。

### 6.7.2 dhcp 和 agent 服务启动警告

在启动 Quantum Server 时，日志文件中报如下警告：

```
2013-05-31 00:24:03   WARNING [quantum.scheduler.l3_agent_scheduler] L3 agent 909da65e-41aa-46d8-9563-5ff5e1c38ee7 is not active
2013-05-31 00:24:03   WARNING [quantum.scheduler.dhcp_agent_scheduler] DHCP agent d4e2e27d-75a7-4df7-8ddd-bbde247f55d0 is not active
```

产生这个警告的原因是 Quantum 各个部件的启动顺序不当。Quantum Server 是整个 Quantum 的核心部件，dhcp agent 和 l3 agent 都是通过 Quantum Server 来进行通信的。因此在启动 Quantum 时，应该先启动 Quantum Server。在早期的 Quantum 版本中，要在 Quantum Server 启动数十秒之后，才能正常启动 dhcp agent 和 l3 agent。G 版本已经对这一部分代码做了改进。Quantum Server 启动以后，可以立即启动 dhcp agent 和 l3 agent。

## 6.8 小　　结

### 6.8.1　Open vSwitch 的使用

#### 1. 搭建GRE类型的网络主要步骤

（1）在物理机上创建两台虚拟机 HOST1 和 HOST2，这两台虚拟机各只需要 1 块网卡。虚拟机桥接在物理机的 br100 上，以保证 HOST1 和 HOST2 之间能够通信。另外要注意对 HOST1 和 HOST2 的虚拟机 XML 定义文件进行修改，使得虚拟机的 CPU 满足 vmx 属性。

（2）分别在 HOST1 和 HOST2 上创建一个 OVS 网桥 br-gre，br-gre 网桥中无需添加物理网卡。

（3）分别在 HOST1 和 HOST2 的 br-gre 中添加一个 gre 类型的 OVS 端口。其中 HOST1 的 gre 端口的 remote_ip 指向 HOST2，HOST2 的 gre 端口的 remote_ip 指向 HOST1。

（4）在 HOST1 和 HOST2 创建虚拟机时，虚拟网络采用 openvswitch 方式，设置它挂接的网桥为 br-gre。

（5）HOST1 和 HOST2 上虚拟机的 IP 须手动设定。

#### 2. 搭建VLAN类型的网络主要步骤

（1）在物理机上创建两台虚拟机 HOST1 和 HOST2，这两台虚拟机各需要两块网卡。其中第 1 块网卡桥接在物理机的 br100 上，第 2 块网卡桥接在物理机的 virbr0 上。同样要注意对 HOST1 和 HOST2 的虚拟机 XML 定义文件进行修改，使得虚拟机的 CPU 满足 vmx 属性。

（2）分别在 HOST1 和 HOST2 上创建一个 OVS 网桥 br-eth1，需将网卡 eth1 添加到 br-eth1 中。要注意应该开启 eth1，但不要给 eth1 分配 IP。

（3）分别在 HOST1 和 HOST2 上创建一个 fake 网桥 vlan2，vlan2 的 tag 设置为 2。

（4）分别在 HOST1 和 HOST2 的 br-gre 中添加一个 gre 类型的 OVS 端口。其中 HOST1 的 gre 端口的 remote_ip 指向 HOST2，HOST2 的 gre 端口的 remote_ip 指向 HOST1。

（5）在 HOST1 和 HOST2 创建虚拟机时，虚拟网络采用 openvswitch 方式，设置它挂接的 fake 网桥为 vlan2。

（6）HOST1 和 HOST2 上虚拟机的 IP 须手动设定。

### 6.8.2　Quantum 的安装

（1）安装依赖包，需要在所有的节点上运行。apt-get 依赖包，包括 Mysql client 和 Openvswitch 等。

（2）向 Keystone 服务器注册 Quantum 服务，可以在任何装有 Keystone client 的主机运行。

（3）安装 Quantum 源码包，在所有节点上运行。

（4）配置 Quantum Server，在控制节点上运行。主要配置 quantum.conf 和 ovs_quantum_plugin.ini 两个文件。

（5）配置 OVS agent，在计算节点上运行。需要创建 br-int 和 br-eth1 网桥，配置 quantum.conf 和 ovs_quantum_plugin.ini 两个文件。

（6）配置 dhcp agent，在网络节点上运行。主要配置 quantum.conf 和 dhcp_plugin.ini 两个文件。

（7）配置 l3 agent，在网络节点上运行。需要创建 br-ex 网桥，配置 quantum.conf 和 l3_plugin.ini 两个文件。

# 第 7 章　安装 Cinder 块存储服务

Cinder 是 OpenStack 对块存储服务的实现。块存储服务在 AWS 中称为 EBS（Elastic Block Store）。块存储服务主要是为虚拟机提供弹性存储服务。

本章主要涉及到的知识点如下。

- Cinder 基本概念：了解这些基本概念，有助于搭建 Cinder 块存储系统，维护系统也更加容易，并且为阅读源码做好准备。
- 搭建环境与解决依赖：学会如何搭建开发环境以及解决安装包之间的依赖关系。
- 注册服务：学会把 Cinder 服务注册到 Keystone 中。
- 安装 Cinder API 服务：学会如何安装 Cinder API 服务。Cinder API 服务节点是 Cinder 块存储服务最关键的部分，提供了公共的 API。
- 安装存储节点：学会安装存储节点，并且了解存储节点如何与 Cinder API 服务进行交互。存储节点提供了存储空间，用于存储用户的数据。
- 管理 Cinder：学会如何使用块存储服务。并且学习添加、删除块存储节点，了解安装及运行中可能出现的各种问题。

## 7.1　Cinder 基本概念

本节首先介绍 Cinder 组件的基本概念，理解这些概念，将有助于安装和维护 Cinder 对象存储服务。同时，对 Cinder 源码的阅读而言，也大有益处。

### 7.1.1　Cinder 的特性

决定安装 Cinder 之前，需要回答的一个问题：什么是块存储服务？Cinder 又在 OpenStack 中有什么样的作用？

#### 1．块存储服务

回顾之前安装的 Swift Object 存储服务，会发现一个问题，Swift 存储服务只是提供了简单的上传与下载功能[1]。Swift 存储服务并没有提供实时的读写功能，也就意味着 Swift 提供的不是高速 I/O 功能的存储服务，并不能像使用一般文件系统一样使用它。打个比方，如果要对云盘中的文件进行修改，需要下载，修改完成之后，再上传。而不能像电脑上接入的可移动硬盘一样，直接在可移动硬盘上进行编辑与操作。Swift 存储服务提供的就是云

---

[1] 实际上还有别的功能，比如删除、查询等。

盘的功能。那么在云环境下，又有什么样的服务可以提供类似于可移动硬盘的功能呢？这就是块存储服务。

**2．Cinder的作用**

如果要用一句话来形容 Cinder 的作用，那么就是 Cinder 服务可以向虚拟机提供临时移动硬盘的功能。

假设在 OpenStack 上申请了一个 8G 磁盘存储空间的虚拟机 A（AWS 上提供了很多这种虚拟机）。系统空间已经占了 4G，还余下 4G 可供使用。接下来需要比对两个 8G 的视频文件的帧误差，还需要额外添加 12G 的空间才够用。此时的需求是对虚拟机 A 扩容。

此外，当任务结束之后，只需要返回不同的视频帧就可以了。原来的两个 8G 的视频文件可以不用保留。此时的需求是释放虚拟机扩大的容量 12G。

此时的需求是两个：扩容；释放空间。

条件：计算任务需要运行 1 天，这种类型的虚拟机在云端的价格为 2.5 美元/小时。大于 8G 的存储空间需要额外按$0.05/GB/天收费。

那么应该怎么办？有 3 种方法。

（1）申请一个新的虚拟机 B，空间为 25G（略大一些）。操作完成之后，返回计算结果，并且将虚拟机 B 销毁。此时虚拟机 A 闲置。则需要花费$120。

（2）申请一个新的虚拟 B，空间为 25G，此时销毁虚拟机 A。计算完成之后，返回计算结果，并且销毁虚拟机 B。重新搭建虚拟机 A。则需要花费 60+0.05*（25-8）=60.85 美元。

（3）向 Cinder 申请 17G 的块存储服务。将此空间挂载至虚拟机，计算完成之后，释放块存储资源。值得一提的是块存储服务的价格：磁盘存储为 15 美分/GB/月，SSD 价格为 70 美分/GB/月。

可以看出，第 3 种方法是非常便宜、简单易操作。也就是说，Cinder 主要是向虚拟机提供了临时扩容的服务。当虚拟机使用完存储空间之后，可以直接释放这些资源。

### 7.1.2　Cinder 的架构

Cinder 的架构又是如何的？Cinder 又是如何工作的？

**1．3种节点**

Cinder 系统中的服务器，主要分为 3 种。

（1）API Node

API Node 的主要功能是向外部服务提供 Restful API。API 节点只是接收请求，而并不执行相应的操作。当要执行某些操作的时候，API 节点会通过 RabbitMQ，将消息转发至相应的节点上，完成具体的操作。

需要注意的是，只有在 API 节点上才提供了 Restful API，除此之外的其他节点都是通过 RabbitMQ 进行通信。

（2）Scheduler Node

Scheduler Node 顾名思义，就是提供了调度服务[1]。如果把客户端发送的各种请求比作车辆，通信链路比作道路。那么调度节点的作用好比站在十字路口的交警，车辆的行走要听从交警的指挥。调度节点的存在，使得各个模块之间的耦合度更加下降。

如果把 API 节点比作经理，那么 Scheduler 节点的作用则像一个助理。经理接收客户的请求："请某位技术人员出差一趟。"经理将此请求转达给助理。助理接收到请求之后，会分析出差的地点、出差工作量和语言交流之后，从众多技术人员中选择一个合适的技术人员出差。

当然，针对庞大的公司，一个经理下面，可能需要多个助理。与此类似，Cinder 块存储系统中，也可以存在多个 Scheduler 节点。

（3）Volume Node

Volume 节点主要是提供了真正的块存储服务。也就意味着，Cinder 服务提供给虚拟机的"移动硬盘"所占用的磁盘存储空间是位于 Volume Node 的。

2．工作流程

通过创建 Volume 的例子，可以明白 Cinder 服务内部是如何协调工作的。也可以明白这 3 种节点是如何交互的。创建 Volume 的工作流程如图 7.1 所示。

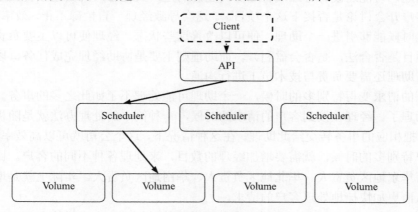

图 7.1　创建 Volume 工作流程图

结合图 7.1，创建一个 Volume 需要经过如下步骤。

（1）Client 向 API 节点发送创建 Volume 的请求（此处是通过 Restful API 进行通信）。

（2）API 节点接收到此请求之后，检查并验证此请求是否合法。

（3）API 节点将合法的请求转给 Scheduler 节点（这里主要是采用 RabbitMQ 消息转发机制进行远程函数调用）。如果存在多个 Scheduler 节点，那么随机地从这些 Scheduler 节点中选择一个 Scheduler 节点，并将此消息转发至此 Scheduler 节点。

（4）接收到消息的 Scheduler 节点，会查看正常运行的 Volume 节点，然后会选择一个合适的 Volume 节点。将创建 Volume 的消息转发至此 Volume 节点。

（5）被 Scheduler 节点选中的 Volume 节点会准备资源并且创建 Volume，然后返回创建的结果。

---

1　这里的调度服务也主要是通过 RabbitMQ 消息转发支持的。

（6）之前的 Scheduler 节点接收到创建结果之后，返回给 API 节点。API 节点再将此结果反馈给 Client 端。

### 7.1.3　Cinder 架构的优缺点

Cinder 的架构设计其实挺像一个高效率的小型公司：如果经理是 API 节点，那么经理助理（简称助理）是 Scheduler 节点，技术员工是 Volume 节点。

初步了解了 Cinder 的架构，那么有一个问题是，为什么 Cinder 会采用这种设计？当 API 节点接收到请求之后，为什么不直接把请求转给 Volume 节点？

首先用生活中的事例打个比方：如果经理接收到客户项目之后，直接将请求转给技术员工。在这里面实际上还需要考虑：
- 哪些技术员工在正常上班？
- 哪些技术员工与这个业务比较配合？
- 哪些技术员工没有忙于别的项目？
- 哪些技术员工对此客户项目非常感兴趣？

等等问题，可能还没有等经理将这些问题想清楚，其他客户的其他项目又来了（经理还需要和客户开会讨论是否接下这个项目）。这会导致经理一直忙碌不止，效率严重下降。

如果这时候能够引进一个助理，便可以改善这些状态。经理便可以主要负责与客户进行沟通（项目是否合法，是否会盈利）。而助理则主要是协助经理完成任务，以及做好相应的决策。助理还需要负责与技术员工进行沟通。

当经理的请求变得特别多的时候，一个助理可能处理不了如此之多的事务。此时，就需要添加助理了。经理在接到客户的请求的时候，一种简单的处理办法就是随机选择一个助理，并且把相应的事务转交给此助理。在这种情况下，这个公司就可以高效率地运转了。

当客户特别多的时候，就需要增加经理的数目，来处理各种不同的客户。比如有很多公司都设有华东地区负责人、华北地区负责人、华南地区负责人。实际上就是增加了经理的数目，从而更加快捷地处理客户的请求。

说到这里，应该明白了 Cinder 采取这种设计架构的原因。由于模块之间可以灵活地相互协调工作，使得架构很容易扩展。那么这种架构是否没有缺点呢？如果仔细了解会发现：Cinder 的整个架构中，所有的模块都严重依赖 RabbitMQ 消息通信机制。如图 7.2 所示。

图 7.2 中示意了多个 Scheduler、多个 Volume 节点的情况。在这种情况下，节点与节点之间的通信会严重依赖于 RabbitMQ 消息通信服务。如果在请求非常繁忙的时候，RabbitMQ 出现问题，那么会导致所有的模块都不可用。在这种情况下，有以下解决办法：
- 问题出现的主要原因是由于规模导致。在一个私有云或者公有云中，尽量不要添加太多的节点，一个较大的云服务，可以由无数个小云组成。而在每个小云中，节点的数目是受限的。
- 既然 RabbitMQ 消息通信服务是最容易出问题的服务，那么可以加强 RabbitMQ 消息通信服务的处理能力。比如采用集群部署、增加 RabbitMQ 服务的配置等措施。
- RabbitMQ 主要是为了提供远程函数调用，并不是为了传递数据使用，如果需要传递大量的数据（或者高频率定时更新的小规模数据），应尽量采用独立的数据传输通道，不要占用 RabbitMQ 的通信资源。

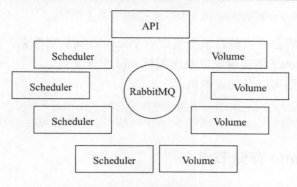

图 7.2　Cinder 内部模块通信示意图

## 7.2　搭建环境

本节主要介绍部署 Cinder 的准备工作，以及如何快速地安装 Cinder 服务。由于 Cinder 服务与 Swift 服务类似，会涉及到磁盘分区及格式化操作。如果是作为研究使用，那么反复地安装会消耗不少时间。因此，本节先介绍了如何在虚拟机搭建环境，紧接着讲解如何安装。这些安装知识同样适用于真实环境下的安装。

### 7.2.1　准备工作

在学习安装部署的过程中，一些错误容易导致部署失败。如果再重新分区、安装系统都是比较繁琐的工作。因此，在学习部署的过程中，采用虚拟机进行试验是一个比较方便快捷的方法。部署失败之后，系统重装、网络配置都可以利用 Libvirt 工具，快速地建立新的部署环境以供试验。当安装方法稳定之后，则可以采用物理机，真刀真枪地进行部署。

由于是采用虚拟机进行安装部署，需要准备好一台带虚拟化的物理机（性能越强劲越好）。系统使用 Ubuntu 12.10，虚拟机管理软件采用 Kvm、Libvirt 和 Qemu。

此外，在安装 Cinder 之前，还需要 MySQL 与 Keystone 服务都已经安装并且服务正常运行。在本章的 Cinder 部署中，Keystone 是作为 Authentication node 给 Cinder 提供认证服务。条件允许的前提下，尽量不要把 Cinder 与 Keystone 部署在同一个服务器中。

在实际安装中，经常将 Scheduler 服务与 API 服务都运行在 API Node 上，而 Volume 节点上只运行 Cinder Volume 服务。接下来将讲解如何利用虚拟机创建 API Node 和 Volume Node，紧接着将介绍如何安装 API Node 与 Volume Node。

如果是在真实环境中部署 Cinder 服务，那么可以忽略掉建立虚拟节点的步骤，直接进入安装环节。

### 7.2.2　创建 API Node

创建一个 API Node 虚拟机，流程如下，利用快速创建虚拟机脚本 vm.sh[1] 创建虚拟机：

---
1　https://github.com/JiYou/openstack/blob/master/chap03/cloud/vm.sh。

```
root@ubuntu:/cloud# ./vm.sh cinder-api
```

运行成功之后，将会在当前目录下生成一个 cinder-api 文件夹。在这个文件夹中，包含了虚拟机所需的 qcow2 格式磁盘以及虚拟机 xml 配置文件。

创建完毕之后，便可以启动虚拟机。

```
root@ubuntu:/vms# virsh define cinder-api/cinder-api
root@ubuntu:/vms# virsh start cinder-api/cinder-api
```

### 7.2.3 创建 Volume 存储节点

创建 Volume 存储 Node 所需要的步骤与 API Node 并没有什么不同，也是利用 vm.sh 创建一个虚拟机：

```
root@ubuntu:/cloud# ./vm.sh cinder-volume-a1 volume-disk
```

唯一不同的是，Volume Node 需要额外提供一块磁盘以供 Cinder 使用。在提供的 vm.sh 脚本中，额外添加磁盘的工作将会自动完成。

准备好之后，便可以启动虚拟机：

```
root@ubuntu:/vms# virsh define cinder-volume-a1/ cinder-volume-a1
root@ubuntu:/vms# virsh start cinder-volume-a1/ cinder-volume-a1
```

## 7.3 安装 Cinder API 服务

Cinder 存储系统，最先安装的应该是 Cinder API 服务，API 服务在 Cinder 块存储系统中，主要是向外提供了 Web Service 服务，此外还管理着众多的 Volume 存储节点。

为了快速安装 Cinder API 服务，可以采用以下几个步骤：

（1）确认 MySQL 和 Keystone 服务已经正确安装、启动，并且可用。
（2）确认 pip 源可用。
（3）执行命令 git clone https://github.com/JiYou/openstack.git。
（4）执行命令 cd openstack/chap07。
（5）根据环境修改 localrc 配置文件。
（6）./cinder.sh，运行此脚本，便可以将 Cinder API 服务安装并启动。

接下来的几小节将介绍 localrc 配置文件及 cinder.sh 安装脚本的几个关键部分。在阅读以下几个小节时，应该参考 cinder.sh 安装脚本[1]。

### 7.3.1 解决依赖关系

在安装之前，首先需要修改的是 localrc 文件，需要在 localrc 文件中添加如下几项：

```
01  CINDER_HOST=192.168.111.10
02  MYSQL_CINDER_USER=cinder
```

---

[1] https://github.com/JiYou/openstack/blob/master/chap07/cinder.sh。

```
03    MYSQL_CINDER_PASSWORD=cinder_password
04    KEYSTONE_CINDER_SERVICE_PASSWORD=keystone_cinder_password
05    VOLUME_GROUP=cinder-volumes
06    VOLUME_DISK=/dev/vdb
```

第 01 行，CINDER_HOST 表示 API Node 所在的 IP 地址。

第 02 和 03 行，分别表示 Cinder 服务在使用 MySQL 数据库时的用户名与密码。

第 04 行，表示 Cinder 在向 Keystone 注册服务时，需要使用的用户密码。

第 05 行，表示创建的 volume group 的名称（可以自由定制，建议采用 cinder-volumes 默认名）。

第 06 行，表示创建 volume 卷时，所使用的物理分区。这个分区在安装 Cinder 存储节点的时候需要设置（可以自由设置值）。并且每个存储节点的 VOLUME_DISK 的值，可以互不相同。

> **注意**：VOLUME_DISK 所占用的分区会被格式化。不要指向根文件系统所在分区。

接下来，需要处理 Cinder 的系统依赖包：

```
01    apt-get install -y --force-yes openssh-server build-essential git \
      python-dev python-setuptools python-pip libxml2-dev libxslt-dev tgt lvm2 \
      unzip python-mysqldb mysql-client memcached openssl expect iputils-arping \
      python-lxml gawk iptables ebtables sqlite3 sudo kvm vlan curl socat python-mox \
      python-migrate iscsitarget iscsitarget-dkms open-iscsi python-requests
02    [[ -e /usr/include/libxml ]] && rm -rf /usr/include/libxml
03    ln -s /usr/include/libxml2/libxml /usr/include/libxml
```

除了这些系统依赖包之外，Cinder 还需要安装 Keystone 认证模块：

```
01    cp -rf $TOPDIR/openstacksource/keystone $DEST/
02    cd $DEST/keystone/
03    pip install -r tools/pip-requires -i http://$PIP_HOST/pip
```

接下来再安装 Cinder 及其 python 依赖包：

```
01    cp -rf $TOPDIR/openstacksource/cinder $DEST/
02    cd $DEST/cinder
02    pip install -r tools/pip-requires -i http://$PIP_HOST/pip
```

> **注意**：这里安装 Keystone 只是作为 Cinder 的一个认证模块选项存在。对于不需要使用 Keystone 的认证方式而言，就不需要安装 Keystone。由于认证模块是内嵌在 Cinder 服务中的（相当于 Cinder 直接调用了 Keystone 模块的代码），在 Cinder 的 API Node 上，并不需要启动 Keystone 服务。如果将 Cinder 的 API Node 与 Keystone 安装在同一台服务器上，则需要开启 Keystone 服务，否则不需要启动 Keystone 认证服务。

## 7.3.2  注册 Cinder 服务至 Keystone

本文为了将 OpenStack 几个重要组件形成一个整体，如果要将服务加入到 OpenStack

中,那么必然需要向 Keystone 注册服务。因为只有经过 Keystone 认证的服务才是合法的服务,才能被其他的服务所访问。所以,接下来将 Cinder 注册到 Keystone 中。

将 Cinder 服务注册到 Keystone 时,需要使用 Keystone 中的 admin 账号[1]。因此,首先需要设置好如下两个变量:

```
export SERVICE_TOKEN=$ADMIN_TOKEN
export SERVICE_ENDPOINT=http://$KEYSTONE_HOST:35357/v2.0
```

注册服务时,需要将服务以管理员身份注册至 service tenant。因此,需要获得这两个变量的值:

```
get_tenant SERVICE_TENANT service
get_role ADMIN_ROLE admin
```

这两步操作与生活中的开店是很类似的。比如小李要去街上开一家店,如果把工商管理所看成 Keystone,那么要开的店就是 Cinder 啦。首先,你需要找到工商管理所的负责人(admin),不是随便找个小喽啰。找到工商管理所负责人之后,需要找到登记开店的本子(service tenant),并且说明小李是这家店的管理员(admin role)。

在这时,需要亮出小李的身份证来进行登记,在工商管理所进行备案。在 Keystone 中,也是一样的操作。

```
01  CINDER_USER=$(get_id keystone user-create --name=cinder \
    --pass="$KEYSTONE_CINDER_SERVICE_PASSWORD" \    # 用户密码,在 localrc 中定义
    --tenant_id $SERVICE_TENANT \                   # Keystone 中的值,不能更改
    --email=cinder@example.com)
02  keystone user-role-add --tenant_id $SERVICE_TENANT \
    --user_id $CINDER_USER \
    --role_id $ADMIN_ROLE
```

第 01 行,在工商管理所的登记开店的本子上写了某某的名字(注意要填密码!)。

第 02 行,在负责人那一栏写上小李的身份证号(user_id)及权限(role_id),以后这家店就归小李管理了。

到现在为止,只是说明了小李要开这么一家店,还没有登记下来,这是一家什么样的店。也就是说,还需要登记一下这家店卖的东西。总不能开店卖毒品嘛,这个工商管理所肯定就不通过啦。因此,接下来,还需要登记一下这家店提供的服务以及开店的详细地址。

```
01  CINDER_SERVICE=$(get_id keystone service-create \# 登记提供的服务的类型
    --name=cinder \                                  # 服务名字
    --type=volume \                                  # 提供块存储服务
    --description="Cinder Service")
02  keystone endpoint-create \                       # 登记服务的详细地址
    --region RegionOne \
    --service_id $CINDER_SERVICE \
    --publicurl "http://$CINDER_HOST:8776/v1/\$(tenant_id)s" \
    --adminurl "http://$CINDER_HOST:8776/v1/\$(tenant_id)s" \
    --internalurl "http://$CINDER_HOST:8776/v1/\$(tenant_id)s"
```

第 01 行,小李在登记服务时,记录下了店里提供的服务类型(块存储服务)。

第 02 行,小李登记了店面的详细地址。

---

[1] 参考 https://github.com/JiYou/openstack/blob/master/chap04/localrc。

到此时，Cinder 服务的注册就已经办理完成。

## 7.3.3 配置 MySQL 服务

不管开什么样的店，最重要的是要有一个可靠的数据仓库。这个数据仓库中保存了重要的数据（账本、货物列表、店员名单）。刚开店的小李，也意识到这么一个数据仓库的重要性，于是就专门在商铺里面开了一个小单间作为账房，并且上好了锁及钥匙。对 Cinder 服务而言，就是需要在 MySQL 数据库中创建用户与密码了。

```
01  cnt=`mysql_cmd "select * from mysql.user;" | grep $MYSQL_CINDER_USER | wc -l`
02  if [[ $cnt -eq 0 ]]; then
03      mysql_cmd "create user '$MYSQL_CINDER_USER'@'%' identified by '$MYSQL_CINDER_PASSWORD';"
04      mysql_cmd "flush privileges;"
05  fi
```

第 01～02 行，将通过 MySQL 管理员查看 cinder 用户是否已经存在。如果已经存在则跳过用户创建步骤。

第 03～04 行，创建用户，并且指定用户连接时所使用的密码，并且立即生效。

尽管可以连接上数据库了，但是需要注意的是，此时 MySQL 数据库中，还没有创建相应的 Database 来存放数据。

开店走到了这一步，小李有了钥匙能够打开账房的大门，但是发现仓库中没有任何货架来存放货物，也没有纸、笔、电脑来记账。因此，还需要在账房中准备准备。对 Cinder 而言，就是需要在 MySQL 中创建相应的 Database[1]：

```
01  cnt=`mysql_cmd "show databases;" | grep cinder | wc -l`
02  if [[ $cnt -eq 0 ]]; then
03      mysql_cmd "create database cinder CHARACTER SET utf8;"
4       mysql_cmd "grant all privileges on cinder.* to '$MYSQL_CINDER_USER'@'%' identified by '$MYSQL_CINDER_PASSWORD';"
05      mysql_cmd "grant all privileges on cinder.* to 'root'@'%' identified by '$MYSQL_ROOT_PASSWORD';"
06      mysql_cmd "flush privileges;"
07  fi
```

第 01～02 行，查看是否已经存在 cinder 所需要的 Database。如果没有，则创建此 Database。

第 03 行，创建名为 cinder 的 Database。

第 04 和 05 行，设置 cinder 这个 Database 的权限。

> 注意：在创建新的 Database 时，一定要记得设置其权限，否则容易导致连接失败的情况。

---

1 Database 直译为数据库。在平时，也经常将 MySQL 称之为数据库。需要注意的是，MySQL、SQL Server 和 DB2 之类的软件，标准一点的称呼应该是 DBMS（Data Base Management Software）。利用这些软件搭建起来的数据库管理系统，称之为 Data Base Management System（DBMS）。

## 7.3.4 修改配置文件

账房设置好之后，小李作为商铺的负责人，还需要定制商铺的规章制度。相对于 Cinder 而言，则是修改其配置文件。

### 1．清理配置文件

小李在定制规章制度的时候，会在商铺里面发现旧有的条文。对于这些旧有的条文，应该先清理掉，然后在新的规章制度模板上制定本商铺的规章制度。

在安装 Cinder 时，也采用了这种方法：

```
01  [[ -d /etc/cinder ]] && rm -rf /etc/cinder/*
02  mkdir -p /etc/cinder
03  cp -rf $TOPDIR/openstacksource/cinder/etc/cinder/* /etc/cinder/
```

第 01 行，首先清除掉旧有的配置文件。
第 02 行，生成配置文件存放目录。
第 03 行，将 Cinder 中未改动的配置模板复制到相应目录。

### 2．Keystone 安全认证

小李虽然将他的 Cinder 商铺在工商管理所登记了，但是在小李自己的商铺里面，还是需要保存工商管理所的营业执照。只是登记了，没有拿到营业执照，同样是不能够合法经营的。通过营业执照，客户就可以知道小李开的 Cinder 商铺值得信赖。

对于 Cinder 而言，就是需要在配置文件中记录 Keystone 的认证信息。有了这些认证信息，Cinder 在向外提供服务的时候，能够经过 Keystone 的认证（相当于拥有了营业执照）。

```
01  file=/etc/cinder/api-paste.ini
02  sed -i "s,auth_host = 127.0.0.1,auth_host = $KEYSTONE_HOST,g" $file
03  sed -i "s,%SERVICE_TENANT_NAME%,$SERVICE_TENANT_NAME,g" $file
04  sed -i "s,%SERVICE_USER%,cinder,g" $file
05  sed  -i  "s,%SERVICE_PASSWORD%,$KEYSTONE_CINDER_SERVICE_PASSWORD,g" $file
```

第 01 行，指向 keystone 认证配置模板所在路径。类似于一张新的营业执照。

第 02 行，填写认证服务 Keystone 所在地址。对于小李而言，则是说明营业执照是由哪里的工商管理所颁发的。

第 03 行，填写 Cinder 所属的 service tenant 名字。对于小李而言，则是指出 Cinder 商铺是主营什么业务的。

第 04 行，填写 Cinder 服务在 Keystone 中注册时的用户名。相当于在营业执照上写上"小李"二字。

第 05 行，填写 Cinder 服务注册 Keystone 时所使用的密码。相当于营业执照上的营业编号。

### 3．Cinder 配置模板

小李在填写好营业执照之后，接下来就是需要指明商铺的规章制度了。首先需要生成一个条文的模板。这种规章制度的模板，要么是根据以往商铺的经验，要么是根据相应的行业规范。

Cinder 服务的配置模板生成如下：

```
01  file=/etc/cinder/cinder.conf                        # 配置文件所在路径
02  cat <<"EOF">$file                                   # 利用 cat 生成配置模板
03  [DEFAULT]
04  rabbit_password = %RABBITMQ_PASSWORD%               # 内部服务通信密码
05  rabbit_host = %RABBITMQ_HOST%                       # 内部服务通信主机地址
06  state_path = /opt/stack/data/cinder     # Cinder 服务临时文件存放目录
07  osapi_volume_extension = cinder.api.openstack.volume.contrib.
    standard_extensions
08  root_helper = sudo /usr/local/bin/cinder-rootwrap /etc/cinder/
    rootwrap.conf
09  api_paste_config = /etc/cinder/api-paste.ini # Keystone 认证文件位置
10  sql_connection = \                                  # MySQL 连接
    mysql://%MYSQL_CINDER_USER%:%MYSQL_CINDER_PASSWORD%@%MYSQL_HOST%/cin
    der?charset=utf8
11  iscsi_helper = tgtadm
12  volume_name_template = volume-%s                    # 提供的块存储名字模板
13  volume_group = %VOLUME_GROUP%                       # volume group 名字，可自定义
14  verbose = True
15  auth_strategy = keystone           # Cinder 服务与通讯采用 keystone
16  EOF
```

生成好配置模板之后，还需要设置相应的值：

```
01  sed -i "s,%RABBITMQ_PASSWORD%,$RABBITMQ_PASSWORD,g" $file
02  sed -i "s,%RABBITMQ_HOST%,$RABBITMQ_HOST,g" $file
03  sed -i "s,%MYSQL_CINDER_USER%,$MYSQL_CINDER_USER,g" $file
04  sed -i "s,%MYSQL_CINDER_PASSWORD%,$MYSQL_CINDER_PASSWORD,g" $file
05  sed -i "s,%MYSQL_HOST%,$MYSQL_HOST,g" $file
06  sed -i "s,%VOLUME_GROUP%,$VOLUME_GROUP,g" $file
```

#### 4．tgt 配置文件

tgt 是用来监控、修改 Linux SCSI target 的工具，包括 target 设置和卷设置。这个工具允许通过网络，为装有 SCSI initiator 的操作系统提供块存储服务。

写好 Cinder 的配置文件之后，还需要略加修改 tgt 的配置文件：

```
01  file=/etc/tgt/targets.conf                          # tgt 的配置文件路径
02  sed -i "/cinder/g" $file                            # 删除旧有的配置
03  echo "include /etc/tgt/conf.d/cinder.conf" >> $file
                                                        # 添加 cinder 的配置文件
04  echo "include /opt/stack/data/cinder/volumes/*" >> $file
                                                        # 监控 Cinder 的卷目录
05  cp -rf /etc/cinder/cinder.conf /etc/tgt/conf.d/     # 复制一份配置文件
```

### 7.3.5　运行 Cinder API 服务

当小李设置好商铺的规章制度之后，就开始招兵买马，准备开业了。相比 Cinder 服务而言，在启动 Cinder API 服务之前，也需要"招兵买马"，即初始化数据库。

```
cinder-manage db sync
```

在这里将在 Cinder 连接上的 MySQL 数据库中建立所需要的表单。表单建立完成之后，就可以启动 Cinder API 服务了：

```
python /opt/stack/cinder/bin/cinder-api \
 --config-file  /etc/cinder/cinder.conf  >/var/log/cinder/cinder-api.log
2>&1 &
```

在 API Node 上，可以根据需要来启动 cinder-scheduler 服务：

```
python /opt/stack/cinder/bin/cinder-scheduler \
 --config-file
/etc/cinder/cinder.conf>/var/log/cinder/cinder-scheduler.log 2>&1 &
```

启动之后，可以通过：

```
ps aux | grep cinder | awk '{print $2,$12}'
```

查看服务是否正常运行。如果服务正常运行，可以得到以下输出：

```
01    root@acinder:~# ps aux | grep cinder | awk '{print $2,$12}'
02    26299 /opt/stack/cinder/bin/cinder-api
03    26301 /opt/stack/cinder/bin/cinder-scheduler
```

服务启动成功之后，将在/var/log/cinder 目录下生成相应的日志文件。通过检查这些日志文件，可以发现服务启动过程是否正常。

## 7.4 安装 Cinder Volume 服务

为了快速安装 Cinder API 服务，可以采用以下几个步骤：
（1）确认 MySQL 和 Keystone 服务已经正确安装、启动，并且可用。
（2）确认 pip 源可用。
（3）执行命令 git clone https://github.com/JiYou/openstack.git。
（4）执行命令 cd openstack/chap07。
（5）根据环境修改 localrc 配置文件。
（6）./cinder-volume.sh[1]，运行此脚本，便可以将 Cinder API 服务安装并启动。

### 7.4.1 准备工作

在修改 localrc 文件时，应该采用与 Cinder API 节点一样的配置。需要注意的是：

```
VOLUME_DISK=/dev/vdb
```

此项需要根据 Volume Node 的分区[2]设置，选择空闲分区作为 Volume 存储卷。
在安装 Volume 节点时，应当注意以下几个地方：

---

1 https://github.com/JiYou/openstack/blob/master/chap07/cinder-volume.sh。
2 如果没有空余的分区以供 Cinder Volume 服务使用，可参照本章末尾"没有额外分区"一小节。

(1)需要 MySQL、Keystone 以及 Cinder API 服务都已经安装好。
(2)安装 Cinder Volume 服务时,并不需要配置注册 Keystone,配置数据库。
(3)在启动 Volume 服务时,需要创建 volume 卷分区。

在启动 cinder-volume 服务之前,还需要创建好 volume 分区。最好是单独准备一个分区以供卷存储使用。创建方法如下:

```
pvcreate -ff $VOLUME_DISK
vgcreate cinder-volumes $VOLUME_DISK
```

### 7.4.2 启动 Volume 服务

当准备工作完成之后,便可以启动 Cinder Volume 服务了:

```
python /opt/stack/cinder/bin/cinder-volume \
--config-file /etc/cinder/cinder.conf>/var/log/cinder/cinder-volume.log
2>&1 &
```

启动之后,可以通过:

```
ps aux | grep cinder | awk '{print $2,$12}'
```

查看服务是否正常运行。如果服务正常运行,可以得到以下输出:

```
01  root@acinder:~# ps aux | grep cinder | awk '{print $2,$12}'
02  26299 /opt/stack/cinder/bin/cinder-volume
```

有时候,尽管只启动了一次 cinder-volume 服务,但是会发现多个 cinder-volume 进程。这是正常现象,不用手动去 kill 掉多余的进程。

服务启动完成之后,cinder-volume 服务的日志文件存放在/var/log/cinder 目录下。通过检查这些日志,可以了解 cinder-volume 服务启动的整个流程。

## 7.5 参 考 部 署

在前面的章节中,介绍了 Cinder API 节点与 Volume 节点的安装方法。在本节中将介绍一些常用的部署方式,以供参考。

在平时,Cinder 块存储服务有两种部署方式:
- 单节点部署,主要是作为研究使用。
- 多节点部署,在实际部署中经常使用。

### 7.5.1 单节点部署

对于研究人员而言,主要任务是阅读代码和添加新特性。因此,单节点部署会经常使用。单节点部署通常会将所有的服务,比如 MySQL、Keystone 和 Cinder 部署在一起[1]。接

---

[1] 也可以把 OpenStack 所有的组件安装在一台节点上。

下来将一步一步介绍如何实现这种部署方式。单节点部署如图 7.3 所示。

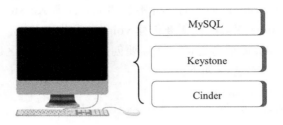

图 7.3　单节点安装部署 Cinder 示意图

### 1. 创建虚拟机

由于条件的限制，没有那么多的硬件资源供使用的时候，利用虚拟机进行环境的测试是非常方便的，接下来将介绍如何快速创建虚拟机。

（1）准备好 ubuntu-12.10 的虚拟磁盘，命名为 ubuntu-12.10.raw（raw 格式），放置于如下目录：

```
mkdir -p /cloud/_base
mv ubuntu-12.10.raw /cloud/_base/
```

（2）下载安装包：

```
01   git clone https://github.com/JiYou/openstack.git
02   cd openstack/chap03/cloud
03   cp -rf ./vm.sh /cloud/              # 复制虚拟机生成脚本至/cloud 目录下
04   cp -rf ./_base/* /cloud/_base/      # 复制虚拟机配置文件至/cloud/_base 目录
```

在操作时，是以/cloud 为基本目录，在这个目录下会保存所有虚拟机相关的配置和磁盘文件。_base 目录主要是保存了虚拟机配置模板、raw 格式的虚拟磁盘。形成的目录结构应该如下：

```
/cloud/
├── _base
│   └── back
│       └── ubuntu-12.10.raw
└── vm.sh
```

（3）检查物理机的网络配置，br100 是否已经添加到网络配置文件中：

```
auto br100
iface br100 inet dhcp
bridge_ports eth0                        # 这里的网卡需要根据具体情况进行设置
bridge_stp off
bridge_maxwait 0
bridge_fd 0
```

🔔 注意：为了访问虚拟机方便，一般是将 br100 设置在物理的外部网卡上（如 eth0）。如果外部网络不支持 dhcp，那么虚拟机启动之后，需要更改虚拟机的网络配置，以便从 br100 拿到 IP 地址。

通过命令查看 br100 是否获得网络地址：

```
01  $ ifconfig br100
02  br100      Link encap:Ethernet   HWaddr d4:be:d9:8c:06:b7
03             inet addr:10.239.131.214  Bcast:10.239.131.255  Mask:255.255.
           255.0
04             inet6 addr: fe80::d6be:d9ff:fe8c:6b7/64 Scope:Link
05             UP BROADCAST RUNNING MULTICAST   MTU:1500  Metric:1
06             RX packets:1464867 errors:0 dropped:0 overruns:0 frame:0
07             TX packets:706030 errors:0 dropped:0 overruns:0 carrier:0
08             collisions:0 txqueuelen:0
09             RX bytes:528486885 (528.4 MB)  TX bytes:465553335 (465.5 MB)
```

（4）做好以上准备工作之后，就可以创建虚拟机。运行如下命令：

```
cd /cloud/
./vm.sh allinone-cinder cinder-disk
```

注意：在执行脚本时，会有一定的执行时间，请耐心等待，不要随意按下 Ctrl + C 组合键终止脚本执行。

命令执行成功之后，将会生成如下目录：

```
/cloud/
├── allinone-cinder
│   ├── allinone-cinder
│   ├── ubuntu-allinone-cinder.qcow2
│   └── ubuntu-raw-disk.raw
├── _base
│   ├── back
│   └── ubuntu-12.10.raw
└── vm.sh
```

（5）可以通过 virsh 命令查看虚拟机是否正常运行：

```
$ virsh list --all
 Id    Name                           State
----------------------------------------------------
 40    allinone-cinder                running
```

如果发现虚拟机正常运行，可以查看虚拟机的 VNC 端口：

```
$ virsh vncdisplay allinone-cinder
:10
```

如果是在 Linux 机器上，查看虚拟机，可以通过 vncviewer：

```
$ vncviewer :10
```

如果是在 Windows 系列上，则可以利用 Tight VNC 工具查看虚拟机，如图 7.4 所示。

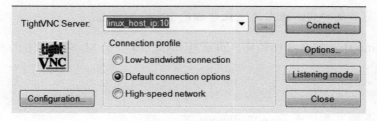

图 7.4　通过 VNC 连接虚拟机

## 2. 安装MySQL

当虚拟机启动之后，登录虚拟机，便可以安装 MySQL 服务。

（1）下载安装包（或者将已下载的安装包复制到虚拟机中）：

```
$ git clone https://github.com/JiYou/openstack.git
$ cd openstack/chap07/allinone
$ apt-get update                    # 检查 apt-get 是否可用
```

（2）修改 localrc 配置文件。将 localrc 配置文件（chap07/allinone/目录下）修改如下：

```
01  # Python 包安装源
02  PIP_HOST=allinone-cinder                    # 提供 Python 包的主机名
03
04  # MySQL 数据库服务
05  MYSQL_ROOT_PASSWORD=mysqlpassword           # 数据库 root 用户的密码，可自定义
06  MYSQL_HOST=allinone-cinder                  # 数据库服务主机名
07
08  # RabbitMQ 消息通信服务
09  RABBITMQ_HOST=allinone-cinder               # 提供消息通信服务主机名
10  RABBITMQ_USER=guest                         # RabbitMQ 消息通信用户名，可自定义
11  RABBITMQ_PASSWORD=rabbit_password           # RabbitMQ 消息通信密码，可自定义
12
13  # Keystone 服务配置
14  MYSQL_KEYSTONE_USER=keystone                # 不建议修改
15  MYSQL_KEYSTONE_PASSWORD=keystone_password   # 可自定义
16  KEYSTONE_HOST=allinone-cinder               # 安装 Keystone 的主机名
17  ADMIN_PASSWORD=admin_user_password          # 可自定义
18  ADMIN_TOKEN=admin_token                     # 可自定义
19  SERVICE_TOKEN=$ADMIN_TOKEN                  # 不可修改
20  ADMIN_USER=admin                            # 不建议修改
21  SERVICE_TENANT_NAME=service                 # 不建议修改
22
23  # Cinder 服务配置
24  CINDER_HOST=allinone-cinder                 # Cinder API Node 主机名
25  MYSQL_CINDER_USER=cinder                    # Cinder 连接 MySQL 数据库用户名
26  MYSQL_CINDER_PASSWORD=cinder_password       #连接 MySQL 数据库所用密码,可自定义
27  KEYSTONE_CINDER_SERVICE_PASSWORD=keystone_cinder_password  #可自定义
28  VOLUME_GROUP=cinder-volumes                 # 不建议修改
29  VOLUME_DISK=/dev/vdb                        # 提供未使用的分区路径
```

**注意**：由于是单机安装，所有的主机名都是 allinone-cinder。

（3）运行 init.sh，将系统初始化，再运行 mysql.sh 安装 MySQL 数据库服务：

```
./init.sh
./mysql.sh
```

**注意**：这两个脚本都位于 chap07/allinone 下。

## 3. 安装RabbitMQ

安装 RabbitMQ 消息通信服务，只需要执行：

```
$ cd chap07/allinone
$ ./rabbitmq.sh
```

安装完成之后，可以通过命令：

```
$ service rabbitmq-server status
Status of node 'rabbit@allinone-cinder' ...
```

查看 RabbitMQ 服务是否运行正常。

## 4. 安装Keystone

（1）配置 python 包安装源，运行 source.sh 脚本：

```
$ ./source.sh              # 在 chap07/allinone 目录下执行
```

运行成功之后，可以通过 http://allinone-cinder/pip 访问这些 python 依赖包。

（2）运行 keystone.sh，安装 Keystone 包：

```
$ ./keystone.sh            # 在 chap07/allinone 目录下执行
```

在安装 Keystone 时，会占用一定的时间，请耐心等待。除非特殊情况，不需要使用 Ctrl + C 组合键结束安装脚本。脚本结束时，看到如下输出，则表明执行成功。

```
rm  -rf  /tmp/tmp.0PWhjwL6Zm    /tmp/tmp.1XWeLhR7oP   /tmp/tmp.4foUUWlJhm
/tmp/tmp.fSAHC7otdO  /tmp/tmp.irOjNS4Yvz   /tmp/tmp.IxmrLCRE2J   /tmp/tmp.
jFke8lYODQ  /tmp/tmp.pO6Se5YZ9m   /tmp/tmp.Q68SlQtsDl   /tmp/tmp.SbYbMuUwMj
/tmp/tmp.Tkydo8uUkI /tmp/tmp.XbLnTokvuq /tmp/tmp.y14qbpQYRc
set +o xtrace
```

（3）也可以通过命令测试服务是否正常：

```
$ service keystone test
```

如果运行正常，将会看到如下输出：

```
b16c1fae23454978b8c60024b5f148fd
```

由于环境不同，具体输出的字符串也有可能不相同。

## 5. 安装Cinder API服务

运行 cinder-api.sh 脚本：

```
01  $ ./cinder-api.sh       # 在 chap07/allinone 目录下执行
02  ...
03  2013-08-01 01:02:03     INFO [migrate.versioning.api] done
04  2013-08-01 01:02:03     INFO [migrate.versioning.api] 8 -> 9...
05  2013-08-01 01:02:03     INFO [migrate.versioning.api] done
06  + cat
07  + chmod +x /root/cinder.sh
08  + /root/cinder.sh
```

```
09   + rm -rf '/tmp/pip*'
10   + rm -rf /tmp/tmp.bbjqYfSZM6 /tmp/tmp.bs3Q5qoY2O
11   + set +o xtrace
```

除了时间不一样之外,其他输出应该类似。

### 6. 安装Cinder Volume服务

运行 cinder-volume.sh 脚本:

```
01   $ ./cinder-volume.sh      # 在chap07/allinone/目录下执行
02   + vgcreate cinder-volumes /dev/vdb
03     Volume group "cinder-volumes" successfully created
04   + cat
05   + chmod +x /root/cinder.sh
06   + /root/cinder.sh
07   + rm -rf '/tmp/pip*'
08   + rm -rf /tmp/tmp.ZWWf3nRzPU
09   + set +o xtrace
```

### 7. 试用Cinder块存储服务

(1) 首先应该检查一下服务是否运行:

```
$ ps aux | grep cinder | awk '{print $1,$12}
root /opt/stack/cinder/bin/cinder-api
root /opt/stack/cinder/bin/cinder-scheduler
root /opt/stack/cinder/bin/cinder-volume
root /opt/stack/cinder/bin/cinder-volume
```

**注意**:在单机模式下,尽管只有一个 Volume 节点,但是会发现两个 cinder-volume 进程,这是由于 cinder-volume 服务会启动两个 worker 进程来进行工作。

另外,还可以通过查看日志的方式,来检查 cinder 进程是否正常运行。如果 Cinder 服务出错,将会在/var/log/cinder/相应进程的日志中进行提示。

(2) 查看 volume 块存储:

```
$ source /root/cinderrc    # cinder 服务的环境变量,可以通过 Keystone 服务的验证
$ cinder list
$
```

**注意**:使用客户端命令(比如 cinder list)之前,需要引入相应的环境变量。引入一次之后,在同一个命令窗口中不需要再次引入:

```
$ source /root/cinderrc                                    # 引入cinder的环境变量
$ cinder list
$ cinder create --display_name for_test 1                  # 这里不需要再次引入
```

此时,并未创建任何 volume 块存储设备,输出为空。如果有其他输出,表明 Cinder 服务出错,应该及时查看/var/log/cinder 目录下的日志文件。

(3) 创建一个供测试的块存储设备:

```
$ cinder create --display_name test 1
```

如果出现如图 7.5 所示的输出,证明创建成功。

## 第 7 章 安装 Cinder 块存储服务

```
+---------------------+--------------------------------------+
|      Property       |                Value                 |
+---------------------+--------------------------------------+
|     attachments     |                  []                  |
|  availability_zone  |                 nova                 |
|      bootable       |                false                 |
|     created_at      |      2013-08-01T08:52:23.661493      |
| display_description |                 None                 |
|    display_name     |                 test                 |
|         id          | 6a9f6ebb-7229-4899-97c9-2d71fea1e5ab |
|      metadata       |                  {}                  |
|        size         |                  1                   |
|     snapshot_id     |                 None                 |
|    source_volid     |                 None                 |
|       status        |               creating               |
|     volume_type     |                 None                 |
+---------------------+--------------------------------------+
```

图 7.5 成功创建 volume 块存储输出信息

可以通过 cinder 客户端命令[1]查看已有的 volume 块存储：

```
$ cinder list
6a9f6ebb-7229-4899-97c9-2d71fea1e5ab | creating | test| 1 | None | false|
```

### 7.5.2 多节点部署

单节点部署拥有的只是研究与测试的意义。在实际应用中，单节点的部署方式根本无法满足需要。因此，多节点的部署也需要掌握。多节点安装部署如图 7.6 所示。

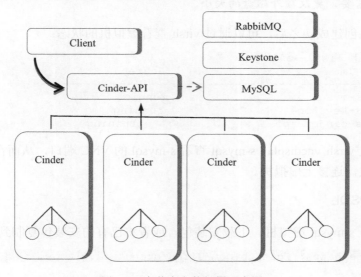

图 7.6 多节点安装部署示意图

在这次部署中，将创建 8 台虚拟机。除了图 7.6 中所示的 Client 之外，其他的都独占一台虚拟机。在真实部署环境中，将虚拟机换成真实物理机即可。

---

1 参考 http://docs.openstack.org/grizzly/openstack-block-storage/admin/content/。

## 1. 创建虚拟机

在这里,将创建环境所需的虚拟机。如果是在真实环境中部署,可以跳过此步骤。

前(3)步参考单节点安装与部署中"创建虚拟机"的步骤(1)~(3),这里从第(4)步开始。

(4)创建 8 台虚拟机节点。

这 8 台虚拟机创建步骤分为两步。首先创建 4 台虚拟机提供给 MySQL、Keystone、RabbitMQ 和 Cinder API 节点。这些节点都是不需要额外提供磁盘分区作为 volume 存储设备,可以统一创建:

```
01  cd /cloud/
02  for vm in s-mysql s-rabbitmq s-keystone s-cinder-api; do
03      ./vm.sh $vm
04  done
```

紧接着,再创建 4 台虚拟机提供给 Cinder Volume 节点。这些节点都是需要额外的磁盘分区作为存储设备,因此统一创建:

```
01  cd /cloud/
02  for vm in s-volume-a s-volume-b s-volume-c s-volume-d; do
03      ./vm.sh $vm cinder-disk
04  done
```

> 注意:vm.sh 的第 2 个参数指明了是否需要添加额外磁盘。如果附带了第 2 个参数,将会创建一个 30G 大小的磁盘,作为 volume 设备供 Cinder 使用。在测试时,可以按照需要,更改额外磁盘的大小。

(5)虚拟机创建成功之后,可以通过 virsh 查看虚拟机的状态:

```
01  $ virsh list --all
02   Id    Name                           State
03  ----------------------------------------------------
04   41    s-mysql                        running
05   42    s-keystone                     running
06   43    s-cinder-api                   running
```

也可以通过 virsh vncdisplay s-mysql 查看 s-mysql 的 VNC 端口,从而在虚拟机网络并未配置好的时候,连接上虚拟机。

## 2. 安装 MySQL

(1)登录至 s-mysql 虚拟机,下载安装包,或者将已有的安装包复制到 s-mysql:

```
$ git clone https://github.com/JiYou/openstack.git
```

(2)修改 loclarc 配置文件:

```
01  # Python 包安装源
02  PIP_HOST=s-rabbitmq                            # 提供 Python 包的主机名
03
04  # MySQL 数据库服务
05  MYSQL_ROOT_PASSWORD=mysqlpassword              # 数据库 root 用户的密码,可自定义
06  MYSQL_HOST=s-mysql                             # 数据库服务主机名
```

```
07
08   # RabbitMQ 消息通信服务
09   RABBITMQ_HOST=s-rabbitmq                         # 提供消息通信服务主机名
10   RABBITMQ_USER=guest                              # RabbitMQ 消息通信用户名,可自定义
11   RABBITMQ_PASSWORD=rabbit_password                # RabbitMQ 消息通信密码,可自定义
12
13   # Keystone 服务配置
14   MYSQL_KEYSTONE_USER=keystone                     # 连接数据库用户名,可自定义
15   MYSQL_KEYSTONE_PASSWORD=keystone_password        # 可自定义
16   KEYSTONE_HOST=s-keystone                         # 安装 Keystone 的主机名
17   ADMIN_PASSWORD=admin_user_password               # 可自定义
18   ADMIN_TOKEN=admin_token                          # 可自定义
19   SERVICE_TOKEN=$ADMIN_TOKEN                       # 不可修改
20   ADMIN_USER=admin                                 # 不建议修改
21   SERVICE_TENANT_NAME=service                      # 不建议修改
22
23   # Cinder 服务配置
24   CINDER_HOST=s-cinder-api                         # Cinder API Node 主机名
25   MYSQL_CINDER_USER=cinder                         # Cinder 连接 MySQL 数据库用户名
26   MYSQL_CINDER_PASSWORD=cinder_password            #连接 MySQL 数据库所用密码,可自定义
27   KEYSTONE_CINDER_SERVICE_PASSWORD=keystone_cinder_password    #可自定义
28   VOLUME_GROUP=cinder-volumes                      # 不建议修改
29   VOLUME_DISK=/dev/vdb                             # 提供未使用的分区路径
```

> 注意:这里的配置文件与单节点安装,最大的区别在于$_HOST 变量的值发生了改变。在单节点安装模式下,所有的$_HOST 的值都是指向 allinone-cinder 虚拟机。但是在多节点的安装部署中,是按照图 7.6 来进行安装与部署,所以每个$_HOST 变量的值都有所改变。此外,需要保证这 8 台虚拟机,所使用的 localrc 文件完全一致。

(3)运行 init.sh,将系统初始化,再执行 mysql.sh 安装 MySQL 数据库服务:

```
cd openstack/chap07/multiplenode/
apt-get update
./init.sh
./mysql.sh
```

### 3. 后续服务安装

(1)安装 RabbitMQ

登录至 s-rabbitmq,准备好安装包,执行:

```
cd openstack/chap07/multiplenode
apt-get update
./init.sh
./rabbitmq.sh
```

此外,由于$PIP_HOST 的值指向了 s-rabbitmq,因此,需要在 s-rabbitmq 主机上安装 pip 源。

```
$ ./source.sh
```

(2)安装 Keystone

登录至 s-keystone,准备好安装包,执行:

```
cd openstack/chap07/multiplenode
apt-get update
./init.sh
./keystone.sh
```

（3）安装 Cinder API 服务

登录至 s-cinder-api，准备好安装包，执行：

```
cd openstack/chap07/multiplenode
apt-get update
./init.sh
./cinder-api.sh
```

（4）安装 Cinder Volume 服务

分别登录至 s-cinder-a、s-cinder-b、s-cinder-c 和 s-cinder-d 这 4 个 Volume 节点，执行同样的步骤：

```
# 请先下载或者复制安装包
cd openstack/chap07/multiplenode
apt-get update
./init.sh
./cinder-volume.sh
```

> 注意：在安装每个节点时，需要保证每个节点的 localrc 文件完全一样。特别是多个节点的安装部署。在安装 volume 节点时，请注意供 volume 服务使用的分区/dev/vdb 在真实环境中是否存在，如果不存在，请注意修改$VOLUME_DISK 的值。

## 7.6 常见错误及分析

下面将讲解一些平时安装过程中经常遇到的错误。这些错误不一定都会遇到，也并没有将所有的错误都罗列出来，放在这里，也只是仅供参考。

### 7.6.1 虚拟机之间无法通信

虚拟机之间无法通信的时候，主要有两方面的原因。

**1．物理主机br100的配置**

在 vm.sh 虚拟机创建脚本中，是默认将虚拟机的 eth0 创建在 br100 上。虚拟机的 eth0 的 IP 是通过 DHCP 获得的。因此，需要确保物理机 br100 绑定的网卡，能够通过 DHCP 拿到外部网络的 IP。否则，虚拟机的 eth0 在通过 DHCP 拿 IP 信息时，会失败。

参考 br100 的配置如下：

```
01  $ cat /etc/network/interfaces    # 这里只显示了关键的配置，loopback 的网络
02  auto eth0                        # 在这里省略了
03  iface eth0 inet dhcp
04
05  auto br100
06  iface br100 inet dhcp
```

```
07      bridge_ports eth0
08      bridge_stp off
09      bridge_maxwait 0
10      bridge_fd 0
```

### 2. 虚拟机的网络设置

vm.sh 创建的虚拟机的网络带有 3 个网卡，其中 eth0 是连接在 br100 上，通过 DHCP 获得 IP 地址。其余的两个网卡都是静态 IP（vm.sh 会自动配置，不需要手动指定），并且不能与其他类型的网络进行通信。

虚拟机的关键网络配置如下：

```
01  auto eth0
02  iface eth0 inet dhcp
03
04  auto eth1
05  iface eth1 inet static
06      address 192.168.222.12
07      netmask 255.255.255.0
08      broadcast 192.168.222.1
09      gateway 192.168.222.1
10
11  auto eth2
12  iface eth2 inet static
13      address 192.168.111.12
14      netmask 255.255.255.0
15      broadcast 192.168.111.1
16      gateway 192.168.111.1
```

所形成的网络拓扑结构如图 7.7 所示，这里仅以 3 台虚拟机为例。

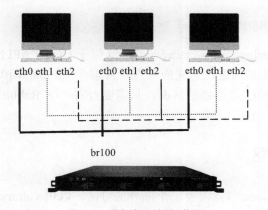

图 7.7　虚拟机网络拓扑图

如果虚拟机的网络配置和真实的网络环境不相符合，有两种解决办法：
- 修改 vm.sh 脚本中关于虚拟机网络配置部分的信息。
- 修改虚拟机网络配置文件/etc/network/interfaces。

此外，值得注意的是，虚拟机的 eth1 网卡会被后续的 Quantum 服务独占使用。在配置时，应尽量避免使用 eth1 网卡。

### 7.6.2  cinder 客户端命令执行失败

（1）环境变量

在执行 cinder 客户端命令时，容易出现如下错误：

```
$ cinder list
ERROR: You must provide a username via either --os-username or env[OS_USERNAME]
```

出现这种错误的原因是没有引入 Cinder 服务环境变量。在执行第一个 cinder 客户端命令之前，应该执行：

```
$ source /root/cinderrc
```

（2）代理设置

在执行 cinder 客户端命令时，出现错误的情况可能如下所示。

```
$ cinder list
ERROR: Not found
```

首先应该去检查环境变量 http_proxy 及 https_proxy 有没有设置。如果这两个环境变量被赋值了，那么 cinder 命令在向 Keystone 主机请求认证时将会失败，出现找不到 Keystone 主机的情况。此时，应该执行：

```
unset http_proxy
unset https_proxy
```

（3）RabbitMQ

如果环境变量正确设置，有时却仍然发现命令执行不成功，现象如下：

```
$ cinder list
# 一直在等待，不停回车也没有反应
```

此时应该去查看/var/log/cinder/cinder-api.log（位于 Cinder API Node）。

Proxy 服务的启动出现问题，首先应该查看日志：/var/log/swift/swift.log。如果发现日志中有不停连接 RabbitMQ 服务器的情况，只需要查看一下 RabbitMQ 通信服务是否正常即可。

### 7.6.3  没有额外分区

在 Cinder Volume Node 节点需要一个额外的分区，以供 volume 卷存储使用。有时候，由于系统并没有这样的分区，应该怎么处理呢？

Cinder 的管理手册[1]中提到了利用文件创建模拟磁盘设备的方法。

（1）创建一个大小为 2G 的文件：

```
$ dd if=/dev/zero of=/mnt/cinder-volumes bs=1 count=0 seek=2G
```

---

[1] http://docs.openstack.org/folsom/openstack-compute/install/apt/content/osfolubuntu-cinder.html

（2）将此文件作为磁盘设备挂载到系统上：

```
$ losetup /dev/loop2 /mnt/cinder-volumes
```

（3）修改 localrc 中的配置：

```
VOLUME_DISK=/dev/loop2
```

（4）执行 cinder-volume.sh 安装 Cinder Volume 服务。

## 7.7 小　　结

### 7.7.1 安装 Cinder API Node

（1）准备工作

```
git clonehttps://github.com/JiYou/openstack.git
cd ./openstack/chap07
./init.sh
```

（2）配置

配置 localrc 文件，并且确保 MySQL 和 Keystone 服务已经正确运行。

（3）运行

```
$ ./cinder-api.sh
```

### 7.7.2 安装 Cinder Volume Node

（1）准备工作

```
git clonehttps://github.com/JiYou/openstack.git
cd ./openstack/chap07
./init.sh
```

（2）配置

确保 localrc 文件与 Cinder API Node 一致。并且准备好分区（如/dev/vdb），以供 volume 卷存储使用。

（3）运行

```
$ ./cinder-volume.sh
```

# 第 8 章　安装 Nova 虚拟机管理系统

Nova 是 OpenStack 所有组件中最重要的一个模块，负责了云中虚拟机的管理。云计算的主要特点是资源（CPU、内存、磁盘）的分配使用，而完成分配使用的工具就是虚拟化。Nova 模块在云计算管理系统中，直接与底层虚拟化软件交互，管理着大量的虚拟机，以供上层服务使用。

本章主要涉及到的知识点如下。

- ❑ Nova 基本概念：了解这些基本概念，有助于搭建和维护 Nova 虚拟机管理系统，并且为阅读源码做好准备。
- ❑ 搭建环境与解决依赖：学会如何搭建开发环境以及解决安装包之间的依赖关系。
- ❑ 注册服务：注册 Nova 服务至 Keystone。
- ❑ 安装 Nova API Node：学会如何安装 Nova API 服务。Nova API Node 提供了公共的 API，并且管理着大量的计算节点。
- ❑ 安装 Nova Compute Node：学会安装 Nova Compute Node（计算节点），并且了解计算节点如何与 Nova API Node 进行交互。计算节点直接向云端提供了虚拟机以及虚拟机所需要的各种资源。
- ❑ 管理 Nova：介绍如何使用 Nova 虚拟机管理服务，添加、删除计算节点，虚拟机的创建、销毁等多种操作。
- ❑ 参考部署：介绍了研究和实际应用中可能遇到的部署案例，以供参考。

## 8.1　Nova 基本概念

本节首先介绍 Nova 组件的基本概念，理解这些概念，将有助于安装和维护 Nova 虚拟机管理系统。同时，对 Nova 源码的阅读而言，也大有益处。

### 8.1.1　Nova 的特性

决定安装 Nova 之前，需要回答几个问题：Nova 在 OpenStack 中的作用是什么？Nova 与其他组件的关系是什么？Nova 组件的内部结构是怎么样的？Nova 究竟是一个什么样的虚拟机管理系统？

#### 1. Nova在OpenStack中的作用

前面讲到的所有的组件，都没有涉及到云计算中最核心的模块：云计算。而 Swift 和 Cinder 只能算作是云存储的一部分。真正涉及到云计算核心的部分，就是在 Nova 组件中。

那么 Nova 在 OpenStack 中起到的是什么样的作用呢？

回顾一下，云计算资源能够流通的关键是虚拟机。那么云计算管理系统，必然是虚拟机的管理系统。而 Nova 就正是这样的一个虚拟机管理系统。打个比方，对于自来水公司而言，主要提供的资源是水，而水的运输是通过水管。因此，自来水公司除了对水资源进行净化处理之外，非常需要的是一个水管铺设及管理系统。对于云计算而言，各种物理资源（CPU、内存、硬盘）就类似于水，而虚拟机则相当于水管，Nova 组件则相当于水管管理系统。

Nova 组件对于 OpenStack 而言，是相当的重要。当仁不让地成为了 OpenStack 三大核心组件（Nova、Swift 和 Quantum）之一。实际上，在早期的 OpenStack 版本[1]中，核心组件就只有 Nova。无论是结构复杂度、代码数量和安装部署难度，Nova 远远超过其他组件。因此，读懂了 Nova，也就是抓住了 OpenStack 的心脏。

### 2．Nova与其他组件

云计算的核心是利用虚拟机，将资源灵活地进行分配。回顾前面所介绍的章节，都是为虚拟机的创建做了相应的准备，并未介绍 OpenStack 是如何管理虚拟机。实际上，OpenStack 最核心的组件就是 Nova，正是 Nova 完成了虚拟机管理的所有工作。从某种程度上说，其他所有的模块都是为 Nova 配置资源而存在。比如如下所述。

- MySQL：为 Nova 提供数据库服务。当然 MySQL 也为其他模块提供了数据库服务。
- Keystone：为 Nova 提供安全认证服务。
- Swift：作为 Glance 的后端，存储了 Nova 中的虚拟机的映像。
- Glance：为 Nova 提供虚拟机映像存储服务。
- Cinder：为 Nova 中的虚拟机提供块存储服务。
- Quantum：为 Nova 中的虚拟机提供虚拟网络服务。
- Dashboard：为 Nova 提供了 Web UI 管理功能。

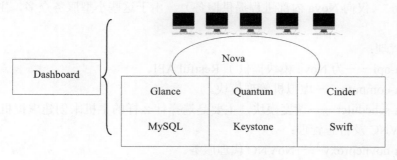

图 8.1　OpenStack 组件关系图

虚拟机的创建与管理，都会涉及到非常众多的资源：磁盘、存储、用户、安全及网络。正是由于 OpenStack 的其他组件的鼎力支持，Nova 模块才得以不断完善，功能不断扩展。因此，从图 8.1 中可以看出，Nova 起着非常核心的作用。此外，从图 8.2 可以看出 Nova

---

1　B、C 版本。

作为云计算服务，是如何与其他服务交互的。

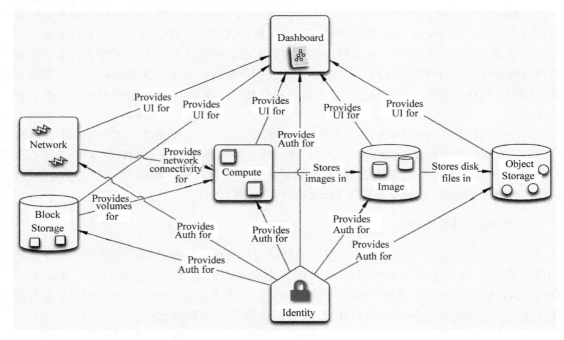

图 8.2　OpenStack Nova 与其他组件交互图[1]

## 8.1.2　Nova 的架构

### 1. Nova内部的小型服务

尽管 OpenStack 已经有了非常多的组件，但是在 Nova 内部，仍然有着许许多多各种各样的小型服务[2]（仅向 Nova 内部进程提供服务）。由于这些小型服务众多，主要分为以下几种。

虚拟机管理：

- nova-api——为 Nova 模块提供了 Restful API。
- nova-compute——虚拟机管理模块。
- nova-scheduler——调度模块，主要是选择什么样的主机来创建虚拟机。

虚拟机 VNC 及日志管理：

- nova-novncproxy——NoVNC 代理服务。
- nova-consoleauth——虚拟机开机日志服务。
- nova-xvpvncproxy——xvpvnc 代理服务。

数据库管理：

---

[1] http://www.solinea.com/2013/06/15/openstack-grizzly-architecture-revisited/。

[2] 将 Cinder、Quantum 和 Swift 等项目称之为组件，而这些组件内部的子部件，则称为小型服务以示区别。

- nova-conductor——数据库操作服务。

安全管理：
- nova-consoleauth——VNC 及日志安全认证服务。
- nova-cert——密钥文件管理服务。

网络、块存储管理：
- nova-network——为虚拟机提供网络服务。大部分功能已被 Quantum 替代。
- nova-volume——为虚拟机提供块设备，大部分功能已被 Cinder 替代。

注意：Nova 中的一些组件的保留完全是由于历史的原因，比如 nova-network[1]、nova-volume。

出现这么多小型服务的主要原因是由于 Nova 要管理的资源太多，各式各样的资源划分的结果导致 Nova 内部出现了各种各样的服务。这些服务之间的相互关系，可以用图 8.3 表示。

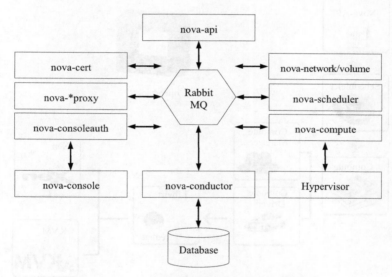

图 8.3　Nova 内部小型服务相互联系结构图

也正是由于 Nova 的小型服务涉及到众多的资源，使得 Nova 组件非常复杂。在 OpenStack 的设计蓝图上，存在着把这些资源分散化的趋势。比如 nova-network 正在被 Quantum 替代，nova-volume 正在被 cinder 替代。Nova 中启动 RESTful API 的公共代码，正在独立出来，称之为 oslo。可以想象，Nova 以后将会成为一个单纯的虚拟机管理系统。

尽管存在这么多的小型服务，在部署时，可以将 Nova 服务分割为两种节点。
- API 节点：主要运行 nova-api、nova-cert、nova-conductor、nova-scheduler 和 nova-consoleauth 这些小型服务。
- Compute 节点：主要运行 nova-novncproxy、nova-xvpvncproxy 和 nova-compute 小型服务。

---

[1] Nova-network 被保留的原因除了历史设计上的原因之外，就是因为新的网络模块 Quantum 的不稳定性，导致大量正式上线的产品仍然选择 nova-network 提供网络服务。

需要注意的是,这种划分仍然是非常粗糙的,在实际部署中,应该不应拘泥于这种划分。更加有意思的安装部署,可以参见本章"参考部署"一节。

## 2. Nova与虚拟机管理

Nova 内部各种小型服务可以说是多如牛毛,怎么样才能抓住 Nova 系统的关键呢?答案就是虚拟机管理。实际上,无论是 OpenStack 各种大组件还是 Nova 内部的各种小型服务,其最终服务的目标都是为了虚拟机。抓住了虚拟机管理的流程,不仅可以了解 Nova 组件,还可以理解 OpenStack 各个组件之间的关系。

Nova 虚拟机管理看似复杂,实际简单。单从主线上看来,只涉及 nova-api、nova-scheduler 和 nova-compute 等 3 个服务,如图 8.4 所示。但是,支线却涉及了所有小型服务(甚至会涉及 OpenStack 各种大组件)。正所谓"拔出萝卜带出泥",下面开始讲如何"拔萝卜"。

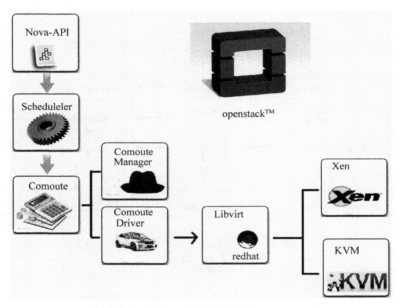

图 8.4 Nova 虚拟机管理结构图

从图 8.4 可以看出,虚拟机的管理主线清晰明了。下面将以创建虚拟机为例,讲解虚拟机管理的流程。

(1) nova-api:接收来自客户端、Dashboard 创建虚拟机的请求。接收到请求之后,验证请求是否合法。通过验证后的请求,将会被转交给 nova-schduler。

(2) nova-schedulers:scheduler 顾名思义,调度器。nova-scheduler 主要的工作是选择主机。当接收到 nova-api 的请求之后,nova-scheduler 会查看集群中所有服务正常的计算节点,并从这些节点中选择一个节点启动虚拟机[1]。选择节点的算法有很多,一种最简单的算法就是随机算法,即从服务正常的计算节点中随机选择一台即可。选择结束之后,

---

[1] 如果要创建的是多台虚拟机,nova-scheduler 在选择时,仍然是一对一地进行选择,即单独地为每台虚拟机选择主机。所以创建多台虚拟机的情况,与创建单台虚拟机的情况没有差别。

nova-scheduler 将创建虚拟机的请求转发至被选中节点的 nova-compute 服务。

(3) nova-compute：nova-compute 服务运行在计算节点上，专门负责创建虚拟机。nova-compute 服务中，Compute Manager 负责接收消息，而真正负责"干活"的就是 Compute Driver。OpenStack 的 Compute Driver 可以支持很多种 Hypervisor，比如 Hyper-V、vmware、XenServer、KVM 和 Xen 等等。其中 KVM 和 Xen 主要是通过 libvirt 进行管理。OpenStack 默认采用的是 libvirt 作为底层来管理虚拟机。因此，nova-compute 把消息转交给 libvirt 的时候，nova-compute 的活就算干完了。接下来的事，从代码上看，和 OpenStack 就没有关系了，主要是由更底层 libvirt 负责。

(4) libvirt、KVM 和 Xen：首先是 libvirt 接收到消息，再将具体的任务交给 KVM 和 Xen。

## 8.1.3 Nova 架构的优缺点

从图 8.3 可以看出，Nova 的架构与 Cinder 非常相似：都是依赖于消息通信服务。这种结构的会带来如下优点：

- 部署灵活多变。
- 代码耦合性非常低。
- 添加新的小型服务非常简单。

但是，这种结构的缺点也非常明显，严重依赖 RabbitMQ 服务：

- RabbitMQ 服务的失效会导致整个 Nova 服务不可用。
- 部署异常灵活，可供的选择太多，反而让使用者没了选择，不知道哪种部署方式更好。

尽管 Nova 架构上存在这些缺点，也并非不可克服。克服的方法就是正确地部署 Nova 及 RabbitMQ 服务。

## 8.2 搭建环境

本节主要介绍部署 Nova 的准备工作，以及如何快速地安装 Nova 服务。为了快速创建与恢复环境，本节先介绍了如何在虚拟机中搭建环境，紧接着讲解如何安装。这些安装知识同样适用于真实环境下的安装。

> 注意：在本节的安装部署中，是以介绍安装原理为主。部署的环境是以如何安装 Nova 为主线的，至于其他相关服务则一笔带过。安装部署的结构并不一定适合真实环境。在真实环境中的安装部署，请参考"第 10 章 OpenStack 部署示例"。

### 8.2.1 准备工作

在学习安装部署的过程中，一些错误容易导致部署失败。如果再重新分区、安装系统都是比较繁琐的工作。因此，在学习部署的过程中，采用虚拟机进行试验是一个比较方便快捷的方法。部署失败之后，系统重装、网络配置都可以利用 Libvirt 工具，快速地建立新的部署环境以供试验。当安装方法稳定之后，则可以采用物理机，真刀真枪地进行部署。

由于是采用虚拟机进行安装部署，需要准备好一台带虚拟化的物理机（性能越强劲越好）。系统使用 Ubuntu 12.10，虚拟机管理软件采用 KVM、Libvirt 和 Qemu。

此外，在安装 Nova 之前，还需要 MySQL、Keystone、Galnce、Cinder 和 Quantum 服务都已经安装并且服务正常运行（如果没有这些服务也没有关系，下面将会利用以前介绍过的脚本，将这些服务搭建起来）。本章部署 Nova 时，Keystone 是作为 Authentication node 给 Cinder 提供认证服务。条件允许的前提下，尽量不要把 Nova 与 Keystone 部署在同一个节点上。

如果是在真实环境中部署 Nova 服务，那么可以忽略掉建立虚拟节点的步骤，直接进入安装环节。

（1）安装系统包

首先应该在物理节点上安装虚拟化所需要一系列软件包：

```
git clone https://github.com/JiYou/openstack.git
chmod +x openstack/tools/host_package.sh
./openstack/tools/host_package.sh
```

（2）下载安装，并且建立目录树

```
cp -rf openstack/chap03/cloud /
cp -rf openstack/chap08/allinone/api-node.sh /cloud/
cp -rf openstack/chap08/allinone/compute-node.sh /cloud/
chmod +x /cloud/*.sh
```

（3）准备虚拟机磁盘

将虚拟磁盘 ubuntu-12.10.raw 复制到/cloud/_base 目录下，形成如下的目录树结构：

```
/cloud/
├── api-node.sh
├── _base
│   ├── back
│   └── ubuntu-12.10.raw
├── compute-node.sh
└── vm.sh
```

（4）检查主机网络配置

查看 br100 是否配置好，如果已经配置好，将会有如下输出：

```
01  $ ifconfig br100
02  br100     Link encap:Ethernet  HWaddr 00:15:17:ce:b0:25
03            inet addr:10.239.XX.XX            Bcast:10.239.XX.255  Mask:255.255.255.0
04            inet6 addr: fe80::215:17ff:fece:b025/64 Scope:Link
05            UP BROADCAST RUNNING MULTICAST  MTU:1500  Metric:1
```

如果发现 br100 并未配置，那么可以参考如下配置：

```
auto br100
iface br100 inet dhcp
bridge_ports eth0           # 这里的网卡需要根据具体情况进行设置
bridge_stp off
bridge_maxwait 0
```

```
bridge_fd 0
```

> **注意**：有些系统上，并没有 eth0，而是将 eth0 更名为 em1，此时应该将 eth0 更改为 em1。
> 配置成功之后，重启网络：/etc/init.d/networking restart。

## 8.2.2 创建节点

（1）创建 API Node

创建一个 API Node 虚拟机，流程如下，利用快速创建虚拟机脚本 vm.sh[1] 创建虚拟机：

```
root@ubuntu:/cloud# ./api-node.sh m-api-node disk
```

运行成功之后，将会在当前目录下生成一个 m-api-node 文件夹。在这个文件夹中，包含了虚拟机所需的 qcow2 格式磁盘和虚拟机 xml 配置文件。创建完毕之后，便会自动启动虚拟机。

创建成功之后，m-api-node 的网络信息如下。
- eth0：外部网络 IP 地址，如 10.239.XX.XXX。
- eth1：内部自建局域网 IP 地址——192.168.222.6。
- eth2：内部自建局域网 IP 地址——192.168.111.6。

（2）创建 Compute Node

创建 Compute Node 与 API node 并没有什么区别，利用 compute-node.sh 可以创建 Compute Node 节点。

```
root@ubuntu:/cloud# ./compute-node.sh m-compute-node
```

## 8.3 安装 Nova API 服务

Nova 虚拟机管理系统，最先安装的应该是 Nova API 服务，API 服务在 Nova 模块中，主要是向外提供了 RESTful API 服务，也管理着众多的 Compute Node。

为了快速安装 Nova API 服务，可以采用以下几个步骤：

（1）确认 MySQL、Keystone、Glance、Cinder 和 Quantum 服务已经正确安装、启动，并且可用。

（2）确认 pip 源可用。

（3）执行命令 git clone https://github.com/JiYou/openstack.git。

（4）执行命令 cd openstack/chap08。

（5）根据环境修改 localrc 配置文件。

（6）./nova-api.sh，运行此脚本，便可以将 Nova API 服务安装并启动。

接下来的几小节将介绍 localrc 配置文件及 nova-api.sh 安装脚本的几个关键部分。在阅读以下几个小节时，应该参考 nova-api.sh 安装脚本[2]。

---

[1] https://github.com/JiYou/openstack/blob/master/chap03/cloud/vm.sh。
[2] https://github.com/JiYou/openstack/blob/master/chap08/nova-api.sh。

## 8.3.1 准备工作

（1）创建本地源

```
cd openstack/chap08/allinone
./create_http_repo.sh
```

运行这个脚本，将在 m-api-node 这个单节点上搭建一个小型的 apt-get 系统包的源，以及 python 包源。安装成功之后，通过链接 http://m-api-node/debs/ 或者是 http://m-api-node/pip 将会访问到这些安装包。

如果要使用 apt-get 的源，那么只需要注释掉/etc/apt/apt.conf 中的代理设置（如果这个代理是指向外部网络的代理），以及在/etc/apt/sources.list 中添加如下一行：

```
deb http://192.168.111.6/ debs/
```

> 注意：如果单节点不能正常访问已有的 apt-get 源，那么需要清空/etc/apt/sources.list 文件。如，echo "deb http://192.168.111.6/ debs/" >/etc/apt/sources.list。

安装成功之后，修改 localrc 配置文件：

```
PIP_HOST=192.169.111.6
```

（2）安装 MySQL

修改 localrc 配置文件中关于 MySQL 的部分：

```
MYSQL_ROOT_PASSWORD=mysqlpassword
MYSQL_HOST=192.168.111.6
```

安装 MySQL 数据库：

```
cd openstack/chap08/allinone
./init.sh
./mysql.sh
```

（3）安装 RabbitMQ

修改 localrc 配置文件中关于 MySQL 的部分：

```
RABBITMQ_HOST=192.168.111.6
RABBITMQ_USER=guest
RABBITMQ_PASSWORD=rabbit_password
```

安装 RabbitMQ 消息通信服务：

```
./rabbitmq.sh
```

（4）安装 Keystone

修改 localrc 配置文件中关于 Keystone 的部分：

```
01  MYSQL_KEYSTONE_USER=keystone
02  MYSQL_KEYSTONE_PASSWORD=keystone_password
03  KEYSTONE_HOST=192.168.111.6
04  ADMIN_PASSWORD=admin_user_password
```

```
05    ADMIN_TOKEN=admin_token
06    SERVICE_TOKEN=$ADMIN_TOKEN
07    ADMIN_USER=admin
08    SERVICE_TENANT_NAME=service
```

安装 Keystone 服务:

```
./keystone.sh
```

(5) 安装 Swift

修改 localrc 配置文件中关于 Swift 的部分:

```
01    SWIFT_HOST=192.168.111.6
02    SWIFT_NODE_IP={192.168.111.6}
03    KEYSTONE_SWIFT_SERVICE_PASSWORD=keystone_swift_password
04    SWIFT_DISK_PATH=/dev/vdb
```

安装 Swift 存储服务:

```
./swift-proxy.sh
./swift-storage.sh
```

(6) 安装 Glance

修改 localrc 配置文件中关于 Glance 的部分:

```
01    GLANCE_HOST=192.168.111.6
02    MYSQL_GLANCE_USER=glance
03    MYSQL_GLANCE_PASSWORD=glance_password
04    KEYSTONE_GLANCE_SERVICE_PASSWORD=keystone_glance_password
```

安装 Glance 服务:

```
./glance-with-swift.sh
```

(7) 安装 Cinder

修改 localrc 配置文件中关于 Cinder 的部分:

```
01    CINDER_HOST=192.168.111.6
02    MYSQL_CINDER_USER=cinder
03    MYSQL_CINDER_PASSWORD=cinder_password
04    KEYSTONE_CINDER_SERVICE_PASSWORD=keystone_cinder_password
05    VOLUME_GROUP=cinder-volumes
06    VOLUME_DISK=/dev/vdc
```

安装 Cinder 服务:

```
./cinder-api.sh
./cinder-volume.sh
```

(8) 安装 Quantum

修改 localrc 配置文件中关于 Quantum 的部分:

```
01    QUANTUM_HOST=192.168.111.6
02    MYSQL_QUANTUM_USER=quantum
03    MYSQL_QUANTUM_PASSWORD=quantum_password
04    KEYSTONE_QUANTUM_SERVICE_PASSWORD=keystone_quantum_password
```

安装 Quantum 服务:

```
./quantum-api.sh
```

```
./quantum-agent.sh
```

## 8.3.2 解决依赖关系

把 MySQL、RabbitMQ、Keystone、Swift、Glance、Cinder 和 Quantum 服务安装好之后，就已经将 Nova 服务所依赖的大部分服务安装好。接下来将介绍 Nova API 的安装。

（1）修改配置文件

在安装之前，首先需要修改的是 localrc 文件，在 localrc 文件中添加如下几项：

```
01    NOVA_HOST=192.168.111.6
02    MYSQL_NOVA_USER=nova
03    MYSQL_NOVA_PASSWORD=nova_password
04    KEYSTONE_NOVA_SERVICE_PASSWORD=keystone_nova_password
05    LIBVIRT_TYPE=kvm
```

第 01 行，NOVA_HOST 表示 API Node 所在的 IP 地址。

第 02 和 03 行，分别表示 Nova 服务在使用 MySQL 数据库时的用户名与密码。

第 04 行，表示 Nova 在向 Keystone 注册服务时，需要使用的用户密码。

第 05 行，表示 Nova 所使用的 Hypervisor 的名称为 KVM。

（2）安装系统依赖包

安装 Nova 的系统依赖包：

```
apt-get install -y --force-yes \
build-essential curl dnsmasq-base dnsmasq-base dnsmasq-utils \
ebtables expect gawk git iptables iputils-arping kpartx libxml2-dev \
libxslt-dev memcached mysql-client openssh-server openssl parted \
python-boto python-carrot python-cheetah python-dev python-docutils \
python-eventlet python-eventlet python-feedparser python-gflags \
python-greenlet python-greenlet python-iso8601 python-iso8601 \
python-kombu python-libxml2 python-lockfile python-lxml python-lxml \
python-m2crypto python-migrate python-migrate python-mox python-mysqldb \
python-mysqldb python-netaddr python-netifaces python-netifaces-dbg \
python-pam python-passlib python-pip python-prettytable python-qpid \
python-requests python-routes python-routes python-setuptools \
python-sqlalchemy python-sqlalchemy python-stevedore python-suds \
python-tempita python-xattr socat sqlite3 sudo unzip vlan websockify
```

（3）安装 python 源码包

除了这些依赖包之外，Nova 还需要安装不少 Python 源码包。主要包含以下部分：

- Keystone 源码包。Nova 源码直接依赖于 Keystone 源码包，虽然 Keystone 服务与 Nova 服务并不需要同时运行于同一台机器。
- Keystone 源码包中的依赖包，位于 Keystone 源码中的 tools/pip-requires 文件中。
- Nova 源码包。
- Nova 源码包中的依赖包，位于 Nova 源码中的 tools/pip-requires 文件中。

安装这些包比较简单，只需要运行如下函数：

```
[[ ! -d $DEST ]] && mkdir -p $DEST
install_keystone
install_nova
```

> 注意：这里安装 Keystone 只是作为 Nova 的一个认证模块选项存在。对于不需要使用 Keystone 的认证方式而言，就不需要安装 Keystone。由于认证模块是内嵌在 Nova 服务中（相当于 Cinder 是直接调用了 Nova 模块的代码），在 Nova 的 API Node 上，并不是一定需要启动 Keystone 服务。

## 8.3.3 注册 Nova 服务

本文为了将 OpenStack 几个重要组件形成一个整体，如果要将服务加入到 OpenStack 中，那么必然需要向 Keystone 注册服务。因为只有经过 Keystone 认证的服务才是合法的服务，才能被其他的服务所访问。所以，接下来将 Nova 注册到 Keystone 中。

（1）获得 Keystone Admin 权限

将 Nova 服务注册到 Keystone 时，需要使用 Keystone 中的 admin 账号[1]。因此，首先需要设置好如下两个变量：

```
export SERVICE_TOKEN=$ADMIN_TOKEN
export SERVICE_ENDPOINT=http://$KEYSTONE_HOST:35357/v2.0
```

（2）获得 Tenant

注册服务时，需要将服务以管理员身份注册至 service tenant。因此，需要获得这两个变量的值：

```
get_tenant SERVICE_TENANT service
get_role ADMIN_ROLE admin
```

（3）注册用户

注册 Nova 用户至 service Tenant：

```
NOVA_USER=$(get_id keystone user-create \
    --name=nova \
    --pass="$KEYSTONE_NOVA_SERVICE_PASSWORD" \
    --tenant_id $SERVICE_TENANT \
    --email=nova@example.com)
```

（4）添加用户权限

```
keystone user-role-add \
    --tenant_id $SERVICE_TENANT \
    --user_id $NOVA_USER \
    --role_id $ADMIN_ROLE
```

这里给 Nova 用户添加 Admin 权限。

（5）注册服务 Endpoint

```
01  NOVA_SERVICE=$(get_id keystone service-create \
    --name=nova \
    --type=compute \
    --description="Nova Compute Service")
02  keystone endpoint-create \
    --region RegionOne \
    --service_id $NOVA_SERVICE \
```

---

[1] 参考 https://github.com/JiYou/openstack/blob/master/chap04/localrc。

```
   --publicurl "http://$NOVA_HOST:\$(compute_port)s/v2/\$(tenant_id)s" \
   --adminurl "http://$NOVA_HOST:\$(compute_port)s/v2/\$(tenant_id)s" \
   --internalurl "http://$NOVA_HOST:\$(compute_port)s/v2/\$(tenant_id)s" 
```

第 01 行，创建 Nova 服务。注意参数中 name 和 type 不要随意更改。

第 02 行，服务所在地址、端口以及各种不同权限的请求链接。

（6）注册 EC2 服务

OpenStack 是兼容 EC2 接口的云平台。不过，按照 OpenStack 的发展趋势，会逐渐以 OpenStack 自主的 API 为主导，EC2 API 的支持在 OpenStack 中显得越来越边缘化。在做二次开发时，应该注意这两种 API 的取舍与轻重。

```
01  EC2_SERVICE=$(get_id keystone service-create \
    --name=ec2 \
    --type=ec2 \
    --description="EC2 Compatibility Layer")
02  keystone endpoint-create \
    --region RegionOne \
    --service_id $EC2_SERVICE \
    --publicurl "http://$NOVA_HOST:8773/services/Cloud" \
    --adminurl "http://$NOVA_HOST:8773/services/Admin" \
    --internalurl "http://$NOVA_HOST:8773/services/Cloud"
```

第 01 行，创建 EC2 服务。注意参数中 name 和 type 不要随意更改。

第 02 行，注册 EC2 服务至 Keystone 中。

（7）取消环境变量

```
unset SERVICE_TOKEN
unset SERVICE_ENDPOINT
```

注销这两个环境变量，以免干扰客户端的使用。

### 8.3.4 配置 MySQL 服务

Nova 注册了一些信息到 Keystone 中，只是相当于把安全信息提交给了安全部门。就好比一个员工，出入公司门禁系统没有障碍了。但是这个员工工作的项目信息、业绩、奖励等等信息，不应该放到安全部门中，应该放在自己部门的数据库中。同样的道理，Nova 服务也是需要 MySQL 数据库系统。

（1）创建 MySQL 用户

```
01  cnt=`mysql_cmd "select * from mysql.user;" | grep $MYSQL_NOVA_USER | wc -l`
02  if [[ $cnt -eq 0 ]]; then
03      mysql_cmd "create user '$MYSQL_NOVA_USER'@'%' \
04          identified by '$MYSQL_NOVA_PASSWORD';"
05      mysql_cmd "flush privileges;"
06  fi
```

第 01 行，查看 MySQL 数据库中是否存在$MYSQL_NOVA_USER 用户。

第 02～06 行，根据检查结果，如果发现$MYSQL_NOVA_USER 用户不存在，则创建$MYSQL_NOVA_USER 用户。

（2）创建 Database

```
01  cnt=`mysql_cmd "show databases;" | grep nova | wc -l`
```

```
02  if [[ $cnt -eq 0 ]]; then
03      mysql_cmd "create database nova CHARACTER SET latin1;"
04      mysql_cmd "grant all privileges on nova.* to \
    '$MYSQL_NOVA_USER'@'%' identified by '$MYSQL_NOVA_PASSWORD';"
05      mysql_cmd "GRANT ALL PRIVILEGES ON *.* TO \
'root'@'%' identified by '$MYSQL_ROOT_PASSWORD'; FLUSH PRIVILEGES;"
06      mysql_cmd "GRANT ALL PRIVILEGES ON *.* TO \
'root'@'%' identified by '$MYSQL_ROOT_PASSWORD' \
 WITH GRANT OPTION; FLUSH PRIVILEGES;"
07      mysql_cmd "flush privileges;"
08  fi
```

第 01 行，检查是否已经创建 nova database。

第 02~08 行，根据检查结果，如果发现没有创建相应的 database，那么创建相应的 database 并且设置密码和权限。

### 8.3.5 修改 Nova 配置文件

数据库配置好之后，还需要修改的就是 Nova 服务的配置文件。与其他服务相比，Nova 服务的配置文件相当长。在配置时，应该分成好几个部分分别进行介绍。

（1）清理配置文件

首先清理掉旧有的配置文件：

```
01  [[ -d /etc/nova ]] && rm -rf /etc/nova/*
02  mkdir -p /etc/nova
03  cp -rf $TOPDIR/openstacksource/nova/etc/nova/* /etc/nova/
```

第 01 行，清除掉旧有的配置文件。

第 02 行，生成配置文件存放目录。

第 03 行，将 Nova 源码中未改动的配置模板复制到相应目录。

（2）Nova 配置文件模板

Nova 源码中自带的配置文件模板比较复杂，结构并不清晰。因此，整理了一份 Nova 配置文件模板[1]以供参考。在具体安装时，应该根据具体环境设置 Nova 服务的配置模板。

复制 Nova 配置文件至/etc/nova/目录：

```
file=/etc/nova/nova.conf
cp -rf $TOPDIR/templates/nova.conf $file
```

（3）修改 Nova 配置文件

```
01  sed -i "s,%HOST_IP%,$HOST_IP,g" $file
02  sed -i "s,%GLANCE_HOST%,$GLANCE_HOST,g" $file
03  sed -i "s,%MYSQL_NOVA_USER%,$MYSQL_NOVA_USER,g" $file
04  sed -i "s,%MYSQL_NOVA_PASSWORD%,$MYSQL_NOVA_PASSWORD,g" $file
05  sed -i "s,%MYSQL_HOST%,$MYSQL_HOST,g" $file
06  sed -i "s,%NOVA_HOST%,$NOVA_HOST,g" $file
07  sed -i "s,%KEYSTONE_QUANTUM_SERVICE_PASSWORD%,\
    $KEYSTONE_QUANTUM_SERVICE_PASSWORD,g" $file
08  sed -i "s,%KEYSTONE_HOST%,$KEYSTONE_HOST,g" $file
09  sed -i "s,%QUANTUM_HOST%,$QUANTUM_HOST,g" $file
```

---

1 https://github.com/JiYou/openstack/blob/master/templates/nova.conf。

```
10  sed -i "s,%DASHBOARD_HOST%,$DASHBOARD_HOST,g" $file
11  sed -i "s,%RABBITMQ_HOST%,$RABBITMQ_HOST,g" $file
12  sed -i "s,%RABBITMQ_PASSWORD%,$RABBITMQ_PASSWORD,g" $file
13  sed -i "s,%LIBVIRT_TYPE%,$LIBVIRT_TYPE,g" $file
```

第 01 行，修改 HOST_IP 为本机 IP 地址。

第 02 行，设置 Image 服务 GLANCE_HOST 所在 IP 地址。

第 03~05 行，修改 MySQL 连接相应参数：连接 MySQL 用户名、密码和 MySQL 服务主机地址。

第 06 行，修改 NOVA_HOST 变量。

第 07~08 行，修改 Keystone 连接相关变量。

第 09 行，修改 Quantum Network 服务主机地址。

第 10 行，修改 Dashboard 服务器所在地址（在本小节中未安装 Dashboard，可忽略）。

第 11~12 行，修改消息通信服务连接信息。

第 13 行，设置 Hypervisor 类型（常用为 kvm）。

（4）修改 PasteDeploy 配置文件

在 Nova API 服务中，使用了 PasteDeploy 包[1]。由于在 PasteDeploy 中利用了 Keystone 认证服务，需要在此配置文件中填写相应的 Keystone 认证信息：

```
sed -i "s,auth_host = 127.0.0.1,auth_host = $KEYSTONE_HOST,g" $file
sed -i "s,%SERVICE_TENANT_NAME%,$SERVICE_TENANT_NAME,g" $file
sed -i "s,%SERVICE_USER%,nova,g" $file
sed -i "s,%SERVICE_PASSWORD%,$KEYSTONE_NOVA_SERVICE_PASSWORD,g" $file
```

（5）修改 Root Wrap 配置文件

```
file=/etc/nova/rootwrap.conf
sed -i "s,filters_path=.*,filters_path=/etc/nova/rootwrap.d,g" $file
```

Root Wrap 配置文件主要是可以让 Nova 服务启动的相应进程在获取系统信息时，能够利用 root 的权限。

（6）初始化数据库

配置好相应 MySQL 数据库信息之后，还需要对 Nova 的 Database 中的表单进行初始化：

```
01  nova-manage db version
02  nova-manage db sync
```

第 01 行，检查 Nova 源码中的数据库信息及版本。

第 02 行，初始化 Nova 的 Database。

（7）启动服务

启动服务之前，还需要做一些准备工作：

```
01  cd /opt/stack/nova
02  mkdir -p /var/log/nova
03  mkdir -p /opt/stack/data/nova
04  mkdir -p /opt/stack/data/nova/instances
```

---

1 http://pythonpaste.org/deploy/。

第 02～04 行，创建相应目录，以供 Nova 服务使用。没有这些目录，Nova 服务启动时，将会失败。

关闭之前运行的进程：

```
01  nkill nova-api
02  nkill nova-cert
03  nkill nova-conductor
04  nkill nova-scheduler
05  nkill nova-consoleauth
```

第 01～05 行，关闭之前运行的各种 Nova 进程。nkill 脚本[1]放置于/usr/bin/目录。

```
01  for n in nova-api nova-cert nova-conductor nova-scheduler nova-consoleauth; do
02      nohup python ./bin/$n \
        --config-file=/etc/nova/nova.conf \
        >/var/log/nova/$n.log 2>&1 &
03  done
```

第 01～03 行，启动 Nova 服务的各种进程。日志存放于/var/log/nova/目录下。

（8）客户端配置

当 Nova 服务成功运行之后，如果需要使用 Nova 客户端命令，还需要配置 Nova 客户端环境变量。

```
01  cp -rf $TOPDIR/tools/novarc /root/
02  sed -i "s,%KEYSTONE_NOVA_SERVICE_PASSWORD%,\
$KEYSTONE_NOVA_SERVICE_PASSWORD,g" /root/novarc
03  sed -i "s,%KEYSTONE_HOST%,$KEYSTONE_HOST,g" /root/novarc
```

## 8.4 安装 Nova Compute 服务

为了快速安装 Nova Compute 服务，可以采用以下几个步骤：
（1）确认 Nova API 服务已经正确安装、启动，并且可用。
（2）确认 pip 源可用。
（3）执行命令 git clone https://github.com/JiYou/openstack.git。
（4）执行命令 cd openstack/chap08。
（5）根据环境修改 localrc 配置文件。
（6）./nova-compute.sh[2]，运行此脚本，便可以将 Nova Compute 服务安装并启动。

### 8.4.1 准备工作

（1）复制安装包

确认 Compute Node 已经准备好。将安装包复制到 m-compute-node：

```
scp -pr openstack m-compute-node:~/
```

---

1 https://github.com/JiYou/openstack/blob/master/tools/nkill。
2 https://github.com/JiYou/openstack/blob/master/chap08/nova-compute.sh。

这里采用复制的主要原因是为了保持 m-api-node 与 m-compute-node 安装时，localrc 配置文件完全相同。更简单的方法是：直接采用 NFS 挂载的方式，省去了重复复制的过程。

（2）清除 apt-get 代理

```
echo "" > /etc/apt/apt.conf
```

为了使用 m-api-node 节点中的本地法，需要清除设置的 apt-get 的代理。

（3）设置源

```
echo "deb http://192.168.111.6/ debs/" > /etc/apt/sources.list
apt-get clean all
apt-get update
```

（4）系统初始化

```
./init.sh
```

系统初始化脚本会安装 ssh-client 和 mysql-client 系统包，以及配置防火墙。

## 8.4.2 解决依赖关系

（1）系统安装包

安装所需的 deb 包：

```
01  apt-get install -y --force-yes \
alembic build-essential cdbs curl debhelper dh-buildinfo dkms \
dnsmasq-base dnsmasq-utils ebtables expect fakeroot gawk git \
gnutls-bin iptables iputils-arping iputils-ping iscsitarget \
iscsitarget-dkms kvm libapparmor-dev libavahi-client-dev libcap-ng-dev \
libdevmapper-dev       libgnutls-dev       libncurses5-dev       libnl-3-dev
libnl-route-3-200 \
libnl-route-3-dev libnuma1 libnuma-dbg libnuma-dev libparted0-dev \
libpcap0.8-dev libpciaccess-dev libreadline-dev libudev-dev \
libvirt-bin libxen-dev libxml2 libxml2-dev libxml2-utils libxslt1.1 \
libxslt1-dev libxslt-dev libyajl-dev lvm2 make memcached mongodb \
mongodb-clients mongodb-dev mongodb-server mysql-client numactl \
open-iscsi openssh-server openssl openvswitch-datapath-dkms \
openvswitch-switch policykit-1 python-all-dev python-boto python-cheetah\
python-dev python-docutils python-eventlet python-gflags python-greenlet\
python-iso8601 python-kombu python-libvirt python-libxml2 python-lxml \
python-migrate python-mox python-mysqldb python-netaddr python-pam \
python-pip python-prettytable python-pymongo python-pyudev python-qpid \
python-requests python-routes python-setuptools python-sqlalchemy \
python-stevedore python-suds python-xattr radvd socat sqlite3
02  [[ -e /usr/include/libxml ]] && rm -rf /usr/include/libxml
03  ln -s /usr/include/libxml2/libxml /usr/include/libxml
04  [[ -e /usr/include/netlink ]] && rm -rf /usr/include/netlink
05  ln -s /usr/include/libnl3/netlink /usr/include/netlink
06  service ssh restart
```

> 注意：nova-api 服务与 nova-compute 服务所需的安装包并不相同。nova-api 只需要解决 pyton 源码包的依赖就可以了，而 nova-compute 服务还需要解决底层虚拟化的支持。因此，nova-compute 服务需要安装的依赖包更多。

(2) python 依赖包

除了系统安装包之外，还需要安装 nova 源码包：

```
[[ ! -d $DEST ]] && mkdir -p $DEST
install_keystone
install_nova
```

### 8.4.3 配置文件

Nova Compute 节点的配置文件与 Nova API 节点相比，并没有什么不同。依然分为 3 个部分。

(1) 清理 Nova 配置文件模板

删除掉旧有的配置文件，然后将 Nova 源码中的配置文件复制过去：

```
[[ -d /etc/nova ]] && rm -rf /etc/nova/*
mkdir -p /etc/nova
cp -rf $TOPDIR/openstacksource/nova/etc/nova/* /etc/nova/
```

(2) 复制 Nova 配置文件模板

```
file=/etc/nova/nova.conf
cp -rf $TOPDIR/templates/nova.conf $file
```

(3) 修改配置文件模板

```
01  sed -i "s,%HOST_IP%,$HOST_IP,g" $file
02  sed -i "s,%GLANCE_HOST%,$GLANCE_HOST,g" $file
03  sed -i "s,%MYSQL_NOVA_USER%,$MYSQL_NOVA_USER,g" $file
04  sed -i "s,%MYSQL_NOVA_PASSWORD%,$MYSQL_NOVA_PASSWORD,g" $file
05  sed -i "s,%MYSQL_HOST%,$MYSQL_HOST,g" $file
06  sed -i "s,%NOVA_HOST%,$NOVA_HOST,g" $file
07  sed -i "s,%KEYSTONE_QUANTUM_SERVICE_PASSWORD%,、
            $KEYSTONE_QUANTUM_SERVICE_PASSWORD,g" $file
08  sed -i "s,%KEYSTONE_HOST%,$KEYSTONE_HOST,g" $file
09  sed -i "s,%QUANTUM_HOST%,$QUANTUM_HOST,g" $file
10  sed -i "s,%DASHBOARD_HOST%,$DASHBOARD_HOST,g" $file
11  sed -i "s,%RABBITMQ_HOST%,$RABBITMQ_HOST,g" $file
12  sed -i "s,%RABBITMQ_PASSWORD%,$RABBITMQ_PASSWORD,g" $file
13  sed -i "s,%LIBVIRT_TYPE%,$LIBVIRT_TYPE,g" $file
```

(4) 修改 PasteDeploy 配置文件

```
01  file=/etc/nova/api-paste.ini
02  sed -i "s,auth_host = 127.0.0.1,auth_host = $KEYSTONE_HOST,g" $file
03  sed -i "s,%SERVICE_TENANT_NAME%,$SERVICE_TENANT_NAME,g" $file
04  sed -i "s,%SERVICE_USER%,nova,g" $file
05  sed -i "s,%SERVICE_PASSWORD%,$KEYSTONE_NOVA_SERVICE_PASSWORD,g" $file
```

### 8.4.4 启动服务

(1) 准备工作

首先应该创建虚拟机启动时的存放目录和日志存放目录：

```
mkdir -p $DEST/data/nova/instances/
mkdir -p /var/log/nova
```

（2）关闭旧有服务

```
nkill nova-compute
nkill nova-novncproxy
nkill nova-xvpvncproxy
```

为了保证新建的服务能够正常启动，应该将旧有的服务关闭。

（3）启动进程

Nova Compute 主要应该有 3 个进程运行：

```
01  cd /opt/stack/noVNC/
02  python ./utils/nova-novncproxy --config-file \
/etc/nova/nova.conf --web . >/var/log/nova/nova-novncproxy.log 2>&1 &
03  python /opt/stack/nova/bin/nova-xvpvncproxy --config-file \
/etc/nova/nova.conf >/var/log/nova/nova-xvpvncproxy.log 2>&1 &
04  nohup python /opt/stack/nova/bin/nova-compute \
--config-file=/etc/nova/nova.conf >/var/log/nova/nova-compute.log 2>&1 &
```

🔔 注意：启动 nova-novncproxy 服务的时候，一定要在 noVNC 目录下执行。

### 8.4.5 检查服务

当启动服务完成之后，应该通过两种方式检查服务。

（1）查看进程

```
$ ps aux | grep nova | awk '{print $2,$12}'
29705 ./utils/nova-novncproxy
29706 /opt/stack/nova/bin/nova-xvpvncproxy
29707 /opt/stack/nova/bin/nova-compute
```

（2）查看日志

日志文件位于/var/log/nova/目录下，如果日志文件输出正常，将不会看到出错的信息。正常情况下的 nova-compute 服务的输出如下：

```
2013-09-10  05:32:41.991  29707  INFO nova.compute.resource_tracker [-]
Compute_service record updated for m-compute-node:m-compute-node
2013-09-10 05:32:42.066 29707 INFO nova.compute.manager [-] Updating host
status
```

正常情况下的 nova-novncproxy 服务没有任何输出，warning 可以不忽略。如果 nova-xvpvncproxy 服务正常，其日志输出信息如下：

```
2013-09-10  05:19:35.659  29706  AUDIT  nova.vnc.xvp_proxy [-]  Starting
nova-xvpvncproxy node (version 2013.1.1)
2013-09-10 05:19:35.660 29706 INFO nova.wsgi [-] XCP VNC Proxy listening
on 0.0.0.0:6081
2013-09-10 05:19:35.675 29706 INFO nova.XCP VNC Proxy.wsgi.server [-] (29706)
wsgi starting up on http://0.0.0.0:6081/
```

## 8.5　参考部署

在前面的章节中，介绍了 Nova API 节点与 Nova Compute 节点的安装方法。在本节中将介绍一些常用的部署方式,以供参考。此外,为了部署的完整性[1],在介绍单节点安装时,有些知识点可能会与前面某些章节的内容有所重合。

在平时,Nova 虚拟机管理服务有两种部署方式:
- 单节点部署,主要是作为研究使用。
- 多节点部署,在实际部署中经常使用。

## 8.5.1 单节点部署

对于研究人员而言,主要任务是阅读代码和添加新特性。因此,单节点部署会经常使用。单节点部署通常会将所有的服务,比如 MySQL、Keystone、Glance、Cinder、Quantum 和 Nova 部署在一起[2]。接下来将一步一步介绍如何实现这种部署方式。单节点部署如图 8.5 所示。

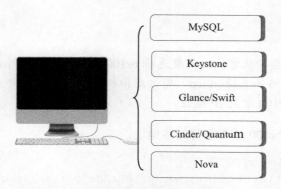

图 8.5  单节点安装部署 Nova 示意图

**1. 创建虚拟机**

由于条件的限制,没有那么多的硬件资源供使用的时候,利用虚拟机进行环境的测试是非常方便的,接下来将介绍如何快速创建虚拟机。

(1)准备好 ubuntu-12.10 的虚拟磁盘,命名为 ubuntu-12.10.raw(raw 格式)。放置于如下目录:

```
mkdir -p /cloud/_base
mv ubuntu-12.10.raw /cloud/_base/
```

(2)下载安装包:

```
01  git clone https://github.com/JiYou/openstack.git
02  cp -rf openstack/chap03/cloud/_base/* /cloud/_base/
03  cp -rf ./openstack/chap08/allinone/nova-allinone.sh /cloud/
```

---

[1] 根据某一小节,照着顺序也能够完整地进行部署。
[2] 也可以把 OpenStack 所有的组件安装在一台节点上。

在操作时，是以/cloud 为基本目录，在这个目录下会保存所有虚拟机相关的配置和磁盘文件。_base 目录主要是保存了虚拟机配置模板和 raw 格式的虚拟磁盘。形成的目录结构应该如下：

```
/cloud/
├── _base
│   ├── back
│   └── ubuntu-12.10.raw
├── nova-allinone.sh
```

（3）检查物理机的网络配置，br100 是否已经添加到网络配置文件中：

```
auto br100
iface br100 inet dhcp
bridge_ports eth0          # 这里的网卡需要根据具体情况进行设置
bridge_stp off
bridge_maxwait 0
bridge_fd 0
```

> **注意**：为了访问虚拟机方便，一般是将 br100 设置在物理的外部网卡上（如 eth0）。如果外部网络不支持 dhcp，那么虚拟机启动之后，需要更改虚拟机的网络配置，以便从 br100 拿到 IP 地址。

通过命令查看 br100 是否获得网络地址：

```
01  $ ifconfig br100
02  br100    Link encap:Ethernet  HWaddr d4:be:d9:8c:06:b7
03           inet addr:10.239.131.214  Bcast:10.239.131.255  Mask:255.
             255.255.0
04           inet6 addr: fe80::d6be:d9ff:fe8c:6b7/64 Scope:Link
05           UP BROADCAST RUNNING MULTICAST  MTU:1500  Metric:1
06           RX packets:1464867 errors:0 dropped:0 overruns:0 frame:0
07           TX packets:706030 errors:0 dropped:0 overruns:0 carrier:0
08           collisions:0 txqueuelen:0
09           RX bytes:528486885 (528.4 MB)  TX bytes:465553335 (465.5 MB)
```

（4）创建虚拟机。运行如下命令：

```
cd /cloud/
./nova-allinone.sh nova-allinone disk
```

> **注意**：在执行脚本时，会有一定的执行时间，请耐心等待，不要随意按下 Ctrl + C 组合键终止脚本执行。在末尾注意添加 disk 参数，表明会给虚拟机添加额外的磁盘供 Cinder 和 Swift 用。

命令执行成功之后，将会生成如下目录：

```
/cloud/
├── nova-allinone
```

```
|       ├── nova-allinone                    # 虚拟机配置文件
|       |   ├── ubuntu-cinder-disk.raw       # 供 Cinder 服务使用的磁盘
|       |   ├── ubuntu-nova-allinone.qcow2   # 虚拟机系统所在磁盘
|       |   └── ubuntu-raw-disk.raw          # 供 Swift 服务使用的磁盘
|       ├── _base
|       |   ├── back
|       |   └── ubuntu-12.10.raw
└── nova-allinone.sh
```

(5) 通过 virsh 命令查看虚拟机是否正常运行:

```
$ virsh list --all
 Id   Name                  State
----------------------------------
 126  nova-allinone         running
```

**2. 安装后续服务**

当虚拟机启动之后,登录虚拟机,便可以安装 MySQL 服务。

(1) 下载安装包(或者将已下载的安装包复制到虚拟机中):

```
$ git clone https://github.com/JiYou/openstack.git
$ cd openstack/chap08/allinone
$ ./init.sh
$ ./create_http_repo.sh         # 配置本地源
```

(2) 修改 localrc 配置文件。将 localrc 配置文件中的 IP 更改为 eth2 网卡的 IP 地址。

(3) 运行 init.sh,将系统初始化。

```
01  $ ./mysql.sh                    # 安装数据库服务
02  $ ./rabbitmq.sh                 # 安装消息通信服务
03  $ ./keystone.sh                 # 安装安全认证服务
04  $ ./swift-proxy.sh              # 安装 Swift Object 存储服务
05  $ ./swift-storage.sh
06  $ ./glance-with-swift.sh        # 安装 Glance Image 服务
07  $ ./cinder-api.sh               # 安装 Cinder Volume 服务
08  $ ./cinder-volume.sh
09  $ ./quantum-api.sh              # 安装 Quantum 网络服务
10  $ ./quantum-agent.sh
11  $ ./nova-api.sh                 # 安装 Nova API 服务
12  $ ./nova-compute.sh             # 安装 Nova Compute 服务
```

## 8.5.2 多节点部署

单节点部署拥有的只是研究与测试的意义。在实际应用中,单节点的部署方式根本无法满足需要。因此,多节点的部署也需要掌握。多节点安装部署如图 8.6 所示。

在这次部署中,将创建 4 台虚拟机。Nova API 服务与其他服务一起安装在一台虚拟机上作为主控节点(Controller Node)。另外 3 台虚拟机则作为计算节点(Compute Node)。

第 2 篇　安装篇

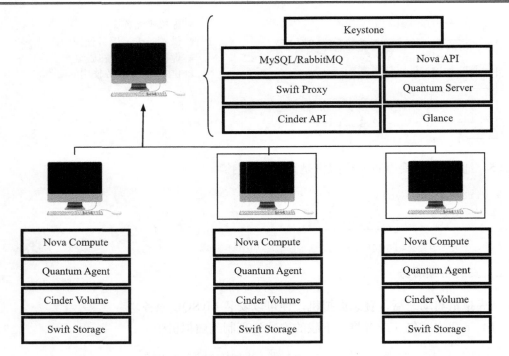

图 8.6　多节点安装部署示意图

（1）准备资源

准备好创建虚拟机的资源，至少应该形成如下的目录结构：

```
01  git clone https://github.com/JiYou/openstack.git
02  cp    -rf    ./openstack/chap08/multiplenodes/nova-multiple-nodes.sh /cloud/
03  $ tree /cloud
/cloud/
├── _base
│   └── back
│       └── ubuntu-12.10.raw
└── nova-multiple-nodes.sh
```

（2）创建虚拟机

```
cd /cloud/
./nova-multiple-nodes.sh m-controller -d           # 创建主控节点
for n in a b c; do
./nova-multiple-nodes.sh m-compute-$n disk;        # 创建 3 个计算节点
done
```

创建成功之后，m-controller 的 IP 信息如下。

- eth0：外部网络 IP 地址，如 10.239.XX.XXX。
- eth1：内部自建局域网 IP 地址——192.168.222.9。
- eth2：内部自建局域网 IP 地址——192.168.111.9。

计算节点的 IP 信息如下。

- eth0：未配置。
- eth1：内部自建局域网 IP 地址——{192.168.222.10,192.168.222.11,192.168.222.12}。

- eth2：内部自建局域网 IP 地址——{192.168.111.10,192.168.111.11,192.168.111.12}。

(3) 安装 Controller 节点

修改 localrc 配置文件，注意两点：

- 将所有 XXX_HOST 变量的值更改为 192.168.111.9。
- 将 SWIFT_NODE_IP 设置为{192.168.111.10,192.168.111.11,192.168.111.12}。

在 m-controller 上执行如下命令：

```
01  $ cd ./openstack/chap08/multiplenodes/m-controller/
02  $ ./init.sh
03  $ ./create_http_repo.sh        # 配置本地源
04  $ ./mysql.sh                   # 安装 MySQL
05  $ ./rabbitmq.sh                # 安装 RabbitMQ 消息通信服务
06  $ ./swift-proxy.sh             # 安装 Swift Proxy 服务
07  $ ./glance.sh                  # 安装 Glance Image Service
08  $ ./cinder-api.sh              # 安装 Cinder API 服务
09  $ ./quantum-server.sh          # 安装 Quantum Server
10  $ ./nova-api.sh                # 安装 Nova API 服务
```

(4) 安装计算节点

登录至{192.168.111.10,192.168.111.11,192.168.111.12}计算节点，在每个计算节点上执行如下操作：

```
01  $ echo "" > /etc/apt/apt.conf
02  $ echo "deb http://192.168.111.9 debs/" > /etc/apt/sources.list
03  $ apt-get clean all
04  $ apt-get update
05  $ scp -pr 192.168.111.9:/mnt/openstack /mnt/
06  $ cd /mnt/openstack/chap08/multiplenodes/m-compute-node/
07  ./init.sh                      # 初始化系统及防火墙
08  ./swift-storage.sh             # 安装 Swift 存储服务
09  /cinder-volume.sh              # 安装 Cinder 块存储服务
10  ./quantum-agent.sh             # 安装 Quantum Agent
11  ./nova-compute.sh              # 安装计算服务以提供虚拟机
```

(5) 服务检查

当安装完成之后，可以在 m-controller 节点上，通过 nova-manage 命令检查服务是否正常：

```
$ nova-manage service list
Binary              Host              Zone       Status     State
nova-conductor      m-controller      internal   enabled    :-)
nova-consoleauth    m-controller      internal   enabled    :-)
nova-scheduler      m-controller      internal   enabled    :-)
nova-cert           m-controller      internal   enabled    :-)
nova-compute        m-compute-a       nova       enabled    :-)
nova-compute        m-compute-b       nova       enabled    :-)
nova-compute        m-compute-c       nova       enabled    :-)
```

## 8.6 客户端使用

部署成功之后，没有 Web 界面，如何使用呢？这里就需要使用 OpenStack 客户端了。

OpenStack 客户端，代码位于 python-novaclient 包。

## 8.6.1 环境变量

在 OpenStack 的各组件中，无论使用何种客户端，都需要配置环境变量：

```
export OS_TENANT_NAME=service                           # 注册服务时使用的 tenant
export OS_USERNAME=nova                                 # 注册服务时所使用的用户名
export OS_PASSWORD=keystone_nova_password               # 注册服务时所使用的密码
export OS_AUTH_URL=http://192.168.111.9:5000/v2.0/#     Keystone 认证链接
```

> **注意**：这只是 Nova 服务的客户端的配置。OS_USERNAME 应该是与相应服务的名称保持一致。另外一个环境变量 OS_PASSWORD 的值，应该与配置文件 localrc 中 KEYSTONE_NOVA_SERVICE_PASSWORD 的值保持一致。

也可以通过比较不同服务的客户端的环境变量配置，发现环境变量设置的规律。如果是 Glance 服务的配置，那么环境变量的值应该如下：

```
export OS_TENANT_NAME=service
export OS_USERNAME=glance
export OS_PASSWORD=keystone_glance_password
export OS_AUTH_URL=http://192.168.111.9:5000/v2.0/
```

为了避免每次运行客户端命令都要去设置这些环境变量，在利用脚本安装相应的服务之后，会在/root/目录下生成相应的 xxxrc 文件[1]。此外，也可以利用 create_rc.sh 脚本来创建所有服务的 xxxrc 文件：

```
cd openstack/tools/
./create_rc.sh /mnt/openstack/chap08/multiplenodes/localrc
```

生成的 xxxrc 文件位于~/rc 目录下。

## 8.6.2 创建虚拟机

### 1．注册 image

尽管 Nova 服务现在已经可用了，但是还没有现成的虚拟机 image 供使用。此时需要注册 image：

```
cd /mnt/openstack/chap08/multiplenodes/
cp -rf ./localrc /root/
cd /mnt/openstack/tools/
./register_ttylinux.sh
```

> **注意**：此处注册的 image 为 ttylinux.img，Linux 的内核、ramdisk 和系统文件均在同一个 image 中。这种注册方式同样适用于 Windows 的 image。有的 Linux 系统提供的虚拟机系统，kernel、ramdisk 和系统磁盘分散成 3 个文件。遇到这种情况，请参考 register_cirros.sh 脚本的注册方法。

---

[1] 比如，Nova 服务的环境配置文件为 novarc，Glance 服务的环境变量文件为 glancerc。

注册成功之后，输入如下命令查看 image 是否注册成功：

```
cd /root/
source glancerc
glance index
```

### 2．创建网络

创建网络需要用到 quantumrc 环境变量配置文件：

```
$ source /root/quantumrc
$ quantum net-create kkmd
$ quantum subnet-create kkmd 192.168.0.1/24
```

创建成功之后，可以通过如下命令查看网络信息：

```
$ quantum net-show kkmd
```

### 3．创建虚拟机

在创建虚拟机之后，需要指定以下两个选项。

- image id：可以通过 source novarc; nova image-list 命令进行查看。
- network id：这里的 id 指的是 network 的 id，可以通过 source novarc; nova network-list 进行查看。

利用 nova 客户端创建虚拟机的命令格式如下：

```
nova boot --flavor <flavor-id> --image <image-id> --nic net-id=<net-id> <inst-name>
```

例如，这里使用之前注册的 image 与 network 创建虚拟机：

```
$ nova boot --flavor 1 --image ddf74752-d444-4ab4-911a-b10f7a6be691 --nic net-id=b920c145-a701-4db8-b76b-3748b00f27b6 ttylinux-test
# 创建成功可以看到如下输出
| OS-EXT-STS:task_state         | scheduling            |
| image                         | ttylinux.img          |
| OS-EXT-STS:vm_state           | building              |
| OS-EXT-SRV-ATTR:instance_name | instance-00000001     |
```

创建成功之后，可以利用如下命令查看：

```
$ nova list
9afba97d-3b18-423c-a3c0-cb2ff897b439 | ttylinux-test | ACTIVE | kkmd=192.168.0.2
```

## 8.7 小　　结

### 8.7.1 安装 Nova API Node

（1）准备工作

```
git clonehttps://github.com/JiYou/openstack.git
cd ./openstack/chap08/
```

（2）配置

配置 localrc 文件，并且确保 MySQL、Keystone、Glance、Cinder 和 Quantum 服务已经正确运行。

（3）运行

```
$ ./nova-api.sh
```

## 8.7.2 安装 Nova Compute Node

（1）准备工作

```
git clonehttps://github.com/JiYou/openstack.git
cd ./openstack/chap08/
./init.sh
```

（2）配置

确保 localrc 文件与 Nova API Node 一致。

（3）运行

```
$ ./nova-compute.sh
```

# 第 9 章 安装 Dashboard Web 界面

第 8 章介绍了 Nova 的安装和使用。通过使用 nova 命令，已经可以很方便地创建和管理虚拟机了。但是，对于大多数非开发人员来说，使用命令来管理虚拟机以及 OpenStack 的其他资源，是一件很头疼的事情。为此，需要一个图形化界面，来实现对 OpenStack 资源的一些简单便捷的操作。而 Dashboard 就是 OpenStack 提供的一个方便用户图形化操作的 Web 界面。

本章主要涉及到的知识点如下。
- 介绍 Dashboard 与 Django、Apache、Horizon 以及 OpenStack 其他组件的关系。
- 介绍 Dashboard 的安装与配置。
- 介绍如何使用 Dashboard 管理虚拟网络、磁盘镜像以及虚拟机等资源。

注意：在学习本章前，须保证 Keystone（第 3 章）和 Nova（第 8 章）已经正确安装。

## 9.1 Dashboard 简介

Dashboard 为管理员和普通用户提供了一套访问和自动化管理 OpenStack 各种资源的图形化界面。它的页面是使用 Django[1]编写的，Web 服务器部署在 Apache 上。

前面已经说过，Dashboard 为各种 OpenStack 资源的管理提供图形化界面。因此，Dashboard 不可避免地需要和 OpenStack 的其他组件通信。在 OpenStack 中，不同组件之间（例如 Nova 与 Keystone、Glance、Quantum 之间），都是通过 RESTful API 进行通信的。Dashboard 也不例外。所谓的 RESTful API，其底层是通过 HTTP 协议进行通信的[2]。

值得一提的是，Dashboard 具有很高的可扩展性。用户可以在 OpenStack 提供的权威版本 Horizon 的基础上，进行二次开发。添加自定义模块，或者是修改 Horizon 中的标准模块。

## 9.2 Dashboard 的安装

本节介绍 Dashboard 的安装。与 OpenStack 的其他组件一样，安装 Dashboard 也可分

---

[1] Django 是一个高层的开源 Python Web 框架，它是为了快速、简洁、实用的 Web 开发和设计。关于 Django 的详细资料，参见 https://www.djangoproject.com/。
[2] 参见第 11.2 节。

为安装依赖包和编译安装源码包两个步骤。接下来，按照这样的次序，来介绍 Dashboard 的安装。

在学习本章内容之前，需要准备一台虚拟机[1]。为了方便起见，将这台虚拟机命名为 dashboard。

## 9.2.1 解决依赖关系

与 OpenStack 其他组件一样，Horizon 的依赖包也包括 apt-get 依赖包和 pip 依赖包两部分。

### 1. apt-get 依赖包

（1）安装 Mysql-client

```
DEBIAN_FRONTEND=noninteractive \
apt-get --option \
"Dpkg::Options::=--force-confold" --assume-yes \
install -y --force-yes mysql-client
```

> 注意：默认情况下，Horizon 是使用 sqlite 数据库。但是，为了统一起见，本书中依然配置 Horizon 使用 MySQL 数据库。

（2）安装其他 apt-get 依赖包

```
01  apt-get install -y --force-yes openssh-server build-essential git python-dev \
02  python-setuptools python-pip libxml2-dev libxslt-dev tgt lvm2 python-pam python-lxml \
03  python-iso8601 python-sqlalchemy python-migrate unzip python-mysqldb mysql-client \
04  memcached openssl expect iputils-arping python-xattr python-lxml kvm gawk iptables \
05  ebtables sqlite3 sudo kvm vlan curl socat python-mox python-migrate \
06  python-gflags python-greenlet python-libxml2 iscsitarget iscsitarget-dkms open-iscsi \
07  build-essential libxml2 libxml2-dev libxslt1.1 libxslt1-dev vlan gnutls-bin libgnutls-dev \
08  cdbs debhelper libncurses5-dev libreadline-dev libavahi-client-dev libparted0-dev \
09  libdevmapper-dev libudev-dev libpciaccess-dev libcap-ng-dev libnl-3-dev libapparmor-dev \
10  python-all-dev libxen-dev policykit-1 libyajl-dev libpcap0.8-dev libnuma-dev radvd \
11  libxml2-utils libnl-route-3-200 libnl-route-3-dev libnuma1 numactl libnuma-dbg libnuma-dev \
12  dh-buildinfo expect make fakeroot dkms openvswitch-switch openvswitch-datapath-dkms \
13  ebtables iptables iputils-ping iputils-arping sudo python-boto python-iso8601 python-routes \
14  python-suds python-netaddr python-greenlet python-kombu python-eventlet \
```

---

[1] 创建虚拟机的流程参见第 2.3 节。另外还有快速创建虚拟机的脚本，参见 3.3.1 小节准备虚拟机部分。

```
15  python-sqlalchemy python-mysqldb python-pyudev python-qpid dnsmasq-
base \
16  dnsmasq-utils vlan apache2 libapache2-mod-wsgi nodejs python-docutils
python-requests \
17  node-less nodejs-legacy
```

**2．安装pip依赖包**

（1）下载和解压 Horizon 源码包

```
root@dashboard:~# mkdir /opt/stack
root@dashboard:~# cd /opt/stack/
root@dashboard:/opt/stack# wget\
>
https://launchpad.net/horizon/grizzly/2013.1.1/+download/horizon-2013.1
.1.tar.gz
root@dashboard:/opt/stack# tar zxvf horizon-2013.1.1.tar.gz
```

执行完以上脚本后，会在/opt/stack 目录下生产一个 horizon-2013.1.1/目录，这便是 Horizon 的源码。为了统一起见，建议读者将该目录更名为 horizon/。

（2）安装 pip 依赖包

```
root@dashboard:/opt/stack# cd horizon/tools
root@dashboard:/opt/stack/horizon/tools# pip install -r pip-requires -I
$PIP_HOST
```

这里的$PIP_HOST 是 pip 源服务器的地址。如果没有指定$PIP_HOST[1]，则表示使用官方 pip 源。读者也可以通过本书提供的脚本[2]创建本地 pip 源。

## 9.2.2 源码安装 Horizon

**1．创建MySQL数据库**

前面已经介绍过，在本书中，配置 Horizon 使用 MySQL 数据库[3]。因此在启动 Dashboard 之前，首先需要在 MySQL Server 上注册 Dashboard 用户，并创建 Dashboard 数据库。

（1）创建 Dashboard 用户

```
01  # 判断 Dashboard 用户是否存在
02  cnt=`mysql_cmd "select * from mysql.user;" | grep $MYSQL_DASHBOARD_USER
| wc -l`
03  if [[ $cnt -eq 0 ]]; then    # 如果 Dashboard 用户不存在，则创建用户
04      mysql_cmd "create user '$MYSQL_DASHBOARD_USER'@'%' \
05              identified by '$MYSQL_DASHBOARD_PASSWORD';"
06      mysql_cmd "flush privileges;"
07  fi
```

（2）创建 dashboard 数据库

```
01  #判断 Dashboard 数据库是否存在
02  cnt=`mysql_cmd "show databases;" | grep dashboard | wc -l`
```

---

1 即使用 pip install -r pip-requires 命令。
2 https://github.com/JiYou/openstack/blob/master/tools/create_http_repo.sh。
3 MySQL 数据库的安装参见第 3.3 节。

```
03    if [[ $cnt -eq 0 ]]; then    # 如果 Dashboard 数据库不存在，则创建数据库
04        # 创建数据库
05        mysql_cmd "create database dashboard CHARACTER SET utf8;"
06        # 更新 Dashboard 数据库权限
07        mysql_cmd "grant all privileges on dashboard.* to \
08                  '$MYSQL_DASHBOARD_USER'@'%' \
09                  identified by '$MYSQL_DASHBOARD_PASSWORD';"
10        # 更新 root 用户权限
11        mysql_cmd "GRANT ALL PRIVILEGES ON *.* TO 'root'@'%' \
12                  identified by '$MYSQL_ROOT_PASSWORD'; FLUSH PRIVILEGES;"
13        mysql_cmd "GRANT ALL PRIVILEGES ON *.* TO 'root'@'%' \
14                  identified by '$MYSQL_ROOT_PASSWORD' \
15                  WITH GRANT OPTION; FLUSH PRIVILEGES;"
16        mysql_cmd "flush privileges;"
17    fi
```

> **注意**：①以上代码中$MYSQL_DASHBOARD_USER 是 Dashboard 用户名，$MYSQL_DASHBOARD_PASSWORD 是 Dashboard 用户密码，读者可以自行配置。
> ② $MYSQL_ROOT_PASSWORD 为第 3.3 节配置的 root 用户的密码。
> ③ mysql_cmd 是本书定义的一个数据库操作函数，其使用方法参见第 3.5.2 小节配置 MySQL 数据库部分。

**2. 源码安装Horizon包**

```
root@dashboard:~# cd /opt/stack/horizon/
root@dashboard:/opt/stack/horizon# python setup.py build
root@dashboard:/opt/stack/horizon# python setup.py develop
```

## 9.3　Dashboard 的配置

Dashboard 的配置主要有两个方面：
- Dashboard 的本地配置，包括配置 Keystone 和 MySQL 等参数。
- 前面介绍过，Dashboard 的 Web 服务是部署在 apache 上的，因此对 apache 也需要进行配置。

### 9.3.1　local_settings.py 文件的配置

与 OpenStack 其他组件不同，Horizon 的配置不是定义在*.conf 文件中，而是定义在 local_settings.py 文件中。在 Horizon 安装包中，有一个配置文件的模板 local_settings.py.example[1]。为防止配置出错，读者可以将该模板重命名为 local_settings.py，然后在此基础上修改配置。另外，本书也提供了一个 local_settings.py[2] 文件的模板，读者也可在此模板的基础上修改。在这里，以本书提供的模板为例，介绍 Dashboard 的配置。读者特别需要

---

[1] /opt/stack/horizon/openstack_dashboard/local/local_settings.py.example。
[2] https://github.com/JiYou/openstack/blob/master/chap09/horizon/horizon_settings.py。

注意的是以下两块内容。有兴趣的读者还可以参见[1]了解 Dashboard 的其他配置。

### 1. MySQL数据库的配置

```
01  DATABASES = {
02      'default': {
03          'ENGINE': 'django.db.backends.mysql',
04          'NAME': 'dashboard',
05          'USER': '%MYSQL_DASHBOARD_USER%',
06          'PASSWORD': '%MYSQL_DASHBOARD_PASSWORD%',
07          'HOST': '%MYSQL_HOST%',
08          'default-character-set': 'utf8'
09      },
10  }
```

以上代码中，%MYSQL_HOST%是第 3.3 节安装的 MySQL Server 所在的主机地址。%MYSQL_DASHBOARD_USER%和%MYSQL_DASHBOARD_PASSWORD%是在9.2.2小节设置的 Dashboard 登录的用户名和密码。

### 2. Keystone服务器的配置

```
OPENSTACK_HOST = "%KEYSTONE_HOST%"
OPENSTACK_KEYSTONE_URL = "http://%s:5000/v2.0" % OPENSTACK_HOST
OPENSTACK_KEYSTONE_DEFAULT_ROLE = "Member"
```

这里的%KEYSTONE_HOST%是在第 3.5 节安装的 Keystone 服务器所在主机的地址。以上配置完成以后，可以执行如下命令，同步数据库。

```
root@dashboard:~# /opt/stack/horizon/manage.py syncdb
```

## 9.3.2 secret_key.py 文件的修改

在实验中，需要对 Horizon 原来的 sercret_key.py[2]文件进行修改。主要是将原来的 sercret_key.py 文件的第 63 行的：

```
if oct(os.stat(key_file).st_mode & 0777) != '0600':
```

修改为：

```
if oct(os.stat(key_file).st_mode & 0777) is None:
```

读者也可以使用本书提供的 secret_key.py[3]文件覆盖 horizon 原来的文件。

> 注意：从以上代码可以看到，本书对 secret_key.py 文件的修改，其实是将 key_file 的权限检查放松了。如果不这样做，Horizon 会报 Insecure key file permissions!的错误。当然，这样的修改可能会造成一定的安全隐患。但是，笔者也没有找到更好的解决方案。有兴趣的读者可以深入研究一下。

---

[1] http://docs.openstack.org/developer/horizon/topics/settings.html。

[2] /opt/stack/horizon-2013.1/horizon/utils/secret_key.py。

[3] https://github.com/JiYou/openstack/blob/master/chap09/horizon/secret_key.py。

### 9.3.3　Apache2 的配置

前面介绍过，Dashboard 的 Web 服务是部署在 Apache 上。因此，必须对 Apache 做相应的配置。

（1）配置 Apache 配置文件

本书提供了 Apache 配置文件的模板[1]，读者可以将该模板复制在 sites-available 目录[2]下，并且将其重命名为 horizon。同时执行以下命令，对 horizon 文件进行修改。

```
01  APACHE_NAME=apache2
02  APACHE_CONF=sites-available/horizon
03  file=/etc/$APACHE_NAME/$APACHE_CONF
04  DEST=/opt/stack
05  HORIZON_DIR=$DEST/horizon
06
07  sed -i "s,%USER%,stack,g" $file
08  sed -i "s,%GROUP%,stack,g" $file
09  sed -i "s,%HORIZON_DIR%,$HORIZON_DIR,g" $file
10  sed -i "s,%APACHE_NAME%,$APACHE_NAME,g" $file
11  sed -i "s,%DEST%,$DEST,g" $file
```

注意：以上脚本中 $DEST 是 Horizon 源码安装包所在目录，读者须根据实际情况修改。

脚本执行完后，horizon 配置文件的内容大致如下。

```
01  <VirtualHost *:80>                                           # 监听端口
02      # Web 服务入口
03      WSGIScriptAlias / /opt/stack/horizon/openstack_dashboard/wsgi/django.wsgi
04      …
05      # apache2 运行的用户
06      SetEnv APACHE_RUN_USER stack
07      SetEnv APACHE_RUN_GROUP stack
08      WSGIProcessGroup horizon
09      # 网页存放的目录
10      DocumentRoot /opt/stack/horizon/.blackhole/
11      Alias /media /opt/stack/horizon/openstack_dashboard/static
12      …
13      ErrorLog /var/log/apache2/horizon_error.log              # 错误日志
14      LogLevel warn                                            # 日志级别
15      CustomLog /var/log/apache2/horizon_access.log combined   # 其他日志
16  </VirtualHost>
17
18  WSGISocketPrefix /var/run/apache2
```

从以上配置可以看到 Apache2 的运行用户为 stack，网页存放目录为 .blackhole。因此需要创建 stack 用户和 .blackhole 目录。

（2）创建 stack 用户

```
01  # 创建 stack 组
```

---

1　https://github.com/JiYou/openstack/blob/master/chap09/horizon/apache-horizon.template。

2　/etc/apache2/sites-available。

```
02    if ! getent group stack >/dev/null; then
03        groupadd stack
04    fi
05    # 创建 stack 用户
06    if ! getent passwd stack >/dev/null; then
07        useradd -g stack -s /bin/bash -d $DEST -m stack
08    fi
09    # 所有的 sudo 用户都可以读写 sudoers.d 目录下的文件
10    grep -q "^#includedir.*/etc/sudoers.d" /etc/sudoers ||
11        echo "#includedir /etc/sudoers.d" >> /etc/sudoers
```

（3）创建.blackhole 目录

```
root@dashboard:~# mkdir /opt/stack/horizon/.blackhole
```

（4）修改/opt 目录所属的用户

```
root@dashboard:~/osinst# chown -R stack:stack /opt
```

（5）重启 Apache2

```
root@dashboard:~/osinst# service apache2 restart
```

此时 Dashboard 便可以正常访问了。关于 Dashboard 的使用，参见第 9.4 节。

## 9.3.4 vncproxy 的配置

通过 TightVNC 可以很方便地对虚拟机进行操作。作为对 OpenStack 各种资源的图形化界面，Dashboard 也需要登录虚拟机的控制界面，对其进行一些操作。在这里，就需要用到 vncproxy 服务了。

现如今，OpenStack 共提供了两种 vncproxy，即 novncporoxy 和 xvpvncproxy。其中 xvpvncproxy 是 Nova 的一个服务，而 novncproxy 是一个独立的服务。

> 注意：在 Dashboard 节点和 Nova 控制节点处于同一个网段的情况下，只需在 Nova 节点上启动 vncproxy 服务，就能够实现在 Dashboard 上连接虚拟机的控制界面了。但是，为了适应复杂的网络环境，建议在 Dashboard 和 Nova 控制节点上都启动 novncporoxy 和 xvpvncproxy。

接下来介绍 novncporoxy 和 xvpvncproxy 服务的启动流程。以下步骤需要在 Dashboard 节点和 Nova 控制节点上都执行。

（1）配置 nova.conf[1] 文件，主要是配置如下所示的属性：

```
novncproxy_base_url=http://%DASHBOARD_HOST%:6080/vnc_auto.html
xvpvncproxy_base_url=http://%DASHBOARD_HOST%:6081/console
vncserver_listen=0.0.0.0
vncserver_proxyclient_address=%HOST_IP%
```

这里的%DASHBOARD_HOST%是 Dashboard 服务所在的主机地址，%HOST_IP%是本机的 IP 地址。

（2）启动 xvpvncproxy 服务。执行如下脚本：

---

1 /etc/nova/nova.conf。

```
python /opt/stack/nova/bin/nova-xvpvncproxy \
--config-file   /etc/nova/nova.conf   >/var/log/nova/nova-xvpvncproxy.log
2>&1 &
```

> 注意：由于 xvpvncproxy 是 nova 的服务，因此在 Dashboard 节点上执行脚本前，须先编译安装 Nova 源码包[1]。

（3）启动 novncproxy 服务。首先将 noVNC[2]目录复制到/opt/stack 下，然后执行如下命令：

```
cd /opt/stack/noVNC/
python ./utils/nova-novncproxy \
--config-file            /etc/nova/nova.conf            --web  .
>/var/log/nova/nova-novncproxy.log 2>&1 &
```

## 9.4 Dashboard 自动化安装

第 9.3 和 9.4 节详细介绍了 Dashboard 的安装步骤，本节将介绍使用本书提供的安装脚本实现 Dashboard 的自动化安装。

（1）从 github 将 OpenStack 的安装脚本[3]下载到本地。

（2）在 chap09 目录下执行如下命令：

```
ln -s ../tools/ tools
ln -s ../packages/source/ openstacksource
```

（3）在 chap09/目录下创建 localrc 文件。主要需要修改以下属性：

```
01  PIP_HOST=%PIP_HOST%
02  MYSQL_ROOT_PASSWORD= %MYSQL_ROOT_PASSWORD%
03  MYSQL_HOST=%MYSQL_HOST%
04  KEYSTONE_HOST=%KEYSTONE_HOST%
05  DASHBOARD_HOST=%DASHBOARD_HOST%
06  MYSQL_DASHBOARD_USER=%MYSQL_DASHBOARD_USER%
07  MYSQL_DASHBOARD_PASSWORD=%MYSQL_DASHBOARD_PASSWORD%
```

以上配置中各个属性的值参见表 9.1。

表 9.1 localrc中各个属性的值

| 属 性 名 | 说　　明 |
| --- | --- |
| %PIP_HOST% | PIP 本地源服务器地址 |
| %MYSQL_ROOT_PASSWORD% | MySQL Server 的 root 用户登录密码 |
| %MYSQL_HOST% | MySQL Server 所在主机的地址 |
| %KEYSTONE_HOST% | Keystone 节点的地址 |
| %DASHBOARD_HOST% | Dashboard 节点的地址 |
| %MYSQL_DASHBOARD_USER% | MySQL Server 的 dashboard 用户登录的用户名 |
| %MYSQL_DASHBOARD_PASSWORD% | MySQL Server 的 dashboard 用户登录的密码 |

---

1 首先安装 Nova 依赖包，然后执行 python setup.py build 和 python setup.py develop 命令。参见第 8 章。

2 https://github.com/JiYou/openstack/blob/master/packages/source/noVNC/。

3 https://github.com/JiYou/openstack/blob/master/。

(4) 在 chap03/mysql/目录下，执行如下命令，完成初始化工作。

```
./init.sh
```

(5) 在 chap09/目录下，执行如下命令，完成 Dashboard 的自动安装。

```
./dashboard.sh
```

## 9.5 Web 界面使用及测试

Dashboard 安装好以后，便可以很方便地对 OpenStack 的各种虚拟资源实现图形化管理了。本节主要介绍如何在 Dashboard 上管理虚拟机、虚拟网络和虚拟磁盘镜像等资源。

### 9.5.1 登录 Dashboard

Dashboard 安装好以后，在浏览器[1]上输入 Dashboard 节点的地址，便会出现如图 9.1 所示的登录界面。

图 9.1 Dashboard 登录界面

注意：登录的用户名必须是 Keystone 服务器上注册的用户。由于 Dashboard 默认的租户是 service，因此登录用户必须在 service 租户下具有 admin 权限。

登录成功后会出现图 9.2 所示的界面。

---

[1] 可以使用任何能连接 Dashboard 节点的主机，推荐使用火狐浏览器。

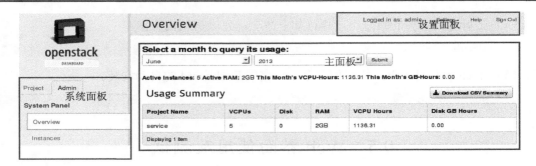

图 9.2　Dashboard 管理员概览界面

Dashboard 页面主要由系统面板、设置面板和主面板 3 部分组成。其中设置面板主要是设置 Dashboard 的语言和时区，系统面板是 Dashboard 功能的索引，而主面板负责对各种虚拟资源的管理。

在系统面板中共有两个选项卡：Admin 和 Project 选项卡。这里的 Project 其实就是租户。前面已经多次介绍过，OpenStack 所有的虚拟资源都必须属于某个租户。Project 选项卡，主要完成对某个租户下虚拟资源的管理。而 Admin 选项卡，则是实现对所有租户虚拟资源的统一管理。值得注意的是，由于很多虚拟资源都必须属于某个租户，因此它们的创建不能在 Admin 选项卡下进行。图 9.3 列出了 Admin 和 Project 选项卡下的功能列表。

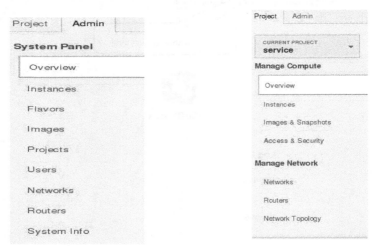

图 9.3　Admin 和 Project 选项卡的功能列表

图 9.3 中主要功能的详细说明见表 9.2。

表 9.2　Dashboard系统面板各项功能的详细说明

| 选项卡 | 功能 | 说　　明 | 对应 OpenStack 组件 |
|---|---|---|---|
| Admin | Overview | 统计虚拟资源（包括虚拟 CPU、内存和磁盘）的使用情况 | Nova |
| | Instances | 查看、修改、删除虚拟机 | Nova |
| | Flavors | 查看、修改、创建、删除虚拟机规格 | Nova |
| | Projects | 查看、修改、创建、删除租户信息 | Keystone |
| | Users | 查看、修改、创建、删除用户信息 | Keystone |

## 第 9 章 安装 Dashboard Web 界面

续表

| 选项卡 | 功能 | 说明 | 对应 OpenStack 组件 |
|---|---|---|---|
| | Networks | 查看、修改、创建、删除虚拟网络 | Quantum |
| | Routers | 查看、修改、删除虚拟路由[1] | Quantum |
| | System Info | 查看 OpenStack 服务所在的主机地址，查看各个虚拟资源的 Quota[2] | Keystone & Nova |
| | Overview | 统计某一租户的虚拟资源（包括虚拟 CPU、内存和磁盘）的使用情况 | Nova |
| | Instances | 查看、修改、创建、删除某一租户下的虚拟机 | Nova |
| Project | Images & Snapshots | 查看、修改、创建、删除虚拟磁盘镜像和快照[3] | Glance |
| | Acess & Security | 管理安全组[4]、Keypair[5]、浮动 IP[6]和端点[7]等资源 | Nova & Quantum & Keystone |
| | Networks | 查看、修改、创建、删除虚拟网络 | Quantum |
| | Routers | 查看、修改、创建、删除虚拟路由 | Quantum |
| | Network Topology | 查看虚拟机网络拓扑结构 | Quantum & Nova |

### 9.5.2 使用 Dashboard 上传镜像

（1）在 Project 选项卡下选择 Images & Snapshots 选项，见图 9.4。
（2）在主面板中单击 Create Image 按钮，见图 9.4。

图 9.4 上传磁盘镜像

---

1 虚拟路由和平时使用的物理路由器功能类似，是为了实现内网虚拟机与外网之间的通信。
2 所谓的 Quota 其实是指各种虚拟资源在各个租户下的上限。比如 Instances 的 Quota 为 10，就表示在一个租户下，最多只能创建 10 个虚拟机。
3 这里的快照，其实就是虚拟机磁盘镜像的一个备份。
4 安全组是设置外网访问虚拟机的权限。一台虚拟机可以使用一个或者多个安全组。当虚拟机创建时，OpenStack 会在虚拟机所在物理机的 iptable 中设置相应的条目，来保护虚拟机的网络环境。
5 一个 Keypair 由一对公钥和私钥组成。创建虚拟机时，会把私钥保存在物理机上，而公钥注册在虚拟机中。虚拟机创建以后，必须使用私钥来登录虚拟机。
6 浮动 IP 通常是一个外网 IP。当虚拟机和一个外网 IP 相关联以后，外网的主机便可以访问虚拟机了。
7 OpenStack 各个组件之间是使用 RESTful API 连接的。而 RESTful API 其实是在 HTTP 协议基础上做了一层封装。Keystone 中的端点指明了 OpenStack 的各个 API 服务的地址。

（3）在弹出的上传磁盘镜像对话框中设置相应的选项，并单击 Create Image 按钮，便可完成上传了。见图 9.5。

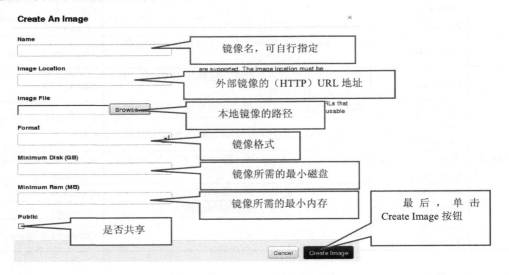

图 9.5　Create An Image 对话框

🔔注意：
① Horizon 支持外部 URL 和本地上传两种上传镜像的方式，只需指明其一即可。
② 通过 Dashboard 也无法上传大镜像。要想上传大镜像，还需采用第 5.3.4 小节介绍的方法。

## 9.5.3　使用 Dashboard 创建网络

（1）在 Project 选项卡下选择 Networks 选项，在主面板中单击 Create Network 按钮，如图 9.6 所示。

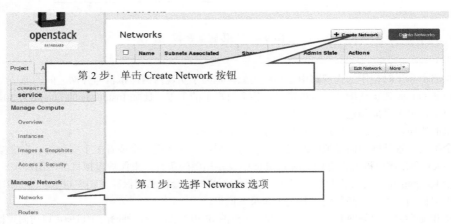

图 9.6　创建网络

（2）单击 Create Network 按钮后，会弹出 Create Network 对话框。对话框共有 3 个选

项卡：Network、Subnet 和 Subnet Detail。

（3）在 Network 选项卡下设置网络名，见图 9.7。

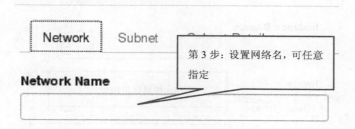

图 9.7　Create Network 对话框（Network 选项卡）

（4）在 Subnet 选项卡下设置子网，并单击 Create 按钮，见图 9.8。

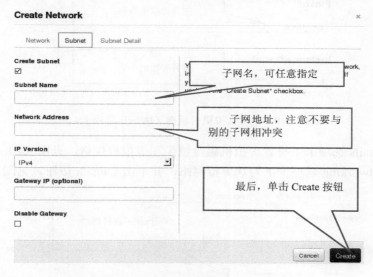

图 9.8　Create Network 对话框（Subnet 选项卡）

## 9.5.4　使用 Dashboard 创建虚拟机

（1）在 Project 选项卡下选择 Instances 选项，见图 9.9。在主面板中单击 Launch Instance 按钮。

图 9.9　创建虚拟机

（2）单击 Launch Instance 按钮后，会弹出 Launch Instance 对话框。对话框共有 4 个选项卡：Details、Access & Security、Networking 和 Post Creation，见图 9.10。

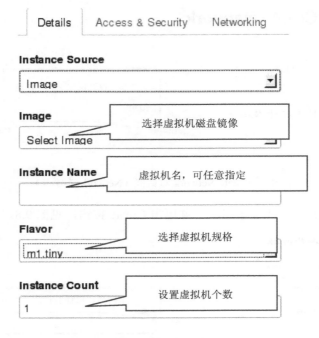

图 9.10 创建虚拟机对话框（Details 选项卡）

（3）在 Details 选项卡下设置虚拟机磁盘镜像和虚拟机规格，见图 9.10。
（4）在 Networking 选项卡下勾选虚拟网络，并单击 Launch 按钮，见图 9.11。

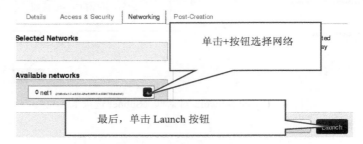

图 9.11 创建虚拟机对话框（Networking 选项卡）

## 9.6 常见错误分析

Dashboard 登录失败，可以有如下几个原因。

- local_settings.py 文件中，Keystone 节点设置错误。Dashboard 在登录时，会向 Keystone 服务器发送认证请求。因此，Keystone 节点设置成功，是保证 Dashboard 正常运行的基础。Keystone 节点的设置参见 9.3.1 小节 Keystone 服务器的配置部分。

❑ Keystone 节点与 Dashboard 节点的时间不同步。Keystone 是通过 Token 来认证用户身份的,每一个 Token 都有一个有效期。如果 Keystone 节点和 Dashboard 节点的时间不同步,可能会导致 Token 失效。

❑ OpenStack 其他组件没有正常启动。从表 9.2 可以看到,Dashboard 的各项功能几乎依赖于 OpenStack 所有服务。因此,要使得 Dashboard 正常运作,首先得保证 OpenStack 其他服务正常启动。这里,最重要的是 Keystone 和 Nova 这两个服务。

## 9.7 小　　结

安装和启动 Horizon 的步骤如下:
(1) 安装 apt-get 和 pip 依赖包,见第 9.2.1 小节。
(2) 向 MySQL Server 添加 Dashboard 用户,并创建 Dashboard 数据库,见第 9.2.2 小节创建 MySQL 数据库部分。
(3) 编译安装 Horizon 源码包,见第 9.2.2 小节源码安装 Horizon 包部分。
(4) 配置 local_settings.py 文件,主要是配置数据库和 Keystone 服务器,见 9.3.1 小节。
(5) 修改 secrete_key.py 文件,见 9.3.2 小节。
(6) 配置 Apache2,见 9.3.3 小节。
(7) 分别在 Nova 控制节点和 Dashboard 节点上启动 nova-novncproxy 和 nova-xvpvncproxy 服务,见 9.3.4 小节。
(8) 重启 Apache2。

```
# service apache2 restart
```

# 第 10 章　OpenStack 部署示例

在前面的章节中，都只是介绍了各个组件单独的安装及使用。在本章中将介绍 OpenStack 系统如何部署、使用和维护。

本章主要涉及到的知识点如下：

- ❑ OpenStack 单节点部署：也称之为 All-in-one 的部署方式。
- ❑ OpenStack 多节点部署：组件相互独立的部署方式，易于理解。
- ❑ OpenStack 实用部署：简单、易用、容易维护。

## 10.1　OpenStack 单节点部署

本节首先介绍 OpenStack 单节点部署的框架。通过单节点部署的示意图，能够更好地理解 OpenStack 各组件之间的相互依赖关系。

### 10.1.1　单节点部署的特点

在使用单节点部署之前，需要回答的问题是：什么是单节点部署？为什么要采用单节点部署？

#### 1. 单节点部署

在介绍其他组件时，也会遇到单节点部署的示例。比如把 Swift 或 Cinder 存储系统只部署在一个节点上。这种把所有的相关服务都部署在同一个节点的部署方式，也同样适用于 OpenStack。图 10.1 显示了单节点部署的框架。

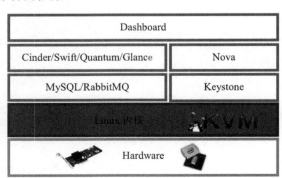

图 10.1　单节点部署示意图

### 2．单节点部署的优点

由于单节点部署占用资源少，能够使用大部分 OpenStack 的功能，因此，当硬件资源有限时，可以采用这种安装部署方式。此外，单节点部署只涉及一台物理节点，具有如下优点：

- 管理、维护容易，只需要维护一台节点。
- 网络结构简单，不需要考虑复杂的网络拓扑结构。
- 调试、研究方便，所有的服务都位于同一台节点，不需要跨节点进行调试。
- 占用资源少，可以很容易地搭建。

## 10.1.2 准备工作

在单节点部署的时候，可以使用一台物理节点，也可以使用一台虚拟机进行部署。单节点部署的情况下，OpenStack 所有的组件都在运行，会占用非常多的资源。因此，希望物理节点或者虚拟机，都拥有较好的配置。本小节将介绍如何准备好虚拟机。如果使用的是物理机，那么可以在装好 Ubuntu-12.10 系统之后，直接略过本小节。

### 1．准备资源

（1）安装系统包

首先应该在物理节点上安装虚拟化所需要的一系列软件包：

```
git clone https://github.com/JiYou/openstack.git
chmod +x openstack/tools/host_package.sh
./openstack/tools/host_package.sh
```

（2）下载安装包，并且建立目录树

```
cp -rf openstack/chap03/cloud /
cp -rf openstack/chap10/allinone/allinone.sh /cloud/
chmod +x /cloud/*.sh
```

（3）准备虚拟机磁盘

将虚拟磁盘 ubuntu-12.10.raw 复制到 /cloud/_base 目录下，形成如下的目录树结构：

```
/cloud/
├── allinone.sh
├── _base
│   ├── back
│   └── ubuntu-12.10.raw
└── vm.sh
```

（4）检查主机网络配置

查看 br100 是否配置好，如果已经配置好，将会有如下输出：

```
1    $ ifconfig br100
2    br100     Link encap:Ethernet  HWaddr 00:15:17:ce:b0:25
3              inet addr:10.239.XX.XX  Bcast:10.239.XX.255      Mask:255.255.255.0
```

```
4                inet6 addr: fe80::215:17ff:fece:b025/64 Scope:Link
5                UP BROADCAST RUNNING MULTICAST  MTU:1500  Metric:1
```

如果发现 br100 并未配置，那么可以参考如下配置：

```
auto br100
iface br100 inet dhcp
bridge_ports eth0          # 这里的网卡需要根据具体情况进行设置
bridge_stp off
bridge_maxwait 0
bridge_fd 0
```

△注意：有些系统上，并没有 eth0，而是将 eth0 更名为 em1，此时应该将 eth0 更改为 em1。
配置成功之后，重启网络：/etc/init.d/networking restart。

### 2. 创建虚拟机

（1）创建虚拟机
当做好准备工作之后，即可创建虚拟机：

```
cd /cloud
./allinone.sh s-allinone disk
```

△注意：运行成功之后，虚拟机并不会自动运行。此外，由于默认配置是使用 1G 内存及 1 个 vcpu，需要根据实际情况增大配置。

（2）更改配置文件
更改虚拟机内存与 vcpu 数量：

```
$ cat s-allinon/s-allinone
<memory>1048576</memory>
<currentMemory>1048576</currentMemory>     # 两个内存的值保持一致
<vcpu>1</vcpu>
```

△注意：vcpu 的数量应该根据物理 CPU 的核与线程数决定。通过 cat /proc/cpuinfo 可以查看物理 CPU 的详细参数。

（3）运行虚拟机
当配置文件修改好之后，就可以运行虚拟机了：

```
cd /cloud/
virsh define s-allinone/s-allinone
virsh start s-allinone
```

（4）查看虚拟机
当虚拟机成功运行之后，可以通过以下命令查看虚拟机是否成功运行：

```
$ virsh list --all
 Id    Name                           State
----------------------------------------------------
 68    s-allinone                     running
```

但是虚拟机是否正常启动，还是需要通过 VNC 端口才可以确定：

```
$ virsh vncdisplay s-allinone
```

:9

## 10.1.3 系统初始化配置

当单节点准备好之后,首先要对虚拟机系统进行初始化的配置。对系统进行初始化之后,可以减少后续安装过程中出错的可能性。

(1) apt-get 源配置

如果单节点无法正常访问网络,那么一种简便的方法就是创建本地源:

```
cd openstack/chap10/allinone
./create_http_repo.sh
```

运行这个脚本,将在 s-allinone 这个单节点上搭建一个小型的 apt-get 系统包的源,以及 python 包源。安装成功之后,通过链接 http://s-allinone/ubuntu 或者是 http://s-allinone/pip,将会访问到这些安装包。

(2) 虚拟机初始化

首先应该执行初始化脚本 init.sh。

```
cd openstack/chap10/allinone
./init.sh
```

初始化的过程中,主要是配置防火墙,将 OpenStack 服务的端口打开。此外,还会准备一些简单的脚本及系统工具,以供安装 OpenStack 各个组件时使用。

## 10.1.4 安装 OpenStack 各组件

做好各种准备工作之后,便可以开始安装 OpenStack 的各个重要组件。

### 1. MySQL

(1) 修改 localrc 配置文件

```
01  # Python 包安装源
02  PIP_HOST=s-allinone                      # 提供 Python 包的主机名
03
04  # MySQL 数据库服务
05  MYSQL_ROOT_PASSWORD=mysqlpassword        # 数据库 root 用户的密码,可自定义
06  MYSQL_HOST=s-allinone                    # 数据库服务主机名
```

(2) 安装 MySQL

```
cd openstack/chap10/allinone
./mysql.sh
```

### 2. RabbitMQ

(1) 修改 localrc 配置文件

```
RABBITMQ_HOST=s-allinone                 # 单节点安装,指向此节点主机名
RABBITMQ_USER=guest                      # 连接消息转发服务的用户名,不建议更改
RABBITMQ_PASSWORD=rabbit_password        # 连接消息转发服务的密码,可自定义
```

（2）安装 RabbitMQ

```
./rabbitmq.sh
```

安装完成之后，可以通过如下命令查看 RabbitMQ 运行状态：

```
$ service rabbitmq-server status
Status of node 'rabbit@s-allinone' ...
```

### 3. Keystone

（1）修改 localrc 配置文件

```
01    # Keystone 服务配置
02    MYSQL_KEYSTONE_USER=keystone                          # 不建议修改
03    MYSQL_KEYSTONE_PASSWORD=keystone_password             # 可自定义
04    KEYSTONE_HOST=allinone-cinder                         # 安装 Keystone 的主机名
05    ADMIN_PASSWORD=admin_user_password                    # 可自定义
06    ADMIN_TOKEN=admin_token                               # 可自定义
07    SERVICE_TOKEN=$ADMIN_TOKEN                            # 不可修改
08    ADMIN_USER=admin                                      # 不建议修改
09    SERVICE_TENANT_NAME=service                           # 不建议修改
```

（2）安装 Keystone

```
./keystone.sh
```

成功运行之后，可以通过如下命令测试服务：

```
$ service keystone test
```

如果运行正常，将会看到如下输出：

```
26719c2531a447989aed768e703a88ef
```

由于环境不同，具体输出的字符串也有可能各不相同。

### 4．Swift

（1）修改 localrc 配置文件

```
SWIFT_HOST=s-allinone                                        # 指向 swift-proxy 所在节点的主机名
SWIFT_NODE_IP=127.0.0.1                                      # 单节点部署，与 swift-proxy 同名
KEYSTONE_SWIFT_SERVICE_PASSWORD=keystone_swift_password      # 可自定义
SWIFT_DISK_PATH=/dev/vdb                                     # 用来支持 swift 存储的分区，可修改
```

注意：SWIFT_NODE_IP 是指存储节点的 IP 地址，不能是主机名。由于这里是单节点安装，所以在填写 IP 地址时，直接填写了 127.0.0.1。

（2）安装 Swift Proxy 服务

```
./swift-proxy.sh
```

（3）准备 Swift 存储分区

在创建虚拟机时，已经为 Swift 准备了 /dev/vdb 额外的空闲分区。如果没有准备这个分区，那么也可以通过文件创建分区，方法如下：

```
dd if=/dev/zero of=/mnt/cinder-volumes bs=1 count=0 seek=2G
losetup /dev/loop2 /mnt/cinder-volumes
```

通过这种方式创建的虚拟分区，需要修改 localrc 文件：

```
SWIFT_DISK_PATH=/dev/loop2
```

（4）安装 Swift Storage 服务

```
./swift-storage.sh
```

（5）查看 Swift 服务状态

Swift 安装完成之后，首先需要查看日志文件/var/log/swift/。通过日志文件，可以知道服务运行时，是否报错。

此外，也可以通过 Swift 客户端命令来检查是否出错：

```
$ ./source /root/swiftrc
$ swift stat
   Account: AUTH_2fe3166754944aecb169ad73255452bb
Containers: 0
   Objects: 0
     Bytes: 0
Accept-Ranges: bytes
X-Timestamp: 1375930921.77025
X-Trans-Id: txc8ddce30e4434e2ea7193a7936da50e2
Content-Type: text/plain; charset=utf-8
```

如果正确运行，将会看到输出示例，具体信息将会不同。

### 5. Glance

（1）修改 localrc 配置文件

```
GLANCE_HOST=s-allinone                                    # Glance 服务主机名
MYSQL_GLANCE_USER=glance                                  # Glance 连接数据库用户名
MYSQL_GLANCE_PASSWORD=glance_password                     # Glance 连接数据库密码
KEYSTONE_GLANCE_SERVICE_PASSWORD=keystone_glance_password # 连接 Keystone
密码
```

（2）安装 Glance

```
./glance-with-swift.sh
```

（3）检查 Glance 服务状态

当 Glance 服务成功运行之后，可以通过查看/var/log/glance 目录下的日志文件来检测是否出错。此外，也可以通过 Glance 客户端命令查看状态：

```
$ source /root/glancerc
$ glance index
ID Name Disk Format  Container Format  Size
-----------------------------------------------
```

如果服务正常运行，将会看到输出信息。

### 6. Quantum

（1）修改 localrc 配置文件

```
QUANTUM_HOST=s-allinone                                    # Quantum Server 主机名
MYSQL_QUANTUM_USER=quantum                                 # 连接数据库的用户名
MYSQL_QUANTUM_PASSWORD=quantum_password                    # 连接数据库的密码,可修改
KEYSTONE_QUANTUM_SERVICE_PASSWORD=keystone_quantum_password
# 连接 keystone 密码
```

(2) 安装 Quantum Server 服务

```
./quantum-api.sh
```

(3) 安装 Quantum Agent 服务

```
./quantum-agent.sh
```

(4) 查看 Quantum 服务

安装完成之后,应该查看/var/log/quantum 目录下的日志。除此之外,也可以利用 Quantum 的客户端命令检查服务是否正常:

```
$ source /root/quantumrc
$ quantum net-list

$
```

如果得到类似输出,而且没有任何报错,说明 Quantum 服务运行正常。

### 7. Cinder

(1) 修改 localrc 配置文件

```
01   CINDER_HOST=s-allinone                                    # Cinder API 主机名
02   MYSQL_CINDER_USER=cinder                                  # 连接数据库用户名
03   MYSQL_CINDER_PASSWORD=cinder_password                     # 连接数据库密码
04   KEYSTONE_CINDER_SERVICE_PASSWORD=keystone_cinder_password
# 连接 Keystone 密码
05   VOLUME_GROUP=cinder-volumes                               # 不建议更改
06   VOLUME_DISK=/dev/vdc                                      # 可自定义
```

(2) 安装 Cinder API 服务

```
./cinder-api.sh
```

(3) 安装 Cinder Volume 服务

```
./cinder-volume.sh
```

(4) 检查 Cinder 服务

安装完成之后,应该检查/var/log/cinder 目录下的日志文件。此外,还可以通过 Cinder 客户端命令检查服务是否正常运行:

```
$ source /root/cinderrc
$ cinder list
$
```

如果得到输出信息,并且没有报错,那么说明 Cinder 服务已正常运行。

## 8. Nova

（1）修改 localrc 配置文件

```
NOVA_HOST=s-allinone                                              # Nova API 节点主机名
MYSQL_NOVA_USER=nova                                              # 连接数据库用户名
MYSQL_NOVA_PASSWORD=nova_password                                 # 连接数据库密码
KEYSTONE_NOVA_SERVICE_PASSWORD=keystone_nova_password             # 连接Keystone密码
LIBVIRT_TYPE=qemu                                                 # Hypervisor 类型
NOVA_COMPUTE_NIC_CARD=eth2                                        # Nova 通信时使用的网卡
```

**注意**：如果是在虚拟机中安装 OpenStack，应尽量将此值设置为 qemu。某些型号的 CPU 不支持嵌套的虚拟化方案。

（2）安装 Nova API 服务

```
./nova-api.sh
```

（3）安装 Nova Compute 服务

```
./nova-compute.sh
```

（4）检查 Nova 服务

安装完成之后，可以通过查看 /var/log/nova/ 下的日志文件，确定服务启动过程中是否报错。此外，还可以通过 Nova 客户端命令查看是否出错：

```
$ source /root/novarc
$ nova list
+----+------+--------+----------+
| ID | Name | Status | Networks |
+----+------+--------+----------+
+----+------+--------+----------+
```

如果能够得到输出信息，证明 Nova 服务已正常运行。

## 9. Dashboard

（1）修改 localrc 配置文件

```
DASHBOARD_HOST=s-allinone                                         # Dashboard 主机名
MYSQL_DASHBOARD_USER=dashboard                                    # 连接数据库用户名
MYSQL_DASHBOARD_PASSWORD=dashboard_password                       # 连接数据库密码
```

（2）安装 Dashboard

```
./dashboard.sh
```

（3）检查 Dashboard 服务

安装完成之后，就可以通过 http://s-allinone/ 来登录 OpenStack 系统，进行操作了。需要注意的是，用户名为 admin 的时候，密码应该是：

```
ADMIN_PASSWORD=admin_user_password       # 在配置 Keystone 服务时配置，可自定义
```

即 admin_user_password。

## 10. 使用OpenStack

装好 Dashboard 之后，就可以使用 OpenStack 了。由于此时 OpenStack 中并没有现成的虚拟磁盘以供使用，需要利用 glance 上传一个虚拟机磁盘。

（1）上传 image

注册 ttylinux 小型 Linux 操作系统：

```
$ cd openstack/tools/
$ ./register_ttylinux.sh
```

如果希望使用 cirros 的 image，可以运行：

```
./register_cirros.sh
```

（2）修改 image 属性

首先通过 glance index 查看相应 image 的 ID。注意，应该是针对 ami 格式的磁盘修改其属性：

```
# 罗列 ami 格式的磁盘的 ID 和名字
$ glance index | grep ami | awk '{print $1,$2}'
0d979a06-9b7c-4dd8-ad6d-8ea3fe3c9f0e ttylinux.img
```

修改相应 ID 磁盘的属性：

```
glance image-update --property hw_disk_bus=ide \
  0d979a06-9b7c-4dd8-ad6d-8ea3fe3c9f0e
```

这里修改磁盘属性的主要原因是：无论是 ttylinux 或者 cirros，系统内部都没有 virtio 的磁盘驱动，而 OpenStack 默认是采用 virtio 的磁盘驱动。如果不修改磁盘属性，会导致创建的虚拟机无法正常启动。

（3）登录 Dashboard

通过访问 http://s-allinone/便可以访问 OpenStack 云服务，如图 10.2 所示。

图 10.2　登录 Dashboard 初始页面

(4) 创建网络

登录成功之后,首先应该创建虚拟网络,如图 10.3 所示。

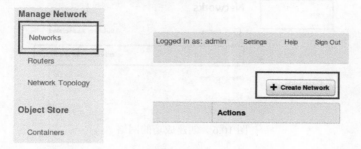

图 10.3　单击右上角的 Create Network 按钮

在弹出的对话框中,输入创建的子网名称,如图 10.4 所示。输入网络详细信息,如图 10.5 所示。

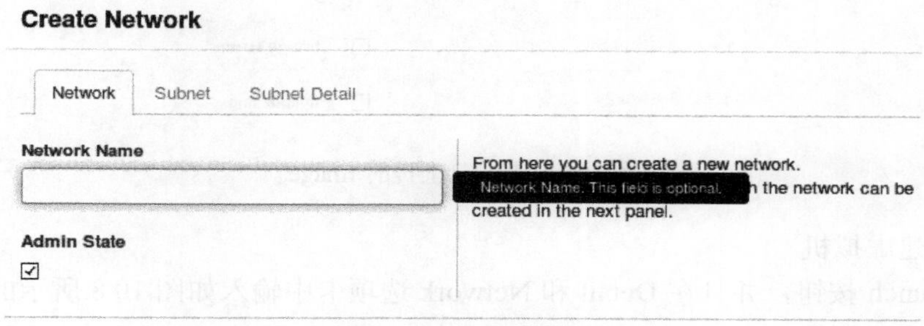

图 10.4　输入创建网络的名称

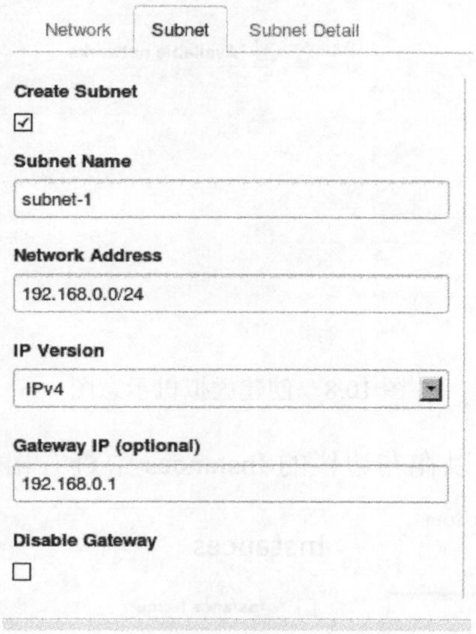

图 10.5　在第 2 个选项卡中输入网络详细信息

如果还有特殊的网络配置,请单击第 3 个选项卡 Subnet Detail。一般情况下不需要设置第 3 个选项卡,输入完毕之后,单击 Create 按钮,将会成功创建网络。查看网络信息,将会看到创建成功的网络，如图 10.6 所示。

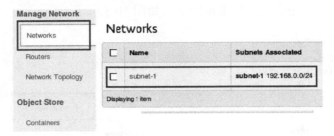

图 10.6 创建成功的网络

（5）查看 Image

创建虚拟机之前，首先查看一下能否在 Dashboard 上看到相应的 Image，如图 10.7 所示。

图 10.7 查看已上传的 Image

（6）创建虚拟机

单击 launch 按钮，并且在 Detail 和 Network 选项卡中输入如图 10.8 所示的信息。

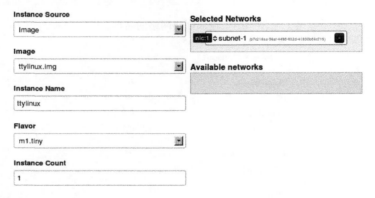

图 10.8 创建虚拟机示意图

（7）创建成功之后，即可以在左边栏的 Instances 中查看相应的虚拟机，如图 10.9 所示。

图 10.9 查看成功创建的虚拟机

（8）访问虚拟机

虚拟机创建成功之后，即可以通过 Dashboard 上的 VNC 页面进行访问，如图 10.10 所示。

图 10.10　通过 VNC 页面访问虚拟机

可以得到如图 10.11 所示的 VNC 页面。

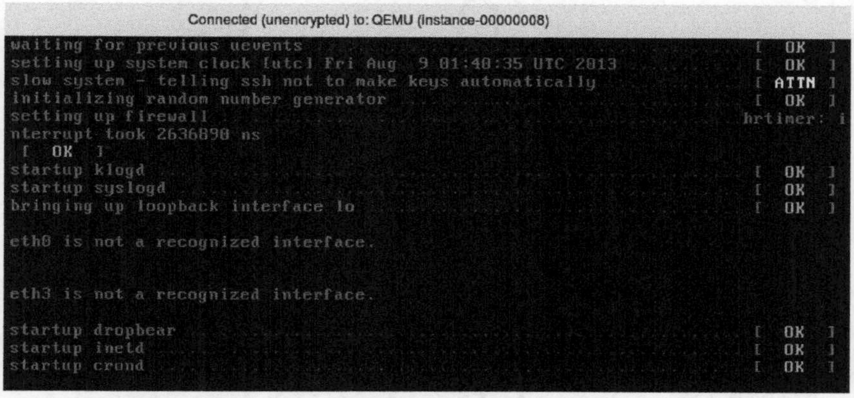

图 10.11　虚拟机 VNC 示意图

## 10.2　OpenStack 多节点部署

本节将介绍多节点部署。通过多节点部署，能够更加清晰地了解 OpenStack 各个组件之间的耦合关系。

### 10.2.1　多点部署特点

#### 1．单节点部署的缺点

单节点部署虽然具有各种各样的优点，但是也存在着以下缺点：
- 扩展较难。
- 只具有研究价值，不具备实用性。
- 不能更好地研究与理解 OpenStack 各组件之间的关系。

因此，一种初步具备实用性的多节点部署方式应运而生。

#### 2．多节点部署的架构

本节介绍的多节点部署，将采用如图 10.12 所示的方式进行部署。

第 2 篇 安装篇

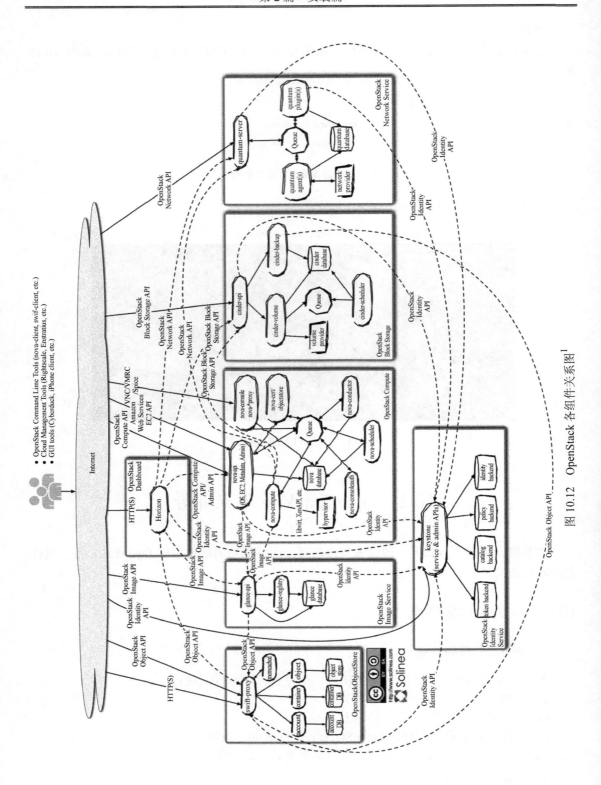

图 10.12 OpenStack 各组件关系图[1]

1 http://www.solinea.com/2013/06/15/openstack-grizzly-architecture-revisited/。

多节点的部署是完全参考图 10.12 进行部署，具体部署结构如图 10.13 所示。

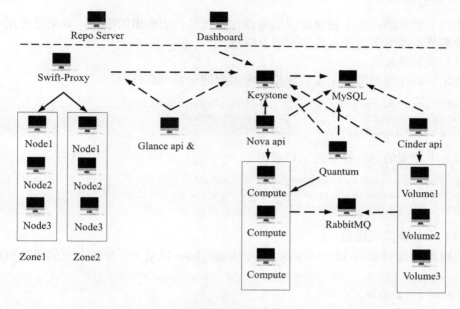

图 10.13　虚拟机 VNC 示意图

在图 10.13 中，实线表示主机之间相互的管理关系，而虚线表示主机之间的相互依赖关系。此外，为了与真实使用环境相接近，只有 Dashboard 是暴露在外部网络环境中，其他所有的节点都处于内部网络环境中。更加复杂一点的部署环境中，还可以将方框中的节点放置于一个独立的子网中（Volume 节点需要与 Compute 节点位于同一个网络中，Compute 节点的虚拟机能挂载块存储设备）。

> 注意：Repo Server 主要是为内部节点提供系统包和 python 包的安装源，并不属于 OpenStack 的组件，只是为了安装方便。此外，还可以通过 Repo Server 连接至内部节点。

### 3．多节点部署的优点

当硬件资源充足时，可以采用多节点的部署方式。多节点部署具有如下优点：
- 管理、维护较接近真实环境。
- 能够更加清楚地理解 OpenStack 各组件之间的相互依赖关系。
- 能够测试 OpenStack 各组件的功能与稳定性。

## 10.2.2　部署流程

在多节点部署时，需要使用多台物理节点，或者是使用多台虚拟机进行部署。由于多节点部署涉及到多个物理机与虚拟机，所以应该准备好足够的物理资源。此外，由于服务被分散至多个节点中，每个节点也不需要特别好的配置。

## 1. 准备资源

此处主要介绍：为了创建虚拟机应该在物理节点上所做的准备，如果是使用多个物理节点做多节点的部署，那么此步骤可以略过。

（1）安装系统包

首先应该在物理节点上安装虚拟化所需要的一系列软件包：

```
git clone https://github.com/JiYou/openstack.git
chmod +x openstack/tools/host_package.sh
./openstack/tools/host_package.sh
```

（2）下载安装包，并且建立目录树

```
cp -rf openstack/chap03/cloud /
cp -rf openstack/chap10/mutiplenode/vm.sh /cloud/
chmod +x /cloud/*.sh
```

（3）准备虚拟机磁盘

将虚拟磁盘 ubuntu-12.10.raw 复制到/cloud/_base 目录下，形成如下的目录树结构：

```
/cloud/
├── allinone.sh
├── _base
│   ├── back
│   └── ubuntu-12.10.raw
└── vm.sh
```

（4）检查主机网络配置

查看 br100 是否配置好，如果已经配置好，将会有如下输出：

```
1   $ ifconfig br100
2   br100     Link encap:Ethernet  HWaddr 00:15:17:ce:b0:25
3             inet    addr:10.239.XX.XX        Bcast:10.239.XX.255
Mask:255.255.255.0
4             inet6 addr: fe80::215:17ff:fece:b025/64 Scope:Link
5             UP BROADCAST RUNNING MULTICAST  MTU:1500  Metric:1
```

如果发现 br100 并未配置，那么可以参考如下配置：

```
auto br100
iface br100 inet dhcp
bridge_ports eth0          # 这里的网卡需要根据具体情况进行设置
bridge_stp off
bridge_maxwait 0
bridge_fd 0
```

> 注意：有些系统上，并没有 eth0，而是将 eth0 更名为 em1，此时应该将 eth0 更改为 em1。配置成功之后，重启网络：/etc/init.d/networking restart。

## 2. Repo Server[1]

（1）创建虚拟机

---

[1] 由于 Dashboard 会修改 Apache 的默认设置，因此 Repo Server 不要与 Dashboard 位于同一个节点。

## 第 10 章 OpenStack 部署示例

当做好准备工作准备好之后，即可创建虚拟机：

```
cd /cloud
./vm.sh repo-server -d          # 参数-d 表示设置 eth0 为使用外部网络 DHCP
```

脚本运行成功之后，将会自动运行创建的虚拟机。vcpu 数量默认为 1，而内存大小默认为 1G，如果需要更改，可以更改如下参数：

```
$ cat repo-server/repo-server
<memory>1048576</memory>
<currentMemory>1048576</currentMemory>   # 两个内存的值保持一致
<vcpu>1</vcpu>
```

**注意**：vcpu 的数量应该根据物理 CPU 的核与线程数决定。通过 cat/proc/cpuinfo 可以查看物理 CPU 的详细参数。

Repo Server 的网络信息如下（自动生成，无需手动配置）。
- eth0：外部网络 IP 地址，如 10.239.XX.XXX。
- eth1：内部自建局域网 IP 地址，192.168.222.4。
- eth2：内部自建局域网 IP 地址，192.168.111.4。

eth1 在搭建 OpenStack 时，将被 Quantum 占用，在与其他节点通信时，容易出问题。因此，eth1 网卡及其 IP 地址均不会被使用，节点间的通信均使用 eth2。

（2）查看虚拟机

当虚拟机成功运行之后，可以通过以下命令查看虚拟机是否成功运行：

```
$ virsh list --all
 Id    Name                           State
----------------------------------------------------
 70    repo-server                    running
```

但是虚拟机是否正常启动，还是需要通过 VNC 端口才可以确定：

```
$ virsh vncdisplay repo-server
:0
```

（3）配置源

在内部局域网的节点无法正常访问网络，会导致 apt-get 无法正常使用。那么一种简便的方法就是创建本地源：

```
# 将安装包复制到 repo-server，放置于/mnt/目录
cd openstack/chap10/multiplenode/repo-server
./init.sh                                        # 初始化系统，配置防火墙
./create_http_repo.sh                            # 创建 http repo
```

运行这个脚本，将在 repo-server 这个单节点上搭建一个小型的 apt-get 系统包的源，以及 python 包源。通过链接 http://repo-server/ubuntu 或者是 http://192.168.111.4/pip，将会访问到这些安装包[1]。

配置成功之后，修改 localrc 配置文件：

```
PIP_HOST=192.169.111.4
```

---

[1] 在内建局域网中，如果没有配置 DNS 服务，将无法使用主机名进行访问，需要使用 IP 地址。

（4）分发安装包

为了方便局域网节点复制安装包，统一配置文件，在 repo-server 上可以建立一个 NFS 目录，提供给局域网节点使用。

```
$ apt-get install nfs-kernel-server
$ echo "/mnt/openstack *(rw,sync,no_root_squash)" >> /etc/exports
$ service nfs-kernel-server restart
$ showmount -e
Export list for repo-server:
/mnt/openstack *
```

如果得到类似的输出消息，则证明 NFS 创建成功。

### 3．MySQL

（1）创建虚拟机

```
cd /cloud
./vm.sh m-mysql
```

m-mysql 的网络信息如下（自动生成，无需手动配置）。

- eth0：未配置。
- eth1：内部自建局域网 IP 地址，192.168.222.5。
- eth2：内部自建局域网 IP 地址，192.168.111.5。

（2）准备工作

当 m-mysql 虚拟机创建成功之后，还需要完成以下准备工作[1]：

```
echo "">/etc/apt/apt.conf
echo "deb http://192.168.111.4/ubuntu quantal main" >/etc/apt/sources.list
apt-get update; apt-get install nfs-kernel-server
```

利用 NFS 挂载 repo-server 上的安装包：

```
mkdir -p /mnt/openstack
mount -t nfs 192.168.111.4:/mnt/openstack /mnt/openstack
```

（3）修改 localrc 配置文件

```
MYSQL_ROOT_PASSWORD=mysqlpassword
MYSQL_HOST=192.168.111.5
```

（4）安装数据库服务

```
cd /mnt/openstack/chap10/multiplenode/m-mysql/
./init.sh
./mysql.sh
```

### 4．RabbitMQ

（1）创建虚拟机
```
cd /cloud
./vm.sh m-rabbitmq
```

---

[1] 如果需要 ssh 连接至 m-mysql，可以先连接到 repo-server，再通过 ssh 连接至 m-mysql，其他节点亦然。

m-rabbitmq 的网络信息如下（自动生成，无需手动配置）。
- eth0：未配置。
- eth1：内部自建局域网 IP 地址，192.168.222.6。
- eth2：内部自建局域网 IP 地址，192.168.111.6。

（2）准备工作

```
echo "">/etc/apt/apt.conf
echo "deb http://192.168.111.4/ubuntu quantal main" >/etc/apt/sources.list
apt-get update; apt-get install nfs-kernel-server
mkdir -p /mnt/openstack
mount -t nfs 192.168.111.4:/mnt/openstack /mnt/openstack
```

（3）修改 localrc 配置文件

```
RABBITMQ_HOST=192.168.111.6
RABBITMQ_USER=guest
RABBITMQ_PASSWORD=rabbit_password
```

（4）安装 RabbitMQ 服务

```
cd /mnt/openstack/chap10/multiplenode/m-rabbitmq/
./init.sh
./rabbitmq.sh
```

## 5. Keystone

（1）创建虚拟机

```
cd /cloud
./vm.sh m-keystone
```

m-keystone 的网络信息如下（自动生成，无需手动配置）。
- eth0：未配置。
- eth1：内部自建局域网 IP 地址，192.168.222.7。
- eth2：内部自建局域网 IP 地址，192.168.111.7。

（2）准备工作

```
echo "">/etc/apt/apt.conf
echo "deb http://192.168.111.4/ubuntu quantal main" >/etc/apt/sources.list
apt-get update; apt-get install nfs-kernel-server
mkdir -p /mnt/openstack
mount -t nfs 192.168.111.4:/mnt/openstack /mnt/openstack
```

（3）修改 localrc 配置文件

```
MYSQL_KEYSTONE_USER=keystone
MYSQL_KEYSTONE_PASSWORD=keystone_password
KEYSTONE_HOST=192.168.111.7
ADMIN_PASSWORD=admin_user_password
ADMIN_TOKEN=admin_token
SERVICE_TOKEN=$ADMIN_TOKEN
ADMIN_USER=admin
SERVICE_TENANT_NAME=service
```

（4）安装 Keystone 服务

```
cd /mnt/openstack/chap10/multiplenode/m-keystone/
./init.sh
./keystone.sh
```

### 6. Swift Proxy

（1）创建虚拟机

```
cd /cloud
./vm.sh m-swift-proxy
```

m-swift-proxy 的网络信息如下（自动生成，无需手动配置）。
- eth0：未配置。
- eth1：内部自建局域网 IP 地址，192.168.222.8。
- eth2：内部自建局域网 IP 地址，192.168.111.8。

（2）准备工作

```
echo "">/etc/apt/apt.conf
echo "deb http://192.168.111.4/ubuntu quantal main" >/etc/apt/sources.list
apt-get update; apt-get install nfs-kernel-server
mkdir -p /mnt/openstack
mount -t nfs 192.168.111.4:/mnt/openstack /mnt/openstack
```

（3）修改 localrc 配置文件

```
SWIFT_HOST=s-allinone
SWIFT_NODE_IP={192.168.111.9,192.168.111.10,192.168.111.11},{192.168.111.12,192.168.111.13,192.168.111.14}
KEYSTONE_SWIFT_SERVICE_PASSWORD=keystone_swift_password
SWIFT_DISK_PATH=/dev/vdb
SWIFT_NODE_NIC_CARD=eth2                    # 表明 Swift 存储系统所使用的网卡
```

> 注意：swift-proxy.sh 在安装的过程中，至少需要添加一个节点（尽管有可能这个节点还并不存在）。注意在设置 SWIFT_NODE_IP 时，利用{}符号进行 Zone 的分割。并且{}不能嵌套，比如，不能出现{192.168.111.9,{192.168.111.10}}的情况。在 swift-proxy.sh 脚本中，每个节点的存储路径都是位于/sdb1 目录下，节点的 IP 地址不能重复。SWIFT_NODE_NIC_CARD 变量指明了存储节点在通信时所使用的网卡，如果要更改网卡为 eth1，请务必注意更改 SWIFT_NODE_IP 相应信息。

（4）安装 Swift Proxy 服务

```
cd /mnt/openstack/chap10/multiplenode/m-swift-proxy/
./init.sh
./swift-proxy.sh
```

### 7. Swift Storage

（1）创建虚拟机

```
cd /cloud
for n in z1-a z1-b z1-c z2-a z2-b z2-c; do
./vm.sh m-swift-$n disk
done
```

每个 Swift Storage Node 的网络信息如下（自动生成，无需手动配置）。
- eth0：未配置。
- eth1：内部自建局域网 IP 地址，Zone1 {192.168.222.9, 192.168.222.10, 192.168.222.11}，Zone2 {192.168.222.13, 192.168.222.14, 192.168.222.15}。
- eth2：内部自建局域网 IP 地址，Zone1 {192.168.111.9, 192.168.111.10, 192.168.111.11}，Zone2 {192.168.111.13, 192.168.111.14, 192.168.111.15}[1]。

（2）准备工作

```
echo "">/etc/apt/apt.conf
echo "deb http://192.168.111.4/ubuntu quantal main" >/etc/apt/sources.list
apt-get update; apt-get install nfs-kernel-server
mkdir -p /mnt/openstack
mount -t nfs 192.168.111.4:/mnt/openstack /mnt/openstack
```

（3）安装 Swift Storage 服务

每个 Swift Storage Node 都需要运行如下命令安装 Swift Storage 服务：

```
cd /mnt/openstack/chap10/multiplenode/m-swift-storage/
./init.sh
./swift-storage.sh
```

8. Glance

（1）创建虚拟机

```
cd /cloud
./vm.sh m-glance
```

m-glance 的网络信息如下（自动生成，无需手动配置）。
- eth0：未配置。
- eth1：内部自建局域网 IP 地址，192.168.222.16。
- eth2：内部自建局域网 IP 地址，192.168.111.16。

（2）准备工作

```
echo "">/etc/apt/apt.conf
echo "deb http://192.168.111.4/ubuntu quantal main" >/etc/apt/sources.list
apt-get update; apt-get install nfs-kernel-server
mkdir -p /mnt/openstack
mount -t nfs 192.168.111.4:/mnt/openstack /mnt/openstack
```

（3）修改 localrc 配置文件

```
GLANCE_HOST=192.168.111.16
MYSQL_GLANCE_USER=glance
MYSQL_GLANCE_PASSWORD=glance_password
KEYSTONE_GLANCE_SERVICE_PASSWORD=keystone_glance_password
```

（4）安装 Glance 服务

```
cd /mnt/openstack/chap10/multiplenode/m-glance/
./init.sh
./glance.sh
```

---

[1] 由于 192.168.111.12 已被占用，所以并未出现此 IP 地址。

### 9. Cinder API

（1）创建虚拟机

```
cd /cloud
./vm.sh m-cinder-api
```

m-cinder-api 的网络信息如下（自动生成，无需手动配置）。

- eth0：未配置。
- eth1：内部自建局域网 IP 地址，192.168.222.17。
- eth2：内部自建局域网 IP 地址，192.168.111.17。

（2）准备工作

```
echo "">/etc/apt/apt.conf
echo "deb http://192.168.111.4/ubuntu quantal main" >/etc/apt/sources.list
apt-get update; apt-get install nfs-kernel-server
mkdir -p /mnt/openstack
mount -t nfs 192.168.111.4:/mnt/openstack /mnt/openstack
```

（3）修改 localrc 配置文件

```
CINDER_HOST=192.168.111.17
MYSQL_CINDER_USER=cinder
MYSQL_CINDER_PASSWORD=cinder_password
KEYSTONE_CINDER_SERVICE_PASSWORD=keystone_cinder_password
VOLUME_GROUP=cinder-volumes
VOLUME_DISK=/dev/vdb
```

> 注意：VOLUME_DISK 采用的是/dev/vdb。由于 Cinder 集群与 Swift 集群并无交叉的情况，所以可以使用相同的分区。当 Cinder 块存储与 Swift 服务位于同一个节点上的时候，不能使用同一个分区。

（4）安装 Cinder API 服务

```
cd /mnt/openstack/chap10/multiplenode/m-cinder-api/
./init.sh
./cinder-api.sh
```

### 10. Cinder Volume

（1）创建虚拟机

```
cd /cloud
for n in a b c; do
./vm.sh m-cinder-volume-$n disk
done
```

m-cinder-volume-${n} 的网络信息如下（自动生成，无需手动配置）。

- eth0：未配置。
- eth1：内部自建局域网 IP 地址，{192.168.222.18, 192.168.222.19, 192.168.222.20}。
- eth2：内部自建局域网 IP 地址，{192.168.111.18, 192.168.111.19, 192.168.111.20}。

（2）准备工作

```
echo "">/etc/apt/apt.conf
```

```
echo "deb http://192.168.111.4/ubuntu quantal main" >/etc/apt/sources.list
apt-get update; apt-get install nfs-kernel-server
mkdir -p /mnt/openstack
mount -t nfs 192.168.111.4:/mnt/openstack /mnt/openstack
```

（3）安装 Cinder Volume 服务

```
cd /mnt/openstack/chap10/multiplenode/m-cinder-volume/
./init.sh
./cinder-volume.sh
```

在 Cinder Volume 节点{192.168.111.18, 192.168.111.19, 192.168.111.20}重复步骤（2）及步骤（3），即可将 Cinder 集群安装成功。

### 11. Quantum Server

（1）创建虚拟机

```
cd /cloud
./vm.sh m-quantum-server
```

m-quantum-server 的网络信息如下（自动生成，无需手动配置）。
- eth0：未配置。
- eth1：内部自建局域网 IP 地址，192.168.222.21。
- eth2：内部自建局域网 IP 地址，192.168.111.21。

（2）准备工作

```
echo "">/etc/apt/apt.conf
echo "deb http://192.168.111.4/ubuntu quantal main" >/etc/apt/sources.list
apt-get update; apt-get install nfs-kernel-server
mkdir -p /mnt/openstack
mount -t nfs 192.168.111.4:/mnt/openstack /mnt/openstack
```

（3）修改 localrc 配置文件

```
QUANTUM_HOST=192.168.111.21
MYSQL_QUANTUM_USER=quantum
MYSQL_QUANTUM_PASSWORD=quantum_password
KEYSTONE_QUANTUM_SERVICE_PASSWORD=keystone_quantum_password
```

（4）安装 Quantum Server 服务

```
cd /mnt/openstack/chap10/multiplenode/m-quantum-server/
./init.sh
./quantum-server.sh
```

### 12. Nova API

（1）创建虚拟机

```
cd /cloud
./vm.sh m-nova-api
```

m-quantum-server 的网络信息如下（自动生成，无需手动配置）。
- eth0：未配置。
- eth1：内部自建局域网 IP 地址，192.168.222.22。

- eth2：内部自建局域网 IP 地址，192.168.111.22。

（2）准备工作

```
echo "">/etc/apt/apt.conf
echo "deb http://192.168.111.4/ubuntu quantal main" >/etc/apt/sources.list
apt-get update; apt-get install nfs-kernel-server
mkdir -p /mnt/openstack
mount -t nfs 192.168.111.4:/mnt/openstack /mnt/openstack
```

（3）修改 localrc 配置文件

```
NOVA_HOST=192.168.111.22
MYSQL_NOVA_USER=nova
MYSQL_NOVA_PASSWORD=nova_password
KEYSTONE_NOVA_SERVICE_PASSWORD=keystone_nova_password
LIBVIRT_TYPE=qemu
NOVA_COMPUTE_NIC_CARD=eth2      # 由于 eth1 被 Quantum 服务占用，不能设置为 eth1
```

注意：如果是在虚拟机中安装 OpenStack，应尽量将 LIBVIRT_TYPE 设置为 qemu。某些型号的 CPU 不支持嵌套的虚拟化方案。

（4）安装 Nova API 服务

```
cd /mnt/openstack/chap10/multiplenode/m-nova-api/
./init.sh
./nova-api.sh
```

### 13. Nova Compute

（1）创建虚拟机

```
cd /cloud
for n in a b c; do
./vm.sh m-nova-compute-$n
done
```

m-nova-compute-${n}的网络信息如下（自动生成，无需手动配置）。

- eth0：未配置。
- eth1：内部自建局域网 IP 地址，{192.168.222.23, 192.168.222.24, 192.168.222.25}。
- eth2：内部自建局域网 IP 地址，{192.168.111.23, 192.168.111.24, 192.168.111.25}。

（2）准备工作

```
echo "">/etc/apt/apt.conf
echo "deb http://192.168.111.4/ubuntu quantal main" >/etc/apt/sources.list
apt-get update; apt-get install -y --force-yes nfs-kernel-server
mkdir -p /mnt/openstack
mount -t nfs 192.168.111.4:/mnt/openstack /mnt/openstack
```

（3）安装 Nova Compute 服务

```
cd /mnt/openstack/chap10/multiplenode/m-nova-compute/
./init.sh
./nova-compute.sh
```

在 Nova API 节点{192.168.111.23, 192.168.111.24, 192.168.111.25}重复步骤（2）及步骤（3），即可将 Nova 集群安装成功。

**(4)安装 Quantum Agent 服务**

如果使用 Quantum 服务,则需要在 Nova Compute 节点安装 Quantum Agent 服务:

```
./quantum-agent.sh
```

**14.Dashboard**

(1)创建虚拟机

```
cd /cloud
./vm.sh m-dashboard -d      # Dashboard 服务需要提供给外部网络访问,因此设置为 DHCP
```

m-dashboard 的网络信息如下(自动生成,无需手动配置)。
- eth0:利用 DHCP 获得网络地址,10.239.XXX.XXX。
- eth1:内部自建局域网 IP 地址,192.168.222.26。
- eth2:内部自建局域网 IP 地址,192.168.111.26。

(2)准备工作

```
echo "">/etc/apt/apt.conf
echo "deb http://192.168.111.4/ubuntu quantal main" >/etc/apt/sources.list
apt-get update; apt-get install -y --force-yes nfs-kernel-server
mkdir -p /mnt/openstack
mount -t nfs 192.168.111.4:/mnt/openstack /mnt/openstack
```

(3)修改 localrc 配置文件

```
DASHBOARD_HOST=192.168.111.26
MYSQL_DASHBOARD_USER=dashboard
MYSQL_DASHBOARD_PASSWORD=dashboard_password
```

(4)安装 Dashboard 服务

```
./init.sh
./dashboard.sh
```

到此时,OpenStack 已经安装完成,已经可以使用了。具体使用方法可以参考单节点的安装方式。

## 10.3 OpenStack 实用部署

本节将介绍实用部署,通过单节点部署与多节点部署,可以清晰地了解 OpenStack 各个组件之间的相互关系。在本节中,将介绍更加实用的部署方式。

### 10.3.1 实用部署特点

(1)多节点部署的缺点

多节点部署非常有利于理解 OpenStack 各组件之间的关系,但是也存在着以下缺点。
- 部署麻烦:涉及到众多节点,不容易理清各节点之间的相互关系。
- 维护困难:部署结构复杂,增加维护难度。

❑ 资源浪费：由于每个节点都单独运行某些服务，会出现资源的浪费。

由于这些原因的存在，在实际生产环境中部署时，不会采用这种多节点的部署方式。因此，一些更加实用的部署方式就应运而生。

（2）实用部署的特点

实用部署需要考虑到实际应用场景，一般需要满足以下 3 个目标。

❑ 扩张容易：实际应用可能由于业务的扩张而扩张，扩张性的部署架构会带来严重的后遗症。部署是否简单方便也影响着扩张的难度。

❑ 维护简单：当节点数量级上升之后，维护的难度也需要考虑。

❑ 高稳定性：架构是否具有高可靠性，能够持续稳定地提供服务。

基于这样的考虑[1]，一些更具备实用性的部署方式应运而生。在这里将介绍一种简单易于理解的实用部署方式，以供参考。实际环境中，应该根据具体环境考虑如何部署，不应纸上谈兵。

此外，本节介绍的部署方式并没有考虑到某些服务的特殊需求，如：Swift 及 Cinder 作为存储服务的特殊性，在实际应用时，应当考虑这些特殊性。

❑ 主控节点：运行着 Dashboard、Keystone、MySQL、RabbitMQ、Swift Proxy、Cinder API、Quantum Server、Glance 和 Nova API。这些服务主要是提供了 Web UI、Restful API 和安全认证等功能，并不参与实际操作（建立虚拟机、建立存储设备以及建立虚拟网络）。

图 10.14 介绍了这种简单有效的部署方式，主要分为两种节点：主控节点和计算节点。

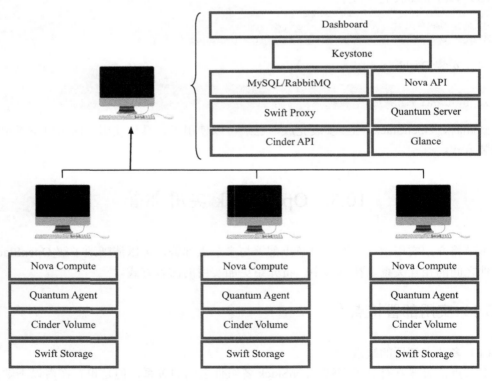

图 10.14 单节点部署示意图

---

1 在真实场景中，考虑的因素更多，不一一罗列，贻笑大方。

❑ 计算节点：运行着 Nova Compute、Quantum Agent、Cinder Volume 和 Swift Storage Node。这些服务都提供实际操作的功能，比如创建虚拟机、存储数据以及建立虚拟网络。

（3）实用部署的优点

从图 10.14 可以看出，实用部署有如下优点。

❑ 结构清晰：只有两种节点，每种节点固定运行着某些服务。
❑ 部署容易：新加入的计算节点只需要部署相应的 4 种服务即可。
❑ 维护简单：只需要知道节点类型，即可以测试其相应服务是否正常。

## 10.3.2 部署流程

在多节点部署时，需要使用多台物理节点，或者是使用多台虚拟机进行部署。由于多节点部署涉及到多个物理机与虚拟机，因此应该准备好足够的物理资源。主控节点由于运行着更多的服务，其配置应该比计算节点略好一些。

**1．准备资源**

此处主要介绍：为了创建虚拟机应该在物理节点上所做的准备，如果是使用多个物理节点做多节点的部署，那么此步骤可以略过。

（1）安装系统包

首先应该在物理节点上安装虚拟化所需要的一系列软件包：

```
git clone https://github.com/JiYou/openstack.git
chmod +x openstack/tools/host_package.sh
./openstack/tools/host_package.sh
```

（2）下载安装包，并且建立目录树

```
cp -rf openstack/chap03/cloud /
cp -rf openstack/chap10/easydeploy/easy.sh /cloud/
chmod +x /cloud/*.sh
```

（3）准备虚拟机磁盘

将虚拟磁盘 ubuntu-12.10.raw 复制到/cloud/_base 目录下，形成如下的目录树结构：

```
/cloud/
├── allinone.sh
├── _base
│   ├── back
│   └── ubuntu-12.10.raw
└── easy.sh
```

（4）检查主机网络配置

查看 br100 是否配置好，如果已经配置好，将会有如下输出：

```
1   $ ifconfig br100
2   br100     Link encap:Ethernet  HWaddr 00:15:17:ce:b0:25
3             inet addr:10.239.XX.XX  Bcast:10.239.XX.255
          Mask:255.255.255.0
4         inet6 addr: fe80::215:17ff:fece:b025/64 Scope:Link
```

```
5          UP BROADCAST RUNNING MULTICAST MTU:1500 Metric:1
```

如果发现 br100 并未配置，那么可以参考如下配置：

```
auto br100
iface br100 inet dhcp
bridge_ports eth0          # 这里的网卡需要根据具体情况进行设置
bridge_stp off
bridge_maxwait 0
bridge_fd 0
```

△注意：有些系统上，并没有 eth0，而是将 eth0 更名为 em1，此时应该将 eth0 更改为 em1。配置成功之后，重启网络：/etc/init.d/networking restart。

### 2. Repo Server[1]

在这里，直接延用上一节中建立的 repo-server。具体创建方法请参照上一节。

m-controller 的网络信息如下（自动生成，无需手动配置）。

- eth0：外部网络 IP 地址，如 10.239.XX.XXX。
- eth1：内部自建局域网 IP 地址，192.168.222.4。
- eth2：内部自建局域网 IP 地址，192.168.111.4。

### 3. Controller Node

（1）创建虚拟机

当做好准备工作之后，即可创建虚拟机：

```
cd /cloud
./easy.sh m-controller -d          # 参数-d 表示设置 eth0 为使用外部网络 DHCP
```

m-controller 的网络信息如下（自动生成，无需手动配置）。

- eth0：外部网络 IP 地址，如 10.239.XX.XXX。
- eth1：内部自建局域网 IP 地址，192.168.222.27。
- eth2：内部自建局域网 IP 地址，192.168.111.27。

虚拟机的 eth1 在搭建 OpenStack 时，将被 Quantum 占用，在与其他节点通信时，容易出问题。因此，eth1 网卡及其 IP 地址均不会被使用，节点间的通信均使用 eth2。

（2）准备工作

```
echo "">/etc/apt/apt.conf
echo "deb http://192.168.111.4/ubuntu quantal main" >/etc/apt/sources.list
apt-get update; apt-get install -y --force-yes nfs-kernel-server
mkdir -p /mnt/openstack
mount -t nfs 192.168.111.4:/mnt/openstack /mnt/openstack
```

配置成功之后，修改 localrc 配置文件：

```
PIP_HOST=192.168.111.4
```

（3）分发安装包

---

[1] 由于安装 Dashboard 时，会修改 Apache 的默认配置，因此 Repo Server 不要与 Dashboard 位于同一个节点。

为了方便局域网节点复制安装包，统一配置文件，在 repo-server 上可以建立一个 NFS 目录，提供给局域网节点使用。

```
$ apt-get install nfs-kernel-server
$ echo "/mnt/openstack *(rw,sync,no_root_squash)" >> /etc/exports
$ service nfs-kernel-server restart
$ showmount -e
Export list for repo-server:
/mnt/openstack *
```

如果消息输出相似，则证明 NFS 创建成功。

（4）MySQL

修改 localrc 配置文件：

```
MYSQL_ROOT_PASSWORD=mysqlpassword
MYSQL_HOST=192.168.111.27
```

安装 MySQL：

```
./mysql.sh
```

（5）RabbitMQ

修改 localrc 配置文件：

```
RABBITMQ_HOST=192.168.111.27
RABBITMQ_USER=guest
RABBITMQ_PASSWORD=rabbit_password
```

安装 RabbitMQ 消息通信服务：

```
./rabbitmq.sh
```

（6）Keystone

修改 localrc 配置文件：

```
MYSQL_KEYSTONE_USER=keystone
MYSQL_KEYSTONE_PASSWORD=keystone_password
KEYSTONE_HOST=192.168.111.27
ADMIN_PASSWORD=admin_user_password
ADMIN_TOKEN=admin_token
SERVICE_TOKEN=$ADMIN_TOKEN
ADMIN_USER=admin
SERVICE_TENANT_NAME=service
```

安装 Keystone 安全认证服务：

```
./keystone.sh
```

（7）Swift Proxy

修改 localrc 配置文件：

```
SWIFT_HOST=192.168.111.27
SWIFT_NODE_IP={192.168.111.28,192.168.111.29,192.168.111.30}
KEYSTONE_SWIFT_SERVICE_PASSWORD=keystone_swift_password
SWIFT_DISK_PATH=/dev/vdb
SWIFT_NODE_NIC_CARD=eth2
```

安装 Swift Proxy 服务：

```
./swift-proxy.sh
```

(8) Glance

修改 localrc 配置文件:

```
GLANCE_HOST=192.168.111.27
MYSQL_GLANCE_USER=glance
MYSQL_GLANCE_PASSWORD=glance_password
KEYSTONE_GLANCE_SERVICE_PASSWORD=keystone_glance_password
```

安装 Glance 服务:

```
./glance.sh
```

(9) Cinder

修改 localrc 配置文件:

```
CINDER_HOST=192.168.111.27
MYSQL_CINDER_USER=cinder
MYSQL_CINDER_PASSWORD=cinder_password
KEYSTONE_CINDER_SERVICE_PASSWORD=keystone_cinder_password
VOLUME_GROUP=cinder-volumes
VOLUME_DISK=/dev/vdc
```

安装 Cinder API 服务:

```
./cinder-api.sh
```

(10) Quantum Server

修改 localrc 配置文件:

```
QUANTUM_HOST=192.168.111.27
MYSQL_QUANTUM_USER=quantum
MYSQL_QUANTUM_PASSWORD=quantum_password
KEYSTONE_QUANTUM_SERVICE_PASSWORD=keystone_quantum_password
```

安装 Quantum Server 服务:

```
./quantum-server.sh
```

(11) Nova API

修改 localrc 配置文件:

```
NOVA_HOST=192.168.111.27
MYSQL_NOVA_USER=nova
MYSQL_NOVA_PASSWORD=nova_password
KEYSTONE_NOVA_SERVICE_PASSWORD=keystone_nova_password
LIBVIRT_TYPE=qemu
NOVA_COMPUTE_NIC_CARD=eth2
DASHBOARD_HOST=192.168.111.27                    # 会在/etc/nova/nova.conf 中引用
MYSQL_DASHBOARD_USER=dashboard
MYSQL_DASHBOARD_PASSWORD=dashboard_password
```

注意: 如果是在虚拟机中安装 OpenStack, 应尽量将 LIBVIRT_TYPE 设置为 qemu。某些型号的 CPU 不支持嵌套的虚拟化方案。

安装 Nova API 服务:

```
./nova-api.sh
```

（12）Dashboard

安装 Dashboard 服务：

```
./dashboard.sh
```

### 4. Compute Node

（1）创建虚拟机

当做好准备工作之后，即可创建虚拟机：

```
cd /cloud
for n in a b c; do
./easy.sh m-compute-node-$n -disk  # -disk 表示添加额外磁盘
done
```

m-compute-node-$n 的网络信息如下（自动生成，无需手动配置）。

- eth0：未配置。
- eth1：内部自建局域网 IP 地址，{192.168.222.28, 192.168.222.29, 192.168.222.30}。
- eth2：内部自建局域网 IP 地址，{192.168.111.28, 192.168.111.29, 192.168.111.30}。

虚拟机的 eth1 在搭建 OpenStack 时，将被 Quantum 占用，在与其他节点通信时，容易出现问题。因此，eth1 网卡及其 IP 地址均不会被使用，节点间的通信均使用 eth2。

（2）准备工作

每个计算节点运行如下程序：

```
01  echo "">/etc/apt/apt.conf
02  echo "deb http://192.168.111.4/ubuntu quantal main">/etc/apt/sources.list
03  apt-get update; apt-get install nfs-kernel-server
04  mkdir -p /mnt/openstack
05  mount -t nfs 192.168.111.4:/mnt/openstack /mnt/openstack
06  cd /mnt/openstack/chap10/easydeploy/m-compute-node/
07  ./init.sh
```

（3）Nova Compute

```
./nova-compute.sh
```

（4）Quantum Agent

```
./quantum-agent.sh
```

（5）Cinder Volume

```
./cinder-volume.sh
```

（6）Swift Storage

```
./swift-storage.sh
```

## 10.4 常见错误及分析

下面将讲解一些平时安装过程中经常遇到的错误。罗列这些错误及解决方法，以供参考。在安装时，应当尽量明白 OpenStack 的整体框架与结构，在遇到错误时，可以找到相应的解决方法。

### 10.4.1 eth1 网卡无法使用

表现为：虚拟机之间无法利用 eth1 网卡的 IP 地址进行通信。出现这种情况的原因，主要是由于 Quantum 会默认使用 eth1 进行通信。此时，其他任何程序都不能再使用 eth1 的 IP 地址进行通信。

### 10.4.2 自建源无法使用

为了安装方便，采用了自建源的方法。安装方法也比较简单，即安装好 Apache 之后，直接将 deb 包及 python 依赖包分别放置到/var/www/ubuntu 及/var/www/pip 目录下[1]。

如果发现自建源无法使用，那么有两方面的原因需要检查：
- ❑ 网络是否可以访问。
- ❑ Apache 上面是否运行了别的服务，更改了 Apache 的默认设置。

自建源所在主机（或者虚拟机）尽量不要安装别的 http 服务，比如 Dashboard。

### 10.4.3 客户端命令执行失败

（1）环境变量

在执行客户端命令时，容易出现如下错误：

```
$ glance index
ERROR: You must provide a username via either --os-username or env[OS_USERNAME]
```

出现这种错误的原因是：没有引入相应服务的环境变量（存放于 XXXrc 文件中，比如 glancerc 文件）。在执行客户端命令之前，应该执行：

```
$ source /root/glancerc
$ source /root/swiftrc
```

这里有两点需要注意：
- ❑ 如果找不到相应的 rc 文件，可以利用已有的 localrc 文件，利用./tools/create_rc.sh 脚本生成相应文件，生成结果放置于~/rc 目录下。
- ❑ 相应的服务需要引用相应的 rc 文件，比如运行 nova 客户端命令时，需要 source novarc；运行 glance 命令时，需要 source glancerc。一般而言，nova 命令应用更加广泛，应该尽量熟悉 nova 客户端命令的使用。

（2）代理设置

在执行客户端命令时，出现错误的情况可能如下所示。

```
ERROR: Not found
```

---

1 注意其目录结构。

首先应该去检查环境变量 http_proxy 及 https_proxy 有没有设置。如果这两个环境变量被赋值了，应该执行：

```
unset http_proxy
unset https_proxy
```

## 10.5 小　　结

### 10.5.1　单节点安装

（1）准备工作

```
git clonehttps://github.com/JiYou/openstack.git
cd ./openstack/chap10/allinone
./init.sh
```

（2）配置及安装

按照本章介绍的方法，修改 localrc 配置文件，并按次序执行相应的脚本。

### 10.5.2　多节点安装

（1）准备工作

```
git clonehttps://github.com/JiYou/openstack.git
cd ./openstack/chap10/multiplenode/
./init.sh
```

（2）配置

对多个节点的功能进行划分，明白每个节点的功能及相应的作用，从而进一步确定每个节点应该运行的服务。

（3）运行

修改 localrc 配置文件，并且按次序安装相应的节点。

### 10.5.3　实用安装

（1）准备工作

```
git clonehttps://github.com/JiYou/openstack.git
cd ./openstack/chap10/easydeploy/
./init.sh
```

（2）配置

实用安装除去 repo-server 之外，只有两种关键节点：主控节点及计算节点。对节点进行划分之后，需要明白每种节点运行的是什么样的服务。

（3）运行

修改 localrc 配置文件，并且用相应脚本按次序安装相应的节点。

# 第 3 篇　剖析篇

- 第 11 章　OpenStack 服务分析
- 第 12 章　Keystone 的安全认证
- 第 13 章　Swift 存储服务
- 第 14 章　Quantum 虚拟网络
- 第 15 章　Nova 框架
- 第 16 章　Nova Compute 服务

# 第 11 章 OpenStack 服务分析

在前面的章节，已经对 OpenStack 的重要组件的安装逐一做了介绍。但是，仅仅知道安装和使用 OpenStack 平台，并不算是真正了解云计算系统。要想对云计算的核心思想有一个深刻的了解，就必须阅读 OpenStack 的代码。而且，作为一个开源的系统，在 OpenStack 安装和使用过程中会遇到诸多问题。只有对 OpenStack 的代码有所了解，才能发现问题的所在，并解决问题。

本章主要介绍 RESTful API 和 RPC，这是 OpenStack 的基础。OpenStack 各个组件和服务之间的消息传递，都是通过 RESTful API 和 RPC 实现的。有了本章的基础后，第 12～16 章将对 OpenStack 各大组件进行逐一分析。

当然，OpenStack 的代码量非常浩大，要想在一本书里面面俱到是不可能的。况且，笔者也不能完全掌握 OpenStack 的各个细节。因此，这里只能是提纲挈领地介绍一下。希望能够帮助读者更进一步了解 OpenStack 平台，进而了解云计算系统。

本章主要涉及到的知识点如下。

- ❏ RESTful API：如何通过 PasteDeploy 定制 WSGI 服务，如何使用 Mapper 对象注册 URL 映射，如何定义 Controller 对象。
- ❏ RPC 调用：rpc.call 远程调用的工作流程。如何使用 kombu 标准包实现 rpc.call 调用。

## 11.1 RESTful API 简介

REST[1]是一套架构约束条件和原则，凡是满足这一套原则的应用程序和设计，都可称作是 REST 的。REST 的概念是由 Roy Fielding 于 2000 年在他的学术论文[2]中首次提出。它的目的是为了提高客户端服务器的独立性和松耦合性，加强服务器的可伸缩性，简化服务器的开发。由于其使用方便，因此已经被广泛应用于 Web 开发中。

REST 定义了如下几条重要的原则。

（1）为所有的事物定义 ID。这里所说的事物，可以指实际存在的资源，也可以指抽象的概念。其实为资源分配 ID 的现象已经非常普遍了。试想一下，在使用数据库时，数据库中的每个表中的记录都有一个 ID。但是在传统的观念里，不同的数据库表中的记录的 ID 可能是一样的（例如所有的数据库表的记录 ID 都从 1 开始编号）。但是，REST 要求所有的资源都具有唯一的 ID。在 OpenStack 中，每一个资源都有一个 UUID，这个 UUID，就

---

[1] Representational State Transfer，表述性状态转移。
[2] Architectural Styles and the Design of Network-based Software Architectures。

是全局唯一的标识符。

（2）所有的事物都链接在一起。在 OpenStack 中，经常会把资源的 ID 放在 URL 中。例如在向 Keystone 服务器注册 Nova 服务时[1]，它的 publicURL 是如下形式：

```
http://$NOVA_HOST:\$(compute_port)s/v2/$(tenant_id)s
```

这里的/$(tenant_id)s 是租户的 UUID。类似的 URL 在 OpenStack 中比比皆是，后续章节将详细介绍。

（3）使用标准的方法。在传统的 HTTP 协议中，有时会遇到如下的情况，客户端使用 GET 方法，向服务器发送 HTTP 请求，结果服务器向客户端返回结果的同时，还修改了数据库中的记录。这样做，无疑会给程序的可读性带来一定的影响。因此 REST 标准要求应用程序采用标准的方法，不同方法都有明确的意义。例如 GET 方法通常用于查询资源，POST 方法通常用于添加资源，PUT 方法通常用于更新资源等。表 11.1 列出了 RESTful API 定义的标准方法。

表 11.1　RESTful 架构定义的标准方法

| 方法名 | 描述 |
|---|---|
| GET | 查询资源 |
| POST | 添加资源 |
| PUT | 更新资源 |
| HEAD | 验证，包括用户身份的验证和资源的验证 |
| DELETE | 删除资源 |

采用 RESTful API 架构，主要是为了满足以下目标。

❑ 客户端服务器的独立性：RESTful API 提供了一套公共的接口，以实现客户端和服务器端的分离。例如，客户端不需要考虑数据存储的问题，数据存储都在服务器内部完成。这样可以提高客户端代码的可移植性。另一方面，服务器不需要考虑用户的接口和用户的状态。因此，增强了服务器端代码的可扩展性。同时，服务器端的代码变得更加简单了。总的来说，客户端服务器的独立性是指，在公共接口不变的情况下，客户端和服务器端代码可以独立开发。

❑ 无状态性：在传统的 HTTP 应用中，有所谓的 session 的概念，保存客户的状态信息。用户的 session 是在服务器端保存的。一个 session 中的数据可以在不同的请求之间共享。但是，在 RESTful API 中，用户的状态是保存在客户端，服务器不再保存用户的状态。因此，在客户端向服务器发送请求时，必须发送所有的数据，包括用户的状态。

❑ 统一的接口：RESTful API 的 URL 格式需要遵守统一的规范。这种统一的接口规范，可以降低客户端服务器的耦合性，使得编码变得更加简单。关于 RESTful API 的 URL 规范，将在第 11.2.5 小节介绍。

## 11.2　搭建 RESTful API

本节通过几个小例子由易到难，由浅入深，逐步分析 RESTful API 的工作流程。为了

---

1　参见第 8.3 节。

帮助读者更好地学习后续章节，本节的代码结构尽量模仿 OpenStack API 服务的代码架构。

### 11.2.1 一个简单的 WSGI 服务

在 OpenStack 中，所有的 Web 服务都是通过 WSGI 部署的。这里，先介绍一个简单的 WSGI 服务，以使读者对 WSGI 服务的启动流程有个大致的认识。

#### 1．代码分析

先看如下代码：

```
01  from paste import httpserver
02  # 定义应用程序
03  def application(environ, start_response):
04      # 设置 HTTP 的应答状态
05      start_response('200 OK', [('Content-type', 'text/html')])
06      # 向客户端返回一个字符串
07      return ['Hello World\n']
08  # 启动 WSGI 服务
09  httpserver.serve(application, host='127.0.0.1', port=8080)
```

代码第 09 行的功能是启动 WSGI 服务。其中第 1 个参数指定了处理 HTTP 请求的应用程序[1]，第 2 和第 3 个参数指定了 WSGI 服务监听的主机和端口。从代码可见，创建的 WSGI 服务监听 8080 端口。代码的第 03～07 行定义了处理 HTTP 请求的工厂方法（即应用程序）。这个方法非常简单，就是返回"Hello World"字符串。

> 注意：RESTful API 是在 HTTP 协议基础上定义的一套约束条件和规则，其底层还是通过 HTTP 实现的。因此，可以看到代码的第 05 行设置了 HTTP 的应答状态。

#### 2．代码测试

将以上代码保存为 simplewsgi.py[2]，并执行如下命令启动 WSGI 服务：

```
python simplewsgi.py
```

然后在另一个终端使用 curl 命令发送 HTTP 请求：

```
root@ubuntu:~# curl 127.0.0.1:8080
Hello World
```

可以看到服务器成功应答。

### 11.2.2 使用 PasteDeploy 定制 WSGI 服务

从第 11.2.1 小节可以看到，一个 WSGI 服务的核心部分，是它的应用程序。如果一个

---

[1] 这里的应用程序和传统的应用程序不是同一个概念。这里的应用程序，通常是指处理 HTTP 请求的工厂方法。

[2] 也可以下载 https://github.com/JiYou/openstack/blob/master/chap11/REST/simplewsgi/simplewsgi.py 文件。

WSGI 服务的应用程序修改了，那么 WSGI 服务相应的功能也就改变了。因此，便有了这样的想法，如果能够通过配置文件来配置 WSGI 服务的应用程序，那么，当需要对 WSGI 服务进行修改（比如需要添加或删除某个功能模块）时，只需要简单地修改一下配置文件，而不需要去修改 WSGI 的代码。这样的设计，显然可以大大增强 WSGI 服务的伸缩性。PasteDeploy 就是专门定制 WSGI 服务的开发包。

本小节将对 11.2.1 小节的 WSGI 代码稍加修改，利用 PasteDeploy 定制 WSGI 服务。

### 1. 代码分析

（1）api-paste.ini 配置文件

在 OpenStack 中，大部分组件的 WSGI 服务配置是保存在 api-paste.ini 文件中的。这里，也沿用这样的习惯。本小节的 api-paste.ini 文件的配置如下：

```
01  [app:main]
02  paste.app_factory = wsgi_paste:app_factory
```

以上配置中，第 01 行配置了名为 main 的 app。app（应用程序）是 PasteDeploy 定义的一类部件。除了 app 外，PasteDeploy 还定义了 filter（过滤器）、pipeline（管道）和 composite（复合体）等部件。不同部件的功能参见表 11.2。第 02 行指定了 main 应用程序对应的工厂方法，该工厂方法必须返回一个方法的实例，该方法便是处理 WSGI 服务 HTTP 请求的应用程序。在本例中，其工厂方法为 wsgi_paste 包的 app_factory 方法。

表 11.2　PasteDeploy定义的几类部件

| 部 件 名 | 描 述 |
| --- | --- |
| app（应用程序） | WSGI 服务的核心部分，用于实现 WSGI 服务的主要逻辑 |
| filter（过滤器） | 一般用于一些准备性的工作，例如验证用户身份，准备服务器环境等。在一个 filter 执行完毕以后，可以直接返回，也可以交给下一个 filter 或者 app 继续执行 |
| pipeline（管道） | 由若干个 filter 和 1 个 app 组成。通过 pipeline，可以很容易地定制复杂的 WSGI 服务 |
| composite（复合体） | 用于实现复杂的应用程序，可以进行分支选择。例如，可以根据不同的 URL 调用不同的处理程序 |

（2）wsgi_past.py 文件

在 api-paste.ini 配置文件中引用的 wsgi_paste 包，其实是自定义的 wsgi_paste.py 文件。以下是 wsgi_paste.py 文件的代码。

```
01  from webob import Response
02  from webob.dec import wsgify
03  from paste import httpserver
04  from paste.deploy import loadapp
05  import os
06  import sys
07  # api-paste.ini 文件的路径，这里假设 api-paste.ini 文件与 wsgi_paste.ini 文件在同一目录
08  ini_path = os.path.normpath(os.path.join(os.path. abspath (sys.argv[0]),
09                              os.pardir, 'api-paste.ini'))
10  # 应用程序
11  @wsgify
12  def application(request):
```

```
13      return Response('Hello, World of WebOb !\n')
14  # 应用程序工厂方法
15  def app_factory(global_config, **local_config):
16      return application
17  # 判断 api-paste.ini 文件是否存在
18  if not os.path.isfile(ini_path):
19      print("Cannot find api-paste.ini.\n")
20      exit(1)
21  # 根据 api-paste.ini 文件动态加载应用程序
22  wsgi_app = loadapp('config:' + ini_path)
23  # 启动 WSGI 服务
24  httpserver.serve(wsgi_app, host='127.0.0.1', port=8080)
```

以上代码的第 15~16 行，定义了 api-paste.ini 文件中引用的 app_factory 方法。这个方法非常简单，直接返回 application 方法的实例。代码的第 22 行调用 loadapp 方法加载应用程序。在一个 api-paste.ini 文件中，可以定义多个部件。默认情况下，loadapp 方法会把名为 main 的部件作为应用程序的入口。

**2．代码测试**

将 api-paste.ini 文件和 wsgi_paste.py 文件保存在本地[1]，并执行如下命令启动 WSGI 服务：

```
python wsgi_paste.py
```

**注意**：api-paste.ini 文件和 wsgi_paste.py 文件必须在同一目录下。

然后在另一个终端使用 curl 命令发送 HTTP 请求：

```
root@ubuntu:~# curl 127.0.0.1:8080
Hello, World of WebOb !
```

## 11.2.3　带过滤器的 WSGI 服务

如果把一个 WSGI 服务的所有功能都放在一个方法中，那显然是不利于扩展的。试想一下，如果把每一个独立的小功能放在一个方法里，而整个 WSGI 服务，是由若干个独立的方法串联起来的一个大应用程序。当需要对 WSGI 服务进行扩展时，只需要往 WSGI 服务中添加或删除某些方法。而添加、删除方法只需要简单地修改 api-paste.ini 配置文件便可完成。这样的设计，显然具有很强的伸缩性。

本小节将在第 11.2.2 小节的基础上，为 WSGI 服务添加一个过滤器。

**1．代码分析**

（1）api-paste.ini 配置文件

本来的 api-paste.ini 文件配置如下：

```
01  [pipeline:main]
02  pipeline = auth hello
03  [app:hello]
```

---

[1] 也可以直接下载 https://github.com/JiYou/openstack/blob/master/chap11/REST/wsgi_paste/ 目录。

```
04  paste.app_factory = wsgi_paste:app_factory
05  [filter:auth]
06  paste.filter_factory = wsgi_middleware:filter_factory
```

以上配置中的 main 部件是一个管道,这个管道由 auth 过滤器和 hello 应用程序组成。其中 hello 应用程序与第 11.2.2 小节定义的 main 应用程序一样,auth 过滤器在第 04~05 行定义。第 05 行定义了 auth 过滤器的工厂方法,该方法在 wsgi_middleware 包中定义。这里的 wsgi_middleware 包对应于自定义的 wsgi_middle.py 文件。

(2) wsgi_middle.py 文件

在 api-paste.ini 配置文件中引用了 wsgi_middleware 包,它对应于自定义的 wsgi_middle.py 文件。wsgi_middleware.py 文件的代码如下:

```
01  from webob.dec import wsgify
02  from webob import exc
03  # 过滤器方法
04  @wsgify.middleware
05  def auth_filter(request, app):
06      if request.headers.get('X-Auth-Token')!='open-sesame'#验证HTTP头
07          return exc.HTTPForbidden()# 验证失败则直接返回
08      return app(request)              # 验证成功,则执行下一个过滤器或应用程序
09  # 过滤器工厂方法
10  def filter_factory(global_config, **local_config):
11      return auth_filter
```

代码中的第 10~11 行定义的方法,便是在 api-paste.ini 文件中引用的 filter_factory 方法。这个方法也非常简单,就是直接返回 auth_filter 方法的实例。auth_filter 方法定义在代码的第 04~08 行。

auth_filter 方法也比较简单。它首先检查 HTTP 头的 X-Auth-Token 属性是否为 open-sesame。如果不是,则返回禁止访问信息;否则,执行下面的 app。

> 注意:auth_filter 方法和第 11.2.2 小节介绍的 application 方法的不同点在于 auth_filter 方法多了一个 app 参数。这里的 app 可以理解为一个子管道,它是从当前过滤器的下一个过滤器(或应用程序)开始,一直到最后一个应用程序所形成的管道。对于本小节的例子,这里的 app 就是 api-paste.ini 文件中定义的 hello 应用程序。

### 2. 代码测试

将 wsgi_middle.py 和 api-paste.ini 保存在本地,与第 11.2.3 小节定义的 wsgi_paste.py 放在同一目录中[1],并执行如下命令启动 WSGI 服务:

```
python wsgi_paste.py
```

当在另一个终端执行如下 curl 命令发送 HTTP 请求时,会输出禁止访问的错误信息。

```
root@tcb-cc:~# curl 127.0.0.1:8080
<html>
 <head>
  <title>403 Forbidden</title>
…
```

---

[1] 也可以直接下载 https://github.com/JiYou/openstack/blob/master/chap11/REST/wsgi_middleware/ 目录。

要想正常访问 WSGI 服务，可执行如下命令：

```
root@tcb-cc:~# curl -H "X-Auth-Token:open-sesame" 127.0.0.1:8080
Hello, World of WebOb !
```

### 11.2.4 利用类来实现过滤器和应用

通过第 11.2.3 小节的学习，已经可以很容易地添加和删除功能模块了。但是，还存在以下两个不足：

- 由于在第 11.2.3 小节的示例中，过滤器和应用程序都是用方法来实现的。这对于实现比较复杂的功能显然是很不利的。
- 通过 httpserver 来启动 WSGI 服务，使得一个进程对应一个 WSGI 服务。对于 WSGI 服务的启动、关闭和暂停操作都需要直接对进程进行操作，这也带来了很多不便。

为了弥补以上的两个不足，对第 11.2.3 小节做以下修改：

- 利用类来实现过滤器和应用程序。
- 利用 eventlet[1] 来启动 WSGI 服务。

**1．代码分析**

本小节的代码可以在 github 上下载[2]。代码中定义的类比较多，为了方便读者阅读代码，先将代码中定义的类做一个总结，见表 11.3。

表 11.3　11.2.4 小节示例中定义的类一览

| 类名 | 所属文件 | 描　　述 |
|---|---|---|
| Auth | middleware.py | 实现 auth 过滤器的类 |
| Hello | app.py | 实现 hello 应用程序的类 |
| WSGIService | service.py | 用于 WSGI 服务的管理，包括服务的启动、停止和监听等 |
| Loader | wsgi.py | 用于加载服务的应用程序 |
| Server | wsgi.py | 实现一个 WSGI 服务，主要实现对线程的创建、配置和管理 |

接下来，将首先对表 11.3 中定义的 5 个类作逐一说明，然后介绍 api-paste 文件的配置。

（1）Auth 类

Auth 类的定义如下：

```
01  class Auth(object):
02      def __init__(self, app):
03          self.app = app
04      # 工厂方法
05      @classmethod
06      def factory(cls, global_config, **local_config):
07          def _factory(app):
08              return cls(app)
09          return _factory
10      # __call__ 方法，实现 auth 过滤器的功能逻辑
11      @wsgify(RequestClass=webob.Request)
```

---

[1] eventlet 是用于线程管理的标准 Python 库。
[2] 下载地址为 https://github.com/JiYou/openstack/blob/master/chap11/REST/wsgi_class/。

```
12      def __call__(self, req):
13          resp = self.process_request(req)
14          if resp:                                    # 返回值不为空，说明认证失败
15              return resp
16          return req.get_response(self.app) #认证成功，执行下面的过滤器或应用
程序
17      # process_request 方法，检查 HTTP 头
18      def process_request(self, req):
19          if req.headers.get('X-Auth-Token') != 'open-sesame':
20              return exc.HTTPForbidden()
```

以上代码的第 05~09 定义了一个工厂方法，这个方法会在 api-paste.ini 文件中引用。这个方法会返回一个 Auth 类的实例。第 12~16 行定义了实现 auth 过滤器功能逻辑的方法，该方法的功能与第 11.2.3 小节定义的 auth_filter 方法相同。

> 注意：工厂方法返回的应该是一个 callable 的对象。因此，要使用类实现过滤器或者应用程序时，必须在类中定义 __call__ 方法。当过滤器或应用程序接收到 HTTP 请求时，会调用类中的 __call__ 方法。

（2）Hello 类
Hello 类的定义如下：

```
class Hello(object):
    @wsgify(RequestClass=Request)
    def __call__(self, request):
        return Response('Hello, Secret World of WebOb !\n')
```

这个类非常简单，只是实现了一个 __call__ 方法。
hello 应用程序的过滤方法也定义在 app.py 文件中，其定义如下：

```
def app_factory(global_config, **local_config):
    return Hello()
```

> 注意：在 auth 过滤器中定义类方法来作为工厂方法，而在 hello 应用程序中采用了外部方法作为工厂方法。这两者之间没有本质区别，可以任意选用。

（3）Loader 类
这个类比较简单，它实现了一个 load_app 方法。该方法通过调用 PasteDeploy 的 load_app 来加载应用程序。

（4）Server 类
这个类的主要功能是实现对线程的创建和管理。其定义如下：

```
01  class Server(object):
02      def __init__(self, app, host='0.0.0.0', port=0):
03          # 线程池，允许并行访问
04          self._pool = eventlet.GreenPool(10)
05          # WSGI 服务的应用程序
06          self.app = app
07          # 创建监听 Socket
08          self._socket = eventlet.listen((host, port), backlog=10)
09          # 获取监听地址和窗口
10          (self.host, self.port) = self._socket.getsockname()
11          print("Listening on %(host)s:%(port)s" % self.__dict__)
```

```
12      # start 方法，创建线程
13      def start(self):
14          self._server = eventlet.spawn(eventlet.wsgi.server, self._
            socket, self.app,
15                                        protocol=eventlet.wsgi.HttpProtocol,
16                                        custom_pool=self._pool)
17      # stop 方法，终止线程
18      def stop(self):
19          if self._server is not None:
20              self._pool.resize(0)                          # 重置线程池
21              self._server.kill()                           # 终止线程
22      # wait 方法，监听 HTTP 请求
23      def wait(self):
24          try:
25              self._server.wait()
26          except greenlet.GreenletExit:
27              print("WSGI server has stopped.")
```

（5）WSGIService 类

这个类比较简单，就是调用 Server 类的 start、stop 和 wait 方法。

（6）api-paste.ini 文件的配置

api-paste.ini 文件的配置如下：

```
01  [pipeline:main]
02  pipeline = auth hello
03  [app:hello]
04  paste.app_factory = app:app_factory
05  [filter:auth]
06  paste.filter_factory = middleware:Auth.factory
```

这里的 auth 过滤器引用了 Auth 类的 factory 方法作为工厂方法，hello 应用程序还是引用外部的 app_factory 作为工厂方法。

### 2．代码测试

WSGI 服务的主方法定义在 service.py 文件中，其定义如下：

```
if __name__ == "__main__":
    server = WSGIService()
    server.start()                         # 启动服务
    server.wait()                          # 监听 HTTP
```

将 api-paste.ini、app.py、middleware.py、wsgi.py 和 service.py 文件[1]放在同一目录下，并执行如下命令，便可启动 WSGI 服务。

```
python service.py
```

服务启动后，可使用 11.2.3 小节介绍的 curl 命令进行测试。

## 11.2.5　实现 WSGI 服务的 URL 映射

对于一个稍具规模的网站来说，其实现的功能都不可能通过一条 URL 来完成。因此

---

[1] 下载地址为 https://github.com/JiYou/openstack/blob/master/chap11/REST/wsgi_class/。

如何定义多条 URL，也是 RESTful API 需要考虑的问题。

在本小节中将考虑这样的一个虚拟机管理的 WSGI 服务。用户可以通过发送 HTTP 请求，来实现对虚拟机的管理（包括创建、查询、更新以及删除虚拟机等操作）。当然，为了简单起见，这个 WSGI 服务不会真地在物理机上创建虚拟机，只是在服务中保存相应的虚拟机记录而已。

> 注意：Nova 其实已经实现了类似的功能。当用户向 Nova 发送创建虚拟机的请求时，Nova 首先会在数据库中添加相应的记录，同时在物理机上创建相应的虚拟机。Nova 必须保证，数据库中保存的虚拟机信息与实际创建的虚拟机信息一致。当然，为了简单起见，本书的记录就直接保存在内存中了。

前面说过，RESTful API 提供了一套 URL 的规则。因此，在本小节的例子中也须满足这样的规则。在 RESTful API 中，每条 URL 都是与资源相对应的。一个资源，可能是一个集合，也可能是一个个体。集合通常用集合名标志。例如，在本小节的示例中，使用 instances 表示虚拟机的集合，而个体通常用统一的 ID 标志。例如，在本小节的示例中，使用 UUID 来标志虚拟机。

对于集合的操作通常是虚拟机的添加和查询；对于个体的操作通常是虚拟机的查询、删除和更新。它们对应的 URL 如表 11.4 所示。

表 11.4  RESTful API中常用的URL

| 类型 | URL | 方法 | 描述 |
| --- | --- | --- | --- |
| 集合操作 | /instances | GET | 列出集合中的所有虚拟机记录 |
| 集合操作 | /instances | POST | 添加一条虚拟机记录 |
| 个体操作 | /instances/{instance_id} | GET | 获取一条虚拟机记录的信息 |
| 个体操作 | /instances/{instance_id} | PUT | 更新一条虚拟机记录的信息 |
| 个体操作 | /instances/{instance_id} | DELETE | 删除一条虚拟机记录 |

表 11.4 中，{instance_id} 是虚拟机的 UUID。将资源的 ID 放在 URL 中，是 RESTful API 的一大特点。

在 WSGI 中，要实现 URL 映射，主要是依赖 Mapper 和 Controller 两个类。Mapper 类，顾名思义，是用于实现 URL 的映射。当用户发送请求时，Mapper 类会根据用户请求的 URL 及其方法来确定处理的方法。而 Controller 类，则是实现了处理 HTTP 请求的各种方法。Mapper 类是 routes 包中定义好的类，而 Controller 类需要自己实现。

接下来，将详细介绍 URL 映射的实现。首先，介绍 api-paste 文件的配置。然后，介绍 URL 映射的实现。接着，介绍 Controller 类的定义。最后，介绍 WSGI 服务的启动和测试。

1. api-paste.ini文件的配置

本小节示例的 api-paste.ini 文件[1]的配置如下：

```
01  [pipeline:main]
02  pipeline = auth instance
```

---

[1] https://github.com/JiYou/openstack/blob/master/chap10/REST/wsgi_instance/api-paste.ini。

```
03    [app:instance]
04    paste.app_factory = routers:app_factory
05    [filter:auth]
06    paste.filter_factory = middleware:Auth.factory
```

从以上配置可以看到，本小节示例中的 WSGI 服务共使用了 auth 过滤器和 instance 应用程序两个部件。其中，auth 过滤器与第 11.2.4 小节相同，不同的是新定义了 instance 应用程序。instance 应用程序对应的工厂方法为 routers 包的 app_factory 方法。

### 2．URL映射的实现

从 api-paste.ini 文件的配置可知，本小节示例中的 WSGI 服务共使用了 auth 过滤器和 instance 应用程序两个部件。其中 auth 过滤器是用于做 HTTP 头认证的，比较简单。因此，核心功能都在 instance 应用程序中实现。instance 应用程序对应的工厂方法为 routers 包的 app_factory 方法。接下来，就来看一下 app_factory 方法的定义[1]。

```
def app_factory(global_config, **local_config):
    return Router()
```

app_factory 方法返回了一个 Router 对象。前面说过，工厂方法必须返回一个函数的实例。因此在 Router 类中，必须实现 __call__ 方法。接下来，就看一下 Router 类的 __call__ 方法的定义。

```
class Router(object):
@wsgify(RequestClass=webob.Request)
   def __call__(self, request):
       return self._router
```

__call__ 方法也比较简单，它返回了一个 _router 变量，这里的 _router 变量其实也是一个可调用的实例。__call__ 方法是在服务器接到 HTTP 请求时被调用。当服务器调用 __call__ 方法时，会转而调用 _router 方法。因此，要了解 URL 映射的流程，就必须知道 _router 变量的定义。

_router 变量是定义在 Router 类的初始化方法中的。Router 类的初始化方法定义如下：

```
01   class Router(object):
02      def __init__(self):
03         # 创建 Mapper 对象。Mapper 对象用于 URL 解析
04         self.mapper = routes.Mapper()
05         # 往 Mapper 对象中添加 URL 映射
06         self.add_routes()
07         # 创建 RoutesMiddleware 对象，该对象用于 URL 分发
08         self._router = routes.middleware.RoutesMiddleware(self._
                dispatch, self.mapper)
```

Router 类的初始化方法共做了如下两件事。

- ❑ 初始化 mapper 成员变量。mapper 成员变量是 routes 包 Mapper 标准类，它的主要功能是用于 URL 解析。然后，调用自身的 add_routes 方法往 Mappe 对象中注册 URL 映射。
- ❑ 初始化_router 成员变量。_router 成员变量的功能是将 HTTP 请求分发给相应的方

---

[1] 定义在 https://github.com/JiYou/openstack/blob/master/chap10/REST/wsgi_instance/routers.py 文件中。

法进行处理。_router 成员变量是一个 RoutesMiddleware 对象。在初始化时，需要提供两个参数——_dispatch 方法和 mapper 变量。_dispatch 方法是 Router 类的静态方法，它的功能就是实现 HTTP 请求的分发。RoutesMiddleware 对象（它是一个可调用的实例）的执行过程大致如下：首先通过 mapper 对象解析信息，然后将解析结果传递给_dispatch 方法。

接下来，依次分析实现 URL 注册的 addroutes 方法，以及实现分发 HTTP 请求的_dispatch 方法。

（1）addroutes 方法

addroutes 方法实现了 URL 注册的功能，其定义如下：

```
01  class Router(object):
02      def add_routes(self):
03          # 用于处理 HTTP 请求的 controller 的对象
04          controller = controllers.Controller()
05          # 添加 POST /instances URL 映射
06          self.mapper.connect("/instances",
07                              controller=controller, action="create",
08                              conditions=dict(method=["POST"]))
09          # 添加 GET /instances URL 映射
10          self.mapper.connect("/instances",
11                              controller=controller, action="index",
12                              conditions=dict(method=["GET"]))
13          # 添加 GET /instances/{instance_id} URL 映射
14          self.mapper.connect("/instances/{instance_id}",
15                              controller=controller, action="show",
16                              conditions=dict(method=["GET"]))
17          # 添加 PUT /instances/{instance_id} URL 映射
18          self.mapper.connect("/instances/{instance_id}",
19                              controller=controller, action="update",
20                              conditions=dict(method=["PUT"]))
21          # 添加 DELETE /instances/{instance_id} URL 映射
22          self.mapper.connect("/instances/{instance_id}",
23                              controller=controller, action="delete",
24                              conditions=dict(method=["DELETE"]))
```

从以上代码可以看到，addroutes 方法共添加了 5 条 URL 映射，各条 URL 映射对应的功能参见表 11.4。在添加 URL 映射时，调用了 mapper 变量的 connect 方法。这里的 mapper 变量是 routes 包中定义的 Mapper 类，它专门用于解析 URL 的类。Mapper 类的 connect 方法的用法如下：

```
mapper.connect(<URL>, controller=<controller>, \
action=<action>, conditions=dict(method=<method-list>))
```

其中：
- <URL>是请求的 URL。
- <controller>是处理 HTTP 请求的 controller 对象，这个对象必须是可调用的（实现了__call__方法）。
- <action>是指处理 HTTP 请求的方法名。在本书示例中，所有的<action>对应的方法都定义在 controller 中。
- <method-list>是 HTTP 请求的方法列表。在 RESTful API 中，定义了 GET、POST、

PUT、HEAD 和 DELETE 等方法。不同的方法对应了资源（或资源集合）的某项操作。

对于相同的 URL，若其 HTTP 方法不同，对应的处理方法也可能不同。上面代码中的 action 是一个字符串，它指定的是方法名，而不是方法的实例。

（2）_dispatch 方法

_dispatch 方法定义如下：

```
01    class Router(object):
02        @staticmethod
03        @wsgify(RequestClass=webob.Request)
04        def _dispatch(request):
05            # 获取 URL 的解析结果
06            match = request.environ['wsgiorg.routing_args'][1]
07            if not match:
08                return _err()                           # 解析结果为 None，则输出错误信息
09            app = match['controller']                   # 否则，获取 URL 对应的 controller
10            return app
```

_dispatch 方法首先获取 URL 的解析结果。如果结果为空，则说明相应的 URL 没有在 mapper 对象中注册。此时，通过调用_err 方法[1]输出错误信息。如果不为空，则返回 URL 相应的 controller 对象。由于 controller 对象也是可调用的，因此最终 WSGI 服务会调用 controller 对象的 __call__ 方法处理 HTTP 请求。

注意：_dispatch 方法只是将 URL 请求分发给相应的 controller，并没有具体到方法。因此，在 controller 对象中，还需再进行一次分发。

### 3．Controller类的实现

通过上面的分析可以知道,当服务器接收到 HTTP 请求时,最终会调用 Controller 类[2]的 __call__ 方法。接下来，查看一下该方法的定义。

```
01    class Controller(object):
02        @wsgify(RequestClass=webob.Request)
03        def __call__(self, req):
04            # 获取 URL 解析结果
05            arg_dict = req.environ['wsgiorg.routing_args'][1]
06            # 获取处理的方法
07            action = arg_dict.pop('action')
08            # 删除 controller 项，剩下的都是参数列表
09            del arg_dict['controller']
10            # 搜索 controller 类中定义的方法
11            method = getattr(self, action)
12            # 调用方法，处理 HTTP 请求
13            result = method(req, **arg_dict)
14            # 无返回值
15            if result is None:
16                return webob.Response(body='', status='204 Not Found',
```

---

[1] _err 方法定义在 routers.py 文件中，它的功能是输出 "The Resource is Not Found." 的信息。
[2] 定义在 https://github.com/JiYou/openstack/blob/master/chap10/REST/wsgi_instance/controllers.py 文件中。

```
17                              headerlist=[('Content-Type',
'application/json')])
18          else:                                           # 有返回值
19              if not isinstance(result, basestring):
20                  result = simplejson.dumps(result)   # 将返回值转化成字符串
21              return result
```

__call__ 方法的代码大致可以分为 3 个部分。第 1 部分是第 04～09 行，准备参数；第 2 部分是 10～13 行，查找并执行 controller 中相应的方法；第 3 部分是 14～21 行，返回结果。

> 注意：在表 11.4 中定义了 /instances/{instance_id} 这样的 URL。当 Router 的 mapper 对象解析这样的 URL 时，会把 {instance_id} 解析成一个参数。例如，对于 /instances/123 这条 URL，解析完毕后，会在以上代码的 arg_dict 字典中产生一条 {'instance_id':123} 这样的元组。

Controller 类中定义的方法相对都比较简单。这里仅介绍 create 和 show 这两个方法。

（1）create 方法

create 方法的功能是创建一条虚拟机记录，其对应的 URL 是 POST /instances。在发送请求时，必须提供 name 字段来指定虚拟机名。create 方法的定义如下：

```
01  class Controller(object):
02      def create(self, req):
03          name = req.params['name']                  # 获取虚拟机名
04          if name:
05              inst_id = str(uuid.uuid4())            # 自动生成 UUID
06              inst = {'id': inst_id, 'name': name}   # 构造虚拟机信息元组
07              self.instances[inst_id] = inst         # 添加虚拟机记录
08              return {'instance': inst}              # 返回添加的虚拟机信息
```

以上代码中的 self.instances 变量用于保存虚拟机记录的字典。在本小节示例中的虚拟机信息比较简单，只有 id 和 name 两个字段。

> 注意：在 WSGI 中，可使用 req.params 来获取客户端提交的数据。

（2）show 方法

show 方法的功能是显示一条虚拟机记录的信息，其对应的 URL 是 GET /instances/{instance_id}。show 方法的定义如下：

```
class Controller(object):
    def show(self, req, instance_id):
        inst = self.instances.get(instance_id)
        return {'instance': inst}
```

> 注意：在 show 方法中，参数 instance_id 的值就是在 URL 中指定的 {instance_id}。

### 4．代码测试

将 wsgi_instance 文件夹[1]下的代码全部下载在本地，然后在该文件夹下执行 python service.py 文件，便可启动 WSGI 服务。

---

[1] https://github.com/JiYou/openstack/blob/master/chap10/REST/wsgi_instance/。

WSGI 服务启动后，可在另一个终端进行测试。接下来，将对示例中定义的所有的 URL 逐一进行测试。

（1）GET /instances

```
root@tcb-cc:~#    curl    -H    "X-Auth-Token:open-sesame"    127.0.0.1:8080
/instances
{"instances":   [{"id":    "50a04728-2e67-4074-8706-5abdbf6b2f8d",   "name":
"inst-1"},    {"id":    "08aaca77-d7ec-42e7-936e-8facea8cc630",   "name":
"inst-0"},    {"id":    "21593aaf-66ea-4176-b677-4dbda50902d9",    "name":
"inst-2"}]}
```

在 WSGI 服务启动时，会自动生成 3 条虚拟机记录[1]。以上输出的结果，便是生成的 3 条虚拟机记录的信息。

（2）POST /instances

```
root@tcb-cc:~#    curl   -H    "X-Auth-Token:open-sesame"    -X    POST    --data
"name=new-inst" 127.0.0.1:8080/instances
{"instance":    {"id":    "aaa4d89e-1b87-4020-9809-a8d6f5721bac",    "name":
"new-inst"}}
```

以上命令创建了一个名为 new-inst 的虚拟机记录。

（3）GET /instances/{instance_id}

```
root@tcb-cc:~# curl -H "X-Auth-Token:open-sesame" -X GET \
> 127.0.0.1:8080/instances/aaa4d89e-1b87-4020-9809-a8d6f5721bac
{"instance":    {"id":    "aaa4d89e-1b87-4020-9809-a8d6f5721bac",    "name":
"new-inst"}}
```

> **注意**：以上命令中的{instance_id}是要查询的虚拟机的 id，读者须根据实际情形修改。可以通过 GET /instances 来查看所有虚拟机记录的 id。

（4）PUT /instances/{instance_id}

```
root@tcb-cc:~#    curl    -H    "X-Auth-Token:open-sesame"    -X    PUT    --data
"name=new-inst2" \
127.0.0.1:8080/instances/aaa4d89e-1b87-4020-9809-a8d6f5721bac
{"instance":    {"id":    "aaa4d89e-1b87-4020-9809-a8d6f5721bac",    "name":
"new-inst2"}}
```

以上命令将 new-inst 虚拟机更名为 new-inst2。

（5）DELETE /instances/{instance_id}

```
root@tcb-cc:~# curl -H "X-Auth-Token:open-sesame" -X DELETE \
> 127.0.0.1:8080/instances/aaa4d89e-1b87-4020-9809-a8d6f5721bac
```

以上命令删除了 new-inst2 虚拟机，读者可以通过执行 GET /instances 验证。

## 11.3 基于消息通信的 RPC 调用

第 11.2 节介绍的 RESTful API 是一套基于 HTTP 协议的通信机制。但是，这样的通信机制存在以下不足：

---

1 参见 Controller 类的初始化方法。

- 由于是采用 HTTP 协议，因此客户端服务器之间所能传送的消息仅限于文本。
- 客户端与服务器之间采用的是同步机制。当发送 HTTP 请求时，客户端需要等待服务器的响应。
- 客户端与服务器之间虽然可以独立开发，但是还是存在耦合。例如，客户端发送请求时，必须知道服务器的地址，且须保证服务器正常工作。

基于这样的原因，OpenStack 还采用了另外的一种远程通信机制——RPC[1]调用。在 OpenStack 中，RPC 采用 AMQP 协议实现进程间通信。目前，有许多工程实现了 AMQP 协议。在 OpenStack 中，采用的是 RabbitMQ 和 Qpid。在本书中，只对 RabbitMQ 进行分析。本节首先简单介绍 AMQP 和 RabbitMQ 的基本概念，然后通过具体的例子，介绍 RPC 的工作流程。

## 11.3.1 AMQP 简介

AMQP（Advanced Message Queuing Protocol，高级消息队列协议）是一个为基于消息的中间件提供的开放的应用层标准协议。它能够有效地支持各种通信模型或者报文传送方面的应用。AMQP 协议是 2003 年由摩根大通公司的 John O'Hara 提出的。它最初的目的是为了实现开放的合作开发。一个完整的 AMQP 规格包括以下几个方面的性质：

- 类型系统。AMQP 是一套二进制的应用层通信协议。它定义了一套自描述的编码方案，使得它能够表示多种多样的常用数据类型。它也允许类型化的数据被赋予额外的意义。比如说，一个由键-值对构成的字典，可能被注释为一个自定义的数据类型。
- 进程间对称的异步通信协议。在 AMQP 中，进程间的通信多是采用点对点，或者是发布者-订阅者模型。通常情况下，由一个中间件来实现消息队列的管理。通信的进程双方的地位是对等的。这样的设计，可以使得进程间的松耦合性。发布者不需要知道订阅者是否存在，而订阅者也无需知道自己消费的是哪个发布者的消息。这样的松耦合性，也决定了 AMQP 协议比传统的客户端-服务器通信模型具有更强的可扩展性。
- 消息格式。在 AMQP 中，将进程间传送的消息称作是裸消息。一个裸消息包含消息头（包括用户 ID、消息主题和创建时间等）和消息体（应用程序真正需要传送的数据，也称作是应用消息）。裸消息在进程间通信过程中是不可改变的。当消息传送到中间节点时，允许被注释。但是，对消息的注释必须和裸消息区分开来。注释可以添加到裸消息的前面或者后面。
- 一系列标准化的但可扩展的"消息能力"。例如：①当两个节点通过 AMQP 通信时，它们不需要知道对方节点是什么节点，也不需要知道对方节点是如何处理发送的消息。②订阅者可以拒绝或者接收发布者发送的消息。③当有多个订阅者时，可采用竞争或者非竞争的策略决定由哪个订阅者处理消息。④可以根据需求自动地增加或者删除节点。⑤可以通过过滤器，修改订阅者的兴趣（比如倾向于接收

---

1 RPC（Remote Procedure Call，远程过程调用）是一个进程间通信机制，它允许计算机程序调用其他计算机上的子过程或者过程。

哪种类型的消息)。

在 AMQP 模型中，主要由发布者、中间件和订阅者 3 个部件构成。其中，发布者和订阅者相对比较简单，中间件是连接发布者和订阅者的桥梁。发布者首先将消息发送给中间件，中间件将消息存储到消息队列中，最后订阅者从消息队列中获取消息。在这里，中间件实现了消息的存储、交换和路由的功能。

### 11.3.2　RabbitMQ 分析

本小节将分析 RabbitMQ 的工作原理。在 OpenStack 中，主要是 Nova 用到了 RPC 调用。因此在本小节中，将介绍 Nova 如何通过 RabbitMQ 实现 RPC 调用。

在第 8 章介绍过，OpenStack Nova 中是由许多个组件构成的。而不同的服务之间，都是通过 RPC 来实现通信。同时，由于采用的是 AMQP 协议，因此组件之间具有很强的松耦合性。其表现在：

- 客户端（发布者）无需知道服务器（订阅者）的具体位置。
- 服务器无需和客户端同步运行。当客户端发起 RPC 调用时，服务器可能并未运行。
- 远程调用的随机均衡性。当客户端发起 RPC 调用时，服务器可能不止一个。此时，可以随机选择一个服务器来处理消息。

在 Nova 中，共定义了两种远程调用方式——rpc.call 和 rpc.cast。所谓的 rpc.call 方式是指 request/response 方式。当客户端向服务器端发起 RPC 调用时，还需获取服务器端的响应（读者可以理解为有返回值的远程过程调用）。所谓的 rpc.cast 方式是指客户端发起 RPC 调用后，不需要获取服务器端的响应（读者可理解为不带返回值的远程过程调用）。

为了处理 rpc.call 方式的远程调用，Nova 共采用了以下两种消息交换方式：答案交换方式（Direct Exchange）和话题交换方式（Topic Exchange）。其中话题交换方式主要是用于客户端发起远程调用（包括 rpc.call 和 rpc.cast），答案交换方式主要用于服务器端返回 rpc.call 调用的结果。相应于答案交换和主题交换这两种方式，Nova 定义了话题/答案订阅者、话题/答案发布者以及话题/答案交换器等部件。各个部件的结构图如图 11.1 所示。

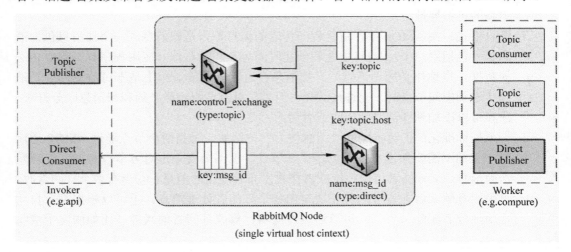

图 11.1　单 RabbitMQ 节点的 AMQP 模型

从图 11.1 可以看出，一个主题交换器可以关联多个队列，而一个直接交换器只能关联一个队列。在直接交换器中，发布者、交换器、队列和消费者都是唯一的。消费者和发布者之间建立了一个专门的通路，这也是"直接"的意义所在。

一个主题交换器可以关联多个队列，而每个队列都关联一个主题。在主题交换器中，共有 topic 和 topic.host 两种类型的主题。所谓的 topic.host 类型的主题是指订阅者直接点名需要哪台服务器进行响应。比如，当接收到关闭虚拟机请求时，Nova-scheduler 会调用虚拟机所在主机的 Nova-compute 来关闭相应虚拟机。所谓 topic 类型的主题，是指发布者不指定响应的服务器，而是指定消息的主题。此时，交换器将会随机选择一个消费者处理 RPC 请求。显然 topic 类型的主题可以很方便地实现负载均衡。例如，在 OpenStack 中可以创建多个 scheduler 节点。当客户端发送创建虚拟机的请求时，会随机选择一个 scheduler 节点处理该请求。

> **注意：**
> ① 图 11.1 只是描绘了一个 RabbitMQ 节点的情况。实际上，RabbitMQ 节点可以采用集群方式部署。
> ② 图 11.1 所示的 Invoker 和 Worker 只是逻辑的概念。在 Nova 的代码中，并没有 Invoker 和 Worker 这样的名词。在这里，Invoker 是指 RPC 调用的发起方，而 Woker 是指 RPC 调用的执行方。

图 11.1 所示的各个部件的详细说明如下。

- Topic Publisher（话题发布者或者会话发布者）：话题发布者的出现主要是 rpc.call 和 rpc.cast 函数调用被执行的时候。一个话题发布者实例主要是用来把一个消息推送至消息系统中。每个会话发布者都是一直连接在链路上进行收听，当消息传输完毕的时候（比如 rpc.cast）或者接收到响应之后（比如 rpc.cast），会话发布者的生命周期就结束了。

- Direct Consumer（直接消费者/订阅者或者答案接收方）：当且仅当 rpc.call 操作被执行的时候，一个 Direct Consumer 就被唤起。一个实例化的答案接收方会用来接收来自于队列的响应信息。每个答案接收方通过一个排斥性独立通信队列来进行独立、基于答案的消息交换。与会话发布者类似，其生命周期也是受消息传输影响的。在队列中的消息，是通过一个 UUID 标识符进行区别的。这些 UUID 信息是在会话发起者发起会话的时候，就封装进去了。

- Topic Consumer（话题消费者/订阅者或者会话接收方）：当 Worker 被实例化的时候，会话接收方就开始工作了。会话接收方的工作主要是从消息队列中接收消息，并且将消息中的指令转化成为相应的行动。一个会话接收方一直是连接在相同的 topic 交换链路上，不管是通过共享的队列或者是独立排斥性的队列。每个 Worker 都有两个会话接收方，一个是面向 rpc.cast 操作（连接到一个共享的消息队列，消息交换的标志则是 topic），另外一个会话接收方是用于 rpc.call 的（连接到一个排斥性、独立的交换通道，在交换的时候，主要是通过 topic.host 这种信息进行识别并且交换的）。

- Direct Publisher（直接发送方或者答案发布者）：当且仅当 rpc.call 请求到达 workers 之后，答案发送方就开始工作了。答案发送方的主要工作就是将 Worker 所做的工作的结果发送给会话接收方。答案发送方连接到一个基于答案的交换。交换之间的识别，主要是通过进来的消息。

- Topic Exchange（话题交换器）：这种交换主要是基于一张依赖虚拟主机上下文的路由表，它的类型决定了路由策略。比如基于话题的交换或者是基于答案的交换，会采用不同的策略。需要注意的是，一个消息转发器中，针对一个 topic 的交换，也只有一个话题交换器。
- Direct Exchange（答案交换器）：答案交换器主要是依赖 rpc.call 操作的。当 rpc.call 操作被调用的时候，答案交换器的路由表也就生成了。在一个消息转发器的生命周期中，会有许许多多的这种交换器。每个答案交换器都是为一个 rpc.call 服务。

Nova 定义的 rpc.call 和 rpc.cast 两种远程调用方式中，rpc.call 比较复杂。在本小节的最后，再简单介绍一下 rpc.call 方式远程调用的流程。

（1）客户端通过主题发布者向主题交换器发送 RPC 消息。主题交换器根据消息的主题，将消息保存在相应的队列中。

（2）服务器端的主题消费者从队列中接收并处理 RPC 消息。

（3）服务器端的主题消费者处理完消息以后，通过直接发布者将消息发送给客户端。

（4）客户端通过直接消费者接收服务器返回的 RPC 结果。

rpc.call 远程调用的流程如图 11.2 所示。

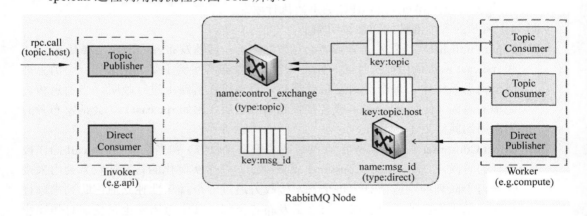

图 11.2　rpc.call 远程调用的流程

## 11.3.3　RPC 调用的实现

在第 11.3.2 小节，对 RabbitMQ 的工作流程做了大致的分析。本小节将通过一个具体的示例，来对 OpenStack 中的 RPC 调用做一个更加深入的分析。

第 11.3.2 小节介绍过，在 OpenStack 中共有 rpc.call 和 rpc.cast 两种远程调用方式。其中 rpc.call 比较复杂，它需要用到主题交换和直接交换两种交换方式。其中主题交换用于客户端向服务器发送 RPC 请求，而直接交换主要用于服务器向客户端返回 RPC 调用结果。在本小节的示例中，将实现这两种交换方式，并且通过这两种交换方式完成一个简单的 rpc.call 调用。有了 rpc.call 的基础，相信读者也一定能够自行分析 OpenStack 中的 rpc.cast

调用流程。

本小节的示例代码可从[1]上下载。示例中包含的python文件及其简单说明见表11.5。

表11.5 RPC调用示例中的python文件一览

| 文件名 | 描述 |
| --- | --- |
| client.py | RPC调用请求客户端的启动脚本 |
| dispatcher.py | 将客户端发布的消息分发给相应的方法处理 |
| impl_kombu.py | 示例的核心代码。实现了主题消费者、主题生产者、直接消费者和直接生产者等 |
| manager.py | 定义了处理RPC调用请求的方法 |
| rpc_amqp.py | 用于处理RPC请求并发生RPC响应 |
| rpc.py | 为外界提供API |
| server.py | 服务器端的启动脚本 |
| service.py | 主要用于创建和管理RPC服务 |

**注意：**（1）本小节示例的文件结构以及代码逻辑是仿造Nova中的rpc模块[2]。为了帮助快速理清脉络，示例删去了一些可选的配置以及多线程方面的代码。

（2）目前有许多工具包实现了与RabbitMQ的交互，本示例使用的是kombu包[3]，这也是OpenStack使用的默认工具包。

接下来，根据rpc.call方法执行的流程，对示例中的代码做一个详细的分析：

（1）RPC服务器定义和启动RPC服务。
（2）RPC服务器建立与RabbitMQ服务器的连接。
（3）RPC服务器创建和激活主题消费者。
（4）RPC客户端向主题交换器发送RPC请求。
（5）RPC服务器接收和处理RPC请求。
（6）RPC客户端创建和激活直接消费者，并等待RPC响应。
（7）介绍示例程序的测试和运行。

**注意：** 由于RPC服务器和客户端具有很松的耦合性，因此，以上步骤并不是绝对的。比如，RPC服务器很可能在客户端发送RPC请求之后启动。

### 1. 服务器端：定义和启动RPC服务

RPC服务的启动脚本定义在server.py文件中，查看其代码。

```
01  import service
02
03  srv = service.Service()              # 创建RPC服务
04  srv.start()                          # 启动RPC服务
05
06  while True:
07      srv.drain_events()               # 监听RPC请求
```

---

[1] https://github.com/JiYou/openstack/blob/master/chap11/RPC。
[2] 参见/opt/stack/nova/nova/openstack/common/rpc。
[3] 本示例使用的kombu版本是1.0.4。

以上代码首先创建 Service 对象，然后分别调用该对象的 start 方法和 drain_events 方法。Service 类定义的 service.py 文件中，其初始化方法、start 方法和 drain_events 方法定义如下：

（1）初始化方法

```
01  TOPIC = 'sendout_request'
02
03  class Service(object):
04      def __init__(self):
05          self.topic = TOPIC
06          self.manager = manager.Manager()
```

初始化方法主要定义了 topic 和 manager 成员变量。其中 topic 用于定义主题交换机的主题，本书示例中设置的主题为 sendout_request。manager 对象用于定义处理 RPC 请求的方法。在本书示例中，只定义了一个 add 方法，用于计算两个数的和，参见 manager.py 文件。

（2）start 方法

```
01  class Service(object):
02      def start(self):
03          self.conn = rpc.create_connection()           # 创建 RabbitMQ 连接
04          rpc_dispatcher = dispatcher.RpcDispatcher(self.manager)
                                                          # 创建分发器
05          self.conn.create_consumer(self.topic, rpc_dispatcher)
                                                          # 创建主题消费者
06          self.conn.consume()                           # 激活主题消费者
```

代码中，比较重要的是调用 create_consumer 方法，这个方法有两个参数：主题和分发器。其中主题就是在初始化方法中定义的 sendout_request，而分发器是一个 RpcDispatcher 对象。RpcDispatcher 类的定义将在本小节的"服务器端：接收和处理 RPC 请求"部分进行分析。

> 注意：一个消费者必须激活以后才能处理交换器队列中的消息。消费者的创建和激活将在本小节"服务器端：创建和激活主题消费者"部分定义。

（3）drain_events 方法

这个方法的功能是用来接收和处理 RPC 请求。其代码比较简单，它最终会调用 BrokerConnection[1]对象的 drain_events 方法。

### 2．服务器端：建立与RabbitMQ的连接

在本小节的示例中，Service 类会调用 rpc.create_conntection 方法来建立连接。该方法会返回一个 Connection 对象。Connection 类的定义在 impl_kombu.py 文件中。Connection 类中涉及建立 RabbitMQ 服务器连接的方法有初始化方法、reconnect 方法和 _connect 方法。

（1）初始化方法

Connection 类的初始化方法比较简单，主要是调用该类的 reconnect 方法。

（2）reconnect 方法

---

[1] BrokerConnection 类是 Kombu 包中管理 RabbitMQ 连接的类。

```
01  class Connection(object):
02      def reconnect(self):
03          # 初次重连的等待时间
04          sleep_time = conf.get('interval_start', 1)
05          # 每次连接失败后增加的等待时间
06          stepping = conf.get('interval_stepping', 2)
07          # 重连的最大等待时间
08          interval_max = conf.get('interval_max', 30)
09          sleep_time -= stepping
10
11          while True:
12              try:
13                  self._connect()                            # 尝试连接 RabbitMQ 服务器
14                  return
15              except Exception, e:
16                  if 'timeout' not in str(e):                # 如果不是超时异常，则抛出
17                      raise
18              # 设置下次连接的等待时间
19              sleep_time += stepping
20              sleep_time = min(sleep_time, interval_max)
21              print("AMQP Server is unreachable,"
22                    "trying to connect %d seconds later\n" % sleep_time)
23              time.sleep(sleep_time)
```

reconnect 方法会不断尝试与 RabbitMQ 服务器连接，直至连接成功。随着失败次数的增多，reconnect 方法在执行下次连接前的等待时间也会增加。

（3）_connect 方法

_connect 方法实现了一次与 RabbitMQ 服务器的连接，其代码如下：

```
01  rabbit_params = {
02      'hostname':'10.239.131.181',            # RabbitMQ 服务器所在节点的地址
03      'port':5672,                            # RabbitMQ 服务器监听的端口
04      'userid': 'guest',                      # 连接 RabbitMQ 服务器的用户名
05      'password': 'guest',                    # 连接 RabbitMQ 服务器的密码
06      'virtual_host': '/',}                   # RabbitMQ 服务器的虚拟目录
07  …
08  class Connection(object):
09      def _connect(self):
10          hostname = rabbit_params.get('hostname')
                                                # RabbitMQ 服务器所在的主机名
11          port = rabbit_params.get('port')    # RabbitMQ 服务器的监听端口
12
13          if self.connection:                 # 如果已经建立连接
14              print("Reconnecting to AMQP Server on "
15                    "%(hostname)s:%(port)d\n" % locals())
16              self.connection.release()       # 释放原来的连接
17              self.connection = None
18          # 创建 BrokerConnection 对象
19          self.connection = kombu.connection.BrokerConnection (**rabbit
              _params)
20          self.consumer_num = itertools.count(1)    # 重置消费者迭代器
21          self.connection.connect()                 # 与 RabbitMQ 服务器连接
22          self.channel = self.connection.channel()  # 获取连接的信道
23          for consumer in self.consumers:
24              consumer.reconnect(self.channel)      # 重置消费者的信道
```

代码第 19 行创建了 BrokerConnection 对象，其中 rabbit_params 定义了与 RabbitMQ 服务器的连接。在本小节示例中，rabbit_params 变量定义为 impl_kombu.py 文件的全局变量（见代码第 01～06 行），读者需要根据实际情况修改。代码第 06 行定义了连接的虚拟目录。在 RabbitMQ 服务器中，不同虚拟目录的交换器和队列是相互独立的。代码第 20 行定义了一个迭代计数器。在 RabbitMQ 中，同一个连接下的消费者需要具有一个唯一的 tag，这里的迭代计数器是用于产生消费者的 tag。代码第 24 行是将消费者与信道相关联，一个消费者，只有与信道相关联才能接收和处理 RPC 请求。

### 3．服务器端：创建和激活主题消费者

（1）创建主题消费者

前面介绍过，Service 类通过调用 Connection 类的 create_consumer 方法来创建主题消费者。查看该方法的定义。

```
class Connection(object):
    def create_consumer(self, topic, proxy):
        proxy_cb = rpc_amqp.ProxyCallback(proxy)
        self.declare_topic_consumer(topic, proxy_cb)
```

create 方法的工作流程如下：首先，创建了一个 ProxyCallback 对象。这里的 ProxyCallback 对象必须是一个可调用的对象。当消费者接收到消息时，会调用 ProxyCallback 对象来处理消息。在本小节的"服务器端：接收和处理 RPC 请求"部分，将详细介绍 ProxyCallback 类的定义。然后，通过调用 declare_topic_consumer 方法来创建主题消费者。

> 注意：代码中的 proxy 是一个 RpcDispatcher 对象，RpcDispatcher 类定义在 dispatcher.py 文件中。

declare_topic_consumer 方法调用了 declare_comsumer 方法。Connection 类的 declare_consumer 方法的定义如下：

```
01  class Connection(object):
02      def declare_consumer(self, consumer_cls, topic, callback):
03          # 内部方法
04          def _declare_consumer():
05              # 创建 Consumer 对象
06              consumer = consumer_cls(self.channel, topic,
07                  callback, self.consumer_num.next())
08              # 添加 Consumer 对象
09              self.consumers.append(consumer)
10              print('Succed declaring consumer for topic %s\n' % topic)
11              return consumer
12          # 不断执行_declare_consumer 方法，直至执行成功
13          return self.ensure(_declare_consumer, topic)
```

declare_consumer 方法调用了 ensure 方法。查看 ensure 方法的定义可知，该方法会不断地执行_declare_consumer 方法。如果_declare_consumer 方法执行失败，则重新与 RabbitMQ 服务器建立连接后，再次执行_declare_consumer 方法，直至_declare_consumer 方法执行成功。

\_declare\_consumer 方法是 declare\_consumer 方法的内部方法,它的主要功能是创建 consumer\_cls 对象。

> 注意:在这里,代码中的 consumer\_cls 为主题消费者,即 TopicConsumer 类。

通过前面的分析,可以知道\_declare\_consumer 方法主要功能是创建 TopicConsumer 对象。TopicComsumer 类定义在 impl\_kombu.py 文件中,查看其初始化方法的定义。

```
01  class TopicConsumer(ConsumerBase):
02
03      def __init__(self, channel, topic, callback, tag, **kwargs):
04          self.topic = topic                          # 消费者主题
05          # 设置交换器以及交换队列的属性
06          options = {'durable': False,                # 交换器是否是持久的
07                     'auto_delete': False,            # 交换器和队列是否自动删除
08                     'exclusive': False}              # 队列是否互斥
09          options.update(kwargs)
10          # 创建主题交换器
11          exchange = kombu.entity.Exchange(name=topic, type='topic',
12                                           durable=options['durable'],
13  auto_delete=options['auto_delete'])
14          # 初始化父类,创建交换队列
15          super(TopicConsumer, self).__init__(channel, callback, tag,
              name=topic,
16                      exchange=exchange, routing_key=topic,
17                                          **options)
```

以上代码中的 options 变量是用来设置交换器和队列的属性。其中:
- durable 用来设置交换器是否是持久化的。所谓持久化交换器,是指当 RabbitMQ 服务器关闭时,交换器不会被删除。
- auto\_delete 属性是用来设置交换器和队列是否自动删除。如果一个交换器设置为自动删除,当所有队列结束使用交换器后,该交换器会被自动删除。如果一个队列设置为自动删除,当所有消费者结束使用队列后,该队列会被自动删除。
- exclusive 属性是用来设置队列是否互斥。如果一个队列设置成互斥,那么它只能被当前连接使用。

TopicConsumer 类继承自 ConsumerBase 类。接下来,分析 ConsumerBase 类的定义,其初始化方法定义如下:

```
01  class ConsumerBase(object):
02      def __init__(self, channel, callback, tag, **kwargs):
03          self.callback = callback                # 处理 RPC 请求的回调函数
04          self.tag = str(tag)                     # 消费者的 tag
05          self.kwargs = kwargs                    # 队列属性,包括 durable、
                                                      auto_delete 等
06          self.queue = None                       # 队列初始为空
07          self.reconnect(channel)                 # 创建并声明队列
```

> 注意:初始化方法中设置的 callback 成员变量是一个 ProxyCallback 对象,它是分发和处理 RPC 请求的回调函数。

从以上代码可以看到，ConsumerBase 类的初始化方法调用了 reconnect 方法来创建和声明队列。reconnect 方法的定义如下：

```
01    class ConsumerBase(object):
02        def reconnect(self, channel):
03            self.channel = channel
04            self.kwargs['channel'] = channel                          # 设置信道属性
05            self.queue = kombu.entity.Queue(**self.kwargs)            # 创建队列
06            self.queue.declare()                                      # 声明队列
```

可以看到，ConsumerBase 的 reconnect 方法首先创建一个 Queue 对象，然后调用 Queue 对象的 declare 方法声明该队列。至此，创建消费者部分的代码分析完毕。

> 注意：① 以上代码只是创建和声明了一个消息队列，并没有创建消费者。这是怎么回事呢？这是因为在 Nova 中，同一条连接下，一条队列只与一个消费者相关联，而一个消费者只与一个队列相关联。它们之间，存在一一对应的关系1。因此，在这种情况下，可以认为消息队列和消费者是一回事。② 一个队列只有声明了，才能正常工作。

（2）激活消费者

消费者创建完成后，还需激活，才能处理 RPC 请求。Service 类中的 consume 方法，完成了激活消费者的功能。不难看出，Service 类的 consume 方法最终会调用 ConsumerBase 的 consume 方法。在这里，查看一下 ConsumeBase 类中 consume 方法的定义。

```
01    class ConsumerBase(object):
02        def consume(self, *args, **kwargs):
03            options = {'consumer_tag': self.tag}                     # 设置消费者的 tag 属性
04            options['nowait'] = False                                # 是否等待响应
05            # 内部函数，用于处理一条消息
06            def _callback(raw_message):
07                message = self.channel.message_to_python(raw_message)
08                try:
09                    msg = message.payload                            # 获取消息体
10                    self.callback(msg)                               # 处理消息
11                    message.ack()                                    # 通知交换器消息处理完毕
12                except Exception:
13                    print("Failed to process message... skipping it.\n")
14            # 激活消费者
15            self.queue.consume(*args, callback=_callback, **options)
```

以上代码主要定义了 _callback 内部方法，它是分发和处理 RPC 请求的方法。_callback 的工作流程大致如下：首先对消息进行解析，获取其消息体。然后调用 self.callback 方法处理消息体。最后向 RabbitMQ 服务器报知消息处理成功。

> 注意：代码中的 self.callback 是一个 ProxyCallback 对象。ProxyCallback 类定义在 rpc_amqp.py 文件中。本小节的"服务器端：接收和处理 RPC 请求"部分将详细分析 ProxyCallback 类的定义。

---

1 这种一一对应的关系只是 Nova 内部的逻辑。实际上，在同一条连接下，一个消费者可以对应多条队列。

## 4. 客户端：向主题服务器发送RPC请求

主题消费者创建好以后，客户端便可向 RabbitMQ 服务器发送 RPC 请求了。为了理清发送 RPC 请求的过程，还需从 client.py 开始分析。

client.py 文件的代码如下：

```
01  import rpc
02  TOPIC = 'sendout_request'              # 主题
03  # 消息体
04  msg = {'method': 'add',                # RPC 调用的方法名
05         'args':{'v1':2, 'v2':3}}        # 参数列表
06  rval = rpc.call(TOPIC, msg)            # 发送 rpc.call 请求
07  print('Succeed implementing RPC call. the return value is %d.\n' % rval)
```

从以上代码可以看到 client.py 最终会调用 rpc.call 方法，rpc.call 方法最终会调用 impl_kombu.call 方法。查看 impl_kombu.call 方法的定义。

```
01  def call(topic, msg, timeout):
02      print('Making synchronous call on %s ...\n' % topic)
03      msg_id = DIRECT + str(uuid.uuid4())         # 构造消息 ID
04      msg.update({'msg_id': msg_id})              # 将消息 ID 添加到消息体中
05      print('MSG_ID is %s\n' % msg_id)
06      conn = rpc.create_connection()              # 连接 RabbitMQ 服务器
07      # CallWaiter 对象是直接消费者的处理方法
08      wait_msg = CallWaiter(conn)
09      conn.declare_direct_consumer(msg_id,
10                                   wait_msg)      # 声明直接交换器
11      conn.topic_send(topic, msg)                 # 向主题交换器发送消息
12      return wait_msg.wait_reply()                # 等待 RPC 响应
```

以上代码主要实现了两个功能：（1）创建和声明直接消费者；（2）向主题交换器发送 RPC 请求。创建和声明直接消费者部分的功能将在本小节的"客户端：创建和激活直接消费者"部分介绍。这里首先介绍向主题交换器发送 RPC 请求。

发送 RPC 请求的功能主要是通过 Connection 对象的 topic_send 方法实现，查看该方法的定义。

```
class Connection(object):
   def topic_send(self, topic, msg):
      self.publisher_send(TopicPublisher, topic, msg)
```

从以上代码可以看到，topic_send 方法调用了 publisher_send 方法。查看 publisher_send 方法的定义。

```
01  class Connection(object):
02      def publisher_send(self, cls, topic, msg, **kwargs):
03          # 内部方法
04          def _publish():
05              publisher = cls(self.channel, topic, **kwargs)
                  # 创建 publisher 对象
06              publisher.send(msg)                 # 向主题交换器发送消息
07          # 调用内部方法
08          self.ensure(_publish, topic)
```

从以上代码可以看到，publisher_topic 方法调用了 _publish 内部方法。_publish 方法首先创建了一个 publisher 对象，然后调用 publisher 对象的 send 方法发送 RPC 消息。在本例中，publisher 对象是 TopicPublisher 对象。接下来，分别查看 TopicPublisher 类的初始化方法和 send 方法。

（1）TopicPublisher 类的初始化方法

```
01  class TopicPublisher(Publisher):
02      def __init__(self, channel, topic, **kwargs):
03          # 设置主题交换器属性
04          options = {'durable': False,                # 是否持久化
05                     'auto_delete': False,            # 是否自动删除
06                     'exclusive': False}              # 是否互斥
07          options.update(kwargs)
08          # 初始化父类
09          super(TopicPublisher, self).__init__(channel, topic, topic,
                type='topic', **options)
```

从以上代码可以看到，TopicPublisher 类的工作都是在父类中完成。查看其父类初始化方法的定义。

```
01  class Publisher(object):
02      def __init__(self, channel, exchange_name, routing_key, **kwargs):
03          self.exchange_name = exchange_name          # 交换器名
04          self.routing_key = routing_key              # 队列名
05          self.type = kwargs.pop('type')              # 交换器类型
06          self.kwargs = kwargs                        # 其他属性
07          self.reconnect(channel)                     # 创建 Producer
```

Publisher 类的初始化方法最终调用了 reconnect 方法，查看其定义。

```
01  class Publisher(object):
02      def reconnect(self, channel):
03          # 创建交换器
04          self.exchange = kombu.entity.Exchange(self.exchange_name,
05                                                 self.type, **self.kwargs)
06          # 创建生产者
07          self.producer = kombu.messaging.Producer(channel,
08                                                    exchange=self.exchange)
```

reconnect 方法创建了 exchange 和 producer 对象。其中 producer 对象中定义了一个 publish 方法，用于发送 RPC 消息。

> 注意：在 RabbitMQ 中，是通过交换器名来区分交换器的。相同名字的交换器被认为是同一个交换器。因此，在主题发布者中声明的交换器的属性必须和主题消费者中声明的交换器属性完全一致。直接发布者和直接消费者也须满足这样的要求。

（2）TopicPublisher 类的 send 方法

TopicPublisher 类的 send 方法定义在 Publisher 类中，它调用了 producer 对象的 publish 方法。

### 5. 服务器端：接收和处理RPC请求

在本小节示例中，对处理 RPC 请求的方法做了逐层的封装，图 11.3 描绘了各层封装

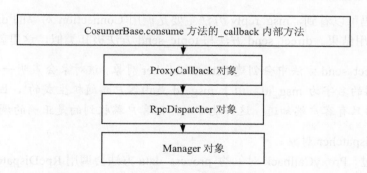

图 11.3　RPC 请求回调函数的调用关系图

接下来，将依次分析图 11.3 列出的对象和方法。

（1）CosumerBase.consume 方法的_callback 内部方法

CosumerBase.consume 方法的_callback 内部方法已经在本小节的"服务器端：创建和激活主题消费者部分"做了分析，这里就不再重复了。它最终会调用 ProxyCallback 对象来处理消息。

（2）ProxyCallback 对象

ProxyCallback 对象是一个可调用的对象，其主要的功能都定义在__call__方法中。ProxyCallback 类定义在 rpc_amqp.py 文件中，查看其__call__方法的定义。

```
01  class ProxyCallback(object):
02      def __call__(self, message_data):
03          method = message_data.get('method')          # 获取 RPC 调用的方法
04          args = message_data.get('args', {})          # 获取参数列表
05          msg_id = message_data.get('msg_id')          # 获取消息的 ID
06          print('Receive RPC request. method is %s.\n' % method)
07          self._process_data(msg_id, method, args)     # 处理消息
```

这里的 message_data 是客户端传过来的消息。消息中共包含方法名 method、参数列表 args 和消息 ID msg_id 3 个属性。各个属性的值的定义参见本小节的"客户端：向主题服务器发送 RPC 请求"部分。ProxyCallback 类的__call__方法会调用_process_data 方法来处理消息。查看_process_data 方法的定义。

```
01  class ProxyCallback(object):
02      def _process_data(self, msg_id, method, args):
03          # 调用 RpcDispatcher 的 dispatch 方法处理消息
04          rval = self.proxy.dispatch(method, **args)
05          # 返回处理结果
06          msg_reply(msg_id, rval)
```

从以上代码可以看到，_process_data 方法首先调用 RpcDispatcher 的 dispatch 方法处理消息，然后调用 msg_reply 方法来发送消息。

msg_reply 方法定义在 rpc_amqp.py 文件中，查看其定义：

```
def msg_reply(msg_id, reply):
    msg = {'result': reply}                # 构造消息体
    conn = impl_kombu.Connection()         # 建立连接
```

```
conn.direct_send(msg_id, msg)          # 向直接交换器发送消息
```

从以上代码可以看到，msg_reply 方法主要是调用 Connection 对象的 direct_send 方法来返回 RPC 调用结果。direct_send 方法与 topic_send 方法极其类似，这里就不再赘述了。

> **注意**：在 direct_send 方法中会创建 DirectPublisher 对象，该对象会声明一个直接交换器，交换器的名字为 msg_id。由于 msg_id 是由客户端随机生成的[1]，因此生成的直接交换器只有客户端知道。这样就可以保证客户端收到的是正确的调用结果。

（3）RpcDispatcher 对象

前面介绍过，ProxyCallback 对象的 _process_data 方法会调用 RpcDispatcher 的 dispatch 方法处理 RPC 请求。RpcDispatcher 类定义在 dispatcher.py 文件中，查看其 dispatch 方法的定义：

```
01  class RpcDispatcher(object):
02      def dispatch(self, method, **kwargs):
03          # 如果 Manager 对象定义了 method 方法，则执行 method 方法
04          if hasattr(self.callback, method):
05              return getattr(self.callback, method)(**kwargs)
06          # 否则，报错
07          print('No such RPC method: %s\n' % method)
```

在本小节的"客户端：向主题服务器发送 RPC 请求"部分介绍过，客户端发送的 method 属性为 add。因此，RpcDispatcher 对象的 dispatch 方法最终会调用 Manager 对象的 add 方法。Manager 对象的 add 方法实现的功能是计算两个数的和，这里不再赘述了。

本小节的最后，总结图 11.3 中各个方法对象的功能。

- CosumerBase 对象 consume 方法的 _callback 内部方法的功能是获取 RPC 消息中的消息体，然后将消息交给 ProxyCallback 对象处理。
- ProxyCallback 对象的功能是解析消息体中的调用方法和参数列表，然后交给 RpcDispatcher 对象处理。
- RpcDispatcher 对象的功能是调用 manager 对象的相应方法处理 RPC 消息。
- manager 对象定义了处理 RPC 请求的各种方法。

### 6. 客户端：创建和激活直接消费者

前面介绍过，rpc.call 方法调用了 impl_kombu.call 方法。impl_kombu.call 方法主要实现了两个功能：

（1）创建和声明直接消费者。
（2）向主题交换器发送 RPC 请求。

发送 RPC 请求部分的内容已经在本小节的"客户端：向主题服务器发送 RPC 请求"部分做了介绍。在这里，将介绍直接消费者的创建和声明。

首先，查看一下 impl_kombu.call 方法的定义：

```
01  def call(topic, msg, timeout):
02      print('Making synchronous call on %s ...\n' % topic)
```

---

[1] 参见本小节"客户端：向主题服务器发送 RPC 请求"部分。

```
03      msg_id = DIRECT + str(uuid.uuid4())         # 构造消息 ID
04      msg.update({'msg_id': msg_id})              # 将消息 ID 添加到消息体中
05      print('MSG_ID is %s\n' % msg_id)
06      conn = rpc.create_connection()              # 连接 RabbitMQ 服务器
07      # CallWaiter 对象是直接消费者的处理方法
08      wait_msg = CallWaiter(conn)
09      conn.declare_direct_consumer(msg_id,
10                                   wait_msg)      # 声明直接交换器
11      conn.topic_send(topic, msg)                 # 向主题交换器发送消息
12      return wait_msg.wait_reply()                # 等待 RPC 响应
```

代码中通过 Connection 类的 declare_direct_consumer 方法创建和声明了直接消费者。这部分代码与 declare_topic_consumer 方法非常类似，故不作介绍了。这里需要注意的是，直接消费者的回调函数是一个 Callwaiter 对象。查看 Callwaiter 类的 \_\_call\_\_ 方法的定义。

```
class CallWaiter(object):
    def __call__(self, data):
        if data['result']:
            self._result = data['result']
```

这个方法非常简单，就是把结果保存为 _result 成员变量。这里的 data 是通过 rpc_kombu.msg_reply 方法返回的消息。由于 \_\_call\_\_ 方法是由 kombu 调用，客户端无法直接获得其返回值，因此只能暂时把结果保存为成员变量。

在 impl_kombu.call 方法的最后，调用了 CallWaiter 对象的 wait_reply 方法等待 RPC 响应。查看 CallWaiter 类的 wait_reply 方法的定义。

```
01    class CallWaiter(object):
02        def wait_reply(self):
03            self._connection.consume()              # 激活消费者
04            self._connection.drain_events()         # 等待响应
05            return self._result
```

### 7. 示例程序的测试和运行

本小节的最后，再介绍一下示例代码的测试。在执行示例代码前需保证 Rabbitmq-server 和 kombu 包已经正确安装。将示例代码下载在本地，并修改 impl_kombu.py 文件下的 rabbit_params 变量中的相应字段。然后，执行如下命令启动服务器端。

```
root@ubuntu:~/RPC# python server.py
declaring topic consumer for topic sendout_request...
Succed declaring consumer for topic sendout_request
```

以上输出说明服务器端已经正确运行了。最后，在另一个端口执行客户端代码。

```
01    root@ubuntu:~/RPC# python client.py
02    Making synchronous call on sendout_request ...
03    MSG_ID is feedback_request_c5054bc1-9dc7-4ba4-8d05-eadb312c9602
04    declaring direct consumer for topic
05    feedback_request_c5054bc1-9dc7-4ba4-8d05-eadb312c9602...
06    Succed declaring consumer for topic
07     feedback_request_c5054bc1-9dc7-4ba4-8d05-eadb312c9602
08    Succeed implementing RPC call. the return value is 5.
```

以上输出说明客户端成功完成了 rpc.call 调用，并得到了返回结果。

## 11.4 小　　结

### 11.4.1 RESTful API

#### 1. 使用PasteDeploy配置WSGI服务

- RESTful API 底层是 HTTP 协议。它在传统的 HTTP 协议基础上，明确定义了各种 HTTP 方法的意义。表 11.1 列出了 RESTful API 定义的标准方法。
- RESTful API 使用 PasteDeploy 定制 WSGI 服务。WSGI 服务的功能可以通过配置文件配置。在配置文件中可以定义 app、filter、pipeline 和 composite 等部件，各个部件的描述见表 11.2。
- app 和 filter 都须对应于一个工厂方法。工厂方法通常有如下参数：

```
def factory(global_config, **local_config):
```

其中 global_config 参数保存了从客户端传入的参数，例如 HTTP 消息体、客户上下文信息等。local_config 参数保存了在配置文件中设置的参数[1]。

每个工厂方法最终会返回一个处理对应的 app 和 filter HTTP 请求的方法实例。

处理 app 请求的方法实例通常有如下参数：

```
def app(request):
```

其中 request 参数保存了 HTTP 请求的上下文信息。

处理 filter 请求的方法实例通常有如下参数：

```
def filter(request, app):
```

其中 request 参数保存了 HTTP 请求的上下文信息，app 参数指定从当前过滤器的下一个过滤器（或应用程序）开始，到最后一个应用程序为止所形成的子 pipeline 的实例。

#### 2. Mapper.connect方法的调用

一个完整的 WSGI 服务，通常需要解析和处理多条 URL。在 routes 标准包中，定义了 Mapper 类来实现 URL 映射的管理。可以通过调用 Mapper 对象的 connect 方法来向 WSGI 服务注册 URL 映射。以下为 Mapper 对象的 connect 方法的一个调用示例。

```
mapper.connect(url, controller=controller, action=action, conditions=condition)
```

上面示例中：

- url 参数指定的是请求的 URL。通常有两种形式，/<resources>类型的 URL 对应的是集合的操作，/<resources>/<resource-id>类型的 URL 对应的是成员操作。这里的 <resources> 是资源的集合名，<resource-id>是资源的 UUID。

---

[1] 例如，在第 12.5 节将看到，所有 OpenStack 服务的 authtoken 过滤器中都设置了访问 Keystone 服务器的用户名、密码和租户名等信息。

- controller 参数指定的是处理 HTTP 请求的 controller 对象。
- action 参数指定 controller 对象中处理 HTTP 请求的方法。
- condition 参数指定服务器接收和处理 HTTP 请求的条件。通常会在 condition 参数中指定 HTTP 请求的方法。例如，conditions=dict(method=["POST"])，指定只接收 HTTP POST 请求，conditions=dict(method=["POST", "PUT"])，指定只接收 HTTP POST 和 PUT 请求。

## 11.4.2 RPC 调用

### 1. RabbitMQ 服务中定义的主要消费者和生产者

- Topic Publisher：Topic Publisher 话题发布者的出现主要是在 rpc.call 和 rpc.cast 方法调用被执行的时候。一个 Topic Publisher 的主要功能是把一个消息推送至消息系统中。
- Direct Consumer：当且仅当 rpc.call 操作被执行的时候，一个 Direct Consumer 就被唤起。它的功能是用来接收来自于队列的响应信息。每个 Direct Consumer 通过一个排斥性独立通信队列来进行独立的消息交换。在队列中的消息，是通过一个 UUID 标识符进行区别的。这些 UUID 信息是在 Topic Publisher 发起会话的时候，就封装进去了。
- Topic Consumer：当 Worker 被实例化的时候，Topic Consumer 会从消息队列中接收消息，并且将消息中的指令转化成为相应的行动。一个 Topic Consumer 一直是连接在相同的 topic 交换链路上，不管是通过共享的队列或者是独立排斥性的队列。
- Direct Publisher：当且仅当 rpc.call 请求到达 workers 之后，Direct Publisher 会将 Worker 所做的工作的结果发送给会话接收方。

### 2. rpc.call 方式远程调用的流程

（1）客户端通过主题发布者向主题交换器发送 RPC 消息。主题交换器根据消息的主题，将消息保存在相应的队列中。
（2）服务器端的主题消费者从队列中接收并处理 RPC 消息。
（3）服务器端的主题消费者处理完消息以后，通过直接发布者将消息发送给客户端。
（4）客户端通过直接消费者接收服务器返回的 RPC 结果。

# 第 12 章　Keystone 的安全认证

从本章开始，要正式分析 OpenStack 的源码。本章首先介绍 OpenStack Keystone 模块。Keystone 是 OpenStack 最基础的一个部件，它的主要职责是为 OpenStack 的用户提供身份认证和权限管理，以使得 OpenStack 的各项服务（包括 Keystone 服务本身）能够安全可靠地工作。

它的认证是双向的。首先 OpenStack 必须认证用户的身份是合法的，同时有足够的权限执行相应的操作；其次用户需要确定 OpenStack 的其他组件是可信的（比如不是什么钓鱼网站，来窃取用户的密码）。另外，在前面的章节也介绍过，OpenStack 的各个组件之间，也存在交互（比如 Nova 需要调用 Quantum 来为虚拟机分配网络资源，Glance 需要调用 Swift 来存储镜像），它们之间的通信，也需要 Keystone 的认证。

本章主要涉及到的知识点如下。

- ❑ Keystone 框架结构：介绍 Keystone 客户端和服务器的主要模块，以及各模块之间的通信机制。
- ❑ 用户管理：介绍 Keystone 如何实现用户的身份认证，如何维护用户信息。
- ❑ 多租户机制：介绍 Keystone 为什么要采用多租户机制，如何实现用户、角色和租户的关联，如何控制用户的访问权限。
- ❑ Token 管理：介绍为什么要使用 Token，如何保存和维护 Token，如何通过 Token 来进行身份认证和权限控制。

> 🔔 **注意**：本书示例中，OpenStack 的源码包都安装在/opt/stack 目录下。因此，第 2 篇在分析 OpenStack 源码时，引用的 py 文件路径都以/opt/stack 开头。例如，Keystone 服务器端的代码放在/opt/stack/keystone/keystone 目录下，Keystone 客户端代码在/opt/stack/python-keystoneclient/keystoneclient 目录下。实际中，OpenStack 的源码包的安装目录可能有所不同。例如，若采用 apt-get 方式安装，OpenStack 源码包可能安装在 /usr/lib/python2.7/dist-packages 或者 /usr/local/lib/python2.7/ dist-packages 目录下。此时，Keystone 服务器端的代码可能放在 /usr/lib/python2.7/dist-packages/keystone 或 /usr/local/lib/python2.7/dist-packages/ keystone 目录下。Keystone 客户端的代码可能存放在/usr/lib/python2.7/dist-packages/keystoneclient 目录下，或者是存放在 /usr/local/lib/python2.7/dist-packages/keystoneclient 目录下。另外，Keystone 的安装目录可能会带上版本号。例如 G 版本的 Keystone 服务器端源码包安装目录可能为 /opt/stack/keystone-2013.1/。读者在阅读第 2 篇代码时，应根据实际情况，确定 OpenStack 各个模块源码包的路径。

## 12.1 Keystone 框架结构

OpenStack 的各个组件都是比较复杂的系统,但读者也完全不必因此而害怕。OpenStack 一直以清晰的结构和优美的代码著称,因此阅读 OpenStack 的源码并不会觉得枯燥乏味。相反,通过逐层深入的研究,眼前会浮现出一幅越来越清晰丰满的画卷,让人不得不惊叹于 OpenStack 开发者们近乎艺术的设计。阅读 OpenStack 源码可以说是极其享受的事情,它可比看文档有趣多了。

为了更好地分析 Keystone 的内部源码,首先要对 Keystone 的整体框架有个大致的认识,这样才能有的放矢,不会拾了树叶丢了森林。并且,OpenStack 的各个组件的架构都是极其相似的。因此当读者对 Keystone 的架构有一个清晰的认识之后,甚至可以猜测出 OpenStack 的其他组件架构是怎样的。

本节将从服务器和客户端两个方面介绍 Keystone 的整体架构。客户端的源码显然是根据服务器源码编写的,因此首先介绍服务器。

### 12.1.1 Keystone 服务端架构

在第 3 章介绍了 Keystone 服务的启动命令如下:

```
nohup python /opt/stack/keystone/bin/keystone-all \
--config-file /etc/keystone/keystone.conf \
--log-config /etc/keystone/logging.conf \
-d --debug >$logfile 2>&1 &
```

示例中通过执行 keystone-all 脚本文件[1]来启动 Keystone 服务。keystone-all 脚本文件主要的代码如下:

```
01      options = deploy.appconfig('config:%s' % CONF.config_file[0])
02
03      servers = []
04      servers.append(create_server(CONF.config_file[0],
05                          'admin',
06                          CONF.bind_host,
07                          int(CONF.admin_port)))
08      servers.append(create_server(CONF.config_file[0],
09                          'main',
10                          CONF.bind_host,
11                          int(CONF.public_port)))
12      serve(*servers)
```

第 3 章已经介绍过,Keystone 共需启动两个服务,分别是监听 5000 端口的公共服务和监听 35357 端口的管理服务。代码的第 04～07 行配置管理服务的信息,第 08～11 行配置公共服务的信息,第 12 行启动这两个服务。

第 04 和 08 行指定了 Keystone 服务的配置文件路径。默认情况下,Keystone 会把安装

---

[1] /opt/stack/keystone/bin/keystone-all。

目录下的 etc/keystone.conf 文件[1]作为服务的配置文件。在本书的示例中，通过--config-file 选项指定服务的配置文件路径为/etc/keystone/keystone.conf。

第 05 和 09 行分别指定了管理服务和公共服务的入口。这两个入口是在 keystone.conf 配置文件中定义的，稍后将详细介绍。

第 06 和 10 行指定服务监听的网络地址。默认为 0.0.0.0，即监听所有网段的 HTTP 请求。

第 11 章介绍过 OpenStack 主要通过 RESTful API 来实现 HTTP 服务。为了使得各个模块能够实现灵活地扩展，OpenStack 的各个组件都通过 PasteDeploy 来定制 WSGI 服务[2]。因此，要想了解 Keystone 的服务是如何实现的，首先需要查看 Keystone 的 PasteDeploy 配置信息。与其他组件不同，Keystone 的 PasteDeploy 配置是直接定义在 keystone.conf 中的[3]。

以下是 keystone.conf 配置文件中 PasteDeploy 的部分配置信息。

```
01  [filter:admin_token_auth]
02  paste.filter_factory = keystone.middleware:AdminTokenAuthMiddleware.
    factory
03
04  [filter:user_crud_extension]
05  paste.filter_factory = keystone.contrib.user_crud:CrudExtension.
    factory
06
07  [filter:crud_extension]
08  paste.filter_factory = keystone.contrib.admin_crud:CrudExtension.
    factory
09
10  [app:public_service]
11  paste.app_factory = keystone.service:public_app_factory
12
13  [app:admin_service]
14  paste.app_factory = keystone.service:admin_app_factory
15
16  [pipeline:public_api]
17  pipeline = stats_monitoring url_normalize token_auth admin_token_auth
    xml_body json_body 18   debug ec2_extension user_crud_extension
    public_ service
19
20  [pipeline:admin_api]
21  pipeline = stats_monitoring url_normalize token_auth admin_token_auth
    xml_body json_body 22   debug stats_reporting ec2_extension
    s3_extension crud_extension admin_service
23
24  [composite:main]
25  use = egg:Paste#urlmap
26  /v2.0 = public_api
27  /v3 = api_v3
28  / = public_version_api
29
30  [composite:admin]
31  use = egg:Paste#urlmap
32  /v2.0 = admin_api
33  /v3 = api_v3
```

---

1 /opt/stack/keystone/etc/keystone.conf。

2 参见第 11.2.2 小节。

3 其他组件由专门的 api-paste.ini 文件来配置 WSGI 服务。

OpenStack 服务中，通常使用 composite 部件来定义服务的入口。keystone.conf 中共定义了两个服务入口：

- 第 24～28 行定义的 main composite 是公共服务入口，监听端口为 5000。
- 第 30～33 行定义的 admin composite 是管理服务入口，监听端口为 35357。

以上两个服务都定义了 3 个 url 映射，即/v2.0、/v3 和/。细心的读者应该会发现，用的最多的是/v2.0 映射。因此本节只介绍/v2.0 这条 url 的解析和响应过程。其他的 url 映射，有兴趣的读者可以自行研究。

第 26 行指定将公共服务的/v2.0 url 映射到 public_api 管道（pipeline），这条管道在第 16～18 行定义。管理服务的/v2.0 映射到 admin_api 管道，这条管道定义在第 20～22 行。public_api 和 admin_api 管道都是由很多个过滤器（filter）和应用程序（app）组成的。由于篇幅的限制，本章只分析表 12.1 所示的几个过滤器和应用程序。

表 12.1　Keystone服务中定义的主要过滤器和应用程序一览

| 名　　称 | 类型 | 对应的工厂类/函数 | 描　　述 |
| --- | --- | --- | --- |
| admin_token_auth | 过滤器 | keystone.middleware.AdminTokenAuthMiddleware | 实现 admin_token 方式认证 |
| user_crud_extension | 过滤器 | keystone.contrib.user_crud.CrudExtension | 添加用户密码修改的 url 映射 |
| crud_extension | 过滤器 | keystone.contrib.admin_crud.CrudExtension | 添加对用户、租户、角色、服务和端点等资源管理的 url 映射 |
| public_service | 应用程序 | keystone.service.public_app_factory | 添加用户名密码方式认证，查询用户所属租户的 url 映射 |
| admin_service | 应用程序 | keystone.service.admin_app_factory | 添加用户名密码方式认证，用户、租户信息查询的 url 映射 |

注意：管理服务的主要 url 映射都在 crud_extension 过滤器和 admin_service 应用程序中添加。公共服务的主要 url 映射都在 user_crud_extension 过滤器和 public_service 应用程序中添加。公共服务主要用于实现用户名密码方式的认证，功能比较简单。而管理服务要实现对 Keystone 各类资源的增、删、改、查，功能繁多。

表 12.1 中的 admin_token_auth 过滤器实现了 admin_token 方式认证。admin_token 方式认证将在第 12.2.1 小节的"服务器端"部分介绍。本小节将介绍表 12.1 中列出的其他过滤器和应用程序。

### 1. user_crud_extension过滤器

user_crud_extension 过滤器对应的工厂类为 CrudExtension 类，该类的主要功能定义在 add_routes 方法中，其代码如下[1]：

```
01    class CrudExtension(wsgi.ExtensionRouter):
02        #CrudExtension 类的 factory()方法最终会调用 add_routes()方法
03        def add_routes(self, mapper):
04            user_controller = UserController()
```

---

[1] 该类定义在/opt/stack/keystone/keystone/contrib/user_crud/core.py 文件中。

```
05        #添加修改用户密码的url映射
06        mapper.connect('/OS-KSCRUD/users/{user_id}',
07                       controller=user_controller,
08                       action='set_user_password',
09                       conditions=dict(method=['PATCH']))
```

CrudExtension 类的 add_routes()方法主要添加了一条/OS-KSCRUD/users/{user_id}的 url 映射，当服务器收到这条 url 请求时会调用 UserController 类[1]的 set_user_password()方法来修改用户密码。UserController 类的 set_user_password()方法的分析将在第 12.2.3 小节介绍。

> **注意**：/OS-KSCRUD/users/{user_id}是 users 资源的一个成员操作。客户端在实际发送 HTTP 请求时，应该将{user_id}替换成用户实际的 uuid。服务器在解析到这条 url 时，会将{user_id}作为 set_user_password()方法的一个参数。

### 2. crud_extension过滤器

crud_extension 过滤器的工厂类为 CrudExtension 类。其主要功能也定义在 add_routes 方法中，代码如下[2]：

```
01   class CrudExtension(wsgi.ExtensionRouter):
02
03       def add_routes(self, mapper):
04           # 定义Keystone各种资源的controller
05           tenant_controller = identity.controllers.Tenant()      # 租户
06           user_controller = identity.controllers.User(           # 用户
07           role_controller = identity.controllers.Role()          # 角色
08           service_controller = catalog.controllers.Service()     # 服务
09           endpoint_controller = catalog.controllers.Endpoint()   # 端点
10           # 创建租户
11           mapper.connect('/tenants', controller=tenant_controller,
12                          action='create_tenant', conditions=dict(method=
                            ['POST']))
13           # 更新租户
14           mapper.connect('/tenants/{tenant_id}', controller=tenant_
                 controller,
15                          action='update_tenant', conditions=dict(method=
                            ['PUT', 'POST']))
16           # 删除租户
17           mapper.connect(/tenants/{tenant_id}', controller=tenant
                 _controller,
18                          action='delete_tenant', conditions=dict(method=
                            ['DELETE']))
19           # 获取某一租户的所有用户
20           mapper.connect('/tenants/{tenant_id}/users', controller=
                 tenant _controller,
21                          action='get_tenant_users', conditions=dict (method
                            =['GET']))
22           ...
```

---

1 UserController 类也定义在/opt/stack/keystone/keystone/contrib/user_crud/core.py 文件中。
2 该类定义在/opt/stack/keystone/keystone/contrib/admin_crud/core.py 文件中。

> **注意**：crud_extension 添加的 URL 映射，主要是对用户、租户、角色、服务和端点等 Keystone 资源的增、删、改、查操作。

限于篇幅，代码中只列出了与租户有关的 url 映射。对于其他的 url 映射，读者可以自行查阅代码。

从代码中可以看到，CrudExtension 类的 add_routes 方法不断调用 mapper 对象的 connect 方法来添加 url 映射。调用 connect 方法时，须指定如下 4 个参数：

- HTTP 请求的 url 格式。
- 处理请求的 Controller 对象。
- 处理请求的方法，该方法是指 Controller 对象中定义的方法。
- 请求的条件，通常指定 HTTP 请求的方法，有 GET、POST、PUT 和 DELETE 等。

以创建租户请求为例。其对应的 url 为/tenants，处理与租户资源有关的 HTTP 请求的方法为 tenant_controller 对象的 create_tenant 方法，HTTP 方法为 POST。当客户端向服务器发送 POST /tenants 请求时，服务器会调用 tenant_controller 的 create_tenant 方法来处理该请求。

Keystone 为每个资源都定义了相应的 Controller 对象。Controller 对象中定义了处理该资源所有 HTTP 请求的相关方法。表 12.2 列出了 Keystone 各个资源 Controller 对象的类型。

表 12.2  Keystone资源Controller对象一览

| 对 象 名 | 对 象 类 型 |
| --- | --- |
| tenant_controller | identity.controllers.Tenant |
| user_controller | identity.controllers.User |
| role_controller | identity.controllers.Role |
| service_controller | catalog.controllers.Service |
| endpoint_controller | catalog.controllers.Endpoint |

在第 12.2.3 小节将介绍 user_controller 对象的相关方法，第 12.3 节将介绍 tenant_controller 和 role_controller 对象的相关方法。service_controller 和 endpoint_controller 对象与其他 controller 对象类似，不做介绍。

### 3. public_service应用程序

处理 public_service 应用程序的工厂方法为 keystone.service.public_app_factory()方法。该方法的定义如下[1]：

```
01  @logging.fail_gracefully
02  def public_app_factory(global_conf, **local_conf):
03      conf = global_conf.copy()
04      conf.update(local_conf)
05      return wsgi.ComposingRouter(routes.Mapper(),
06                                  [identity.routers.Public(),
07                                   token.routers.Router(),
08                                   routers.Version('public'),
09                                   routers.Extension(False)])
```

---

1 它被定义在/opt/stack/keystone/keystone/service.py 文件中。

代码中最重要的是最后的 return 语句，该语句返回一个 ComposingRouter 对象。从代码中的第 06~09 行可以看到，public_app_factory 方法给 ComposingRouter 对象传入了 4 个路由对象[1]，每个路由对象实现的功能参见表 12.3。

表 12.3 public_api应用程序添加的url路由对象

| 对 象 名 称 | 描 述 |
| --- | --- |
| identity.routers.Public | 只实现了一条 url 映射，即根据用户的 Token 获取其所属的租户 |
| token.routers.Router | 实现了与 Token 有关的路由，包括用户认证、Token 的认证、查询、撤销和删除等等 |
| routers.Version | 用于服务版本信息查询的 url 路由 |
| routers.Extension | 用于扩展 API 的信息查询的 url 路由 |

在 ComposingRouter 对象初始化时，会依次调用这 4 个路由对象的 add_routes 方法，添加相应的 url 映射。以下是 ComposingRouter 类初始化方法的定义[2]：

```
01  class ComposingRouter(Router):
02      def __init__(self, mapper=None, routers=None):
03          ...
04          for router in routers:
05              router.add_routes(mapper)
06          super(ComposingRouter, self).__init__(mapper)
```

routers.Version 和 routers.Extension 对象的 add_routes 方法，不再做详细分析。接下来，依次分析一下 identity.routers.Public 和 token.routers.Router 对象的 add_routes 方法。

identity.routers.Public 对象的 add_routes 方法定义如下[3]：

```
01  class Public(wsgi.ComposableRouter):
02      def add_routes(self, mapper):
03          tenant_controller = controllers.Tenant()
04          mapper.connect('/tenants',
05                         controller=tenant_controller,
06                         action='get_tenants_for_token',
07                         conditions=dict(method=['GET']))
```

可以看到 identity.routers.Public 类添加了一条 url 映射，用于根据用户的 Token 查询其所属的租户。

token.routers.Router 类的定义与 identity.routers.Public 类的定义类似，读者可自行阅读代码[4]。表 12.4 列出了 identity.routers.Public 和 token.routers.Router 定义的 url 映射，这也是 public_service 应用程序实现的最主要的 url 映射。

表 12.4 public_service应用程序实现的主要url映射

| url | HTTP 方法 | 调用的 controller 方法 | 描 述 |
| --- | --- | --- | --- |
| /tokens | POST | token_controller[5].authenticate() | 用户名密码方式认证 |
| /tokens/revoked | GET | token_controller.revocation_list() | 查询废除的 Token |

---

1 这里说的路由是指从 url 到 controller 方法的映射。
2 定义在/opt/stack/keystone/keystone/common/wsgi.py 文件中。
3 定义在/opt/stack/keystone/keystone/identity/routers.py 文件中。
4 定义在/opt/stack/keystone/keystone/token/routers.py 文件中。
5 定义在/opt/stack/keystone/keystone/token/controllers.py 文件中。

续表

| url | HTTP 方法 | 调用的 controller 方法 | 描述 |
|---|---|---|---|
| /tokens/{token_id} | GET | token_controller.validate_token() | 验证 Token 的合法性, 也可验证 Token 所对应的用户是否属于某一租户 |
| /tokens/{token_id} | HEAD | token_controller.validate_token_head() | 同 validate_token, 只是在验证失败时会报错 |
| /tokens/{token_id} | DELETE | token_controller.delete_token() | 删除 Token |
| /tokens/{token_id}/endpoints | GET | token_controller.endpoints() | 查询 Token 可以访问的端点 |
| /certificates/ca | GET | token_controller.ca_cert() | 查询 CA 的证书 |
| /certificates/signing | GET | token_controller.signing_cert() | 查询 Keystone 的证书 |
| /tenants | GET | tenant_controller1.get_tenants_for_token() | 根据用户 Token 查询用户所属的租户 |

表 12.4 中列出的 URL 请求的处理方法都定义在 token_controller 和 tenant_controller 中。第 12.2.1 节将分析 tenant_controller 中的方法, 第 12.4 节将着重分析 token_controller 中的方法。

### 4．admin_service 应用程序

admin_service 应用程序对应于 keystone.service.admin_app_factory()方法[2], 查看该方法的代码:

```
01  @logging.fail_gracefully
02  def admin_app_factory(global_conf, **local_conf):
03      conf = global_conf.copy()
04      conf.update(local_conf)
05      return wsgi.ComposingRouter(routes.Mapper(),
06                              [identity.routers.Admin(),
07                              token.routers.Router(),
08                              routers.Version('admin'),
09                              routers.Extension()])
```

从以上代码可以看到 admin_service 应用程序和 public_service 应用程序最大的区别是 admin_service 应用程序添加了 identity.routers.Admin 路由对象[3], 而 public_service 应用程序添加了 identity.routers.Public 路由对象。它主要是在 crud_extension 过滤器的基础上, 额外定义了一些用户和租户查询的 url 映射。表 12.5 列出了 identity.routers.Admin 路由添加的 url 映射, 关于这些 url 请求的处理逻辑, 将在 12.3 节分析。

表 12.5 admin_service 应用程序添加的 url 映射

| url | HTTP 类型 | 调用的 controller 方法 | 描述 |
|---|---|---|---|
| /tenants | GET | get_all_tenants() | 查询所有的租户 |
| /tenants/{tenant_id} | GET | get_tenant() | 查询 ID 为{tenant_id}的租户 |

---

1 定义在/opt/stack/keystone/keystone/identity/controllers.py 文件中。
2 它被定义在/opt/stack/keystone/keystone/service.py 文件中。
3 定义在/opt/stack/keystone/keystone/identity/routers.py 文件中。

续表

| url | HTTP 类型 | 调用的 controller 方法 | 描述 |
|---|---|---|---|
| /users/{user_id} | GET | get_user() | 查询 ID 为 {user_id} 的用户 |
| /tenants/{tenant_id}/users/{user_id}/roles | GET | get_roles() | 查询用户 {user_id} 在租户 {tenant_id} 中的角色 |
| /users/{user_id}/roles | GET | get_roles() | 查询用户 {user_id} 在各个租户中的角色 |

## 12.1.2 Keystone 客户端架构

本小节首先大致介绍一下 Keystone 客户端的整体结构，然后以 TenantManager 的 get 方法为例，说明 Keystone 向服务器发送请求的流程。

### 1. Keystone客户端的大致架构

Keystone 客户端目前共有 V2 和 V3 两个版本，本书使用的多是 V2 版本。因此，这里仅以 V2 版本为例加以说明。V2 客户端版本的主要功能在 v2_0.client.Client 类中实现。其初始化方法定义如下[1]：

```
01  class Client(client.HTTPClient):
02
03      def __init__(self, **kwargs):
04          super(Client, self).__init__(**kwargs)
05          self.endpoints = endpoints.EndpointManager(self)      #端点
06          self.roles = roles.RoleManager(self)                   #角色
07          self.services = services.ServiceManager(self)          #服务
08          self.tenants = tenants.TenantManager(self)             #租户
09          self.tokens = tokens.TokenManager(self)                #Token
10          self.users = users.UserManager(self)                   #用户
11
12          # extensions
13          self.ec2 = ec2.CredentialsManager(self)                #用于扩展
14
15          if self.management_url is None:
16              self.authenticate()                                #用户认证
```

代码的第 05~10 行定义了各种 Manager 对象。细心的读者可能会发现，每一个 Manage 对象也对应着 Keystone 的一类资源。每个 Manager 对象中实现了发送相应资源 HTTP 请求的方法。第 16 行是认证用户身份。第 12.2.1 小节将详细介绍用户认证的流程。

> 注意：① 在 Keystone Client 对象初始化时，便要进行用户认证。
> ② 从第 05~10 行可以看到，在创建 Manager 对象时，Keystone Client 对象将自身的引用（self）作为参数传给 Manager 的构造函数。Keystone Client 类继承自 HTTPClient 类[2]。HTTPClient 类中实现了发送 HTTP 请求的基本方法，如 get、post、put、head 和 delete 等。Manager 类需要调用 HTTPClient 类中的方法来向 Keystone 服务器发送 HTTP 请求。

---

1 定义在/opt/stack/python-keystoneclient/keystoneclient/v2_0/client.py 文件中。

2 定义在/opt/stack/python-keystoneclient/keystoneclient/client.py 文件中。

## 2. Keystone客户端发送HTTP请求的流程

下面将以 TenantManager 的 get 方法为例,介绍 Keystone 客户端发送 HTTP 请求的流程。为了便于理解,首先给出 Client 类与 TenantManager 类的关系图,见图 12.1。

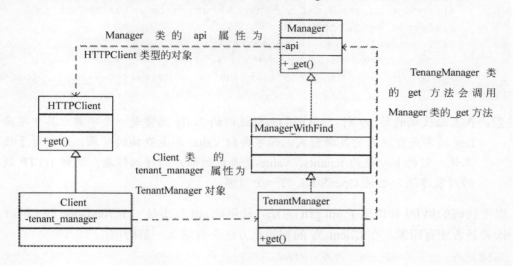

图 12.1 Keystone 客户端 Client 与 TenantManager 的关系图

接下来,查看 TenantManager 类 get 方法的定义[1]。

```
01   class TenantManager(base.ManagerWithFind):
02       resource_class = Tenan                    #用于封装接受到的数据
03
04       #获取指定id的租户的信息
05       def get(self, tenant_id):
06           return self._get("/tenants/%s" % tenant_id, "tenant")
07       ...
```

代码的第 01 行指定 TenantManager 继承自 ManagerWithFind 类,ManagerWithFind 类继承自 Manager 类。在 Manager 类中,定义了基本的_list、_get、_head、_create 和_update 等方法。这些方法,最终会调用 HTTPClient 类的 get、post、put、head 和 delete 等方法来发送 HTTP 请求。第 05~06 行定义了 get 方法,这个方法的功能是获取 ID 为 tenant_id 的租户的详细信息。

> 注意:从上面代码的第 06 行可以看到 get()方法的 HTTP 请求的 url 是/tenants/{tenant_id},这里的{tenan_id}是用户所属租户的 ID。这条 url 在 admin_service 应用程序中有定义,见表 12.5。

从上面代码的第 06 行可以看到 TenantManager 对象的 get 方法调用了其自身的_get 方法,_get 方法定义在 Manager 类中[2],查看其代码。

---

1 定义在/opt/stack/python-keystoneclient/keystoneclient/v2_0/tenants.py 文件中。
2 定义在/opt/stack/python-keystoneclient/keystoneclient/v2_0/base.py 文件中。

```
01  class Manager(object):
02      resource_class=None#在TanantManager中定义resource_class为Tenant类
03      def __init__(self, api):
04          self.api = api #api为一个keystoneclient.v2_0.client.Client对象
05
06      #在TenantManager的get方法中传过来的url为/tenants/{tenant_id}
07      #response_key为tenants
08      def _get(self, url, response_key):
09          resp, body = self.api.get(url)
10          return self.resource_class(self, body[response_key], loaded=True)
```

> 注意：在上面代码的第 09 行，api.get()函数返回的 body 通常是一个字典。其中字典的 key 通常是资源名的复数形式，而字典的 value 则是查询的结果。比如对于租户来说，它的 key 值为 tenants，value 是查询的租户的详细信息。这种 HTTP 数据的封装方法，也是 OpenStack 的一个习惯。

以上代码的第 09 行调用了 api.get()方法，这里的 api 其实是一个 Keytsone 的 Client 对象。读者是否还有印象，在 Client 类[1]的初始化方法中有这么一条语句：

```
self.tenants = tenants.TenantManager(self)
```

Keystone 的 Client 对象通过以上语句把自身的引用作为 api 参数传给了 TenantManager。Keystone 的 Client 类继承自 HTTPClient 类，get()方法便定义在 HTTPClient 类中。

> 注意：HTTPClient 类中定义了 get、post、put、patch、head 和 delete 等基本的 HTTP 方法。在 OpenStack 中，get 方法通常是用于查询资源，post 通常用于创建资源，put 和 patch 通常用于更新资源，head 通常用于认证，delete 通常用于删除资源。这些约定是在添加服务器端的 url 映射时指定的。这些约定，有助于提高代码的可读性。因此，建议读者如果在 OpenStack 的基础上添加自定义的模块时，也遵守这样的约定。

本节的最后，再总结一下客户端向服务器发送 GET /tenants/{tenant-id} HTTP 请求的流程如下：

（1）创建 Keystone Client 对象。在 Keystone Client 对象初始化时，会调用 HTTPClient 对象的 authenticate 方法进行用户认证。

（2）调用 Keystone Client 对象的 tenant_manager 成员变量的 get 方法。

（3）Keystone Client 对象的 tenant_manager 成员变量是一个 TenantManager 对象，它的 get 方法调用了其父类的_get 方法。

（4）TenantManager 类继承自 ManagerWithFind 类，ManagerWithFind 类继承自 Manager 类。Manager 对象的 get 方法调用了 HTTPClient 对象的 get 方法。HTTPClient 对象的 get 方法实现了发送 HTTP GET 请求的底层功能。

---

[1] 定义在/opt/stack/python-keystoneclient/keystoneclient/v2_0/client.py 文件中。

## 12.2 用户管理

本节主要介绍 Keystone 的用户管理。首先，介绍 Keystone 如何实现用户的身份认证，这是无疑 Keystone 安全认证的基础。然后，再介绍 Keystone 如何实现对用户的增、删、改、查操作。对用户的增、删、改操作，势必会涉及到用户权限变更的问题。比如用户从某一租户中被剔除，那么它在该租户中的权限就应该同时终止。如何在权限变更时，仍然保证 Keystone 服务的安全控制，同时不影响正常的访问，是最值得留意和思考的问题。

### 12.2.1 用户认证

用户的认证主要有两种：
- 用户名密码方式认证。这类用户的信息是保存在 Keystone 数据库中的。
- admin_token 方式认证。在 Keystone 刚刚安装好的时候，Keystone 数据库是没有用户信息的，因此没有办法使用用户名密码方式认证。这时就需要使用管 admin_token 认证方式。

注意：① 在使用用户名密码方式认证时，一般会指定用户所属的租户，因此权限受到严格的约束。而通过 admin_token 方式认证，用户可以获得完全的权限。② 在 OpenStack 其他组件中，由于很多资源都必须属于某一租户，因此不能采用 admin_token 方式认证。

前面已经多次提到，OpenStack 的客户端和服务器之间是通过 RESTful API 来实现远程通信的。不管是 OpenStack 的各个组件，还是在命令行执行 keystone 命令，都需要通过 Keystone Client 类来向 Keystone 服务器发送 Http 请求。而在发送请求之前，Keystone Client 类会首先对用户的身份进行认证，以保证用户的身份合法，并且有足够的权限执行相应的操作。

接下来将分别从客户端和服务器端两个方面来分析 Keystone 是如何实现用户认证的。

#### 1. 客户端

第 12.1.2 小节介绍过，在 Keystone 的 Client 类初始化时，便会执行用户认证。相关代码如下[1]：

```
01  # Keystone client 类继承自 HTTPClient，HTTPClient 主要是实现基本的发送 HTTP 请求和
02  # 接受 HTTP 响应等功能
03  class Client(client.HTTPClient):
04      def __init__(self, **kwargs):
05          super(Client, self).__init__(**kwargs)
06          …
07          if self.management_url is None:
08              self.authenticate()                     #对用户进行身份认证
```

---

[1] 定义在/opt/stack/python-keystoneclient/keystoneclient/v2_0/client.py 文件中。

代码中调用的 authenticate()方法就是对用户的身份进行认证。authenticate()是定义HTTPClient 类中的,其定义如下[1]:

```
01  class HTTPClient(object):
02      ...
03      def authenticate(self, username=None, password=None, tenant_name=
04                      None, tenant_id=None, auth_url=None, token=None):
05          ...
06          # 认证地址,一般为 Keystone 服务的 public_url
07          auth_url = auth_url or self.auth_url
08          # 用户名
09          username = username or self.username
10          # 密码
11          password = password or self.password
12          # 租户名
13          tenant_name = tenant_name or self.tenant_name
14          # 租户 ID,一般租户名和租户 ID 只需指定其中之一
15          tenant_id = tenant_id or self.tenant_id
16          # Token
17          token = token or self.auth_token
18          # 首先尝试从本地获取 Token
19          (keyring_key,auth_ref)=self.get_auth_ref_from_keyring(auth_url,
20                              username,tenant_name,tenant_id,token)
21          new_token_needed = False
22          # 如果本地没有保存用户的 Token 或者 Client 被设置为强制更新 Token,则从
23          # 认证服务器获取新的 Token
24          if auth_ref is None or self.force_new_token:
25              new_token_needed = True
26              #向认证服务器发送请求
27              raw_token = self.get_raw_token_from_identity_service (auth_
28                      url, username, password, tenant_name, tenant_id,
                        token)
29              # 将 Token 进行封装。认证服务器返回的 Token 对象其实是一个字典
30              # AccessInfo 对象增加了一些对字典进行操作的方法
31              # 比如判断 Token 是否马上过期
32              self.auth_ref = access.AccessInfo(**raw_token)
33          else:
34              self.auth_ref = auth_ref
35          # 根据获取的 Token 设置用户的权限
36          self.process_token()
37          # 将新的 Token 保存在本地
38          if new_token_needed:
39              self.store_auth_ref_into_keyring(keyring_key)
40          return True                         # 认证成功
```

HTTPClient 类的 authenticate 方法工作流程如下:

代码第 07～17 行获取外部传入的用户名、密码、Token 和租户等参数。

代码第 19～20 行获取用户缓存在本地的 Token。

如果本地 Token 不存在或者即将过期,代码第 25～31 行向 Keystone 服务器发送 HTTP 请求,获取新的 Token。

---

[1] 在/opt/stack/python-keystoneclient/keystoneclient/client.py 文件中。

代码第 36 行根据获取的 Token 设置用户的权限。

代码第 38～39 行将用户最新的 Token 保存在本地。

从以上代码可以看到，Keystione Client 是优先查看本地保存的 Token，如果发现本地的 Token 不存在或者过期，才向认证服务发送认证请求。有的读者可能会问：通过用户名、密码和租户名就可以认证用户的身份，确定用户的权限了，为什么还要使用 Token 呢？

举个简单的例子。小李要去租房子。为了确定房子是不是房东的，他需要查看房东的身份证、房产证等信息。而房东为了确定小李是不是社会上的闲杂人等，有没有固定的收入支付房租，也需要查看小李的身份证和工作证。两个人为了验证对方的身份，需要一系列麻烦的步骤。可是等房子租好以后，下个月房东向小李索要房租时，事情就变得简单了，小李只需要根据房东的长相，便可知道的房东身份了，不需要再查看房东的身份证和房产证等信息。

同样的道理。在 Keystone 中通过用户名和密码认证用户的信息相当费时间（细心的读者可能会发现，在第一次执行 keystone 命令的时候非常慢）。为了提高效率，在用户第一次（通过用户名和密码）向 Keystone 服务发送认证请求时，Keystone 会为该用户分配一个 Token。这个 Token 保存了用户的权限信息。在以后的操作中，用户便可直接通过 Token 来进行身份认证和访问 Keystone 的各种资源了。

> 注意：①用户的 Token 是通过 keyring[1]来保存在本地的。
> ②细心的读者可能会发现，在以上代码的第 40 行有一个 return 语句返回 true，表示认证成功。那么验证失败的情况是怎么处理的呢？原来在代码的第 27～28 行是调用 get_raw_token_from_identity_service()方法向 Keystone 服务发送认证请求。这个方法是在 Client 类中定义。查看该方法可以发现，在认证失败时，会直接抛出一个异常。

Keystone 客户端用户认证的流程可以简单地用图 12.2 表示。

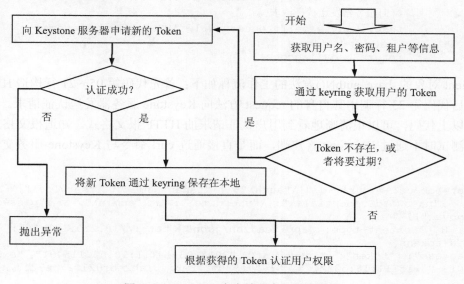

图 12.2　Keystone 客户端用户认证流程图

---

1　keyring 是一个专门保存用户敏感数据（包括用户名和密码）的应用程序。默认情况下，keyring 是通过用户的密码来进行加密的，因此用户无需记住额外的密码。

当本地没有缓存用户 Token，或者用户的 Token 过期时，Keystone Client 对象的 authenticate 方法会通过 get_raw_token_from_identity_service()[1]方法请求 Keystone 服务器创建新的 Token。get_raw_token_from_identity_service()[2]方法调用了_base_authN()方法。_base_authN()方法的定义如下[3]：

```
01  class Client(client.HTTPClient):
02  def _base_authN(self, auth_url, username=None, password=None,
03      ...
04      # HTTP 头
05      headers = {}
06      # 请求的 URL，其中 auth_url 是 keystone 服务的 public_url（5000 端口）或者
07      # admin_url（35357 端口）
08      url = auth_url + "/tokens"
09      if token:                                # 设置用户 Token
10          headers['X-Auth-Token'] = token
11          params = {"auth": {"token": {"id": token}}}
12      elif username and password:              # 设置用户名密码
13          params = {"auth": {"passwordCredentials": {"username": username,
14                                                    "password": password}}}
15      else:
16          raise ValueError('A username and password or token is required.')
17      # 租户名，租户 ID 可选
18      if tenant_id:
19          params['auth']['tenantId'] = tenant_id
20      elif tenant_name:
21          params['auth']['tenantName'] = tenant_name
22      # 向服务器发送认证请求
23      resp, body = self.request(url, 'POST', body=params, headers=headers)
24      return body['access']
```

Client 对象的_base_authN()方法的工作流程如下：首先代码第 05～21 行构造 HTTP 报文。然后代码第 23 行调用其自身的 request 方法向 Keystone 服务器发送认证请求。

从以上代码，可以很清晰地看到用户认证请求的 HTTP 报文格式。知道报文格式，就可以在测试时不通过 Keystone 客户端，而是直接通过 curl 命令与 Keystone 服务交互了。例如：

```
root@tcb-cc:~# curl -d "{\"auth\": {\"tenantName\": \"service\",\
> \"passwordCredentials\":{\"username\": \"admin\", \"password\": \"nova\"}}}"\
> -H "Content-type: application/json" http://10.239.131.167:5000/v2.0/tokens
{"access": {"token": {"issued_at":"2013-03-14T11:18:53.115491", "expires":
"2013-03-15T11:18:53Z", "id": "7f989ff78e8f401ab2cbf021f27ce721",…
```

---

1 该方法定义在/opt/stack/python-keystoneclient/keystoneclient/client.py 文件中。
2 该方法定义在/opt/stack/python-keystoneclient/keystoneclient/client.py 文件中。
3 该方法定义在/opt/stack/python-keystoneclient/keystoneclient/client.py 文件中。

> **注意**：① 以上示例中使用的用户名为 admin，密码为 nova，租户名为 service，Keystone 服务器的 IP 为 10.239.131.167，读者需根据实际情况修改。② 以上示例只显示出了部分输出结果，完整的输出结果将在第 12.4.1 小节做详细的分析。③ 从以上输出结果可以看到该 Token 的申请时间为 2013 年 3 月 14 日 11:18:53，失效时间为 2013 年 3 月 15 日 11:18:53。也即默认情况下 Token 的生命周期为 1 天。

**2．服务器端**

前面介绍过用户认证有用户名密码方式认证和 admin_token 方式认证两种。表 12.1 介绍过，admin_token 方式认证是定义在 admin_token_auth 过滤器中，用户名密码方式认证定义在 public_service 和 admin_service 应用程序中。接下来就对这两种认证方式做一个详细的介绍。

（1）admin_token 方式认证

admin_token 方式认证是定义在 admin_token_auth 过滤器中。查看 keystone.conf 文件中 admin_token_auth 过滤器的定义会发现，该过滤器的工厂方法是 AdminTokenAuthMiddleware 类的 factory 方法。factory 方法最终会调用 AdminTokenAuthMiddleware 类的 process_request()方法。process_request()方法的定义如下[1]：

```
01   class AdminTokenAuthMiddleware(wsgi.Middleware):
02       ...
03       def process_request(self, request):
04           # 从HTTP头中获取客户端发来的Token
05           token = request.headers.get(AUTH_TOKEN_HEADER)
06           context = request.environ.get(CONTEXT_ENV, {})
07           # 如果HTTP头中的Token与配置文件中的Token匹配
08           # 则admin_token方式认证成功
09           context['is_admin'] = (token == CONF.admin_token)
10           # 保存最新的context
11           request.environ[CONTEXT_ENV] = context
```

从以上代码可以看到，admin_token 方式认证其实非常简单，只是看客户端传来的 Token 与配置文件里配置的 admin_token 是否一致。

（2）用户名密码方式认证

用户名密码方式认证在 public_service 和 admin_service 两个应用程序中均有定义。不过这两个应用程序处理用户认证的 controller 是一样的。因此，这里只以 public_service 为例进行分析。

查看 keystone.conf 文件中 public_service 应用程序的定义可以知道，处理 public_service 应用程序的方法为 public_app_factory 方法[2]。public_app_factory 方法调用了表 12.3 所示的 4 条路由对象的 add_routes 方法，每个路由对象的 add_routes 方法都添加了一些 url 映射。其中，用户名密码方式认证的 url 映射在 token.routers.Router 类的 add_routes 方法中添加。下面列出 token.routers.Router 类的 add_routes 方法的部分代码[3]：

---

[1] 定义在/opt/stack/keystone/keystone/middleware/core.py 中。
[2] 该方法定义在 opt/stack/keystone/keystone/service.py 文件中。
[3] 定义在 opt/stack/keystone/keystone/token/routers.py 文件中。

```
01  class Router(wsgi.ComposableRouter):
02      def add_routes(self, mapper):
03          token_controller = controllers.Auth()
04          #添加用户认证的路由
05          mapper.connect('/tokens'                           #url
06                          controller=token_controller,       #处理的controller
07                          action='authenticate',             #处理的方法
08                          conditions=dict(method=['POST']))#接收的HTTP请求类型
```

从以上代码中可以看到 Keystone 是调用 token_controller 对象的 authenticate()方法来进行用户认证的。token_controller 对象 authenticate()方法的定义如下[1]：

```
01  class Auth(controller.V2Controller):
02      # 认证用户的身份，其中 auth 就是客户端 POST 的 HTTP 报文
03      def authenticate(self, context, auth=None):
04          auth_token_data = None
05          # 如果报文中有"token"这个字段则进行 Token 认证
06          if "token" in auth:
07              auth_token_data, auth_info = self._authenticate_token(context, auth)
08          else:
09              # 尝试外部认证
10              try:
11                  auth_token_data, auth_info = self._authenticate_external(context, auth)
12              except ExternalAuthNotApplicable:
13                  # 尝试本地认证
14                  auth_token_data, auth_info = self._authenticate_local(context, auth)
15          #获取认证的信息
16          user_ref, tenant_ref, metadata_ref = auth_info
17          if tenant_ref:
18              # catalog_ref 是一个字典，它保存了在不同的 region 下各个服务的 url
19              # 包括 internal_url、public_url 和 admin_url。有的 url 中包含{tenant_id}字段
20              # 这时需要用用户所在的租户的 ID 代替
21              catalog_ref = self.catalog_api.get_catalog(
22                  context=context, user_id=user_ref['id'],
23                  tenant_id=tenant_ref['id'], metadata=metadata_ref)
24          else:
25              catalog_ref = {}
26          auth_token_data['id'] = 'placeholder'
27          roles_ref = []
28          for role_id in metadata_ref.get('roles', []):
29              role_ref = self.identity_api.get_role(context, role_id)
30              roles_ref.append(dict(name=role_ref['name']))
31          # 格式化 Token，使得 Token 格式统一，此后在服务器端保存的 Token
32          # 以及在客户端接收和保存的 Token 都采用统一的格式，方便认证
33          token_data = Auth.format_token(auth_token_data, roles_ref)
34          # 格式化服务目录，服务目录是 Token 的一部分，它主要是控制用户的访问权限
35          # 指定用户可以访问的 url 以及可以进行的操作
36          service_catalog = Auth.format_catalog(catalog_ref)
37          token_data['access']['serviceCatalog'] = service_catalog
38          # Keystone 支持两种保存 Token 的方式
39          # 使用 UUID 方式时，Token 的 ID 是随机生成的
```

---

1 定义在/opt/stack/keystone/keystone/token/controllers.py 文件中。

```
40              if config.CONF.signing.token_format == 'UUID':
41                  token_id = uuid.uuid4().hex
42          # 使用 PKI 方式时, Token 的 ID 是通过 openssl 加密 Token 的内容得到
43              elif config.CONF.signing.token_format == 'PKI':
44                  token_id = cms.cms_sign_token(json.dumps(token_data),
45                                  config.CONF.signing.certfile, config.CONF.
                                    signing.keyfile)
46          try:
47              # 在服务器端保存 Tokem
48              self.token_api.create_token(
49                  context, token_id, dict(key=token_id, id=token_id,
50                                  expires=auth_token_data['expires'],
51                                   user=user_ref, tenant=tenant_ref,
52                                   metadata=metadata_ref))
53          except Exception as e:
54              …
55          token_data['access']['token']['id'] = token_id
56          return token_data
```

token_controller 对象 authenticate()方法工作流程如下：

代码第 02～16 行认证用户身份。Keystone 共实现了 3 种认证方式：Token 认证、本地认证和外部认证。代码第 06～07 行当客户端传入 token ID 时，调用_authenticate_token 方法执行 Token 认证。代码第 10～14 行，首先尝试外部认证。如果外部认证失败，再尝试本地认证。

代码第 27～37 行的主要功能是转化 Token 格式。其中代码第 28～30 行查询数据库，获取用户的角色列表。代码第 33～37 行主要完成 Token 数据格式的转化工作。第 12.4.1 小节将对 Token 的格式做详细分析。

代码第 40～56 行主要功能是存储 Token。其中第 40～45 行生成 Token 的 ID。在 Keystone 中共定义了两种 Token ID 格式——UUID 和 PKI 格式。第 12.4.2 小节将详细介绍 Token ID 的生成和 token 的存储。

本小节的最后，再对前面提到的 3 种认证方式做具体说明。

- Token 认证是指通过已经存在的 Token 来认证用户的身份。前面已经介绍过，Token 认证是最快捷的认证方式。在 Keystone 的客户端，会通过 keyring 来保存用户的 Token。如果保存的 Token 没有过期，则可使用 Token 认证方式。值得注意的是，由于 Token 是保存在磁盘上，因此在不同时刻的 HTTP 请求，可以共用同一个 Token。
- 本地认证是指通过用户名和密码来认证用户的身份，这通常用于客户端找不到用户的 Token 或者保存的 Token 失效的情况。本地认证相对比较慢，因为其中涉及到很多数据库查询的操作。
- 相对于本地认证，外部认证不需要查询数据库就能进行用户认证，因此更高效。但是，外部认证需要 HTTPD 的支持，在这就不展开讨论了。

本地认证方式将在第 12.2.2 小节详细分析，Token 认证方式将在第 12.4.1 小节详细分析。

注意：一个 Token 中比较重要的属性有如下 3 个：ID、角色（roles）和服务目录（service_catalog）。其中 ID 主要用于验证 Token 的真实性。角色主要是用于权

限控制。第 12.3.3 小节将详细介绍 Keystone 服务的权限控制。服务目录主要保存访问 OpenStack 各种服务的 URL。有了服务目录，客户端只需要指定 Keystone 服务的 URL，便能成功访问 OpenStack 的其他服务。第 12.6 节将简单介绍客户端访问 OpenStack 其他服务的流程。

## 12.2.2 本地认证

本地认证方式在 token_controller 类的 _authenticate_local()方法中定义，其定义如下[1]：

```
01  class Auth(controller.V2Controller):
02      def _authenticate_local(self, context, auth):
03          ...
04          password = auth['passwordCredentials']['password']# 密码
05          ...
06          user_id = auth['passwordCredentials'].get('userId', None)
            # 用户 ID
07          username = auth['passwordCredentials'].get('username', '')
            # 用户名
08          # 如果指定了用户名
09          if username:
10              # 根据用户名获取用户的 ID
11              try:
12                  #查询数据库，获取用户的记录
13                  user_ref = self.identity_api.get_user_by_name(
14                      context=context, user_name=username)
15                  user_id = user_ref['id']
16              except exception.UserNotFound as e:
17                  raise exception.Unauthorized(e)
18          # 获取租户的 ID
19          tenant_id = self._get_tenant_id_from_auth(context, auth)
20          try:
21              # 查询数据库，进行用户身份的认证
22              auth_info = self.identity_api.authenticate(
23                  context=context, user_id=user_id,
24                  password=password, tenant_id=tenant_id)
25          except AssertionError as e:
26              raise exception.Unauthorized(e)
27
28          # user_ref 保存了用户的信息，tenant_ref 保存了租户的信息
29          # metadata_ref 保存了角色的信息
30          (user_ref, tenant_ref, metadata_ref) = auth_info
31          ...
32          # 获取 Token 的失效时间
33          expiry = core.default_expire_time()
34          # 构造 Token
35          auth_token_data = self._get_auth_token_data(user_ref,
36                              tenant_ref, metadata_ref, expiry)
37          return auth_token_data, (user_ref, tenant_ref, metadata_ref)
```

从以上代码可以看到，_authenticate_local()主要是通过调用 identity_api 的 authenticate()

---

[1] 定义在/opt/stack/keystone/keystone/token/controllers.py 文件中。

方法来进行用户认证的。identity_api 是在 V2Controller 类中通过 dependency.requires 装饰器加载的。controller.V2Controller 类[1]定义如下：

```
@dependency.requires('identity_api', 'policy_api', 'token_api')
class V2Controller(wsgi.Application):
    pass
```

dependency.requires 装饰器的定义如下[2]：

```
01  REGISTRY = {}
02  def requires(*dependencies):
03      # 替换类中的构造函数，将类原来的构造函数重命令为__wrapped_init__
04      # 同时将 wrapper 方法作为构造函数嵌入到类中
05      def wrapped(cls):
06          # 获取类所依赖的 API，这些依赖的 API 有两种途径设置
07          # 1. 通过定义类成员变量 _dependencies 设置
08          # 2. 作为 requires 方法的参数传递
09          existing_dependencies = getattr(cls, '_dependencies', set())
10          cls._dependencies = existing_dependencies.union(dependencies)
11          if not hasattr(cls, '__wrapped_init__'):
12              # 将类的构造函数重命名为__wrapped_init__
13              cls.__wrapped_init__ = cls.__init__
14              # 将 wrapper 方法设置为类的构造函数
15              cls.__init__ = wrapper
16          return cls
17
18      #这个方法将作为构造函数嵌入到类中
19      def wrapper(self, *args, **kwargs):
20          self.__wrapped_init__(*args, **kwargs)   # 执行类中原来的构造函数
21          #加载依赖的 API
22          for dependency in self._dependencies:
23              # 如果依赖的 API 不在 REGISTRY 中，则报错
24              if dependency not in REGISTRY:
25                  raise UnresolvableDependencyException(dependency)
26              setattr(self, dependency, REGISTRY[dependency])
27
28      return wrapped
```

> **注意**：从以上代码中可以看到，requires 装饰器的主要功能是将 Controller 对象的初始化方法修改成__wrapped_init__方法。__wrapped_init__方法会查找 REGISTRY 字典。如果 REGISTRY 中存在 Controller 类需要的 API 实例，则将该 API 实例设置为类对象的一个成员变量。否则报错。因此要调用 identity_api 中的方法来进行普通用户的本地认证，就需要首先将 identity_api 的实例添加到 REGISTRY 字典中。

那么，identity_api 是如何添加到 REGISTRY 字典中的呢？在 service.py 文件[3]中有如下代码：

```
DRIVERS = dict( catalog_api=catalog.Manager(), ec2_api=ec2.Manager(),
```

---

[1] 定义在/opt/stack/keystone/keystone/common/controller.py 文件中。

[2] 定义在/opt/stack/keystone/keystone/common/controller.py 文件中。

[3] /opt/stack/keystone/keystone/service.py。

```
    identity_api=identity.Manager(), policy_api=policy.Manager(), token_
api=token.Manager())
```

这段代码会在初始化 public_service 和 admin_service 应用程序时执行，它指定了 identity_api 为 identity.Manager 对象。查看 identity.Manager 类的定义[1]：

```
@dependency.provider('identity_api')
class Manager(manager.Manager):
```

可以看到该类使用了 dependency.provider 装饰器，该装饰器会将 identity_api 实例添加到 REGISTRY 字典中[2]。

从上面的分析已经知道，identity_api 其实是一个 identity.Manager 对象的实例。identity.Manager 对象没有什么实质的内容，主要的工作还是在其父类中完成。其父类定义[3]如下：

```
01  class Manager(object):
02      def __init__(self, driver_name):
        self.driver = importutils.import_object(driver_name)   # 加载driver
03
04      def __getattr__(self, name):
05          f = getattr(self.driver, name)                     #从driver中获取属性值
06          @functools.wraps(f)
07          def _wrapper(context,*args,**kw):#定义方法装饰器，添加context参数
08              return f(*args, **kw)
09          setattr(self, name, _wrapper)#将修饰过的driver方法设置为自己的属性
10          return _wrapper
```

通过以上代码可以知道 identity.Manager 对象会动态加载 driver 中的方法作为自己的方法。那么 identity.Manager 的 driver 是什么呢？这可以通过 keystone.conf 配置文件 idenitity 组下的 driver 配置项指定。identity 组下的 driver 配置项的默认值如下：

```
[identity]
driver = keystone.identity.backends.sql.Identity
```
[4]

因此，token_controller 最终会调用 identity.backends.sql.identity 的 authenticate 方法来完成用户的本地认证。由于 identity.backends.sql.identity 的 authenticate 方法比较简单，这里就不再赘述了，有兴趣的读者可以自行阅读其代码。除了 identity_api 外，表 12.6 列出了 Keystone 中用到的其他 API 对象。

表 12.6  Keystone中重要的API一览

| 名称 | 对应的类 | 默认的 driver | 描　　述 |
|---|---|---|---|
| catalog_api | keystone.catalog.Manager | keystone.catalog.backends.sql.Catalog | 用于服务端点的管理 |
| identity_api | keystone.identity.Manager | keystone.identity.backends.sql.Identity | 用于用户、租户的管理 |

---

1 在/opt/stack/keystone/keystone/identity/core.py 文件中。

2 dependency.provider 装饰器定义在/opt/stack/keystone/keystone/common/dependency.py 文件中，读者可自行阅读其代码。

3 定义在/opt/stack/keystone/keystone/common/manager.py 中。

4 keystone.identity.backends.sql.Identity 类定义在/opt/stack/keystone/keystone/identity/backends/sql.py 文件中。

续表

| 名称 | 对应的类 | 默认的 driver | 描述 |
|---|---|---|---|
| token_api | keystone.token.Manager | keystone.token.backends.kvs.Token | 用于 Token 的管理 |
| policy_api | keystone.policy.Manager | keystone.policy.backends.sql.Policy | 用于权限的管理 |

注意：Kystone 服务器部分的主要代码存放在 identity/、token/和 catalog/ 3 个目录中[1]。在每个目录下，都包含 controllers.py、core.py 文件及 backends/子目录。其中 controllers.py 文件中定义的是相应的 controller 类，core.py 文件中定义的是相应的 api 类，backends/子目录下定义了 api 类的 driver 类。掌握了这一规律，对于阅读 Keystone 的代码很有帮助。

图 12.3 总结了 token_controller、identity_api 和 identity driver 之间的关系。

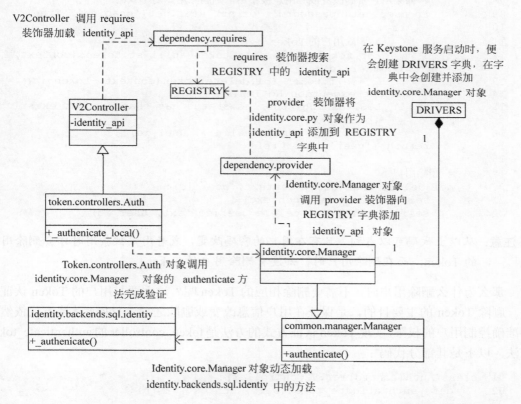

图 12.3 token_controller、identity_api 和 identity driver 的关系图

## 12.2.3 用户信息的维护

用户信息的维护，包括创建用户、删除用户、查询用户、更改密码以及更改用户所属

---

1 这 3 个目录在/opt/stack/keystone/keystone 目录下。

租户等操作。有读者可能会觉得这些操作无非是对数据库进行增、删、改、查。可是用户身份的改变可能会涉及到用户权限的变更。而 Token 是记录用户身份和权限的临时凭证。因此，对用户信息的更改，势必会涉及到对 Token 的删除操作。

表 12.2 介绍过，处理用户资源的 HTTP 请求的 controller 对象为 user_controller 对象。本文只介绍 user_controller 的 update_user 和 delete_user 方法。其中，delete_user 方法实现了删除用户的功能，update_user 方法实现了更新用户信息的功能。这两个方法定义如下[1]。

```
01  class User(controller.V2Controller):
02      # 更新用户信息
03      def update_user(self, context, user_id, user):
04          # 检查用户权限
05          self.assert_admin(context)
06          # 更新数据库
07          user_ref = self.identity_api.update_user(context, user_id,
                user)
08          # 如果用户密码改变或者用户被禁用，则删除用户的 Token
09          if user.get('password') or not user.get('enabled', True):
10              try:
11                  # 删除用户的 Token
12                  for token_id in self.token_api.list_tokens(context,
                        user_id):
13                      self.token_api.delete_token(context, token_id)
14              except exception.NotImplemented:
15                  LOG.warning('User %s status has changed, but existing
                        tokens '
16                              'remain valid' % user_id)
17          return {'user': user_ref}
18
19      # 删除用户
20      def delete_user(self, context, user_id):
21          self.assert_admin(context)
22          self.identity_api.delete_user(context, user_id)
```

> **注意**：从以上代码可以看到，只有在用户的密码改变，或者用户被禁用时才会删除用户的 Token；而在删除用户时，却没有删除用户的 Token。

那么为什么删除用户时，不需要删除相应的 Token 呢？这主要与用户的 Token 认证有关。删除 Token 的主要目的，是保证在用户信息改变或删除之后，Token 认证方式依然能够准确控制用户的权限。实现 Token 认证方式的方法是 token_controller 的 authenticate_token 方法。以下是其部分代码[2]：

```
01  class Auth(controller.V2Controller):
02      def _authenticate_token(self, context, auth):
03          ...
04          try:
05              # 获取服务器端保存的 Token
06              old_token_ref = self.token_api.get_token(context=context,
07                                       token_id=old_token)
08          except exception.NotFound as e:
09              raise exception.Unauthorized(e)
```

---

1 定义在/opt/stack/keystone/keystone/identity/controllers.py 文件中。

2 定义在/opt/stack/keystone/keystone/token/controllers.py 文件中。

```
10          # 获取用户的 ID
11          user_ref = old_token_ref['user']
12          user_id = user_ref['id']
13          # 查询数据库，获取最新的用户信息
14          current_user_ref = self.identity_api.get_user(context=context,
            user_id=user_id)
15          ...
```

> **注意：** 从以上代码可以看到，在 authenticate_token 方法中，会调用 .identity_api 的 get_user 方法来查询数据库，获取最新的用户信息。当用户被删除时，最新的用户信息获取不到，便会认证失败，这正是希望的结果。因此当用户被删除时，即使不删除 Token，也能准确控制用户的权限。但是当用户密码改变或用户被禁用时，identity_api 的 get_user 方法依然能够成功地从数据库获取用户的信息。如果不删除 Token，由于 authenticate_token 方法检测不到用户信息的改变，便可能会造成权限控制出错（把 Token 中保存的旧的用户权限信息当作是最新的权限信息）。

## 12.3 多租户机制

OpenStack 中主要是通过用户、租户和角色这 3 个资源来进行用户权限管理的。那么这三者之间是什么关系呢？先举一个生活中的例子加以说明。一个用户相当于是一个人，而一个租户则相当于是一个单位。一个用户只有从属于某一个租户，才能获得相应的权限。这好比，一个人只有是某所学校的学生或老师，才能享有对该学校的图书馆资源使用的权限。一个租户可以包括很多用户。这好比，一所学校可以有很多的学生或老师。一个用户也可以属于多个租户。这好比，一个人可以是某大学的教授；同时，他还可以自己开公司，作这家公司的总经理。同一个用户在不同的租户下可以扮演不同的角色，不同的角色对应着不同的权限。比如，作为某大学的教授，这个人是没有查看学校财务信息的权限的；但是作为自家公司的老板，他当然可以查看公司的财务信息。

OpenStack 的目的是提供一个公有云计算的平台，能够实现大规模的部署。既然是大规模的部署，那么很可能同一个云计算平台会被不同的组织或者项目团队使用。而 OpenStack 的多租户机制，就是为了保证不同的组织和团队之间能够相对独立地使用同一个 OpenStack 平台。通常地，一个租户对应着一个组织或者是一个项目，一个用户是对应着一个 OpenStack 服务或者是一个开发管理人员。

而一个角色，定义了用户在不同的服务中享有的权限。每一个服务都有自己的 policy.json 文件，该文件指定了各种规则，每种规则对应着一种或者多种角色。而每个服务中的大部分方法，都声明使用 policy.json 文件中定义的某种规则。只有用户的角色满足了这样的规则，方法才能执行成功执行。否则会抛出未批准的异常。

在 Keystone 中，还有一个叫用户组（Group）的资源，这有点像是数据库里面的群组，为的是更简洁地进行权限管理，这里就不多介绍了。

从以上分析可以看出，角色其实是连接用户和租户的桥梁。本节共分为 3 个小节。第 12.3.1 小节介绍 Keystone 的租户管理，第 12.3.2 小节介绍 Keystone 的角色管理，第 12.3.3 小节介绍 Keystone 的服务如何通过 policy.json 文件中定义的规则控制用户的权限。

### 12.3.1 租户管理

在 12.1.1 小节已经介绍过，与租户有关的 url 映射主要是在两个地方注册的。
- 一个是在 crud_extension 过滤器中，主要注册了对租户进行添加、删除和更新操作的 url 映射。
- 一个是在 public_service/admin_service 应用程序中，注册了查询租户信息的操作。参见表 12.1。

> 注意：public_service 和 admin_service 应用程序都添加了租户查询的 url 映射。但是 public_service 应用程序只添加了一条 url 映射，即/tenants/，它对应的处理方法是 get_tenants_for_token 方法；admin_service 应用程序注册了对租户进行各种查询的 url 映射。它也有/tenants/这条 url 映射，但是处理方法为 get_all_tenants 方法。

tenant_controller 对象相对还是比较简单的，主要都是些数据库的增、删、改、查操作。这里介绍 tenant_controller 对象 get_tenants_for_token 方法的定义。get_tenants_for_token 方法的功能是根据用户的 Token 获取用户所属的租户列表。其定义如下[1]：

```
01  class Tenant(controller.V2Controller):
02      def get_tenants_for_token(self, context, **kw):
03          try:
04              # 获取用户的 Token
05              token_ref = self.token_api.get_token(context=context,
06                                    token_id=context['token_id'])
07          except exception.NotFound as e:
08              ...
09          # 获取用户信息
10          user_ref = token_ref['user']
11          # 查询数据库，获取用户所属的租户 ID 列表
12          tenant_ids = self.identity_api.get_tenants_for_user(context,
      user_ref['id'])
13          tenant_refs = []
14          # 查询数据库，根据用户租户的 ID 列表获取租户的详细信息列表
15          for tenant_id in tenant_ids:
16              tenant_refs.append(self.identity_api.get_tenant(context=context,
17                                    tenant_id=tenant_id))
18          params = {'limit': context['query_string'].get('limit'),
                # 租户个数
19                    'marker': context['query_string'].get('marker'),}
                    # 起始租户的 ID
20          return self._format_tenant_list(tenant_refs, **params)
                # 截取需要的租户列表
```

在第 06 行中，是从 context 里面获取用户的 Token 的 ID 的。用户的 Token ID 是在执行 token_auth 过滤器时保存在 context 中的。token_auth 过滤器的代码比较简单，读者可自行研究。

第 20 行的_format_tenant_list 方法是用于提取部分租户列表。它有 3 个参数：tenant_refs

---

[1] 定义在/opt/stack/keystone/keystone/identity/controllers.py 文件中。

指定原始的租户列表，marker 指定截取的第一个租户的 ID，limit 指定截取的租户的个数。如果 marker 没有指定，则从原始租户列表的第 0 个租户开始截取；如果 limit 没有指定，则截取 marker 之后（包括 marker）的所有的租户。

### 12.3.2 角色管理

分析 Keystone 的角色管理，需要认识到以下两点：

- 前面介绍过，角色是连接用户与租户的桥梁。因此，如果撇开租户，而直接说用户的角色，是没有意义的。
- 角色的变更势必会造成用户权限的变更。因此，如果某一用户在某一租户下的角色发生改变时，必须删除相应的用户 Token。

接下来就以 role_controller 对象的 remove_role_from_user 方法为例，分析 Keystone 的角色管理。remove_role_from_user 方法的功能是删除用户在某一租户中的角色[1]。

```
01  class Role(controller.V2Controller):
02    def remove_role_from_user(self, context, user_id, role_id,
      tenant_id=None):
03      self.assert_admin(context)                  # 需要管理员权限
04      # 用户的角色必须与租户相关联，因此租户 ID 不能为空
05      if tenant_id is None:
06        raise exception.NotImplemented(message='User roles not
          supported: '
07                                                'tenant_id required')
08      # 删除用户在租户中的角色
09      self.identity_api.remove_role_from_user_and_tenant(
10          context, user_id, tenant_id, role_id)
11      # 在使用群组的情况下，可能一个用户在某个租户中有多个角色
12      roles = self.identity_api.get_roles_for_user_and_tenant(
13          context, user_id, tenant_id)
14      # 如果用户在租户中没有赋予任何角色，则将用户从租户中删除
15      if not roles:
16        self.identity_api.remove_user_from_tenant(
17            context, tenant_id, user_id)
18      # 删除用户的 Token
19      self.token_api.revoke_tokens(context, user_id, tenant_id)
```

remove_role_from_user 方法主要做了 3 件事：
（1）删除用户角色。
（2）如果用户在租户中没有被赋予任何角色，则将其从租户中移除。
（3）删除用户在该租户下的 Token。

> 注意：①在本书的示例中，一个用户在某一租户中只有一种角色。但是 Keystone 支持一个用户在租户中有多个角色。
> ②一个用户从属于某一租户，就必须为该用户分配一个角色。如果用户在该租户中所有的角色都被删除，那么该用户也将从租户中剔除出去了。
> ③与更新密码和禁用用户不同，删除用户在某一租户下的角色，并不需要把用户所有的 Token 都删除，只需删除用户在该租户下的 Token。

---

[1] 该方法定义在/opt/stack/keystone/keystone/identity/controllers.py 文件中。

## 12.3.3 权限管理

细心的读者可能会发现，在 Keystone 服务的很多方法中，都会调用 assert_admin 方法。例如在第 12.3.2 小节介绍的 remove_role_from_user 方法中便有这样的语句。

```
class Role(controller.V2Controller):
    def remove_role_from_user(self, context, user_id, role_id, tenant_id=None):
        self.assert_admin(context)
        ...
```

assert_admin 方法的作用就是检查当前用户是不是管理员。如果当前用户不是管理员，则抛出未批准的异常。接下来，就通过对 assert_admin 方法的剖析，来讨论 Keystone 对用户权限的控制。

token_controller 继承自 V2Controller 类，V2Controller 类继承自 wsgi.Application 类。wsgi.Application 类定义了 assert_admin 方法。其代码如下[1]：

```
01  class Application(BaseApplication):
02      def assert_admin(self, context):
03          # 如果是admin_token方式认证方式，则直接通过
04          if not context['is_admin']:
05              try:
06                  # 获取用户的Token
07                  user_token_ref = self.token_api.get_token(
08                      context=context, token_id=context['token_id'])
09              except exception.TokenNotFound as e:
10                  ...
11              # 获取用户租户的附加信息
12              creds = user_token_ref['metadata'].copy()
13  
14              try:
15                  # 获取用户ID
16                  creds['user_id'] = user_token_ref['user'].get('id')
17              except AttributeError:
18                  ...
19              try:
20                  # 获取租户ID
21                  creds['tenant_id'] = user_token_ref['tenant'].get('id')
22              except AttributeError:
23                  ...
24              # 获取用户在租户中的角色
25              creds['roles'] = [self.identity_api.get_role(context,
                  role)['name']
26                  for role in creds.get('roles', [])]
27              # 检查权限
28              self.policy_api.enforce(context,creds,'admin_required',{})
```

从以上代码可以看到，在 assert_admin 方法的末尾，会调用 policy_api 的 enforce 方法来检验用户是否有管理员权限。

---

[1] 定义在/opt/stack/keystone/keystone/common/wsgi.py 文件中。

policy_api 的 driver 是一个 keystone.policy.backends.sql.Policy 类的实例，见表 12.6。keystone.policy.backends.sql.Policy 类继承自 keystone.policy.backends.rules.Policy 类。enforce 方法定义在 rules.Policy 类中。其代码如下[1]：

```
class Policy(policy.Driver):
    def enforce(self, credentials, action, target)
        enforce(credentials, action, target)
```

📙注意：在 assert_admin 传过来的参数中，credentials 包含了用户在特定租户中的角色列表，action 的值为 admin_required，target 是一个空字典。

从以上代码可以看到 rules.Policy 类的 enforce 方法会调用外部的 enforce 方法，代码如下[2]：

```
01  def enforce(credentials, action, target):
02      init()                                       # 加载 policy.json 文件
03      match_list = ('rule:%s' % action,)           # 构造规则元组
04      try:
05          common_policy.enforce(match_list, target, credentials)
            # 检验用户权限
06      except common_policy.NotAuthorized:
07          raise exception.ForbiddenAction(action=action)
```

从以上代码看到，enforce 方法首先会执行 init 方法，init 方法主要是用来加载 policy.json 文件里面定义的规则；然后调用 common_policy 的 enforce 方法进行用户权限的检验。

📙注意：在本节示例中，代码中的 match_list 的值为 rule:admin_required。

接下来，分别讨论 init 方法和 common_policy.enforce 方法。

### 1. init方法

init 方法主要的功能是加载 policy.json 中的规则。首先，查看 init 方法的定义[3]：

```
01  def init():
02      global _POLICY_PATH                          # policy.json 文件路径
03      global _POLICY_CACHE                         # 缓存 policy.json 文件内容
04      if not _POLICY_PATH:
05          _POLICY_PATH = CONF.policy_file
06          if not os.path.exists(_POLICY_PATH):
07              _POLICY_PATH = CONF.find_file(_POLICY_PATH)
                # 查找 policy.json 文件
08      #加载 policy.json 文件
09      utils.read_cached_file(_POLICY_PATH, _POLICY_CACHE, reload_func=
            _set_brain)
```

代码中 utils.read_cached_file 方法的功能是加载 policy.json 文件定义的规则。该方法首先检查 _POLICY_CACHE 保存的内容是否是最新的。如果 _POLICY_CACHE 保存的是最新

---

1 定义在/opt/stack/keystone/keystone/policy/backends/rules.py 文件中。

2 定义在/opt/stack/keystone/keystone/policy/backends/rules.py 文件中。

3 定义在/opt/stack/keystone/keystone/policy/backends/rules.py 文件中。

的规则，则直接使用_POLICY_CACHE 来加载规则；如果_POLICY_CACHE 保存的不是最新的规则，则从 policy.json 文件中读取。_POLICY_CACHE 保存的内容其实是一个字符串。当规则读取完毕以后，utils.read_cached_file 方法会调用 _set_brain 方法来将 _POLICY_CACHE 中存放的内容转换成一个字典。

> **注意**：policy.json 文件的路径是在/etc/keystone/keystone.conf 配置文件中指定的。默认情况下，Keystone 会假设 policy.json 文件与 keystone.conf 文件在同一目录下。

_set_brain 方法定义如下[1]：

```
def _set_brain(data):
    default_rule = CONF.policy_default_rule
common_policy.set_brain(common_policy.HttpBrain.load_json(data,
default_rule))
```

从以上代码可以看到，_set_brain 主要是调用了两个方法[2]：

❑ common_policy.HttpBrain.load_json 方法。该方法的功能是将_POLICY_CACHE 保存的规则转化成一个 common_policy.HttpBrain 对象。在 HttpBrain 对中有一个成员变量 rules，它是一个字典，保存了所有的规则。例如，在 policy.json 对象中，有如下规则：

```
"admin_required": [["role:admin"], ["is_admin:1"]]
```

load_json 方法会在 HttpBrain 对象的 rules 字典中添加一个二元组，其 key 为 admin_required，value 为[["role:admin"], ["is_admin:1"]]。

❑ common_policy.set_brain 方法。就是把创建的 HttpBrain 对象设置成全局变量。

综上所述，init 方法首先构造了一个 HttpBrain 实例，这个实例保存了 policy.json 文件中定义的规则。然后再将构造的 HttpBrain 实例赋值给 common_policy 中的_BRAIN 全局变量。

### 2. common_policy.enforce方法

common_policy.enforce 方法会调用 Brain.check 方法。如果 Brain.check 方法返回 false，则抛出未批准的异常；否则，就说明权限检查通过。而 Brain.check 方法主要依赖于表 12.7 列出的几个方法。

表 12.7　Brain类中用于权限检查的主要方法

| 方法 | 描　　述 |
| :---: | --- |
| check | 解析一条规则链。一条规则链由多个规则组成，check 方法会调用_check 方法来处理规则链中的规则 |
| _check | 解析一条规则，并根据规则类型的不同，交给不同的方法处理。如果是 rule 规则，则交给_check_rule 方法处理；如果是 role 规则，则交给_check_role 方法处理；如果是其他规则，则交给_check_generic 方法处理 |

---

1 它定义在/opt/stack/keystone/keystone/policy/backends/rules.py 文件中。
2 这两个方法都定义在/opt/stack/keystone/keystone/common/policy.py 文件中。

续表

| 方法 | 描述 |
| --- | --- |
| _check_rule | 解析一条 rule 规则。rule 规则是 policy.json 中最复杂的规则,一条 rule 规则是由一个或多个规则组成的规则链。_check_rule 方法会调用 check 方法来处理这条规则链。可见,check 方法、_check 方法和_check_rule 方法形成了一个间接的递归关系,从而能够解析比较复杂的规则 |
| _check_role | 解析一条 role 规则。其实就是看用户 Token 的角色列表中是否包含 role 规则指定的角色名 |
| _check_generic | 解析一条 generic 规则。通常是用来检查用户 Token 中的某一属性的值(例如租户 ID) |

表 12.7 中列出的方法中,较难的是 check 方法。因此,本小节只对 check 方法[1]进行解析,其他的方法请读者自行分析。check 方法的代码如下:

```
01  class Brain(object):
02      def check(self, match_list, target_dict, cred_dict):
03          if not match_list:              # 规则链为空,则直接返回 true
04              return True
05          # and_list 是 match_list 中的一个元素,它本身也是一个列表
06          for and_list in match_list:
07              if isinstance(and_list, basestring):
08                  and_list = (and_list,)
09              # 只有 and_list 中的所有规则都满足了,才算是满足了 and_list 规则子链
10              if all([self._check(item, target_dict, cred_dict) for item in and_list]):
11                  # 有一条规则子链满足了,就认为 match_list 规则链满足了
12                  return True
13          return False
```

> 注意:这里需要特别强调"规则"的概念。在 OpenStack 中,有 3 种不同的规则,即 rule 规则、role 规则和 gerneric 规则。其中 rule 规则的名字是以"rule:"开头的,role 规则的名字是以"role:"开头的,以其他字符串开头的规则都是 generic 规则。

表 12.8 对 policy.json 文件定义的 3 种规则做了总结。

表 12.8   policy.json定义的 3 类规则

| 规则名 | 描述 |
| --- | --- |
| role 规则 | 属于最基本的规则。用于判断 Token 的 roles 属性是否满足要求 |
| generic 规则 | 属于最基本的规则。用于判断 Token 的其他属性是否满足要求 |
| rule 规则 | rule 规则相对复杂,它通常是一条规则链。一条规则链可以由若干条规则子链组成。一条规则子链可以由若干条规则组成。这样递归下去,便可以构造出许多赋值的规则。对于一条规则链,只需其中的一条规则子链通过,就认为这条规则链通过了。对于一条规则子链,只有其中的所有规则满足,才认为规则子链满足 |

> 注意:① 规则链和规则子链的关系有点类似于数理逻辑中的主析取范式。规则链中的子链之间是"或"运算,而规则子链中的规则之间是"与"运算。
> ② 任何一条规则,不管多复杂,最终都是由若干个基本的 role 规则和 generic 规则组成。

---

[1] 定义在/opt/stack/keystone/keystone/common/policy.py 文件中。

例如 rule:admin_required 规则，它的定义为规则链[["role:admin"], ["is_admin:1"]]。这条规则链共有两条规则子链，即["role:admin"]和["is_admin:1"]。这两条子链中，各有 1 条规则。其中，role:admin 为 role 规则，is_admin:1 为 generic 规则。当用户的 Token 角色列表中含有 admin 角色，或者 Token 的 is_admin 属性值为 1 时（通过 admin_token 方式认证），该 Token 通过 rule:admin_required 规则。

## 12.4　Token 管理

在第 12.2.1 小节介绍过，Token 是 Keystone 进行用户认证和权限控制的重要手段。因此，对于 Token 的管理，是保证 OpenStack 各个组件安全通信的基础。那么 Token 中究竟保存了用户的哪些信息，Token 在服务器端又是如何存储的呢？这就是本节需要解决的两个问题。

### 12.4.1　Token 认证方式

了解 Token 数据结构最直接的方式是分析 Token 的创建流程。那么，在什么情况下会创建 Token 呢？用户认证的时候。因此，本节将对用户认证进行更加深入的分析。

在 12.2.1 小节介绍过，处理用户认证请求的方法为 token_controller 的 authenticate 方法。authenticate 方法会调用_authenticate_local 或者_authtenticate_token 方法来获取用户和租户的信息。因此，在分析 authenticate 方法之前，需先看看_authtenticate_*系列方法给 authenticate 方法返回了什么内容。本节以_authenticate_token 为例，加以说明，以下是其部分代码[1]：

```
01  class Auth(controller.V2Controller):
02      def _authenticate_token(self, context, auth):
03          try:
04              # 获取保存在服务器中的 Token
05              old_token_ref = self.token_api.get_token(context=context,
06                                                      token_id=old_token)
07          except exception.NotFound as e:
08              raise exception.Unauthorized(e)
09
10          # 从数据库获取最新的用户信息
11          current_user_ref = self.identity_api.get_user(context=context,
12                                                       user_id=user_id)
13          # 从数据后获取最新的租户信息
14          tenant_ref = self._get_tenant_ref(context, user_id, tenant_id)
15          # 获取用户-租户的附加信息。本书示例中，metadata_ref 为空字典
16          metadata_ref = self._get_metadata_ref(context, user_id,
                 tenant_id)
17          # 将角色 ID 列表添加到 metadata_ref 中
18          self._append_roles(metadata_ref,
19                             self._get_domain_metadata_ref(context, user_id,
```

---

[1] _authenticate_token 方法定义在/opt/stack/keystone/keystone/token/controllers.py 文件中。

```
20                                                             tenant_id))
21          # Token 的有效期
22          expiry = old_token_ref['expires']
23          # 将用户信息、租户信息、metadata 和有效期封装成字典
24          auth_token_data = self._get_auth_token_data(current_user_ref,
25                                      tenant_ref,      metadata_ref,
expiry)
26          # 注意返回值
27          return   auth_token_data,   (current_user_ref,   tenant_ref,
metadata_ref)
```

**注意**：读者须特别注意 _authenticate_token 方法的返回值。该方法共有两个返回值，第 1 个是 auth_token_data，它是一个包含了 current_user_ref（用户信息）、tenant_ref（租户信息）、metadata_ref（角色 ID 列表以及用户-租户的附加信息）和 expiry（到期时间）的字典；第 2 个返回值是一个包含了 current_user_ref、tenant_ref 和 metadata_ref 的元组。

接下来，再分析一下 authenticate 方法，以下是其部分代码[1]：

```
01   class Auth(controller.V2Controller):
02       def authenticate(self, context, auth=None):
03           # 本段代码中只列出了 Token 认证方式，其他认证方式返回值都是一样的
04           if "token" in auth:
05               #auth_token_data 是包含了 user_ref、tenant_ref、metadata_ref 和
06               # expiry 的字典
07               # auth_info 是包含了 user_ref、tenant_ref、metadata_ref 的元组
08               auth_token_data, auth_info = self._authenticate_token
                 (context, auth)
09           user_ref, tenant_ref, metadata_ref = auth_info
10
11           if tenant_ref:
12               # 获取用户可以访问的服务目录
13               catalog_ref = self.catalog_api.get_catalog(context=context,
14                   user_id=user_ref['id'], tenant_id=tenant_ref['id'],
                     metadata=metadata_ref)
15           auth_token_data['id'] = 'placeholder'
16           # 根据 metadata_ref 中的角色 ID 列表获取角色信息列表
17           roles_ref = []
18           for role_id in metadata_ref.get('roles', []):
19               role_ref = self.identity_api.get_role(context, role_id)
20               roles_ref.append(dict(name=role_ref['name']))
21           # 格式化用户 Token
22           token_data = Auth.format_token(auth_token_data, roles_ref)
23           # 格式化用户服务列表
24           service_catalog = Auth.format_catalog(catalog_ref)
25           token_data['access']['serviceCatalog'] = service_catalog
26           # 创建 Token ID
27           if config.CONF.signing.token_format == 'UUID':
28               token_id = uuid.uuid4().hex
29           elif config.CONF.signing.token_format == 'PKI':
30               token_id = cms.cms_sign_token(json.dumps(token_data),
31                   config.CONF.signing.certfile, config.CONF.signing.key
                     file)
32
```

---

1 authenticate 方法它定义在/opt/stack/keystone/keystone/token/controllers.py 文件中。

```
33          try:
34              # 将 Token 保存在服务器
35              self.token_api.create_token(
36                  context, token_id, dict(key=token_id, id=token_id,
37                      expires=auth_token_data['expires'],user=user_ref,
38                      tenant=tenant_ref, metadata=metadata_ref))
39          except Exception as e:
40              ...
41          token_data['access']['token']['id'] = token_id
42          return token_data
```

代码第 13~14 行是获取用户可以访问的服务目录列表,它返回值的数据结构如图 12.4 所示。

```
{
    <region1>:{
        <服务类型 1>: {
            id:<端点 ID>,  name:<服务名称>,  publicURL:<公共 url>,
            internURL:<内部 url>,  adminURL:<管理员 url>
        }
        <服务类型 2>: {...}
        ...
        }
    <region2>:{...}
    ...
}
```

图 12.4　Catalog（服务目录）的数据结构

代码第 24 行是将服务目录转化为保存在 Token 中的格式,转化后的服务目录的数据结构如图 12.5 所示。

```
[{
    name:<服务名>
    type:<服务类型>
    endpoints:[
        {
            id:<端点 ID>,  publicURL:<公共 url>,
            internURL:<内部 url>,  adminURL:<管理员 url>
        }
        ...
        ]
    endpointlinks:[]
}
...
]
```

图 12.5　Token 中 Catalog（服务目录）的数据结构

代码第 22 行是转化 Token 的格式,以便于在客户端存储,第 25 行是将服务目录添加到 Token 中。Token 的数据结构如图 12.6 所示。

```
{
    access:{
        token:{id:<token ID>,  expires:<到期时间>,
              issued_at:<创建时间>,  tenant:<租户信息>}
        user:{id:<用户 ID>,  <name>:<用户名>,  username:<用户名>
              roles:<角色列表>,  role_links:<角色链接>（通常为空）}
        sevice_catalog:<服务目录>（见图 12.5）
        metadata:{is_admin:<True or False>（是否是管理员用户）
              roles:<角色列表>}
}
```

图 12.6　客户端接收和存储的 Token 的数据结构

代码第 27～31 行是创建 Token 的 ID，第 35～38 行是将 Token 存储在服务器中。在第 12.4.2 小节将重点介绍 Token 的存储。

## 12.4.2　Token 的存储

在 Keystone 中，有两种 Token format：PKI 和 UUID。所谓的 Token format，是 Token ID 的生成方式。UUID 格式比较简单，就是随机地生成一串 uuid 作为 Token 的 ID。而 PKI 格式是通过 openssl 首先对 Token 的内容进行签名，然后将签名的结果作为 Token 的 ID。

> 注意：UUID 格式生成的 Token ID 是完全随机的，与 Token 的内容没有任何关系；PKI 格式的 Token ID 是完全由 Token 的内容决定的。另外，由于 PKI 格式的 Token ID 是 openssl 生成的，因此可以利用 Token ID 实现其他的功能。例如，通过对系统的证书文件进行验证，可以检查系统本身是安全可靠的。因此，PKI 提供了一套更安全的 Token 管理机制。

在第 12.4.1 小节介绍过，token_controller 的 authenticate 方法调用了 cms.cms_sign_token 方法来生成 PKI 格式的 Token ID。其代码如下[1]：

```
def cms_sign_token(text, signing_cert_file_name, signing_key_file_name):
    output      =       cms_sign_text(text,       signing_cert_file_name,
signing_key_file_name)
return cms_to_token(output)
```

以上代码中，cms_sign_text 方法是通过调用 openssl 来对 token 的内容进行签名，而 cms_to_token 是把 cms 签名的结果转化为 Keystone 需要的结果。例如，删除换行符、将"/"转化为"-"等。

Token ID 生成好以后，接下来就是 Token 存储的问题了。在 authenticate 方法中，Token 是通过 token_api.create_token 方法存储的。在第 12.2.2 小节介绍过，所以 api 对象的方法都是从其 driver 中加载的。token_api 的 driver 默认为 keystone.token.backends.kvs.Token 对象，见表 12.6。查看 create_token 方法[2]的定义。

---

[1] cms.cms_sign_token 方法定义在/opt/stack/keystone/keystone/common/cms.py 文件中。
[2] 定义在/opt/stack/keystone/keystone/token/backends/kvs.py 中。

```
01    class Token(kvs.Base, token.Driver):
02       def create_token(self, token_id, data):
03           # 获取 token_id 的 hash 值
04           token_id = token.unique_id(token_id)
05           # 创建 Token 信息的拷贝
06           data_copy = copy.deepcopy(data)
07           if 'expires' not in data:
08               # 到期时间
09               data_copy['expires'] = token.default_expire_time()
10           # 将 Token 保存在服务器
11           self.db.set('token-%s' % token_id, data_copy)
12           return copy.deepcopy(data_copy)
```

由于原始的 token_id 是通过 openssl 对 Token 进行签名的结果，因此通常比较长，不适合作为字典的 key。因此，在保存前，需要先对 token_id 做一个 hash 操作。

在服务器端，可通过 token_id 来判断 Token 是否是被撤销（删除）的。未被删除的 token_id 以 "token" 开头，而已被删除的 token_id 是以 "revoked-token" 开头。上面代码倒数第 2 行在 token ID 前加了一个 "token-" 字符串，表示这是一个未被删除的 Token。

从上面代码可见，kvs.Token 对象的 create_token 方法通过调用其自身 db 成员变量的 set 方法来保存 Token。kvs.Token 类继承自 kvs.Base，db 成员变量定义在 kvs.Base 类中。下面是 kvs.Base 类的初始化方法的定义[1]：

```
01    INMEMDB = DictKvs()
02
03    class Base(object):
04       def __init__(self, db=None):
05           if db is None:
06               db = INMEMDB                      # 默认的 db 是一个空的 DictKvs 对象
07           elif isinstance(db, dict):
08               db = DictKvs(db)                  # 如果 db 是字典，则用 DictKvs 封装
09           self.db = db
```

从上面的代码可知，kvs.Base 对象的 db 成员变量是一个 DictKvs 对象。DictKvs 类继承自 Dict 类。它在 Dict 类的基础上定义了 set、get 和 delete 等方法。

## 12.5　服务的安全认证

前面已经介绍过，当客户端向 OpenStack 服务发送 HTTP 请求时，都需要访问 Keystone 服务器认证用户身份。本节主要介绍一下 OpenStack 的其他服务，如何通过 Keystone 服务进行安全认证。

在 OpenStack 的各个组件中，都是通过 authtoken 过滤器来完成安全认证的。该过滤器主要用来验证用户提供的 Token ID 是否真实有效。

💡注意：当用户向 OpenStack 其他组件发出 HTTP 请求时，只能通过 Token 方式认证，而不能通过本地（用户名密码）方式认证。

---

[1] 其代码在/opt/stack/keystonekeystone/common/kvs.py 文件中。

各个组件的 authtoken 过滤器的定义都是类似的，这里以 Nova 服务为例，查看 auth_token 过滤器是如何工作的。Nova 服务的 WSGI 服务在/etc/nova/api-paste.ini 配置文件中定制。下面是 api-paste.ini 配置文件中 authtoken 过滤器的定义。

```
01  [filter:authtoken]
02  paste.filter_factory = keystoneclient.middleware.auth_token:filter
    _factory
03  auth_host = 10.239.131.167              # Keystone 服务器的地址
04  auth_port = 35357                       # 管理员服务的监听端口
05  auth_protocol = http                    # 通信协议（http/https）
06  admin_tenant_name = service             # 管理员租户名
07  admin_user = nova                       # 管理员用户名
08  admin_password = keystone_nova_password # 管理员用户密码
09  signing_dir = /opt/stack/data/sign      # 签名文件保存路径
```

> 注意：代码的第 06~08 行提供了用户名、租户名和用户密码，其主要目的是为了保证 OpenStack 其他服务能够向 Keystone 服务发送 HTTP 请求。在 12.4.1 小节介绍过，对于 PKI 格式的 Token，可以通过验证证书文件来检验 Keystone 服务器的真实性。但是对于 UUID 格式的 Token，必须向 Keystone 服务器发送验证请求。

代码第 02 行定义了 authtoken 过滤器对应的工厂方法为 auth_token 包的 filter_factory 方法，该方法代码如下[1]：

```
01  def filter_factory(global_conf, **local_conf):
02      conf = global_conf.copy()
03      conf.update(local_conf)
04
05      def auth_filter(app):
06          return AuthProtocol(app, conf)
07      return auth_filter
```

> 注意：在 api-paste.ini 配置文件中定义的 authtoken 过滤器中设置的 admin_username 和 admin_password 等参数都作为 filter_factory 方法的 local_conf 参数传入。

从以上代码可以看到，filter_factory 方法会返回一个 AuthProtocol 的实例。当 authtoken 过滤器接收到 HTTP 请求时，会调用 AuthProtocol 实例的 __call__ 方法。AuthProtocol 类的 __call__ 方法定义如下[2]：

```
01  class AuthProtocol(object):
02      def __call__(self, env, start_response):
03          try:
04              # 删除 HTTP 头中多余的参数，防止用户权限僭越
05              self._remove_auth_headers(env)
06              # 获取客户端传过来的 Token ID
07              user_token = self._get_user_token_from_header(env)
08              # 验证用户 Token
09              token_info = self._validate_user_token(user_token)
10              # 保存用户 Token
11              env['keystone.token_info'] = token_info
```

---

[1] 它定义在/opt/stack/python-keystoneclientkeystoneclient/middleware/auth_token.py 文件中。
[2] 它定义在/opt/stack/python-keystoneclient/keystoneclient/middleware/auth_token.py 文件中。

```
12              # 重新构造 HTTP 头
13              user_headers = self._build_user_headers(token_info)
14              self._add_headers(env, user_headers)
15              # 返回，执行下一个过滤器或应用程序
16              return self.app(env, start_response)
17          except InvalidUserToken:
18              ...
```

AuthProtocol 类的__call__方法大概可以分为 3 个步骤。

（1）调用_remove_auth_headers 方法，这主要是防止用户越权。正常情况下，当客户端向服务器发送验证请求时，应该只需提供 Token ID。为了防止用户故意在 HTTP 头部提供租户、服务目录等字段以谋取非法的权限，首先需要把这些多余的字段删除。

（2）调用_validate_user_token 方法，这也是代码最核心的部分。它主要实现了 Token ID 真实性的验证。

（3）调用_build_user_headers，其功能是根据获取的 Token 信息，重新将用户、服务目录等字段加到 HTTP 头。

前面说过，AuthProtocol 对象的__call__方法核心功能在_validate_user_token 方法中实现。该方法的定义如下[1]：

```
01  class AuthProtocol(object):
02      def _validate_user_token(self, user_token, retry=True):
03          try:
04              if cms.is_ans1_token(user_token):        # PKI 格式的 Token
05                  verified = self.verify_signed_token(user_token)
06                  data = json.loads(verified)
07              else:                                     # UUID 格式的 Token
08                  data = self.verify_uuid_token(user_token, retry)
09              return data
10          except Exception as e:
11              ...
```

以上代码的 verify_signed_token 方法是处理 PKI 格式的 Token，它主要是调用 openssl 来验证 Keystone 服务的证书。这部分代码读者可自行研究。本节主要介绍处理 UUID 格式 Token 的 verify_uuid_token 方法，其定义如下：

```
01  class AuthProtocol(object):
02      def verify_uuid_token(self, user_token, retry=True):
03          # 以管理员用户身份构造 HTTP 头
04          headers = {'X-Auth-Token': self.get_admin_token()}
05          # 向服务器发送 Token 认证请求，验证用户 Token 的身份
06          response, data = self._json_request(
07              'GET', '/v2.0/tokens/%s' % safe_quote(user_token),
08      a       dditional_headers=headers)
09          # 认证成功
10          if response.status == 200:
11              self._cache_put(user_token, data)
12              return data
13          ...
```

---

[1] 定义在/opt/stack/python-keystoneclient/keystoneclient/middleware/auth_token.py 文件中。

AuthProtocol 对象 verify_uuid_token 方法的工作流程如下。

（1）调用 get_admin_token 方法时获取管理员用户的 Token ID。该方法首先会查看保存的 Token 是否即将过期，如果即将过期，则使用 api-paste.ini 中指定的用户名和密码向 Keystone 服务器申请新的 Token 并保存在本地。

> 注意：get_admin_token 方法的工作流程很类似于 Keystone Client 对象的 authenticate 方法。参见第 12.2.1 小节。

（2）调用 _json_request 方法向 Keystone 服务器发送请求，验证用户的 Token。从代码中可以看到，_json_request 方法传递的 URL 为/v2.0/tokens/{token-id}，这正是用于用户认证的 URL。见表 12.4。

## 12.6　OpenStack 各个模块与 Keystone 的交互

前面已经多次提过，OpenStack 的任何服务（包括 Keystone 本身）都需要在 Keystone 服务中注册。处理服务、端点注册的 HTTP 请求的方法分别定义在 service_controller 和 endpoint_controller 对象中[1]。所谓注册，其实就是往数据库中添加 service 和 endpoint 的记录，比较简单，不再赘述。

本节需要讨论的是另外一个问题。大家都知道，在使用 OpenStack 命令时，只是在 rc 文件里设置了 Keystone 服务器的地址。那么，其他 OpenStack 服务的 Client 怎么找到服务的地址呢？这就需要用到在 Keystone 服务器中注册的 service 和 endpoint 记录。

由于各种 OpenStack 的 Client 结构都是大同小异。这里通过分析 glance 命令的工作流程，介绍 OpenStack 的其他服务与 Keystone 服务的交互。

首先，查看一下 glance 命令的脚本[2]：

```
01  # 要求 glanceclient 版本为 0.9.0
02  __requires__ = 'python-glanceclient==0.9.0'
03  import sys
04  from pkg_resources import load_entry_point
05
06  if __name__ == '__main__':
07      # 加载 glanceclient 的程序入口
08      sys.exit(load_entry_point('python-glanceclient==0.9.0',
09                               'console_scripts', 'glance')())
```

从以上代码可以看到该脚本会通过 pkg_resources 包的 load_entry_point 方法来寻找和加载 glanceclient 的程序入口。glanceclient 的程序入口保存在 shell.py 文件的 main 方法中。main 方法的定义如下[3]：

```
def main():
```

---

1 service_controller 和 endpoint_controller 和对象的类型参见表 12.2。它们的代码定义在/opt/stack/keystone/catalog/controllers.py 文件中。

2 定义在/usr/local/bin/glance 文件中。

3 定义在/opt/stack/python-glanceclient/glanceclient/shell.py 文件中。

```
    try:
        OpenStackImagesShell().main(map(utils.ensure_unicode,
sys.argv[1:]))
    except KeyboardInterrupt:
        …
```

main 方法调用 OpenStackImagesShell 类的 main 方法，其定义如下[1]：

```
01  class OpenStackImagesShell(object):
02      def main(self, argv):
03          # 第一次进行参数分析，获取版本号
04          parser = self.get_base_parser()
05          (options, args) = parser.parse_known_args(argv)
06
07          # 根据版本号获取可用的子命令列表
08          api_version = options.os_image_api_version
09          subcommand_parser = self.get_subcommand_parser(api_version)
10          self.parser = subcommand_parser
11          …
12          # 再次分析参数语法，找到处理子命令的方法
13          args = subcommand_parser.parse_args(argv)
14
15          # 获取 HTTP 请求的 URL
16          image_url = self._get_image_url(args)
17          #是否需要进行 Keystone 验证
18          auth_reqd = (utils.is_authentication_required(args.func) and
19                       not (args.os_auth_token and image_url))
20          # 如果不需要 Keystone 验证
21          if not auth_reqd:
22              endpoint = image_url
23              token = args.os_auth_token
24          else:
25              …
26              # 构造 Keystone Client 的参数
27              kwargs = {
28                  'username': args.os_username,        # 用户名
29                  'password': args.os_password,        # 密码
30                  'tenant_id': args.os_tenant_id,      # 租户 ID
31                  'tenant_name': args.os_tenant_name,  # 租户名
32                  'auth_url': args.os_auth_url,        # Keystone 服务器地址
33                  'service_type': args.os_service_type, # Glance 服务类型
34                  'endpoint_type': args.os_endpoint_type,# Glance 端点类型
35                  'cacert': args.os_cacert,
36                  'insecure': args.insecure,
37                  'region_name': args.os_region_name,  # 域名
38              }
39              # 创建 Keystone Client 对象
40              _ksclient = self._get_ksclient(**kwargs)
41              # 获取用户的 Token
42              token = args.os_auth_token or _ksclient.auth_token
43              #获取 Glance 服务的端点
44              endpoint = args.os_image_url or \
45                         self._get_endpoint(_ksclient, **kwargs)
46          # 构造 Glance Client 的参数
47          kwargs = {
```

---

1 定义在/opt/stack/python-glanceclient/glanceclient/shell.py 文件中。

```
48              'token': token,
49              'insecure': args.insecure,
50              'timeout': args.timeout,
51              'cacert': args.os_cacert,
52              'cert_file': args.cert_file,
53              'key_file': args.key_file,
54              'ssl_compression': args.ssl_compression
55          }
56          # 创建 Glance Client 对象
57          client = glanceclient.Client(api_version, endpoint, **kwargs)
58          # 向 Glance 服务器发送 HTTP 请求
59          try:
60              args.func(client, args)
61          except exc.Unauthorized:
62              raise    exc.CommandError("Invalid    OpenStack    Identity
credentials.")
```

以上代码相对较长，为了便于理解，可将代码分成以下 3 个部分。

❑ 第 03~13 行是对传过来的参数进行语法分析。这里又可以分为两个小步骤。① 分析 glance 命令的版本号。这个版本号，其实是对应使用的 Glance Client 类的版本号。目前，Glance Client 共有 v1 和 v2 两个版本。默认情况下，使用的是 v1 版本。② 根据版本号，搜索处理 glance 命令的方法。这一点稍后将做进一步分析。

❑ 第 26~45 行是创建 Keystone Client 对象，并且利用 Keystone Client 对象获取用户的 Token 和 Glance 服务的端点。

❑ 第 47~62 行是创建 Glance Client 对象，并且利用 Glance Client 对象向 Glance 服务器发送 HTTP 请求。

> 注意：① glance 命令的版本号是通过--os-image-api-version 参数指定的。默认情况下，使用的是 v1 版本。
> ② 第 33 行指定的 service_type 默认为 image。这里的 type 对应于往 Keystone 服务器中注册的服务的类型。第 5.2.2 小节介绍过，Glance 服务的类型为 image。
> ③ 第 34 行指定端点类型。OpenStack 的每个服务都可以有 internURL、adminURL 和 publicURL 3 个不同的类型。每个 URL 对应于一个 WSGI 服务入口。Glance Client 对象默认访问 publicURL 对应的 WSGI 服务。

接下来，以 glance image-list 的解析和处理过程为例，详细分析上面列出的 3 个部分。

### 1．对参数进行语法分析

参数语法分析最重要的部分是找到处理子命令的方法，这主要是通过如下两个步骤完成的。

（1）调用 OpenStackImagesShell 对象的 get_subcommand_parser 方法获取所有可用的子命令。OpenStackImagesShell 对象的 get_subcommand_parser 方法定义如下[1]：

```
01    def get_subcommand_parser(self, version):
02        parser = self.get_base_parser()        # 设置基本的参数
```

---

[1] 定义在/opt/stack/python-glanceclient/glanceclient/shell.py 文件中。

```
03
04          self.subcommands = {}
05          # 添加<subcommand>项,以便于显示 help 信息
06          subparsers = parser.add_subparsers(metavar='<subcommand>')
07          # 加载 shell 模块
08          submodule = utils.import_versioned_module(version, 'shell')
09          # 加载模块中的所有 do_*方法
10          self._find_actions(subparsers, submodule)
11          self._find_actions(subparsers, self)
12
13          return parser
```

以上代码中第 08 行是加载相应版本中的 shell 模块。对于 glance image-list 命令来说，由于是 v1 版本，因此对应的 shell 模块的路径为 glanceclient/v1/shell.py[1]。在代码的第 10 行，会把 shell 模块下所有 do_*方法都加载进来。例如，在 shell.py 文件中，有一个 do_image_list 方法，正是处理 glance image-list 命令的方法。这部分内容就不再继续扩展了。

（2）调用 subcommand_parser 对象的 parse_args 方法来设置需要的子命令。该方法会根据控制台传来的参数，配置相应子命令处理方法的参数。例如，对于 glanced image-list 命令来说，由于没有从控制台传来参数，故传给 do_image_list 的参数列表也为空。

### 2. 与Keystone Client的交互，获取Glance服务器的地址

关于 Keystone Client 对象的创建，在第 12.2.1 小节已经详细介绍了。Keystone Client 对象创建好以后，还需调用_get_endpoint 方法来获取 Glance 服务器所在的地址。查看 _get_endpoint 方法的定义[2]：

```
01   class OpenStackImagesShell(object):
02      def _get_endpoint(self, client, **kwargs):
03          # 设置查询参数
04          endpoint_kwargs = {
05              'service_type': kwargs.get('service_type') or 'image',
06              'endpoint_type': kwargs.get('endpoint_type') or
                  'publicURL',
07          }
08          # 设置域名
09          if kwargs.get('region_name'):
10              endpoint_kwargs['attr'] = 'region'
11              endpoint_kwargs['filter_value'] = kwargs.get('region_name')
12          # 向 Keystone 服务器发送 HTTP 请求
13          endpoint = client.service_catalog.url_for(**endpoint_kwargs)
14          return self._strip_version(endpoint)
```

以上代码的最后，会调用 service_catalog.url_for 方法来查询 Glance 服务器的地址。service_catalog 是 Keystone Client 的一个成员变量，它记录了用户能够访问的所有服务目录。这个成员变量是在进行用户认证时创建的。

在第 12.2.1 小节介绍过，当进行用户认证时，Keystone 服务器会向客户端返回一个 Token 对象。Token 对象的数据结构如图 12.6 所示。在 Token 中有一个属性 service_catalog，专门保存用户能访问的服务目录。service_catalog 的数据结构如图 12.5 所示。在图 12.5 中

---

1 /opt/stack/python-glanceclient/glanceclient/v1/shell.py 文件。

2 定义在/opt/stack/python-glanceclient/glanceclient/shell.py 文件中。

可以看到，在服务目录中有服务类型和 publicURL 等属性。keystoneclient 包下的 service_catalog.url_for 方法正是通过这些属性来确定用户需要的 URL。

service_catalog.url_for 方法的定义如下[1]：

```
01  class ServiceCatalog(object):
02      def url_for(self, attr=None, filter_value=None,
03                  service_type='identity', endpoint_type='publicURL'):
04          # 获取保存的服务目录
05          catalog = self.catalog.get('serviceCatalog', [])
06          # 如果服务目录不存在
07          if not catalog:
08              raise exceptions.EmptyCatalog('The service catalog is
                    empty.')
09
10          for service in catalog:
11              # 检查服务目录是否匹配
12              if service['type'] != service_type:
13                  continue
14              # 获取所有的端点
15              endpoints = service['endpoints']
16              for endpoint in endpoints:
17                  # 查找匹配的端点
18                  if not filter_value or endpoint.get(attr) == filter_value:
19                      return endpoint[endpoint_type]
20
21          raise exceptions.EndpointNotFound('Endpoint not found.')
```

注意：在一个 OpenStack 系统中，允许存在多个 image 类型的服务。在这种情况下，Keystone 会随机返回一个服务的地址。为了能够让用户在众多相同类型的服务中，选择满足要求的一个，在 url_for 方法中还添加了一个 filter_value 参数。

### 3. 与Glance Client的交互，向Glance服务器发送HTTP请求

对于 glance image-list 命令，最后会调用 glanceclient/v1/shell.py 文件中的 do_image_list 方法。首先，查看一下 do_image_list 方法的定义[2]：

```
def do_image_list(gc, args):
   ..
   images = gc.images.list(**kwargs)
   …
   columns = ['ID', 'Name', 'Disk Format', 'Container Format','Size',
'Status']
utils.print_list(images, columns)
```

以上方法中：参数 gc 是在 OpenStackImagesShell.main 方法中创建的 Glance Client 对象。参数 args 保存了用户从控制台传进来的参数的集合。

从以上代码可以看到，代码主要调用了 gc.images.list 方法。gc.images 是 Glance Client 的一个 Manger。以下是 Glance Client 的定义[3]：

---

[1] 定义在/opt/stack/python-keystoneclient/keystoneclient/service_catalog.py 文件中。
[2] 定义在/opt/stack/python-glanceclient/glanceclient/v1/shell.py 文件中。
[3] Glance v1 版本的 Client 类定义在/opt/stack/python-glanceclient/glanceclient/v1/client.py 文件中。

```
01  class Client(http.HTTPClient):
02      def __init__(self, *args, **kwargs):
03          super(Client, self).__init__(*args, **kwargs)
04          self.images = images.ImageManager(self)
05          self.image_members = image_members.ImageMemberManager(self)
```

与 Keystoneclient 一样，在 Glance Client 类中定义了各种 manager，每种 manager 都提供了对相应资源发送 HTTP 请求的接口。这里的 Glanceclient 共定义了 images 和 image_members 两个 manager，images 成员变量实现了与镜像有关的各种 HTTP 请求。

以下是 images.list 方法的定义：

```
01  class ImageManager(base.Manager):
02      def list(self, **kwargs):
03          # 获取的镜像条目的个数
04          absolute_limit = kwargs.get('limit')
06          # 设置每页显示的镜像条目数
06          params = {'limit': kwargs.get('page_size', DEFAULT_PAGE_SIZE)}
07          # 从 marker 镜像的后一个镜像开始显示
08          if 'marker' in kwargs:
09              params['marker'] = kwargs['marker']
10          ...
11          return paginate(params)
```

以上代码的主要功能是实现了一个分页显示的迭代器，其核心功能在 paginate 方法中实现。paginate 方法是 list 方法的内部方法，其定义如下：

```
01      def paginate(qp, seen=0):
02          # 向 Glance 服务器发送 HTTP 请求，获取镜像列表
03          url = '/v1/images/detail?%s' % urllib.urlencode(qp)
04          images = self._list(url, "images")
05
06          # 显示第 1 页的镜像
07          for image in images:
08              seen += 1
09              if absolute_limit is not None and seen > absolute_limit:
10                  return
11              yield image
12
13          # 显示其他页的镜像
14          page_size = qp.get('limit')
15          # 终止条件，以防无限递归
16          if (page_size and len(images) == page_size and
17              (absolute_limit is None or 0 < seen < absolute_limit)):
18              # 从上次显示的最后一个镜像的下一个镜像开始显示
19              qp['marker'] = image.id
20              for image in paginate(qp, seen):
21                  yield image
```

第 03～04 行，是向 Glance 服务器发送 HTTP 请求，获取一页的镜像数据。这里调用了 _list 方法。与 Keystone Client 一样[1]，Glance Client 的 Manager 类也继承自 base.Manager 类。在 base.Manager 类[2]中，定义了基本的 _list、_create 等方法。

第 07～11 行，是利用 yield 语句，依次返回第 1 页镜像的条目。第 18 行设定了 paginate

---

1 参见第 12.1.2 小节。
2 定义在/opt/stack/python-glanceclient/glanceclient/common/base.py 文件中。

方法终止的总条件。这里的 absolute_limit 是显示的镜像条目的总个数。

当第 1 页的镜像迭代完毕以后，代码进入第 20 行，通过递归调用，获取下一页的镜像条目。值得注意的是，在第 19 行设置了 marker 选项，这样可以保证通过递归调用查询到的镜像条目是没有迭代过的新条目。

> **注意**：这里说的分页，其实并不是指在客户端界面上分页显示。它是指每一次发送 HTTP 请求时，都一次性请求一定数目的镜像条目（称作是一页）。这样做的好处是避免以下两个方面的不足。
> 
> ① 如果一次请求一个镜像条目，那么，将会导致客户端需要频繁地向 Glance 服务器发送 HTTP 请求。
> 
> ② 如果一次把所有镜像的条目都拉出来，那么可能导致一次 HTTP 请求需要占用太多带宽。同时，也会占用过多的内存来保存镜像条目。笔者认为，OpenStack 采用这种分页的策略，对于其他领域的相关问题，也有很好的借鉴作用。故在此花了一些篇幅详细介绍。

## 12.7 小　　结

### 12.7.1 Keystone 服务器端架构

- Keystone 的 api-paste.ini 文件中定义的几个重要的过滤器和应用程序，参见表 12.1。
- 表 12.2 列出了 Keystone 中用到的几个重要的 Controller 类。
- 表 12.6 中列出了其中用到的几个重要的 api 类。

### 12.7.2 客户端发送 HTTP 请求流程

Keystone 客户端主要类之间的关系参见图 12.1。客户端向服务器发送 GET /tenants/{tenant-id} HTTP 请求的流程如下：

（1）创建 Keystone Client 对象。在 Keystone Client 对象初始化时，会调用 HTTPClient 对象的 authenticate 方法进行用户认证。

（2）调用 Keystone Client 对象 tenant_manager 成员变量的 get 方法。

（3）Keystone Client 对象的 tenant_manager 成员变量是一个 TenantManager 对象，它的 get 方法调用了其父类的_get 方法。

（4）TenantManager 类继承自 ManagerWithFind 类，ManagerWithFind 类继承自 Manager 类。Manager 对象的 get 方法调用了 HTTPClient 对象的 get 方法。HTTPClient 对象的 get 方法实现了发送 HTTP GET 请求的底层功能。

### 12.7.3 用户认证

Keystone 提供的几种认证形式如图 12.7 所示。

图 12.7　Keystone 提供的认证形式

关于用户认证，还需注意以下几点：

- admin_token 方式认证定义在 admin_token_auth 过滤器中。如果客户端要使用 admin_token 方式认证，只需要将 HTTP 头中的 X-AUTH-TOKEN 属性设置成 keystone.conf 配置文件中的 admin_token 属性。
- 用户名密码方式认证定义在 public_service 和 admin_service 应用程序中。发送用户名密码认证请求的 URL 为/token/{token_id}。当 Keystone 服务器接收到这条 URL 时，会调用 token_controller 的 authenticate 方法进行用户认证。
- 在 Keystone 的服务器和客户端都会缓存用户的 Token。客户端的 Token 是保存在 keyring 中的。而默认情况下，服务器的 Token 是保存在内存中的。
- Keystone 提供了两种 Token 格式——UUID 和 PKI。这两种 Token 格式的区别主要在于生成 Token ID 的算法不同。UUID 格式 Token 的 ID 是随机生成的，而 PKI 格式的 Token ID 是通过 openssl 对 Token 内容进行加密得到的。

### 12.7.4　访问 OpenStack 服务的流程

访问其他服务（如 Nova、Cinder）的流程大致如下：

（1）创建 Keystone Client 对象。通过 Keystone Client 对象向 Keystone 服务器发送认证请求，申请用户 Token。在用户 Token 中，可以提取 Token ID 和服务目录。

（2）创建需要访问的 OpenStack 组件的相应 Client 对象（例如，如果需要访问 Glance 服务，则创建 Glance Client 对象）。根据 Token 中的服务目录，设置 Client 对象的 endpoint 等信息。

（3）当 Client 对象向 OpenStack 服务发送 HTTP 请求时，OpenStack 服务会通过 auth_token 过滤器向 Keystone 服务器发送认证请求。如果认证成功，OpenStack 再调用相应的方法处理用户请求。

# 第 13 章　Swift 存储服务

第 4 章介绍了 OpenStack Swift 的安装，并简单介绍了如何利用 Swift 服务存储及下载文件。简单而言，Swift 主要完成以下任务：

- 数据存储的持久性、安全性及可靠性。
- 来自客户端的请求的处理。
- 存储系统的管理。

其中，数据的存储主要是用到了一致性哈希算法（Consistent Hashing Algorithm）。对客户端的请求，主要由 Swift Proxy 节点来处理[1]。存储系统的管理主要涉及了物理主机和存储介质的管理。

本章主要涉及的知识点有：

- 一致性哈希算法原理。
- Swift 存储系统中的一致性哈希算法。
- Ring 文件的实现原理。
- Builder 文件的实现原理。
- Swift 存储系统中的 Object 服务。
- Swift 存储系统中的 Replication 服务。
- Swift 存储系统中的 Updater 和 Auditor 服务。

## 13.1　Swift 框架概述

在第 4 章中介绍了 Swift 的框架和概念，这里进行简要的回顾与补充。Swift 存储系统在设计时，为了防止单节点失效影响整个系统的使用，每个节点的地位都是等价的。并不存在类似于 Hadoop 中 Master 节点、Slave 节点的划分。当某个节点失效之后，Swift 存储系统仍然能够继续工作。

可能会有疑问，Swift 存储系统中，不也是划分了 Proxy Node 和 Storage Node 么？为什么说 Swift 系统中的节点都是等价的，而 Hadoop 中的 HDFS 存储系统则不是？这是因为 Swift 存储系统中每个节点中都可以运行 Proxy 和存储服务。一种最简单的负载均衡策略就是每个节点都运行这两类服务，然后在整个系统前加一个 Load Balancer。如图 13.1 所示。

图 13.1 中，每个节点都运行着 Proxy 服务和存储服务。当某个节点宕机之后，其他的节点仍然能够正常运行，整个系统也能够正常运转，不会出现单点失效的情况。

Swift 存储系统也不仅仅只支持图 13.1 中所示的安装部署方式。在平常的部署中，也

---

[1] 在一个 Swift 存储系统中，可以搭建多个 Swift Proxy 节点，因此，可以很轻易地实现 High Availability。

经常将 Proxy 服务和存储服务这两者分别安装在不同的节点中。那么负载均衡策略如图 13.2 所示。

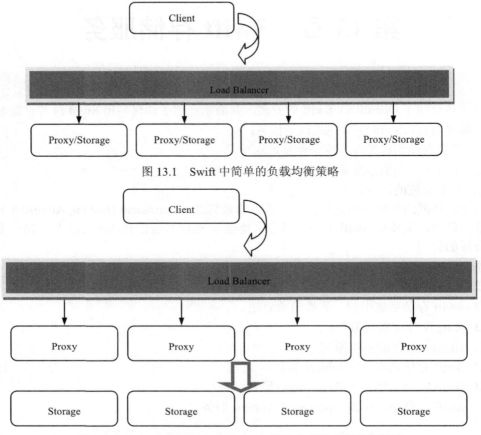

图 13.1　Swift 中简单的负载均衡策略

图 13.2　Proxy Node 与 Storage Node 拆分之后的负载均衡策略

Proxy 服务在 Swift 系统中，主要作用是客户端请求和数据包的转发。Storage 节点真正负责了数据的存储。

Swift 存储系统看起来是如此的灵活与稳定，那么问题是：
- ❑ Swift 存储系统是如何保证系统中的节点的等价性，不会出现单点失效呢？
- ❑ Swift 存储系统中的数据是如何存储的？
- ❑ Swift 存储系统是如何保证了数据的安全性、完整性和持久性？

在本章中，将会深入剖析 Swift 存储系统，阅读完本章之后，将可以回答以上这些问题。

## 13.2　问题描述

正如金庸先生《天龙八部》[1]一书，乔峰[2]将繁复的"降龙廿十八掌"去掉了冗余的十掌，更改为"降龙十八掌"。剩余的十八掌则是降龙掌法的关键与精要所在。若问 Swift

---

1　参照新版即修订之后的《天龙八部》。

2　亦名萧峰。

存储系统中的关键与精要位于何处？答案便是一致性哈希算法。可以毫不讳言地说，一致性哈希算法是 Swift 存储系统的命脉所在。因此，在开篇便讲一致性哈希算法。

云存储、分布式存储的江湖里面，流传着这样的传说：如果有 N 台相同配置的服务器，如何利用这 N 台服务器提供云存储服务？

这里所指的云存储服务，主要是指类似于当下各种网盘、云盘所提供的服务。它有以下特点：

- 读写、存取数据都是通过网络进行。
- 不支持实时读写、编辑功能。

简单一点，可以认为云存储只提供了上传与下载的功能[1]。

## 13.3 炮灰方法

应该明白，这种方法命令为"炮灰方法"，也就意味着并不可取。但是却是最直观而容易理解的方法，也容易发现这种方法存在的问题，从而引出最佳的方案。看遍金庸的武侠小说，任何武林大会，首先出场并且趾高气扬，必须成为炮灰，妥妥的！

炮灰方法如下：

存取数据时，按照顺序往 N 台服务器上存放。即当第 i 台存放满之后，将数据存放于第 i+1 台。

别的破绽先不考虑了，存数据的时候，应该没有什么问题。但是读取数据的时候呢？如何能够快速地读取呢？一种最简单的办法是建立一张表，将存储的数据的关键字与存放的服务器关联起来。读取数据时，查询此表即可。

优点：简单！存储数据的时候，几乎不怎么费事就完成了。

缺点：读取数据麻烦，需要查询一张表项，当存储的数据太多时，查询速度会非常慢。

## 13.4 快拳方法

炮灰方法的缺陷是明显的，存储速度极快，但是读取速度却非常慢。就好比每个人都学会了那套"与生俱来"的拳法，打人时却并没有什么效果。经过一番思索之后，炮灰方法的失败之处在于"出拳"太慢。

### 13.4.1 算法原理

仔细回想一下数据结构中查询速度最快的应该是哈希算法了。那么在存储、读取时都利用哈希算法，也就形成了"快拳方法"。

（1）计算存储对象的哈希值 hash(object)，并保存此哈希值。

---

[1] 云存储的功能也在不断扩展，也在朝着提供多种多样的存储服务发展，比如块存储、文件系统存储服务等等。

（2）利用生成的哈希值，对 N 取模：iter = hash(object) % N。

（3）将数据存放于第 iter 台服务器。

与"炮灰方法"相比，在存放数据时，就多了两个步骤：计算存储对象的哈希值、选择存放的服务器。读取数据时，只需要利用保存的哈希值，经过取模操作之后，可以得到相应的服务器，便可以直接提取数据了。

### 13.4.2 算法实现

"快拳方法"的精髓之处：哈希算法。无论是存储数还是读取数据，都会利用到哈希算法来进行加速。"快拳方法"在服务器端的实现[1]如下：

```
01  class Server(object):                           # 文件位于./quick_box/server.py
02      def __init__(self):
03          self._server_num = 5                    # 假设有 5 台服务器
04          for i in range(self._server_num):
05              dir_path = '/tmp/server%s' % I      # 以文件夹来模拟服务器
06              if not os.path.isdir(dir_path):     # 存放至相应的文件夹下
07                  os.mkdir('/tmp/server%s' % i)   # 创建文件夹
08
09      def _md5_hash(self, file_path):             # 对文件内容求哈希值
10          with open(file_path, 'rb') as f:        # 打开文件
11              md5obj = hashlib.md5()              # 生成 md5 哈希对象
12              md5obj.update(f.read())             # 对文件内容做 md5 哈希
13              md5_value = md5obj.digest()         # 将哈希结果用十六进制进行表示
14              hash_value = struct.unpack_from('>I', md5_value)[0]
15              return hash_value                   # 将十六进制的哈希结果转换为大整数
16
17      def _get_server(self, hash_value):          # 通过取模决定"服务器"的位置
18          return hash_value % self._server_num    # 返回文件夹的名字
19
20      def store(self, file_path):                                     # 存储来自于客户端的文件
21          if os.path.isfile(file_path):   # 查看文件是否存在，如果存在，则保存至
22              ith_server = self._get_server(self._md5_hash(file_path))
                                                                        # 相应"服务器"
23              os.popen('cp -rf %s /tmp/server%s' % (file_path, ith_server))
```

为了实现"快拳算法"，在简化与抽象的基础上，有了上述代码。在看代码时，设计的主要思路如下：

（1）利用文件夹替代服务器，将服务器进行抽象。

（2）将数据存储至服务器（相应的文件夹）时，数据的传输直接用 cp 命令完成。

（3）不考虑每个文件大小的差异，假设每个文件大小都相同[2]。

假定客户端与服务器端位于同一台主机，省去了网络通信的开发，使得"快拳算法"显得更加简洁。接下来，看一下客户端代码[3]：

---

1 实现时，重点考虑是如何存储的。已存储数据的读取的实现大同小异，可以参考后面 Swift 系统的剖析。代码细节可以参考：https://github.com/JiYou/openstack/tree/master/chap13/quick_box。

2 真实环境下的存储服务，只不过是将某些较大的文件拆分成 4MB 的文件块，存储时，只是单独地处理这些文件块。

3 详细代码参考：https://github.com/JiYou/openstack/blob/master/chap13/quick_box/upload.py。

```
01  _conn = None
02
03  def get_connection():
04      return server.Server()
05
06  def main():
07      usage = "usage: %prog file_path"              # 解析命令行参数
08      parser = OptionParser(usage)
09      (options, args) = parser.parse_args()
10      if len(args) != 1:
11          parser.error("Incorrect number of arguments!")
12      else:                                          # 生成文件的绝对路径
13          file_path = args[0]
14          if file_path[0] == '.' or '/' != file_path[0]:
15              now_path = os.getcwd()
16              abs_path = now_path + '/' + file_path
17          elif file_path[0] == '/':
18              abs_path = args[0]
19
20      _conn = get_connection()                       # 将此文件上传至"服务器"
21      _conn.store(abs_path)
22      print abs_path
23
24  if __name__ == '__main__':
25      main()
```

客户端代码比较简单，解析完参数之后，生成上传文件的绝对路径并上传至"服务器"。使用方式如下：

```
$ python upload.py __init__.py
/tmp/quick_box/__init__.py              # 上传成功之后，输出文件的绝对路径
```

文件成功上传之后，可以查看服务器的目录结构：

```
$ tree /tmp/
├── server0
├── server1
├── server2
│   └── __init__.py                     # 上传的文件被保存至 server2 目录下
├── server3
└── server4
```

## 13.4.3 算法分析

到此为止，一个简单的存储模型已经可以工作了。不过，毕竟只是存放了一个文件，如果存放多个文件会是什么样的结果呢？比如要将 nova 源码中的文件存放至这个简易的存储服务器：

```
$ cd /mnt/openstack/chap13/quick_box/
$ find /mnt/openstack/packages/source/nova/ -name "*.py" |\
      xargs -i python ./upload.py {}
```

> 注意：存放多个文件时，并没有考虑其整体性，认为这些源码文件之间是没有联系的。如果需要考虑整体性，应该是在打包之后再上传。

存放较多的文件之后，各"服务器"上的文件数目对比如图 13.3 所示。

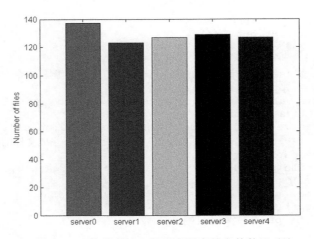

图 13.3 "快拳算法"各服务器存储文件数目对比

通过图 13.3，可以发现：在忽略每个文件大小差异的情况下，每台"服务器"的负载是几乎相同的。接下来需要学习一个查看负载均衡的指标 analysis.py：

```
01    def count_balance_rate(record):           # record 中记录了每个"服务器"存储文
                                                  件的数目
02        avg_cnt = sum(record) / len(record)   # 理论上负载均衡，在每个"服务器"
                                                  的平均数目
03        max_cnt = max(record)                 # 实际应用中，某个"服务器"上存储的最大数目
04        min_cnt = min(record)                 # 某个"服务器"上存储的最小数目
05
06        over = 100.0 * (max_cnt - avg_cnt) / avg_cnt    # 计算超出理论值的比率
07        under = 100.0 * (avg_cnt - min_cnt) / avg_cnt   # 计算低于理论值的比率
08
09        print 'max = %s, min = %s, avg = %.02f%%' % (max_cnt, min_cnt, avg_cnt)
10        print 'over = +%.f%%, under = -%0.2f%%' % (over, under)
11        return over, under
```

利用此函数，可以计算出超出/低于平均均衡值的比率，分布结果如表 13.1 所示。

表 13.1 "快拳算法"分析结果

| 名　　称 | 值 | 与理论值的比率 |
| --- | --- | --- |
| 数据项总数 | 643 | |
| 最多数据项 | 137 | +6.53% |
| 最少数据项 | 123 | –4.53% |
| 理论数据项 | 128.6 | 0% |

每台服务器上的比率结果如图 13.4 所示。

### 13.4.4 算法破绽

正如《笑傲江湖》中所说：任何招数都有破绽。那么"快拳算法"有没有什么破绽呢？

假设每台服务器能存储的文件数目[1]为 X。当 5 台服务器已经不能满足存储需求之后,添加第 6 台服务器时,会遇到什么样的情况呢?

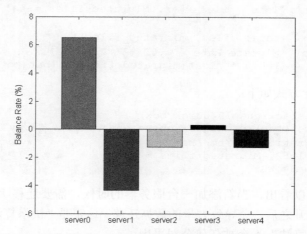

图 13.4 "快拳算法"各服务器存储文件数目与理论值的比率

介绍一个数据迁移量的概念。从直观的理解,数据迁移量可能是以下这种算法:

```
总的文件数目: X * 5 = 5X
添加服务器之后的服务器数目: 6
添加服务器且负载均衡之后,每台服务器存储文件数目: 5X/6
迁移到第 6 台服务器上的文件数目 = 迁移量 = 5X/6
```

实际上,这种计算方法对于"快拳算法"而言,是错误的[2]。原因在于:"服务器"数目发生了变化,"快拳算法"取模的底数发生了变化,对于同样的哈希值,取模的结果并不相同。因此,数据迁移量应该是指:

```
对于同样一组哈希值,当取模的底数发生变化后,取模结果不一致的数目
```

根据以上计算方法,可以写出计算迁移量的代码[3] migration.py:

```
01    with open(abs_path) as f:          # abs_path 表示文件的绝对路径
02        total_files = 0                # abs_path 文件中的每一行表示要存储
03        migrated_files = 0             # 的文件
04        line = f.readline().strip()
05        while line:
06            if os.path.isfile(line):   # 每读一行,判断此行是不是有效的文件
07                total_files = total_files + 1    # 累计总的有效文件的数目
08
09                hash_value = _conn._md5_hash(line)
10                old_server_iter = hash_value % server_num # 未添加节点时的
                                                              服务器
11                new_server_iter = hash_value % (server_num + 1)
                                                              #添加节点之后的服务器
12                if old_server_iter != new_server_iter:    # 如果两者不相同,
                                                              则迁移文件
```

---

[1] 认为所有的文件大小都是一样的,比如,都是 4MB。
[2] 对于别的存储算法而言,则不一定是错误的。
[3] https://github.com/JiYou/openstack/blob/master/chap13/quick_box/migration.py。

```
13                migrated_files = migrated_files + 1
14
15            line = f.readline().strip()
16    print 'Total files = %s, Migrated files = %s' %\   # 输出总的文件
                                                          数目，迁移数量
17          (total_files, migrated_files)
18    print 'Migrate Rate = %.02f%%' % \                  # 迁移文件所占的比重
19          (100.0 * float(migrated_files)/float(total_files))
```

migration.py 运行方式如下：

```
$ cd /mnt/openstack/chap13/quick_box/
$ find /mnt/openstack/packages/source/nova/ -name "*.py" > /tmp/ret
$ python ./migration.py /tmp/ret
Total files = 1552, Migrated files = 1313
Migrate Rate = 84.60%
```

从输出结果中可以看出，当新添加一台服务器的时候，需要迁移 84.6%的文件。当存储系统的存储容量上升之后，会导致大量的数据迁移。这正是"快拳算法"的缺点与硬伤，直接导致这种"快拳算法"不会被任何公司采用。

## 13.5 太 极 拳

"快拳算法"的失败之处在于：添加新的节点时，需要迁移大量的数据。那么有没有什么算法可以避免大规模的数据迁移呢？

### 13.5.1 算法原理

让人想起《倚天屠龙记》中张三丰独创的一门功夫，名为"太极拳"。与别的拳法相比，"太极拳"的意识是将人的双手构建到一个圆中去，甚至将自我、对手、天地都构建在一个圆中。那么，是否可以将存储所涉及到的一系列信息，构建到一个圆中呢？比如：将要存储的数据、存储数据的服务器都构建在同一个圆中。

这种奇妙的构想，在算法界有一个响当当的名字：一致性哈希算法（Consistent Hashing Algorithms）。这个算法由 Karger 等人在 1997 年在论文《Consistent Hashing and Random Trees: Distributed Caching Protocols for Relieving Hot Spots on the World Wide Web》中提出。

用"太极拳"来类比一致性哈希算法，形象又贴切。可是不禁要问："太极拳"算法的招数是怎么样的？

**1. 构建圆**

可以猜想，张三丰在创建"太极拳"的时候，考虑的是：要创建一个什么样的圆？张三丰创建圆的依据在于人体力学（武学上又叫内功）。而在计算机中实现时，就简单多了，只需要设定一个区间：比如 $0 \sim 2^{32}-1$[1]。形成结果如图 13.5。

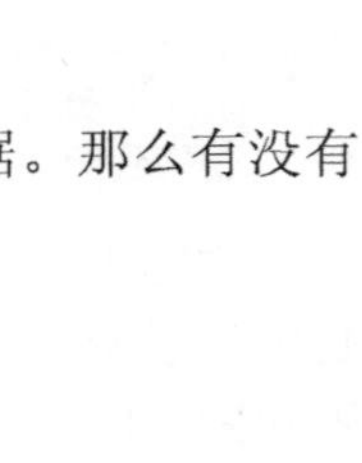

图 13.5 圆的构建

---

[1] 现在的服务器一般都是 64 位，采用 $0 \sim 2^{64}-1$ 范围来构建圆的空间更加常见了。

## 2. 映射哈希值

张三丰的"太极拳"理论是将自我、对手甚至天地自然都可以映射至圆中。而一致性哈希算法中，只需要计算存储数据、服务器的哈希值。然后对 $2^{32}$ 取模，结果就在 $0\sim 2^{32}-1$ 范围中[1]。

因此，将所有的数据（以 5 个数据样本为例）映射至圆中，如图 13.6 所示。

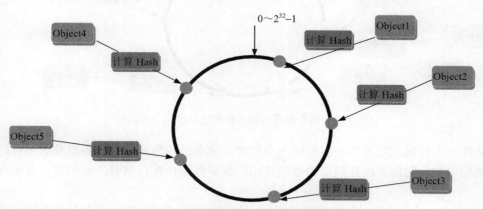

图 13.6　将数据计算哈希值，并且映射至圆中

紧接着，还需要将服务器的信息[2]（可以是主机名、IP 地址等等）经过哈希算法之后，映射至圆中，如图 13.7 所示。

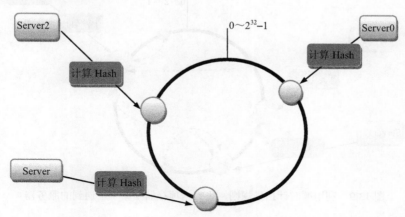

图 13.7　将服务器的 IP 值计算哈希值，并映射至圆中

映射完成之后，数据项与服务器都被映射至同一个圆中，如图 13.8 所示。

## 3. 存储数据

当映射完成之后，如何将数据项存储至服务器呢？存储规则：顺时针扫描，将数据项

---

[1] 取的圆的范围足够大，$0\sim 2^{32}-1$ 是 32 位系统能表示的最大的整数，所以取模之后出现相同值的情况不予考虑。

[2] Swift 系统中采用的是服务器的 IP 地址。

存储至第一个遇到的服务器。

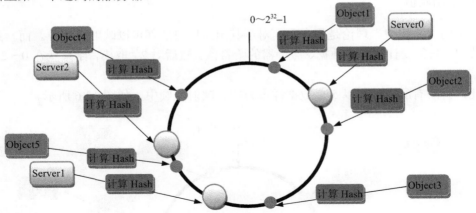

图 13.8  将数据项与服务器都映射至同一个圆中

从理论上分析，哈希值映射至同一个圆时，分布是均匀的；当服务器映射至圆时，也同样是均匀的。利用顺时针扫描的存储规则，保证数据项在存储时，能均匀分布至存储服务器。

图 13.9 中显示了顺时扫描的存储规则。从图中可以看出，3 台服务器所存储的数据项大致相同。

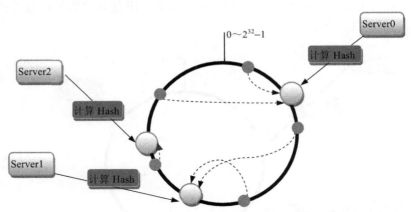

图 13.9  利用顺时针扫描规则，将数据项存储至第一个遇到的服务器

### 4．添加服务器

"快拳算法"的失败之处在于添加服务器会导致大规模的数据迁移。那么"太极拳"是如何添加服务器的呢？"太极拳"添加服务器非常简单，只需要计算服务器的哈希值，映射至圆中。

添加服务器，并且映射至圆中后，数据项的移动依据以下规则：以新加入的服务器为起点，逆时针出发，将遇到的数据项迁移至新加入的服务器，遇到一个服务器则停止，如图 13.10 所示。

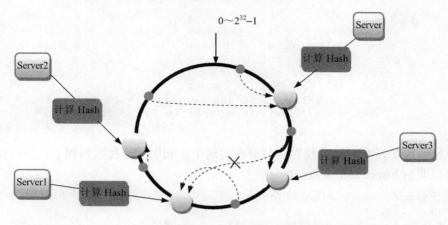

图 13.10　添加服务器（Server3）并且移动数据项

🔔注意：图 13.10 中，只有 3 点钟方向的数据项发生了移动。

## 13.5.2　算法实现

延续以往的设想：

（1）利用文件夹替代服务器。

（2）利用 cp 命令替代客户端与服务器端的数据传输。

（3）忽略文件大小带来的差异。

看一下服务器端初始化代码[1]：

```
01  class Server(object):
02      def __init__(self, server_num=5):
03          self._server_num = server_num           # 初始化服务器数目
04          self._server_in_ring = []                # 服务器哈希值列表
05          self._server_dict = {}                   # 哈希值映射至服务器"主机名"
06          for i in range(self._server_num):        # 针对每台"服务器"的操作
07              dir_path = '/tmp/server%s' % i       # 创建相应文件夹目录
08              if not os.path.isdir(dir_path):
09                  os.mkdir('/tmp/server%s' % i)
10                                                    # 为每个"服务器"生成哈希值
11              server_hash = self._md5_server('server%s' % i)
12              self._server_in_ring.append(server_hash)
13              self._server_dict[server_hash] = i
14  
15          self._server_in_ring.sort()              # 为了二分查找"服务器"，排序
```

当服务器端接收到文件之后，进行存储时的操作[2]：

```
01      def _get_server(self, file_path):
02          hash_value = self._hash_object(file_path)    # 数据的哈希值
03          iter = bisect_left(self._server_in_ring, hash_value) % server_
```

---

[1] https://github.com/JiYou/openstack/blob/master/chap13/taiji/server.py。

[2] 更多细节参考：https://github.com/JiYou/openstack/blob/master/chap13/taiji/server.py。

```
          num                                          # 二分查找
04        server_hash = self._server_in_ring[iter]     # 取得相应服务器
05        return self._server_dict[server_hash]        # 返回编号
06
07    def store(self, file_path):
08        if os.path.isfile(file_path):
09            ith_server = self.get_server(file_path)  # 取得"服务器"
10            os.popen('cp -rf %s /tmp/server%s' % (file_path, ith_server))
                                                       # 存储文件
```

在算法原理中，顺时针查找存储节点在实现中，利用二分搜索替代了。下面提供一个例子，可以明白 bisect_left 函数的用法：

```
from bisect import bisect_left
a = [1, 3, 5, 7, 9, 11]
print a[bisect_left(a, 2) % len(a)]       # 输出 3
print a[bisect_left(a, 12) % len(a)]      # 输出 1
```

当 list 已排好序之后，bisect_left 函数能够起到顺时针查找的功能。需要注意：查找完成之后，需要取模操作，将超出范围的数，指向 list 开头的元素。

客户端的实现[1]与"快拳算法"完全一样，并没有任何差异。可以用同样的命令将文件上传至"服务器"。

```
$ python upload.py __init__.py
/mnt/github/chap13/taiji/__init__.py
```

上传之后，"服务器"的目录结构如下：

```
$ tree /tmp/
├── server0
├── server1
│   └── __init__.py
├── server2
├── server3
└── server4
```

可以看出，__init__.py 文件被上传至 server1。

### 13.5.3　算法分析

到此为止，一个简单的"太极拳"一致性哈希算法已经初具规模。根据之前对算法进行分析的经验，如果存放多个文件会是什么样的结果呢？比如将 nova 源码中的文件存放至这个存储服务器中。

```
$ cd /mnt/openstack/chap13/taiji/
$ find /mnt/openstack/packages/source/nova/ -name "*.py" |\
    xargs -i python ./upload.py {}
```

存放较多的文件之后，各"服务器"上的文件数目对比如图 13.11 所示。

忽略文件大小差异的情况下，每台"服务器"的负载是怎么样的？通过运行 analysis.py 可以得到负载均衡参数：

---

[1] https://github.com/JiYou/openstack/blob/master/chap13/taiji/upload.py。

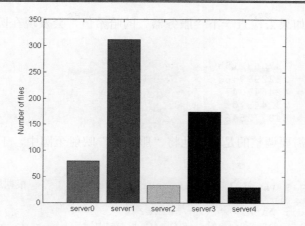

图 13.11 "太极拳"各"服务器"存储文件数目对比

```
$ python anlysis.py
max = 312.0, min = 29.0, avg = 125.60%
over = +148.41%, under = -76.91%
```

从输出结果,可以看出"太极拳"算法存在着极大的负载不均衡。详细参数对比参见表 13.2。

表 13.2 "太极拳"算法分析结果

| 名 称 | 值 | 与理论值的比率 |
|---|---|---|
| 数据项总数 | 628 | |
| 最多数据项 | 312 | +148.41% |
| 最少数据项 | 29 | −76.91% |
| 理论数据项 | 125.6 | 0% |

每台服务器上的比率结果如图 13.12 所示。

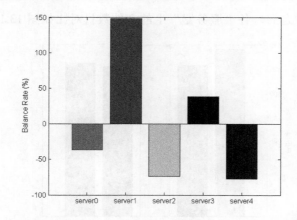

图 13.12 "太极拳"各"服务器"存储文件数目与理论值的比率

## 13.5.4 算法升级

"太极拳"经过分析,会发现各"服务器"存储的文件数目差异非常大,负载极不均衡。原因在哪里呢？如果去检查一下"服务器"的哈希值，会发现在圆（0～$2^{32}$–1）上分布极不均匀：

```
hash(server0) = 3370682195
hash(server1) = 2822999463
hash(server2) = 424647047
hash(server3) = 232443701
hash(server4) = 648772546
```

在这种情况下，需要调整的是均匀地将"服务器"映射至圆中，于是改写"服务器"映射算法[1]：

```
01        step = (1<<32) / self._server_num         # 根据服务器数目，将圆等分
02        for i in range(self._server_num):
03            dir_path = '/tmp/server%s' % i
04            if not os.path.isdir(dir_path):
05                os.mkdir('/tmp/server%s' % i)
06
07            self._server_in_ring.append(step * (i+1))   # 每个服务器分配
                                                          # 到圆上等长的一段
08            self._server_dict[step*(i+1)] = i
```

经过改写的映射算法，思路很简单：
- 不再计算"服务器"的哈希值。
- 直接将圆按服务器等分，每个"服务器"分到等长的一段。

例如，假设圆的范围为0～10，有5台服务器，那么这几台服务器映射到圆中之后处于[2, 4, 6, 8, 10]这5个等分点位置。

如果存放多个文件，会是什么样的情况呢？同样地，将nova源码中的文件存放至这个简易的存储服务器：

```
$ cd /mnt/openstack/chap13/taiji2/
$ find /mnt/openstack/packages/source/nova/ -name "*.py" |\
      xargs -i python ./upload.py {}
```

存放了较多的文件之后，各"服务器"上的文件数目对比如图13.13所示。

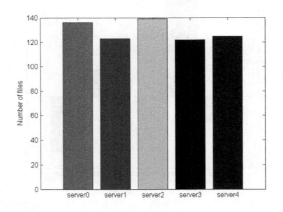

图13.13 升级版"太极拳"算法各"服务器"文件数目对比

图13.13与图13.11相比，平衡性已经有了很大的提升，那么负载均衡的情况又是如

---

1 https://github.com/JiYou/openstack/blob/master/chap13/taiji2/server.py。

何的呢？通过 analysis.py[1] 分析可以得到：

```
$ python anlysis.py
max = 139.0, min = 122.0, avg = 129.00%
over = +7.75%, under = -5.43%
```

更加详细的信息可以参见表 13.3。

表 13.3  升级版"太极拳"算法分析结果

| 名称 | 值 | 与理论值的比率 |
|---|---|---|
| 数据项总数 | 645 | |
| 最多数据项 | 137 | +7.75% |
| 最少数据项 | 122 | -5.43% |
| 理论数据项 | 129 | 0% |

各"服务器"与理论值的对比情况如图 13.14 所示。对比图 13.14 和图 13.12，可以发现：当服务器映射至圆中，分布不均匀时，也会影响负载均衡。因此，在将服务器映射至圆中时，应该考虑将服务器均匀地分散至圆环中。

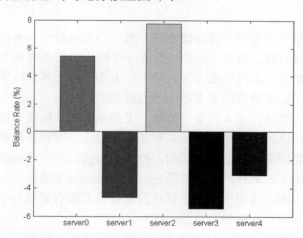

图 13.14  升级版"太极拳"各"服务器"存储文件数目与理论值的比率

### 13.5.5  算法破绽

初始版本的"太极拳"算法缺点是非常明显的：负载不均匀。"太极拳"算法的升级版很好地克服了这个问题，那么升级版的"太极拳"算法有没有什么破绽呢？

根据之前介绍的迁移量的计算规则，对于升级版"太极拳"算法，同样可以计算出迁移量：

```
$ cd /mnt/openstack/chap13/taiji2/
$ find /mnt/openstack/packages/source/nova/ -name "*.py" > /tmp/ret
                                                    # 生成文件列表
$ python ./migration.py /tmp/ret                    # 计算迁移量
Total files = 1552, Migrated files = 745
Migrate Rate = 48.00%
```

---

[1] https://github.com/JiYou/openstack/blob/master/chap13/taiji2/anlysis.py。

在 migration.py 文件中，只添加了一台服务器，需要迁移的文件数目占了 48%。虽然相比"快拳算法"已经有了很大的提升，不过这种方法仍然是不可取的。大规模的数据迁移仍然无法忍受，升级版"太极拳"算法亦不会被采用。

## 13.6 虚实相生

经过了几个算法的设计与分析，会发现一个存储系统需要具备两种特性：
☐ 存储系统能达到负载均衡。
☐ 添加服务器（扩展容量）时，不会发生大规模的数据迁移。

无论是"快拳"、"太极拳"还是升级版的"太极拳"算法，都不能同时满足这两个条件。那么究竟怎么设计一个算法，可以同时满足这两个条件呢？

### 13.6.1 算法原理

回想一下"太极拳"的思想：将存储数据、服务器都映射至一个圆中。现实生活中的太极拳也是强调圆：将自我、对手、天地融合在一个圆中。可是现实生活中的太极拳远远不止"圆"这么一个概念。太极拳还包含着阴阳、虚实、有无等等中国朴素的哲学概念。那么，在设计算法时，如何参照现实生活中的太极拳呢？

回顾一下"快拳"算法、"太极拳"算法：无论是存储数据还是服务器，这些都是客观存在的，称之为实。这两种实物之间的关联是通过哈希、圆紧密地接合在了一起。如果按照武术中虚实相生的理论：招招都是实招，打起来厉害，却缺少灵活与变通。"快拳"算法、"太极拳"算法不正是在扩展服务器时，缺少灵活与变通么？

因此，武术理论中的虚实相生，对于算法的设计也非常有借鉴与参考意义。那么，如何将"虚"的概念加入到"太极拳"算法中呢？

介绍计算机或者程序设计时，实和虚分别指的是什么？一般而言，实是指实物，或者直接反映实物的表示。实物比如存储的数据、服务器。直接反映实物的表示如服务器的 IP、主机名和 MAC 地址。这些都是真实客观存在，只是在程序中用变量进行了直观的表示和描述。与实相对，虚则指的是实物的抽象，或者再抽象。比如，云计算主要分为 3 个部分：IaaS、PaaS 和 SaaS。其中 SaaS 则是虚的，能够有灵活多变的应用呈现给客户或者用户。而 IaaS 是更加贴近实，因为它是具体实物的简单抽象。

任何一个程序员，在写好一个程序、算法和系统时，都需要明白虚实相生的概念。程序员的工作主要就是化实为虚，将无趣的 CPU、内存、硬盘等实物，利用程序进行转化，转化为虚拟的游戏、应用、网页等等。

对于设计一个存储系统而言，需要在"太极拳"算法的基础上揉合进"虚实相生"的概念。考虑到节点较少的情况下，改变节点数目会导致大量的数据迁移。这时，引入虚拟节点的概念。那么，具体又是如何操作的呢？

（1）构建圆

现阶段的算法，是在"太极拳"的算法基础上加入虚实相生的概念。因此，圆的构建仍然是相同的（参考图 13.5）。

（2）映射虚拟节点

设定虚拟节点的数目（比如 8 个），将圆等分之后，顺次放入虚拟节点，如图 13.15 所示。

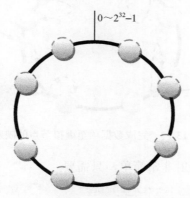

图 13.15　将虚拟节点映射至等分圆中

（3）映射数据

计算数据的哈希值，然后根据圆的范围（如 $0\sim2^{32}-1$）进行取模（如 $2^{32}$），映射至圆中（参考图 13.6）。当映射完成之后，存储数据及虚拟节点都在同一个圆中。如图 13.16 所示。

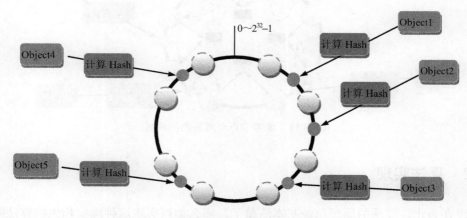

图 13.16　将数据项与虚拟节点映射至同一个圆中

（4）存储数据

当映射完成之后，如何存储数据呢？存储规则是：顺时针扫描，将数据项存储至第一个遇到的虚拟节点，如图 13.17 所示。

虽然完成了数据项至虚拟节点的映射，但是虚拟节点不能存储任何数据。这时，需要完成虚拟节点至服务器的映射。以前的存储方式是：

存储数据→服务器

加入虚拟节点之后，这种存储方式变成了：

存储数据→虚拟节点→服务器

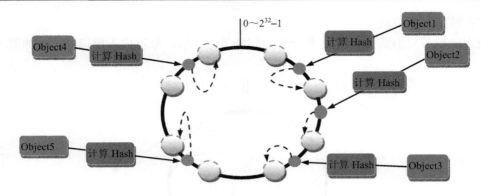

图 13.17　完成数据项至虚拟节点的映射

而虚拟节点至服务器的映射非常简单，只需要：

```
server_id = vnode_id % server_number
```

假设只有 4 台服务器，那么虚拟节点至服务器的映射如图 13.18 所示。当完成虚拟节点至服务器的映射之后，数据就可以存储至服务器了。

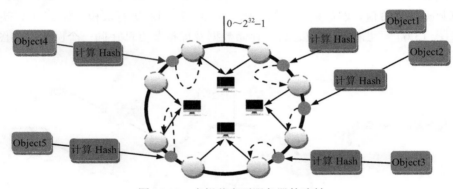

图 13.18　虚拟节点至服务器的映射

## 13.6.2　算法实现

至现在为止，算法的原理已经基本清楚了。那么如何实现这种虚实相生的算法呢？算法的实现，仍然需要基于 3 个抽象：

（1）文件夹替代服务器。
（2）客户端与服务器端的数据传输用 cp 命令完成。
（3）不考虑文件之间大小的差异。

"服务端" server.py[1] 的初始化：

```
01    class Server(object):
02        def __init__(self, server_num=5, vnode_num=100):    # 默认 5 个节点，
                                                                100 个 vnode
03            self._server_num = server_num
04            self._vnode_in_ring = []                        # 记录 vnode 在 ring 中的位置
```

---

[1] https://github.com/JiYou/openstack/blob/master/chap13/emfull/server.py。

```
05          self._vnode_2_server = []                      # 记录 vnode 至 node 的映射
06          self._vnode_num = vnode_num
07
08          for i in range(self._server_num):              # 创建"服务器"即文件夹
09              dir_path = '/tmp/server%s' % i
10              if not os.path.isdir(dir_path):
11                  os.mkdir('/tmp/server%s' % i)
12
13          vstep = (1<<32) / self._vnode_num
14          step = self._vnode_num / self._server_num
15          for i in range(self._vnode_num):               # 将 vnode 映射至 ring 中
16              self._vnode_in_ring.append(vstep*(i+1))    # 记录 vnode 的位置
17              self._vnode_2_server.append(i%self._server_num)# 记录 vnode
                                                                 至 node 的映射
```

初始化函数主要完成了 3 件事：
（1）初始化服务器，即创建文件夹。
（2）将 vnode 映射至 ring 中，并记录其位置。
（3）初始化 vnode 至 node 的映射。

经过初始化之后，服务器便可以存储文件了：

```
1    def _get_server(self, file_path):
2        hash_value = self._hash_object(file_path)         # 计算 object 的哈希值
3        viter = bisect_left(self._vnode_in_ring, hash_value) % \
                                                           # 查到 vnode 的索引值
4                len(self._vnode_in_ring)
5        server_id = self._vnode_2_server[viter]           # 根据索引值，查到服务器
6        return server_id
```

利用客户端程序，可以将文件上传至服务器：

```
$ cd /mnt/openstack/chap13/emfull/
$ python upload.py __init__.py                  # 上传 __init__.py
/mnt/openstack/chap13/emfull/__init__.py        # 输出 __init__.py 文件的绝对路径
```

上传之后，"服务器"的目录结构如下：

```
$ tree /tmp/
├── server0
│   └── __init__.py
├── server1
├── server2
├── server3
└── server4
```

可以看出，__init__.py 文件被上传至 server0。

## 13.6.3 算法分析

一个"虚实相生"的存储系统已经可以工作了，接下来需要测试负载均衡情况。比如将 nova 源码中的文件存放至这个简易的"虚实相生"的存储服务器。

```
$ cd /mnt/openstack/chap13/emfull/
$ find /mnt/openstack/packages/source/nova/ -name "*.py" |\
    xargs -i python ./upload.py {}
```

存放较多的文件之后，各"服务器"上的文件数目对比如图 13.19 所示。

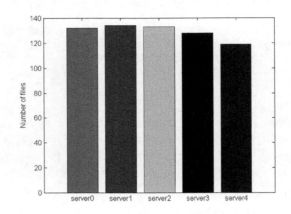

图 13.19 "虚实相生"的各"服务器"存储文件数目对比

通过图 13.19 可以发现各"服务器"存储的文件数目基本持平，利用 analysis.py[1] 亦可以查看负载均衡的指标：

```
$ cd /mnt/openstack/chap13/emfull/
$ python anlysis.py
max = 134.0, min = 119.0, avg = 129.20%
over = +3.72%, under = -7.89%
```

利用 analysis.py 可以计算出均衡值的比率，分布结果见表 13.4。

表 13.4 "虚实相生"算法分析结果

| 名 称 | 值 | 与理论值的比率 |
| --- | --- | --- |
| 数据项总数 | 646 | |
| 最多数据项 | 134 | +3.72% |
| 最少数据项 | 119 | -7.89% |
| 理论数据项 | 129.2 | 0% |

每台服务器上的比率结果如图 13.20 所示。

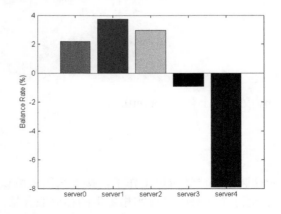

图 13.20 "虚实相生"的各"服务器"存储文件数目与理论值的比率

---

1 https://github.com/JiYou/openstack/blob/master/chap13/emfull/anlysis.py。

### 13.6.4 算法升级

那么"虚实相生"的太极拳算法有没有什么破绽呢？还是回到以前所考虑的两个点：负载均衡；数据迁移。在算法分析中，得到的结果表明了负载均衡是可以接受的。那么，数据迁移的情况又是如何的呢？

在计算数据迁移量之前，需要考虑应该怎样进行迁移。根据算法原理，数据至服务器的映射关系是：

存储数据➔虚拟节点➔服务器

那么，当虚拟节点未发生变化的时候，只是添加了服务器，只需要将虚拟节点重新分配一下即可。因此，可以计算如下：

```
虚拟节点数目 = X
已有服务器数目 = m
每个服务器上的虚拟节点数目 = X / m
添加 1 个服务器之后，每个服务器上的虚拟节点数目 = X / (m + 1)
需要迁移的虚拟节点数目=X / (m + 1)
需要迁移的数据比例 = 1 / (m + 1)
```

那么实际存储时，"虚实相生"算法能够与理论值匹配么？为了支持添加"服务器"的操作，需要让服务端程序与客户端程序分离，并且让服务端程序一直运行。服务端和客户端程序需要分为两部分：

- 通信部分[1]。
- 文件存储部分。

#### 1. 通信部分

客户端程序 upload.py[2]，发送消息给服务器端：

```
01  def _send_msg(message):
02      conn = amqp.Connection(host="localhost:5672",     # 利用python-
                                                            amqplib 包建立链接
03                             userid="guest",
04                             assword="guest",
05                             virtual_host="/",
06                             insist=False)
07      chan = conn.channel()                             # 创建消息通道
08      msg = amqp.Message(message)                       # 创建消息，打包发送内容
09      msg.properties["delivery_mode"] = 2               # 设置消息传输方式
10      chan.basic_publish(msg,exchange="cloud_storage",routing_key=
                            "router_key")
11
12      chan.close()                                      # 发送完毕之后，关闭消息通道
13      conn.close()                                      # 关闭与服务器的链接
```

---

1 需要安装 rabbitmq 和 python-amqplib。尽管采用了通信模块，服务端程序与客户端程序在传输存储数据时，依然简单地采用了 cp 命令。因此，需要服务端程序与客户端程序位于同一台主机。

2 https://github.com/JiYou/openstack/blob/master/chap13/emfull2/upload.py

服务器端接收消息的程序:

```
01  def main():
02      conn = amqp.Connection(host="localhost:5672",      # 创建到 rabbitmq 服
                                                              务器的链接
03                             userid="guest",
04                             password="guest",
05                             virtual_host="/",
06                             insist=False)
07      chan = conn.channel()                              # 创建消息通道
08
09      chan.queue_declare(queue="file_storage",           # 设置消息队列
10                         durable=True,
11                         exclusive=False,
12                         auto_delete=False)
13      chan.exchange_declare(exchange="cloud_storage",    # 设置消息交换信息
14                            type="direct",
15                            durable=True,
16                            auto_delete=False,)
17
18      chan.queue_bind(queue="file_storage",              # 绑定消息队列
19                      exchange="cloud_storage",
20                      routing_key="router_key")
21
22      chan.basic_consume(queue='file_storage',           # 设置消息处理函数
23                         no_ack=True,
24                         callback=recv_callback)         # recv_callback 为消息处
                                                              理函数
25      while True:                                        # 等待客户端消息到来
26          chan.wait()
27
28      chan.close()                                       # 关闭消息通道
29      conn.close()                                       # 关闭到服务器的链接
```

## 2. 文件存储

除了消息通信之外,最重要的就是文件存储部分了。文件存储服务端程序位于 server.py[1]。此程序仅供实验使用,并不能保证效率上的提升。服务端程序初始化部分:

```
01  class FileServer(object):
02      def __init__(self, server_num=5, vnode_num=100):
03          self._server_num = server_num              # 真实服务器的数目
04          self._vnode_in_ring = []                   # 记录 vnode 在圆中的位置
05          self._vnode_2_server = []                  # 记录 vnode 至 node 的映射
06          self._vnode_num = vnode_num                # 记录 vnode 的数目
07          self._file_record = {}                     # 记录每个 vnode 下的文件
08
09          self._create_dir()
10
11          vstep = (1<<32) / self._vnode_num          # 按间隔将 vnode 分布至圆上
12          for i in range(self._vnode_num):
13              self._vnode_in_ring.append(vstep*(i+1))    # 记录 vnode 的位置
14              self._vnode_2_server.append(i%self._server_num)
                                                         # 将 vnode 映射至 node
```

---

[1] https://github.com/JiYou/openstack/blob/master/chap13/emfull2/server.py。

## 第 13 章 Swift 存储服务

```
15          self._file_record[i] = []          # 此时第 i 个 vnode 上还没有存储文件
```

服务器端存储文件流程：

```
01   def _get_server(self, file_path):          # 取得真实的"服务器"的编号
02       hash_value = self._hash_object(file_path)   # 计算存储数据的哈希值
03       viter = bisect_left(self._vnode_in_ring, hash_value) % \
                                                 # 在圆中查找 vnode 的位置
04              len(self._vnode_in_ring)
05       self._file_record[viter].append(file_path)
                                                 # 相应的 vnode 记录此文件
06       server_id = self._vnode_2_server[viter]
                                                 # vnode 相对的真实服务器
07       return server_id, hash_value            # 返回服务器编号及哈希值
08
09   def store(self, file_path):                 # 存储文件接口
10       if os.path.isfile(file_path):           # 判定此文件是否存在
11           ith_server, hash_value = self._get_server(file_path)
                                                 # 取得服务器编号及哈希值
12           os.popen('cp -rf %s /tmp/server%s/%s' % \
                                                 # 存储文件至相应服务器
13                   (file_path, ith_server, hash_value))
```

接下来，服务器端程序则主要处理添加服务器及移动文件至新服务器。添加服务器之后，计算出需要移动的 vnode 列表：

```
01   def add_server(self, add_server_num=1):
02       # 记录每台服务器上的 vnode
03       dc = self._node_dict()
04       # 计算需要移动的 vnode 数目
05       moved_vnode_num = self._vnode_num / (self._server_num +
             add_server_num)
06       # 每个真实服务器需要移动的 vnode 数目
07       moved_vnode_from_server = moved_vnode_num / self._server_num
08
09       # 生成新服务器列表
10       new_server_list = [self._server_num + i for i in
             range(add_server_num)]
11       # 更新服务器并创建相应文件夹
12       self._server_num = self._server_num + add_server_num
13       self._create_dir()
14
15       # 需要迁移的 vnode 的列表
16       vnode_moved_list = []
17       # 如果每台真实服务器上需要迁移的 vnode 数目大于 1
18       if moved_vnode_from_server > 1:
19           # 从旧的服务器列表中选择 vnode
20           for i in range(self._server_num - add_server_num):
21               # 随机从每个服务器中选择 moved_vnode_from_server 个 vnode
22               choosed_list = random.sample(dc[i], moved_vnode_
                     from_server)
23               # 将这些 vnode 记录到需迁移的列表中
24               for x in choosed_list:
25                   vnode_moved_list.append(x)
```

上面所示的代码，计算需要移动的 vnode 方法如下：

（1）计算需要迁移的 vnode 的总数。

（2）计算每台真实服务器需要迁移的数目。

（3）从每台服务器中随机抽样迁移的 vnode，并加入到迁移列表中。

但是，还需要考虑到这样一种情况，比如需要迁移的 vnode 的总数为 3，真实服务器总数为 6，那么平均需要迁移的 vnode 数目小于 1。这时候的处理方法如下：

```
01  # 记录每台真实服务上的 vnode 的数目
02  _re = [len(dc[i]) for i in range(self._server_num - add_server_num)]
03
04  while moved_vnode_num > 0:
05      # 找出拥有最多 vnode 数目的服务器
06      mv = max(_re)
07      pos = [i for i in range(len(_re)) if _re[i]==mv][0]
08      # 如果最多 vnode 数目为 0，则退出循环
09      if 0 == mv:
10          break
11      # 从拥有最多 vnode 数目的服务器中选择一个 vnode
12      choosed_vnode = random.sample(dc[pos], 1)[0]
13      dc[pos].remove(chooosed_vnode)
14      _re[pos] = _re[pos] - 1
15      vnode_moved_list.append(choosed_vnode)
16      moved_vnode_num = moved_vnode_num - 1
```

主要思路：由于不需要从每台真实的服务器中抽取 1 个 vnode 进行迁移，那么每个 vnode 的选择都是从拥有最多 vnode 的真实服务器中随机抽样 1 个 vnode，直到取够足够的 vnode。

当确定了需要迁移的 vnode 的列表之后，则是迁移这些 vnode 至真实服务器，并且将相应的文件也迁移至目标服务器。迁移时操作如下：

```
01  # 将需要迁移的 vnode 列表中的文件，迁移至新添加的服务器中
02  def _move_files(self, vnode_moved_list, new_server_list):
03      # 统计迁移的文件数目
04      moved_files_cnt = 0
05      # vnode 迁移之后，vnode 与真实服务器之间的映射关系
06      new_vnode_2_server = self._vnode_2_server
07      # 将在迁移列表中的每个 vnode 迁移
08      for i in range(len(vnode_moved_list)):
09          # 从新服务器列表中，随机选择一个作为目的地
10          server_id = random.sample(new_server_list, 1)[0]
11          # 获得需要迁移的 vnode 的 ID
12          vnode_id = vnode_moved_list[i]
13          # 取得源服务器
14          old_server_id = self._vnode_2_server[vnode_id]
15          # 如果源服务器与目的地不同，则迁移
16          if old_server_id != server_id:
17              # 迁移在 vnode 中的每个文件
18              for f in self._file_record[vnode_id]:
19                  # 通过计算文件的哈希值，找到存储在服务端的文件
20                  hash_value = self._hash_object(f)
21                  f_path = '/tmp/server%s/%s' % (old_server_id, hash_value)
22                  if os.path.isfile(f_path):
23                      # 迁移文件
24                      os.popen('mv %s /tmp/server%s/' % \
25                          (f_path, server_id))
26                      moved_files_cnt = moved_files_cnt + 1
27                      print "Move %s to /tmp/server%s/" % \
```

```
28                             (f_path, server_id)
29         # 更新 vnode 与服务器的映射
30         new_vnode_2_server[vnode_id] = server_id
31     self._vnode_2_server = new_vnode_2_server
32     # 返回迁移文件的总数
33     return moved_files_cnt
```

迁移的思路非常简单：
（1）找到需要迁移的 vnode。
（2）确定目标服务器。
（3）迁移 vnode 上的文件至目标服务器。
（4）更新 vnode 与服务器之间的映射关系。

由于服务端程序、客户端程序进行了分离，并且各自需要独立运行。因此，在执行时，需要两个终端：一个执行服务端程序；一个执行客户端程序。

服务端程序运行方式如下：

```
$ cd /mnt/openstack/chap13/emfull2
$ python server.py
```

客户端程序运行方式如下：

```
$ cd /mnt/openstack/chap13/emfull2
$ python upload.py ./__init__.py      # 客户端上传文件
$ python upload.py add_server         # 客户端通知服务端添加服务器
```

### 13.6.5 算法分析

通过示例，"虚实相生"的太极拳算法已经可以存储文件了。那么当存储较多文件之后，添加服务器会是什么样的情况呢？

#### 1．存储文件

将较多的文件放置于/tmp/files 目录下（放置于同一目录，是为了去除掉源码中同名的文件）。

```
$ mkdir -p /tmp/files
$ find /mnt/openstack -name "*.py" | xargs -i cp -rf {} /tmp/files
```

启动服务端程序：

```
$ cd /mnt/openstack/chap13/emfull2
$ python server.py
```

每次 server.py 程序的关闭/启动，都不会保存状态。这会导致每次运行都需要进行两个操作：
❏ 清空"服务器"即文件夹中的文件。
❏ 如果需要连续测试，那么服务器端程序不能关闭。

新开终端，利用客户端程序将大量的源码文件上传至服务器中：

```
$ cd /mnt/openstack/chap13/emfull2
$ find /tmp/files/ -name "*.py" | xargs -i python upload.py {}
```

## 2. 负载均衡

客户端程序将大量文件上传完毕之后，可以统计各服务器的负载均衡情况，如图 13.21 所示。

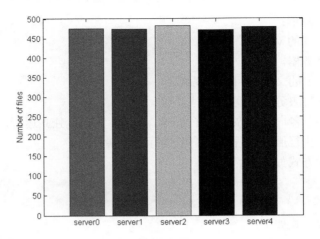

图 13.21　"虚实相生"算法中各服务器存储文件数量对比

通过 analysis.py[1]，可以计算超出/低于平均均衡值的比率，结果见表 13.5。

表 13.5　算法分析结果

| 名　　称 | 值 | 与理论值的比率 |
| --- | --- | --- |
| 数据项总数 | 2381 |  |
| 最多数据项 | 482 | +1.22% |
| 最少数据项 | 471 | −1.09% |
| 理论数据项 | 476.2 | 0% |

每台服务器上的比率结果如图 13.22 所示。

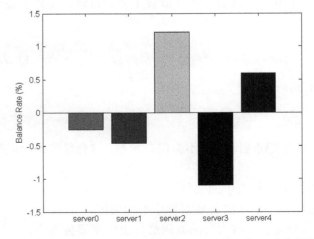

图 13.22　"虚实相生"各服务器存储文件数目与理论值的比率

---

1 https://github.com/JiYou/openstack/blob/master/chap13/emfull2/anlysis.py。

### 3．添加服务器

至此，升级之后的"虚实相生"算法已经能够胜任负载均衡了。按照之前算法设计的经验，大部分算法失败的原因是：添加服务器会导致迁移大量的数据。那么，升级之后的"虚实相生"算法，添加服务器之后的情况又是如何呢？

当存储大量文件之后，按如下方式添加服务器：

```
$ python upload.py add_server
```

服务器端有如下输出：

```
Move /tmp/server4/1285690739 to /tmp/server5/
Server 4 has 17 novdes
Server 5 has 15 novdes
Moved files = 361
```

那么，再查看一下各"服务器"的文件数目，参见表 13.6。

表 13.6　添加服务器之后，各服务器文件数目对比

| 服务器名称 | 文 件 数 目 | 拥有的 vnode 数目 |
|---|---|---|
| Server0 | 405 | 17 |
| Server1 | 396 | 17 |
| Server2 | 409 | 17 |
| Server3 | 399 | 17 |
| Server4 | 411 | 17 |
| Server5 | 361 | 15 |

那么，表 13.6 和理论上的差异又是如何的呢？理论值见表 13.7。

表 13.7　各服务器文件数目对比

| 名　　称 | 值 |
|---|---|
| 文件总数 | 2381 |
| vnode 总数 | 100 |
| 每个 vnode 文件数 | 23.81 |
| 每台服务器 vnode 数目 | 16.67 |
| 每台服务器文件数目 | 396.83 |

与理论值相比，可以看出 Server5 服务器与理论值存在一些偏差，造成这种偏差的主要原因有 3 个：

❏ 实际应用时，不可能完全平均地将文件均分至每个 vnode。因此，每个 vnode 实际拥有的文件数目会存在差异，只是会尽量接近理论平均值。
❏ 每台服务器拥有的 vnode 数目，亦会在理论平均值左右浮动。
❏ 整数运算的影响：由于整数运算的取舍，会导致某些服务器上多一些文件，某些服务器上少一些文件。

通过分析可以看出，"虚实相生"算法可以在添加服务器的情况下保证负载均衡。实际移动的数据量为 15.16%。理论上，达到负载均衡需要移动的数据量为 1/6 = 16.67%。因此，从理论上计算，当添加第 N 台服务器时，需要移动的数据量为 1/N。

为了验证升级之后的"虚实相生"算法是否符合理论值，可以不断地添加服务器进行测试。客户端执行如下命令，结果见表 13.8。

```
$ python upload.py add_server
```

> 注意:为了让程序显得简洁,没有做过多的通信处理。在客户端执行完毕之后,移动的文件数目、每台"服务器"上的 vnode 数目等信息亦在服务端输出。

表 13.8 连续添加服务器时,移动文件及所占比率

| 添加的服务器 | 移动文件数目及比率 | 理论移动比率 |
| --- | --- | --- |
| 第 7 台 | 277 (11.63%) | 1/7 = 14.29% |
| 第 8 台 | 259 (10.88%) | 1/8 = 12.50% |
| 第 9 台 | 272 (11.42%) | 1/9 = 11.11% |
| 第 10 台 | 262 (11.00%) | 1/10 = 10.00% |
| 第 11 台 | 223 (9.37%) | 1/11 = 9.09% |
| 第 12 台 | 209 (8.78%) | 1/12 = 8.33% |

由表 13.8,通过比较可以发现,实际移动的文件数目与理论值非常吻合。在文件数目并未发生变动的情况下,连续不断地添加服务与理论值的关系,可用图 13.23 表示。

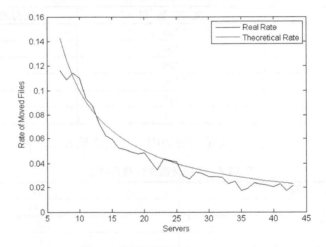

图 13.23 添加服务器时移动文件比率与理论比率对比图

图 13.23 展示了连续添加服务器时,实际比率与理论比率的对比,可以看出,实际移动的文件数目与理论比率相一致。需要注意的是,理论计算值与实际计算值,出现偏差还有一个重要的原因:移动方式不同。理论上移动数据时,是以单个文件为单位[1];实际移动时,是以虚节点为单位。因此,每次移动的数值与理论值会有偏差,但是会接近理论值。

至此,已经找到了初具可用性的"虚实相生"算法。实际上,一致性哈希算法也正是采用了"虚实相生"的这种策略。

## 13.7 扩 展

为了实现一个具备实用性的存储系统,由最简单的算法入手,引出了具备"虚实相生"

---

[1] Swift 存储系统中,存储数据会被分割为 4MB 大小的文件块。

概念的"太极拳"算法即一致性哈希算法。但是需要注意的是,"虚实相生"的"太极拳"算法依然是存在很多问题值得讨论与扩展。理解这些问题产生的原因和处理方法,对理解 Swift 的设计可以起到事半功倍的效果。

## 13.7.1 映射中的动与不动

如果查看"虚实相生"算法的服务端代码[1],会发现一个有趣的现象:
- 虚节点至真实服务器的映射在不断发生变化。
- 数据至虚节点的映射并未发生变化。

图 13.24、图 13.25 演示了这两个规律。那么在现实生活中,有没有类似的处理办法呢?答案就是集装箱。如果把货物比作需要存储的数据,集装箱比作虚节点,运输工具比作服务器,就比较容易理解了。如果需要查询一个货物的位置及状态,首先查询所在的集装箱,接着再查询集装箱所在的运输工具即可。运输工具的增减、变化都不会影响集装箱内的货物。

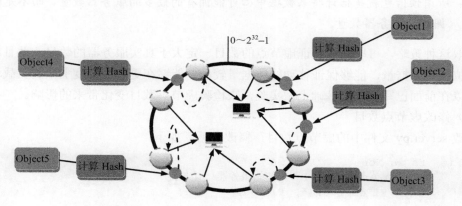

图 13.24 两台服务器时,虚节点与数据、服务器的映射关系

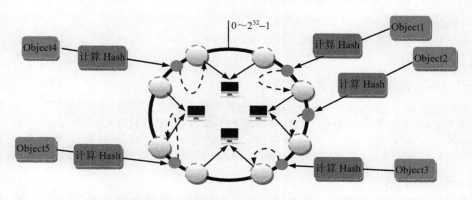

图 13.25 添加两台服务器时,虚节点与数据、服务器的映射关系

---

[1] https://github.com/JiYou/openstack/blob/master/chap13/emfull2/server.py。

## 13.7.2 虚节点数目

由于数据与虚节点之间的映射是固定的，且数据的移动是以虚节点为单位。那么，考虑以下情况：

- ❑ 如果预设的虚节点的数值较小，当真实服务器的数目超过虚节点的数目之后，应该如何处理？
- ❑ 如果虚节点数目较少且未发生变化，存储的数据量上升之后，会导致每个虚节点映射的文件相当多，虚节点的移动会带来非常大的不便。

以上两种情况只是虚节点数目问题的冰山一角。其实问题产生的根源都是：虚节点数目太小。那么，有没有可能将虚节点数目预设得较大呢？

在设置虚节点数目的时候，应该根据集群的规模做预估。比如，在一个有着 1000 个节点的数据中心，虚节点数目应该至少为 100 倍。

> 注意：所谓预估也就是估计将来数据中心可能拥有的最多的服务器数量，而不是眼下所拥有的服务器数量。

采取这种策略，可以充分保证虚节点的数目一定大于真实服务器的数目。并且以虚节点为单位移动数据量，能够保证移动的数据量较小，能够在更小的粒度上做到负载均衡。

可以在前面已写代码的基础上做实验，来检验虚节点数目变化带来的影响。

（1）修改虚节点数目

修改 server.py 文件中的虚节点数目，修改之后，如下：

```
if _fs is None:
    # 预设虚节点数目为10万，初始服务器只有5台
    _fs = FileServer(5, 100000)
```

（2）启动服务

新开终端，在终端中运行服务端程序：

```
$ cd /mnt/openstack/chap13/emfull2/
$ python server.py
```

（3）上传文件

新开终端，在终端中运行客户端程序：

```
$ cd /mnt/openstack/chap13/emfull2/
# 将大量python源码文件预先存放于/tmp/files目录，然后利用客户端程序，一个一个上传至服务器
$ find /tmp/files/ -name "*.py" | xargs -i python upload.py {}
```

（4）添加服务器

利用客户端程序，不断添加服务器，注意观察服务端程序的输出，如图 13.26 所示。

将图 13.26 与图 13.23 进行对比，可以发现图 13.26 中显示的实际移动文件数目与理论值非常接近（尽管也有一些偏差）。

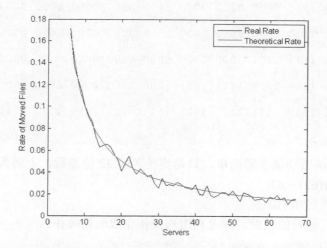

图 13.26　虚节点数目为 10 万时，不断添加服务器移动文件比率对比图

（5）位操作

当虚节点数目上升，计算数据的哈希值之后，确定虚节点的位置代码如下：

```
01          # 计算数据的哈希值
02          hash_value = self._hash_object(file_path)
03          # 利用二分搜索，在圆上定位相应的虚节点
04          viter = bisect_left(self._vnode_in_ring, hash_value) % \
05                  len(self._vnode_in_ring)
06          # 在相应的虚节点中，记录下此文件
07          self._file_record[viter].append(file_path)
```

当虚节点数目变大之后，无论是二分搜索还是取模操作都会占用较多时间。这时，位操作是一个挺不错的选择。唯一的要求是虚节点的数目尽量设置为 2 的幂次方，比如 $2^{23}$。在这种情况下，直接利用位操作替代取模是一个高效的方法。例如：取模的底数为 8，当整数为 8 位时，取模与位操作的比较见表 13.9。

表 13.9　取模与位操作

| 取　　模 | 位　　操　　作 |
| --- | --- |
| 7 % 8 = 7 | 7 & 7 = 7 |
| 8 % 8 = 0 | 8 & 7 = 0 |
| 17 % 8 = 1 | 17 & 7 = 1 |
| 19 % 8 = 3 | 19 & 7 = 3 |
| 23 % 8 = 7 | 23 & 7 = 7 |
| 235 % 8 = 3 | 235 & 7 = 3 |

由表 13.9 可以发现，对 $2^n$ 取模时，等价于对（$2^n-1$）做与操作。采取位操作，一种简单有效的办法是，直接将虚节点的数目设置为 $2^n-1$。

（6）虚节点数的设定

虚节点的设定，传入的参数可能不是 $2^n$。此时，需要上调为 $2^n-1$。上调方法如下：

```
01  def _upper_power(x):
02      # 0010 1100 0000 0000 0000 0000 0000 0000 0000 0000
03      x = x - 1
```

```
04          # 0011 1110 0000 0000 0000 0000 0000 0000
05          x = x | (x >> 1)
06          # 0011 1111 1000 0000 0000 0000 0000 0000
07          x = x | (x >> 2)
08          # 0011 1111 1111 1000 0000 0000 0000 0000
09          x = x | (x >> 4)
10          # 0011 1111 1111 1111 1111 1000 0000 0000
11          x = x | (x >> 8)
12          # 0011 1111 1111 1111 1111 1111 1111 1111
13          x = x | (x >> 16)
14          return x
```

\_upper\_power()函数功能非常简单，只是将传入的32位整数，上调为最接近的$2^n-1$。例如：\_upper\_power(62) = 63。

（7）虚节点与数据项的映射

数据项与虚节点数目的映射，即可利用与操作完成取模操作：

```
01          # 计算数据的哈希值
02          hash_value = self._hash_object(file_path)
03          # 利用二分搜索，在圆上定位相应的虚节点
04          viter = hash_value & self._vnode_num
```

### 13.7.3 剩余话题

（1）数据备份

到此为止，所有关于数据的讨论，都没有涉及数据持久性的讨论。所谓数据持久性，简单地说，便是数据可持续访问的可能性。

如果某个数据在整个存储系统中只有一份，当存储这个数据的节点发生故障就会导致数据不能被访问。在这种情况下，简单的办法是在存储系统中存储多个备份。那么，备份数目应该设置为多少才合适呢？

如果将备份数设置过大，会导致每个数据项都会被大规模复制，消耗大量的存储空间，直接导致成本上升。如果备份数设置得过小，比如为 1，当数据一旦丢失，"那悔恨将是千古"；如果设置为 2，如果一个备份丢失，则会导致单一数据项存在。因此，经过各种生产环境与理论的讨论，备份数设置为 3 是一个理想的情况。也是成本控制与数据持久性的折衷。

（2）Zone

对存储系统而言，一个很重要的指标便是"分区容忍性"：除了整个系统中所有的节点发生故障，其他任何节点子集的故障应该不能对整个系统造成致命影响。

因此，将所有的存储节点都放置于同一个机架上，一旦发生断电则会导致整个系统不可用。在实际生产环境中，这种做法带来的后果是灾难性的。因此，存储系统需要划分 Zone，反映物理机架、数据中心的隔离。

（3）Weight

在一个存储系统中，每个硬盘的存储空间各不相同。如果按照前面介绍的算法来进行处理，每台服务器都平等对待，则不能灵活运用于生产环境。比如一个 2TB 存储空间的硬盘，提供的存储空间比 1TB 的硬盘大，所以其权重应该更大些。

## 13.8 小　　结

本章主要介绍了 Swift 存储系统中一致性哈希算法。重点介绍了产生的问题以及算法提出的背景。本章在介绍一致性哈希算法时，采用了由浅入深的方式，逐步引出本章的重点即一致性哈希算法。但是，这里只介绍了一致性哈希算法的基本思想，并没有介绍各种算法实现的细节。最后，对一致性哈希算法进行了讨论与补充。

# 第 14 章　Quantum 虚拟网络

第 6 章介绍了 OpenStack Quantum 的安装，并简单介绍了如何利用 Quantum 搭建虚拟网络。简单说起来，Quantum 主要完成 3 件事：

（1）维护虚拟网络的逻辑结构，这是通过数据库完成的。
（2）监听 Nova 的请求，这是通过 RESTful API 完成的。
（3）调用底层的 plugin，部署虚拟机的网络环境。在 Quantum 中，有许多可供选择的 plugin。这里仅介绍 Open vSwitch。

本章主要涉及的知识点有：
- Quantum Server 服务、OpenVSwitch agent 服务和 DHCP agent 服务的功能。
- Quantum 数据库的大致数据结构。
- 主机间虚拟机通信的实现过程。
- 虚拟机上层逻辑网络资源和底层虚拟网络的创建流程。
- Dnsmasq DHCP 服务器的启动流程。

## 14.1　Quantum 框架概述

在 Quantum 中有 3 个比较基础的服务。

（1）Quantum Server 服务：这个服务主要是定义和维护虚拟网络资源的上层逻辑。Quantum Server 所有的操作都局限在数据库中，并不会涉及任何底层操作。在 Quantum Server 中，共提供了两大功能。
- 提供了 RESTful API 服务，目的是让客户端能够方便地查询和管理虚拟网络资源。
- 创建 OpenVSwitch plugin RPC 服务，目的是为 OpenVSwitch agent 和 DHCP agent 提供 RPC 调用接口。

（2）OpenVSwitch agent 服务：这个服务主要是完成虚拟网络的底层操作。它有一个定时任务，不时查看本地的 OpenVSwitch 端点与数据库中的端点是否一致。如果不一致，则更新本地的 OpenVSwitch 端点配置。OpenVSwitch agent 服务还有一个很重要的任务，就是定义和维护一系列的流规则，保证主机间虚拟机的正常通信。

（3）DHCP agent 服务：在 OpenVSwitch 中，使用 Dnsmasq 作为 DHCP 服务器。DHCP agent 服务的目的就是为每个启用 DHCP 功能的网络创建 Dnsmasq 进程。并定时同步数据库中的网络信息，使得 Dnsmasq 进程能够正确地为虚拟机提供 DHCP 服务。

本节将对这 3 个服务逐一进行介绍，同时还简单介绍了 Nova 与 Quantum 交互的流程。另外，在 Quantum 中还有一个 l3 agent 服务，限于篇幅，在此不展开讨论了。

## 14.2 Quantum Server 服务

本节对 Quantum Server 服务进行一个详细的分析。Quantum Server 其实是一个 RESTful API 服务，它为客户管理虚拟网络的上层逻辑提供了接口。本节首先介绍 Quantum Server 服务的启动过程，然后介绍 core_plugin 的加载流程，最后分别介绍网络、子网以及端口资源的管理。

### 14.2.1 Quantum Server 启动流程

Quantum Server 是一个 RESTful API 服务，查看其 WSGI 服务的定义[1]：

```
01  # WSGI 服务总入口
02  [composite:quantum]
03  use = egg:Paste#urlmap
04  /: quantumversions
05  /v2.0: quantumapi_v2_0
06  # /v2.0 分支路径的入口
07  [composite:quantumapi_v2_0]
08  use = call:quantum.auth:pipeline_factory
09  noauth = extensions quantumapiapp_v2_0
10  keystone = authtoken keystonecontext extensions quantumapiapp_v2_0
11  …
12  # /v2.0 分支路径的应用程序
13  [app:quantumapiapp_v2_0]
14  paste.app_factory = quantum.api.v2.router:APIRouter.factory
```

从以上配置可以看到，比较重要的应用程序是 quantumapiapp_v2_0，其对应的工厂方法为 APIRouter 类的 factory 方法。该方法返回了一个 APIRouter 对象。APIRouter 类初始化方法的定义如下[2]：

```
01  class APIRouter(wsgi.Router):
02      def __init__(self, **local_config):
03          mapper = routes_mapper.Mapper()           # 创建 mapper 对象
04          plugin = manager.QuantumManager.get_plugin()    # 加载 core_plugin
05          …
06          for resource in RESOURCES:                 # 对应每个 Quantum 资源
07              # 为 Quantum 资源添加 url 映射
08              _map_resource(RESOURCES[resource], resource,
09                            attributes.RESOURCE_ATTRIBUTE_MAP.get(
10                                RESOURCES[resource], dict()))
11          …
```

APIRouter 类初始化方法共做了两件事。
（1）加载 core_plugin 对象。
（2）为 Quantum 的每个资源注册相应的 URL。

---

[1] 定义在/etc/quantum/api-paste.ini 文件中。
[2] 定义在/opt/stack/quantum/quantum/api/v2/router.py 文件中。

以上代码中的 plugin 对象的类型由 quantum.conf 文件中的 core_plugin 配置项指定。对于本书示例，由于采用 Open vSwitch plugin，故其 core plugin 定义如下：

```
core_plugin = quantum.plugins.openvswitch.ovs_quantum_plugin.OVSQuantum
PluginV2
```

> 注意：默认配置中，core_plugin 为空。在安装 Quantum 时需在 quantum.conf 文件中添加如上语句。

为了简化起见，在下文中将 Open vSwitch plugin 简称为 ovs plugin。ovs plugin 的加载流程将在第 14.2.2 小节进一步介绍。这里首先介绍 RESTful API 注册的 url 映射。

在 APIRouter 类初始化方法中，引用了 RESOURCES 全局变量。该变量定义了 Quantum Server 管理的资源的集合名。其定义如下：

```
RESOURCES = {'network': 'networks',         # 网络
             'subnet': 'subnets',           # 子网
             'port': 'ports'}               # 端口
```

对于 RESOURCES 变量中定义的每个方法，APIRouter 类初始化方法都会调用 _map_resource 方法为其添加 url 映射。_map_resource 方法是 APIRouter 类初始化方法的内部方法，其定义如下：

```
01  class APIRouter(wsgi.Router):
02      def __init__(self, **local_config):
03          col_kwargs = dict(collection_actions=COLLECTION_ACTIONS,
                                                                    # 集合操作
04                            member_actions=MEMBER_ACTIONS)        # 成员操作
05          def _map_resource(collection, resource, params, parent=None):
06              # 是否允许批量创建/删除/更新资源
07              allow_bulk = cfg.CONF.allow_bul
08              # 是否允许分页
09              allow_pagination = cfg.CONF.allow_pagin ation
10              # 是否允许对资源排序
11              allow_sorting = cfg.CONF.allow_sorting
12              # 创建处理 HTTP 请求的 Controller 对象
13              controller = base.create_resource(
14                  collection, resource, plugin, params, allow_bulk=
                    allow_bulk,
15                  parent=parent, allow_pagination=allow_pagination,
16                  allow_sorting=allow_sorting)
17              ...
18              # 构造 url 映射所需的参数
19              mapper_kwargs = dict(controller=controller,
20                                   requirements=REQUIREMENTS,
21                                   path_prefix=path_prefix,
22                                   **col_kwargs)
23              # 创建 url 映射
24              return mapper.collection(collection, resource,
25                                       **mapper_kwargs)
```

上面代码首先调用 base.create_resource 方法创建 Controller 对象，然后调用 mapper 对象的 collection 方法创建 URL 映射。mapper 对象[1]的 collection 方法是 routes 包的标准方法，

---

1 maper 对象的类型是 routes 包的 Mapper 类。

留待读者自己分析。查看 create_resource 方法的定义[1]：

```
def create_resource(collection, resource, plugin, params, allow_bulk=False,
                    …):
    controller = Controller(plugin, collection, resource, params, allow_bulk,
                            …)
    return wsgi_resource.Resource(controller, FAULT_MAP)
```

create_resource 方法首先创建了一个 Controller 对象，然后再使用 wsgi_resource. Resource 类封装该 Controller 对象。

> 🔔 注意：从 create_resource 方法的定义可以看到，Quantum 的设计与其他的 OpenStack 组件设计的不同。在 OpenStack 其他组件中，通常是一类资源对应一个 Controller 类。而在 Quantum 中，所有资源都使用同一个 Controller 类。

在上面代码中，wsgi_resource.Resource 类只是在 Controller 类的基础上添加了数据的序列化/反序列化功能。其主要的业务逻辑，还是在 Controller 类中定义。那么如何在一个 Controller 类中处理不同资源的 url 请求呢？为了解决这个问题，首先需查看 Controller 类初始化方法的定义[2]：

```
01  class Controller(object):
02      def __init__(self, plugin, collection, resource, attr_info,
03                   allow_bulk=False, member_actions=None, parent=None,
04                   allow_pagination=False, allow_sorting=False):
05          self._plugin = plugin                                    # plugin 对象
06          self._collection = collection.replace('-', '_')          # 集合名
07          self._resource = resource.replace('-', '_')              # 资源名
08          …
09          # 构造_plugin_handlers 字典
10          self._plugin_handlers = {
11              self.LIST: 'get%s_%s' % (parent_part, self._collection),
12              self.SHOW: 'get%s_%s' % (parent_part, self._resource)
13          }
14          for action in [self.CREATE, self.UPDATE, self.DELETE]:
15              self._plugin_handlers[action] = '%s%s_%s' % (action, parent_part,
                  self._resource)
```

在 Controller 类初始化方法中，比较重要的工作是构造_plugin_handlers 字典。在第 11 章的 RESTful API 部分介绍过，OpenStack 遵从 RESTful API。通常，GET 请求会交给 Controller 对象的 list（有的地方是 index）和 show 方法处理。其中 list（或 index）是查询集合，show 是查询成员。CREATE、UPDATE 和 DELETE 请求会分别交给 create、update 和 delete 方法处理。但是，由于 Quantum 中一个 Controller 类须管理多类资源。因此在 list、show、create、update 和 delete 方法中，还需对请求进行分发。而_plugin_handlers 字典，就是用于控制资源的分发路径。

为了更好地说明方法的分发流程，表 14.1 列出了_plugin_handlers 字典中所有的键-值对。

---

[1] 定义在/opt/stack//quantum/quantum/api/v2/base.py 文件中。
[2] 定义在/opt/stack//quantum/quantum/api/v2/base.py 文件中。

表 14.1 _plugin_handlers字典中定义的键-值对

| 键 | 值 |
| --- | --- |
| list | list_<集合名> |
| show | show_<资源名> |
| create | create_<资源名> |
| update | update_<资源名> |
| delete | delete_<资源名> |

> 注意：表 14.1 中所说的<集合名>和<资源名>分别是 Controller 类的初始化方法中定义的 self._collection 和 self._resource 成员变量。

本节的最后，以创建网络资源为例，分析请求的分发过程。

当客户端传来创建网络资源的请求时，Quantum Server 会调用 Controller 对象的 create 方法，其定义如下：

```
01  class Controller(object):
02    def create(self, request, body=None, **kwargs):
03      …
04      # 规范化请求的body
05      body = Controller.prepare_request_body(request.context, body, True,
06            self._resource, self._attr_info, allow_bulk=self._allow_bulk)
07      # 获取操作名，对于创建网络操作来说，其操作名为create_network方法
08      action = self._plugin_handlers[self.CREATE]
09      if self._collection in body:         # 传来一个集合，需批量创建
10        items = body[self._collection]
11        deltas = {}
12        bulk = True
13      else:                                # 传来的是单独的一个成员
14        items = [body]
15        bulk = False
16      for item in items:
17        # 检查资源是否属于当前租户
18        self._validate_network_tenant_ownership(request, item[self._resource])
19        # 检查当前用户是否有执行权限
20        policy.enforce(request.context, action, item[self._resource], plugin=self._plugin)
21        …
22      if self._collection in body and self._native_bulk:   # 支持批量创建操作
23        # 获取ovs plugin 的 create_network_bulk方法
24        obj_creator = getattr(self._plugin, "%s_bulk" % action)
25        # 调用create_network_plugin方法
26        objs = obj_creator(request.context, body, **kwargs)
27        # 向客户端和dhcp agent 发送通知消息
28        return notify({self._collection: [self._view(obj) for obj in objs]})
29      else:                                # 不支持批量创建
30        #获取ovs plugin 的 create_network方法
31        obj_creator = getattr(self._plugin, action)
32        if self._collection in body:       # 如果需创建资源的集合
33        # 模仿批量创建操作，对集合中的每个资源依次调用create_network方法
```

```
34                    objs = self._emulate_bulk_create(obj_creator, request,
                      body, parent_id)
35                    # 向客户端和 dhcp agent 发送通知消息
36                    return notify({self._collection: objs})
37                else:                                       # 如果只需创建单个资源
38                    # 调用 ovs plugin 的 create_network 方法
39                    obj = obj_creator(request.context, **kwargs)
40                    # 向客户端和 dhcp agent 发送通知消息
41                    return notify({self._resource: self._view(obj)})
```

代码的第 05～06 行调用的 prepare_request_body 方法主要完成两个功能：

（1）规范 body 的格式，将 body 统一为{<collection>:[{<resource>:…},…]}（对于集合）或者{<resource>:…}（对于单个资源）格式。

（2）验证操作的合法性。在 attributes.py 文件[1]中定义的 RESOURCE_ATTRIBUTE_MAP 变量规定了各种 Quantum 资源能够执行的操作。prepare_request_body 方法会根据这些信息，验证客户端传来的请求是否合法。

代码的第 20 行调用的 policy.enforce 方法的功能是验证用户是否有执行相应操作的权限。这与 attributes.py 文件中定义的 RESOURCE_ATTRIBUTE_MAP 变量又有所不同。RESOURCE_ATTRIBUTE_MAP 变量是对资源的操作的限制，所有用户都必须遵守。而 policy.enforce 方法是对用户的限制。比如，在 OpenStack 中，很多操作只有管理员可以执行。

代码的第 26 行和 39 行分别调用了 ovs plugin 的 create_network_bulk 方法和 create_network 方法创建网络资源。代码的第 34 行调用了 _emulate_bulk_create 方法来模拟 ovs plugin 的 create_network_bulk 方法的功能。其实现也非常简单，就是循环调用 ovs plugin 的 create_network 方法。ovs plugin 的 create_network 方法的定义将在第 14.2.2 小节介绍。

以上只是以创建网络资源为例，对请求分发的流程进行了简单的介绍。其他资源操作的分发流程，都是大同小异，就不赘述了。在第 14.2.2、14.2.3 和 14.2.4 小节将分别介绍 ovs plugin 中的 create_network、create_subnet 和 create_port 方法。

## 14.2.2　启动 ovs plugin RPC 服务

通过第 14.2.1 小节的分析可以看到，Quantum Server 主要是通过 core_plugin 来实现 HTTP 请求的内部逻辑。本书示例中，使用的 core_plugin 为 OVSQuantumPluginV2 类。该类除了实现处理 HTTP 请求的各种方法外，还启动了 RPC 服务。本小节将介绍 Quantum Server 中 OVSQuantumPluginV2 对象的创建流程。

core_plugin 对象是在 APIRouter 类的初始化方法中加载的，查看相关代码[2]：

```
class APIRouter(wsgi.Router):
    def __init__(self, **local_config):
        plugin = manager.QuantumManager.get_plugin()
        …
```

---

[1] /opt/stack/quantum/quantum/api/v2/attributes.py
[2] 定义在/opt/stack/quantum/quantum/api/v2/router.py 文件中。

APIRouter 类的初始化方法并没有直接创建 OVSQuantumPluginV2 对象，而是调用了 QuantumManager 类的 get_plugin 方法。查看 get_plugin 方法的定义[1]：

```
class QuantumManager(object):
    @classmethod
    def get_plugin(cls):
        return cls.get_instance().plugin
```

get_plugin 方法调用了 QuantumManager 类的 get_instance()类方法。该方法首先检查是否创建了 QuantumManager 对象。如果创建了对象，则返回对象的引用；否则，创建新的 QuantumManager 对象。从这可以看到，在整个应用程序周期内，只能创建一个 QuantumManager 对象。而一个 QuantumManager 对象中只会创建一个 OVSQuantumPluginV2 对象。

> 注意：因为在 OVSQuantumPluginV2 类的初始化方法中启动了 RPC 服务，为了不影响系统的性能，在整个 Quantum Server 中只能创建一个 OVSQuantumPluginV2 对象，所以才有了这样的设计。其实，类似的设计在 OpenStack 中还有许多，它们中有的是为了提高系统的性能，有的是为了实现数据共享。

接下来，着重介绍一下 OVSQuantumPluginV2 类中创建 RPC 服务相关的代码。

在 OVSQuantumPluginV2 类中，创建 RPC 服务相关的代码定义在 setup_rpc 方法中。setup_rpc 方法在 OVSQuantumPluginV2 类的初始化方法中被调用。查看 setup_rpc 方法的定义[2]：

```
01  class OVSQuantumPluginV2(db_base_plugin_v2.QuantumDbPluginV2,…):
02      def setup_rpc(self):
03          self.topic = topics.PLUGIN                          # RPC 服务监听的主题
04          self.conn = rpc.create_connection(new=True)         # 连接 RabbitMQ
                                                                  服务器
05          self.notifier = AgentNotifierApi(topics.AGENT)      # 与 ovs Agent
                                                                  通信的 rpcapi
06          # 与 dhcp agent 通信的 rpcapi
07          self.dhcp_agent_notifier = dhcp_rpc_agent_api.
                DhcpAgentNotifyAPI()
08          # 创建处理 RPC 请求的分发器
09          self.callbacks = OVSRpcCallbacks(self.notifier)
10          self.dispatcher = self.callbacks.create_rpc_dispatcher()
11          # 创建 RPC 消费者
12          self.conn.create_consumer(self.topic, self.dispatcher, fanout=
                False)
13          # 激活消费者
14          self.conn.consume_in_thread()
```

代码的第 03 行设置了 ovs plugin RPC 服务的主题，这是一个常量字符串（值为 q_plugin），定义在 topics.py 文件[3]中。第 05 和 07 行分别创建了 ovs agent 和 dhcp agent 服务的 RPC API 对象。ovs agent RPC 服务的创建将在第 14.3.1 小节介绍，ovs dhcp agent RPC

---

[1] 定义在/opt/stack/quantum/quantum/manager.py 文件中。
[2] 定义在/opt/stack/quantum/quantum/plugins/openvswitch/ovs_quantum_plugin.py 文件中。
[3] /opt/stack/quantum/quantum/common/topics.py。

服务的创建将在第 14.5.1 小节介绍。第 09～10 行创建了 ovs plugin RPC 服务的分发器。

> **注意**：在 ovs plugin RPC 服务的分发器中，共传入了两个 Callback 对象，分别是 OVSRpcCallbacks 对象[1]和 AgentExtRpcCallback 对象[2]。在阅读 ovs plugin RPC 调用部分代码时，可在这两个类中搜索相关的处理方法。

在这里，总结一下 Quantum Server 服务的启动流程。

（1）Quantum Server 是一个 WSGI 服务，它的比较重要的应用程序是 quantumapiapp_v2_0。quantumapiapp_v2_0 应用程序对应的工厂方法是 APIRouter 类的 factory 方法。该方法返回了一个 APIRouter 对象。

（2）APIRouter 类初始化方法共做了两件事：

- 加载 core_plugin 对象。
- 为 Quantum 的每个资源注册相应的 URL。

（3）在 Quantum Server 服务中，共定义了 network、subnet 和 port 3 类资源。这 3 类资源使用的 controller 对象类型是一样的。在 Controller 对象中有一个 plugin_handler 成员变量，该成员变量主要用于对 HTTP 请求进行二次分发。例如，它会将 network 资源的 create 请求交给 core_plugin 对象的 create_network 方法处理。

（4）Quantum Server 服务 core_plugin 对象的类型由 quantum.conf 文件中的 core_plugin 配置项指定。默认的 core_plugin 对象的类型为 OVSQuantumPluginV2 类。在 OVSQuantumPluginV2 对象初始化时，会调用其自身的 setup_rpc 方法启动 RPC 服务。该 RPC 服务主要用于监听 ovs-quantum-agent 发起的 RPC 请求。

### 14.2.3　创建网络

前面介绍过，Quantum 最终会将请求转发给 ovs plugin 的 create_network 方法完成创建网络的功能。首先，查看一下 create_network 方法的定义[3]：

```
01    class OVSQuantumPluginV2(db_base_plugin_v2.QuantumDbPluginV2,
02                    extraroute_db.ExtraRoute_db_mixin,
03                    sg_db_rpc.SecurityGroupServerRpcMixin,
04                    agentschedulers_db.AgentSchedulerDbMixin):
05      def create_network(self, context, network):
06          # 获取网络类型、物理网络和段 id
07          (network_type, physical_network,
08           segmentation_id) = self._process_provider_create(context,
              network['network'])
09          …
10          session = context.session
11          with session.begin(subtransactions=True):
12              if not network_type:              # 如果没有设置网络类型
13                                                # 设置默认的网络类型
14                  network_type = self.tenant_network_type
15              …
```

---

[1] 定义在/opt/stack/quantum/quantum/plugins/openvswitch/ovs_quantum_plugin.py 文件中。

[2] 定义在/opt/stack//quantum/quantum/db/agents_db.py 文件中。

[3] /opt/stack/quantum/quantum/plugins/openvswitch/ovs_quantum_plugin.py 文件中。

```
16                elif network_type == constants.TYPE_VLAN:
17                    # 预留一个任意的vlan
18                    (physical_network,
19                     segmentation_id) = ovs_db_v2.reserve_vlan(session)
20                    ...
21                else:
22                    if network_type in [constants.TYPE_VLAN, constants.TYPE_
                      FLAT]:
23                        # 预留一个特定的vlan
24                        ovs_db_v2.reserve_specific_vlan(session, physical_
                          network,
25                                                        segmentation_id)
26                    ...
27                net = super(OVSQuantumPluginV2, self).create_network(context,
28                                                                     network)
29                ovs_db_v2.add_network_binding(session, net['id'], network_
                  type,
30                                              physical_network, segmentation_id)
31                self._extend_network_dict_provider(context, net)
32                ...
33            return net
```

从第 01～04 行可以看到，OVSQuantumPluginV2 类共继承了 4 个类，各个类的说明如表 14.2 所示。这 4 个父类都定义在[1]文件夹下。代码的第 07～08 行调用了 _process_provider_create 方法获取网络的类型、物理网络和段 id。使用 quantum 命令[2]的读者应该清楚，这些信息都是从客户端传入的。代码的第 18～19 行和第 24～25 行的功能都是预留一个 vlan id 供新创建的网络使用。代码的第 27 行的功能是在 Network 数据库表中保存新建网络的记录。代码第 29～30 行在 NetworkBinding 数据库表中保存新建网络的网络类型、物理网络名和段 id 等信息。第 31 行在 net 对象中添加了网络类型、物理网络名和段 id 等信息，方便客户端显示。

表 14.2  OVSQuantumPluginV2 类父类的简单说明

| 属性/方法 | 说明 |
| --- | --- |
| db_base_plugin_v2.QuantumDbPluginV2 | 维护 Quantum 数据库中的虚拟网络信息 |
| extraroute_db.ExtraRoute_db_mixin | 维护 Quantum 数据库中虚拟路由的信息，虚拟路由的功能是为了连接不同网络的虚拟机 |
| sg_db_rpc.SecurityGroupServerRpcMixin | 维护 Quantum 数据库中的安全组信息，安全组的功能是控制对虚拟机的访问权限 |
| agentschedulers_db.AgentSchedulerDbMixin | 维护 Quantum 数据库中的 agent 信息，在 Quantum 中定义了许多 agent，如 ovs_agent、dhcp_agent 等。这些 agent 的运行状态都保存在数据库中 |

> 注意：在以上代码段中，只列出了与 VLAN 模式有关的代码，同时省去了 l3 agent 相关的代码。有兴趣的读者可以深入研究。

从以上代码可以看出，Quantum Server 所做的工作只是停留在上层逻辑层。它将整个 Quantum 网络的信息都保存在数据库中，却没有调用 openvswitch 执行底层的操作。

---

1 /opt/stack/quantum/quantum/db。

2 参见第 6.4 节。

### 14.2.4 创建子网

处理创建子网请求的方法为 create_subnet，其定义[1]如下：

```
01  class QuantumDbPluginV2(quantum_plugin_base_v2.QuantumPluginBaseV2):
02      def create_subnet(self, context, subnet):
03          s = subnet['subnet']                            # 获取客户端传来的参数
04          net = netaddr.IPNetwork(s['cidr'])
05          # 如果客户端没有设置网关
06          if s['gateway_ip'] is attributes.ATTR_NOT_SPECIFIED:
07              # 将网关设置为网段的第 1 个 IP
08              s['gateway_ip'] = str(netaddr.IPAddress(net.first + 1))
09          # 如果客户端没有设置 IP 分配池
10          if s['allocation_pools'] == attributes.ATTR_NOT_SPECIFIED:
11              # 创建 IP 分配池
12              s['allocation_pools'] = self._allocate_pools_for_subnet
                    (context, s)
13          else:                                           # 否则
14              # 验证 IP 分配池
15              self._validate_allocation_pools(s['allocation_pools'],
                    s['cidr'])
16              if s['gateway_ip'] is not None:
17                  # 检查网关是否在 IP 分配池中（如果在分配池中，则报错）
18                  self._validate_gw_out_of_pools(s['gateway_ip'],
                        s['allocation_pools'])
19          self._validate_subnet(s)                        # 验证子网信息是否合法
20          # 获取租户 ID
21          tenant_id = self._get_tenant_id_for_create(context, s)
22          with context.session.begin(subtransactions=True):
23              # 获取 network 的 model 对象
24              network = self._get_network(context, s["network_id"])
25              # 验证子网的 cidr 是否与其他子网冲突
26              self._validate_subnet_cidr(context, network, s['cidr'])
27              # 创建子网
28              args = {'tenant_id': tenant_id, 'id': s.get('id') or uuidutils.
                    generate_uuid(),
29                      'name': s['name'], network_id': s['network_id'],
                        'ip_version': s['ip_version'],
30                      'cidr': s['cidr'], 'enable_dhcp': s['enable_dhcp'],
31                      'gateway_ip': s['gateway_ip'], 'shared': network.shared}
32              subnet = models_v2.Subnet(**args)
33              context.session.add(subnet)
34              …
35              for pool in s['allocation_pools']:
36                  # 往数据库表中添加 IP 分配池记录
37                  ip_pool = models_v2.IPAllocationPool(subnet=subnet,
38                              first_ip=pool['start'], last_ip=pool
                                ['end'])
39                  context.session.add(ip_pool)
40                  # 往数据库表中添加可用 IP 记录
41                  ip_range = models_v2.IPAvailabilityRange(
42                      ipallocationpool=ip_pool, first_ip=pool['start'], last_
                        ip=pool['end'])
```

---

[1] 定义在/opt/stack/quantum/quantum/db/db_base_plugin_v2.py 文件中。

```
43              context.session.add(ip_range)
44          ...
45          return self._make_subnet_dict(subnet)
```

创建一个子网，至少需要设置以下参数。

- cidr。cidr 指定了子网所属网段的地址。代码的第 04 行获取了子网的 cidr。代码的第 26 行检查客户端指定的 cidr 是否与其他子网冲突。
- 网关。网关必须属于 cidr 指定的子网。默认情况下，网关 IP 为子网网段的第 1 个 IP。代码的第 06～08 行首先查看客户端是否指定了网关。如果未指定，则使用默认网关。
- IP 分配池。一个 IP 分配池，是一个连续的 IP 地址段。在定义 IP 分配池时，须指定其起始 IP 和终止 IP。IP 分配池对应于起始 IP 到终止 IP 这个区间内（包含起始和终止 IP）的所有 IP。一个子网可以拥有多个 IP 分配池。该子网下的虚拟机，可以使用子网中任意 IP 分配池下的任意空闲 IP。代码的第 10～15 行首先查看客户端是否指定了 IP 分配池。如果指定了，则检查用户指定的分配池是否合法。否则，根据子网的 cidr 和网关生成默认的 IP 分配池。代码的第 37～38 行在 Quantum 数据库中创建 IP 分配池数据库表记录。
- 网络。一个子网只有与网络相关联，才能发挥功能。代码的 26 行获取客户端指定的网络 Model 对象。

> **注意**：网关须属于子网指定的 cidr，但不能属于任意的 IP 分配池。代码的第 18 行检验网关是否属于某个 IP 分配池。

在 Quantum 中，与 IP 分配有关的表总共有 3 个：IPAllocationPool（IP 分配池表）、IPAllocation（IP 分配表）和 IPAvailabilityRange（IP 可用范围表）。

- IP 分配池表，保存的是子网的 IP 分配池信息。只要子网的信息不变，IP 分配池表的记录是不会变的。
- IP 分配表，保存的是分配池中每个 IP 的使用情况。在这张表中，每个 IP 占用一条记录，这是信息最细致的表。
- IP 可用范围表，保存的是子网中可用 IP 的范围。它的结构与 IP 分配池表类似，也是以区间形式保存。它实时保存了可用 IP 区间段的起始 IP 和终止 IP。前面介绍过，Quantum 实现了 DHCP 服务的功能。在每次申请 IP 前，Quantum 都会首先将过期的 IP 回收回来，更新 IP 可用范围表。然后再从 IP 可用范围表中，为虚拟机分配一个 IP。

在 Quantum 中，通常一个端点对应于一台虚拟机（浮动 IP 除外）。在第 14.2.5 小节中，将通过分析创建端点的方法，分析 IP 的分配过程。

## 14.2.5 创建端点

当虚拟机启动时，Quantum 会为虚拟机分配一个 Open vSwitch 端点。这个端点是虚拟机在物理机上的网络接口。外部的报文都是通过该端点转发给虚拟机的。本小节将介绍端点的创建过程。当然，与网络、子网等资源一样，Quantum 创建的端点只是数据逻辑上的端点，它的信息保存在数据库中。真正的 Open vSwitch 端点的创建过程，将在第 14.3 节介绍。

创建端点的方法为 OVSQuantumPluginV2 类的 create_port 方法[1]，它的主要功能在 QuantumDbPluginV2 类的 create_port 方法中实现。这里，只介绍 QuantumDbPluginV2 类的 create_port 方法的定义[2]：

```
01   class QuantumDbPluginV2(quantum_plugin_base_v2.QuantumPluginBaseV2):
02       def create_port(self, context, port):
03           p = port['port']                              # 获取客户端传入的端口信息
04           port_id = p.get('id') or uuidutils.generate_uuid()   # 随机生成端
                                                                 口的 uuid
05           network_id = p['network_id']                  # 端口所属网络的 uuid
06           mac_address = p['mac_address']                # 端口的 MAC 地址
07           # 获取租户 ID
08           tenant_id = self._get_tenant_id_for_create(context, p)
09           with context.session.begin(subtransactions=True):
10               # 回收过期的 IP
11               self._recycle_expired_ip_allocations(context, network_id)
12               # 获取端口所属网络的信息
13               network = self._get_network(context, network_id)
14               if mac_address is attributes.ATTR_NOT_SPECIFIED:
15                   # 如果客户端未传入 MAC 地址，则自动生成
16                   mac_address = QuantumDbPluginV2._generate_mac(context,
                         network_id)
17               else:
18                   # 否则，验证其唯一性
19                   if not QuantumDbPluginV2._check_unique_mac(context,
20                                          network_id, mac_address):
21                       raise q_exc.MacAddressInUse(net_id=network_id, mac=mac_
                             address)
22               # 为端口分配 IP
23               ips = self._allocate_ips_for_port(context, network, port)
24               ...
25               # 创建端口
26               port = models_v2.Port(tenant_id=tenant_id, name=p['name'],
                     id=port_id,
27                     network_id=network_id, mac_address=mac_address,
28                     admin_state_up=p['admin_state_up'], status=status,
29                     device_id=p['device_id'], device_owner=p['device_
                         owner'])
30               context.session.add(port)
31               if ips:
32                   for ip in ips:
33                       # 对端口的每个 IP，更新其 IP 分配表
34                       ...
35                       allocated = models_v2.IPAllocation(network_id
                             =network_id,
36                           port_id=port_id, ip_address=ip_address, subnet_id=
                                 subnet_id,
37                           expiration=self._default_allocation_expiration())
38                       context.session.add(allocated)
39           return self._make_port_dict(port)
```

---

1 定义在/opt/stack/quantum/quantum/plugins/openvswitch/ovs_quantum_plugin.py 文件中。
2 定义在/opt/stack/quantum/quantum/db/db_base_plugin_v2.py 文件中。

代码中第 11 行调用了_recycle_expired_ip_allocations 方法回收过期 IP。第 14～20 行首先检查客户端是否传入了端口的 MAC 地址。如果传入了，则检查其唯一性；否则将随机生成 MAC 地址。第 23 行调用了_allocate_ips_for_port 为端口分配 IP 地址。第 26～30 行往数据库中添加新建的端口记录。第 32～38 行更新 IP 分配表中所有分配给新建端口的 IP。

在代码中，调用了两个比较重要的方法：

（1）回收过期 IP 的_recycle_expired_ip_allocations 方法。

（2）为端口分配 IP 的_allocate_ips_for_port 方法。

接下来将对这两个方法做进一步的讨论。

### 1. _recycle_expired_ip_allocations方法

```
01  class QuantumDbPluginV2(quantum_plugin_base_v2.QuantumPluginBaseV2):
02      @staticmethod
03      def _recycle_expired_ip_allocations(context, network_id):
04          …
05          # 查找 uuid 为 network_id 的网络下的所有过期 IP
06          expired_qry = context.session.query(models_v2.IPAllocation).\
07              with_lockmode('update')
08          expired_qry = expired_qry.filter_by(network_id=network_id,
                  port_id=None)
09          expired_qry = expired_qry.filter(
10                  models_v2.IPAllocation.expiration <= timeutils.
                    utcnow())
11          # 回收所有 id 为 network_id 的网络下的过期 IP
12          for expired in expired_qry.all():
13              QuantumDbPluginV2._recycle_ip(context, network_id, expired
                  ['subnet_id'],
14                                    expired['ip_address'])
15          …
```

代码对所有 uuid 为 network_id 网络下的过期 IP，都调用了_recycle_ip 方法回收。_recycle_ip 方法的主要功能是更新 IP 可用范围表，其定义如下：

```
01  class QuantumDbPluginV2(quantum_plugin_base_v2.QuantumPluginBaseV2):
02      @staticmethod
03      def _recycle_ip(context, network_id, subnet_id, ip_address):
04          # 查看 uuid 为 subnet_id 子网下的所有 IP 分配池
05          pool_qry = context.session.query(models_v2.IPAllocationPool).\
06                           with_lockmode('update')
07          allocation_pools = pool_qry.filter_by(subnet_id=subnet_id).all()
08          pool_id = None
09          # 对每个 IP 分配池
10          for allocation_pool in allocation_pools:
11              # 计算 IP 分配池的范围
12              allocation_pool_range = netaddr.IPRange(
13                  allocation_pool['first_ip'], allocation_pool['last_ip'])
14              # 判断要回收的 IP 是否在当前的 IP 分配池范围内
15              if netaddr.IPAddress(ip_address) in allocation_pool_range:
16                  pool_id = allocation_pool['id']
17                  break
18          # 要回收的 IP 不属于任何分配池
19          if not pool_id:
20              …
21              raise q_exc.InvalidInput(error_message=error_message)
22          range_qry = context.session.query(
```

```
23                  models_v2.IPAvailabilityRange).with_lockmode('update')
24          # 当前 IP 的下一个 IP
25          ip_first = str(netaddr.IPAddress(ip_address) + 1)
26          # 当前 IP 的上一个 IP
27          ip_last = str(netaddr.IPAddress(ip_address) - 1)
28          try:
29              # [r1.first_ip, r1.last_ip=ip_address-1]
30              r1 = range_qry.filter_by(allocation_pool_id=pool_id, first_
                    ip=ip_first).one()
31          except exc.NoResultFound:
32              r1 = []
33          try:
34              # [r2.first_ip=ip_address+1, r2.last_ip]
35              r2 = range_qry.filter_by(allocation_pool_id=pool_id, last_
                    ip=ip_last).one()
36          except exc.NoResultFound:
37              r2 = []
38          if r1 and r2:
39              # r1 和 r2 都存在
40              # 将[r1.first_ip, r1.last_ip=ip_address-1], ip_address
41              # [r2.first_ip=ip_address+1, r2.last_ip]
42              # 合并为[r1.first_ip,r2.last_ip]
43              ip_range = models_v2.IPAvailabilityRange(
44                  allocation_pool_id=pool_id,    first_ip=r2['first_ip'],
                    last_ip=r1['last_ip'])
45              context.session.add(ip_range)
46              context.session.delete(r1)
47              context.session.delete(r2)
48          elif r1:
49              # r1 存在, r2 不存在
50              # 将[r1.first_ip, r1.last_ip=ip_address-1], ip_address
51              # 合并为[r1.first_ip,ip_address]
52              r1['first_ip'] = ip_address
53          elif r2:
54              # r1 不存在, r2 存在
55              # 将ip_address, [r2.first_ip=ip_address+1, r2.last_ip],
56              # 合并为[ip_address, r2.last_ip]
57              r2['last_ip'] = ip_address
58          else:
59              # r1、r2 都不存在
60              # 新建一个区间[ip_address, ip_address]
61              ip_range = models_v2.IPAvailabilityRange(allocation_pool_
                    id=pool_id,
62                  first_ip=ip_address, last_ip=ip_address)
63              context.session.add(ip_range)
64          # 删除 IP 分配表中相应的记录
65          QuantumDbPluginV2._delete_ip_allocation(context, network_id,
66  subnet_id, ip_address)
```

_recycle_ip 方法首先搜索与 ip_address 相邻的区间。其中，r1 为 ip_address 的前驱区间（r2.last_ip=ip_address-1），r2 为 ip_address 的后继区间（r2.first_ip=ip_address+1）。然后根据 r1、r2 存在与否的共 4 种情况分类讨论。

## 2. _allocate_ips_for_port方法

```
01  class QuantumDbPluginV2(quantum_plugin_base_v2.QuantumPluginBaseV2):
02      def _allocate_ips_for_port(self, context, network, port):
03          p = port['port']                                    # 获取端点的属性
```

```
04          ips = []                                    # 保存分配的 IP
05          fixed_configured = p['fixed_ips'] is not attributes.ATTR_NOT_
            SPECIFIED
06          # 如果客户端指定了固定 IP
07          if fixed_configured:
08              # 检查客户端指定的固定 IP 是否合法
09              configured_ips = self._test_fixed_ips_for_port(context,
10                              p["network_id"], p['fixed_ips'])
11              # 为端点分配固定 IP
12              ips = self._allocate_fixed_ips(context, network, configured
                _ips)
13          # 如果未指定固定 IP
14          else:
15              # 查询网络下的所有子网
16              filter = {'network_id': [p['network_id']]}
17              subnets = self.get_subnets(context, filters=filter)
18              v4 = []                                 # 保存 ipv4 子网
19              v6 = []                                 # 保存 ipv6 子网
20              # 将网络下的所有子网分类
21              for subnet in subnets:
22                  if subnet['ip_version'] == 4:
23                      v4.append(subnet)
24                  else:
25                      v6.append(subnet)
26              version_subnets = [v4, v6]
27              # 分别为端点分配 ipv6 和 ipv4 的 IP
28              for subnets in version_subnets:
29                  if subnets:
30                      result = QuantumDbPluginV2._generate_ip(context,
                        subnets)
31                      ips.append({'ip_address': result['ip_address'],
32                                  'subnet_id': result['subnet_id']})
33          return ips
```

Quantum 支持两种类型的 IP：固定 IP 和动态 IP。所谓固定 IP，是指端点的 IP 或者端点所属的子网由客户端指定；所谓动态 IP，是指端点的 IP 由 Quantum Server 指定。

代码的第 09～12 行处理固定 IP 的情形。其中，第 09～10 行检查客户端指定的固定 IP 的合法性。包括检查指定的子网是否存在，固定 IP 是否在子网的 cidr 里，指定的固定 IP 的个数是否超标（默认情况下，一个端点最多可指定 5 个固定 IP）等。

注意：固定 IP 可以不在 IP 分配池中，只要在子网的 cidr 范围内即可。

代码第 16～32 行处理动态 IP 的情形。代码的第 16～26 行将网络下的所有子网分为两类，即 ipv6 子网和 ipv4 子网。然后，代码的第 28～32 行调用 QuantumDbPluginV2._generate_ip 方法为端点分配一个 v4 IP 和一个 v6 IP。

本节的最后，将 Quantum Server 中几个重要的数据库表的结构关系做一个总结，见图 14.1。

## 14.3　Quantum OpenVSwitch Agent 服务

通过第 14.2 节的分析可以看到，Quantum Server 只是管理虚拟网络的逻辑结构，它并没有实现底层的网络、端口的创建以及 IP 地址的分配。底层的虚拟网络部署，都是 Quantum OVS Agent 实现的。本节将对 Quantum OVS Agent 做一个较为详细的介绍。首先，介绍 Quantum OVS Agent 的启动流程；然后介绍 Quantum OVS Agent 的定时任务；最后介绍如何通过 Quantum OVS Agent 为虚拟机分配 IP。

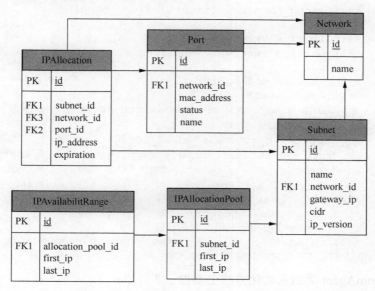

图 14.1　Quantum Server 中几个重要数据库表的结构关系图

## 14.3.1　Quantum OVS Agent 启动流程

Quantum OVS Agent 服务的启动脚本定义在 quantum-openvswitch-agent 文件[1]中。它调用了 ovs_quantum_agent 包的 main 方法。查看 main 方法[2]的定义：

```
01  def main():
02      …
03      plugin = OVSQuantumAgent(**agent_config)
04      plugin.daemon_loop()
05      sys.exit(0)
```

代码中首先创建了 OVSQuantumAgent 对象，然后调用对象的 daemon_loop 方法。其中 daemon_loop 方法的功能是定时更新端点信息，该方法的定义将在第 14.3.2 小节介绍。本小节介绍 OVSQuantumAgent 类的初始化方法。

OVSQuantumAgent 类的初始化方法定义如下：

```
01  class OVSQuantumAgent(sg_rpc.SecurityGroupAgentRpcCallbackMixin):
02      def __init__(self, integ_br, tun_br, local_ip, bridge_mappings,
            root_helper,
03              polling_interval, enable_tunneling):
04          self.root_helper = root_helper                      # sudo
```

---

[1] /opt/stack/quantum/bin/quantum-openvswitch-agent。

[2] /opt/stack//quantum/quantum/plugins/openvswitch/agent/ovs_quantum_agent.py。

```
05          # 可使用的vlan id列表
06          self.available_local_vlans = set(xrange(OVSQuantumAgent.
            MIN_VLAN_TAG,
07                                              OVSQuantumAgent.MAX_VLAN_TAG))
08          self.int_br = self.setup_integration_br(integ_br)
                                                            # 设置br-int网桥
09          self.setup_physical_bridges(bridge_mappings)
                                                            # 设置br-eth1网桥
10          self.local_vlan_map = {}
11          self.polling_interval = polling_interval    # 更新数据库间隔时间
12          …
13          # 设置OVS Agent的状态信息
14          self.agent_state = {
15              'binary': 'quantum-openvswitch-agent',  # 服务名
16              'host': cfg.CONF.host,                  # 本地主机名
17              'topic': q_const.L2_AGENT_TOPIC,        # RPC服务主题
18              'configurations': bridge_mappings,      # 物理网桥映射
19              'agent_type': q_const.AGENT_TYPE_OVS,   # Quantum agent 类型
20              'start_flag': True}                     # 标记Agent 刚刚启动
21          # 启动OVS Agent 的RPC服务
22          self.setup_rpc(integ_br)
23          # sg_agent 主要用于网络安全的设置
24          self.sg_agent        =        OVSSecurityGroupAgent(self.context,
self.plugin_rpc, root_helper)
```

OVSQuantumAgent类的初始化方法主要做了3件事：

- 在代码第08行调用 setup_integration_br 方法初始化 br-int 网桥。
- 在代码的第09行调用 setup_physical_bridges 方法初始化 br-eth1 网桥。
- 在代码的22行调用 setup_rpc 方法启动 RPC 服务。

接下来，分别分析这3个方法。

### 1. 初始化br-int网桥

br-int 网桥的初始化代码定义在 setup_integration_br 方法中。查看 setup_integration_br 方法的定义：

```
01   class OVSQuantumAgent(sg_rpc.SecurityGroupAgentRpcCallbackMixin):
02     def setup_integration_br(self, bridge_name):
03          # OVSBridge对象中定义了所有与OVS网桥有关的操作
04          int_br = ovs_lib.OVSBridge(bridge_name, self.root_helper)
05          # 清除br-int 网桥的所有流规则
06          # ovs-ofctl del-flows br-int
07          int_br.remove_all_flows()
08          # 添加默认流规则
09          # ovs-ofctl add-flow br-int priority=1,actions="normal"
10          int_br.add_flow(priority=1, actions="normal")
11          return int_br
```

△注意：在以上代码中，bridge_name 为 br-int。

以上代码首先将 br-int 网桥的所有流规则清除，然后添加了一条默认的流规则，相当于执行了如下命令：

```
# ovs-ofctl del-flows br-int
# ovs-ofctl add-flow br-int priority=1,actions="normal"
```

## 2. 初始化br-eth1网桥

br-eth1 网桥的初始化代码定义在 setup_physical_bridges 方法中，查看其定义：

```
01  class OVSQuantumAgent(sg_rpc.SecurityGroupAgentRpcCallbackMixin):
02      def setup_physical_bridges(self, bridge_mappings):
03          self.phys_brs = {}                    # 保存 Quantum 定义的物理网桥
04          self.int_ofports = {}                 # br-int 中的对等端口
05          self.phys_ofports = {}                # 物理网桥中的对等端口
06          # IPWrapper 对象封装了所有的 IP 命令
07          ip_wrapper = ip_lib.IPWrapper(self.root_helper)
08          # 遍历所有的物理网桥
09          for physical_network, bridge in bridge_mappings.iteritems():
10              # 检查网桥是否存在
11              if not ip_lib.device_exists(bridge, self.root_helper):
12                  sys.exit(1)
13              br = ovs_lib.OVSBridge(bridge, self.root_helper)
14              # 清除物理网桥的所有流规则
15              # ovs-ofctl del-flows br-eth1
16              br.remove_all_flows()
17              # 添加默认的流规则
18              # ovs-ofctl add-flow br-eth1 priority=1,actions="normal"
19              br.add_flow(priority=1, actions="normal")
20              self.phys_brs[physical_network] = br
21
22              # br-int 网桥下的对等端口名 int-br-eth1
23              int_veth_name = constants.VETH_INTEGRATION_PREFIX + bridge
24              # 删除 br-int 网桥下原来的对等端口
25              # ovs-vsctl del-port int-br-eth1
26              self.int_br.delete_port(int_veth_name)
27              # 物理网桥下的对等端口名 phy-br-eth1
28              phys_veth_name = constants.VETH_PHYSICAL_PREFIX + bridge
29              # 删除物理网桥下原来的对等端口
30              # ovs-vsctl del-port phy-br-eth1
31              br.delete_port(phys_veth_name)
32              # 检查原来的对等设备是否存在
33              # ip link show int-br-eth1
34              if ip_lib.device_exists(int_veth_name, self.root_helper):
35                  # 如果存在，则删除原来的对等设备
36                  # ip link delete int-br-eth1
37                  ip_lib.IPDevice(int_veth_name, self.root_helper).
                    link.delete()
38              # 重新添加对等设备
39              # ip link add int-br-eth1 type veth peer name phy-br-eth1
40              int_veth, phys_veth = ip_wrapper.add_veth(int_veth_name,
41                                          phys_veth_name)
42              # 将 int-br-eth1 端口添加到 br-int 网桥中
43              # ovs-vsctl add-port br-int int-br-eth1
44              self.int_ofports[physical_network] = self.int_br.add_port
                (int_veth)
45              # 将 phy-br-eth1 端口添加到 br-eth1 网桥中
46              # ovs-vsctl add-port br-eth1 phy-br-eth1
47              self.phys_ofports[physical_network] = br.add_port(phys_veth)
48              # 阻塞到 int-br-eth1 端口的所有非转化的报文
49              # ovs-ofctl add-flow br-int in_port=int-br-eth1,priority
```

```
50                  =2,actions="drop"
                    self.int_br.add_flow(priority=2,
51                              in_port=self.int_ofports[physical_network],
52                              actions="drop")
53          # 阻塞到 phy-br-eth1 端口的所有非转化的报文
54          # ovs-ofctl add-flow br-eth1 in_port=phy-br-eth1,priority
               =2,actions="drop"
55                  br.add_flow(priority=2,
56                              in_port=self.phys_ofports[physical_network],
57                              actions="drop")
58          # 启动 int-br-eth1 设备
59          # ip link set int-br-eth1 up
60                  int_veth.link.set_up()
61          # 启动 phy-br-eth1 设备
62          # ip link set phy-br-eth1 up
63                  phys_veth.link.set_up()
```

以上代码比较长，为了能够对上面的代码有一个更加清晰的认识，对 setup_physical_bridges 方法所做的工作总结如下：

（1）清除 br-eth1 网桥原有的流规则，添加默认流规则。

```
# ovs-ofctl del-flows br-eth1
# ovs-ofctl add-flow br-eth1 priority=1,actions="normal"
```

（2）清除原有的对等设备。

```
# ovs-vsctl del-port int-br-eth1
# ovs-vsctl del-port phy-br-eth1
# ip link delete int-br-eth1
```

（3）重新添加对等设备。

```
# ip link add int-br-eth1 type veth peer name phy-br-eth1
```

> **注意**：以上命令添加了两个端口：int-br-eth1 和 phy-br-eth1。这两个端口之间形成了一条对等的管道。从 int-br-eth1 端口发出的报文都会被 phy-br-eth1 端口接收，从 phy-br-eth1 端口发出的报文都会被 int-br-eth1 端口接收。

（4）将对等设备添加到 br-int 和 br-eth1 网桥中。

```
# ovs-vsctl add-port br-int int-br-eth1
# ovs-vsctl add-port br-eth1 phy-br-eth1
```

（5）添加流规则，阻塞所有到对等设备的非转化的报文。

```
# ovs-ofctl add-flow br-int in_port=int-br-eth1,priority=2,actions="drop"
# ovs-ofctl add-flow br-eth1 in_port=phy-br-eth1,priority=2,actions="drop"
```

> **注意**：添加以上流规则后，int-br-eth1 端口只能接收 phy-br-eth1 端口发出的报文，phy-br-eth1 端口只能接收 int-br-eth1 端口发出的报文。

（6）启动对等设备。

```
# ip link set int-br-eth1 up
# ip link set phy-br-eth1 up
```

### 3. 启动RPC服务

启动 ovs agent RPC 服务的相关代码定义在 setup_rpc 方法中，其定义如下：

```
01  class OVSQuantumAgent(sg_rpc.SecurityGroupAgentRpcCallbackMixin):
02      def setup_rpc(self, integ_br):
03          # br-int 的 MAC 地址
04          mac = utils.get_interface_mac(integ_br)
05          # ovs agent 的统一描述符
06          self.agent_id = '%s%s' % ('ovs', (mac.replace(":", "")))
07          # agent RPC 服务的主题前缀
08          self.topic = topics.AGENT
09          # ovs plugin RPC 服务的 rpcapi 对象
10          self.plugin_rpc = OVSPluginApi(topics.PLUGIN)
11          self.state_rpc = agent_rpc.PluginReportStateAPI(topics.PLUGIN)
12  
13          self.context = context.get_admin_context_without_session()
14          # 创建 ovs agent RPC 服务处理方法的分发器
15          self.dispatcher = self.create_rpc_dispatcher()
16          # 定义消费者主题
17          consumers = [[topics.PORT, topics.UPDATE], [topics.NETWORK,
            topics.DELETE],
18                       [constants.TUNNEL, topics.UPDATE],
19                       [topics.SECURITY_GROUP, topics.UPDATE]]
20          # 为每个主题创建消费者
21          self.connection = agent_rpc.create_consumers(self.dispatcher,
            self.topic,
22                                                       consumers)
23          # 创建定时任务
24          report_interval = cfg.CONF.AGENT.report_interval
25          if report_interval:
26              heartbeat = loopingcall.LoopingCall(self._report_state)
27              heartbeat.start(interval=report_interval)
```

代码第 06 行为 ovs agent 设置唯一描述符。因为 ovs agent 需要在每个计算节点启动，为了区分不同节点上的 agent，将 agent_id 设置为 ovs<mac>，其中<mac>是计算节点 br-int 网桥的 MAC 地址。

第 10 和 11 行定义了两个 RPC API 对象。可以看到这两个对象都是发布 topic.PLUGIN 主题，因此都是与 ovs plugin RPC 服务通信。

第 17～19 行定义了 ovs agent 的 RPC 服务消费者主题，每个主题都由一个列表定义。其中列表的第 1 个元素的主题对应资源名，第 2 个元素是对资源的操作。例如[topics.PORT, topics.UPDATE]元组定义对应的是端点更新操作。

第 21～22 行为第 17～19 行的 consumers 列表中定义的每个主题都创建一个消费者。每个消费者的主题格式为 <self.topics>-<资源名>-<操作名>。其中 self.topics 是 OVSQuantumAgent 对象的一个成员变量，它的值在代码第 08 行设定，为 topics.AGENT。topics.AGENT 是一个字符串常量[1]，其值为 q-agent-notifier。例如，对于 consumers 列表中的[topics.PORT, topics.UPDATE]元素，其资源名为 topics.PORT（即 port），操作名为 topics.UPDATE（即 update），它对应的主题为 q-agent-notifier-port-update。

---

[1] 定义在/opt/stack/quantum/quantum/common/topics.py 文件中。

> 注意：在代码 21~22 行的 create_consumers 方法中，共创建了 4 个消费者。它们的 callback 对象均为 OVSQuantumAgent 对象。

代码第 24~27 行定义了一个定时任务，它会定时调用_report_state 方法，定时向 Quantum Server 更新 agent 的状态。第 14.3.2 小节将对_report_state 方法做一个介绍。

## 14.3.2 Quantum OVS Agent 定时任务

在 Quantum OVS Agent 中，共启动了两个定时任务。

- 在 ovs_quantum_agent 包的 main 方法中调用的 daemon_loop 方法定时更新端点信息。
- 在 OVSQuantumAgent 类中的 setup_rpc 方法中，启动线程定时调用_report_state 方法，更新 agent 的信息。

接下来，将对这两个定时任务[1]进行更进一步的讨论。

### 1. 定时更新端点信息

daemon_loop 方法定义在 OVSQuantumAgent 类中，它调用了 OVSQuantumAgent 类的 rpc_loop 方法。查看 rpc_loop 方法的定义：

```
01  class OVSQuantumAgent(sg_rpc.SecurityGroupAgentRpcCallbackMixin):
02      def rpc_loop(self):
03          sync = True         # 是否同步 br-int 中的端点，True 表示同步失败
04          ports = set()       # 缓存当前活动的端点
05          ...
06          while True:
07              try:
08                  if sync:                # 同步失败
09                      ports.clear()       # 清除原来的端点信息
10                      sync = False
11                  start = time.time()     # 同步前的时间
12                  ...
13                  # 获取端点的变动信息
14                  port_info = self.update_ports(ports)
15                  if port_info:           # 如果端点有变动
16                      # 同步端点信息，sync=True 表示同步失败
17                      sync = self.process_network_ports(port_info)
18                      ports = port_info['current']   # 保存最新的端点信息
19              except:                                # 同步失败
20                  LOG.exception(_("Error in agent event loop"))
21                  sync = True                        # 设置同步失败的标记
22              elapsed = (time.time() - start)        # 计算同步操作消耗的时间
23              # 休息一段时间后，进行下一次更新
24              if (elapsed < self.polling_interval):
25                  time.sleep(self.polling_interval - elapsed)
26              ...
```

rpc_loop 方法主要的代码段是第 14~18 行。其中第 14 行调用的 update_ports 方法获取

---

[1] 都定义在/opt/stack//quantum/quantum/plugins/openvswitch/agent/ovs_quantum_agent.py 文件中。

br-int 网桥下的端口与缓存端口的差异。如果 br-int 网桥下的端口列表与缓存端口列表相同，则返回空；否则，该方法会返回一个字典。它包括 br-int 网桥下新增的端口列表、删除的端口列表，以及 br-int 网桥下当前端口的列表。第 17 行调用 process_network_ports 方法，同步本地 br-int 网桥与 Quantum Server 数据库的信息。

接下来，分析 process_network_ports 方法的定义：

```
01  class OVSQuantumAgent(sg_rpc.SecurityGroupAgentRpcCallbackMixin):
02    def process_network_ports(self, port_info):
03      resync_a = False
04      resync_b = False
05      # 同步br-int 网桥中新增的端点
06      if 'added' in port_info:
07        resync_a = self.treat_devices_added(port_info['added'])
08      # 同步br-int 网桥中删除的端点
09      if 'removed' in port_info:
10        resync_b = self.treat_devices_removed(port_info['removed'])
11      # resync_a 和 resync_b 有一个为True，即认为同步失败
12      return (resync_a | resync_b)
```

process_network_ports 方法分别调用了 treat_devices_added 和 treat_devices_removed 方法，处理 br-int 网桥中新增的和删除的节点。

（1）treat_devices_added 方法

```
01  class OVSQuantumAgent(sg_rpc.SecurityGroupAgentRpcCallbackMixin):
02    def treat_devices_added(self, devices):
03      resync = False
04      …
05      for device in devices:              # 遍历br-int 下每个新增端点
06        try:
07          # 获取Quantum Server 数据库中端点的信息
08          details = self.plugin_rpc.get_device_details(self.
                context, device,
09                                                       self.agent_id)
10        except Exception as e:            # 获取失败
11          resync = True
12          continue
13        # 获取本地br-int 网桥下端点的信息
14        port = self.int_br.get_vif_port_by_id(details['device'])
15        if 'port_id' in details:          # 数据库中存在端点的信息
16          # 更新ovs 端点信息
17          self.treat_vif_port(port, details['port_id'], details
                ['network_id'],
18                              details['network_type'], details['physical_
                                network'],
19                              details['segmentation_id'], details['admin_
                                state_up'])
20        else:                             # 数据库不存在端点的信息
21          # 将端点杀死
22          self.port_dead(port)
23      return resync
```

treat_devices_added 方法首先远程调用 ovs plugin 的 get_device_details 方法，获取数据库中保存的端点信息。如果数据库中存在端点信息，则调用 treat_vif_port 方法更新 openvswitch 端点的信息；如果数据库中不存在端点信息，则调用 port_dead 方法将端点杀死。

> **注意**：所谓将端点杀死，不是直接将端点删除；而是通过设置流规则，切断端点与外界的通信。

treat_vif_port 方法首先查看端点的 admin_state_up 属性。如果 admin_state_up 为 True，则调用 port_bound 方法，为端点设置 vlan id 和流规则。如果 admin_state_up 为 False，则调用 port_dead 方法将端点杀死。

port_bound 方法的定义如下：

```
01  class OVSQuantumAgent(sg_rpc.SecurityGroupAgentRpcCallbackMixin):
02    def port_bound(self, port, net_uuid, network_type, physical_network,
                    segmentation_id):
03      # 如果没有为 net_uuid 网络分配 br-int 网桥下的 vlan id
04      if net_uuid not in self.local_vlan_map:
05        # 为 net_uuid 申请 br-int 网桥下的 vlan id
06        self.provision_local_vlan(net_uuid, network_type,
07                                  physical_network, segmentation_id)
08      # 获取 net_uuid 网络的（从 br-int 网桥到 br-eth1 的）vlan 映射
09      lvm = self.local_vlan_map[net_uuid]
10      # 更新 net_uuid 网络下的端点列表
11      lvm.vif_ports[port.vif_id] = port
12      ...
13      # 设置端点的 vlan id
14      self.int_br.set_db_attribute("Port", port.port_name, "tag",
                                     str(lvm.vlan))
15      # 如果端点运行正常
16      if int(port.ofport) != -1:
17        # 清除所有 in_port 为当前端点的流规则
18        self.int_br.delete_flows(in_port=port.ofport)
```

port_bound 方法首先检查有没有为 net_uuid 网络分配 vlan id。如果没有，则调用 provision_local_vlan 方法，为网络分配 vlan id。然后，将端点保存在 OVSQuantumAgent 对象的 local_vlan_map（本地 vlan 映射）成员变量中，并将端点的 vlan id 设置为 net_uuid 网络的 vlan id。最后，如果端点的 ofport 不等于 –1（即端点运行正常），则清除与端点有关的流规则。这样，端点就可以与外界通信了。

> **注意**：这里说的 vlan id 与 Quantum 数据库中保存的 segmentation_id 不是一回事。这里的 vlan id 是网络在 br-int 网桥下使用的 vlan id。同一个网络，在不同的计算节点中的 vlan id 很可能不一样。而 segmentation_id 是网络在 be-eth1 网桥下的 vlan id。另外，segmentation_id 只是一个逻辑的 vlan。事实上，Quantum 并不会在 br-eth1 网桥下创建 vlan 端点。

最后，再介绍 provision_local_vlan 方法的定义：

```
01  class OVSQuantumAgent(sg_rpc.SecurityGroupAgentRpcCallbackMixin):
02    def provision_local_vlan(self, net_uuid, network_type,
03                             physical_network, segmentation_id):
04      # 如果 br-int 网桥下的 vlan id 全部分配完毕，则报错
05      if not self.available_local_vlans:
06        LOG.error(_("No local VLAN available for net-id=%s"),
                    net_uuid)
07        return
08      # 申请一个 vlan id
```

```
09                lvid = self.available_local_vlans.pop()
10                # 保存 vlan id 与 segmentation_id 的映射信息
11                self.local_vlan_map[net_uuid] = LocalVLANMapping(lvid, network_
                  type,
12                                    physical_network, segmentation_id)
13                …
14            elif network_type == constants.TYPE_VLAN:
15                if physical_network in self.phys_brs:
16                    # 为 phy-br-eth1 端口创建新的流规则
17                    # ovs-ofctl add br-eth1 \
18                    # priority=4,dl_vlan=<lvid>,\
19                    # actions=" mod_vlan_vid:<segmentation_id>,normal"
20                    br = self.phys_brs[physical_network]
21                    br.add_flow(priority=4, in_port=self.phys_ofports
                      [physical_network],
22                                dl_vlan=lvid,\
23                                actions="mod_vlan_vid:%s,normal" % segmentation_id)
24                    #为 int-br-eth1 端口创建新的流规则
25                    # ovs-ofctl add br-int
26                    # priority=3,dl_vlan=<segmentation_id>,\
27                    # actions=" mod_vlan_vid:<lvid>,normal"
28                    self.int_br.add_flow(priority=3,
29                                in_port=self.int_ofports[physical_network],
30                                dl_vlan=segmentation_id, \
31                                actions="mod_vlan_vid:%s,normal" % lvid)
32                …
```

provision_local_vlan 方法首先为 net_uuid 网络在 br-int 网桥下申请一个 vlan id, 然后添加如下两条流规则:

```
ovs-ofctl add br-eth1 \
priority=4,dl_vlan=<lvid>,actions=" mod_vlan_vid:<segmentation_id>,normal"
ovs-ofctl add br-int \
priority=3,dl_vlan=<segmentation_id>,actions=" mod_vlan_vid:<lvid>,normal"
```

其中第 1 条流规则将 br-eth1 网桥中所有 vlan id 为<lvid>的报文的 vlan id 设置为<segmentation_id>。第 2 条流规则将 br-int 网桥中所有 vlan id 为<segmentation_id>的报文的 vlan id 设置为<lvid>。在第 14.3.3 小节将看到,这两条流规则非常重要,它是实现主机间虚拟机通信的基础。

至此, treat_devices_added 方法的定义已经分析完毕。接下来, 分析 treat_devices_removed 方法的定义。

(2) treat_devices_removed 方法

treat_devices_removed 方法是用来处理 br-int 网桥中删除节点的同步问题,其定义如下:

```
01  class OVSQuantumAgent(sg_rpc.SecurityGroupAgentRpcCallbackMixin):
02      def treat_devices_removed(self, devices):
03          resync = False
04          for device in devices:
05              try:
06                  # 更新 Quantum 数据库,设置断点为关闭状态
07                  details = self.plugin_rpc.update_device_down(self.
                      context, device,
08                                                            self.agent_id)
09              except Exception as e:
```

```
10                    resync = True
11                    continue
12              if details['exists']:                    # 成功更新数据库
13                  LOG.info(_("Port %s updated."), device)
14              else:                                     # 端点在数据库中未定义
15                  self.port_unbound(device)
16          return resync
```

treat_devices_removed 方法首先远程调用 update_device_down 方法，将 Quantum 数据库中的端点状态设置为 down。如果数据库不存在端点信息，那说明该端点可能在数据库中被删除了。这时就需调用 port_unbound 方法更新本地 openvswitch 的设置。port_unbound 方法是 port_bound 方法的逆操作，它首先检查当前端点所属的网络还有没有其他的活动端点。如果没有其他端点，则将网络的 br-int 网桥下的 vlan id 回收，删除在 port_bound 方法中定义的流规则。

> **注意**：update_device_down 方法并不会删除数据库中的端点记录，它只是将端点状态设置为关闭。删除端点操作会在删除虚拟机时触发，而 update_device_down 操作也可能在虚拟机关闭时触发。

下面再对 rpc_loop 方法的执行过程做一个总结，参见图14.2。

（1）rpc_loop 方法的功能是保证本地 br-int 网桥下 OpenVSwitch 端点与数据库中保存的端点信息一致。首先，rpc_loop 方法调用 update_ports 方法获取 br-int 网桥下的端点与缓存端点的差异。如果缓存的端点信息与 br-int 网桥下的端点信息不一致，则调用 process_network_ports 方法，同步本地 br-int 网桥与 Quantum Server 数据库的信息。

（2）process_network_ports 方法调用了 treat_devices_added 和 treat_devices_removed 方法，处理 br-int 网桥中新增的和删除的节点。

（3）treat_devices_added 方法首先远程调用 ovs plugin 的 get_device_details 方法，获取数据库中保存的端点信息。如果数据库中存在端点信息，则调用 treat_vif_port 方法更新本地 openvswitch 端点的信息；如果数据库中不存在端点信息，则调用 port_dead 方法将端点杀死。treat_vif_port 方法主要的功能是为 OpenVSwitch 端点设置 vlan id 和流规则。

（4）treat_devices_removed 方法首先远程调用 update_device_down 方法，将 Quantum 数据库中的端点状态设置为 down。如果数据库不存在端点信息，那说明该端点可能在数据库中被删除了。这时就需调用 port_unbound 方法更新本地 openvswitch 的设置。port_unbound 方法是 port_bound 方法的逆操作。它首先检查当前端点所属的网络还有没有其他的活动端点。如果没有其他端点，则将网络的 br-int 网桥下的 vlan id 回收，删除在 port_bound 方法中定义的流规则。

### 2．定时更新agent信息

在 OVSQuantumAgent 类的 setup_rpc 方法中，启动了一个线程，定时调用_report_state 方法。_report_state 方法的功能是向 Quantum 数据库更新 ovs agent 的信息。查看_report_state 方法的定义[1]：

---

1 定义在/opt/stack/quantum/quantum/plugins/openvswitch/agent/ovs_quantum_agent.py 文件中。

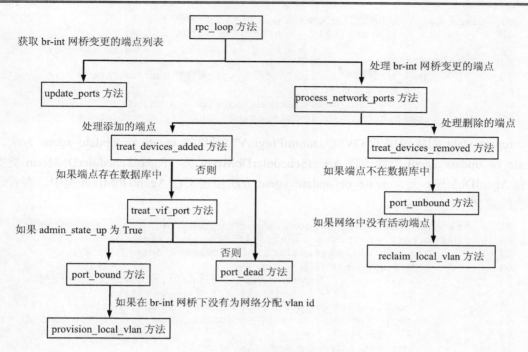

图 14.2　rpc_loop 方法的执行过程

```
01  class OVSQuantumAgent(sg_rpc.SecurityGroupAgentRpcCallbackMixin):
02      def _report_state(self):
03          try:
04              # 计算br-int 网桥下的端点个数
05              ports = self.int_br.get_vif_port_set()
06              num_devices = len(ports)
07              # 更新 agent_state 成员变量
08              self.agent_state.get('configurations')['devices'] = num_
                devices
09              # 远程调用 ovs plugin RPC 服务的 report_state 方法
10              self.state_rpc.report_state(self.context, self.agent_state)
11              # 删除 agent_state 变量的 start_flag 方法
12              self.agent_state.pop('start_flag', None)
13          except Exception:
14              LOG.exception(_("Failed reporting state!"))
```

代码的第 12 行将 agent_state 的 start_flag 删除。start_flag 是 ovs agent 的启动标记，只在 agent 第一次向 ovs plugin 报告状态时发送。ovs plugin 收到启动标记后，将当前时间作为 ovs agent 的启动时间。

代码的第 10 行调用 state_rpc 方法发起 RPC 请求，该方法使用的主题是 topics.PLUGIN。在第 14.3.1 小节介绍过，监听该主题的消费者在 OVSQuantumPluginV2 类的 setup_rpc 方法中定义。ovs plugin 的 RPC 服务定义了两个 callback 对象，一个是 OVSQuantumPluginV2 对象本身，另一个是 AgentExtRpcCallback 对象。report_state 方法便定义在 AgentExtRpcCallback 对象中，查看其定义[1]：

---

[1] 定义在/opt/stack/quantum/quantum/db/agents_db.py 文件中。

```
01  class AgentExtRpcCallback(object):
02      def report_state(self, context, **kwargs):
03          ...
04          # 获取 ovs agent 的状态
05          agent_state = kwargs['agent_state']['agent_state']
06          # 更新数据库信息
07          plugin = manager.QuantumManager.get_plugin()
08          plugin.create_or_update_agent(context, agent_state)
```

report_state 对象调用了 OVSQuantumPluginV2 对象的 create_or_update_agent 方法。create_or_update_agent 类继承自 AgentSchedulerDbMixin 类,AgentSchedulerDbMixin 类继承自 AgentDbMixin 类。create_or_update_agent 方法便定义在 AgentDbMixin 类中,查看该方法的定义[1]:

```
01  class AgentDbMixin(ext_agent.AgentPluginBase):
02      def create_or_update_agent(self, context, agent):
03          with context.session.begin(subtransactions=True):
04              # 获取 agent 的属性
05              res_keys = ['agent_type', 'binary', 'host', 'topic']
06              res = dict((k, agent[k]) for k in res_keys)
07              configurations_dict = agent.get('configurations', {})
08              res['configurations'] = jsonutils.dumps(configurations_dict)
09              # 当前时间
10              current_time = timeutils.utcnow()
11              try:
12                  # 查看数据库中的 agent 信息
13                  agent_db = self._get_agent_by_type_and_host(
14                      context, agent['agent_type'], agent['host'])
15                  # 设置更新时间
16                  res['heartbeat_timestamp'] = current_time
17                  # 如果传入了启动标记,则将当前时间设置为启动时间
18                  if agent.get('start_flag'):
19                      res['started_at'] = current_time
20                  # 更新数据库记录
21                  agent_db.update(res)
22              # 在数据库中找不到 agent 记录,创建新的记录
23              except ext_agent.AgentNotFoundByTypeHost:
24                  res['created_at'] = current_time
25                  res['started_at'] = current_time
26                  res['heartbeat_timestamp'] = current_time
27                  res['admin_state_up'] = True
28                  agent_db = Agent(**res)
29                  context.session.add(agent_db)
```

在以上代码中,最重要的是设置 heartbeat_timestamp(心跳时间)。Quantum Server 是根据心跳时间来判断 agent 是否活动的。

本小节的最后,总结一下 Quantum OVS Agent 服务启动的流程。

(1) Quantum OVS Agent 服务的启动脚本调用了 ovs_quantum_agent 包的 main 方法。main 方法首先创建了 OVSQuantumAgent 对象,然后调用对象的 daemon_loop 方法。

(2) OVSQuantumAgent 类的初始化方法主要做了 3 件事:

❑ 调用 setup_integration_br 方法初始化 br-int 网桥。

❑ 调用 setup_physical_bridges 方法初始化 br-eth1 网桥。

---

1 定义在/opt/stack/quantum/quantum/db/agents_db.py 文件中。

❏ 调用 setup_rpc 方法启动 RPC 服务。

（3）OVSQuantumAgent 对象的 daemon_loop 方法是一个定时任务，它会定时同步本地的 OpenVSwitch 端点信息。

（4）OVSQuantumAgent 对象的 setup_rpc 方法启动了一个 report_state 定时任务，定时向 Quantum Server 服务更新 Quantum OVS Agent 服务的状态信息。

### 14.3.3 虚拟网络的实现

在第 14.3.2 小节介绍过，OVSQuantumAgent 类的 provision_local_vlan 方法中定义了两条非常重要的流规则。这两条规则，是实现 Quantum 虚拟网络的基础。正是通过这两条网络，才实现了主机间的虚拟机通信。

本小节考虑如下情形，虚拟机 VM1 和 VM2 分别运行在主机 HOST1 和 HOST2 上，这两台虚拟机都属于同一个网络，网络的段 id 为 segmentation_id。虚拟机 VM1 和 VM2 的 openvswitch 端口分别创建在 HOST1 和 HOST2 的 br-int 网桥下。假设网络在 HOST1 和 HOST2 的 br-int 网桥下的 vlan id 分别为 lvid1 和 lvid2。HOST1、HOST2、VM1 和 VM2 的网络拓扑结构如图 14.3 所示。

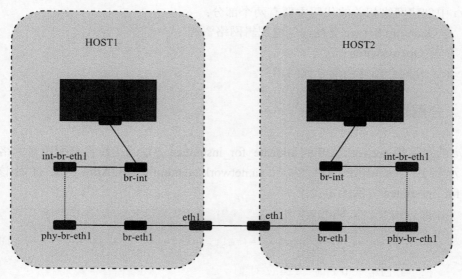

图 14.3　主机间虚拟机通信模型

假设 VM1 想发送报文给 VM2，报文的转发过程如下：

（1）VM1 将报文在 HOST1 主机的 br-int 网桥下广播。此时，报文 vlan id 被标记为 lvid1。

（2）HOST1 主机上的 int-br-eth1 端点收到报文后，会将报文发送给它的对等端点 phy-br-eth1。

（3）phy-br-eth1 端点收到报文后，根据流规则，将报文的 vlan id 标记为 segmentation_id。并将报文在 HOST1 主机的 br-eth1 网桥下广播。

（4）HOST1 主机的网卡 eth1 收到报文后，将报文广播给 HOST2 主机的 eth1 网卡。

（5）HOST2 主机的 eth1 网卡收到报文后，在 HOST2 的 br-eth1 网桥下广播。

（6）HOST2 主机的 phy-br-eth1 端点收到报文后，根据流规则，将报文的 vlan id 标记为 lvid2。并将报文发送给 phy-br-eth1 端点的对等端点 int-br-eth1。

（7）HOST2 主机的 int-br-eth1 端点收到报文后，将报文在 br-int 网桥下广播。

（8）报文被 VM2 接收。

> 注意：从报文转发的过程可以看到，在报文转发过程中并没有用到路由功能。HOST1 和 HOST2 的 eth1 网卡也是通过二层交换机连接。Openvswitch 的报文传输路径都是通过流规则控制的。

## 14.4　Nova 与 Quantum 的交互

Quantum 的功能，是为虚拟机提供网络服务。而在 OpenStack 中，创建和管理的功能是由 Nova 实现。因此，Quantum 不可避免地要与 Nova 进行交互。本节主要介绍 Quantum 如何与 Nova 交互，如何为虚拟机提供网络资源。

由于关于 Nova 的代码在第 15 章将详细分析，这里只介绍 Nova 中分配网络相关的代码。Nova 中创建网络相关的代码主要有两个部分：

（1）与 Quantum Server 交互，创建逻辑网络资源。

（2）创建 Openvswitch 端点。

接下来，分别介绍这两部分代码。

### 14.4.1　分配逻辑网络资源

Nova 通过调用 network API 的 allocate_for_instannce 方法为虚拟机分配逻辑网络资源。在本书示例中，network API 为 nova.network.quantumv2.api.API 类。查看该类中 allocate_for_instannce 方法的定义：

```
01    class API(base.Base):
02      @refresh_cache
03      def allocate_for_instance(self, context, instance, **kwargs):
04         …
05         # 创建 quantum client 对象
06         quantum = quantumv2.get_client(context)
07         # 如果虚拟机没有指定租户 ID，则报错
08         if not instance['project_id']:
09            msg = _('empty project id for instance %s')
10            raise exception.InvalidInput( reason=msg % instance
                ['display_name'])
11         # 获取客户端指定的网络信息
12         requested_networks = kwargs.get('requested_networks')
13         ports = {}                  # 客户指定的端点列表
14         fixed_ips = {}              # 客户指定的 IP 列表
15         net_ids = []                # 客户指定的网络列表
16         # 如果客户端指定了需求网络信息
17         if requested_networks:
18            # 获取需求的网络 ID、固定 IP 和端点 ID
```

```python
19          for network_id, fixed_ip, port_id in requested_networks:
20              # 如果客户端知道了端点
21              if port_id:
22                  # 获取 Quantum 数据库中端点的信息
23                  port = quantum.show_port(port_id)['port']
24                  if hypervisor_macs is not None:
25                      …
26                  # 获取端点所属的网络
27                  network_id = port['network_id']
28                  # 将端点添加至 ports 端点列表
29                  ports[network_id] = port
30              # 如果客户端指定了固定 IP 和网络
31              elif fixed_ip and network_id:
32                  # 将固定 IP 添加到 fixed_ips 列表
33                  fixed_ips[network_id] = fixed_ip
34              # 如果客户端指定了网络
35              if network_id:
36                  # 将网络添加到 net_ids 列表
37                  net_ids.append(network_id)
38          # 获取当前租户下所有可用的网络
39          nets = self._get_available_networks(context, instance['project_id'], net_ids)
40          …
41          touched_port_ids = []              # 虚拟机使用的（已存在的）端点
42          created_port_ids = []              # 虚拟机新建的端点
43          # 遍历每个可用网络
44          for network in nets:
45              …
46              # 获取网络 id 和 zone
47              network_id = network['id']
48              zone = 'compute:%s' % instance['availability_zone']
49              # 构造 HTTP 消息体
50              port_req_body = {'port': {'device_id': instance['uuid'], 'device_owner': zone}}
51              try:
52                  port = ports.get(network_id)
53                  # 如果客户端指定了网络的端点
54                  if port:
55                      # 更新端点的信息，将端点的 device_id 设置为当前虚拟机
56                      quantum.update_port(port['id'], port_req_body)
57                      touched_port_ids.append(port['id'])
58                  # 否则需创建新的端点
59                  else:
60                      fixed_ip = fixed_ips.get(network_id)
61                      # 如果客户端指定虚拟机在当前网络下使用的 IP
62                      if fixed_ip:
63                          # 在 HTTP 消息体中添加 IP 选项
64                          port_req_body['port']['fixed_ips'] = [{'ip_address': fixed_ip}]
65                      # 在 HTTP 消息体中添加端点属性
66                      port_req_body['port']['network_id'] = network_id
67                      port_req_body['port']['admin_state_up'] = True
68                      port_req_body['port']['tenant_id'] = instance['project_id']
69                      …
70                      self._populate_quantum_extension_values(instance, port_req_body)
71                      # 请求 Quantum Server 为虚拟机创建新的端点
```

```
72                          created_port_ids.append(
73                              quantum.create_port(port_req_body)['port']['id'])
74              except Exception:
75                  ...
76          # 从 Quantum Server 中获取网络信息
77          nw_info = self._get_instance_nw_info(context, instance,
                  networks=nets)
78          # 封装网络信息
79          return network_model.NetworkInfo([port for port in nw_info
80                              if port['id'] in created_port_ids +
    touched_port_ids])
```

代码第 17～37 行分析客户端传入的网络需求。客户需求的网络可以有以下几类。

- 需求特定的端点：由于一个端点必须属于某个网络，因此指定了端口就相当于指定了网络。对于这种情况，Quantum 会将指定的端点分配给虚拟机，并且为该端点自动分配 IP。
- 需求特定的网络：对于这种情况，Quantum 会在该网络下为虚拟机创建一个该网络下的端点，并且为端点自动分配 IP。
- 需求固定 IP 和网络：对于这种情况，Quantum 会为虚拟机创建一个该网络下的端点，并将固定 IP 分配给创建的端点。

> **注意**：对于以上 3 种网络需求，只有第 1 种不需要创建端点，需求的端点应该是已经存在的。

代码的第 39 行调用_get_available_networks 方法获取虚拟机可用的方法。该方法工作流程如下：

（1）获取用户所在租户可用的所有网络。租户可用的网络包括两类：属于该租户的网络和 shared 属性为 True 的网络。

（2）检查客户端是否传入了需求的网络。如果未传入，该方法就将租户可用的网络设置为虚拟机可用的网络。否则，该方法将需求网络列表中所有租户可用的网络设置为虚拟机可用的网络。

代码第 44～74 行对每个虚拟机可用的网络，为虚拟机创建相应的网络资源。其中第 54～57 行处理客户端指定需求端点的情形，第 60～70 行处理其他种类需求网络的情形。

## 14.4.2 创建 OpenVSwitch 端点

第 14.4.1 小节介绍的 allocate_for_instannce 方法只是在 Quantum 数据库为虚拟机创建逻辑网络资源。但是，要让虚拟机能够真的实现网络通信，还需为其分配 OpenVSwitch 端点。本小节介绍 Nova 中为虚拟机创建 OpenVSwitch 端点的流程。

创建虚拟机 OpenVSwitch 端点的方法为 LibvirtDriver 对象的 plug_vifs 方法。查看该方法的定义[1]：

```
class LibvirtDriver(driver.ComputeDriver):
    def plug_vifs(self, instance, network_info):
        for (network, mapping) in network_info:
            self.vif_driver.plug(instance, (network, mapping))
```

---

[1] 定义在/opt/stack/nova/nova/virt/libvirt/driver.py 文件中。

代码对每个虚拟机网络都调用 vif_driver.plug 方法。代码中的 network 和 mapping 保存了虚拟机逻辑网络资源的信息。其中 network 保存了网络的详细信息，如网络的 id、cidr 和物理网桥等。mapping 保存了网络下虚拟机端点的信息。

代码中引用的 vif_driver 是一个 LibvirtOpenVswitchDriver 对象，它的 plug 方法调用了 plug_ovs_ethernet 方法。LibvirtOpenVswitchDriver 类继承自 LibvirtGenericVIFDriver 类，plug_ovs_ethernet 方法定义在 LibvirtGenericVIFDriver 类中。查看 plug_ovs_ethernet 方法的定义[1]：

```
01  class LibvirtGenericVIFDriver(LibvirtBaseVIFDriver):
02      def plug_ovs_ethernet(self, instance, vif):
03          super(LibvirtGenericVIFDriver, self).plug(instance, vif)
04          # network 保存了网络信息，mapping 保存了端点信息
05          network, mapping = vif
06          # iface_id 即为数据库中端点的 uuid
07          iface_id = self.get_ovs_interfaceid(mapping)
08          # 虚拟机 openvswitch 端点名
09          dev = self.get_vif_devname(mapping)
10          # 创建虚拟机 openvswitch 端点（即 tuntap 设备）
11          # ip tuntap add <dev> mod tap
12          linux_net.create_tap_dev(dev)
13          # 将虚拟机端点添加到 br-int 网桥中
14          # ovs-vsctl -- --may-exist add-port br-int <dev> -- set Interface <dev>\
15          # external-ids:iface-id=<iface_id> external-ids:iface-status=active \
16          # external-ids:attached-mac=<mac> external-ids:vm-uuid=<instance_id>
17          linux_net.create_ovs_vif_port(self.get_bridge_name(network),
18                              dev, iface_id, mapping['mac'],
                                instance['uuid'])
```

以上代码主要运行了以下两条命令：

```
ip tuntap add <dev> mod tap
ovs-vsctl -- --may-exist add-port br-int <dev> -- set Interface <dev>\
external-ids:iface-id=<iface_id> external-ids:iface-status=active \
external-ids:attached-mac=<mac> external-ids:vm-uuid=<instance_id>
```

其中第 1 条命令创建了一个 tuntap 设备，其中<dev>是 tuntap 设备名。默认 tuntap 设备名为 tap+端点 uuid 的前 11 位子串。

tuntap 是虚拟网络内核设备。在操作系统中，所有发送给 tuntap 设备的报文，都会被转发给附加在 tuntap 设备上的应用程序。附加在 tuntap 设备上的应用程序，也可以发送报文给 tuntap 设备。tuntap 设备再将报文发送到操作系统的网络栈中。虚拟机本质上就是操作系统上的应用程序。因此，通过将虚拟机附加到 tuntap 设备中，便可实现虚拟机的网络通信。tuntap 设备共分为两类：tun 设备和 tap 设备。tap 设备模拟的是链路层的设备，它能够处理两层的以太网帧。tun 设备模拟的是网络层的设备，它能够处理 IP 报文。因此，tap 设备通常用于网桥，而 tun 设备通常用于路由。在上面命令中，创建的是 tap 设备。

第 2 条命令是将创建的 tuntap 设备添加到 br-int 网桥中。其中<iface_id>是端点的 id，<mac>是端点的 MAC 地址，是虚拟机的 uuid。

---

1 定义在/opt/stack/nova/nova/virt/libvirt/vif.py 文件中。

一个 tuntap 设备，还必须与虚拟机关联。这个工作是由 Libvirt 完成的，Nova 需要做的是在虚拟机的 XML 定义文件中定义虚拟机与 tuntap 设备的映射关系。查看任意一个 Nova 创建的虚拟机的 XML 定义文件[1]，可以发现如下配置：

```
01      <interface type='bridge'>
02        <mac address='fa:16:3e:de:8a:7f'/>
03        <source bridge='br-int'/>
04        <virtualport type='openvswitch'>
05          <parameters interfaceid='d966788d-c4e7-45c9-977e-eb6af6b4c050'/>
06        </virtualport>
```

这里的 interfaceid 即为端点的 uuid。

> 注意：通过前面的分析可以看出，Quantum Server 负责虚拟网络资源上层逻辑的维护，Nova 负责 OpenVSwitch 端点的创建和删除等操作。而 OVS Agent 通过定时同步计算节点上 OpenVSwitch 端点与 Quantum 数据库中端点的信息，来保证虚拟网络能够正常运行。

## 14.5　Quantum DHCP Agent 服务

Quantum Server、Nova 和 Quantum OVS Agent 这 3 个服务各司其职，似乎能够很完整地为虚拟机提供网络资源了。但是还有一个问题需要解决，在 Nova 请求 Quantum Server 分配网络时，Quantum Server 会为虚拟机的每个端点分配一个 IP。但是 Quantum Server 分配的 IP 只是上层逻辑的 IP。在底层环境中，虚拟机又是如何获得 Quantum Server 分配的 IP 呢？这个工作由 Quantum DHCP Agent 完成。限于篇幅，本节只能对 Quantum DHCP Agent 服务做一个简单的分析。

在 DHCP agent 的启动脚本[2]中，调用了 dhcp_agent 包的 main 方法。main 方法的定义如下：

```
01   def main():
02      …
03      # 创建 DHCP agent 服务
04      server = quantum_service.Service.create(
05          binary='quantum-dhcp-agent',                              # 服务名
06          topic=topics.DHCP_AGENT,                                  # RPC 服务主题
07          report_interval=cfg.CONF.AGENT.report_interval,           # 报告服务
                                                                        状态周期
08          # manager 对象
09          manager='quantum.agent.dhcp_agent.DhcpAgentWithStateReport')
10      # 启动 RPC 服务
11      service.launch(server).wait()
```

main 方法工作流程如下：

---

[1] 可使用 virsh dumpxml &lt;instance-uuid&gt; 命令查看。
[2] 定义在 /opt/stack/quantum/bin/quantum-dhcp-agent 文件中。

（1）调用 Service 类的 create 方法创建一个 Service 对象。

（2）调用 service 包的 launch 方法来启动 DHCP agent 服务。

在 Service 类的 create 方法中，传递了以下几个参数。

- binary，服务名。
- topic，服务的 RPC 消费者接收的消息主题。
- report_interval，在 OpenStack 中，每个服务都必须有一个定时任务报告服务的状态。report_interval 指定了报告服务状态的周期。
- manager，服务的 RPC 消费者处理 RPC 请求的 manager 对象。

注意：以上代码为 OpenStack 服务启动代码的标准写法。在第 15 章和第 16 章将看到，Nova 中的大部分服务（API 服务除外）的启动代码都与以上代码类似。

本节的第 14.5.1 小节将通过分析 Service 类的 create 方法和 service 包的 launch 方法，介绍 DHCP agent 类的启动流程。第 14.5.2 小节将介绍 DHCP agent 服务的 manager 对象（即 DhcpAgentWithStateReport 对象）的初始化。第 14.5.3 小节将着重介绍 DHCP agent 服务，如何实现为虚拟机分配 IP。

## 14.5.1 服务的启动

本小节主要介绍 DHCP agent 服务的启动流程。OpenStack 服务的启动流程大同小异，因此，掌握了 DHCP agent 服务的启动流程，有助于后面学习 OpenStack 其他服务的启动流程，以及学习编写自定义服务的方法。

在前面分析 dhcp_agent 包的 main 方法时看到，main 方法首先调用了 Service 类的 create 方法创建 DHCP agent 服务对象。然后调用 service 包的 launch 方法为 DHCP agent 服务创建线程。launch 方法会返回一个 Luancher 对象。最后，main 方法调用了 Launcher 对象的 wait 方法启动 DHCP agent 服务的线程。本小节将逐一介绍这 3 个方法。

### 1. Service类的create方法

Service 类的 create 方法创建了一个 Service 对象。其定义如下[1]：

```
01  class Service(service.Service):
02      @classmethod
03      def create(cls, host=None, binary=None, topic=None,
04                manager=None, report_interval=None,
05                periodic_interval=None, periodic_fuzzy_delay=None):
06          if not host:                          # 服务所在的主机名
07              host = CONF.host
08          if not binary:                        # 服务名
09              binary = os.path.basename(inspect.stack()[-1][1])
10          if not topic:                         # 服务主题
11              topic = binary.rpartition('quantum-')[2]
12              topic = topic.replace("-", "_")
13          # RPC 消费者处理 RPC 请求的 manager 对象
14          if not manager:
```

---

[1] 定义在/opt/stack//quantum/quantum/service.py 文件中。

```
15              manager = CONF.get('%s_manager' % topic, None)
16          if report_interval is None:             # 报告服务状态的间隔时间
17              report_interval = CONF.report_interval
18          if periodic_interval is None:           # 服务定时任务的间隔时间
19              periodic_interval = CONF.periodic_interval
20          # 服务启动后，等待多长时间开始执行周期任务
21          if periodic_fuzzy_delay is None:
22              periodic_fuzzy_delay = CONF.periodic_fuzzy_delay
23          # 创建 Service 对象
24          service_obj = cls(host, binary, topic, manager,
25                  report_interval=report_interval,
26                  periodic_interval=periodic_interval,
27                  periodic_fuzzy_delay=periodic_fuzzy_delay)
28          return service_obj
```

create 方法的功能就是为 Service 对象准备各种参数，然后再创建 Service 对象。Service 类的初始化方法非常简单，就是将 create 类方法中传入的参数保存为 Service 对象的成员变量。

### 2. service包的launch方法

service 包的 launch 方法定义如下：

```
01  def launch(service, workers=None):
02      # 如果指定了服务个数
03      if workers:
04          launcher = ProcessLauncher()
05          launcher.launch_service(service, workers=workers)
06      # 如果未指定服务的个数，则只创建一个服务
07      else:
08          launcher = ServiceLauncher()
09          launcher.launch_service(service)
10      return launcher
```

launch 方法处理了两种不同的情况。

❑ 需要创建多个服务。这时需把多个服务都放在不同的进程中，各个服务的进程由父进程统一管理。

❑ 只需创建 1 个服务。这时，只需创建 1 个进程即可。

对于 DHCP agent 服务，由于未指定其服务个数，故只需创建 1 个进程。对于这种情况，launch 方法会调用 ServiceLauncher 对象的 launch_service 方法。ServiceLauncher 类继承自 Launcher 类，launch_service 方法定义在 Launcher 类中。查看 launch_service 方法的定义[1]。

```
class Launcher(object):
    def launch_service(self, service):
        self._services.add_thread(self.run_service, service)
```

代码中的_services 是一个 ThreadGroup 对象。ThreadGroup 是 Quantum 自定义的类[2]，该类的主要功能是维护一个线程池。它的 add_thread 方法会创建一个线程来运行传入的 self.run_service 方法。

> 注意：当线程被启动时，便会在线程中执行 Launcher 对象的 run_service 方法。

---

1 定义在/opt/stack//quantum/quantum/openstack/common/service.py 文件中。

2 定义在/opt/stack//quantum/quantum/openstack/common/threadgroup.py 文件中。

### 3. Launcher对象的wait方法

service 包的 launch 方法创建了一个线程，用于运行 DHCP agent 服务。而 Launcher 对象的 wait 方法的功能是启动创建的线程。线程启动时，会调用 Launcher 对象的 run_service 方法。查看 Launcher 对象的 run_service 方法的定义：

```
01  class Launcher(object):
02      @staticmethod
03      def run_service(service):
04          service.start()
05          service.wait()
```

run_service 分别调用了 Service 的 start 和 wait 方法。其中，start 方法主要完成了两个任务：创建 RPC 消费者和定义定时任务。

wait 方法的功能是启动定时任务。wait 方法比较简单，这里只介绍 start 方法。start 方法的定义如下：

```
01  class Service(service.Service):
02      def start(self):
03          self.manager.init_host()                        # 初始化节点
04          # 调用父类的 start 方法，创建 RPC 消费者
05          super(Service, self).start()
06          # 如果定义了报告服务状态周期
07          if self.report_interval:
08              # 创建线程，定时运行 report_state 方法，报告服务状态
09              pulse = loopingcall.LoopingCall(self.report_state)
10              # 设置定时任务的运行周期和初始等待时间
11              # 注意这里 initial_delay 设置为 report_interval
12              # 该线程必须等到一个 report_interval 后才能执行
13              pulse.start(interval=self.report_interval, initial_delay=
                  self.report_interval)
14              self.timers.append(pulse)
15          # 如果定义了定时任务周期
16          if self.periodic_interval:
17              # 获取定时任务初始等待时间
18              if self.periodic_fuzzy_delay:
19                  initial_delay = random.randint(0, self.periodic_
                      fuzzy_delay)
20              else:
21                  # 没有设置初始等待时间，则定时任务立即执行
22                  initial_delay = None
23              # 创建线程，执行定时任务
24              periodic = loopingcall.LoopingCall(self.periodic_tasks)
25              # 设置定时任务的运行周期和初始等待时间
26              periodic.start(interval=self.periodic_interval, initial_
                  delay=initial_delay)
27              self.timers.append(periodic)
28          # 运行 manager 对象的 after_start 方法
29          self.manager.after_start()
```

代码的第 05 行调用了 Service 父类的 start 方法，该方法创建了 RPC 服务的消费者，稍后再详细介绍。代码的第 09~14 行和第 18~27 行定义了两个线程运行定时任务。其中

第 1 个线程的功能是定时调用 service 对象的 report_state 方法更新服务的状态。至执笔时，Service 对象的 report_state 方法还是空的。第 2 个线程的功能定时运行服务自定义的定时任务。

一个服务可以有多个自定义定时任务，每个定时任务都对应于服务的 Manager 类中的一个定时方法。在 Quantum 服务中，定时方法需要使用@periodic_task.periodic_task 修饰器修饰[1]。其他 OpenStack 服务定时任务的定义大同小异，在第 16.5.1 小节将介绍 Nova 定时任务的定义和使用方法。

> 注意：DHCP agent 服务中也有许多定时任务，但是并没有使用 periodic_task 修饰器，而是直接创建和启动了定时线程。这是因为 periodic_task 修饰器会管理服务的 manager 对象中的多个定时任务，效率上比较低下。同时各个定时任务的周期虽然可以调节，却必须是基准周期（periodic_interval 配置项）的倍数，不够灵活。在代码第 29 行调用的 after_start 方法中，便会启动 DHCP agent 服务的定时任务。

在定义定时任务前，Service 类的 start 方法还调用了其父类的 start 方法。Service 父类 start 方法的功能是添加 RPC 消费者，其定义如下[2]：

```
01  class Service(service.Service):
02      def start(self):
03          super(Service, self).start()
04          # 建立与 RabbitMQ Server 的连接
05          self.conn = rpc.create_connection(new=True)
06          # 创建 RPC 服务分发器
07          dispatcher = rpc_dispatcher.RpcDispatcher([self.manager])
08          # 定义消费者
09          self.conn.create_consumer(self.topic, dispatcher, fanout=False)
10          node_topic = '%s.%s' % (self.topic, self.host)
11          self.conn.create_consumer(node_topic, dispatcher, fanout=False)
12          self.conn.create_consumer(self.topic, dispatcher, fanout=True)
13          ...
14          # 激活消费者
15          self.conn.consume_in_thread()
```

在 start 方法中，共添加了 3 个消费者，其详细描述参见表 14.3。

表 14.3　OpenStack服务定义的消费者

| 属性/方法 | 说　　明 | |
|---|---|---|
| &lt;topic&gt; | 否 | 处理指定主题的 RPC 请求。对于一个 RPC 消息，任选一个对应主题的消费者来处理 |
| &lt;topic&gt;.&lt;host&gt; | 否 | 处理指定主题和主机的 RPC 请求。对于一个 RPC 消息，选择在指定主机上的消费者来处理 |
| &lt;topic&gt; | 是 | 处理指定主题的广播 RPC 请求。对于一个 RPC 消息，所有主机上的相应主题消费者都必须处理 |

---

1 参见/opt/stack/quantum/quantum/plugins/services/agent_loadbalancer/agent/manager.py 文件中定义的 LbaasAgentManager 类的 collect_stats 方法。

2 定义在/opt/stack/quantum/quantum/openstack/common/rpc/service.py 文件中。

## 14.5.2 Manager 类

任何一个标准的 OpenStack 服务，都必须指定一个 Manager 类。Manager 类通常有以下两个功能：
（1）定义和运行定时任务。
（2）接收和处理 RPC 请求。
DHCP agent 服务的 Manager 类为 DhcpAgentWithStateReport 类。查看其初始化方法的定义[1]：

```
01  class DhcpAgentWithStateReport(DhcpAgent):
02      def __init__(self, host=None):
03          # 调用父类的初始化方法
04          super(DhcpAgentWithStateReport, self).__init__(host=host)
05          # state_rpc 用于向 OVS plugin 发送 RPC 请求
06          self.state_rpc = agent_rpc.PluginReportStateAPI(topics.PLUGIN)
07          # DHCP agent 服务状态
08          self.agent_state = {
09              'binary': 'quantum-dhcp-agent',      # 服务名
10              'host': host,                         # 服务所在的主机名
11              'topic': topics.DHCP_AGENT,           # 服务主题
12              'configurations': {                   # 配置项
13                  'dhcp_driver': cfg.CONF.dhcp_driver, # 服务的 driver 名
14                  'use_namespaces': cfg.CONF.use_namespaces,
                                                        # 是否使用命名空间
15                  'dhcp_lease_time': cfg.CONF.dhcp_lease_time},
                                                        # 动态 IP 租期
16              'start_flag': True,                   # 服务启动标记
17              'agent_type': constants.AGENT_TYPE_DHCP}  # 服务类型
18          # 报告任务的运行周期
19          report_interval = cfg.CONF.AGENT.report_interval
20          if report_interval:
21              # 定义定时任务，报告 DHCP agent 服务的状态
22              self.heartbeat = loopingcall.LoopingCall(self._report_state)
23              self.heartbeat.start(interval=report_interval)
```

DhcpAgentWithStateReport 类的初始化方法的主要功能是定义了一个定时任务，报告 DHCP agent 服务的状态。细心的读者应该还记得，在 OVS agent 中也会启动定时任务报告服务状态[2]。其实这两个定时任务的逻辑是完全类似的。DHCP agent 服务也是定时远程调用 OVSQuantumPluginV2 对象的 create_or_update_agent 方法[3]，在 Quantum 数据库中更新服务信息。

> 注意：OpenStack 设计的初衷应该是让 Service 对象来管理服务的线程，因为只有在 Service 类[4]中，才定义了线程的管理方法（如启动、停止和暂停等）。但到执笔

---

[1] 定义在/opt/stack//quantum/quantum/agent/dhcp_agent.py 文件中。
[2] 参见第 14.3.2 小节 "定时更新 agent 信息" 部分。
[3] 定义在/opt/stack/quantum/quantum/plugins/ovs_quantum_plugin.py 文件中。
[4] Service 类定义在/opt/stack/quantum/quantum/service.py 文件中。在该类的 start 方法中定义了两个定时线程，其中 pulse 线程是专门用于报告服务状态的。但在执笔时，该线程跑的是空任务。参见第 14.5.1 小节 "Launcher 对象的 wait 方法" 部分。

时，Quantum 所有的线程都是在其他类中创建。在这样的设计下，进程根本无法管理相应的线程。相信在以后的版本中，OpenStack 会对这部分代码做逐步改进。

DhcpAgentWithStateReport 类继承自 DhcpAgent 类。DhcpAgentWithStateReport 类的初始化方法调用了 DhcpAgent 类的初始化方法。DhcpAgent 类的初始化方法调用了 _populate_networks_cache 方法。_populate_networks_cache 方法的主要功能是查询和缓存所有启用 DHCP 功能的网络。查看_populate_networks_cache 方法的定义：

```
01  class DhcpAgent(manager.Manager):
02      def _populate_networks_cache(self):
03          try:
04              # 查询数据库，获取启用 DHCP 功能的网络列表
05              existing_networks = self.dhcp_driver_cls.existing_dhcp_
                  networks(
06                  self.conf, self.root_helper)
07              # 缓存所有 DHCP 网络
08              for net_id in existing_networks:
09                  net = DictModel({"id": net_id, "subnets": [], "ports": []})
10                  self.cache.put(net)
11          except NotImplementedError:
12              ...
```

代码调用了 dhcp_driver_cls 类的 existing_dhcp_networks 方法获取已经存在的 DHCP 网络列表。默认的 dhcp_driver_cls 类为 Dnsmasq 类。查看其 existing_dhcp_networks 方法的定义[1]：

```
01  class Dnsmasq(DhcpLocalProcess):
02      @classmethod
03      def existing_dhcp_networks(cls, conf, root_helper):
04          # confs_dir 默认为/var/lib/quantum/dhcp 目录
05          confs_dir = os.path.abspath(os.path.normpath(conf.dhcp_confs))
06          ..
07          # 返回所有 confs_dir 目录下的活动的网络
08          return [
09              c for c in os.listdir(confs_dir)
10              if (uuidutils.is_uuid_like(c) and cls(conf, FakeNetwork(c),
                  root_helper).active)]
```

在 Quantum 中，使用了 Dnsmasq[2]作为 DHCP 服务器。Quantum DHCP agent 为每个启动 DHCP 功能的网络都创建一个 dnsmasq 进程。这个 dnsmasq 进程正是为网络中的虚拟机提供 DHCP 服务的进程。可通过如下命令，查看 Quantum DHCP agent 节点下的所有 dnsmasq 进程。

```
ps aux | grep dnsmasq
```

为了便于 DHCP agent 维护所有的 dnsmasq 进程，在/var/lib/quantum/dhcp 目录下保存了所有网络的 dnsmasq 进程信息。查看/var/lib/quantum/dhcp 目录可以发现，该目录下为每个网络都创建了一个以网络为 uuid 的子目录。在每个子目录下都有 host、interface、opts 和 pid 4 个文件。

---

1 定义在/opt/stack/quantum/quantum/agent/linux/dhcp.py 文件中。

2 Dnsmasq 是专门为小型网络提供 DNS 和 DHCP 服务的轻量级服务器。

❑ host 文件保存了所有虚拟机的 MAC 地址和 IP 地址对。例如：

```
fa:16:3e:b6:60:94,192-168-0-2.openstacklocal,192.168.0.2
```

表示为 MAC 地址为 fa:16:3e:b6:60:94 的虚拟机分配的 IP 为 192.168.0.2。

❑ interface 文件保存了网络下所有 OpenVSwitch 端口的列表。例如：

```
tapa0a3066c-5d
```

就是某个虚拟机的 OpenVSwitch 端口。其中 a0a3066c-5d 是端点 uuid 的前 11 位子串。

❑ opts 文件保存了网络下的虚拟机的默认网络配置信息。例如：

```
tag:tag0,option:router,192.168.0.1
```

这里的 tag:tag0 是前置条件，表示后面的配置只对标记为 tag0 的子网有效。在 Quantum 中，一个网络可以有多个子网。DHCP agent 为每个子网都分配了一个唯一的标记（tag0，tag1，……）。后面的 option:router,192.168.0.1 是对子网下的虚拟机的配置项，表示将虚拟机的路由器地址设置成 192.168.0.1。

❑ pid 文件保存的是网络的 dnsmasq 进程的 ID。

Dnsmasq 类的 existing_dhcp_networks 方法首先在/var/lib/quantum/dhcp 目录下查找所有网络的 dnsmasq 进程的 ID。根据进程的 ID，就能判断网络的 DHCP 服务是否已经启动。existing_dhcp_networks 方法返回所有活动的 DHCP 网络列表。

综上所述，DhcpAgentWithStateReport 对象创建时，共做了两件事：启动定时线程报告 DHCP agent 服务的状态、获取所有活动的 DHCP 网络列表。

本小节的最后，总结一下 DHCP agent 服务的启动流程。

（1）在 DHCP agent 服务的启动脚本中，调用了 dhcp_agent 包的 main 方法。main 方法首先调用了 Service 类的 create 方法创建一个 Service 对象。然后，代码调用了 service 包的 launch 方法来启动 DHCP agent 服务。launch 方法会返回一个 Launcher 对象。最后，main 方法调用了 Launcher 对象的 wait 方法启动 DHCP agent 服务的线程。

（2）Service 类的 create 方法的功能是：首先为 Service 对象准备各种参数，然后再创建 Service 对象。Service 类的初始化方法的主要工作是将 create 类方法中传入的参数保存为 Service 对象的成员变量。其中最重要的成员变量是 manager 成员变量。

（3）launch 方法的主要功能是创建一个线程运行 Launcher 对象的 run_service 方法。Launcher 对象的 run_service 方法分别调用了 Service 对象的 start 和 wait 方法。Service 对象的 start 方法主要工作是调用父类的 start 方法创建 RPC 服务的消费者。

（4）与其他 RPC 服务一样，DHCP agent 服务的 manager 对象也是用来处理 RPC 请求的。默认的 DHCP agent 服务的 manager 对象是 DhcpAgentWithStateReport 对象。DhcpAgentWithStateReport 的初始化方法主要完成两件事。

❑ 调用父类的初始化方法。DhcpAgentWithStateReport 类的父类是 DhcpAgent 类，其初始化方法主要调用了 _populate_networks_cache 方法查询和缓存已经启动 DHCP 服务的网络。DhcpAgent 对象的 _populate_networks_cache 方法调用了 Dnsmasq 对象的 existing_dhcp_networks 方法。existing_dhcp_networks 方法会查看 dhcp 配置目录下（默认为/var/lib/quantum/dhcp/）的所有子目录，每个子目录对应于一个启动 DHCP 服务的网络。子目录名就是网络的 uuid。

❏ 启动定时任务向 Quantum Server 服务更新 DHCP agent 服务的状态。

## 14.5.3 Dnsmasq DHCP 的维护

在 14.5.2 小节介绍过，Quantum DHCP agent 会为每个网络都创建一个 Dnsmasq 进程来作为网络下虚拟机的 DHCP 服务器。因此，当数据库中的网络信息更新时（例如添加或删除网络时），都必须创建或删除相应的 Dnsmasq 进程。在 Quantum DHCP agent 中，是通过定时任务完成的。

在 Service 类的 start 方法最后，调用了 DhcpAgentWithStateReport 类的 after_start 方法[1]。DhcpAgentWithStateReport 类继承自 DhcpAgent 类，其 after_start 方法定义在 DhcpAgent 类中。DhcpAgent 类的 after_start 方法调用了 run 方法。查看 run 方法的定义[2]：

```
01  class DhcpAgent(manager.Manager):
02      def run(self):
03          self.sync_state()                    # 同步数据库信息
04          self.periodic_resync()               # 启动线程定时调用 sync_state 方法
05          self.lease_relay.start()             # 启动 socket 服务，监听 DHCP 请求
```

run 方法首先调用 sync_state 方法同步 DHCP agent 服务与数据库的信息。然后调用 periodic_resync 方法，启动线程定时同步 DHCP agent 服务与数据库的信息。periodic_resync 方法启动的线程最终也会调用 sync_state 方法。最后启动 socket 服务，监听虚拟机的租用 IP 请求。

> 注意：有的读者可能会疑问，既然在进程中会定时调用 sync_state 方法，那么在 run 方法的开头，为什么还要调用 sync_state 方法呢？原来为了减轻系统的开销，定时线程只有在接收到租用 IP 请求，并且租用失败时，才会同步 DHCP agent 服务与数据库的信息。因为租用失败，就表示 DHCP agent 服务缓存的网络信息与数据库的网络信息存在差异。

不难看出，sync_state 方法是 DhcpAgent 类中比较重要的方法。本小节将详细介绍 sync_state 方法的定义。至于其他方法，限于篇幅，无法一一介绍了。

sync_state 方法的定义如下：

```
01  class DhcpAgent(manager.Manager):
02      def sync_state(self):
03          # 获取缓存的网络列表
04          known_networks = set(self.cache.get_network_ids())
05          try:
06              # 获取数据库中活动的网络列表
07              active_networks = set(self.plugin_rpc.get_active_networks())
08              # 删除数据库中不存在的网络
09              for deleted_id in known_networks - active_networks:
10                  self.disable_dhcp_helper(deleted_id)
11              # 更新数据库中存在的网络
12              for network_id in active_networks:
13                  self.refresh_dhcp_helper(network_id)
14          except:
15              ...
```

---

[1] 参见/opt/stack/quantum/quantum/service.py 文件中 Service 类的 start 方法的定义。

[2] 定义在/opt/stack/quantum/quantum/agent/dhcp_agent.py 文件中。

sync_state 方法首先获取 DHCP agent 缓存的网络列表。DHCP agent 服务为每个缓存的网络都创建了 Dnsmasq 进程。然后，sync_state 方法通过 plugin_rpc 对象远程调用 ovs plugin 的 get_active_networks 方法获取数据库中的网络列表。最后，sync_state 方法为每个删除的网络调用 disable_dhcp_helper 方法，同时为每个数据库中的活动网络（不一定是新增的网络）调用 refresh_dhcp_helper 方法。

接下来，分别介绍 disable_dhcp_helper 方法和 refresh_dhcp_helper 方法。

### 1. disable_dhcp_helper方法

disable_dhcp_helper 方法主要调用了 dhcp_driver_cls 对象的 disable 方法。默认的 dhcp_driver_cls 类为 Dnsmasq 类。Dnsmasq 类继承自 DhcpLocalProcess 类，disable 方法便定义在 DhcpLocalProcess 类中。查看 DhcpLocalProcess 类的 disable 方法的定义：

```
01  class DhcpLocalProcess(DhcpBase):
02  def disable(self, retain_port=False):
03          pid = self.pid                                  # 当前网络的dnsmasq进程的ID
04          # 如果当前网络的dnsmasq进程处于活动专题
05          if self.active:
06              # 杀死相应的dnsmasq进程
07              cmd = ['kill', '-9', pid]
08              ...
09              utils.execute(cmd, self.root_helper)
10          # 删除OpenVSwitch中DHCP服务器的端口
11          if not retain_port:
12              self.device_delegate.destroy(self.network, self.
                interface_name)
13          ...
14          # 删除/var/lib/quantum/dhcp目录下相应网络的配置文件
15          self._remove_config_files()
```

disable 方法的功能是删除某个网络的 DHCP 服务器，它总共做了 3 件事情。

❑ 杀死 dnsmasq 进程。
❑ 删除 OpenVSwitch 中 DHCP 服务器的端口。
❑ 删除/var/lib/quantum/dhcp 目录下相应网络的配置文件。

### 2. refresh_dhcp_helper方法

refresh_dhcp_helper 方法的定义如下：

```
01  class DhcpAgent(manager.Manager):
02      def refresh_dhcp_helper(self, network_id):
03          # 获取DHCP agent中缓存的网络信息
04          old_network = self.cache.get_network_by_id(network_id)
05          # 如果DHCP agent中没有缓存网络信息，说明是新建的网络
06          if not old_network:
07              # 为网络创建新的Dnsmasq DHCP服务器
08              return self.enable_dhcp_helper(network_id)
09          # 否则，说明不是新建的网络
10          try:
11              # 查询数据库中的网络信息
12              network = self.plugin_rpc.get_network_info(network_id)
13          except:
14              ...
```

```
15              # DHCP agent 中缓存的网络 cidr
16              old_cidrs = set(s.cidr for s in old_network.subnets if
                    s.enable_dhcp)
17              # 数据库中保存的网络 cidr
18              new_cidrs = set(s.cidr for s in network.subnets if s.enable_dhcp)
19              # 如果 new_cidrs 与 old_cidrs 一致
20              if new_cidrs and old_cidrs == new_cidrs:
21                  # 修改配置,并更新 dnsmasq 进程
22                  self.call_driver('reload_allocations', network)
23                  self.cache.put(network)
24              # 如果数据库中网络的 cidr 做了修改
25              elif new_cidrs:
26                  # 重启 dnsmasq 进程
27                  if self.call_driver('restart', network):
28                      self.cache.put(network)
29              # 如果数据库中网络的 cidr 被删除
30              else:
31                  # 关闭 dnsmasq 进程
32                  self.disable_dhcp_helper(network.id)
```

refresh_dhcp_helper 方法需要处理两种不同的情况。

☐ 数据库中创建了新的网络。
☐ 数据库中网络的 cidr 有更新。

代码的 06～08 行处理数据库中创建新网络的情况。它调用了 enable_dhcp_helper 方法,为新创建的网络创建 Dnsmasq DHCP 服务进程。enable_dhcp_helper 方法会为网络中的每个子网调用 Dnsmasq 对象的 enable 方法。稍后将对 Dnsmasq 对象的 enable 方法做详细分析。

代码的第 10～32 行处理网络的 cidr 更新的情况。对于网络 cidr 更新,又分为 3 种子情形。其中:

☐ 第 20～23 行处理网络 cidr 没有更新的情形。这时,无需杀死原来的 Dnsmasq 进程,只需修改进程的配置文件(主要是修改 host 和 opts 文件),并更新进程即可。代码中调用了 Dnsmasq 对象的 reload_allocations 方法处理这种情形。稍后将详细分析 Dnsmasq 对象的 reload_allocations 方法。

☐ 第 25～28 行处理网络 cidr 有更改的情形。这时,需杀死原来的 Dnsmasq 进程,并创建新的 Dnsmasq 进程。代码中,调用了 Dnsmasq 对象的 reload 方法处理这种情形。Dnsmasq 对象的 reload 方法非常简单,它依次调用了 Dnsmasq 对象的 disable 和 enable 方法。disable 方法在本小节的"disable_dhcp_helper 方法"部分已做了介绍,enable 方法稍后再做介绍。

☐ 第 30～32 行处理网络 cidr 被删除的情形。这时,只需杀死原来的 Dnsmasq 进程即可。代码中直接调用了 disable_dhcp_helper 方法。

在 refresh_dhcp_helper 方法中调用了 Dnsmasq 对象的 3 个很重要的方法,即 disable 方法、enable 方法和 reload_allocations 方法。其中 disable 方法在本小节的"disable_dhcp_helper 方法"部分已做了介绍,接下来再介绍另外两个方法。

(1) enable 方法

Dnsmasq 类继承自 DhcpLocalProcess 类,enable 方法定义在 DhcpLocalProcess 类中,其定义如下:

```
01  class DhcpLocalProcess(DhcpBase):
02      def enable(self):
```

```
03              # 创建 DHCP 服务器的 OpenvSwitch 端点
04              interface_name = self.device_delegate.setup(self.network,
                reuse_existing=True)
05              ...
06          elif self._enable_dhcp():
07              self.interface_name = interface_name
08              # 创建 Dnsmasq 进程
09              self.spawn_process()
```

enable 方法完成了两个任务：

❑ 调用 device_delegate 的 setup 方法创建 DHCP 服务器的 OpenvSwitch 端点。
❑ 调用 Dnsmasq 对象的 spawn_process 方法创建 Dnsmasq 进程。

接下来，逐一介绍这两个方法。

device_delegate 是一个 DeviceManager 对象，其 setup 方法定义如下[1]：

```
01  class DeviceManager(object):
02      def setup(self, network, reuse_existing=False):
03          # 获取 DHCP 端点的 uuid
04          device_id = self.get_device_id(network)
05          # 获取（或创建）数据库中网络的 DHCP 端点
06          port = self.plugin.get_dhcp_port(network.id, device_id)
07          # OpenVSwitch 端点名：tap+端点 uuid 的前 11 位子串
08          interface_name = self.get_interface_name(network, port)
09          ...
10          # 如果端点已经存在
11          if ip_lib.device_exists(interface_name, self.root_helper,
                namespace):
12              # 如果不允许重用，则报错
13              if not reuse_existing:
14                  raise exceptions.PreexistingDeviceFailure( dev_name=
                    interface_name)
15          # 如果端点不存在
16          else:
17              # 创建 OpenVSwitch 端点
18              self.driver.plug(network.id, port.id, interface_name,
19                          port.mac_address, namespace=namespace)
20          ...
21          return interface_name
```

setup 方法首先调用 plugin 的 get_dhcp_port 方法[2]获取数据库 DHCP 端点的信息。如果数据库中不存在该网络的 DHCP 端点，则创建相应的端点。然后 setup 方法调用 DeviceManager 对象的 driver 变量[3]的 plug 方法创建 DHCP 端点的 OpenVSwitch 端点。

> 注意：setup 创建的端点有其自己的 MAC 地址和 IP，却并不与任何虚拟机相关联。它的作用是为虚拟机端点提供 DHCP 服务。所以在使用 quantum port-list 方法查看端点列表时，会发现端点的个数始终比虚拟机个数多 1。这多出来的，就是 DHCP 端点。

---

1 定义在/opt/stack/quantum/quantum/agent/dhcp_agent.py 文件中。

2 plugin 的 get_dhcp_port 方法会远程调用 DhcpRpcCallbackMixin 对象的 get_dhcp_port 方法。DhcpRpc-CallbackMixin 类定义在/opt/stack/quantum/quantum/db/dhcp_rpc_base.py 文件中，它是 OVSRpcCallbacks 类的父类，OVSRpcCallbacks 对象是 ovs plugin RPC 服务定义的 Callback 对象之一。

3 DeviceManager 对象的 driver 变量是一个 OVSInterfaceDriver 对象。OVSInterfaceDriver 类定义在/opt/stack/quantum/quantum/agent/linux/interface.py 文件中。

Dnsmasq 对象的 spawn_process 方法的功能是为网络创建 Dnsmasq 进程,其定义如下[1]:

```
01  class Dnsmasq(DhcpLocalProcess):
02      def spawn_process(self):
03          # 构造进 Dnsmasq 进程使用的环境变量
04          env = {
05              self.QUANTUM_NETWORK_ID_KEY: self.network.id,
06              self.QUANTUM_RELAY_SOCKET_PATH_KEY:
07              self.conf.dhcp_lease_relay_socket
08          }
09          # Dnsmasq 进程启动命令
10          cmd = [
11              'dnsmasq', '--no-hosts', '--no-resolv', '--strict-order',
                '--bind-interfaces',
12              # DHCP 端点 IP
13              '--interface=%s' % self.interface_name,
14              '--except-interface=lo',
15              # pid 文件路径
16              '--pid-file=%s' % self.get_conf_file_name( 'pid', ensure_
                conf_dir=True),
17              # host 文件路径
18              '--dhcp-hostsfile=%s' % self._output_hosts_file(),
19              # opts 文件路径
20              '--dhcp-optsfile=%s' % self._output_opts_file(),
21              # IP 租用转发服务 socket 文件的路径
22              '--dhcp-script=%s' % self._lease_relay_script_path(),
23              '--leasefile-ro',]
24          # 遍历所有的子网
25          for i, subnet in enumerate(self.network.subnets):
26              # 如果子网不支持 dhcp,则跳过
27              if not subnet.enable_dhcp:
28                  continue
29              if subnet.ip_version == 4:
30                  mode = 'static'
31              else:
32                  # 目前,只支持一种模式
33                  mode = 'static'
34              # 设置 dhcp-range 选项
35              cmd.append('--dhcp-range=set:%s,%s,%s,%ss' %
36                      (self._TAG_PREFIX % i, netaddr.IPNetwork(subnet.
                        cidr).network,
37                      mode, self.conf.dhcp_lease_time))
38
39          cmd.append('--conf-file=%s' % self.conf.dnsmasq_config_file)
40          ...
41          if self.namespace:
42              ...
43          else:
44              # 设置环境变量
45              cmd = ['%s=%s' % pair for pair in env.items()] + cmd
46              utils.execute(cmd, self.root_helper)
```

以上方法相当于执行了如下命令:

```
01  QUANTUM_NETWORK_ID=<network-id> \
02  QUANTUM_RELAY_SOCKET_PATH= /var/lib/quantum/dhcp/ lease_relay \
03  dnsmasq --no-hosts --no-resolv --strict-order \
```

---

1 定义在/opt/stack/quantum/quantum/agent/linux/dhcp.py 文件中。

```
04    --bind-interfaces --interface=<tap-name> \
05    --except-interface=lo --domain=openstacklocal \
06    --pid-file=/var/lib/quantum/dhcp/<network-id>/pid \
07    --dhcp-hostsfile=/var/lib/quantum/dhcp/<network-id>/host \
08    --dhcp-optsfile=/var/lib/quantum/dhcp/<network-id>/opts \
09    --dhcp-script=bin/quantum-dhcp-agent-dnsmasq-lease-update \
10    --leasefile-ro \
11    --dhcp-range=set:tag0,192.168.0.0,static,120s \
12    --conf-file=
```

其中<network-id>是网络的 uuid，<tap-name>是 DHCP 服务器绑定的端点名。代码的第 01～02 行设置了进程运行所需的环境变量。代码的第 04 行设置了服务器绑定的端点。代码的第 11 行将网络的第 1 个子网命名为 tap0，子网的 cidr 为 192.168.0.0，IP 的租用周期为 120 秒。

（2）reload_allocations 方法

reload_allocations 方法的功能是更新 DHCP 服务中的端点列表，其定义如下：

```
01   class Dnsmasq(DhcpLocalProcess):
02      def reload_allocations(self):
03         # 如果所有的子网都禁用了 dhcp 服务
04         if not self._enable_dhcp():
05            # 杀死 Dnsmasq 进程
06            self.disable()
07            return
08         # 否则，更新 host 文件与 opts 文件
09         self._output_hosts_file()
10         self._output_opts_file()
11         cmd = ['kill', '-HUP', self.pid]
12
13         if self.namespace:
14            …
15         else:
16            # 运行 kill -HUP 命令更新进程
17            utils.execute(cmd, self.root_helper)
```

> **注意**：reload_allocations 方法首先更新 dnsmasq 配置文件，然后使用 kill -HUP 命令动态更新进程。使用 kill-HUP 命令后，不会杀死进程，而是会动态更新配置。在更新进程的过程中，已建立的连接不会中断。

本小节的最后，再总结一下 DHCP agent 服务如何定时维护 Dnsmasq DHCP 服务器的信息。

（1）在 Service 对象的 start 方法最后，调用了 DhcpAgentWithStateReport 对象的 after_start 方法。after_start 方法定义在 DhcpAgent 类中。DhcpAgent 类的 after_start 方法调用了 run 方法。在 run 方法中，启动了一个线程，定时调用 DhcpAgent 对象的 sync_state 方法。

（2）DhcpAgent 对象的 sync_state 方法首先获取网络的变更。然后，为每个删除的网络调用 disable_dhcp_helper 方法，同时为每个数据库中的活动网络（不一定是新增的网络）调用 refresh_dhcp_helper 方法。

（3）DhcpAgent 对象的 disable_dhcp_helper 方法主要调用了 Dnsmasq 对象的 disable 方法。Dnsmasq 类继承自 DhcpLocalProcess 类，disable 方法便定义在 DhcpLocalProcess 类中。

DhcpLocalProcess 对象的 disable 方法总共做了 3 件事情。
- 杀死 dnsmasq 进程。
- 删除 OpenVSwitch 中 DHCP 服务器的端口。
- 删除/var/lib/quantum/dhcp 目录下相应网络的配置文件。

（4）DhcpAgent 对象的 refresh_dhcp_helper 方法需要处理两种不同的情况。
- 数据库中创建了新的网络。这种情况下调用了 enable_dhcp_helper 方法，为新创建的网络创建 Dnsmasq DHCP 服务进程。
- 数据库中网络的 cidr 有更新。这时又分为 3 种子情况，当网络 cidr 没有更新时，无需杀死原来的 Dnsmasq 进程，只需修改进程的配置文件（主要是修改 host 和 opts 文件），并更新进程即可；当网络 cidr 有更改时，需杀死原来的 Dnsmasq 进程，并创建新的 Dnsmasq 进程；当网络 cidr 被删除时，只需杀死原来的 Dnsmasq 进程即可。

## 14.6 小 结

### 14.6.1 Quantum 主要数据库表单

- 网络表：在 vlan 模式下，一个网络对应于物理网桥的一个段 ID，同一个网络下的虚拟机属于同一个 vlan。默认情况下，同一个 vlan 下的虚拟机可以自由通信，而不同 vlan 下的虚拟机无法通信。
- 子网表：一个子网对应于一个可用的 IP 地址段，一个网络下可以有多个子网。当属于某个网络下的端点向网络发出分配 IP 请求时，Quantum Server 会从子网中分配一个可用的 IP 给端点。
- IP 分配池表：可以供端点使用的 IP 集合。一个子网可以有多个 IP 分配池。一个 IP 分配池由起始 IP 和终止 IP 确定。起始 IP 到终止 IP 区间内的所有 IP（包括起始和终止 IP）都可以被端点使用。
- IP 可用范围表：这是当前子网可用的 IP 分配范围。IP 可用范围表记录的结构与 IP 分配池表相同。初始时，IP 可用范围表中的记录与 IP 分配池表中相应的记录相同。当端点使用一个 IP 后，IP 可用范围表中的相应记录也会做修改。
- IP 分配表：表中一条记录对应于一个具体的 IP，它记录了每个具体 IP 的使用情况。

### 14.6.2 Quantum OpenVSwitch Agent 的启动

（1）初始化 br-int 网桥

删除 br-int 网桥原来的流规则，并添加默认的流规则。

```
# ovs-ofctl del-flows br-int
# ovs-ofctl add-flow br-int priority=1,actions="normal"
```

(2) 初始化 br-eth1 网桥

- 清除 br-eth1 网桥原有的流规则,添加默认流规则。

```
# ovs-ofctl del-flows br-eth1
# ovs-ofctl add-flow br-eth1 priority=1,actions="normal"
```

- 清除原有的对等设备。

```
# ovs-vsctl del-port int-br-eth1
# ovs-vsctl del-port phy-br-eth1
# ip link delete int-br-eth1
```

- 重新添加对等设备。

```
# ip link add int-br-eth1 type veth peer name phy-br-eth1
```

- 将对等设备添加到 br-int 和 br-eth1 网桥中。

```
# ovs-vsctl add-port br-int int-br-eth1
# ovs-vsctl add-port br-eth1 phy-br-eth1
```

- 添加流规则,阻塞所有到对等设备的非转化的报文。

```
# ovs-ofctl add-flow br-int in_port=int-br-eth1,priority=2,actions="drop"
# ovs-ofctl add-flow br-eth1 in_port=phy-br-eth1,priority=2,actions="drop"
```

- 启动对等设备。

```
# ip link set int-br-eth1 up
# ip link set phy-br-eth1 up
```

(3) 启动 Quantum ovs plugin RPC 服务

## 14.6.3 虚拟机通信流程

在 Quantum 中,为了实现不同主机间虚拟机的通信,定义了两条很重要的流规则。这两条流规则的主要功能是变换报文的 vlan id,以实现不同主机间 br-int 网桥下 vlan 的一一映射。这两条流规则如下:

```
ovs-ofctl add br-eth1 \
priority=4,dl_vlan=<lvid>,actions="mod_vlan_vid:<segmentation_id>,normal"
ovs-ofctl add br-int \
priority=3,dl_vlan=<segmentation_id>,actions="mod_vlan_vid:<lvid>,normal"
```

其中第 1 条流规则将 br-eth1 网桥中所有 vlan id 为<lvid>的报文的 vlan id 设置为<segmentation_id>。第 2 条流规则将 br-int 网桥中所有 vlan id 为<segmentation_id>的报文的 vlan id 设置为<lvid>。

> 注意:虚拟机所属的物理网桥 br-eth1 下的段 ID,只是一个逻辑上的 vlan id。从上层逻辑上看,属于同一个段 ID 的虚拟机是属于同一个 vlan 的。但是从底层看,所有的虚拟机都是属于某个主机的 br-int 网桥下。每个虚拟机在 br-int 网桥下都有一个 vlan id。并且,对于同一个段 id,在不同的主机的 br-int 网桥下,对应的 vlan id 可能不同。

假设虚拟机 VM1 和 VM2 分别是主机 HOST1 和 HOST2 上的虚拟机,且 VM1 和 VM2 属于同一个 vlan(即 VM1 和 VM2 在物理网桥 br-eth1 下的段 ID 一致,不妨设为

segmentation_id）。同时，虚拟机 VM1 和 VM2 分别是主机 HOST1 和 HOST2 的 br-int 网桥下的 lvid1 和 lvid2 vlan。

（1）VM1 将报文在 HOST1 主机的 br-int 网桥下广播。此时，报文 vlan id 被标记为 lvid1。

（2）HOST1 主机上的 int-br-eth1 端点收到报文后，会将报文发送给它的对等端点 phy-br-eth1。

（3）phy-br-eth1 端点收到报文后，根据流规则，将报文的 vlan id 标记为 segmentation_id。并将报文在 HOST1 主机的 br-eth1 网桥下广播。

（4）HOST1 主机的网卡 eth1 收到报文后，将报文广播给 HOST2 主机的 eth1 网卡。

（5）HOST2 主机的 eth1 网卡收到报文后，在 HOST2 的 br-eth1 网桥下广播。

（6）HOST2 主机的 phy-br-eth1 端点收到报文后，根据流规则，将报文的 vlan id 标记为 lvid2。并将报文发送给 phy-br-eth1 端点的对等端点 int-br-eth1。

（7）HOST2 主机的 int-br-eth1 端点收到报文后，将报文在 br-int 网桥下广播。

（8）报文被 VM2 接收。

### 14.6.4 创建端点的流程

主要执行如下两条命令：

```
p tuntap add <dev> mod tap
ovs-vsctl -- --may-exist add-port br-int <dev> -- set Interface <dev>\
external-ids:iface-id=<iface_id> external-ids:iface-status=active \
external-ids:attached-mac=<mac> external-ids:vm-uuid=<instance_id>
```

其中第 1 条命令创建了一个 tuntap 设备。<dev>是 tuntap 设备名，默认 tuntap 设备名为 tap+端点 uuid 的前 11 位子串。第 2 条命令是将创建的端点添加到 br-int 网桥下。其中<iface_id>是端点在数据库中的 uuid，<mac>是端点的 uuid，<instance_id>是端点对应虚拟机的 uuid。

### 14.6.5 创建 Dnsmasq DHCP 服务

（1）创建 DHCP 服务器端点，默认情况下，DHCP 端点是 br-int 网桥下的内部端点。

```
# ovs-vsctl -- --may-exist addport br-int <dev> -- set Ineterface type=ineternal \
-- set Interface <dev> external-ids:iface-id=<iface_id> \
-- set Interface <dev> external-ids:iface-status=active \
-- set Interface', <dev> external-ids:attached-mac=<mac>
# ip link set <dev> address <mac>
```

以上脚本中第 1 条命令创建了一个内部端点，第 2 条命令设置端点的 MAC 地址。其中<dev>是 DHCP 端点名，默认为 tap+端点 uuid 的前 11 位子串。<iface_id>是端点在数据库中的 uuid，<mac>是端点的 uuid。

（2）执行如下命令，启动 Dnsmasq 服务。

```
01   QUANTUM_NETWORK_ID=<network-id> \
02   QUANTUM_RELAY_SOCKET_PATH= /var/lib/quantum/dhcp/ lease_relay \
03   dnsmasq --no-hosts --no-resolv --strict-order \
04   --bind-interfaces --interface=<tap-name> \
```

```
05    --except-interface=lo --domain=openstacklocal \
06    --pid-file=/var/lib/quantum/dhcp/<network-id>/pid \
07    --dhcp-hostsfile=/var/lib/quantum/dhcp/<network-id>/host \
08    --dhcp-optsfile=/var/lib/quantum/dhcp/<network-id>/opts \
09    --dhcp-script=bin/quantum-dhcp-agent-dnsmasq-lease-update \
10    --leasefile-ro \
11    --dhcp-range=set:tag0,192.168.0.0,static,120s \
12    --conf-file=
```

其中<network-id>是网络的 uuid，<tap-name>是 DHCP 服务器绑定的端点名。代码的第 01～02 行设置了进程运行所需的环境变量。代码的第 04 行设置了服务器绑定的端点。代码的第 11 行将网络的第 1 个子网命名为 tap0，子网的 cidr 为 192.168.0.0，IP 的租用周期为 120 秒。

# 第 15 章　Nova 框架

OpenStack 是一个云计算平台。所谓云计算，其核心功能是通过虚拟机实现对服务器计算资源（CPU 资源）的分配。因此，虚拟机的管理显然是云计算平台的核心功能。本章将主要分析 OpenStack Nova 如何实现对虚拟机的管理。

本章主要涉及到的知识点有：
- 掌握虚拟机创建请求及处理流程。
- 了解 Nova RPC 服务的启动流程。
- 掌握 Nova Scheduler 虚拟机调度算法。
- 了解 Nova Conductor 服务的意义。

## 15.1　Nova 框架介绍

Nova 可以说是 OpenStack 中最核心的组件。OpenStack 的其他组件，归根结底都是为 Nova 组件服务的。Nova 组件如此重要，也注定它是 OpenStack 中最为复杂的组件。Nova 服务由多个子服务构成，这些子服务通过 RPC 实现通信。因此，服务之间具有很松的耦合性。Nova 组件中各个子服务的功能参见表 15.1。

表 15.1　Nova组件中各个子服务一览

| 服 务 名 | 说　　明 |
| --- | --- |
| Nova API | 这是一个 HTTP 服务，用于接收和处理客户端发送的 HTTP 请求 |
| Nova Cell | Nova Cell 子服务的目的是便于实现横向扩展和大规模（地理位置级别）的部署，同时又不增加数据库和 RPC 消息中间件的复杂度。Nova Cell 子服务取代了原来的 Availability Zone 的概念。它在 Nova Scheduler 服务的主机调度基础上实现了区域调度 |
| Nova Cert | 用于管理证书，为了兼容 AWS[1] |
| Nova Compute | 这是 Nova 组件中最核心的服务，它实现了虚拟机管理的功能。实现了在计算节点上创建、启动、暂停、关闭和删除虚拟机、虚拟机在不同计算节点间（在线或离线）迁移、虚拟机安全控制、管理虚拟机磁盘镜像以及快照等功能 |
| Nova Conductor | 它是 OpenStack G 版本中新添加的 Nova 子服务。它其实是一个 RPC 服务，主要提供数据库查询功能。在以前的 OpenStack 版本中，Nova Compute 子服务里定义了许多的数据库查询方法。但是，由于 Nova Compute 子服务需要在每个计算节点上启动，一旦某个计算节点被攻击，那么攻击者将获得数据库的完全访问权限。有了 Nova Conductor 子服务后，便可在 Nova Conductor 中实现数据库访问权限的控制 |
| Nova Scheduler | Nova 调度子服务。当客户端向 Nova 服务器发起创建虚拟机请求时，Nova Scheduler 子服务决定虚拟机创建在哪个计算节点上 |

---

[1] AWS（Amazon Web Service）提供了一整套基础设施和应用程序服务，使得几乎所有的应用程序都能在云上运行。

续表

| 服 务 名 | 说　　　明 |
|---|---|
| Nova Console<br>Nova Consoleauth<br>Nova VNCProxy | Nova 控制台子服务。其功能是实现客户端通过代理服务器远程访问虚拟机实例的控制界面 |

Nova 中的各个子组件之间具有很松的耦合性。这意味着，就算其中有些服务不启动，Nova 服务也能正常工作。在 Nova 中，要实现基本的虚拟机管理功能，至少需要启动 Nova API、Nova Conductor、Nova Compute 和 Nova Scheduler 服务。其中，Nova Compute 服务需要在每个计算节点中启动。而 Nova API、Nova Conductor 和 Nova Scheduler 服务只需在控制节点上启动即可。

> 注意：在 nova.conf 配置文件的 conductor 组下，有一个 use_local 的配置项，默认为 false。当该配置项设置为 true 时，Nova Compute 会在本地创建 Nova Conductor 的 Manager 对象，并调用 Manager 对象中相应的方法实现数据库操作。这种情况下，可不必启动 Nova Conductor 服务。但是这样的调用流程，与 OpenStack G 之前版本中定义的直接在 Nova Compute 子服务中访问数据库的设计类似。因此，不建议使用。

本章将首先介绍 Nova API 的启动和工作流程。然后，以 Nova Compute 服务为例介绍 Nova 其他服务的启动流程。最后，将以虚拟机创建请求为例，逐一对 Nova Compute、Nova Scheduler 和 Nova Conductor 服务做一个详细的介绍。

## 15.2　Nova API 服务

OpenStack 的每个组件都提供了一个 API 服务，用于接收和处理客户端的 HTTP 请求。与其他组件的 API 服务一样，Nova API 服务是一个 RESTful API 服务。

本节首先介绍 Nova API 服务的启动。然后着重介绍与虚拟机资源有关的 url 请求的处理流程。最后，着重介绍虚拟机创建 HTTP 请求的处理过程。

### 15.2.1　Nova API 服务的启动

Nova API 服务主要的功能都在 osapi_compute_app_v2 应用程序中实现，其定义[1]如下：

```
[app:osapi_compute_app_v2]
paste.app_factory = nova.api.openstack.compute:APIRouter.factory
```

可以看到，osapi_compute_app_v2 应用程序对应的工厂方法为 APIRouter 类的 factory 方法。

APIRouter 类的 factory 方法[2]创建了一个 APIRouter 对象。在 APIRouter 类的初始化方

---

[1] 定义在/etc/nova/api-paste.ini 文件中。
[2] 定义在/opt/stack/nova/nova/api/openstack/\_\_init\_\_.py 文件中。

法[1]中调用了_setup_routes 方法。查看 APIRouter 类的_setup_routes 方法[2]的定义。

```
01  class APIRouter(nova.api.openstack.APIRouter):
02      def _setup_routes(self, mapper, ext_mgr, init_only):
03          …
04          if init_only is None or 'consoles' in init_only or 'servers' in
            init_only or ips in init_only:
05              # 创建 server 资源的 resource 对象
06              self.resources['servers'] = servers.create_resource
                (ext_mgr)
07              # 添加 server 资源的 url 映射
08              mapper.resource("server", "servers", controller=self.resources
                ['servers'],
09                       collection={'detail': 'GET'}, member={'action
                ': 'POST'})
```

在_setup_routes 方法中定义了许多 Nova 资源的 url 映射,在以上代码中只给出了 server 资源的 url 映射。在 Nova 代码中, server 资源其实就是虚拟机资源。

从以上代码可以看到, _setup_routes 方法首先调用了 servers 包的 create_resource 方法创建 server 资源的 resource 对象。然后,调用了 mapper 对象的 resources 方法添加 server 资源的 url 映射。

在第 11.2.5 小节介绍了通过 mapper.connect 方法添加资源的 url 映射。而这里的 mapper.resource 方法的功能是将一些最基本的 url 映射封装起来,使得代码更加简洁。如下 mapper.resource 方法:

```
map.resource("message", "messages",controller=controller)
```

实现的功能与如下代码段的功能相同。

```
01  map.connect("messages", "/messages", controller= controller, action
    ="create",
02              conditions=dict(method=["POST"]))
03  map.connect("messages", "/messages", controller= controller , action
    ="index",
04              conditions=dict(method=["GET"]))
05  map.connect("formatted_messages", "/messages.{format}", controller=
    controller,
06              action="index",conditions=dict(method=["GET"]))
07  map.connect("new_message", "/messages/new", controller= controller,
    action="new",
08              conditions=dict(method=["GET"]))
09  map.connect("formatted_new_message", "/messages/new.{format}", controller
    = controller,
10  action="new", conditions=dict(method=["GET"]))
11  map.connect("/messages/{id}", controller= controller, action="update",
12              conditions=dict(method=["PUT"]))
13  map.connect("/messages/{id}", controller= controller, action="delete",
14              conditions=dict(method=["DELETE"]))
15  map.connect("edit_message", "/messages/{id}/edit", controller= controller,
    action="edit",
16              conditions=dict(method=["GET"]))
17  map.connect("formatted_edit_message", "/messages/{id}.{format}/edit",
    controller= controller,
```

---

1 定义在/opt/stack/nova/nova/api/openstack/__init__.py 文件中。

2 定义在/opt/stack/nova/nova/api/openstack/compute/__init__.py 文件中。

```
18      action="edit", conditions=dict(method=["GET"]))
19  map.connect("message",   "/messages/{id}",   controller=   controller,
    action="show",
20           conditions=dict(method=["GET"]))
21  map.connect("formatted_message", "/messages/{id}.{format}", controller=
    controller,
22      action="show", conditions=dict(method=["GET"]))
```

其中 message 是成员名，messages 是集合名。以上代码段定义的 url 映射称作是标准 url 映射。但有时，为了在标准 url 映射外添加一些额外的 url 映射，可设置 mapper.resource 方法的 collection 和 member 参数。其中 collection 参数指定额外的集合操作，member 参数指定额外的成员操作。例如：

```
mapper.resource("server", "servers", controller=self.resources['servers'],
            collection={'detail': 'GET'}, member={'action': 'POST'})
```

就是在标准 url 映射的基础上，添加了如下 url 映射：

```
map.connect("servers", "/servers/detail", controller= self.resources
['servers'], action="detail",
            conditions=dict(method=["GET"]))
map.connect("server", "/servers/{id}/action", controller= self.resources
['servers'], action="action",
            conditions=dict(method=["POST"]))
```

servers 包的 create_resource 方法，返回了一个 wsgi.Resource 对象。查看 create_resource 方法[1]的定义：

```
def create_resource(ext_mgr):
    return wsgi.Resource(Controller(ext_mgr))
```

> 注意：代码中的 ext_mgr 是一个 ExtensionManager 对象[2]，它主要用于实现 Nova API 的功能扩展。第 19 章将介绍 ExtensionManager 类的定义以及扩展 API 的实现方法。

wsgi.Resource 对象可以认为是一个 Controller 对象，只是它添加了消息的序列化、反序列化功能。第 15.2.2 小节将对 wsgi.Resource 类做进一步分析。

## 15.2.2 处理 HTTP 请求的流程

第 15.2.1 小节介绍过，Nova API 服务主要的功能都在 osapi_compute_app_v2 应用程序中实现。osapi_compute_app_v2 应用程序对应的工厂方法为 APIRouter 类的 factory 方法。APIRouter 类的 factory 方法会返回一个 APIRouter 对象。当客户端发送 HTTP 请求时，会调用 APIRouter 对象的 __call__ 方法。

APIRouter 类继承自 Router 类[3]，__call__ 方法便定义在 Router 类中。Router 类的 __call__ 方法的定义与第 11.2.5 小节定义的 Router 类的 __call__ 方法完全类似。__call__ 方法最终会返回资源对应的 Controller 对象。在第 15.2.1 小节介绍过，servers 资源的 Controller 对象是

---

1 定义在/opt/stack/nova/nova/api/openstack/compute/servers.py 文件中。
2 ExtensionManager 类定义在/opt/stack/nova/nova/api/openstack/compute/extensions.py 文件中。
3 Router 类定义在/opt/stack/nova/nova/wsgi.py 文件中。

一个 wsgi.Resource 对象。因此，当客户端发送 HTTP 请求后，Nova API 服务最终会调用 wsgi.Resource 对象的__call__方法。

接下来，分别分析 wsgi.Resource 类的初始化方法和__call__方法的定义。

**1．初始化方法**

wsgi.Resource 类的初始化方法定义如下[1]：

```
01  class Resource(wsgi.Application):
02      def __init__(self, controller, action_peek=None, inherits=None,
    **deserializers):
03          # 底层 Controller 对象
04          self.controller = controller
05          # 反序列化对象
06          default_deserializers = dict(xml=XMLDeserializer, json=
    JSONDeserializer)
07          self.default_deserializers = default_deserializers
08          # 序列化对象
09          self.default_serializers = dict(xml=XMLDictSerializer, json=
    JSONDictSerializer)
10          ...
```

Resource 类是在资源的底层 Controller 类的基础上，添加了序列化和反序列化功能。所谓序列化，是指将 XML 或者 JSON 格式的数据转化成字符串格式，以便于在网络间传输；所谓反序列化，是指将字符串格式的数据转换为 XML 或者 JSON 格式，以便于显示和处理。在 Resource 类中通过 default_deserializers 和 default_serializers 这两个成员变量来分别实现数据的反序列化和序列化。

**2．__call__方法**

Resource 类的__call__方法定义如下[2]：

```
01  class Resource(wsgi.Application):
02      @webob.dec.wsgify(RequestClass=Request)
03      def __call__(self, request):
04          # 获取客户端传入 HTTP 请求的参数
05          action_args = self.get_action_args(request.environ)
06          # 获取 HTTP 请求的操作名
07          action = action_args.pop('action', None)
08          # 获取客户端传入的报文
09          # content_type：客户端传入的报文格式；body：客户端传入的报文内容
10          content_type, body = self.get_body(request)
11          # 获取服务器返回的报文类型
12          accept = request.best_match_content_type()
13          # 处理 HTTP 请求
14          return self._process_stack(request, action, action_args,
    content_type, body, accept)
```

从以上代码可以看到，__call__方法最后调用了_process_stack 方法。_process_stack 方法的定义如下：

---

[1] 定义在/opt/stack/nova/nova/api/openstack/wsgi.py 文件中。

[2] 定义在/opt/stack/nova/nova/api/openstack/wsgi.py 文件中。

```python
01  class Resource(wsgi.Application):
02      def _process_stack(self, request, action, action_args, content_type,
        body, accept):
03          # 获取处理 HTTP 请求的方法
04          try:
05              meth, extensions = self.get_method(request, action, content
                _type, body)
06          except (AttributeError, TypeError):
07              ...
08          # 反序列化客户端传入的消息
09          try:
10              if content_type:              # 如果客户端传入了消息
11                  contents = self.deserialize(meth, content_type, body)
12              else:                         # 否则
13                  contents = {}
14          except exception.InvalidContentType:
15              ...
16          # 更新请求参数，将传入的消息体内容添加到 action_args 中
17          action_args.update(contents)
18          # 获取客户端所属的租户 ID
19          project_id = action_args.pop("project_id", None)
20          context = request.environ.get('nova.context')
21          # 检查客户端请求是否合法
22          if (context and project_id and (project_id != context.
            project_id)):
23              msg = _("Malformed request url")
24              return Fault(webob.exc.HTTPBadRequest(explanation=msg))
25          # 执行 HTTP 请求的前向扩展方法
26          response, post = self.pre_process_extensions(extensions,
            request, action_args)
27          # 前向扩展方法没有返回 response, 说明需要对请求进行进一步处理
28          if not response:
29              try:
30                  with ResourceExceptionHandler():
31                      # 执行底层 Controller 对象中处理 HTTP 请求的方法
32                      action_result = self.dispatch(meth, request, action
                        _args)
33              except Fault as ex:
34                  response = ex
35          # 前向扩展方法没有返回 response, 处理底层 Controller 对象方法返回的结果
36          if not response:
37              resp_obj = None
38              # 如果 Controller 对象方法返回结果为字典，则封装成 ResponseObject 对象
39              if type(action_result) is dict or action_result is None:
40                  resp_obj = ResponseObject(action_result)
41              # 如果 Controller 对象方法返回结果为 ResponseObject 对象
42              elif isinstance(action_result, ResponseObject):
43                  resp_obj = action_result
44              # 否则，认为返回结果是 response 对象
45              else:
46                  response = action_result
47              # 如果 Controller 对象方法没有返回 response 对象，则继续处理 resp_obj
                对象
48              if resp_obj:
49                  # 设置请求 ID
50                  _set_request_id_header(request, resp_obj)
51                  # 获取 Controller 对象方法指定的序列化对象
52                  serializers = getattr(meth, 'wsgi_serializers', {})
```

```
53                  # 绑定序列化对象
54                  resp_obj._bind_method_serializers(serializers)
55                  # 获取 Controller 对象方法默认的 HTTP code
56                  if hasattr(meth, 'wsgi_code'):
57                      resp_obj._default_code = meth.wsgi_code
58                  # 获取 accept 报文格式下的序列化方法
59                  # 如果 Controller 对象方法未指定序列化方法，则使用默认的序列化方法
60                  resp_obj.preserialize(accept, self.default_serializers)
61                  # 执行 HTTP 请求的后向扩展方法
62                  response = self.post_process_extensions(post, resp_obj,
63                                                          request, action_args)
64                  # 如果后向方法没有返回 response 对象
65                  if resp_obj and not response:
66                      # 将 Controller 对象方法返回结果序列化
67                      response = resp_obj.serialize(request, accept,
                                                     self.default_serializers)
68              return response
```

代码第 04～24 行获取 HTTP 请求传入的参数。其中第 11 行调用了 deserialize 方法将 HTTP 请求的消息体反序列化成字典对象。第 19～24 行通过检查租户 ID 来验证客户是否有执行 HTTP 请求的权限。

代码第 25 行调用 pre_process_extensions 方法执行 HTTP 请求的前向扩展方法。前向扩展方法在目前的 Nova 版本中并没有使用过，它是为方便二次开发而预留的接口。在 Nova API 处理 HTTP 请求时，会首先执行前向扩展方法，然后再执行底层 Controller 对象中的处理方法。pre_process_extensions 方法返回了一个 post 对象，它是 HTTP 请求后向扩展方法的列表。后向扩展方法也是预留的二次开发接口，它会在底层 Controller 对象的处理方法执行之后执行。

代码第 28～46 行通过调用 dispatch 方法运行底层 Controller 对象的处理方法。

> **注意**：底层 Controller 对象的处理方法通常会返回一个字典。代码的第 40 行将底层 Controller 对象处理方法的返回结果封装成 ResponseObject 对象。

代码第 50～60 行对 ResponseObject 对象进行了一些配置，可能需要配置的属性有序列化对象，以及默认的 HTTP Code。

ResponseObject 对象的序列化对象和 HTTP Code 是在底层 Controller 对象的处理方法中指定。底层 Controller 对象的每个处理方法都可以通过装饰器指定序列化对象、反序列化对象和 HTTP Code。例如：

```
@wsgi.serializers(xml=MinimalServersTemplate)
def index(self, req):
```

指定了 index 方法的 XML 序列化对象为 MinimalServersTemplate 对象。如下代码段：

```
@wsgi.response(202)
@wsgi.serializers(xml=FullServerTemplate)
@wsgi.deserializers(xml=CreateDeserializer)
def create(self, req, body):
```

指定了 create 方法的 XML 序列化对象为 FullServerTemplate 对象，XML 反序列化对象为 CreateDeserializer 对象，默认的 HTTP Code 为 202。当 HTTP 请求处理成功时，Nova API 服务器会向客户端返回 202 的 HTTP Code。

_process_stack 方法代码片段的第 62～63 行执行 HTTP 请求的后向扩展方法，第 67 行将 ResponseObject 对象序列化。

由于前向扩展方法和后向扩展方法在 Nova 中没有使用过，因此 HTTP 请求的核心工作依然在底层 Controller 类的处理方法中定义。_process_stack 方法主要是完成了数据的序列化和反序列化工作。在第 15.2.3 小节，将以虚拟机创建请求为例，分析底层 Controller 类的 HTTP 请求处理方法。

## 15.2.3 创建虚拟机流程

通过第 15.2.2 小节的分析可以看到，处理 HTTP 请求的核心工作都在底层 Controller 对象中定义。Resource 对象在底层 Controller 对象的基础上，实现了数据的转化工作。Resource 对象首先将客户端传入的数据反序列化。然后将数据交给底层 Controller 对象中相应的处理方法处理。最后将底层 Controller 对象处理方法返回的结果序列化。

本小节将以虚拟机创建请求为例，分析底层 Controller 对象的定义。底层 Controller 类中，处理虚拟机创建请求的方法为 create 方法。底层 Controller 调用了 Compute API 类的 create 方法。本小节将分别分析底层 Controller 类的 create 方法和 Compute API 类的 create 方法。

**1. servers.Controller类的create方法**

在第 15.2.1 小节介绍过，每个资源都对应一个底层 Controller 类。servers 资源的底层 Controller 类定义在 servers 包中。处理虚拟机创建请求的方法为 create 方法，其定义如下[1]：

```
01  class Controller(wsgi.Controller):
02      _view_builder_class = views_servers.ViewBuilder
03      @wsgi.response(202)
04      @wsgi.serializers(xml=FullServerTemplate)
05      @wsgi.deserializers(xml=CreateDeserializer)
06      def create(self, req, body):
07          # 检查HTTP消息体是否合法
08          if not self.is_valid_body(body, 'server'):
09              raise exc.HTTPUnprocessableEntity()
10          # 获取客户端传入的虚拟机参数
11          context = req.environ['nova.context']
12          server_dict = body['server']
13          …
14          # 获取和检查虚拟机名
15          name = server_dict['name']
16          self._validate_server_name(name)
17          name = name.strip()
18          # 获取虚拟机磁盘镜像uuid
19          image_uuid = self._image_from_req_data(body)
20          …
21          # 获取客户端需求的网络
22          requested_networks = None
23          if (self.ext_mgr.is_loaded('os-networks') or self._is_quantum_v2()):
24              requested_networks = server_dict.get('networks')
```

---

[1] 定义在/opt/stack/nova/nova/api/openstack/compute/servers.py 文件中。

```
25
26          if requested_networks is not None:
27              requested_networks = self._get_requested_networks
                    (requested_networks)
28          # 获取和验证客户端指定的虚拟机 IP
29          (access_ip_v4, ) = server_dict.get('accessIPv4'),
30          if access_ip_v4 is not None:
31              self._validate_access_ipv4(access_ip_v4)
32          ...
33          try:
34              # 获取虚拟机规格 id
35              flavor_id = self._flavor_id_from_req_data(body)
36          except ValueError as error:
37              ...
38          try:
39              # 获取虚拟机规格信息
40              _get_inst_type = instance_types.get_instance_type_by_
                    flavor_id
41              inst_type = _get_inst_type(flavor_id, read_deleted="no")
42              # 调用 compute API 创建虚拟机
43              (instances, resv_id) = self.compute_api.create(context,
44                      ...)
45          except exception.QuotaError as error:
46              ...
47          # 将虚拟机信息转化为字典
48          server = self._view_builder.create(req, instances[0])
49          # 将虚拟机信息封装成 ResponseObject 对象
50          robj = wsgi.ResponseObject(server)
51          # 添加访问当前虚拟机资源的 url
52          return self._add_location(robj)
```

代码的第 03~05 行指定了方法的序列化对象、反序列化对象和默认 HTTP Code 属性。

代码第 08 行调用 is_valid_body 方法检查客户端传入的消息体是否合法。Controller 类继承自 wsgi.Controller 类。is_valid_body 方法定义在 wsgi.Controller 类中[1]。is_valid_body 方法首先检查消息体中是否含有 server 字段，然后检查 server 字段的内容是否为字典。

注意：Nova 中，所有的消息（包括客户端传给 Nova API 服务器的消息，以及服务器返回给客户端的消息）都是以资源名作为键值的 {key:value} 对。

代码第 11~41 行获取并验证客户端传入的虚拟机参数。其中代码第 12 行的 server_dict 保存了虚拟机参数，包括虚拟机名、镜像 uuid、需求的网络、固定 IP 和虚拟机规格等。代码第 16 行检查虚拟机名的长度是否越界。代码第 31 行验证传入的固定 IP 格式是否合法。

代码第 43 行调用 Nova Compute 的 API 处理虚拟机创建请求。稍后将对 Compute API 的 create 方法做进一步讨论。

Compute API 的 create 方法会返回一个创建虚拟机信息列表。列表中的每个元素都是数据库 Model 对象。数据库 Model 对象是 Nova 与数据库交互的数据格式，不可序列化。为了便于显示以及序列化，代码的第 48 行调用 _view_builder 对象的 create 方法将 Model 对象的数据转换为字典。

Nova 中，每个底层 Controller 对象的 _view_builder 对象类型都是由 _view_builder_class

---

1 参见 /opt/stack/nova/nova/api/openstack/wsgi.py 文件中。

类成员变量指定。对于 server 资源的底层 Controller 对象,其_view_builder_class 类成员变量的值为 views_servers.ViewBuilder,见代码第 02 行。views_servers.ViewBuilder 类的 create 方法定义如下[1]:

```
01  class ViewBuilder(common.ViewBuilder):
02      def create(self, request, instance):
03          return {
04              "server": {
05                  "id": instance["uuid"],
06                  "links": self._get_links(request, instance["uuid"],
                        self._collection_name), }, }
```

可以看到,create 方法返回的是一个关键字为 server 的键值对。在返回结果中,包含了虚拟机的 uuid,以及虚拟机资源的 url。

接下来,对 Nova API 中底层 Controller 对象定义的 HTTP 请求的处理方法做一个小结。一般一个 HTTP 请求的处理方法需要完成如下工作:

- ❑ 检查客户端传入的参数是否合法有效。
- ❑ 调用 Nova 其他子服务的 API 处理客户端的 HTTP 请求。
- ❑ 将 Nova 其他子服务的 API 返回结果转化为可视化的字典。

### 2. Compute API类的create方法

servers 资源底层 Controller 对象的 create 方法调用了 Compute API 的 create 方法。Compute API 类的 create 方法定义如下[2]:

```
01  class API(base.Base):
02      @hooks.add_hook("create_instance")
03      def create(self, context, instance_type,
04              ...):
05          # 检查客户是否具有创建虚拟机权限
06          self._check_create_policies(context, availability_zone,
07              requested_networks, block_device_mapping)
08          # 进一步处理虚拟机创建请求
09          return self._create_instance(context, instance_type,
10              ...)
```

create 方法首先调用了_check_create_policies 方法检查客户是否有创建虚拟机权限,然后调用_create_instance 方法进一步处理虚拟机创建请求。_check_create_policies 方法会通过查询 policy.json 文件来检查用户权限,其内部逻辑与第 12.3.3 小节介绍的 Keystone 服务权限管理完全类似,不再赘述。

Compute API 类的_create_instance 方法定义如下:

```
01  class API(base.Base):
02      def _create_instance(self, context, instance_type,
03              ...):
04          ...
05          # 验证客户传入的参数,准备开始创建虚拟机
06          (instances, request_spec, filter_properties) = \
07              self._validate_and_provision_instance(context, instance_type,
```

---

[1] 定义在/opt/stack/nova/nova/api/openstack/compute/servers.py 文件中。

[2] 定义在/opt/stack/nova/nova/compute/api.py 文件中。

```
08                ...)
09        # 更新 InstanceAction 表记录，将虚拟机操作状态设置为"开始创建"
10        for instance in instances:
11            self._record_action_start(context, instance, instance_
              actions.CREATE)
12        # 向 Nova Scheuduler 服务发送 RPC 请求，创建虚拟机
13        self.scheduler_rpcapi.run_instance(context,
14                ...)
15
16        return (instances, reservation_id)
```

_create_instance 方法的工作步骤如下：

（1）调用_validate_and_provision_instance 方法完成虚拟机创建的准备工作。稍后将对_validate_and_provision_instance 方法做进一步的分析。

（2）调用_record_action_start 方法更新 Nova 数据库中 InstanceAction 表的记录。InstanceAction 表专门保存虚拟机当前正在执行的操作。虚拟机所有可能的操作在 instance_actions 包中定义。

（3）向 Nova Scheduler 服务发送 RPC 请求，将虚拟机创建请求交给 Nova Scheduler 服务处理。第 15.4 节将详细介绍 Nova Scheduler 服务如何处理虚拟机创建请求。

接下来，再进一步分析_validate_and_provision_instance 方法的定义。

```
01  class API(base.Base):
02      def _validate_and_provision_instance(self, context, instance_type,
03                                  ...):
04          ...
05          # 如果客户端没有指定虚拟机规格，则使用默认的规格
06          if not instance_type:
07              instance_type = instance_types.get_default_instance_type()
08          ...
09          # 检查虚拟机规格是否可用
10          if instance_type['disabled']:
11              raise exception.InstanceTypeNotFound(instance_type_
                  id=instance_type['id'])
12          ...
13          # 检查当前租户可用硬件资源的数量
14          num_instances, quota_reservations = self._check_num_
            instances_quota(
15                  context, instance_type, min_count, max_count)
16          # 尝试创建虚拟机
17          try:
18              instances = []
19              instance_uuids = []
20              # 检查 metadata 项数是否超标
21              self._check_metadata_properties_quota(context, metadata)
22              # 检查插入文件的个数和大小是否超标
23              self._check_injected_file_quota(context, injected_files)
24              # 检查需求的网络是否合法
25              self._check_requested_networks(context, requested_networks)
26              if image_href:
27                  # 获取虚拟机磁盘镜像文件的 uuid
28                  (image_service, image_id) = glance.get_remote_image_
                      service(
29                          context, image_href)
30                  # 获取虚拟机磁盘镜像文件信息
31                  image = image_service.show(context, image_id)
```

## 第 15 章 Nova 框架

```
32                  # 检查磁盘镜像是否可用
33                  if image['status'] != 'active':
34                      raise exception.ImageNotActive(image_id=image_id)
35                  else:
36                      image = {}
37                  # 检查虚拟机内存是否足够大
38                  if instance_type['memory_mb'] < int(image.get('min_ram') or 0):
39                      raise exception.InstanceTypeMemoryTooSmall()
40                  # 检查虚拟机磁盘是否足够大
41                  if instance_type['root_gb'] < int(image.get('min_disk') or
0):
42                      raise exception.InstanceTypeDiskTooSmall()
43                  ...
44                  # base_options 将用于创建数据库记录
45                  base_options = {
46                      'reservation_id': reservation_id,
47                      ...}
48                  # 获取磁盘镜像中指定的参数
49                  options_from_image = self._inherit_properties_from_image(
50                      image, auto_disk_config)
51                  # 将磁盘镜像中的参数合并至 base_options
52                  base_options.update(options_from_image)
53                  ...
54                  for i in xrange(num_instances):
55                      options = base_options.copy()
56                      # 在数据库中创建虚拟机记录
57                      instance = self.create_db_entry_for_new_instance(
58                          context, instance_type, image, options, security_
                         groups,
59                          block_device_mapping, num_instances, i)
60                      # 保存创建的虚拟机列表
61                      instances.append(instance)
62                      instance_uuids.append(instance['uuid'])
63                      # 通知 Nova API,虚拟机当前状态为 BUILDING
64                      notifications.send_update_with_states(context, instance,
                         None,
65                          vm_states.BUILDING, None, None, service="api")
66              except Exception:
67                  ...
68              # 修改租户的 QUOTAS,为虚拟机预留硬件资源
69              QUOTAS.commit(context, quota_reservations)
70              ...
71              return (instances, request_spec, filter_properties)
```

_validate_and_provision_instance 方法主要做了 3 件事情:

❑ 验证客户端传入的参数。
❑ 修改租户的 QUOTAS,为虚拟机预留硬件资源。
❑ 在数据库中创建虚拟机记录。

代码第 06~07 行获取虚拟机规格。如果用户没有指定虚拟机规格,则使用默认的规格,即 tiny 规格。代码第 10~11 行检查虚拟机规格是否可用。

为了限制用户对服务器硬件资源的使用,Nova 引入了 quotas 的概念。quotas 可分为两类,一类是限制单个虚拟机创建请求对硬件资源的使用情况。例如默认每次请求最多能够指定 128 项 metadata,最多能够指定 5 个插入文件。代码第 21 和 23 行分别检查客户端传入的 metadata 和插入文件是否超标;另一类是限制某一个租户能够使用的硬件资源的总数。

例如默认每个租户可以使用 20 个 VCPU，50G 内存，最多可创建 10 个虚拟机。代码第 14 行调用_check_num_instances_quota 方法检查当前租户能够创建多少个虚拟机。Nova 中各个硬件资源的默认 quotas 参见 quota.py 文件的 quota_opts 变量。

代码第 26～42 行检查虚拟机磁盘镜像。其中第 33～34 行检查磁盘镜像是否可用，第 38～42 行检查客户指定的虚拟机规格是否足以运行虚拟机镜像。

> **注意**：在代码的第 36 行，当客户端没有指定磁盘镜像，_validate_and_provision_instance 方法将磁盘镜像设置为空。这是因为有的小操作系统不需要磁盘镜像，只需要指定 ramdisk 和 kernel。

代码第 44～52 行主要是将客户端传过来的数据转化为方便数据库处理的 base_options 变量。数据转化是客户端服务器通信中很重要的工作。例如，在 servers 包的 Controller 方法中，就专门使用了 ViewBuilder 类，完成数据转化工作[1]。

代码第 57～60 行为每个虚拟机创建了一条数据库记录。代码第 64～65 行调用了 notifications.send_update_with_states 方法，通知 Nova API 服务更新虚拟机状态。

> **注意**：
> ① 在代码的 57～60 行并没有远程调用 Nova Conductor 服务更新数据库。这是因为 Nova Conductor 服务的功能是控制计算节点对数据库的访问，而这里的 Compute API 的 create 方法是在控制节点（Nova API 节点）调用的。而控制节点可以通过 nova.conf 配置文件得到数据库的连接字符串。
> ② notifications.send_update_with_states 方法的功能是通知 Nova API 更新虚拟机状态。虚拟机最新状态将直接反应在 Dashboard 上。因此用户才能直观地看到虚拟机的创建进度。

代码的 69 行调用 QUOTAS.commit 方法修改租户的 quotas，为新创建的虚拟机预留硬件资源。

Compute API 类的 create 方法完成的工作总结如下。

（1）create 方法首先调用_check_create_policies 方法，检查当前用户是否具有创建虚拟机权限。然后调用_create_instance 方法进一步处理虚拟机的创建请求。

（2）_create_instance 方法首先调用_validate_and_provision_instance 方法完成虚拟机创建的准备工作。然后对每个要创建的虚拟机调用_record_action_start 方法更新 Nova 数据库中 InstanceAction 表的记录。最后远程调用 Nova Scheduler 服务的 run_instance 方法，进一步处理虚拟机创建请求。

（3）_validate_and_provision_instance 方法完成的工作有：验证客户端传入的参数；修改租户的 QUOTAS，为虚拟机预留硬件资源；在数据库中创建虚拟机记录。

## 15.3 Nova RPC 服务

Nova API 服务是一个 WSGI 服务，其启动代码与第 8.3 节介绍的启动代码非常类似，

---

1 参见 15.2.3 小节"servers.Controller 类的 create 方法"部分。

本节不再详述。除了 Nova API 服务以外的 Nova 其他服务，都是属于 RPC 服务。为了实现代码的高可用性和可扩展性，Nova 已经定义好了一套非常完整的 RPC 服务启动模块。学习这部分内容，对于以后分析 Nova RPC 服务的工作流程，以及添加自定义 Nova 模块都是很有帮助的。

本节将以 Nova Scheduler 服务为例，分析 Nova RPC 服务的启动流程。本节首先将介绍 Nova Scheduler 服务的启动脚本，然后再着重介绍 Nova RPC Service 类的定义。

### 15.3.1 Nova Scheduler 的启动流程

Nova Scheduler 服务的启动脚本如下[1]：

```
01  # 加载配置项
02  CONF = cfg.CONF
03  CONF.import_opt('scheduler_topic', 'nova.scheduler.rpcapi')
04  if __name__ == '__main__':
05      config.parse_args(sys.argv)          # 加载控制台传入的参数
06      logging.setup("nova")                # 配置服务的日志文件
07      # 定义 Nova Scheduler 服务对象
08      server = service.Service.create(binary='nova-scheduler', topic=CONF.scheduler_topic)
09      service.serve(server)                # 创建线程运行 Nova Scheduler 服务
10      service.wait()                       # 启动 Nova Scheduler 服务线程
```

代码的第 03 行调用了 CONF.import_opt 方法加载一些必要的配置项。import_opt 方法首先会加载 nova.scheduler.rpcapi 模块，然后再检查模块中是否定义了 scheduler_topic 配置项。如果 scheduler_topic 配置项没有定义则报错。查看 nova.scheduler.rpcapi 模块的代码，可以看到 scheduler_topic 配置项定义如下[2]：

```
rpcapi_opts = [cfg.StrOpt('scheduler_topic',                    # 配置项
            default='scheduler',                                # 默认值
            help='the topic scheduler nodes listen on'),]       # 描述
```

可以看到，在 nova.scheduler.rpcapi 模块中定义了 scheduler_topic 配置项的默认值为 scheduler。

> **注意**：在 Nova 的许多文件中都定义了一些配置项的默认值，可在 nova.conf 文件中做相应的配置，覆盖配置项的默认值。例如，在 nova.conf 文件中添加如下配置。

```
scheduler_topic=my_scheduler
```

便可将 scheduler_topic 配置项的值设置成 my_scheduler。

Nova Scheduler 服务的启动代码第 05 行加载控制台传入的参数。在第 8 章介绍过，可通过如下命令启动 Nova Scheduler 服务。

```
nohup python /opt/stack/novabin/nova-scheduler \
--config-file=/etc/nova/nova.conf >/var/log/nova/nova-sche.log 2>&1 &
```

---

[1] 定义在/opt/stack/nova/bin/nova-scheduler 文件中。
[2] 定义在/opt/stack/nova/nova/scheduler/rpcapi.py 文件中。

如上命令中通过 --config-file 参数设置了 Nova Scheduler 服务配置文件的路径。

Nova Scheduler 服务的启动代码第 08～10 行定义和启动了 Nova Scheduler 服务。其中第 08 行调用 Service 类的 create 方法创建 Service 对象。create 方法中的 binary 是服务名，topic 是 Nova Scheduler 服务监听的 RPC 主题。

第 09 和 10 行分别调用了 service 包的 serve 和 wait 方法，创建和启动 Nova Scheduler 服务线程。第 15.3.2 小节将对 service 包做进一步分析。

> 注意：细心的读者可能会发现，Nova 所有服务的启动脚本都是大同小异。每个服务的启动脚本大致需要做如下事情：
> ① 加载必要的配置项，其中最重要的配置项是 RPC 服务的主题。
> ② 加载控制台输入的配置，其中最重要的配置是配置文件的路径。
> ③ 配置服务的日志文件。
> ④ 调用 Service 类的 create 方法创建 Service 对象。
> ⑤ 调用 service 包的 serve 和 wait 方法创建和启动服务线程。

## 15.3.2　Nova RPC 服务的创建

在 Nova Scheduler 的启动脚本中，最重要的代码是调用了 Service 类的 create 方法，以及 sevice 包的 serve 和 wait 方法。本小节将通过介绍这 3 个方法的定义，来分析 Nova Scheduler 服务的启动流程。

### 1. Service类的create方法

Service 类的 create 方法定义如下[1]：

```
01  class Service(object):
02      @classmethod
03      def create(cls, host=None, binary=None, topic=None, manager=None,
04                 ...):
05          if not host:
06              host = CONF.host                                    # 主机名
07          if not binary:
08              binary = os.path.basename(inspect.stack()[-1][1])   # 服务名
09          if not topic:
10              topic = binary.rpartition('nova-')[2]               # 主题
11          if not manager:
12              # manager 配置项
13              manager_cls = ('%s_manager' % binary.rpartition('nova-')[2])
14              # manager 类名
15              manager = CONF.get(manager_cls, None)
16          if report_interval is None:
17              report_interval = CONF.report_interval              # 状态报告周期
18          if periodic_enable is None:
19              periodic_enable = CONF.periodic_enable              # 是否允许周期任务
20          if periodic_fuzzy_delay is None:
21              periodic_fuzzy_delay = CONF.periodic_fuzzy_delay    # 周期任务
                                                                      延迟时间
```

---

[1] 定义在 /opt/stack/nova/nova/service.py 文件中。

```
22          # 创建 Service 对象
23          service_obj = cls(host, binary, topic, manager,
24                           …)
25          return service_obj
```

create 方法首先检查一些必要的参数。如果这些参数在方法调用时没有指定,则将其设置成默认值。表 15.2 总结了 Nova 服务中一些重要的参数。然后,create 方法创建了一个 Service 对象。Service 类的初始化方法主要完成了两个工作。

- 保存 create 方法传入的参数。
- 创建所需的 API 对象,并等待 Conductor 服务正常运行。

注意:由于在 G 版本的 Nova 中,所有的数据库操作都是通过 Nova Conductor 服务完成。因此,其他服务的正常运行,都依赖于 Nova Conductor 服务已经正常工作。

表 15.2 Nova服务中重要的参数一览

| 参 数 名 | 描 述 | 默 认 值 | 示 例 |
|---|---|---|---|
| host | 服务所在的主机名 | 由 nova.conf 配置文件的相应配置项[1]指定。默认为 nova | |
| binary | 服务名 | 默认为启动脚本文件名 | Nova Scheduler 服务启动脚本文件名为 nova-scheduler,故默认服务名为 nova-scheduler |
| topic | RPC 服务主题 | 默认为服务名去除"nova-"子串 | Nova Scheduler 服务的服务名为 nova-scheduler,去除"nova-"子串后,服务默认的主题为 scheduler |
| manager_cls | 服务的 manager 配置项 | 默认为主题加"_manager"字符串 | Nova Scheduler 服务的主题为 scheduler,故服务默认的 manager 配置项为 scheduler_manager |
| manager | 服务的 manager 类型 | 由 manager_cls 指定 | 在nova.conf文件中scheduler_manager配置项的值为 nova.scheduler.manager.SchedulerManager,故 Nova Scheduler 服务的 manager 类型为 SchedulerManager 类 |
| report_interval | 向数据库更新服务状态的周期 | 由 nova.conf 配置文件的相应配置项指定,默认为 10 秒 | |
| periodic_enable | 是否允许运行周期任务 | 由 nova.conf 配置文件的相应配置项指定,默认为 True | |
| periodic_fuzzy_delay | 服务启动后,周期任务等待多长时间开始执行 | 由 nova.conf 配置文件的相应配置项指定,默认为 60 秒 | |

---

[1] 配置项名与参数名相同。

## 2. serve方法

serve 方法的定义如下[1]：

```
01  def serve(server, workers=None):
02      # 设置_launcher全局变量，以保证每个进程只能启动一个服务
03      global _launcher
04      # _launcher不为None，说明有服务启动了
05      if _launcher:
06          raise RuntimeError(_('serve() can only be called once'))
07      # workers指定启动的服务个数
08      # 如果传入了workers参数，则启动若干个子进程运行服务
09      if workers:
10          _launcher = ProcessLauncher()
11          _launcher.launch_server(server, workers=workers)
12      # 如果没有传入workers参数，说明只需启动1个服务
13      # 此时在本进程中启动线程运行服务
14      else:
15          _launcher = ServiceLauncher()
16          _launcher.launch_server(server)
```

serve 方法共有两个参数，其中 server 是 Nova RPC 服务的 Service 对象，workers 是创建的服务的个数。如果方法调用时传入了 workers 参数，serve 方法会创建一个 ProcessLauncher 对象。ProcessLauncher 对象会创建 workers 个子进程，每个子进程运行一个 Nova RPC 服务。如果方法调用时没有指定 workers 参数，则默认只创建 1 个 Nova RPC 服务。serve 方法会创建一个 ServiceLauncher 对象，ServiceLauncher 对象会创建一个线程运行 Nova RPC 服务。

在 Nova Scheduler 服务的启动脚本中，调用 serve 方法时没有传入 workers 参数。因此，serve 方法会创建一个 ServiceLauncher 对象，并调用 ServiceLauncher 对象的 launcher_server 方法。ServiceLauncher 类继承自 Launcher 类，launcher_server 方法定义在 Launcher 类中。其定义如下：

```
class Launcher(object):
    def launch_server(self, server):
        …
        gt = eventlet.spawn(self.run_server, server)
        self._services.append(gt)
```

launcher_server 方法创建了一个绿色线程，该线程会运行 ServiceLauncher 对象的 run_server 方法。

## 3. wait方法

service 包的 serve 方法创建了一个绿色线程，而 wait 方法的功能是运行线程。在本节的"serve 方法"部分介绍过，serve 方法创建的绿色线程会执行 ServiceLauncher 对象的 run_server 方法。ServiceLauncher 类继承自 Launcher 类，run_server 方法定义在 Launcher 类中。其定义如下[2]：

---

1 定义在/opt/stack/nova/nova/service.py 文件中。

2 定义在/opt/stack/nova/nova/service.py 文件中。

## 第 15 章 Nova 框架

```
01  class Launcher(object):
02      @staticmethod
03      def run_server(server):
04          server.start()
05          server.wait()
```

run_server 方法中的 server 参数是一个 Service 对象。可以看到，run_server 方法依次调用了 Service 对象的 start 和 wait 方法。接下来，着重分析 Service 类 start 方法的定义。

Service 类 start 方法定义如下：

```
01  class Service(object):
02      def start(self):
03          ...
04          self.basic_config_check()                          # 检查服务配置
05          self.manager.init_host()                           # 初始化主机
06          self.model_disconnected = False
07          ctxt = context.get_admin_context()                 # 获取管理员上下文
08          try:
09              # 查看数据库，获取当前服务的 id
10              self.service_ref = self.conductor_api.service_get_by_
                    args(ctxt,
11                                                self.host, self.binary)
12              self.service_id = self.service_ref['id']
13          except exception.NotFound:
14              # 如果数据库中不存在当前服务记录，则创建新记录
15              self.service_ref = self._create_service_ref(ctxt)
16          ...
17          # 创建与 RabbitMQ 服务器的连接
18          self.conn = rpc.create_connection(new=True)
19          # 创建分发 RPC 请求的 RpcDispatcher 对象
20          rpc_dispatcher = self.manager.create_rpc_dispatcher()
21          # 创建 RPC 消费者
22          self.conn.create_consumer(self.topic, rpc_dispatcher, fanout=
                False)
23          node_topic = '%s.%s' % (self.topic, self.host)
24          self.conn.create_consumer(node_topic, rpc_dispatcher, fanout=
                False)
25          self.conn.create_consumer(self.topic, rpc_dispatcher, fanout=
                True)
26          # 激活 RPC 消费者
27          self.conn.consume_in_thread()
28          ...
29          # 创建定时任务，定时报道服务状态
30          pulse = self.servicegroup_api.join(self.host, self.topic, self)
31          if pulse:
32              self.timers.append(pulse)
33          # 如果允许运行周期任务，设置初始等待时间
34          if self.periodic_enable:
35              if self.periodic_fuzzy_delay:
36                  # 初始等待时间在 0~periodic_fuzzy_delay 之间随机选择一个数
37                  initial_delay = random.randint(0, self.periodic_
                        fuzzy_delay)
38              else:
39                  # 如果没有选择 periodic_fuzzy_delay，则服务启动后立即运行定时任务
40                  initial_delay = None
41              # 创建线程，运行周期任务
42              periodic = utils.DynamicLoopingCall(self.periodic_tasks)
43              periodic.start(initial_delay=initial_delay,
```

```
44                     periodic_interval_max=self.periodic_interval_max)
45             self.timers.append(periodic)
```

Service 类 start 方法主要完成了两个工作。
- 创建 RPC 消费者，监听其他模块发来的 RPC 请求。
- 创建线程运行定时任务。

代码的 18～27 行完成了创建 RPC 消费者。在 start 方法中，共监听了 3 个消费者。其中第 22 行创建了 topic 类型的消费者，第 24 行创建了 topic.node 类型的消费者，第 25 行创建了广播类型的消费者。各个消费者的功能参见表 15.3。代码第 20 行创建了一个 RpcDispatcher 对象，RpcDispatcher 对象的功能是决定将 RPC 请求交给 manager 对象的哪个方法处理。RpcDispatcher 对象和 manager 对象在 RPC 服务中的地位已在第 11.3.3 小节"RPC 调用的实现"部分介绍，这里不再重复了。

表 15.3　Nova 服务创建的 RPC 消费者

| 主 题 类 型 | 是否 fanout | 功　　能 |
| --- | --- | --- |
| topic | 否 | 监听特定主题的 RPC 请求，一个 RPC 请求只需一个节点处理 |
| topic | 是 | 监听特定主题的广播 RPC 请求，所有监听该主题的节点都需处理 |
| topic.host | 否 | 监听特定节点的 RPC 请求 |

代码第 30～45 行完成了创建定时任务线程的工作。在 start 方法中共创建了两个线程。其中第 30～32 行创建的线程会定时向数据库更新服务状态，第 34～45 行创建的线程用于运行自定义的周期任务。第 16.1.1 小节将对 Nova 服务的定时任务做进一步分析。

> 注意：一个 Nova RPC 服务可以创建多个周期任务，这些周期任务的运行周期可以不同，但是运行周期不能超过 periodic_interval_max 配置项设定的值。这些周期任务都放在一个动态循环线程中执行。动态循环线程，是相对于静态循环线程而言的。静态循环线程和动态循环线程都是不断运行指定的方法。但是静态循环线程，是指每运行完一次指定方法后，会等待一个固定的时间，再运行指定方法；而动态循环线程是指每次等待的时间在运行时决定。

Service 类的 wait 方法非常简单，其功能就是启动线程运行周期任务，不再详述。

## 15.4　Nova Scheduler 服务分析

在第 15.2.3 小节介绍过，Nova API 服务最终将虚拟机创建请求交给底层 Controller（servers.Controller）类的 create 方法处理。底层 Controller 类的 create 方法最终调用了 Compute API 类的 create 方法。最后，Compute API 类 create 的方法又远程调用了 Nova Scheduler 服务的 run_instance 方法。

本节将本着由粗及细的顺序，介绍 Nova Scheduler 处理虚拟机创建请求的流程。首先介绍 Nova Scheduler 服务中，虚拟机创建请求的处理流程。然后再详细介绍虚拟机调度算法。

## 15.4.1 创建虚拟机请求的处理流程

与第 11.3.3 小节介绍的 RPC 服务一样，Nova Scheduler 服务中，处理 RPC 请求的方法都定义在 Nova Scheduler 服务的 manager 类中。表 15.2 介绍过，Nova Scheduler 服务的 manager 类为 SchedulerManager 类。

SchedulerManager 类的 run_instance 方法定义如下[1]：

```
01  class SchedulerManager(manager.Manager):
02    def run_instance(self, context, request_spec, admin_password,
03        injected_files, requested_networks, is_first_time, filter_
          properties):
04      instance_uuids = request_spec['instance_uuids']
05      # EventReporter 对象负责更新 InstanceAction 数据库表
06      with compute_utils.EventReporter(context, conductor_api.
          LocalAPI(),
07                                       'schedule', *instance_uuids):
08        try:
09          # 将虚拟机创建请求交给 driver 进一步处理
10          return self.driver.schedule_run_instance(context,
11              request_spec, admin_password, injected_files,
12              requested_networks, is_first_time, filter_
                properties)
13          …
14        except Exception as ex:
15          # 虚拟机创建失败，将虚拟机状态设置为 ERROR
16          with excutils.save_and_reraise_exception():
17            self._set_vm_state_and_notify('run_instance',
18                {'vm_state': vm_states.ERROR, 'task_state': None},
19                context, ex, request_spec)
```

run_instance 方法中定义了一个 with 语句块，在 with 语句块中创建了一个 EventReporter 对象[2]。当程序进入 with 语句块中，会调用 EventReporter 对象的 __enter__ 方法，将虚拟机 InstanceAction 表记录设置为开始 schedule 状态。当 with 语句块执行完毕后，会调用 EventReporter 对象的 __exit__ 方法，将虚拟机 InstanceAction 表记录设置为结束 schedule 状态。

> 注意：无论物理虚拟机是否创建成功，EventReporter 对象的 __enter__ 方法和 __exit__ 方法总会执行。

在 run_instance 方法的 with 语句块中，调用了 driver 成员变量的 schedule_run_instance 方法进一步处理虚拟机创建请求。

SchedulerManager 对象的 driver 成员变量的类型可通过 nova.conf 配置文件的 scheduler_driver 配置项设置。默认类型为 FilterScheduler 类。

FilterScheduler 类中 schedule_run_instance 方法定义如下[3]：

---

[1] 定义在/opt/stack/nova/nova/scheduler/manager.py 文件中。
[2] EventReporter 类定义在/opt/stack/nova/nova/compute/utils.py 文件中。
[3] 定义在/opt/stack/nova/nova/scheduler/filter_scheduler.py 文件中。

```
01  class FilterScheduler(driver.Scheduler):
02      def schedule_run_instance(self, context, request_spec,
03                                admin_password, injected_files,
04                                requested_networks, is_first_time,
05                                filter_properties):
06          # 获取调度所需的参数
07          payload = dict(request_spec=request_spec)
08          # 通知 Nova API，开始执行调度
09          notifier.notify(context, notifier.publisher_id("scheduler"),
10                          'scheduler.run_instance.start', notifier.INFO,
                            payload)
11          …
12          # 执行调度算法，获取加权主机列表
13          weighed_hosts = self._schedule(context, request_spec,
14                  filter_properties, instance_uuids)
15          …
16          # 为每个虚拟机分配计算节点
17          for num, instance_uuid in enumerate(instance_uuids):
18              …
19              try:
20                  try:
21                      # 选择权值最高的计算节点
22                      weighed_host = weighed_hosts.pop(0)
23                  except IndexError:
24                      raise exception.NoValidHost(reason="")
25                  #
26                  self._provision_resource(context, weighed_host, request_spec,
27                          filter_properties, requested_networks,
28                          injected_files, admin_password,
29                          is_first_time, instance_uuid=instance_uuid)
30              except Exception as ex:
31                  …
32          # 通知 Nova API 虚拟机调度完毕
33          notifier.notify(context, notifier.publisher_id("scheduler"),
34                          'scheduler.run_instance.end', notifier.INFO,
                            payload)
```

FilterScheduler 的 schedule_run_instance 方法工作流程如下。

（1）调用_schedule 方法获取加权主机列表。列表主机都是可供创建虚拟机的计算节点。这些节点按照权值的高低顺序排列。第 15.4.2 小节将详细介绍如何选择可用计算节点，如何求计算节点的权值。

（2）调用_provision_resource 方法在权值最高的计算节点上创建虚拟机。

_provision_resource 方法远程调用了 Nova Compute 服务的 run_instance 方法，其定义如下：

```
class FilterScheduler(driver.Scheduler):
    def _provision_resource(self, context, weighed_host, request_spec,
        …):
        …
        self.compute_rpcapi.run_instance(context, instance=updated_
    instance,…)
```

本小节的最后，总结一下 Nova Scheduler 服务处理虚拟机创建请求的流程。

（1）ScheedulerManager 对象的 run_instance 方法调用了 FilterScheduler 对象的 schedule_run_instance 方法进一步处理虚拟机的处理请求。另外，run_instance 方法还使用

了 EventReporter 对象更新 InstanceAction 数据库表。

（2）FilterScheduler 对象的 schedule_run_instance 方法首先调用_schedule 方法获取加权主机列表。然后调用_provision_resource 方法在权值最高的计算节点上创建虚拟机。

（3）FilterScheduler 对象的_provision_resource 方法远程调用了 Nova Compute 服务的 run_instance 方法。

### 15.4.2 调度算法

第 15.4.1 小节介绍过，FilterScheduler 的 schedule_run_instance 方法调用了_schedule 方法获取加权主机列表。_schedule 方法实现了虚拟机调度算法。其定义如下[1]：

```
01  class FilterScheduler(driver.Scheduler):
02    def _schedule(self, context, request_spec, filter_properties, instance
      _uuids=None):
03        # 获取用户上下文信息
04        elevated = context.elevated()
05        # 获取虚拟机信息
06        instance_properties = request_spec['instance_properties']
07        # 获取虚拟机规格
08        instance_type = request_spec.get("instance_type", None)
09        ...
10        # 获取配置项
11        config_options = self._get_configuration_options()
12        properties = instance_properties.copy()
13        if instance_uuids:
14            properties['uuid'] = instance_uuids[0]
15        # 构造主机过滤参数
16        filter_properties.update({'context': context, 'request_spec':
          request_spec,
17            'config_options': config_options, 'instance_type': instance
              _type})
18        self.populate_filter_properties(request_spec, filter_
          properties)
19        # 获取所有活动的主机列表
20        hosts = self.host_manager.get_all_host_states(elevated)
21        selected_hosts = []
22        # 获取需要启动的虚拟机个数
23        if instance_uuids:
24            num_instances = len(instance_uuids)
25        else:
26            num_instances = request_spec.get('num_instances', 1)
27        # 为每个要创建的虚拟机，选择权值最高的主机
28        for num in xrange(num_instances):
29            # 获取所有可用的主机列表
30            hosts = self.host_manager.get_filtered_hosts(hosts, filter
              _properties)
31            # 找不到可用的主机，停止调度
32            if not hosts:
33                break
34            # 计算可用主机的权值
35            weighed_hosts = self.host_manager.get_weighed_hosts(hosts,
36                filter_properties)
```

---

[1] 定义在/opt/stack/nova/nova/scheduler/filter_scheduler.py 文件中。

```
37              # 计算 scheduler_host_subset_size 的值
38              # scheduler_host_subset_size 在 nova.conf 配置文件中配置
39              scheduler_host_subset_size = CONF.scheduler_host_subset_
                size'
40              # 其值最大为加权主机个数
41              if scheduler_host_subset_size > len(weighed_hosts):
42                  scheduler_host_subset_size = len(weighed_hosts)
43              # 其值最小为 1
44              if scheduler_host_subset_size < 1:
45                  scheduler_host_subset_size = 1
46              # 从权值最大的 scheduler_host_subset_size 个主机中随机选择一个
47              chosen_host = random.choice(
48                  weighed_hosts[0:scheduler_host_subset_size])
49              selected_hosts.append(chosen_host)
50              # 更新选择主机的硬件资源信息，为虚拟机预留硬件资源
51              chosen_host.obj.consume_from_instance(instance_properties)
52              ...
53          return selected_hosts
```

代码第 04～18 行主要完成的任务是构造 filter_properties 参数。filter_properties 参数是数据结构，将在第 18.1.3 小节专门介绍。

代码的第 20 行调用了 FilterScheduler 对象 host_manager 成员变量的 get_all_host_states 方法获取所有可用的计算节点列表。host_manager 变量是一个 HostManager 对象。HostManager 类的 get_all_host_states 方法的定义将在第 15.4.3 小节介绍。

代码第 28～51 行实现了虚拟机调度的核心算法。其中第 30 行调用 HostManager 对象的 get_filtered_hosts 方法获取可用的计算节点列表。第 35～36 行调用 HostManager 对象的 get_weighed_hosts 方法计算可用计算节点的权值。代码的第 47～49 行从权值最高的 scheduler_host_subset_size 个计算节点中随机选择一个计算节点作为创建虚拟机的节点。HostManager 对象的 get_filtered_hosts 方法和 get_weighed_hosts 方法将在第 15.4.4 小节介绍。最后，代码的第 51 行调用 chosen_host.obj 变量的 consume_from_instance 方法更新选择的计算节点的硬件资源信息，为虚拟机预留资源。chosen_host.obj 变量是一个 HostState 对象[1]。HostState 类的 consume_from_instance 方法比较简单，不做介绍。

注意：

① 在代码的第 28 行，使用了 for 循环，为每个要创建的虚拟机执行一遍调度算法。这是因为当上一台虚拟机启动以后，计算节点的硬件资源也会改变。因此，计算节点的可用性和权值也会变化。因此，需要重新执行调度算法。

② 代码第 47～49 行，为什么要从权值最高的 scheduler_host_subset_size 个计算节点中随机选择一个计算节点，而不是选择权值最高的节点呢？这是因为如果都是选择权值最高的节点，就会导致一台配置很高的计算节点不断接受虚拟机创建请求，而其他节点处于空闲状态。这样可能会影响到系统的性能。

③ 在执行 _schedule 方法时，并没有真的创建虚拟机。但是代码的第 51 行，依然修改了计算节点的硬件资源信息。这样做的目的，是为虚拟机预留相应的资源，也是为了保证下一次的虚拟机调度算法能够有效执行。

---

[1] HostState 类定义在/opt/stack/nova/nova/scheduler/host_manager.py 文件中。

最后，总结一下虚拟机调度算法的步骤。
（1）获取可用的计算节点列表。
（2）计算可用计算节点的权值。
（3）从权值最高的 scheduler_host_subset_size 个计算节点中随机选择一个计算节点作为创建虚拟机的节点。
（4）更新选择的计算节点的硬件资源信息，为虚拟机预留资源。

### 15.4.3 资源信息的更新

第 15.4.2 小节介绍过，在 FilterScheduler 的 _schedule 方法中，调用了 HostManager 对象的 get_all_host_states 方法获取所有可用的计算节点列表。get_all_host_states 方法的定义如下[1]：

```
01  class HostManager(object):
02      def get_all_host_states(self, context):
03          # 获取所有计算节点
04          compute_nodes = db.compute_node_get_all(context)
05          seen_nodes = set()                              # 保存当前数据库中存在的节点
06          for compute in compute_nodes:
07              service = compute['service']                # 获取节点的服务信息
08              if not service:                             # 节点上没有服务，可能是过期节点
09                  continue
10              host = service['host']                      # 节点的主机名
11              node = compute.get('hypervisor_hostname')
12                                                          # 节点的 hypervisor 主机名
12              state_key = (host, node)
13              # 获取 HostManager 对象缓存的服务状态和节点状态信息
14              capabilities = self.service_states.get(state_key, None)
15              host_state = self.host_state_map.get(state_key)
16              # 如果 host_state 存在，说明是旧节点
17              if host_state:
18                  # 更新节点的性能信息
19                  host_state.update_capabilities(capabilities, dict
                         (service.iteritems()))
20              # 如果 host_state 不存在，说明是新节点
21              else:
22                  # 添加新节点的状态信息
23                  host_state = self.host_state_cls(host, node,
24                      capabilities=capabilities, service=dict(service.
                         iteritems()))
25                  self.host_state_map[state_key] = host_state
26              # 更新计算节点的硬件资源信息
27              host_state.update_from_compute_node(compute)
28              seen_nodes.add(state_key)
29          # 获取不活动节点列表
30          dead_nodes = set(self.host_state_map.keys()) - seen_nodes
31          # 删除不活动节点的缓存信息
32          for state_key in dead_nodes:
33              host, node = state_key
34              del self.host_state_map[state_key]
35          return self.host_state_map.itervalues()
```

---

1 定义在/opt/stack/nova/nova/scheduler/host_manager.py 文件中。

get_all_host_states 方法主要完成了两个功能：
- 获取当前所有活动的计算节点列表。
- 更新和维护 HostManager 对象缓存的节点状态信息。

代码的第 04 行调用 db.compute_node_get_all 方法获取数据库当前活动的计算节点信息列表。列表中保存了可用计算节点的 CPU、内存和硬盘等资源的最新信息。数据库中计算节点的硬件资源信息由 Nova Compute 服务维护。当 Nova Compute 服务在执行完虚拟机操作之后，都会更新数据库中相应计算节点的硬件资源信息。另外，为了保证数据库中计算节点硬件资源信息的实时性，Nova Compute 服务还又设置了一个 update_available_resource 定时任务，定时更新计算节点的硬件资源信息。Nova Compute 服务 update_available_resource 定时任务的定义将在第 16.1 节介绍。

代码第 10 和第 11 行分别获取计算节点的主机名和 Hypervisor 主机名。主机名可执行 hostname 命令查看。Hypervisor 主机名可执行 virsh hostname 命令查看。一般情况下，主机名和 Hypervisor 主机名是一致的。

代码的第 14 行获取的是 HostManager 对象缓存的计算节点性能信息。计算节点性能包含节点的 CPU、内存和硬盘等资源的使用情况，也包括计算节点 Hypervisor 支持的特性。可通过 virsh capability 命令查看节点支持的特性。第 16.1 节将介绍，在 Nova Compute 服务有一个 update_capabilities 定时任务，定时向 Nova Scheduler 服务报告性能信息。

代码的第 27 行，调用了 host_state 变量的 update_from_compute_node 方法更新计算节点的硬件资源信息。这里的 host_state 变量是一个 HostState 对象[1]。HostState 类的 update_from_compute_node 方法定义如下：

```
01    class HostState(object):
02       def update_from_compute_node(self, compute):
03          # 如果缓存的信息比 compute 的信息新，则不更新
04          if (self.updated and compute['updated_at']
05             and self.updated > compute['updated_at']):
06             return
07          ...
```

> 注意：在第 15.4.2 小节介绍过，在 FilterScheduler 的 _schedule 方法中调用了 HostState 对象的 consume_from_instance 方法更新选择的计算节点的硬件资源信息，为虚拟机预留资源。而本小节介绍 update_from_compute_node 方法也会更新计算节点的硬件资源信息。为了保证 HostManager 对象缓存的节点硬件资源信息的准确性，在 HostState 类中，定义了时间戳。update_from_compute_node 方法始终认为越新的数据越准确。

HostManager 类 get_all_host_states 方法代码的第 32～35 行，删除了 HostManager 对象缓存的过期节点信息。

### 15.4.4 过滤和权值计算

在第 15.4.1 小节介绍过，FilterScheduler 的 _schedule 方法在实现虚拟机调度算法时，

---

[1] HostState 类定义在/opt/stack/nova/nova/scheduler/host_manager.py 文件中。

调用了两个很重要的方法。

- 调用了 HostManager 对象的 get_filtered_hosts 方法获取可用的计算节点列表。
- 调用 HostManager 对象的 get_weighed_hosts 方法计算可用计算节点的权值。

在 HostManager 类的初始化方法中，分别调用了 HostFilterHandler 对象和 HostWeightHandler 对象的 get_matching_classes 方法加载可用的过滤器类和权值类。过滤器类和权值类分别是实现 get_filtered_hosts 方法和 get_weighed_hosts 方法的基础。本小节将首先介绍 get_filtered_hosts 方法和 get_weighed_hosts 方法的定义。然后再介绍 HostFilterHandler 对象的 get_matching_classes 方法。

### 1. get_filtered_hosts方法

HostManager 对象的 get_filtered_hosts 方法定义如下[1]：

```
01  class HostManager(object):
02      def get_filtered_hosts(self, hosts, filter_properties, filter_class_
        names=None):
03          ...
04          # 获取过滤器列表
05          filter_classes = self._choose_host_filters(filter_class_names)
06          ...
07          # 返回过滤后的主机列表
08          return self.filter_handler.get_filtered_objects(filter_
        classes, hosts, filter_properties)
```

为了确定一台计算节点是否可用，Nova Scheduler 定义了多个过滤器，每个过滤器检查计算节点的某一种属性。只有通过所有过滤器检查的主机，才被认为是可用的主机。

上面代码中，get_filtered_hosts 方法首先调用 HostManager 对象的_choose_host_filters 方法获取过滤器类列表。然后调用 filter_handler 成员变量的 get_filtered_objects 方法使用过滤器检查计算节点是否可用。

另外，在 get_filtered_hosts 方法中，还可以通过 filter_properties 参数传入 force_hosts 和 ignore_hosts 两个变量。如果指定了 force_hosts，那么 force_hosts 列表以外的主机都将被淘汰。如果指定了 ignore_hosts，那么 ignore_hosts 列表中的主机都将被淘汰。在 get_filtered_hosts 方法中定义了_match_forced_hosts 和_strip_ignore_hosts 内部方法，分别完成 force_hosts 和 ignore_hosts 的判断工作。这两个内部方法比较简单，读者可自行阅读相关代码。

接下来，再逐一介绍 HostManager 类的_choose_host_filters 方法和 filter_handler 变量的 get_filtered_objects 方法的定义。

（1）_choose_host_filters 方法

HostManager 类的_choose_host_filters 方法的功能是获取过滤器类列表，其定义如下：

```
01  class HostManager(object):
02      def _choose_host_filters(self, filter_cls_names):
03          # 如果外部没有传入 filter_cls_names 参数，则使用默认的过滤器
04          if filter_cls_names is None:
05              filter_cls_names = CONF.scheduler_default_filters
06          # 将 filter_cls_names 封装成列表
```

---

[1] 定义在/opt/stack/nova/nova/scheduler/host_manager.py 文件中。

```
07      if not isinstance(filter_cls_names, (list, tuple)):
08          filter_cls_names = [filter_cls_names]
09      good_filters = []                      # 好的过滤器
10      bad_filters = []                       # 坏的过滤器
11      # 遍历 filter_cls_names 中的过滤器名 filter_name
12      for filter_name in filter_cls_names:
13          found_class = False
14          # 遍历所有注册的过滤器类
15          for cls in self.filter_classes:
16              # 如果 filter_name 对应的过滤器在注册的过滤器列表中
17              # 则认为它是好过滤器
18              if cls.__name__ == filter_name:
19                  good_filters.append(cls)
20                  found_class = True
21                  break
22          # 如果 filter_name 对应的过滤器不在注册的过滤器列表中，则认为它是坏过滤器
23          if not found_class:
24              bad_filters.append(filter_name)
25          ...
26      return good_filters
```

HostManager 类的_choose_host_filters 方法遍历 filter_cls_names 参数中的所有过滤器，从中提取出好过滤器。所谓好过滤器，是指该过滤器被预先注册过。在 HostManager 类的初始化方法中调用了 filter_handler 对象的 get_matching_classes 方法注册可用的过滤器。filter_handler 对象的 get_matching_classes 方法稍后再做介绍。

🔔 注意：

① 从上面的代码可以看到，如果外部没有传入 filter_cls_names 参数，_choose_host_filters 方法会将 filter_cls_names 参数设置成默认的过滤器列表。默认的过滤器列表由 nova.conf 配置文件的 scheduler_default_filters 配置项设置。其默认值为

```
scheduler_default_filters=RetryFilter,AvailabilityZoneFilter,RamFilter,ComputeFilter,ComputeCapabilitiesFilter,ImagePropertiesFilter
```

② 在本小节的"get_matching_classes 方法"部分将看到，filter_handler 对象的 get_matching_classes 方法会注册 nova.scheduler.filters 包[1]下定义的所有过滤器。这些过滤器被称作是标准过滤器。

（2）filter_handler 对象的 get_filtered_objects 方法

filter_handler 对象的 get_filtered_objects 方法调用客户指定的过滤器，检查计算节点是否可用。get_filtered_objects 方法最终会返回可用的计算节点列表。

filter_handler 对象的类型为 HostFilterHandler 类[2]。HostFilterHandler 类继承自 BaseFilterHandler 类。get_filtered_objects 方法定义在 BaseFilterHandler 类中，其定义如下[3]。

```
01  class BaseFilterHandler(loadables.BaseLoader):
02      def get_filtered_objects(self, filter_classes, objs, filter_
            properties):
```

---

1 标准的过滤器都放在/opt/stack/nova/nova/scheduler/filters 文件夹下。

2 定义在/opt/stack/nova/nova/scheduler/filters/__init__.py 文件中。

3 定义在/opt/stack/nova/nova/filters.py 文件中。

```
03          # 遍历每个过滤器类
04          for filter_cls in filter_classes:
05              # 调用过滤器类的 filter_all 方法
06              objs = filter_cls().filter_all(objs, filter_properties)
07          return list(objs)
```

> **注意**：以上代码中 filter_classes 参数是过滤器类型列表，objs 参数是待过滤的计算节点列表，filter_properties 参数是客户定制的过滤参数。

get_filtered_objects 方法依次调用了每个过滤器对象的 filter_all 方法。每个过滤器对象的 filter_all 方法返回一个迭代器对象，该迭代器对象包含了通过该过滤器检查的主机列表。

每个过滤器对象都继承自 BaseHostFilter 类，BaseHostFilter 类继承自 BaseFilter 类。filter_all 方法定义在 BaseHostFilter 类中，其定义如下[1]：

```
01   class BaseFilter(object):
02       def filter_all(self, filter_obj_list, filter_properties):
03           for obj in filter_obj_list:
04               if self._filter_one(obj, filter_properties):
05                   yield obj
```

> **注意**：以上代码中，filter_obj_list 参数是待过滤的计算节点列表，filter_properties 参数是客户定制的过滤参数。

filter_all 方法对每个主机都调用了_filter_one 方法，如果_filter_one 方法返回 True，则返回该主机的引用。BaseFilter 类中的_filter_one 方法始终返回 True。BaseHostFilter 类重载了 BaseFilter 类中的_filter_one 方法，它会调用自身的 host_passes 方法。以下是 BaseFilter 类中_filter_one 方法的定义[2]。

```
class BaseHostFilter(filters.BaseFilter):
    def _filter_one(self, obj, filter_properties):
        return self.host_passes(obj, filter_properties)
```

通过上面的分析，可以看到过滤器类的内部逻辑都定义在 host_passes 方法中。host_passes 方法有两个参数，其中第 1 个参数是待过滤的主机引用，第 2 个参数是客户定制的过滤参数。对于一个主机，如果过滤器的 host_passes 方法返回 True，则说明主机通过了该过滤器的检查。只有当主机通过所有过滤器的检查，才被认为是可用的。

为了更好地理解过滤器是如何工作的，这里再着重分析一下 ComputeFilter 过滤器的 host_passes 方法的定义：

```
01   class ComputeFilter(filters.BaseHostFilter):
02       def host_passes(self, host_state, filter_properties):
03           capabilities = host_state.capabilities         # 节点的性能信息
04           service = host_state.service                   # 节点的服务信息
05           # 查看服务是否处于活动状态
06           alive = self.servicegroup_api.service_is_up(service)
07           # 如果服务不是活动状态或者被禁用，则不通过检查
08           if not alive or service['disabled']:
09               return False
```

---

[1] 定义在/opt/stack/nova/nova/filters.py 文件中。
[2] 定义在/opt/stack/nova/nova/scheduler/filters/__init__.py 文件中。

```
10          # 如果 capabilities 变量中设置 enabled 属性为 False，则不通过检查
11          if not capabilities.get("enabled", True):
12              return False
13          # 否则，通过检查
14          return True
```

ComputeFilter 过滤器主要调用了 servicegroup_api 的 service_is_up 方法，检查计算节点上的 Nova Compute 服务是否处于活动状态。在 OpenStack 中，任何一个服务都会有一个定时任务，定时在数据库中更新自己的状态。servicegroup_api 的 service_is_up 方法[1]会查询数据库，检查服务的最近的更新时间。如果服务最近一段时间内没有更新，那就认为服务已经关闭。

> 注意：很显然，ComputeFilter 过滤器是一个最基本的过滤器。试想一下，如果一个节点上连 Nova Compute 服务都没有启动，那创建虚拟机操作就无从说起了。

最后，再总结一下 HostManager 对象的 get_filtered_hosts 方法的工作流程。

（1）HostManager 对象的 get_filtered_hosts 方法首先调用 HostManager 对象的 _choose_host_filters 方法获取过滤器类列表。然后调用 HostFilterHandler 对象的 get_filtered_objects 方法使用过滤器检查计算节点是否可用。

（2）_choose_host_filters 方法依次检查 filter_cls_names 参数中的过滤器名，如果过滤器名对应的过滤器被预先注册过，则认为它是好过滤器。最终，_choose_host_filters 方法会返回所有好过滤器列表。如果外部没有指定 filter_cls_names 参数，_choose_host_filters 方法会使用 nova.conf 配置文件中的默认过滤器。

（3）HostFilterHandler 对象的 get_filtered_objects 方法依次调用每个过滤器对象的 filter_all 方法。过滤器的 filter_all 方法返回的是通过该过滤器的主机列表。

（4）过滤器对象的 filter_all 方法对每个待过滤的主机调用 filter_one 方法。如果 filter_one 方法返回 True，则认为主机通过检查；否则，认为主机不可用。

（5）过滤器对象的 filter_one 方法调用了 host_passes。因此，过滤器对象的主要逻辑都定义在 host_passes 方法中。

### 2. get_weighed_hosts方法

HostManager 对象的 get_weighed_hosts 方法定义如下[2]：

```
class HostManager(object):
    def get_weighed_hosts(self, hosts, weight_properties):
        return self.weight_handler.get_weighed_objects(self.weight_
    classes,
            hosts, weight_properties)
```

get_weighed_hosts 方法相较于 get_filtered_hosts 方法要简单许多。它不需要外部传入类似于 weighed_cls_names 的参数，而是直接使用预先注册的 weight_classes 列表中的权值类。在 HostManager 类的初始化方法中，会调用 filter_handler 对象的 get_matching_classes

---

1 定义在/opt/stack/nova/nova/servicegroup/api.py 文件中。
2 定义在/opt/stack/nova/nova/scheduler/host_manager.py 文件中。

方法注册可用的权值类。目前，G 版本的 Nova 值支持 RAMWeigher 权值类[1]。

与 get_filtered_hosts 方法类似，get_weighed_hosts 方法调用了 weight_handler 变量的 get_weighed_objects 方法计算主机的权值。weight_handler 变量是一个 HostWeightHandler 对象。HostWeightHandler 类[2]继承自 BaseWeightHandler 类。get_weighed_hosts 方法定义在 BaseWeightHandler 中，其定义如下[3]：

```
01  class BaseWeightHandler(loadables.BaseLoader):
02      object_class = WeighedObject
03      def get_weighed_objects(self, weigher_classes, obj_list,weighing_
        properties):
04          # 如果没有指定主机列表，则返回空
05          if not obj_list:
06              return []
07          # 将主机封装成 WeighedObject 对象
08          weighed_objs = [self.object_class(obj, 0.0) for obj in obj_list]
09          # 遍历所有的权值类
10          for weigher_cls in weigher_classes:
11              # 创建权值类对象
12              weigher = weigher_cls()
13              # 调用权值对象的 weigh_objects 方法
14              weigher.weigh_objects(weighed_objs, weighing_properties)
15          # 将主机的 WeighedObject 对象列表按权值从高到低顺序排序
16          return sorted(weighed_objs, key=lambda x: x.weight, reverse=
            True)
```

代码的第 08 行首先将主机封装成 object_class 对象。代码的第 02 行指定，object_class 类变量的值为 WeighedObject 类。WeighedObject 类封装了主机的 HostState 对象和主机权值两个成员变量。然后，代码的第 10~14 行不断调用权值对象的 weigh_objects 方法，不断修改主机 WeighedObject 对象的权值。最后，代码第 16 行，将主机按照权值由高到低顺序排序。

⚠ 注意：

① 代码的第 08 行，构造主机的 WeighedObject 对象时，赋予主机的初始权值为 0。

② HostWeightHandler 类中重载了 BaseWeightHandler 的 object_class 属性，将其设置为 WeighedHost 类。WeighedHost 类继承自 WeighedObject 类。它重载了 WeighedObject 类的 __repr__ 方法，并添加了一个 to_dict 方法4

上面代码中核心部分是调用了权值对象的 weigh_objects 方法。前面介绍过，目前 Nova 只定义了 RAMWeigher 标准权值类。RAMWeigher 类继承自 BaseHostWeigher 类[5]，BaseHostWeigher 类继承自 BaseWeigher 类。weigh_objects 方法定义在 BaseWeigher 类中，其定义如下[6]：

---

1 定义在/opt/stack/nova/nova/scheduler/weights/ram.py 文件中。
2 定义在/opt/stack/nova/nova/scheduler/weights/__init__.py 文件中。
3 定义在/opt/stack/nova/nova /weights.py 文件中。
4 WeighedHost 类定义在/opt/stack/nova/nova/scheduler/weights/__init__.py 文件中。
5 BaseHostWeigher 类定义在/opt/stack/nova/nova/scheduler/weights/__init__.py 文件中。
6 定义在/opt/stack/nova/nova /weights.py 文件中。

```
01  class BaseWeigher(object):
02      def weigh_objects(self, weighed_obj_list, weight_properties):
03          # 遍历主机列表
04          for obj in weighed_obj_list:
05              # 主机的权值=原来的权值+权重*当前权值对象赋予主机的权值
06              obj.weight += (self._weight_multiplier() *
07                             self._weigh_object(obj.obj, weight_properties))
```

从以上代码可以看到，主机的权值，其实是各个权值类赋予给主机的权值加权和。因此，一个权值类还必须定义两个方法：

- _weight_multiplier 方法，返回当前权值类的权重。
- _weigh_object 方法，返回当前权值类赋予给主机的权值。

RAMWeigher 权值类的_weight_multiplier 和_weigh_object 方法都比较简单。它的权重由 nova.conf 配置文件的 ram_weight_multiplier 配置项配置，默认为 1.0。其_weigh_object 方法返回的是主机剩余内存的大小（单位为 MB）。

接下来，再总结一下 HostManager 类的 get_weighed_hosts 方法的工作流程。

（1）get_weighed_hosts 方法调用了 HostWeightHandler 对象的 get_weighed_objects 方法。

（2）HostWeightHandler 对象的 get_weighed_objects 方法首先为每个主机创建一个 WeighedObject 对象。然后，依次调用权值对象的 weigh_objects 方法不断修改主机 WeighedObject 对象的权值。最后，代码第 16 行，将主机按照权值由高到低顺序排序。

（3）权值对象的 weigh_objects 方法在主机原有权值的基础上，加权累加当前权值对象赋予给主机的权值。每个权值类，都需实现_weight_multiplier 和_weigh_object 方法。_weight_multiplier 方法，返回当前权值类的权重。_weigh_object 方法，返回当前权值类赋予给主机的权值。

### 3. get_matching_classes方法

HostManager 类的初始化方法分别调用了 HostFilterHandler 对象和 HostWeightHandler 对象的 get_matching_classes 方法来注册可用的过滤器类和权值类。HostFilterHandler 对象和 HostWeightHandler 对象的 get_matching_classes 方法内部逻辑完全类似。这里，将以 HostFilterHandler 对象的 get_matching_classes 方法为例，分析过滤器类和权值类的注册流程。

HostFilterHandler 类继承自 BaseFilterHandler 类，BaseFilterHandler 类继承自 BaseLoader 类。get_matching_classes 方法定义在 BaseLoader 类中，其定义如下[1]：

```
01  class BaseLoader(object):
02      def get_matching_classes(self, loadable_class_names):
03          classes = []
04          # 遍历外部传入的所有类名
05          for cls_name in loadable_class_names:
06              # 根据类名加载类对象
07              obj = importutils.import_class(cls_name)
08              # 如果类对象是一个普通的类，则将该类添加到classes列表中
09              if self._is_correct_class(obj):
10                  classes.append(obj)
11              # 如果类对象是一个方法
12              elif inspect.isfunction(obj):
```

---

[1] 定义在/opt/stack/nova/nova/ loadables.py 文件中。

## 第 15 章 Nova 框架

```
13              # 执行这个方法，将方法返回的结果添加到 classes 列表中
14              for cls in obj():
15                  classes.append(cls)
16          # 否则，外部传入的参数出错，抛出异常
17          else:
18              error_str = 'Not a class of the correct type'
19              raise exception.ClassNotFound(class_name=cls_name, …)
20      return classes
```

通过上面的代码可以看到，get_matching_classes 方法可以接受两种类型的参数：普通的类名和能够生成类对象列表的方法名。

注意：不管是类名还是方法名，传入的参数都必须包含完整的包路径。

Nova Scheduler 可用的过滤器由 nova.conf 配置文件的 scheduler_available_filters 配置项设置。其默认配置如下：

```
scheduler_available_filters=nova.scheduler.filters.all_filters
```

这里的 all_filters 就是一个方法，其定义如下[1]：

```
def all_filters():
    return HostFilterHandler().get_all_classes()
```

all_filters 方法调用了 HostFilterHandler 对象的 get_all_classes 方法。get_all_classes 方法也定义在 HostFilterHandler 类的父类 BaseLoader 中，其定义如下：

```
01  class BaseLoader(object):
02      def get_all_classes(self):
03          classes = []
04          # 遍历当前类所在目录下的所有文件和文件夹
05          # dirpath: 当前类所在目录名；dirnames: dirpath 下所有子目录
06          # filenames: dirpath 目录下所有文件
07          for dirpath, dirnames, filenames in os.walk(self.path):
08              # 获取 dirpath 相对于当前类所在目录的路径
09              relpath = os.path.relpath(dirpath, self.path)
10              # 如果相对路径为"."，说明当前类所在的目录与 dirpath 在同一个目录
11              if relpath == '.':
12                  # 此时，相对包路径为空
13                  relpkg = ''
14              # 如果相对路径不为"."，说明当前类所在的目录与 dirpath 不在同一个目录
15              else:
16                  # 只需将相对路径中的"/"替换成"."，
17                  # 即可获得 dirpath 相对于当前类所在包的路径
18                  relpkg = '.%s' % '.'.join(relpath.split(os.sep))
19              # 遍历 dirpath 下的所有文件
20              for fname in filenames:
21                  root, ext = os.path.splitext(fname)
22                  # 跳过非.py 文件和 __init__.py 文件
23                  if ext != '.py' or root == '__init__':
24                      continue
25                  # 过滤器类所在的包名=当前类所在的包名.相对包路径.过滤器所在类文件名
26                  module_name = "%s%s.%s" % (self.package, relpkg, root)
27                  # 将 fname 文件下所有的类都作为过滤器类添加到 classes 列表中
28                  mod_classes = self._get_classes_from_module(module_name)
```

---

[1] 定义在/opt/stack/nova/nova/scheduler/filters/__init__.py 文件中。

```
29              classes.extend(mod_classes)
30          return classes
```

代码的第 07 行，调用了 os.walk 方法获取当前类所在的目录名 dirpath，以及 dirpath 目录下的所有文件列表 filenames 和目录列表 dirnames。这里的 self.path 成员变量定义在 BaseLoader 类的初始化方法中，其定义如下：

```
01   class BaseLoader(object):
02       def __init__(self, loadable_cls_type):
03           # 获取当前类所在包的对象
04           mod = sys.modules[self.__class__.__module__]
05           # 获取包的物理路径
06           self.path = os.path.abspath(mod.__path__[0])
```

以上代码中 sys.modules 保存了所引用的 python 包的信息。self.__class__.__module__ 变量保存的是当前类所在包的包名。对于 HostFilterHandler 类来说，它所在包的包名为 nova.scheduler.filters。代码中 mod.__path__ 变量保存了该包存储的目录。由于同一个包可以定义在不同的目录下，因此 mod.__path__ 变量是一个列表。对于 nova.scheduler.weights 包来说，其存储的目录只有一个[1]（即为 self.path 变量保存的值）。

> 注意：
> ① 虽然 HostFilterHandler 类的初始化方法定义在 BaseLoader 类中，但是 HostFilterHandler 类所在的包却与 BaseLoader 类所在的包不同。
> ② HostFilterHandler 类必须定义在__init__.py 文件中，否则该类所在的包将对应于一个文件，而不是一个目录。

BaseLoader 类的 get_all_classes 代码第 07 行 os.walks 方法返回的值如下：

```
dirpath = '/opt/stack/nova/nova/scheduler/filters',
dirnames = [],
filenames = ['disk_filter.pyc', 'all_hosts_filter.py', 'isolated_hosts_filter.py', '__init__.pyc', '…']
```

BaseLoader 类的 get_all_classes 代码第 09 行获取 dirpath 相对于 self.path 的路径。在这里，由于 dirpath 和 self.path 的值是相同的，因此其相对路径为"."。

代码第 11~18 行获取当前类所在的包与 dirpath 目录对应包的相对包路径。由于 dirpath 目录相对于 self.path 目录的路径为"."，因此其相对包路径为空。

代码第 20~29 行的 for 语句遍历 filenames 列表中所有的文件，加载文件中定义的过滤器类。其中代码的第 23~24 行过滤掉了__init__.py 文件和所有的*.pyc 文件。代码的第 26 行获取 filename 文件对应的包名。一个文件对应的包名由当前类所在的包名（self.package，本节示例中的值为 nova.scheduler.filters）、相对包路径（本节示例中为空）和文件名 3 部分组成。例如 compute_filter.py 文件对应的包名为 nova.scheduler.filters.compute_filter。代码第 28~29 行获取该包下所有定义的类，并将其添加到 classes 变量中。例如，在 compute_filter.py 文件中，只有定义了一个 ComputeFilter 类。

本小节的最后，再总结一下 HostFilterHandler 对象的 get_matching_classes 方法加载可用过滤器类的流程。

---

[1] 即在/opt/stack/nova/nova/scheduler/filters/目录下。

（1）HostFilterHandler 对象的 get_matching_classes 方法根据 nova.conf 文件的配置，调用 all_filters 方法。

（2）all_filters 方法调用 HostFilterHandler 对象的 get_all_classes 方法。

（3）HostFilterHandler 对象的 get_all_classes 方法遍历 filters 目录下的所有.py 文件（\_\_init\_\_.py 文件除外），将.py 文件中定义的所有类都当作是过滤器类。

## 15.5　Nova Conductor 服务

Nova Conductor 是 G 版本新加的一个服务。这个服务本身并不复杂，它的大部分方法都是数据库的查询操作[1]。Nova Conductor 的主要作用是避免 Nova Compute 服务直接访问数据库，增加系统的安全性。

有了 Nova Conductor 服务以后，Nova Compute 服务的数据库查询更新操作都需要通过向 Nova Conductor 服务发送 RPC 请求来实现。因此，要保证 Nova Compute 服务正常运行，就必须首先保证 Nova Conductor 服务已经正常工作。为此，在创建 Nova Compute 服务的 Service 对象时，会调用 conductor_api 的 wait_until_ready 方法等待 Nova Conductor 服务完成初始化工作。以下是 Service 类的初始化方法代码片段[2]。

```
01  class Service(object):
02  def __init__(self, host, binary, topic, manager,
03               report_interval=None, periodic_enable=None,
04               periodic_fuzzy_delay=None, periodic_interval_max=None,
05               db_allowed=True,*args, **kwargs):
06      …
07      # 创建 conductor_api 对象
08      self.conductor_api = conductor.API(use_local=db_allowed)
09      # 等待 Nova Conductor 服务开始工作
10      self.conductor_api.wait_until_ready(context.get_admin_context())
```

Service 类的初始化方法中，有一个与 conductor_api 相关的重要参数 db_allowed，这个参数指定服务是否有访问数据库的权限。db_allowed 默认值为 True。在 Nova Compute 服务的启动脚本中[3]，显式设置了 db_allowed 参数为 False。

> 注意：在 Nova Scheduler 的启动脚本中，没有显式设置 db_allowed 参数。因此 db_allowed 的值为其默认值 True。所以，Nova Scheduler 服务具有访问数据库的权限。

本节首先分析 conductor.API 方法的定义，然后再介绍 Nova Conductor 的两个 API 类——LocalAPI 类和远程 API 类的工作机制。

### 1. conductor.API方法

conductor.API 方法的定义如下[4]：

---

1　参见/opt/stack/nova/nova/conductor/manager.py 文件定义的 ConductorManager 类。
2　定义在/opt/stack/nova/nova/service.py 文件中。
3　定义在/opt/stack/nova/bin/nova-compute 文件中。
4　定义在/opt/stack/nova//nova/conductor/\_\_init\_\_.py 文件中。

```
01  def API(*args, **kwargs):
02      # 获取外部传入的 use_local 参数
03      use_local = kwargs.pop('use_local', False)
04      # 如果 nova.conf 配置文件中配置了 use_local 配置项为 True
05      # 或者外部传入的 use_local 参数为 True，则使用 LocalAPI 对象
06      if oslo.config.cfg.CONF.conductor.use_local or use_local:
07          api = conductor_api.LocalAPI
08      # 否则创建远程 API 对象
09      else:
10          api = conductor_api.API
11      return api(*args, **kwargs)
```

API 方法检查 nova.conf 配置文件中的 use_local 配置项和 use_local 参数。如果 use_local 配置项和 use_local 参数为 True，则为 Nova 服务创建 LocalAPI 对象；否则，创建（远程）API 对象。

> 注意：nova.conf 配置文件中的 use_local 配置项的默认值为 False。因此，conductor.API 方法会为 Nova Compute 服务创建（远程）API 对象。另外，由于 Nova Scheduler 服务传入的 use_local 值为 True，因此 conductor.API 方法会为 Nova Scheduler 服务创建 LocalAPI 对象。

### 2. conductor_api对象的定义

通过上面的分析可以知道，Nova 服务的 conductor_api 对象的类型可能是 LocalAPI 类或者 API 类。下面将分别介绍 LocalAPI 类和 API 类的初始化方法和 wait_until_ready 方法。

（1）LocalAPI 类

LocalAPI 类的初始化方法定义如下[1]：

```
class LocalAPI(object):
    def __init__(self):
        self._manager = utils.ExceptionHelper(manager.ConductorManager())
```

LocalAPI 类的初始化方法创建了一个 ConductorManager 对象。在 ConductorManager 类中，定义了许多数据库访问的方法，这些方法都在本机建立与数据库的连接。LocalAPI 类定义了许多接口方法供 Nova 其他服务（例如 Nova Scheduler 服务）调用，而这些方法底层都是直接调用了 ConductorManager 对象中定义的相应方法，并没有向 Nova Conductor 服务发送 RPC 请求。

> 注意：Nova Scheduler 服务使用的 conductor_api 是 LocalAPI 对象。当 Nova Scheduler 调用 conductor_api 访问数据库时，直接在本地建立与数据库的连接。因此 Nova Scheduler 服务的运行并不依赖于 Nova Conductor 服务。

既然 Nova Scheduler 的运行不依赖于 Nova Conductor 服务，Nova Scheduler 也没有必要等待 Nova Conductor 服务开始工作了。但是为了实现代码的重用，创建 Nova Scheduler 服务对象时，也调用了 conductor_api 的 wait_until_ready 方法。查看 LocalAPI 类的定义会

---

1 定义在/opt/stack/nova//nova/conductor/api.py 文件中。

# 第 15 章　Nova 框架

发现，它的 wait_until_ready 方法是一个空方法。

（2）远程 API 方法

远程 API 类的初始化方法定义如下[1]：

```
class API(object):
    def __init__(self):
        self.conductor_rpcapi = rpcapi.ConductorAPI()
```

API 对象的初始化方法也很简单，它创建了一个 Conductor RPC API 对象。Conductor RPC API 类中定义了许多接口方法向 Nova Conductor 发送 RPC 请求。而 Nova Conductor 服务处理 RPC 请求的 manager 对象是一个 ConductorManager 对象。API 类中定义的接口方法底层会调用 Conductor RPC API 对象中的相应方法。

> 🔔 注意：
>
> ① 默认情况下，Nova Compute 服务使用的 conductor_api 是 API 对象。当 Nova Compute 调用 conductor_api 访问数据库时，会通过 Conductor RPC 服务向 Nova Conductor 服务发送 RPC 请求。因此 Nova Conductor 服务的运行依赖于 Nova Conductor 服务正常工作。
>
> ② 既然 Nova Compute 服务访问数据库需要通过 Nova Conductor 服务中转，因此其效率要比 Nova Scheduler 服务直接建立数据库连接要低许多。

创建 Nova Compute 服务对象时，调用了 API 对象的 wait_until_ready 方法，其定义如下：

```
01  class API(object):
02      def wait_until_ready(self, context, early_timeout=10, early_
        attempts=10):
03          attempt = 0                              # 尝试次数
04          timeout = early_timeout                  # RPC 请求等待时间
05          # 不断尝试 ping Nova Conductor 服务
06          while True:
07              # 如果尝试此时达到 early_attempts，则不设置 RPC 请求等待时间
08              if attempt == early_attempts:
09                  timeout = None
10              attempt += 1
11              try:
12                  # 尝试向 Nova Conductor 服务发送 RPC 请求
13                  self.ping(context, '1.21 GigaWatts', timeout=timeout)
14                  # 如果请求成功，说明 Nova Conductor 服务工作正常，结束循环
15                  break
16              # 如果请求失败，则进入下一个循环，继续发送 RPC 请求
17              except rpc_common.Timeout as e:
18                  LOG.warning(…)
```

API 类的 wait_until_ready 方法非常简单，它不断向 Nova Conductor 服务发送 ping RPC 请求。当请求等待正常响应时，则认为 Nova Conductor 服务已经正常工作了。

Nova Conductor 服务最终会将 ping RPC 请求交给 ConductorManager 对象的 ping 方法处理。ConductorManager 对象的 ping 方法非常简单，不再赘述了。

---

[1] 定义在/opt/stack/nova//nova/conductor/api.py 文件中。

## 15.6 小 结

### 15.6.1 创建虚拟机请求的处理流程

本章通过虚拟机创建请求，分析了 Nova API、Nova Scheduler 和 Nova Compute 服务的工作和协作机制。图 15.1 总结了虚拟机创建请求的处理流程。

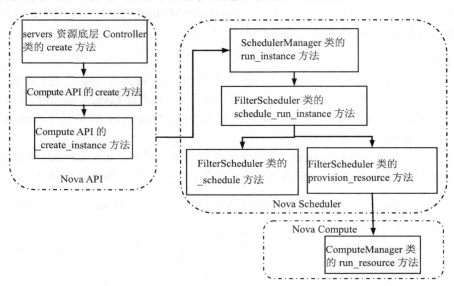

图 15.1 虚拟机创建请求处理流程图

### 15.6.2 调度算法

虚拟机调度算法是 Nova Scheduler 服务实现的最主要的功能，算法的框架定义在 FilterScheduler 类的_schedule 方法中。_schedule 方法的工作流程如下。

（1）调用 HostManager 对象的 get_all_hosts 方法获取所有的计算节点列表。

（2）调用 HostManager 对象的 get_filtered_hosts 方法获取可用的计算节点列表。

（3）调用 HostManager 对象的 get_weighed_hosts 方法计算可用计算节点的权值。

（4）从权值最高的 scheduler_host_subset_size 个计算节点中随机选择一个计算节点作为创建虚拟机的节点。

（5）调用被选中计算节点对应的 HostState 对象的 consume_from_instance 方法，更新选择的计算节点的硬件资源信息，为虚拟机预留资源。

（6）HostManager 对象的 get_filtered_hosts 方法首先调用 HostManager 对象的 _choose_host_filters 方法获取过滤器类列表，然后调用 HostFilterHandler 对象的 get_filtered_objects 方法使用过滤器检查计算节点。

（7）HostFilterHandler 对象的 get_filtered_objects 方法依次调用每个过滤器对象的

filter_all 方法。过滤器的 filter_all 方法返回的是通过该过滤器的主机列表。只有通过所有过滤器检查的节点才是可用的节点。

（8）HostManager 对象的 get_weighed_hosts 方法调用了 HostWeightHandler 对象的 get_weighed_objects 方法。

（9）HostWeightHandler 对象的 get_weighed_objects 方法首先为每个主机创建一个 WeighedObject 对象。然后，依次调用权值对象的 weigh_objects 方法不断修改主机 WeighedObject 对象的权值。主机的最终权值是所有权值对象赋予给主机权值的加权和。最后，将主机按照权值由高到低顺序排序。

# 第 16 章 Nova Compute 服务

第 15 章介绍了 Nova 模块的整体架构。一个 Nova 模块是由多个子模块组成的。这些子模块之间通过 AMQP 协议通信，因此具有很强的松耦合性。有的模块甚至不需要启动，也能保证 Nova 正常工作。但是，要让 Nova 服务实现虚拟机管理功能，有一些关键的服务必须正常启动。这些正常的服务包括 Nova API、Nova Conductor、Nova Scheduler 和 Nova Compute，其中 Nova Compute 又是最核心的服务。本章将对 Nova Compute 服务做一个专门的介绍。

本章主要涉及的知识点有：
- Nova Compute 服务的定时任务。
- 虚拟机创建请求的处理过程。
- 虚拟机快照的管理。
- 虚拟机的在线迁移。

## 16.1 定 时 任 务

第 15.4.3 小节介绍过，在 HostManager 对象[1]中有两个重要的变量：
- host_states 变量。该变量保存了计算节点的 CPU、内存和硬盘等硬件资源的信息。host_states 变量的数据主要是从 Nova 数据库中取得。而 Nova 数据库中的节点状态信息由 Nova Compute 的 update_available_resource 定时任务更新。
- service_states 变量。主要保存了计算节点 Hypervisor 的性能。service_states 变量的数据主要是通过 Nova Compute 服务的 _report_driver_status 和 publish_service_capabilities 定时任务更新。

本节首先介绍 Nova 服务定时任务的创建和启动流程，然后分别介绍这 3 个定时任务。

### 16.1.1 定时任务的启动

第 15.3.2 小节介绍过，Service 类的 start 方法定义了一个线程运行服务的定时任务。相关的代码如下[2]：

```
01  class Service(object):
02      def start(self):
```

---

[1] HostManager 类定义在/opt.stack/nova/nova/scheduler/host_manager.py 文件中。

[2] 定义在/opt.stack/nova/nova/service.py 文件中。

```
03        ...
04                # 创建DynamicLoopingCall对象
05                periodic = utils.DynamicLoopingCall(self.periodic_tasks)
06                # 调用DynamicLoopingCall对象的start方法,创建绿色线程
07                periodic.start(initial_delay=initial_delay,
08                               periodic_interval_max=self.periodic_interval_max)
09                self.timers.append(periodic)
```

以上代码片段中创建了一个 DynamicLoopingCall 对象,并调用其 start 方法。DynamicLoopingCall 类是 Nova 的一个自定义类,它会创建一个线程,循环调用传入的 self.periodic_tasks 方法。与普通的 LoopCall 方法不同,从当前 self.periodic_tasks 方法执行结束,到下一次 self.periodic_tasks 方法开始执行,之间的等待时间是动态决定的。DynamicLoopingCall 类的 start 方法定义如下[1]:

```
class DynamicLoopingCall(LoopingCallBase):
    def start(self, initial_delay=None, periodic_interval_max=None):
        self._running = True              # 标记线程开始执行
        ...
        greenthread.spawn(_inner)         # 创建绿色线程运行_inner内部方法
        ...
```

DynamicLoopingCall 类的 start 方法创建了一个绿色线程运行_inner 方法。_inner 方法是 start 方法的内部方法,其定义如下:

```
01   class DynamicLoopingCall(LoopingCallBase):
02       def start(self, initial_delay=None, periodic_interval_max=None):
03           def _inner():
04               # 如果设置了初始等待时间,则先休息initial_delay秒
05               if initial_delay:
06                   greenthread.sleep(initial_delay)
07               # 开始循环执行self.f方法
08               try:
09                   while self._running:                    # 判断是否要继续执行
10                       # 执行self.f方法,idle是下一次执行self.f方法前的等待时间
11                       idle = self.f(*self.args, **self.kw)
12                       # _running标记为False,则立即停止执行
13                       if not self._running:
14                           break
15                       # 等待时间不能超过外部传入的periodic_interval_max参数
16                       if periodic_interval_max is not None:
17                           idle = min(idle, periodic_interval_max)
18                       # 休息idle秒后,再执行self.f方法
19                       greenthread.sleep(idle)
20               except LoopingCallDone, e:
21                   ...
22                   return
23               ...
```

> 注意: 本节中,代码中的 self.f 方法是 Service 对象的 periodic_tasks 方法。

通过_inner 方法的定义,可以很容易看到 DynamicLoopingCall 对象如何动态改变两次调用之间的等待时间。原来每次调用 Service 对象的 periodic_tasks 方法时,会返回下次调

---

[1] 定义在/opt.stack/nova/nova/service.py 文件中。

用的等待时间。那么 Service 对象的 periodic_tasks 方法是如何确定下次调用的等待时间呢？请看 Service 类的 periodic_tasks 方法的定义：

```
class Service(object):
   def periodic_tasks(self, raise_on_error=False):
      ctxt = context.get_admin_context()
      return self.manager.periodic_tasks(ctxt, raise_on_error=raise_on_error)
```

Service 对象的 periodic_tasks 方法调用了其 manager 对象的 periodic_tasks 方法。Nova Compute 服务的 manager 对象为 ComputeManager 对象。ComputeManager 类继承自 SchedulerDependentManager 类，SchedulerDependentManager 类继承自 Manager 类。periodic_tasks 方法定义在 Manager 类中，其定义如下[1]：

```
01  class Manager(base.Base):
02     def periodic_tasks(self, context, raise_on_error=False):
03        # 首先，将等待时间设置为默认等待时间 DEFAULT_INTERVAL
04        idle_for = DEFAULT_INTERVAL
05        # 遍历所有的周期任务
06        for task_name, task in self._periodic_tasks:
07           # 获取周期任务完整的方法名
08           full_task_name = '.'.join([self.__class__.__name__, task_name])
09           # 如果方法没有指定间隔时间，则设置 wait 为 0，方法立即执行
10           if self._periodic_spacing[task_name] is None:
11              wait = 0
12           # 如果方法从没有执行过，则设置 wait 为 0，方法立即执行
13           elif self._periodic_last_run[task_name] is None:
14              wait = 0
15           # 如果方法指定了间隔时间和上次执行的时间
16           else:
17              # 计算方法下次运行的时间
18              due = (self._periodic_last_run[task_name] +
19                     self._periodic_spacing[task_name])
20              # 计算方法距下次运行还需等待的时间
21              wait = max(0, due - time.time())
22              # wait>0.2，说明方法还需再等待一段时间运行
23              if wait > 0.2:
24                 # 更新 idle_for 参数，idle_for 参数是所有方法等待时间的最小值
25                 if wait < idle_for:
26                    idle_for = wait
27                 # 跳过后面的代码段，不执行当前方法
28                 continue
29           # 处理需立即执行的方法
30           # 更新方法的运行时间
31           self._periodic_last_run[task_name] = time.time()
32           # 调用方法
33           try:
34              task(self, context)
35           except Exception as e:
36              if raise_on_error:
37                 raise
38           # 更新 idle_for 变量的值
39           if (not self._periodic_spacing[task_name] is None and
40               self._periodic_spacing[task_name] < idle_for):
41              idle_for = self._periodic_spacing[task_name]
```

---

1 定义在 /opt/stack/nova/nova/manager.py 文件中。

```
42          return idle_for
```

> **注意**：通过上面的分析可以知道，Manager 类是一个基础类。所有 Nova RPC 服务的 manager 类（如 ComputeManager 类、SchedulerManager 类等）都必须继承自 Manager 类。

periodic_tasks 方法主要完成两个任务：
- 依次执行需要立即执行的周期方法。
- 计算下次周期任务的间隔时间。

代码第 04 行定义的 idle_for 变量保存的是当前任务执行完以后，到下一次任务执行前需等待的时间。代码第 04 行首先给 idle_for 变量设了一个默认值。这里的 DEFAULT_INTERVAL 变量在 manager.py 中定义，其值为 60（秒）。在后面的代码中，会不断更新 idle_for 变量的值。

代码第 06～41 行 for 语句块，依次处理 manager 对象中定义的所有周期方法。在这里使用了两个非常重要的成员变量：_periodic_spacing 变量保存的是各个周期方法的运行周期，_periodic_last_run 变量保存的是各个周期方法上次执行的时间。

代码第 10～11 行处理没有指定运行周期（_periodic_spacing 变量）的方法。这类周期方法，会在 periodic_tasks 方法每次运行时都执行。

> **注意**：由于 periodic_tasks 方法的运行间隔时间是动态改变的。因此，对于没有指定周期的周期方法，其运行的间隔时间也不定。但是，最长不会超过 nova.conf 配置文件中 periodic_interval_max 配置项指定的值。

代码第 13～14 行处理没有指定上次运行时间（_periodic_last_run 变量）的方法。这类方法需要立即执行。

代码第 16～28 行处理指定了运行周期和上次运行时间的方法。首先，代码第 18～19 行计算方法下次执行的时刻。然后，代码第 21 行定义的 wait 变量指明该方法需等待多长时间执行。代码第 23～28 处理 wait 大于 0 的情形。对于这类方法，无需立即执行，而只需根据方法的等待时间，更新 idle_for 变量。idle_for 变量保存的是所有方法等待时间的最小值。

代码第 31～41 行处理需要立即执行的方法。首先，代码第 31 行更新方法的上次运行时间。然后，代码第 33～37 行运行周期方法。最后，代码第 39～41 行更新 idle_for 变量。

> **注意**：
> ① 当周期方法指定了运行周期,且它在本次 periodic_tasks 方法被调用时立即执行,那么该周期方法的等待时间就算作它的运行周期。因此，代码第 39～41 行需更新 idle_for 变量以保证 idle_for 变量保存所有方法等待时间的最小值。
> ② 代码第 42 行返回的 idle_for 变量的值并不一定是 periodic_tasks 方法下次执行之前的等待时间。在 DynamicLoopingCall 类的 start 方法的_inner 方法中，会检查 idle_for 变量的值与 nova.conf 配置文件中 periodic_interval_max 配置项的值。取这两者的最小值作为 periodic_tasks 方法下次执行之前的等待时间。

Manager 对象的 periodic_tasks 方法管理所有周期方法的运行，保证所有的周期方法安装其自定义的周期正常运行。但是，periodic_tasks 方法如何知道 Manager 对象中的哪些方法是周期方法呢？

从 Manager 类的 periodic_tasks 方法代码片段的第 06 行可以看到，Manager 对象的周期任务都是定义在_periodic_tasks 成员变量中。_periodic_tasks 是 Manager 类的类成员变量。_periodic_tasks 变量的赋值通过 Manager 类的 __metaclass__ 实现。Manager 类的 __metaclass__ 是一个 ManagerMeta 类。ManagerMeta 类的初始化方法定义如下[1]：

```
01  class ManagerMeta(type):
02      def __init__(cls, names, bases, dict_):
03          # 如果 Manager 类没有指定_periodic_tasks, 则将其设置为空
04          try:
05              cls._periodic_tasks = cls._periodic_tasks[:]
06          except AttributeError:
07              cls._periodic_tasks = []
08          # 如果 Manager 类没有指定_periodic_last_run, 则将其设置为空
09          try:
10              cls._periodic_last_run = cls._periodic_last_run.copy()
11          except AttributeError:
12              cls._periodic_last_run = {}
13          # 如果 Manager 类没有指定_periodic_spacing, 则将其设置为空
14          try:
15              cls._periodic_spacing = cls._periodic_spacing.copy()
16          except AttributeError:
17              cls._periodic_spacing = {}
18          # 遍历 Manager 类所有的方法
19          for value in cls.__dict__.values():
20              # 如果方法的_periodic_task 属性为 True, 则任务是周期方法
21              if getattr(value, '_periodic_task', False):
22                  task = value                    # task 是方法对象的引用
23                  name = task.__name__            # name 是方法名
24                  # 检查周期是否合法
25                  if task._periodic_spacing < 0:
26                      continue
27                  # 检查方法是否允许作为周期任务
28                  if not task._periodic_enabled:
29                      continue
30                  # 如果运行周期为 0, 则将其视为未指定周期的任务
31                  if task._periodic_spacing == 0:
32                      task._periodic_spacing = None
33                  # 更新_periodic_tasks、_periodic_last_run 和_periodic_spacing 变量
34                  cls._periodic_tasks.append((name, task))
35                  cls._periodic_spacing[name] = task._periodic_spacing
36                  cls._periodic_last_run[name] = task._periodic_last_run
```

ManagerMeta 类的初始化方法主要设置 Manager 类的_periodic_tasks、_periodic_spacing 和_periodic_last_run 类变量。它首先遍历 Manager 类中的所有方法，如果方法的_periodic_task 和_periodic_enabled 两个变量的值为 True，则该方法将会被周期性执行。

接下来，还剩下最后的一个问题，在 Manager 类中如何设置周期方法？Manager 类的周期方法都需要加载一个 periodic_task 装饰器。例如 update_available_resource 周期方法，其定义如下：

---

[1] 定义在/opt/stack/nova/nova/manager.py 文件中。

```
class ComputeManager(manager.SchedulerDependentManager):
    @manager.periodic_task
    def update_available_resource(self, context):
```

periodic_task 装饰器定义如下[1]：

```
01  def periodic_task(*args, **kwargs):
02      def decorator(f):
03          …
04          # 标记该方法是周期方法
05          f._periodic_task = True
06          …
07          # 设置周期方法运行的间隔时间
08          f._periodic_spacing = kwargs.pop('spacing', 0)
09          # 如果需要立即运行，则将_periodic_last_run 设置为 None
10          if kwargs.pop('run_immediately', False):
11              f._periodic_last_run = None
12          # 如果无需立即运行，则将_periodic_last_run 设置为当前时间
13          else:
14              f._periodic_last_run = time.time()
15          return f
16      if kwargs:
17          return decorator
18      else:
19          return decorator(args[0])
```

periodic_task 装饰器的功能主要在 decorator 内部方法中实现。其中，代码第 05 行设置 f 方法的_periodic_task 属性为 True，标记该方法为周期方法。代码第 08 行和第 10～14 行分别设置了 f 方法的周期（_periodic_spacing）和上次运行时间（_periodic_last_run）。

⚠️ 注意：

① 代码第 10～11 行，当周期方法的 run_immediately 属性设置为 True 时，decorator 内部方法会将 f 方法的_periodic_last_run 属性设置为空。这样的话，在 Manager 对象的 periodic_tasks 方法第 1 次被调用时，就会立即运行 f 周期方法。否则，如果 run_immediately 属性为 False，由于将周期方法的上次运行时间（_periodic_last_run）设置为当前时间，因此周期方法会等待一个周期（_periodic_spacing）时间再执行。

② 由于 Manager 对象的 periodic_tasks 方法需要等待一个 initial_delay 时间以后才会被调用[2]，因此 run_immediately 属性为 True 的周期方法也不是在服务启动时就立即执行。而是需要等待一段 initial_delay 时间后，在第一次运行 Manager 对象的 periodic_tasks 方法时执行。

本小节的最后，再总结一下 Nova RPC 服务定时任务的启动过程。

（1）在 Service 对象的 start 方法中创建 DynamicLoopCall 对象，并调用其 start 方法。

（2）DynamicLoopCall 对象的 start 方法创建绿色线程运行其_inner 内部方法。

（3）DynamicLoopCall 对象的 start 方法的_inner 内部方法循环调用 Manager 对象的 periodic_tasks 方法。Manager 对象的 periodic_tasks 方法会返回下次调用之前的休眠时间。

（4）Manager 对象的 periodic_tasks 方法依次检查 Manager 对象中定义的周期方法。如

---

1 定义在/opt/stack/nova/nova/manager.py 文件中。
2 参见/opt/stack/nova/nova/service.py 文件中 DynamicLoopCall 类的 start 方法的定义。

果周期方法到了运行的时刻，则执行该周期方法。

（5）Manager 对象的每个周期方法都需加载 periodic_task 装饰器，该装饰器会设置方法的_periodic_task、_periodic_last_run 和_periodic_spacing 属性。

（6）Manager 类的 metaclass 类为 ManagerMeta 类。在 ManagerMeta 类的初始化方法中，会检查 Manager 类中的所有方法，如果方法的 periodic_tasks 为 True，则认为该方法是周期方法，并将该方法的引用添加到 Manager 类的_periodic_tasks 列表中。

### 16.1.2　update_available_resource

update_available_resource 定时任务的主要功能是定时更新 Nova Compute 服务所管理的计算节点的资源信息，它对应的周期方法是 ComputeManager 类的 update_available_resource 方法。ComputeManager 类的 update_available_resource 方法首先调用 Compute Driver 的 get_available_nodes 方法获取 Nova Compute 服务管理的计算节点列表。然后为每个计算节点创建一个 ResourceTracker 对象，并调用其 update_available_resource 方法获取计算节点的可用硬件资源信息。

本小节将首先介绍 ComputeManager 类的 update_available_resource 方法，然后再分别介绍 Compute Driver 的 get_available_nodes 方法和 ResourceTracker 类的 update_available_resource 方法。

#### 1. ComputeManager类的update_available_resource方法

ComputeManager 类的 update_available_resource 方法定义如下[1]：

```
01  class ComputeManager(manager.SchedulerDependentManager):
02      @manager.periodic_task
03      def update_available_resource(self, context):
04          new_resource_tracker_dict = {}
05          # 获取Nova Compute服务所有可用的节点
06          nodenames = set(self.driver.get_available_nodes())
07          for nodename in nodenames:
08              # 获取计算节点的ResourceTracker对象
09              rt = self._get_resource_tracker(nodename)
10              # 更新计算节点的资源信息
11              rt.update_available_resource(context)
12              # 保存计算节点的资源信息
13              new_resource_tracker_dict[nodename] = rt
14          # 获取数据库中所有的计算节点
15          compute_nodes_in_db = self._get_compute_nodes_in_db(context)
16          for cn in compute_nodes_in_db:
17              # 如果计算节点不可用，则将其从数据库中删除
18              if cn.get('hypervisor_hostname') not in nodenames:
19                  self.conductor_api.compute_node_delete(context, cn)
20          self._resource_tracker_dict = new_resource_tracker_dict
```

update_available_resource 方法的主要功能是定时更新 ComputeManager 对象的_resource_tracker_dict 成员变量。_resource_tracker_dict 变量保存了当前 Nova Compute 服务

---

[1] 定义在/opt.stack/nova/nova/compute/manager.py 文件中。

所管理的计算节点的硬件资源信息。

代码第 06 行调用了 Compute Driver 的 get_available_nodes 方法获取当前 Nova Compute 服务管理的计算节点列表。Compute Driver 的类型由 nova.conf 配置文件中 compute_driver 配置项指定，其默认值为<None>。本书的配置如下：

```
compute_driver=libvirt.LibvirtDriver
```

注意：nova.conf 配置文件中的 compute_driver 配置项必须手动设定。不同的 compute driver 对应于不同的虚拟机管理 Hypervisor。本书配置的 LibvirtDriver 对应的是 QEMU Hypervisor。

LibvirtDriver 类的 get_available_nodes 方法稍后再做介绍。

代码第 09 行获取计算节点的 ResourceTracker 对象，其功能是查询和管理单个计算节点的硬件资源信息。代码第 10 行调用了 ResourceTracker 对象的 update_available_resource 方法更新计算节点的可用硬件资源信息。ResourceTracker 类的 update_available_resource 方法的定义稍后再做介绍。

代码第 16～19 行遍历当前 Nova Compute 服务在数据库中的计算节点列表。如果数据库中的计算节点不是当前 Hypervisor 管理的计算节点，则将其从数据库中删除。

### 2. LibvirtDriver类的get_available_nodes方法

严格意义上说，一个 Nova Compute 服务对应于一个虚拟机管理 Hypervisor，而一个 Hypervisor 可用来管理多个计算节点。但是，对于本书使用的 QEMU Hypervisor，只管理一个节点。因此，LibvirtDriver 类的 get_available_nodes 方法返回的是当前 Nova Compute 服务所在的计算节点信息。

LibvirtDriver 类继承自 ComputeDriver 类，get_available_nodes 方法定义在 ComputeDriver 中，其定义如下[1]：

```
01   class ComputeDriver(object):
02       def get_available_nodes(self):
03           # 获取计算节点状态信息列表
04           stats = self.get_host_stats(refresh=True)
05           # 将数据封装成列表类型
06           if not isinstance(stats, list):
07               stats = [stats]
08           # 返回计算节点的 hypervisor_hostname 列表
09           return [s['hypervisor_hostname'] for s in stats]
```

get_available_nodes 方法主要调用了 get_host_stats 方法。get_host_stats 方法定义在 LibvirtDriver 类中，其定义如下[2]：

```
class LibvirtDriver(driver.ComputeDriver):
    def get_host_stats(self, refresh=False):
        return self.host_state.get_host_stats(refresh=refresh)
```

LibvirtDriver 类的 get_host_stats 方法调用了 host_state 成员变量的 get_host_stats 方法。

---

[1] 定义在/opt/stack/nova/nova/virt/driver.py 文件中。
[2] 定义在/opt/stack/nova/nova/virt/libvirt/driver.py 文件中。

host_state 成员变量是一个 HostState 对象。HostState 类的 get_host_stats 方法定义如下[1]。

```
class HostState(object):
   def get_host_stats(self, refresh=False):
       if refresh:
           self.update_status()
       return self._stats
```

HostState 类的 get_host_stats 方法检查传入的 refresh 参数。如果 refresh 为 True，则调用 update_status 方法更新节点的状态；否则，返回缓存的节点状态信息。

注意：在 ComputeDriver 类的 get_available_nodes 方法中传入的 refresh 参数值为 True。因此，在这里 HostState 类的 get_host_stats 方法会调用 update_status 方法更新节点的状态。

HostState 类的 update_status 方法定义如下：

```
01    class HostState(object):
02       def update_status(self):
03           data = {}
04           data["vcpus"] = self.driver.get_vcpu_total()    # 虚拟机 CPU 总个数
05           # 已使用的虚拟 CPU 个数
06           data["vcpus_used"] = self.driver.get_vcpu_used()
07           data["cpu_info"] = jsonutils.loads(self.driver.get_cpu_info())
                                                            # CPU 信息
08           disk_info_dict = self.driver.get_local_gb_info()
                                                            # 获取磁盘使用情况
09           data["disk_total"] = disk_info_dict['total']   # 磁盘总大小
10           data["disk_used"] = disk_info_dict['used']    # 已使用的磁盘大小
11           data["disk_available"] = disk_info_dict['free']# 剩余的磁盘大小
12           # 总内存大小
13           data["host_memory_total"] = self.driver.get_memory_mb_total()
14           # 剩余内存大小
15           data["host_memory_free"] = (data["host_memory_total"] -
16                                       self.driver.get_memory_mb_used())
17           # Hypervisor 类型
18           data["hypervisor_type"] = self.driver.get_hypervisor_type()
19           # Hypervisor 版本
20           data["hypervisor_version"] = self.driver.get_hypervisor_version()
21           # Hypervisor 主机名
22           data["hypervisor_hostname"] = self.driver.get_hypervisor_hostname()
23           # 支持的虚拟机特性
24           data["supported_instances"] = self.driver.get_instance_capabilities()
25           self._stats = data
26           return data
```

HostState 类的 update_status 方法调用了 driver 成员变量的各种方法，获取计算节点的硬件资源信息。这里的 driver 成员变量类型为 LibvirtDriver 类型。

其中代码第 04 行获取虚拟 CPU 的总个数，相当于执行了如下命令：

```
virsh nodeinfo
```

代码第 06 行获取已使用的虚拟 CPU 个数。相当于首先执行 virsh list 命令获取所有的

---

1 定义在/opt/stack/nova/nova/virt/libvirt/driver.py 文件中。

虚拟机列表，然后对每个虚拟机执行如下命令，获取虚拟机使用的虚拟 CPU 个数。

```
virsh dominfo <uuid>
```

其中<uuid>是虚拟机的 uuid。最后将所有虚拟机使用的虚拟 CPU 个数累加，即为已使用的虚拟 CPU 的个数。

代码第 07 行获取节点的 CPU 特性，相当于执行了如下命令：

```
virsh capabilities
```

代码第 08～11 行获取本地磁盘的使用情况，它最终会调用 os.statvfs(<ins-path>)方法，其中<ins-path>是虚拟机的存储路径[1]。

代码第 13 行获取计算节点内存的总大小，相当于执行了如下命令：

```
virsh nodeinfo
```

代码第 15～16 行获取计算节点空余内存的大小，相当于执行了如下命令：

```
cat /proc/meminfo
```

代码第 18～20 行分别获取 Hypervisor 的类型和版本号。本书示例的 Hypervisor 类型为 QEMU。

代码第 22 行获取计算节点的 Hypervisor 主机名，相当于执行了如下命令：

```
virsh hostname
```

代码第 24 行获取计算节点支持的虚拟机特性，相当于执行了如下命令：

```
virsh capabilities
```

### 3. ResourceTracker类的update_available_resource方法

ResourceTracker 类的 update_available_resource 方法定义如下[2]：

```
01  class ResourceTracker(object):
02      @lockutils.synchronized(COMPUTE_RESOURCE_SEMAPHORE, 'nova-')
03      def update_available_resource(self, context):
04          # 获取计算节点上可用的硬件资源
05          resources = self.driver.get_available_resource(self.nodename)
06          …
07          # 检查数据格式
08          self._verify_resources(resources)
09          # 获取计算节点上所有的虚拟机实例
10          instances = self.conductor_api.instance_get_all_by_host_and_node(
11              context, self.host, self.nodename)
12          # 为节点上的虚拟机更新硬件资源信息
13          self._update_usage_from_instances(resources, instances)
14          # 获取计算节点上正在迁移的虚拟机实例
15          capi = self.conductor_api
16          migrations = capi.migration_get_in_progress_by_host_and_node
                (context,
17                  self.host, self.nodename)
```

---

[1] 虚拟机存储路径由 nova.conf 配置文件的 instances_path 配置项设置。本书示例中设置为/opt/stack/data/instances/。

[2] 定义在/opt/stack/nova/nova/compute/resource_tracker.py 文件中。

```
18              # 为正在迁移的虚拟机更新硬件资源信息
19              self._update_usage_from_migrations(context, resources, migrations)
20              # 查找计算节点上的"孤儿"虚拟机
21              orphans = self._find_orphaned_instances()
22              # 为"孤儿"虚拟机更新硬件资源信息
23              self._update_usage_from_orphans(resources, orphans)
24              # 更新数据库中计算节点硬件资源的信息
25              self._sync_compute_node(context, resources)
```

update_available_resource 方法，顾名思义，就是更新计算节点的硬件资源信息。其主要工作步骤如下：

代码第 05 行调用 Compute Driver[1]的 get_available_resource 方法获取计算节点硬件资源信息。Compute Driver 的 get_available_resource 方法的内部逻辑与 HostState 类的 update_status 方法类似，故不再介绍。

代码第 10~13 行，根据计算节点启动的虚拟机数目和规格，更新计算节点上硬件资源的使用情况。这里的虚拟机，都是 Nova 启动的虚拟机，它们在数据库中有相应的记录。

代码第 15~19 行，根据计算节点上正在迁移的虚拟机数目规格，更新节点的硬件资源使用情况。所谓的虚拟机迁移，是指一台虚拟机从一个计算节点上迁移到另一个计算节点上运行。假如一台虚拟机从 A 节点迁移到 B 节点，此时需要在 A 和 B 上都为虚拟机预留相应的硬件资源。在 B 节点上预留硬件资源，是为了保证迁移成功后，虚拟机能够有足够的资源在 B 节点上运行。在 A 节点上预留硬件资源是为了保证迁移失败后，虚拟机仍然能够在 A 节点上运行。

代码第 21~23 行根据"孤儿"虚拟机的数目和使用的资源，更新节点的硬件资源使用情况。所谓"孤儿"虚拟机，是指那些不是由 Nova 服务创建的虚拟机，这些虚拟机在 Nova 数据库中没有记录。

ResourceTracker 类的 update_available_resource 方法中调用了许多 ResourceTracker 类定义的其他方法。限于篇幅，无法逐一展开讨论。

> **注意**：有的读者可能会问，在 HostState 类中定义了 update_host_stats 方法，那么为什么在 ResourceTracker 类中还需定义 update_available_resource 方法呢？ResourceTracker 类的 update_available_resource 方法和 HostState 类的 update_host_stats 方法有如下不同——HostState 类的 update_host_stats 方法反应的是计算节点实时硬件资源信息。而 ResourceTracker 类的 update_available_resource 方法还需考虑为节点的正常运行、为虚拟机的迁移预留足够的硬件资源。

本小节的最后，再总结一下 update_available_resource 定时任务的工作流程。

（1）ComputeManager 类的 update_available_resource 方法首先调用 Compute Driver 的 get_available_nodes 方法获取 Hypervisor 管理的计算节点列表。对于本书示例来说，由于使用的是 qemu/libvirt Hypervisor，其管理的计算节点就是 Nova Compute 服务所在的节点。然后，为每个计算节点调用 ResourceTracker 对象的 get_available_resource 方法获取计算节点的硬件资源信息。最后，删除 Nova 数据库中不可用的计算节点。

---

[1] 本书示例中，即 LibvirtDriver 对象。

（2）本书示例使用的 Compute Driver 是一个 LibvirtDriver 对象，其 get_available_nodes 方法最终调用了 HostState 对象的 get_host_stats 方法。HostState 对象的 get_host_stats 方法首先调用了 HostState 对象的 update_status 方法更新 HostState 对象的_stats 成员变量。_stats 成员变量缓存了计算节点最新的硬件资源信息。包括虚拟 CPU、内存和磁盘等。

（3）ResourceTracker 对象的 get_available_resource 方法首先调用 Compute Driver 的 get_available_resource 方法获取计算节点的资源信息。然后分别为 Nova 数据库中的虚拟机、迁移状态的虚拟机以及"孤儿"虚拟机预留相应的硬件资源。

## 16.1.3　report_driver_status

report_driver_status 定时任务的主要功能是定时更新 ComputeManager 对象缓存的计算节点的 capabilities 信息。一个计算节点的 capabilities 包括节点上的硬件资源信息，也包括节点上 Hypervisor 支持的虚拟机特性。report_driver_status 定时任务对应于 ComputeManager 类的 _report_driver_status 周期方法，其定义如下：

```
01  class ComputeManager(manager.SchedulerDependentManager):
02      @manager.periodic_task
03      def _report_driver_status(self, context):
04          # 获取当前时间
05          curr_time = time.time()
06          # 如果 ComputeManager 对象缓存的 service capabilities 数据已经过期
07          if curr_time - self._last_host_check > CONF.host_state_interval:
08              self._last_host_check = curr_time
09              # 获取最新的计算节点 service capabilities 信息
10              capabilities = self.driver.get_host_stats(refresh=True)
11              # 更新 service capabilities 的 host_ip 属性
12              for capability in (capabilities if isinstance(capabilities,
                  list) else [capabilities]):
13                  capability['host_ip'] = CONF.my_ip
14              # 更新 ComputeManager 对象缓存的 service capabilities
15              self.update_service_capabilities(capabilities)
```

_report_driver_status 周期方法首先调用了 Compute Driver 的 get_host_stats 方法获取最新的硬件资源信息。Compute Driver 的 get_host_stats 方法最终调用了 HostState 对象的 get_host_stats 方法[1]。然后，调用了 ComputeManager 对象的 update_service_capabilities 方法更新缓存的节点的 capabilities 属性。ComputeManager 类继承自 SchedulerDependent-Manager 类，update_service_capabilities 方法定义在 SchedulerDependent Manager 类中，其定义如下[2]。

```
01  class SchedulerDependentManager(Manager):
02      def update_service_capabilities(self, capabilities):
03          if not isinstance(capabilities, list):
04              capabilities = [capabilities]
05          self.last_capabilities = capabilities
```

---

1　HostState 类的 get_host_stats 方法的分析参见第 16.1.2 小节"LibvirtDriver 类的 get_available_nodes 方法"部分。

2　定义在/opt/stack/nova/nova/manager.py 文件中。

> **注意**：update_service_capabilities 方法比较简单，就是更新 last_capabilities 成员变量。但是这个方法却非常关键。在 16.1.4 小节将看到，publish_service_capabilities 定时任务会定时将 last_capabilities 对象发送给 Nova Scheduler 服务。

## 16.1.4 publish_service_capabilities

publish_service_capabilities 定时任务的功能是定时将 ComputeManager 对象缓存的 service capabilities 发送给（所有的）Nova Scheduler 服务。publish_service_capabilities 定时任务对应于 publish_service_capabilities 周期方法。该方法定义在 SchedulerDependentManager 类中，其定义如下[1]：

```
01   class SchedulerDependentManager(Manager):
02       @periodic_task
03       def publish_service_capabilities(self, context):
04           if self.last_capabilities:
05               self.scheduler_rpcapi.update_service_capabilities(context,
06                   self.service_name, self.host, self.last_capabilities)
```

publish_service_capabilities 方法调用了 Scheduler RPC API 的 update_service_capabilities 方法。Scheduler RPC API 的 update_service_capabilities 方法定义如下[2]：

```
class SchedulerAPI(nova.openstack.common.rpc.proxy.RpcProxy):
    def update_service_capabilities(self, ctxt, service_name, host, capabilities):
        self.fanout_cast(ctxt, self.make_msg('update_service_capabilities',
            service_name=service_name, host=host, capabilities=capabilities),
            version='2.4')
```

Scheduler RPC API 的 update_service_capabilities 方法调用了 fanout_cast 方法向 Nova Scheduler 服务发送 RPC 请求。

> **注意**：在 Nova 中，允许启动多个 Nova Scheduler 服务。fanout_cast 方法会向所有的 Nova Scheduler 发送广播，所有的 Nova Scheduler 服务都需处理该请求。

从上面的代码可以看到，Scheduler RPC API 的 update_service_capabilities 方法远程调用了 SchedulerManager 对象的 update_service_capabilities 方法，其定义如下[3]：

```
01   class SchedulerManager(manager.Manager):
02       def update_service_capabilities(self, context, service_name, host,
             capabilities):
03           #将 capabilities 封装成列表
04           if not isinstance(capabilities, list):
05               capabilities = [capabilities]
06           for capability in capabilities:
07               if capability is None:
08                   capability = {}
09               # 调用 Scheduler Driver 的 update_service_capabilities 方法
10               self.driver.update_service_capabilities(service_name, host,
                   capability)
```

---

1 定义在/opt/stack/nova/nova/manager.py 文件中。
2 定义在/opt/stack/nova/nova/scheduler/rpcapi.py 文件中。
3 定义在/opt/stack/nova/nova/scheduler/manager.py 文件中。

SchedulerManager 对象的 update_service_capabilities 方法最后调用了 Scheduler Driver 的 update_service_capabilities 方法。本书示例使用的 Scheduler Driver 对象是默认的 FilterScheduler 对象。FilterScheduler 类继承自 driver.Scheduler 类，update_service_capabilities 方法定义如下：

```
class Scheduler(object):
    def update_service_capabilities(self, service_name, host, capabilities):
        self.host_manager.update_service_capabilities(service_name, host,
            capabilities)
```

上面代码中的 driver.Scheduler 类的 update_service_capabilities 方法调用了 HostManager 对象的 update_service_capabilities 方法。HostManager 类的 update_service_capabilities 方法定义如下[1]：

```
01  class HostManager(object):
02      def update_capabilities(self, capabilities=None, service=None):
03          if capabilities is None:
04              capabilities = {}
05          self.capabilities = ReadOnlyDict(capabilities)
06          ...
```

HostManager 类的 update_service_capabilities 方法将 service capabilities 封装成一个 ReadOnlyDict 对象。

> 注意：ReadOnlyDict，顾名思义，是一个只读的对象。因此，Nova Scheduler 服务没有修改 service capabilities 的权限，它只能读 Nova Compute 服务传入的数据。

## 16.2 创建虚拟机

在第 15.4.1 小节介绍过，Nova Scheduler 服务在接收到虚拟机创建请求后，最终会向 Nova Compute 服务发送 RPC 请求。本节将介绍 Nova Compute 服务如何处理虚拟机创建请求。

Nova Compute 服务处理 RPC 请求的 manager 对象是一个 ComputeManager 对象。ComputeManager 对象中处理虚拟机创建请求的方法为 run_instance 方法。ComputeManager 对象的 run_instance 方法首先完成创建虚拟机必须的准备工作（如检查计算节点的硬件资源是否充足，为虚拟机分配逻辑网络等），然后调用 Compute Driver 的 spawn 方法进一步处理。

### 16.2.1 创建虚拟机的流程

Nova Compute 服务的 ComputeManager 对象处理虚拟机创建请求的方法为 run_instance 方法，其定义如下[2]：

---

1 定义在/opt/stack/nova/nova/scheduler/host_manager.py 文件中。
2 定义在/opt/stack/nova/nova/compute/manager.py 文件中。

```
01  class ComputeManager(manager.SchedulerDependentManager):
02      @exception.wrap_exception(notifier=notifier, publisher_id=publisher_id())
03      @reverts_task_state
04      @wrap_instance_event
05      @wrap_instance_fault
06      def run_instance(self, context, instance, request_spec=None,…):
07          …
08          @lockutils.synchronized(instance['uuid'], 'nova-')
09          def do_run_instance():
10              self._run_instance(context, request_spec,…)
11          do_run_instance()
```

从上面的代码可以看到，run_instance 方法调用了 do_run_instance 内部方法。do_run_instance 内部方法的主要作用是加了一个锁，这个锁的目的是保证同一个虚拟机在同一时刻只能执行一个任务。do_run_instance 内部方法调用了_run_instance 方法。_run_instance 方法的定义如下：

```
01  class ComputeManager(manager.SchedulerDependentManager):
02      def _run_instance(self, context, request_spec,…):
03          …
04          try:
05              # 检查虚拟机是否存在
06              self._check_instance_exists(context, instance)
07              # 更新数据库中虚拟机的状态
08              try:
09                  self._start_building(context, instance)
10              except exception.InstanceNotFound:
11                  …
12              # 检查磁盘镜像的大小
13              image_meta = self._check_image_size(context, instance)
14              # 选择运行虚拟机的节点
15              if node is None:
16                  node = self.driver.get_available_nodes()[0]
17              …
18              rt = self._get_resource_tracker(node)
19              try:
20                  limits = filter_properties.get('limits', {})
21                  # 为虚拟机预留磁盘、内存和 CPU 等硬件资源
22                  with rt.instance_claim(context, instance, limits):
23                      # 获取虚拟机的 MAC 地址的约束
24                      macs = self.driver.macs_for_instance(instance)
25                      # 为虚拟机分配网络
26                      network_info = self._allocate_network(context, instance,
27                          requested_networks, macs, security_groups)
28                      …
29                      # 调用_spawn 方法，进一步处理虚拟机创建请求
30                      instance = self._spawn(context, instance, image_meta,…)
31              except exception.InstanceNotFound:
32                  # 虚拟机在创建过程中被删除
33                  with excutils.save_and_reraise_exception():
34                      try:
35                          # 释放分配的网络资源
36                          self._deallocate_network(context, instance)
37                      except Exception:
38                          …
39              except exception.UnexpectedTaskStateError as e:
40                  …
41              # 遇到不可预见的错误
```

```
42                    except Exception:
43                        exc_info = sys.exc_info()
44                        # 请求重新执行调度算法
45                        self._reschedule_or_reraise(context, instance, exc_info,…)
46            except Exception:
47                ...
```

ComputeManager 的_run_instance 方法首先完成虚拟机创建所需的一些准备工作，然后调用_spawn 方法进一步处理虚拟机请求。

代码第 06 行检查要创建的虚拟机 uuid 是否被占用，如果被占用则抛出异常。代码第 09 行更新 Nova 数据库中虚拟机的状态。主要是更新 vm_state 和 task_state 这两个字段的值。代码第 13 行检查虚拟机的磁盘镜像文件大小是否超出虚拟机规格（instance_type）的限制。代码第 16 行选择一个可用的计算节点作为运行虚拟机的节点。对于本书使用的 qemu/libvirt Hypervisor 来说，由于只管理一个节点（即 Nova Compute 服务所在的节点），因此，只能选择 Nova Compute 服务所在的节点。代码第 20 行获取 Nova Scheduler 服务对硬件资源的限制。

> 注意：这里 Nova Scheduler 服务对硬件资源的限制，是一个上限。它指定一个计算节点最多能分配多少硬件资源供虚拟机使用。显然，硬件资源的上限值，应该不超过计算节点硬件资源的总量。例如，通常虚拟 CPU 的上限，就等于计算节点虚拟 CPU 的总个数。但是，为了保证计算节点正常运行，内存和磁盘的上限，应该小于总量。

代码第 24～27 行为虚拟机分配网络资源。其中第 24 行获取虚拟机 MAC 地址的约束条件。有的 Hypervisor 只支持某些特定格式的 MAC 地址，这时代码第 24 行会返回虚拟机可供选择的 MAC 地址的集合。但是对于 qemu/libvirt Hypervisor 来说，对虚拟机 MAC 地址并没有特殊的要求，因此返回的是一个 None。虚拟机的 MAC 地址会在 Quantum Server 处理创建端点请求时自动生成[1]。代码第 26～27 行调用 ComputeManager 对象的_allocate_network 方法，为虚拟机分配逻辑网络资源。

> 注意：ComputeManager 对象的_allocate_network 方法最终会调用 Network API 的 allocate_for_instance 方法。allocate_for_instance 方法的定义，参见第 14.4.1 小节。

当准备工作都完成以后，代码第 30 行调用 ComputeManager 对象的_spawn 方法进一步处理虚拟机的创建请求。ComputeManager 对象的_spawn 方法调用了 Compute Driver 的 spawn 方法。Compute Driver 的 spawn 方法完成了虚拟机创建最核心的工作。它的定义，稍后再做详细介绍。

代码第 31～38 行处理虚拟机不存在的异常。虚拟机在创建的过程中突然不存在，可能的原因是在创建到一半时，客户端又请求把虚拟机删除了。这时，应该回收为虚拟机分配的网络资源。

代码第 42～45 行处理其他不可预见的异常。这时 ComputeManager 对象的处理方式是向 Nova Scheduler 服务发送重新调度请求。

---

[1] 参见第 14.2.5 小节。

前面介绍过，ComputeManager 对象在完成虚拟机创建的准备工作后，调用了 Compute Driver 的 spawn 方法进一步处理虚拟机的创建请求。接下来，再分析一下 Compute Driver 的 spawn 方法的定义。

本书示例中，使用的 Compute Driver 是一个 LibvirtDriver 对象，其对应的 spawn 方法定义如下[1]：

```
01  class LibvirtDriver(driver.ComputeDriver):
02      def spawn(self, context, instance, image_meta, injected_files,
03              admin_password, network_info=None, block_device_info=None):
04          …
05          # 创建虚拟机磁盘镜像
06          self._create_image(context, instance,…)
07          # 创建虚拟机 XML 定义文件
08          xml = self.to_xml(instance, network_info,…)
09          # 创建虚拟机和虚拟机网络资源
10          self._create_domain_and_network(xml, instance, network_info,
                 block_device_info)
11          # 创建定时线程等待虚拟机创建完毕
12          timer = utils.FixedIntervalLoopingCall(_wait_for_boot)
13          timer.start(interval=0.5).wait()
```

LibvirtDriver 类的 spawn 方法脉络非常清晰。它首先创建虚拟机磁盘镜像和虚拟机的 XML 定义文件。然后创建虚拟机和虚拟机网络资源。最后定义和运行了一个定时线程，等待虚拟机启动完成。这里定时线程运行的_wait_for_boot 方法是 LibvirtDriver 类的 spawn 方法的内部方法，它会检查虚拟机的 power_state 属性，如果 power_state 为 RUNNING，就表示虚拟机正常启动了。

LibvirtDriver 类中创建虚拟机镜像文件、创建虚拟机 XML 定义文件，以及定义虚拟机和虚拟网络的流程将分别在 16.2.2、16.2.3 和 16.2.4 小节介绍。

本小节的最后，再简述一下虚拟机创建的大致流程。

（1）Nova Compute 服务处理虚拟机创建请求的方法是 ComputeManager 对象的 run_instance 方法。run_instance 方法最终会调用_run_instance 方法。

（2）ComputeManager 对象的_run_instance 方法主要完成了以下 4 个工作。
- ❑ 验证虚拟机的 uuid 是否被占用。
- ❑ 为虚拟机预留充足的硬件资源。
- ❑ 为虚拟机创建虚拟网络资源。
- ❑ 调用 Compute Driver 的 spawn 方法进一步处理。

（3）Compute Driver 的 spawn 方法完成了 3 个工作。
- ❑ 创建虚拟机镜像文件。
- ❑ 创建虚拟机 XML 定义文件。
- ❑ 定义虚拟机和虚拟网络。

## 16.2.2　创建虚拟机镜像文件

创建虚拟机磁盘镜像文件的功能在 LibvirtDriver 类的_create_image 方法中定义。

---

[1] 定义在/opt/stack/nova/nova/virt/libvirt/driver.py 文件中。

_create_image 方法需要为虚拟机的运行准备如下几种镜像文件。

- ramdisk 和 kernel 镜像文件:有的磁盘镜像文件需要与 ramdisk 和 kernel 镜像文件配合,才能保证虚拟机的正常运行。ramdisk 和 kernel 镜像文件通常是 raw 格式的文件。在早期的 OpenStack 版本中,磁盘镜像对应的 ramdisk 和 kernel 镜像文件是在客户端发送虚拟机创建请求时由客户端指定。从 F 版本开始,磁盘镜像对应的 ramdisk 和 kernel 镜像文件作为磁盘镜像的属性,保存在 Glance 数据库中。
- 磁盘镜像文件:这是虚拟机正常运行不可缺少的镜像文件,它是虚拟机的主磁盘。它的格式由 nova.conf 配置文件的 libvirt_images_type 和 use_cow 配置项指定。
- 本地磁盘或临时磁盘(Ephemeral):本地磁盘的目的是为了扩充虚拟机的磁盘容量,它是虚拟机的数据磁盘。本地磁盘的格式也由 nova.conf 配置文件的 libvirt_images_type 和 use_cow 配置项指定。
- 磁盘交换区(Swap):Linux 系统的磁盘交换区的功能类似于 Windows 系统的虚拟内存。Linux 系统会将内存中暂时不访问的数据放在交换区,以预留出更多的内存空间供其他进程使用。虚拟机中磁盘交换区的格式也由 nova.conf 配置文件的 libvirt_images_type 和 use_cow 配置项指定。

> 注意:libvirt_images_type 配置项可能的值有 raw、qcow2、lvm 和 default。当 libvirt_images_type 配置项的值为 default 时,磁盘镜像文件、本地磁盘文件和磁盘交换区文件的格式由 use_cow 配置项决定。如果 use_cow 为 False,则使用 qcow2 格式。否则,使用 raw 格式。

限于篇幅,无法对各种镜像文件的过程一一介绍,这里仅介绍磁盘镜像文件的创建过程。下面是 LibvirtDriver 类的 _create_image 方法中创建磁盘镜像文件的相关代码:

```
01  class LibvirtDriver(driver.ComputeDriver):
02      def _create_image(self, context, instance, disk_mapping, suffix='',
        disk_images=None,
03                        network_info=None, block_device_info=None, files=None, admin
                          _pass=None):
04          # 默认的磁盘镜像文件后缀为空
05          if not suffix:
06              suffix = ''
07          # 创建保存虚拟机磁盘镜像的 instance path 目录
08          fileutils.ensure_tree(basepath(suffix=''))
09          ...
10          if not booted_from_volume:
11              # 获取磁盘镜像在本地的文件名
12              root_fname = imagecache.get_cache_fname(disk_images, 'image_id')
13              # 获取磁盘镜像的大小
14              size = instance['root_gb'] * 1024 * 1024 * 1024
15              ...
16              # 将磁盘镜像保存在本地
17              image('disk').cache(fetch_func=libvirt_utils.fetch_image,
                context=context,
18                  filename=root_fname, size=size,image_id=disk_images['image_id'],
19                  user_id=instance['user_id'], project_id=instance['project_id'])
20              ...
```

代码中第 08 行调用的 basepath 是 _create_image 方法的内部方法,其定义如下:

```
        def basepath(fname='', suffix=suffix):
            return os.path.join(libvirt_utils.get_instance_path(instance),
        fname + suffix)
```

以上代码中 libvirt_utils.get_instance_path 方法返回的是保存虚拟机镜像文件的目录。本书示例中，虚拟机镜像文件保存在/opt/stack/data/instances/<instance-name>目录下。这里的<instance-name>是虚拟机名，格式为"instance-000000xx"。

由于_create_image 方法代码片段第 08 行传入的 fname 和 suffix 参数均为空（basepath 内部方法中 fname 参数默认为空），因此 basepath 内部方法最终返回的是保存虚拟机镜像文件的目录。在_create_image 方法第 08 行调用的 fileutils.ensure_tree 方法会检查保存虚拟机镜像文件的目录是否存在。如果不存在，则创建相应的目录。

_create_image 方法代码片段第 12 行获取缓存在本地的磁盘镜像文件名。由于一个虚拟机的磁盘镜像文件可能很大，为了减轻网络负担，Nova 可以将计算节点中用到的磁盘镜像文件保存在本地。这里调用的 imagecache.get_cache_fname 是获取缓存在本地的磁盘镜像文件名。

> 注意：
> ① 用户可以通过nova.conf配置文件中的 cache_images 配置项决定缓存哪些镜像文件。其中 cache_images=all 表示缓存所有的镜像文件，cache_images=some 表示缓存 cache_in_nova=True 的镜像文件，cache_images=none 表示不缓存镜像文件。
> ② 本书示例中，缓存的镜像文件保存在/opt/stack/data/instances/_base 目录下。
> ③ 通常，缓存的镜像文件在本地的文件名是镜像文件 uuid 的 SHA1 哈希值[1]。

_create_image 方法代码片段第 17～19 行的主要功能是为虚拟机准备磁盘镜像文件。代码中的 image 是_create_image 方法的内部方法，其定义如下：

```
        def image(fname, image_type=CONF.libvirt_images_type):
            return self.image_backend.image(instance, fname + suffix, image_type)
```

image 内部方法调用了 image_backend 成员变量的 image 方法。image_backend 成员变量是一个 Backend 对象，其 image 方法定义如下[2]：

```
01  class Backend(object):
02      def image(self, instance, disk_name, image_type=None):
03          # 获取管理磁盘镜像的backend类型
04          backend = self.backend(image_type)
05          # 返回管理磁盘镜像的backend对象
06          return backend(instance=instance, disk_name=disk_name)
```

在 imagebackend.py 文件中，分别定义了 Raw、Qcow2 和 Lvm 类来处理 raw、qcow2 和 lvm 格式的镜像文件。Backend 对象的 image 方法会根据实际的需求，创建相应类型的 backend 对象。例如，在本书示例中，磁盘镜像为 qcow2 格式，因此 Backend 对象的 image 方法会创建并返回一个 Qcow2 类型的对象。

---

1 安全哈希算法（Secure Hash Algorithm）主要适用于数字签名标准（Digital Signature Standard DSS）里面定义的数字签名算法（Digital Signature Algorithm DSA）。

2 定义在/opt/stack/nova/nova/virt/libvirt/imagebackend.py 文件中。

_create_image 方法代码片段第 17 行调用了 Qcow2 对象的 cache 方法复制的磁盘镜像文件。Qcow2 类继承自 Image 类，cache 方法定义在 Image 类中，其定义如下[1]：

```
01  class Image(object):
02      def cache(self, fetch_func, filename, size=None, *args, **kwargs):
03          # 获取缓存镜像文件的_base目录
04          base_dir = os.path.join(CONF.instances_path, CONF.base_dir_name)
05          # 创建 base 目录
06          if not os.path.exists(base_dir):
07              fileutils.ensure_tree(base_dir)
08          # 获取缓存的镜像文件名
09          base = os.path.join(base_dir, filename)
10          # 如果虚拟机的磁盘镜像文件或者缓存的镜像文件不存在，则创建
11          if not os.path.exists(self.path) or not os.path.exists(base):
12              self.create_image(call_if_not_exists, base, size, *args,
                    **kwargs)
13          ...
```

代码第 04 行的 base_dir 是计算节点上缓存镜像文件的目录，它是由 nova.conf 配置文件中 instances_path 和 base_dir_name 配置项指定。本书示例中，这两个配置项的配置如下：

```
instances_path=/opt/stack/data/instances
base_dir_name=_base
```

因此，base_dir 为/opt/stack/data/instances/_base。

代码第 06～07 行检查 base_dir 是否存在，如果不存在，则创建 base_dir。代码第 09 行获取磁盘镜像缓存文件的路径。代码第 11～12 行调用了 create_image 方法缓存和创建虚拟机磁盘镜像文件。

Qcow2 类重载了 Image 类的 create_image 方法，其定义如下[2]：

```
01  class Qcow2(Image):
02    def create_image(self, prepare_template, base, size, *args, **kwargs):
03        # 如果 base_dir 目录下没有缓存的镜像文件，则从 Glance 服务器下载
04        if not os.path.exists(base):
05            prepare_template(target=base, *args, **kwargs)
06        # 如果虚拟机的磁盘镜像文件没有创建，则调用 copy_qcow2_image 内部方法创建
07        if not os.path.exists(self.path):
08            with utils.remove_path_on_error(self.path):
09                copy_qcow2_image(base, self.path, size)
```

Qcow2 类的 create_image 方法分别调用了 prepare_template 方法创建缓存的镜像文件，调用了 copy_qcow2_image 方法创建虚拟机磁盘镜像文件。接下来分别介绍这两个方法的定义。

### 1．prepare_template方法

prepare_template 方法是 Image 类的 cache 方法以参数的形式传过来的。cache 方法传入的 prepare_template 参数的值为 call_if_not_exists 方法。call_if_not_exists 方法是 cache 方法的内部方法，其定义如下：

---

[1] 定义在/opt/stack/nova/nova/virt/libvirt/imagebackend.py 文件中。
[2] 定义在/opt/stack/nova/nova/virt/libvirt/imagebackend.py 文件中。

```
        def call_if_not_exists(target, *args, **kwargs):
            if not os.path.exists(target):
                fetch_func(target=target, *args, **kwargs)
        ...
```

call_if_not_exists 内部方法首先检查缓存的镜像文件是否存在，如果不存在则调用 fetch_func 方法从 Glance 服务器下载。fetch_func 方法是 LibvirtDriver 对象的 _create_image 方法传入的参数。fetch_func 参数的值为 libvirt_utils 包的 fetch_image 方法，其定义如下[1]。

```
def fetch_image(context, target, image_id, user_id, project_id):
    images.fetch_to_raw(context, image_id, target, user_id, project_id)
```

fetch_image 方法调用了 images 包的 fetch_to_raw 方法，其定义如下[2]：

```
01  def fetch_to_raw(context, image_href, path, user_id, project_id):
02      # 构造缓存镜像文件的临时文件名
03      path_tmp = "%s.part" % path
04      # 将镜像文件从 Glance 服务器缓存到本地
05      fetch(context, image_href, path_tmp, user_id, project_id)
06      with utils.remove_path_on_error(path_tmp):
07          data = qemu_img_info(path_tmp)              # 查询缓存的镜像文件信息
08          fmt = data.file_format                       # 获取缓存的镜像文件格式
09          # 查询不到镜像文件格式，说明镜像文件有误
10          if fmt is None:
11              raise exception.ImageUnacceptable(
12                  reason=_("'qemu-img info' parsing failed."), image_id=
                    image_href)
13          backing_file = data.backing_file    # 查询镜像文件的 backing_file
14          # Glance 服务器上的镜像文件不允许有 backing file，故报错
15          if backing_file is not None:
16              raise exception.ImageUnacceptable(image_id=image_href,
17                  reason=_("fmt=%(fmt)s backed by: %(backing_file)s") % locals())
18          # 如果下载的镜像文件格式不为 raw
19          # 且 nova.conf 配置文件中 force_raw_images 配置项为 True
20          # 则将镜像文件转化为 raw 格式
21          if fmt != "raw" and CONF.force_raw_images:
22              # 构造转化后的镜像文件名
23              staged = "%s.converted" % path
24              with utils.remove_path_on_error(staged):
25                  # 将缓存文件转化为 raw 格式
26                  convert_image(path_tmp, staged, 'raw')
27                  # 删除转化前的格式
28                  os.unlink(path_tmp)
29                  # 验证转化是否成功
30                  data = qemu_img_info(staged)
31                  if data.file_format != "raw":
32                      raise exception.ImageUnacceptable(image_id=image_href,
33                          reason=_("Converted to raw, but format is now %s") %
34                          data.file_format)
35                  # 如果转化成功，则将转化后的文件重命名为 path
36                  os.rename(staged, path)
37          # 否则，缓存的镜像文件本来就是 raw 格式，直接将 path_tmp 文件重命名为 path
38          else:
```

---

1 定义在 /opt/stack/nova/nova/virt/libvirt/utils.py 文件中。

2 定义在 /opt/stack/nova/nova/virt/images.py 文件中。

```
39          os.rename(path_tmp, path)
```

fetch_to_raw 方法主要做了 3 件事情。
- 将镜像文件从 Glance 服务器下载到本地。
- 检查下载的文件格式是否正确。
- 将非 raw 格式的镜像文件转化为 raw 格式。

注意：fetch_to_raw 方法的 image_href 参数是镜像文件在 Glance 服务器中的 uuid。path 参数是镜像文件保存在本地的路径。path 的格式为<base_dir>/<image-name>，其中<base_dir>是专门保存缓存的镜像文件的目录，<image-name>是缓存的镜像文件在本地的文件名，<image-name>通常是 image_href 的 SHA1 哈希值。

代码第 03 行构造了一个临时的文件名。fetch_to_raw 方法首先将镜像保存为临时的文件。如果检查镜像文件格式无误，再将其重命名为正式的文件名。

代码第 05 行调用了 fetch 方法从 Glance 服务器下载镜像文件。fetch 方法的定义如下：

```
01  def fetch(context, image_href, path, _user_id, _project_id):
02      # 获取镜像文件的 image service 对象
03      (image_service, image_id) = glance.get_remote_image_service
        (context, image_href)
04      with utils.remove_path_on_error(path):
05          with open(path, "wb") as image_file:
06              # 调用 image service 对象的 download 方法
07              image_service.download(context, image_id, image_file)
```

fetch 方法首先调用 glance 包的 get_remote_image_service 方法获取镜像文件的 image service 对象。然后调用 image service 对象的 download 方法下载镜像文件。image service 对象的工作流程，限于篇幅，不再详述。

fetch_to_raw 方法代码片段第 07～17 行检查镜像文件的格式是否正确。其中代码第 07 行调用了 qemu_img_info 方法查询镜像文件的详细信息。该方法相当于执行了 qemu-img info 命令。代码第 08～12 行检查镜像文件的格式是否正确。代码第 15～17 行检查镜像文件是否有 backing file。Glance 服务器上的镜像文件必须是独立的，不允许有 backing file。

fetch_to_raw 方法代码片段第 21～36 行将非 raw 格式的镜像文件转化为 raw 格式。其中第 23 行构造转化后的镜像文件的临时文件名。代码第 26 行调用 convert_image 方法进行镜像文件的格式转化，相当于执行了如下命令：

```
qemu-img convert -o raw <path_tmp> <staged>
```

代码第 28 行删除 path_tmp 文件，第 31～34 行检查转化后的 staged 文件格式是否正确。代码第 26 行将 staged 文件重命名为正式的 path 文件。

注意：fetch_to_raw 方法代码片段调用的 os.unlink 方法相当于调用了 Linux 系统的 unlink 命令。unlink 与 rm 命令的不同点在于，unlink 命令会检查文件是否被某个进程打开。如果文件被进程打开，那么 unlink 命令会等待进程把文件关闭后再删除文件。

2. copy_qcow2_image方法

copy_qcow2_image 方法是 Qcow2 类 create_image 方法的内部方法，其定义如下：

```
01        def copy_qcow2_image(base, target, size):
02            # 为虚拟机创建 qcow2 格式的磁盘镜像文件
03            libvirt_utils.create_cow_image(base, target)
04            if size:
05                # 扩展磁盘镜像文件的容量
06                disk.extend(target, size)
```

copy_qcow2_image 方法首先调用 libvirt_utils 包的 create_cow_image 方法[1]为虚拟机创建磁盘镜像文件。相当于执行了如下命令：

```
qemu-img create -f qcow2 -o \
backing_file=<base>[,cluster_size=<cluster_size>, encryption=< encryption>],
size=<size> \
<target>
```

注意：以上命令中，<base>是缓存的 raw 格式镜像文件的路径，<size>是磁盘镜像文件的大小，<target>是虚拟机磁盘镜像文件的路径[2]。方括号中是可选的参数，其值必须和 backing file 镜像文件中指定的参数一致[3]。如果 backing file 中没有指定相应的参数，则省略。

然后，copy_qcow2_image 方法调用了 disk 包的 extend 方法[4]扩展虚拟机磁盘镜像文件的容量。相当于执行如下命令：

```
qemu-img resize <target> <size>
e2fsck -fp <target>
resize2fs <target>
```

注意：以上脚本的最后两条命令是扩展磁盘镜像文件的文件系统。

本小节的最后，总结一下创建虚拟机磁盘镜像文件的流程。

（1）LibvirtDriver 类中完成虚拟机镜像文件创建工作的方法是_create_img 方法。它在完成必要的准备工作后，调用了 Qcow2 类的 cache 方法。

（2）Qcow2 类的 cache 方法主要调用了 create_image 方法。Qcow2 类的 create_image 方法首先检查本地计算节点上是否缓存了虚拟机所需的磁盘镜像文件。如果缓存文件不存在，则调用 libvirt_utils 包的 fetch_image 方法从 Glance 服务器下载。然后，Qcow2 类的 create_image 方法调用 copy_qcow2_img 方法创建 qcow2 格式的虚拟机磁盘镜像文件。

（3）libvirt_utils 包的 fetch_image 方法调用了 fetch_to_raw 方法。fetch_to_raw 方法首先调用 fetch 方法从 Glance 服务器上下载镜像文件。然后检查下载的镜像文件格式是否正确。如果下载的镜像不是 raw 格式，fetch_to_raw 方法还会尝试将其转化为 raw 格式。

（4）copy_qcow2_img 方法是 Qcow2 类 create_image 方法的内部方法。它主要通过执行 qemu-img 命令完成虚拟机磁盘镜像文件的创建。创建的虚拟机磁盘镜像文件会把缓存的镜像文件作为 backing file。

---

1 定义在/opt/stack/nova/nova/virt/libvirt/utils.py 文件中。

2 本书示例中虚拟机磁盘镜像文件路径为/opt/stack/data/instances/<instance-name>/disk。其中<instance-name>是虚拟机名，其格式为"instance-000000XX"。

3 可通过 qemu-img info 命令查看 backing_file 中各个参数的值。

4 定义在/opt/stack/nova/nova/virt/disk/api.py 文件中。

## 16.2.3 创建虚拟机 XML 定义文件

Libvirt 的虚拟机 XML 定义文件包含的内容很多，要想面面俱到，恐怕专门花一章的篇幅来讨论也嫌不够。因此，本小节只能介绍本书中经常用到的知识点。有兴趣的读者，可以循着本小节提供的脉络，进一步阅读相关代码。

LibvirtDriver 类中创建虚拟机 XML 定义文件的工作在 to_xml 方法中完成。LibvirtDriver 类的 to_xml 方法定义如下[1]：

```
01  class LibvirtDriver(driver.ComputeDriver):
02    def to_xml(self, instance, network_info, disk_info,…):
03        # 获取虚拟机的配置信息
04        conf = self.get_guest_config(instance, network_info, image_meta,
05                                     disk_info, rescue, block_device_info)
06        # 将配置信息转化为 xml 格式
07        xml = conf.to_xml()
08        if write_to_disk:
09            # 获取计算节点上保存虚拟机镜像文件的路径
10            # 本书示例中 instance_dir=/opt/stack/data/instances/<instance-name>
11            instance_dir = libvirt_utils.get_instance_path(instance)
12            # 获取 XML 定义文件存储的路径
13            # 本书示例中 xml_path=<instance_dir>/libvirt.xml
14            xml_path = os.path.join(instance_dir, 'libvirt.xml')
15            # 写入虚拟机 XML 定义文件
16            libvirt_utils.write_to_file(xml_path, xml)
```

LibvirtDriver 对象的 to_xml 方法首先调用自身的 get_guest_config 方法获取虚拟机的配置信息。get_guest_config 方法返回的是一个 LibvirtConfigGuest 对象[2]。然后，to_xml 方法调用 LibvirtConfigGuest 对象的 to_xml 方法将配置信息转化为 XML 格式的字符串。最后，LibvirtDriver 对象的 to_xml 方法将虚拟机配置信息写入到 instance_path 目录下的 libvirt.xml 配置文件中。

显然，LibvirtDriver 对象 to_xml 方法的核心功能在 get_guest_config 方法中实现。因此，接下来仅对 LibvirtDriver 类的 get_guest_config 方法展开讨论，其定义如下：

```
01  class LibvirtDriver(driver.ComputeDriver):
02    def get_guest_config(self, instance, network_info, image_meta,
03                         disk_info, rescue=None, block_device_info=None):
04        # 获取虚拟机规格
05        inst_type = self.virtapi.instance_type_get(
06            nova_context.get_admin_context(read_deleted='yes'),
07            instance['instance_type_id'])
08        # 获取虚拟机镜像存储路径
09        inst_path = libvirt_utils.get_instance_path(instance)
10        disk_mapping = disk_info['mapping']      # 虚拟机磁盘映射信息
11        guest = vconfig.LibvirtConfigGuest()
12                                                  # 创建虚拟机 LibvirtConfigGuest 对象
12        guest.virt_type = CONF.libvirt_type       # 设置虚拟机的 virt_type
13        guest.name = instance['name']             # 设置虚拟机名
```

---

1 定义在/opt/stack/nova/nova/virt/libvirt/driver.py 文件中。
2 定义在/opt/stack/nova/nova/virt/libvirt/config.py 文件中。

```
14          guest.uuid = instance['uuid']              # 设置虚拟机 uuid
15          # 设置虚拟机内存大小
16          guest.memory = inst_type['memory_mb'] * 1024
17          guest.vcpus = inst_type['vcpus']           # 设置虚拟机虚拟 CPU 个数
18          …
19          guest.cpu = self.get_guest_cpu_config()    # 设置虚拟机 CPU 参数
20          …
21          # 获取虚拟机操作系统类型，None 表示使用默认的类型
22          guest.os_type = vm_mode.get_from_instance(instance)
23          if guest.os_type is None:
24              if CONF.libvirt_type == "lxc":
25                  …
26              # 本书示例中使用的默认操作系统类型为 hvm
27              else:
28                  guest.os_type = vm_mode.HVM
29          …
30          # 设置虚拟机时钟
31          clk = vconfig.LibvirtConfigGuestClock()
32          clk.offset = "utc"
33          guest.set_clock(clk)
34          …
35          # 配置虚拟机的磁盘
36          for cfg in self.get_guest_storage_config(instance, image_meta,
            disk_info,
37                                          rescue, block_device_info, inst_type):
38              guest.add_device(cfg)
39          # 配置虚拟机的网络接口
40          for (network, mapping) in network_info:
41              cfg = self.vif_driver.get_config(instance, network, mapping,
                image_meta)
42              guest.add_device(cfg)
43          …
44          return guest
```

**注意**：get_guest_config 方法的主要功能是设置虚拟机 XML 定义文件的配置项。因此，要想更好地理解这部分代码，最好的办法就是先使用 Nova 创建一台虚拟机，然后参照 Nova 生成的虚拟机 XML 定义文件[1]。

代码第 05～07 行获取虚拟机的规格信息。在虚拟机规格信息中保存了虚拟机内存大小、虚拟 CPU 个数等信息。这些信息都会写入虚拟机 XML 定义文件中。

**注意：**

① 细心的读者可能会发现，代码 06 行设置 read_deleted 参数为 yes。也就是说，允许读取 Nova 数据库被删除的虚拟机规格记录。这样的设置，是为了应对在虚拟机创建的过程中，虚拟机规格记录被删除的情形。因为虚拟机是在虚拟机规格被删除前请求创建的，所以依然可以使用被删除的规格。但是对于虚拟机规格被删除后的虚拟机创建请求，就不能再使用被删除的规格了。

② 所谓虚拟机规格被删除，并不是在 Nova 数据库中删除相应的虚拟机规格记录，而是将记录的 deleted 属性置为 True。

---

[1] 本书示例中，虚拟机 XML 定义文件的路径为/opt/stack/data/instances/<instance-name>/libvirt.xml。

代码第 12 行设置虚拟机的 virt type 属性。该属性是由 nova.conf 配置文件中的 libvirt_type 配置项指定。该配置项可能的值有 kvm、lxc、qemu、uml 和 xen。本书示例中，使用的 virt type 为 kvm。该属性对应于 libvirt.xml 文件中的如下配置：

```
<domain type="kvm">
```

代码第 13～17 行分别设置了虚拟机的 name、uuid、内存和虚拟 CPU，它们对应于 libvirt.xml 文件中的如下配置：

```
<uuid>%UUID%</uuid>
  <name>instance-000000XX</name>
  <memory>%MEMORY%</memory>
  <vcpu>%VCPU%</vcpu>
```

代码第 19 行调用的 get_guest_cpu_config 方法用于设置虚拟机 CPU 的模式。该方法的定义将在第 16.3.3 小节 "ComputeManager 类的 check_can_live_migrate_destination 方法" 部分介绍。

代码第 23～28 行设置虚拟机的操作系统类型。本书示例中使用的操作系统类型为 hvm[1]。该属性对应于 libvirt.xml 文件中的如下配置：

```
<os>
  <type>hvm</type>
  …
</os>
```

代码第 31～33 行设置虚拟机时钟选项。其中代码第 31 行引用的 LibvirtConfig-GuestClock 类是用于封装虚拟机 XML 定义文件中系统时钟选项的数据类。代码第 32 行设置虚拟机使用的时区为 UTC。它最终会生成如下配置：

```
<clock offset="utc">
  …
</clock>
```

> **注意**：LibvirtConfigGuestClock 类定义在 config.py 文件[2]中。在该文件下还定义了许多类似的数据类型，例如封装磁盘属性的 LibvirtConfigGuestDisk 类，封装网络接口属性的 LibvirtConfigGuestInterface 类等。这些类之间形成了一个树形的关系，对应于 XML 的树形数据结构。其中 LibvirtConfigGuestInterface 类对应于 XML 树的根节点。

代码第 36～38 行和 40～42 行分别调用了 LibvirtDriver 类的 get_guest_storage_config 方法和 vif_driver 的 get_config 方法配置虚拟机的磁盘和网络。接下来再对这两个方法做进一步分析。

### 1. get_guest_storage_config方法

LibvirtDriver 类的 get_guest_storage_config 方法的功能是配置虚拟机的磁盘设备。在第 16.2.2 小节介绍过，LibvirtDriver 类的 _create_image 方法为虚拟机准备了主硬盘、数据硬盘

---

[1] 所谓的 hvm 是指虚拟机的操作系统依赖于硬件虚拟化。
[2] /opt/stack/nova/nova/virt/libvirt/config.py 文件。

和交换区等各种类型的磁盘镜像文件。get_guest_storage_config 方法的工作是将这些磁盘镜像文件配置到 XML 定义文件中。下面是 LibvirtDriver 类的 get_guest_storage_config 方法中主磁盘 XML 配置部分的代码：

```
01  class LibvirtDriver(driver.ComputeDriver):
02    def get_guest_storage_config(self, instance, image_meta, disk_info,
03                                rescue, block_device_info, inst_type):
04      devices = []                                # 保存设备配置项列表
05      disk_mapping = disk_info['mapping']         # 获取磁盘信息
06      ...
07      if CONF.libvirt_type == "lxc":
08        ...
09      # 本书示例的 libvirt_type 为 kvm
10      else:
11        if rescue:
12          ...
13        else:
14          # 如果需要配置主磁盘
15          if 'disk' in disk_mapping:
16            # 获取主磁盘的配置数据
17            diskos = self.get_guest_disk_config(instance, 'disk',
18                                    disk_mapping, inst_type)
19            # 在 XML 定义文件中，磁盘 (disk) 节点是设备 (device) 节点的子节点
20            devices.append(diskos)
21      ...
22      return devices
```

get_guest_storage_config 方法调用了 get_guest_disk_config 方法配置主磁盘的主要参数。get_guest_disk_config 方法的定义如下：

```
01  class LibvirtDriver(driver.ComputeDriver):
02    def get_guest_disk_config(self, instance, name, disk_mapping, inst_type,
03                              image_type=None):
04      # 创建磁盘对应的 Qcow2 对象
05      image = self.image_backend.image(instance, name, image_type)
06      # 获取磁盘的信息
07      disk_info = disk_mapping[name]
08      # 调用 Qcow2 对象的 libvirt_info 方法
09      # 返回封装了磁盘配置数据的 LibvirtConfigGuestDisk 对象
10      return image.libvirt_info(disk_info['bus'], # 总线，本书示例为 virtio
11              disk_info['dev'],         # 设备类型，主磁盘的设备类型为 disk
12              disk_info['type'],        # 镜像类型，本书示例为 qcow2
13              self.disk_cachemode,      # 磁盘缓存类型，本书示例为 none
14              inst_type['extra_specs'])
```

LibvirtDriver 类的 get_guest_disk_config 方法首先调用自身的 image_backend 成员变量的 image 方法返回一个 Qcow2 对象[1]。然后调用 Qcow2 对象的 libvirt_info 方法获取虚拟机主磁盘的 LibvirtConfigGuestDisk 对象。Qcow2 类继承自 Image 类。libvirt_info 方法定义在 Image 类中。该方法首先创建了 LibvirtConfigGuestDisk 对象，然后再依次为对象中的数据

---

[1] 在第 16.2.2 小节介绍过，LibvirtDriver 类的 image_backend 成员变量是一个 Backend 对象。由于本书示例的磁盘镜像格式是 qcow2，因此它的 image 方法会返回一个 Qcow2 对象。

成员赋值。有兴趣的读者可以自行阅读相关代码[1]。这里仅列出了 LibvirtConfigGuestDisk 对象对应的虚拟机 XML 定义文件中的配置项：

```
01      <disk type="file" device="disk">
02        <driver name="qemu" type="qcow2" cache="none"/>
03        <source file="/opt/stack/data/instances/instance-000000XX/disk"/>
04        <target bus="virtio" dev="vda"/>
05      </disk>
```

**2. vif_driver的get_config方法**

LibvirtDriver 类的 vif_driver 成员变量的类型是通过 nova.conf 配置文件中的 libvirt_vif_driver 配置项设置的。本书示例中 LibvirtDriver 类的 vif_driver 成员变量是 LibvirtOpenVswitchVirtualPortDriver 对象。其 get_config 方法定义如下[2]：

```
class LibvirtOpenVswitchVirtualPortDriver(LibvirtGenericVIFDriver):
    return self.get_config_ovs_bridge(instance, network, mapping, image_meta)
```

从上面的代码可以看到，LibvirtOpenVswitchVirtualPortDriver 类的 get_config 方法调用了 get_config_ovs_bridge 方法。

get_config_ovs_bridge 方法定义在 LibvirtOpenVswitchVirtualPortDriver 类的父类 libvirtGenericVIFDriver 类中，其定义如下：

```
01   class LibvirtGenericVIFDriver(LibvirtBaseVIFDriver):
02     def get_config_ovs_bridge(self, instance, network, mapping, image_meta):
03       # 调用父类的 get_config 方法
04       conf = super(LibvirtGenericVIFDriver, self).get_config(instance,
         network,
05                                                             mapping, image_meta)
06       designer.set_vif_host_backend_ovs_config(
07           conf, self.get_bridge_name(network),     # 网桥名
08           self.get_ovs_interfaceid(mapping), # 虚拟机 OpenVSwitch 端点uuid
09           self.get_vif_devname(mapping))     # 虚拟机 OpenVSwitch 端点名
10       return conf
```

get_config_ovs_ethernet 方法共调用了两个方法。

- 父类的 get_config 方法。ibvirtGenericVIFDriver 类父类的 get_config 方法稍后再做介绍。这里暂时只需知道父类的 get_config 方法返回的 conf 变量是一个 LibvirtConfigGuestInterface 对象。
- desginer 包的 set_vif_host_backend_ovs_config 方法[3]。该方法设置了 conf 变量的网络类型、源网桥和虚拟机 OpenVSwitch 端点名等属性。其中网络类型为 bridge，也即虚拟机网络采用桥接方式。源网桥名为 br-int，也即虚拟机的所有 OpenVSwitch 端点都挂载在 br-int 网桥上。

⚠ **注意**：由于虚拟机 OpenVSwitch 端点在 LibvirtDriver 对象的 _create_domain_and_network

---

[1] Qcow2 类和 Image 类定义在/opt/stack/nova/nova/virt/libvirt/imagebackend.py 文件中。
[2] 定义在/opt/stack/nova/nova/virt/libvirt/vif.py 文件中。
[3] 定义在/opt/stack/nova/nova/virt/libvirt/designer.py 文件中。

方法中创建[1]。因此，到目前为止，Nova Compute 并不知道虚拟机对应的 OpenVSwitch 端点名，当然也无法指定其确切的值。其实，在虚拟机的 XML 定义文件里面并没有显式地指定虚拟机对应的 openVSwitch 端点。

那么，虚拟机和它的 OpenVSwitch 是怎么对应的呢？在第 14.4.2 小节介绍过，Nova 在定义虚拟机网络接口时，会指定 virtualport 的 interfaceid 参数。这里的 interfaceid 是虚拟机端点在 Quantum 数据库中的 uuid。虚拟机端点的 uuid 是在 ComputeManager 对象的 _allocate_network 方法[2]中通过调用 Network API 的_allocate_for_instance 方法生成的。而在 OpenVSwitch Agent 创建虚拟机端点时，会把虚拟机端点和 interfaceid 绑定在一起。OpenVSwitch Agent 创建虚拟机端点的命令如下：

```
ip tuntap add <dev> mod tap
ovs-vsctl -- --may-exist add-port br-int <dev> -- set Interface <dev>\
external-ids:iface-id=<iface_id> external-ids:iface-status=active \
external-ids:attached-mac=<mac> external-ids:vm-uuid=<instance_id>
```

以上命令中的<dev>是虚拟机 OpenVSwitch 端点名，<iface-id>是端点在 Quantum 数据库的 uuid。set 选项将虚拟机的 OpenVSwitch 端点名与其 uuid 绑定在一起。

接下来介绍 libvirtGenericVIFDriver 类父类的 get_config 方法。libvirtGenericVIFDriver 类的父类为 LibvirtBaseVIFDriver 类，其 get_config 方法定义如下：

```
01  class LibvirtBaseVIFDriver(object):
02      def get_config(self, instance, network, mapping, image_meta):
03          # 创建 LibvirtConfigGuestInterface 对象
04          conf = vconfig.LibvirtConfigGuestInterface()
05          model = None
06          ...
07          # 默认的网卡模式为 virtio
08          if (model is None and CONF.libvirt_type in ('kvm', 'qemu') and
09              CONF.libvirt_use_virtio_for_bridges):
10              model = "virtio"
11          ...
12          # 设置 conf 变量的 MAC 地址和网卡模式
13          designer.set_vif_guest_frontend_config(conf, mapping['mac'],
                model, driver)
14          return conf
```

get_config 方法首先设置了虚拟机的网卡模式。本书示例中使用的默认网卡模式为 virtio。然后，get_config 方法调用了 designer 包的 set_vif_guest_frontend_config 方法，该方法设置了 conf 变量的 MAC 地址和网卡模式。这里的 MAC 地址，也是在 ComputeManager 对象的_allocate_network 方法中通过调用 Network API 的_allocate_for_instance 方法生成的。

本小节的最后，总结一下 LibvirtDriver 对象创建虚拟机 XML 定义文件的流程。

（1）LibvirtDriver 类中创建虚拟机 XML 定义文件的工作在 to_xml 方法中完成。首先，LibvirtDriver 类的 to_xml 方法调用自身的 get_guest_config 方法获取虚拟机的配置信息。get_guest_config 方法返回的是一个 LibvirtConfigGuest 对象，该对象对应于虚拟机 XML 定

---

1 参见第 16.2.4 小节。

2 ComputeManager 对象的_allocate_network 方法在 ComputeManager 对象的_run_instance 方法中被调用。参见第 16.2.1 小节。

义文件的根节点。然后，to_xml 方法调用 LibvirtConfigGuest 对象的 to_xml 方法将配置信息转化为 XML 格式的字符串。最后，to_xml 方法将虚拟机配置信息写入到 instance_path 目录下的 libvirt.xml 配置文件中。本书示例中的 instance_path 为 /opt/stack/data/instances/<instance-name>。

（2）LibvirtDriver 类的 get_guest_config 方法首先创建一个 LibvirtConfigGuest 对象。并设置了该对象的 libvirt_type（本书示例为 kvm）、虚拟机名、虚拟机 uuid、内存、虚拟 CPU、操作系统类型（本书示例为 HVM）以及系统时钟等属性。另外，get_guest_config 方法分别调用了 get_guest_cpu_config、get_guest_storage_config 和 vif_driver 对象的 get_config 方法设置虚拟机的 CPU 模式、磁盘和网络接口等属性。

（3）get_guest_storage_config 方法调用了 get_guest_disk_config 方法配置主磁盘的主要参数。LibvirtDriver 类的 get_guest_disk_config 方法首先调用自身的 image_backend 成员变量的 image 方法返回一个 Qcow2 对象。然后调用 Qcow2 对象的 libvirt_info 方法设置虚拟机主磁盘的 LibvirtConfigGuestDisk 对象。Qcow2 对象的 libvirt_info 方法设置的主要虚拟机磁盘参数有磁盘驱动（本书示例为 qemu）、磁盘类型（本书示例为 qcow2）、磁盘源文件路径和磁盘总线类型（本书示例为 virtio）等。

（4）在本书示例中，LibvirtDriver 对象的 vif_driver 成员变量是一个 LibvirtOpenVswitchVirtualPortDriver 对象。它的 get_config 方法调用了其父类的 get_config_ovs_bridge 方法。LibvirtOpenVswitchVirtualPortDriver 类的父类是 LibvirtGenericVIFDriver 类。它的 get_config_ovs_bridge 方法首先调用其父类的 get_config 方法设置网络接口的 MAC 地址和网卡模式（本书示例的网卡模式为 virtio）。然后调用 designer 包的 set_vif_host_backend_ovs_config 方法设置网络接口的网桥名（本书示例为 br-int）、虚拟机 OpenvSwitch 端点 uuid 和虚拟机 OpenVSwitch 端点名等属性。

## 16.2.4 创建虚拟机和虚拟网络

第 16.2.2 小节介绍的创建虚拟机镜像文件和第 16.2.3 小节介绍的创建虚拟机 XML 定义文件，都是在为虚拟机的创建做准备。本小节将介绍 LibvirtDriver 对象如何实现虚拟机和虚拟网络的创建。

LibvirtDriver 类中虚拟机和虚拟网络的创建工作定义在 _create_domain_and_network 方法中，其定义如下：

```
01  class LibvirtDriver(driver.ComputeDriver):
02      def _create_domain_and_network(self, xml, instance,
03                                     network_info, block_device_info=None):
04          ..
05          # 创建虚拟机 OpenVSwitch 端点
06          self.plug_vifs(instance, network_info)
07          …
08          # 创建虚拟机
09          domain = self._create_domain(xml, instance=instance)
10          return domain
```

_create_domain_and_network 方法主要做了两件事情。

❑ 调用 plug_vifs 方法创建虚拟机的 OpenVSwitch 端点。

- 调用_create_domain 方法创建虚拟机。

LibvirtDriver 类的 plug_vifs 方法已在第 14.4.2 小节介绍了，这里只介绍_create_domain 方法，其定义如下：

```
01   class LibvirtDriver(driver.ComputeDriver):
02      def _create_domain(self, xml=None, domain=None, instance=None,
             launch_flags=0):
03         # 获取虚拟机镜像文件的存储路径
04         if instance:
05            inst_path = libvirt_utils.get_instance_path(instance)
06         …
07         if xml:
08            domain = self._conn.defineXML(xml)              # 定义虚拟机
09            domain.createWithFlags(launch_flags)            # 创建虚拟机
10         …
11         return domain
```

_create_domain 方法的工作流程如下：

（1）调用_conn 成员变量的 defineXML 方法定义一个虚拟机，相当于执行了 virsh define 命令。这里的_conn 是一个 virConnect 对象。virConnect 类是 libvirt 包中定义的一个标准类，它创建和维护了一个与 libvirtd 服务的连接。它的 defineXML 方法会返回新定义虚拟机的 virDomain 对象。virDomain 类也是 libvirt 包中定义的一个标准类。

（2）调用 virDomain 对象的 createWithFlags 启动新定义的虚拟机。相当于执行了 virsh start 命令。

## 16.3　虚拟机的在线迁移

在 OpenStack 集群的运行过程中，可能会出现以下情形：一台 Nova Compute 节点上运行了许多台虚拟机，已经有些不堪重负。但是其他的节点上可能是空闲的，甚至一台虚拟机也没有运行。这时候，很自然会产生这样的想法。如果能够将虚拟机从繁忙的计算节点上迁移到空闲的节点上，这样不就能够更好地实现集群的负载均衡吗？

要实现虚拟机的迁移，可能有以下两种方式。

- 将虚拟机先关闭，然后把虚拟机的镜像文件从繁忙的计算节点复制到空闲的计算节点上，并在空闲节点上定义和启动虚拟机。最后将繁忙节点上的虚拟机删除。这种迁移方式称为静态迁移。
- 不关闭虚拟机，直接将虚拟机的资源复制到空闲节点，然后将虚拟机迁移到空闲节点上运行。这种迁移方式称为在线迁移。

显然，在线迁移比静态迁移更具有吸引力。因为在在线迁移过程中，不需要将虚拟机关闭，因此原来在虚拟机上运行的任务不必中断。这样，当迁移完成后，虚拟机在新的节点上可以继续执行原来的任务。本节将详细介绍 Nova 服务实现虚拟机在线迁移的过程。

由于 Nova 服务底层是调用 libvirt 包的相关方法实现虚拟机迁移，因此，在分析 Nova 代码之前，第 16.3.1 小节将介绍如何通过 virsh 命令实现虚拟机的迁移。然后，第 16.3.2 小节介绍 Nova 各个模块如何处理虚拟机创建请求。首先，Nova API 服务会将请求传给 Nova Scheduler 服务。Nova Scheduler 服务收到请求后，会首先对源节点和目标节点进行一系列检查,以判断源节点和目标节点是否满足迁移的条件。如果条件满足,则调用 Nova Compute 方法进一步处理。第 16.3.3 小节将着重介绍 Nova Scheduler 服务如何检查源节点和目标节点。最后,第 16.3.4 小节将介绍 Nova Compute 服务处理虚拟机创建请求的流程。

## 16.3.1 virsh 命令实现在线迁移

Nova 服务在实现在线迁移时,底层调用的是 libvirt 包的标准方法。因此,在分析 Nova 代码前,很有必要花一些时间,学习如何使用 virsh 命令实现虚拟机的在线迁移。

要想实现在线迁移,首先需要准备两台主机,并且在这两台主机上安装好 kvm/libvirt 环境[1]。为方便起见,在本小节中将这两台主机命名为 HOST1 和 HOST2。接下来按照如下步骤,完成虚拟机在线迁移的实验。

**1. 配置libvirtd服务的远程访问**

🔔注意:本部分所涉及的操作需在两台主机上执行。

(1) 设置/etc/libvirt/libvirtd.conf 配置文件中的如下配置项:

```
listen_tls = 0                    # 禁用 TLS 连接
listen_tcp = 1                    # 启用监听 TCP 端口
auth_tcp = "none"                 # 禁用用户身份认证
listen_addr = "0.0.0.0"           # 监听所有主机的 TCP 请求
```

以上配置中的 listen_tls 配置项设置 libvirtd 服务是否使用 TLS 传输层连接方式。如果使用 TLS[2]传输层连接方式,则需要分别通过 key_file、cert_file 和 ca_file 配置项配置 libvirtd 服务的密钥、证书和 CA 文件路径。listen_tcp 配置项用于配置 libvirtd 服务是否监听远程的 TCP 请求。auth_tcp 配置项用于配置是否需要对 TCP 套接字进行身份认证。listen_addr 配置项设置 libvirtd 服务监听哪些主机发送的 TCP 请求。"0.0.0.0" 表示监听所有主机的 TCP 请求。

(2) 在/etc/default/libvirt-bin 配置文件中设置如下配置项:

```
libvirtd_opts="-d -l"
```

以上配置中-d 表示将 libvirtd 服务设置成守护进程,-l 表示启动 TCP 监听端口。

(3) 重启 libvirtd 服务。

```
# service libvirt-bin restart
```

服务重启后,查看一下 libvirtd 进程是否正常运行。

```
# ps aux | grep libvirtd
root      30952  0.0  0.0   9388    936 pts/3    S+   10:30   0:00 grep
--color=auto libvirtd
root      31975  0.9  0.0 4216408 16352 ?        Sl   Oct31  11:56
/usr/sbin/libvirtd -d -l
```

---

[1] kvm/libvirt 环境的搭建参见第 2.2 节。
[2] 安全传输层协议(Transport Layer Security)用于在两个通信应用程序之间提供保密性和数据完整性。

以上输出说明 libvirtd 服务已经正常运行了。

（4）验证 libvirtd 服务是否能够监听远程的 TCP 请求。在 HOST1 上执行如下命令：

```
virsh -c qemu+tcp://HOST2/system list --all
```

如果 HOST2 上的 libvirtd 服务配置正确，那么以上命令会输出 HOST2 上的所有虚拟机列表。

### 2. 实现虚拟机的在线迁移

（1）准备虚拟机镜像和 XML 定义文件。为了简单起见，这里使用 ttylinux 的镜像。假设 ttylinux raw 格式的磁盘镜像文件名为 ttylinux.img，存放在 HOST1 和 HOST2 的 /image 目录下。

（2）在 HOST1 上创建 qcow2 格式的 ttylinux 虚拟机磁盘镜像文件。

```
root@HOST1:/image# qemu-img create -f qcow2 \
> -o cluster_size=2M,backing_file=/image/ttylinux.img ttylinux.qcow2 2G
```

（3）在 HOST1 的 /image 目录下创建 ttylinux.xml 虚拟机 XML 定义文件[1]。这里，假设虚拟机名设置为 ttylinux。

（4）定义和启动虚拟机。

```
root@HOST1:/image/# virsh define ttylinux.xml
Domain ttylinux defined from ttylinux
root@HOST1:/image/# virsh start ttylinux
Domain ttylinux started
```

### 3. 将虚拟机从HOST1在线迁移到HOST2

（1）在 HOST2 上创建虚拟机的 qcow2 格式镜像。

```
root@HOST2:/image# qemu-img create -f qcow2 \
> -o cluster_size=2M,backing_file=/image/ttylinux.img ttylinux.qcow2 2G
```

（2）将虚拟机的 XML 定义文件从 HOST1 复制到 HOST2 上。

（3）在 HOST1 执行如下命令实现在线迁移。

```
virsh migrate --live ttylinux qemu+tcp://HOST2/system
```

以上命令执行完毕后，可以看到 HOST1 上的 ttylinux 虚拟机已经变成关闭状态，而在 HOST2 上会创建一个运行状态的 ttylinux 虚拟机。

🔔 注意：

① 虚拟机在线迁移 virsh 命令的语法为

```
virsh migrate --live <domain> <dest-uri>
```

其中 --live 配置项表示虚拟机是在线迁移（非静态迁移）。<domain> 是要迁移的虚拟机名，<dest-uri> 是迁移的目标主机的 URI。

---

[1] 虚拟机的定义文件的模板参见 https://github.com/JiYou/openstack/blob/master/chap16/ttylinux.xml，读者可以在模板的基础上修改其中的 %NAME%、%UUID%、%IMAGE_PATH% 和 %MAC% 字段。

② 在 HOST2 上创建的 ttylinux 虚拟机是一个非持久的虚拟机。当 HOST2 上的 ttylinux 虚拟机被关闭后,也会随之被自动删除。

③ 要实现主机间的虚拟机迁移成功,必须保证它们的 libvirt 版本是一致的。

④ 通过上面的过程可知,HOST2 上的 qcow2 镜像文件是重新创建的。因此,HOST1 上的 qcow2 镜像文件内容的修改,并不会反映在 HOST2 的 qcow2 镜像文件上。

## 16.3.2 虚拟机迁移的整体流程

在 Nova 中,虚拟机在线迁移 HTTP 请求是 Nova API 服务的一个标准扩展 API。Nova API 服务中处理虚拟机在线迁移请求的方法是 AdminActionsController 对象的_migrate_live 方法。在第 18.2.1 小节将详细介绍扩展 API 的注册和启动流程。本小节将从 AdminActionsController 对象的_migrate_live 方法开始,分析虚拟机迁移请求的处理流程。

AdminActionsController 类的_migrate_live 方法定义如下[1]:

```
01  class AdminActionsController(wsgi.Controller):
02      @wsgi.action('os-migrateLive')
03      def _migrate_live(self, req, id, body):
04          context = req.environ["nova.context"]          # 获取客户上下文信息
05          authorize(context, 'migrateLive')   # 检查客户是否有迁移虚拟机的权限
06
07          try:
08              # 是否需要迁移块存储设备
09              block_migration = body["os-migrateLive"]["block_migration"]
10              # 磁盘大小是使用虚拟大小还是实际大小
11              disk_over_commit = body["os-migrateLive"]["disk_over_commit"]
12              # 迁移的目标主机
13              host = body["os-migrateLive"]["host"]
14          except (TypeError, KeyError):
15              …
16          try:
17              # 获取待迁移的虚拟机实例
18              instance = self.compute_api.get(context, id)
19              # 调用 Compute API 的方法
20              self.compute_api.live_migrate(context, instance, block_migration,
21                                            disk_over_commit, host)
22          except (exception.ComputeServiceUnavailable,
23              …
24          return webob.Response(status_int=202)
```

AdminActionsController 类的_migrate_live 方法共做了 3 件事情。

❑ 检查客户是否有迁移虚拟机的权限。
❑ 获取客户传入的参数。
❑ 调用 Compute API 的 live_migrate 方法。

代码第 02 行定义了虚拟机迁移请求的操作名,这里的操作名是指在 URL 中显示的名字。代码中调用的 wsgi.action 装饰器会实现操作名与方法之间的绑定。代码第 09~13 行获取客户传入的参数。在这里,客户共传入了 3 个参数,这 3 个参数的说明参见表 16.1。

---

[1] 定义在/opt/stack/nova/nova/api/openstack/compute/contrib/admin_actions.py 文件中。

表 16.1 虚拟机迁移请求传入的参数一览

| 参 数 名 | 描 述 |
| --- | --- |
| block_migration | 迁移时是否将虚拟机的块设备也一起迁移 |
| disk_over_commit | 在检查目标主机的磁盘资源是否足够时,是以虚拟机磁盘镜像文件实际的大小为准,还是以磁盘镜像文件能达到的最大容量为准 |
| host | 目标主机名。如果没有指定目标主机,则通过 Nova Scheduler 调度算法选择一台目标主机 |

代码第 20 行调用了 Compute API 的 live_migrate 方法进一步处理虚拟机迁移请求。Compute API 的 live_migrate 方法定义如下[1]:

```
01   class API(base.Base):
02       @check_instance_state(vm_state=[vm_states.ACTIVE])
03       def live_migrate(self, context, instance, block_migration, disk_
         over_commit, host_name):
04           …
05           # 更新 Nova 数据库中的虚拟机状态
06           instance = self.update(context, instance, task_state=task_
             states.MIGRATING,
07                               expected_task_state=None)
08           # 向 Nova Scheduler 服务发送 RPC 请求
09           self.scheduler_rpcapi.live_migration(context, block_migration,
10               disk_over_commit, instance, host_name)
```

Compute API 的 live_migrate 方法非常简单。它首先更新 Nova 数据库中的虚拟机状态,然后向 Nova Scheduler 服务发送 RPC 请求。

**注意**:在 Compute API 的 live_migrate 方法中使用了 check_instance_state 装饰器,该装饰器检查虚拟机当前的状态。只有活动状态的虚拟机才能执行迁移操作。

Nova Scheduler 的 manager 对象是 SchedulerManager 对象。该对象中处理虚拟机在线迁移请求的方法是 live_migration 方法,其定义如下[2]:

```
01   class SchedulerManager(manager.Manager):
02       def live_migration(self, context, instance, dest, block_migration,
         disk_over_commit):
03           try:
04               return self.driver.schedule_live_migration(context, instance,
             dest,
05                               block_migration, disk_over_commit)
06           except (exception.NoValidHost,
07               …
```

SchedulerManager 对象调用了其 driver 变量的 schedule_live_migration 方法。在第 15.4 节介绍过,SchedulerManager 对象的 driver 变量是一个 FilterScheduler 对象。FilterScheduler 类继承自 driver 包的 Scheduler 类。schedule_live_migration 方法定义在 Scheduler 类中,其定义如下[3]:

---

1 定义在/opt/stack/nova/nova/compute/api.py 文件中。
2 定义在/opt/stack/nova/nova/scheduler/manager.py 文件中。
3 定义在/opt/stack/nova/nova/scheduler/driver.py 文件中。

```
01  class Scheduler(object):
02      def schedule_live_migration(self, context, instance, dest,
03                                  block_migration, disk_over_commit):
04          # 对迁移的源主机做初步检查
05          self._live_migration_src_check(context, instance)
06          # 如果没有指定迁移的目标主机
07          if dest is None:
08              # 设置忽略的主机,源主机不能作为目标主机
09              ignore_hosts = [instance['host']]
10              while dest is None:
11                  # 调用调度算法选择一个目标主机,并对其进行初步检查
12                  dest = self._live_migration_dest_check(context, instance, dest,
13                                                         ignore_hosts)
14                  try:
15                      # 检查源主机和目标主机的 Hypervisor 的一致性
16                      self._live_migration_common_check(context, instance, dest)
17                      # 对源主机和目标主机做进一步检查
18                      migrate_data = self.compute_rpcapi.\
19                          check_can_live_migrate_destination(context, instance,
20                              dest, block_migration, disk_over_commit)
21                  # 目标主机不合法
22                  except exception.Invalid:
23                      ignore_hosts.append(dest)   # 目标主机不再作为选择的对象
24                      dest = None                 # 将目标主机设为空,重新选择
25                      continue
26          # 客户指定了目标主机
27          else:
28              # 对目标主机进行初步检查
29              self._live_migration_dest_check(context, instance, dest)
30              self._live_migration_common_check(context, instance, dest)
31              # 对源主机和目标主机做进一步检查
32              migrate_data = self.compute_rpcapi.\
33                  check_can_live_migrate_destination(context, instance, dest,
34                                                     block_migration, disk_over_commit)
35          # 允许在源主机和目标主机间迁移
36          src = instance['host']
37          # 向目标主机的 Nova Compute 服务发送 RPC 请求
38          self.compute_rpcapi.live_migration(context, host=src, instance
              =instance, dest=dest,
39              block_migration=block_migration, migrate_data=migrate_data)
```

Scheduler 类的 schedule_live_migration 方法工作流程如下:

代码第 05~34 行对迁移的源主机和目标主机做一系列的检查,以确定虚拟机能够从源主机迁移到目标主机。

代码第 35~39 行再向源主机的 Nova Compute 服务发送虚拟机在线迁移 RPC 请求。

Nova Compute 模块处理虚拟机迁移请求的流程将在第 16.3.3 小节再做介绍,这里首先介绍一下迁移前期检查部分的代码。

代码第 05 行调用了 _live_migration_src_check 方法对源主机进行检查。代码第 07~34 行对目标主机进行检查。目标主机的检查又分为两种情况——目标主机未指定和目标主机指定的情形。

代码第 09~25 行处理客户未指定目标主机的情形。这部分代码的主体框架是一个 while 语句, schedule_live_migration 方法不断调用虚拟机调度算法,选择候选主机。然后再对候选主机做一系列检查。当某个候选主机通过所有的检查,就把它当作目标主机。代

码第 12～13 行调用的_live_migration_dest_check 方法执行了虚拟机主机调度算法选择目标主机。代码第 16 行调用_live_migration_common_check 方法检查源主机与目标主机的 Hypervisor 是否一致。代码第 18～20 行向目标主机发送 RPC 请求，对源主机和目标主机做进一步检查。

代码第 29～34 行处理客户已指定目标主机的情形。这部分代码与未指定目标主机的情形类似。首先调用了_live_migration_dest_check 方法对目标进行初步检查。然后调用了_live_migration_common_check 方法检查源主机与目标主机的 Hypervisor 是否一致。最后向目标主机发送 RPC 请求，对源主机和目标主机做进一步检查。

本小节的最后，总结一下源主机和目标主机虚拟机在线迁移前期检查主要涉及的方法。

- ❑ _live_migration_src_check 方法对源主机进行初步检查。该方法主要检查虚拟机是否启动，源主机的 Nova Compute 服务是否处于活动状态。
- ❑ _live_migration_dest_check 方法对目标主机进行初步检查。该方法主要检查目标主机的 Nova Compute 服务是否处于活动状态，目标主机内存是否足够。
- ❑ _live_migration_common_check 方法检查源主机和目标主机的 Hypervisor 类型和版本是否一致。只有源主机和目标主机的 Hypervisor 类型和版本完全一致，才能实现虚拟机迁移。
- ❑ 远程调用目标主机 Nova Compute 服务 manager 对象（即 ComputeManager 对象）的 check_can_live_migrate_destination 方法。该方法主要检查目标主机的磁盘空间是否足够，CPU 特性是否与源节点匹配，以及源节点与目标节点是否共用磁盘空间。

第 16.3.3 小节将详细介绍虚拟机迁移前期检查相关的方法。

## 16.3.3 虚拟机迁移的前期检查

在第 16.3.2 小节介绍过，Scheduler 类的 schedule_live_migration 方法是 Nova Scheduler 服务处理虚拟机迁移请求的核心方法。该方法主要做了两件事情。

- ❑ 对源主机和目标主机做前期检查，以保证源主机和目标主机具有迁移的条件。
- ❑ 向源主机的 Nova Compute 服务发送 RPC 请求，将虚拟机创建请求交给 Nova Compute 服务做进一步处理。

Nova Compute 服务处理虚拟机创建请求的流程将在第 16.3.4 小节介绍，本小节主要介绍虚拟机迁移的前期检查。

虚拟机迁移前期检查涉及的方法有 Scheduler 类的_live_migration_src_check 方法、_live_migration_dest_check 方法、_live_migration_common_check 方法和 ComputeManager 类的 check_can_live_migrate_destination 方法。

以上方法中，又数 ComputeManager 类的 check_can_live_migrate_destination 方法最为复杂。它首先调用 Compute Driver 的 check_can_live_migrate_destination 方法检查目标节点的 CPU 特性与源节点是否一致，并在目标节点的 instances_path 目录[1]下创建临时测试文件。

---

[1] instances_path 目录是指 nova.conf 配置文件中的 instances_path 配置项设置的目录。本书示例中，instances_path 配置项的值为/opt/stack/data/instances。

然后远程调用源节点的 Nova Compute 服务 manager 对象的 check_can_live_migrate_source 方法检查目标节点磁盘空间是否充足，并检查源节点和目标节点是否共用同一块磁盘。最后调用 Compute Driver 类的 check_can_live_migrate_destination_cleanup 方法删除临时的测试文件。

本小节首先介绍 Scheduler 类的 _live_migration_src_check、_live_migration_dest_check 和 _live_migration_common_check 方法的定义，然后再分析 ComputeManager 类的 check_can_live_migrate_destination 方法的定义，最后剖析 check_can_live_migrate_destination 方法中调用的 ComputeManager 类的 check_can_live_migrate_source 方法以及 Compute Driver 的 check_can_live_migrate_destination 方法和 check_can_live_migrate_destination_cleanup 方法的定义。

### 1. _live_migration_src_check方法

_live_migration_src_check 方法检查虚拟机是否启动，源节点的 Nova Compute 服务是否处于活动状态，其定义如下[1]：

```
01  class Scheduler(object):
02      def _live_migration_src_check(self, context, instance_ref):
03          # 检查虚拟机是否处于运行状态
04          if instance_ref['power_state'] != power_state.RUNNING:
05              raise exception.InstanceNotRunning(instance_id=instance_
                  ref['uuid'])
06          # 获取虚拟机所在的主机，即源主机
07          src = instance_ref['host']
08          try:
09              # 获取源主机上的 Nova Compute 服务
10              service = db.service_get_by_compute_host(context, src)
11          except exception.NotFound:
12              raise exception.ComputeServiceUnavailable(host=src)
13          # 检查源主机上的 Nova Compute 服务是否启动
14          if not self.servicegroup_api.service_is_up(service):
15              raise exception.ComputeServiceUnavailable(host=src)
```

### 2. _live_migration_dest_check方法

_live_migration_dest_check 方法首先检查客户是否指定了目标节点。如果客户指定了目标节点，那么_live_migration_dest_check 方法直接对目标节点做初步检查。否则，该方法首先调用虚拟机调度算法选择一个目标节点。_live_migration_dest_check 方法中处理目标节点未指定情形的代码段如下：

```
01  class Scheduler(object):
02      def _live_migration_dest_check(self, context, instance_ref, dest,
            ignore_hosts=None):
03          # 如果没有指定目标主机
04          if dest is None:
05              # 构造 request_spec 和 filter_properties 对象
06              # 这两个对象是虚拟机调度算法的必要参数
07              ...
08              request_spec = {'instance_properties': instance_ref,…}
```

---

[1] 定义在/opt/stack/nova/nova/scheduler/driver.py 文件中。

```
09              filter_properties = {'ignore_hosts': ignore_hosts}
10          # select_hosts方法最终调用了_schedule方法
11          return self.select_hosts(context, request_spec, filter_
            properties)[0]
12      # 以下代码段处理客户指定
13      # 并且目标主机与源主机不能相同,否则报错
14      src = instance_ref['host']
15      if dest == src:
16          raise exception.UnableToMigrateToSelf(…)
17      …
```

在以上代码段中,最重要的是调用了 select_hosts 方法。在 FilterScheduler 类的 select_hosts 方法中调用了其自身的_schedule 方法。在第 15.4.2 小节介绍过,_schedule 方法实现了 Nova Scheduler 服务的虚拟机调度算法,它会返回一个可用的计算节点。

> **注意**:在处理目标节点未指定的情形时,Scheduler 类的_live_migration_dest_check 方法直接将 FilterScheduler 类的 select_hosts 方法返回的可用计算节点作为目标节点。并没有检查该节点的 Nova Compute 服务是否启动,也没有检查该节点的内存是否足够。这是因为在虚拟机调度方法中,已经通过过滤器检查了该节点的 Nova Compute 服务和内存。所以 Scheduler 类的_live_migration_dest_check 方法无需再检查这两项参数。

_live_migration_dest_check 方法中处理目标节点已指定情形的代码段如下:

```
01  class Scheduler(object):
02      def _live_migration_dest_check(self, context, instance_ref, dest,
            ignore_hosts=None):
03          …
04          try:
05              # 获取目标节点的 Nova Compute 服务
06              dservice_ref = db.service_get_by_compute_host(context, dest)
07          except exception.NotFound:
08              raise exception.ComputeServiceUnavailable(host=dest)
09          # 检查目标节点 Nova Compute 服务是否启动
10          if not self.servicegroup_api.service_is_up(dservice_ref):
11              raise exception.ComputeServiceUnavailable(host=dest)
12          # 检查目标节点内存是否足够
13          self._assert_compute_node_has_enough_memory(context,
            instance_ref, dest)
14          return dest
```

### 3. _live_migration_common_check方法

_live_migration_common_check 方法检查源节点和目标节点的 Hypervisor 类型和版本类型是否一致,其定义如下:

```
01  class Scheduler(object):
02      def _live_migration_common_check(self, context, instance_ref, dest):
03          # 获取目标节点的 Nova Compute 服务信息
04          dservice_ref = self._get_compute_info(context, dest)
05          # 获取虚拟机所在的主机,即源节点
06          src = instance_ref['host']
07          # 获取源节点的 Nova Compute 服务信息
08          oservice_ref = self._get_compute_info(context, src)
```

```
09          # 获取源节点和目标节点的Hypervisor信息
10          orig_hypervisor = oservice_ref['hypervisor_type']
11          dest_hypervisor = dservice_ref['hypervisor_type']
12          # 检查源节点和目标节点的Hypervisor类型
13          if orig_hypervisor != dest_hypervisor:
14              raise exception.InvalidHypervisorType()
15          # 检查源节点和目标节点的Hypervisor版本
16          orig_hypervisor = oservice_ref['hypervisor_version']
17          dest_hypervisor = dservice_ref['hypervisor_version']
18          if orig_hypervisor > dest_hypervisor:
19              raise exception.DestinationHypervisorTooOld()
```

**注意**：① 从以上代码可以看到Scheduler类的_live_migration_common_check方法要求目标节点Hypervisor版本不能低于源节点Hypervisor版本。但是，在实际中，为了不必要的麻烦，最好让源节点和目标节点Hypervisor版本相同。

② Scheduler 类 的 _live_migration_src_check、_live_migration_dest_check 和 _live_migration_common_check方法都是在Nova服务的控制节点上执行，方法中用到的源节点和目标节点信息都是在数据库中查到的。

### 4. ComputeManager类的check_can_live_migrate_destination方法

**注意**：ComputeManager 类的 check_can_live_migrate_destination 方法在目标节点上运行。

ComputeManager 类的 check_can_live_migrate_destination 方法的主要功能如下：

- 检查目标节点的CPU特性是否与源节点匹配。
- 检查目标节点的磁盘空间是否足够。
- 检查源节点和目标节点是否使用同一块磁盘设备。

ComputeManager 类的 check_can_live_migrate_destination 方法定义如下[1]：

```
01  class ComputeManager(manager.SchedulerDependentManager):
02      @exception.wrap_exception(notifier=notifier, publisher_id=
        publisher_id())
03      def check_can_live_migrate_destination(self, ctxt, instance,
04                      block_migration=False, disk_over_commit=False):
05          # 获取虚拟机所在节点（即源节点）的信息
06          src_compute_info = self._get_compute_info(ctxt, instance['host'])
07          # 获取当前主机（即目标节点）的信息
08          dst_compute_info = self._get_compute_info(ctxt, CONF.host)
09          # 检查当前主机CPU的特性
10          dest_check_data = self.driver.check_can_live_migrate_destination(ctxt,
11          instance, src_compute_info, dst_compute_info, block_migration,
            disk_over_commit)
12          migrate_data = {}
13          try:
14              # 向源节点Nova Compute服务发送RPC请求，检查目标节点磁盘空间是否足够
15              migrate_data = self.compute_rpcapi.\
16                      check_can_live_migrate_source(ctxt, instance,
                        dest_check_data)
17          finally:
18              # 清除检查产生的临时文件
19              self.driver.check_can_live_migrate_destination_cleanup
```

---

[1] 定义在/opt/stack/nova/nova/compute/manager.py 文件中。

```
20               (ctxt, dest_check_data)
                 ...
```

ComputeManager 类的 check_can_live_migrate_destination 方法的工作流程为：首先，调用了其 Compute Driver 的 check_can_live_migrate_destination 方法检查目标节点的 CPU 特性是否与源节点兼容。并且在目标节点的 instances_path 上创建临时测试文件。然后，远程调用源节点 Nova Compute 服务 manager 对象的 check_can_live_migrate_source 方法检查目标节点的磁盘大小是否足够。并且检查源节点与目标节点是否使用同一块磁盘设备。最后，调用 Compute Driver 对象的 check_can_live_migrate_destination_cleanup 方法清除检查时产生的临时文件。

稍后，将详细介绍 ComputeManager 类的 check_can_live_migrate_source 方法和 Compute Driver 类的 check_can_live_migrate_destination 及 check_can_live_migrate_destination_cleanup 方法。

### 5. LibvirtDriver类的check_can_live_migrate_destination方法

**注意**：LibvirtDriver 类的 check_can_live_migrate_destination 方法在目标节点上运行。

LibvirtDriver 类的 check_can_live_migrate_destination 方法定义如下[1]：

```
01  class LibvirtDriver(driver.ComputeDriver):
02      def check_can_live_migrate_destination(self, ctxt, instance_ref,
        src_compute_info,
03                      dst_compute_info, block_migration=False, disk_over_
                        commit=False):
04          # 如果需要迁移块设备
05          if block_migration:
06              # 计算可用的磁盘空间
07              disk_available_gb = dst_compute_info['disk_available_least']
08              disk_available_mb = \
09                  (disk_available_gb * 1024) - CONF.reserved_host_disk_mb
10          # 获取虚拟机所在节点，即源节点
11          src = instance_ref['host']
12          # 获取源节点的 CPU 信息
13          source_cpu_info = src_compute_info['cpu_info']
14          # 比较目标节点和源节点的 CPU 信息
15          self._compare_cpu(source_cpu_info)
16          # 尝试在目标节点上创建临时文件
17          # 以保证 Nova Compute 服务可以在目标节点上为迁移的虚拟机创建镜像文件
18          filename = self._create_shared_storage_test_file()
19          # 返回值
20          return {"filename": filename,                    # 创建的临时文件名
21              "block_migration": block_migration,         # 是否迁移块设备
22              "disk_over_commit": disk_over_commit,   # 计算虚拟机磁盘大小的方式
23              "disk_available_mb": disk_available_mb}  # 目标节点可用的磁盘空间
```

LibvirtDriver 对象的 check_can_live_migrate_destination 方法首先计算磁盘可用的空间。然后，调用自身的 _compare_cpu 方法检查目标节点与源节点 CPU 特性是否一致。最后，调用自身的 _create_shared_storage_test_file 方法尝试在目标节点上创建临时文件。接下来，

---

[1] 定义在/opt/stack/nova/nova/virt/libvirt/driver.py 文件中。

分别介绍_compare_cpu 方法和_create_shared_storage_test_file 方法。

(1) LibvirtDriver 类的_compare_cpu 方法比较目标节点和源节点的 CPU 特性是否一致，其定义如下：

```
01  class LibvirtDriver(driver.ComputeDriver):
02      def _compare_cpu(self, cpu_info):
03          …
04          info = jsonutils.loads(cpu_info)        # 加载虚拟机的 CPU 特性
05          cpu = vconfig.LibvirtConfigCPU()        # 创建 LibvirtConfigCPU 对象
06          # 设置 LibvirtConfigCPU 相关属性
07          cpu.arch = info['arch']
08          …
09          try:
10              # 检查目标主机与虚拟机 CPU 特性的兼容性
11              ret = self._conn.compareCPU(cpu.to_xml(), 0)
12          except libvirt.libvirtError, e:
13              …
14          # 如果不兼容，则报错
15          if ret <= 0:
16              raise exception.InvalidCPUInfo(reason=m % locals())
```

_compare_cpu 方法首先创建虚拟机的 LibvirtConfigCPU 对象，LibvirtConfigCPU 对象封装了要迁移虚拟机的 CPU 特性。然后调用_conn 变量的 compareCPU 方法比较目标节点的 CPU 和虚拟机的 CPU 特性的兼容性。这里的_conn 变量是一个 virConnect 对象，其 compareCPU 方法相当于执行了如下命令：

```
virsh cpu-compare <dom-cpu-xml>
```

这里的<dom-cpu-xml>是要迁移的虚拟机 CPU 特性 XML 定义文件。

虚拟机的 CPU 特性是在创建时通过调用 LibvirtDriver 类的 get_guest_cpu_config 方法设置。LibvirtDriver 类的 get_guest_cpu_config 方法定义如下：

```
01  class LibvirtDriver(driver.ComputeDriver):
02      def get_guest_cpu_config(self):
03          mode = CONF.libvirt_cpu_mode                    # 获取 CPU 模式
04          …
05          # 如果 CPU 模式为 None，则将其设置成默认的 host-model
06          if mode is None:
07              if CONF.libvirt_type == "kvm" or CONF.libvirt_type == "qemu":
08                  mode = "host-model"
09          …
10          # 如果 CPU 模式为 none，则不设置 CPU 特性
11          if mode == "none":
12              return None
13          …
14          if self.has_min_version(MIN_LIBVIRT_HOST_CPU_VERSION):
15              …
16              # 如果 CPU 模式设置成 host-model，则将虚拟机 CPU 模式设置成与主机相同
17              elif mode == "host-model":
18                  cpu = self.get_host_cpu_for_guest()
19              …
20              return cpu
```

LibvirtDriver 类的 get_guest_cpu_config 方法会根据 CPU 的模式设置虚拟机的 CPU 特性。目前，Nova 支持<None>、none、custom 和 host-model 4 种 CPU 模式。从上面的代码

可以看到，对于 kvm 和 qemu 类型的 Hypervisor 来说，<None>模式和 host-model 模式最终的效果相同。虚拟机的 CPU 模式是通过 nova.conf 文件的 libvirt_cpu_mode 配置项设置的。当 libvirt_cpu_mode 配置项设置为 none 时，Nova 不会设置虚拟机的 CPU 特性；当 libvirt_cpu_mode 配置项设置为 host-model 时，Nova 会将虚拟机的 CPU 特性设置成与它所在主机的 CPU 特性一致。

> 注意：默认情况下，nova.conf 配置文件的 libvirt_cpu_mode 配置项设置为<None>。这样，Nova 会将虚拟机的 CPU 特性设置成该虚拟机所在主机的 CPU 特性。在这种情况下，当源节点和目标节点的 CPU 特性不一致时，就可能导致迁移不成功。为了解决这一问题，可以将 libvirt_cpu_mode 配置项设置为 none。这样，Nova 不会检查虚拟机的 CPU 特性。因此，虚拟机在任何节点之间的迁移都能成功。

（2）LibvirtDriver 类的_create_shared_storage_test_file 方法尝试在 instances_path 目录下创建一个临时文件，其定义如下：

```
01  class LibvirtDriver(driver.ComputeDriver):
02    def _create_shared_storage_test_file(self):
03      # 获取虚拟机镜像文件存放路径
04      dirpath = CONF.instances_path
05      # 在 instances_path 上创建一个临时文件
06      fd, tmp_file = tempfile.mkstemp(dir=dirpath)
07      os.close(fd)
08      return os.path.basename(tmp_file)
```

### 6. ComputeManager类的check_can_live_migrate_source方法

> 注意：ComputeManager 类的 check_can_live_migrate_source 方法在源节点上执行。

ComputeManager 类的 check_can_live_migrate_source 方法主要检查目标节点的磁盘空间是否足够，其定义如下[1]：

```
class ComputeManager(manager.SchedulerDependentManager):
  @exception.wrap_exception(notifier=notifier, publisher_id=publisher_id())
  def check_can_live_migrate_source(self, ctxt, instance, dest_check_data):
    ...
    return self.driver.check_can_live_migrate_source(ctxt, instance, dest_check_data)
```

ComputeManager 类的 check_can_live_migrate_source 方法调用了 Compute Driver 对象的 check_can_live_migrate_source 方法。Compute Driver 类的 check_can_live_migrate_source 方法其定义如下：

```
01  class LibvirtDriver(driver.ComputeDriver):
02    def check_can_live_migrate_source(self, ctxt, instance_ref, dest_check_data):
03      # 获取源节点（即当前节点）名
04      source = CONF.host
05      # 获取在目标节点上创建的临时测试文件名
06      filename = dest_check_data["filename"]
07      block_migration = dest_check_data["block_migration"]
```

---

1 定义在/opt/stack/nova/nova/compute/manager.py 文件中。

```
08          ...
09          # 检查源节点与目标节点是否共用同一块磁盘设备
10          shared = self._check_shared_storage_test_file(filename)
11          # 如果需要迁移块设备
12          if block_migration:
13              # 如果源节点与目标节点共用磁盘设备，则报错
14              if shared:
15                  raise exception.InvalidLocalStorage(reason=reason, path=
                    source)
16              # 否则，检查目标磁盘空间是否足够
17              self._assert_dest_node_has_enough_disk(ctxt, instance_ref,
18                  dest_check_data['disk_available_mb'], dest_check_data
                    ['disk_over_commit'])
19          ...
```

Compute Driver 类的 check_can_live_migrate_source 方法首先检查在源节点的磁盘设备上是否有在目标节点上创建的临时文件。如果临时文件存在，则说明源节点与目标节点共用同一块磁盘设备。此时，不能迁移虚拟机的块设备；如果源节点与目标节点不共用磁盘设备，则可以迁移虚拟机的块设备。此时，调用_assert_dest_node_has_enough_disk 方法检查目标节点的磁盘空间是否足够。LibvirtDriver 类的_assert_dest_node_has_enough_disk 方法定义如下：

```
01  class LibvirtDriver(driver.ComputeDriver):
02      def _assert_dest_node_has_enough_disk(self, context, instance_ref,
03                                            available_mb, disk_over_commit):
04          # 计算目标节点可用的磁盘空间，available 以比特为单位
05          available = 0
06          if available_mb:
07              available = available_mb * (1024 ** 2)
08          # 获取虚拟机磁盘的镜像
09          ret = self.get_instance_disk_info(instance_ref['name'])
10          disk_infos = jsonutils.loads(ret)
11          # 计算虚拟机需求的磁盘大小
12          necessary = 0
13          # 如果 disk_over_commit 为 True
14          # 则依据虚拟机镜像的实际大小计算需求的磁盘大小
15          if disk_over_commit:
16              for info in disk_infos:
17                  necessary += int(info['disk_size'])
18          # 如果 disk_over_commit 为 False
19          # 则依据虚拟机镜像的虚拟大小（即镜像可能达到的最大值）计算需求的磁盘大小
20          else:
21              for info in disk_infos:
22                  necessary += int(info['virt_disk_size'])
23          # 如果可用的磁盘空间比需求的空间小，则报错
24          if (available - necessary) < 0:
25              ...
26              raise exception.MigrationError(reason=reason % locals())
```

LibvirtDriver 类的_assert_dest_node_has_enough_disk 方法比较目标节点可用磁盘空间与虚拟机需求磁盘空间的大小。如果目标节点可用磁盘空间比需求的磁盘空间小，则抛出异常。在计算需求的磁盘空间时，有两种不同的标准。

❑ 根据虚拟机镜像的实际大小计算需求的磁盘空间。
❑ 根据虚拟机镜像的虚拟大小（可能达到的最大值）计算需求空间。在 LibvirtDriver

对象中，调用了 qemu-img info 命令查看镜像的实际大小和虚拟大小。

> 注意：目标节点的可用磁盘空间是由目标节点传来的[1]。

### 7. LibvirtDriver类的check_can_live_migrate_destination_cleanup方法

> 注意：LibvirtDriver 类的_create_shared_storage_test_file 方法在目标节点上执行。

前面介绍过，LibvirtDriver 类的_create_shared_storage_test_file 方法在 instances_path 目录下[2]创建了一个临时测试文件。check_can_live_migrate_destination_cleanup 方法的功能是删除创建的临时文件，其定义如下：

```
01    class LibvirtDriver(driver.ComputeDriver):
02       def check_can_live_migrate_destination_cleanup(self, ctxt, est_
          check_data):
03          # 获取创建的临时文件名
04          filename = dest_check_data["filename"]
05          # 删除临时文件
06          self._cleanup_shared_storage_test_file(filename)
```

本小节的最后，再总结一下 ComputeManager 对象的 check_can_live_migrate_destination 方法的工作流程。

（1）在目标节点调用 LibvirtDriver 对象的 check_can_live_migrate_destination 方法。该方法主要做了两件工作。
- 检查目标节点的 CPU 特性是否与源节点兼容。
- 在目标节点的 instances_path 上创建临时测试文件。

（2）向源节点 Nova Compute 服务发送 check_can_live_migrate_source RPC 请求。在发送 RPC 请求时，目标节点把它可用的磁盘空间一起发送给了源节点。源节点 ComputeManager 对象的 check_can_live_migrate_source 方法主要做了两件工作。
- 判断源节点与目标节点是否共用同一块磁盘。
- 检查目标节点的磁盘空间是否充足。

（3）调用 LibvirtDriver 对象的 check_can_live_migrate_destination_cleanup 方法清除在 instances_path 目录下创建的临时文件。

## 16.3.4　Nova Compute 服务中的迁移流程

在 16.3.1 小节介绍过，当完成虚拟机迁移的前期检查后，Scheduler 类的 schedule_live_migration 方法向源节点的 Nova Compute 服务发送 live_migration RPC 请求进一步处理虚拟机的创建请求。Nova Compute 服务中处理 live_migration RPC 请求的方法是 ComputeManager 对象的 live_migration 方法，其定义如下[3]：

```
01    class ComputeManager(manager.SchedulerDependentManager):
02       def live_migration(self, context, dest, instance,
```

---

1 参见 LibvirtDriver 类的 check_can_live_migrate_destination 方法。
2 本书示例中，为/opt/stack/data/instances 目录。
3 定义在/opt/stack/nova/nova/compute/manager.py 文件中。

```
03                       block_migration=False, migrate_data=None):
04      try:
05          # 获取虚拟机的磁盘信息
06          if block_migration:
07              disk = self.driver.get_instance_disk_info(instance['name'])
08          else:
09              disk = None
10          # 向目标节点发送RPC请求，准备虚拟机所需的XML定义文件和镜像文件
11          self.compute_rpcapi.pre_live_migration(context, instance,
12                  block_migration, disk, dest, migrate_data)
13      except Exception:
14          ...
15      # 调用Compute Driver的live_migration进一步处理虚拟机的迁移请求
16      self.driver.live_migration(context, instance, dest,
17   self._post_live_migration, self._rollback_live_migration, block_
   migration, migrate_data)
```

ComputeManager 对象的 live_migration 方法工作流程如下。

（1）向目标节点发送 pre_live_migration RPC 请求，为虚拟机的迁移准备镜像文件和 XML 定义文件。目标节点上处理 pre_live_migration RPC 请求的方法是 ComputeManager 对象的 pre_live_migration 方法。

（2）调用 Compute Driver 的 live_migration 方法执行虚拟机迁移操作。在 live_migration 方法中有一个 post_method 参数，用于指定虚拟机迁移成功之后需执行的方法。在上面代码中，post_method 参数传入的值为 ComputeManager 对象的_post_live_migration 方法。该方法主要的功能是清除源节点上的虚拟机资源，并且在目标节点上为虚拟机创建网络资源。

本小节将逐一介绍 ComputeManager 对象的 pre_live_migration 方法，Compute Driver 的 live_migration 方法和 ComputeManager 对象的_post_live_migration 方法。

**1．ComputeManager对象的pre_live_migration方法**

注意：ComputeManager 对象的 pre_live_migration 方法是在目标节点上运行的。

ComputeManager 对象的 pre_live_migration 方法主要是在目标节点上为虚拟机的迁移做准备工作，其定义如下[1]：

```
01  class ComputeManager(manager.SchedulerDependentManager):
02      def pre_live_migration(self, context, instance,
03                      block_migration=False, disk=None,
04                      migrate_data=None):
05          ...
06          # 获取虚拟机的网络信息
07          network_info = self._get_instance_nw_info(context, instance)
08          ...
09          # 调用Compute Driver的pre_live_migration方法
10          self.driver.pre_live_migration(context, instance, block_device_info,
11                  self._legacy_nw_info(network_info), migrate_data)
12          ...
13          # 为虚拟机准备磁盘镜像文件
14          if block_migration:
15              self.driver.pre_block_migration(context, instance, disk)
```

---

1 定义在/opt/stack/nova/nova/compute/manager.py 文件中。

ComputeManager 对象的 pre_live_migration 方法首先获取虚拟机的虚拟网络信息。然后，调用 Compute Driver 对象的 pre_live_migration 方法迁移虚拟机的块设备并创建虚拟机 OpenVSwitch 端点。最后，调用 Compute Driver 的 pre_block_migration 方法创建虚拟机的磁盘设备。这里，只介绍创建 OpenVSwitch 端点和虚拟机磁盘设备的相关代码。块设备迁移的相关代码，留待读者自行研究。

本书示例的 Compute Driver 对象是 LibvirtDriver 对象。创建 OpenVSwitch 端点的相关代码定义在 LibvirtDriver 类的 pre_live_migration 方法中，其相关代码段如下[1]：

```
01  class LibvirtDriver(driver.ComputeDriver):
02      def pre_live_migration(self, context, instance, block_device_info,
03                             network_info, migrate_data=None):
04          ...
05          max_retry = CONF.live_migration_retry_count    # 最大迁移次数
06          for cnt in range(max_retry):
07              try:
08                  # 调用 plug_vifs 方法创建 OpenVSwitch 端点
09                  self.plug_vifs(instance, network_info)
10                  break
11              except exception.ProcessExecutionError:
12                  if cnt == max_retry - 1:
13                      raise
14                  else:
15                      greenthread.sleep(1)
```

可以看到，LibvirtDriver 对象的 pre_live_migration 方法循环调用其自身的 plug_vifs 方法创建 OpenVSwitch 端点。循环次数由 nova.conf 配置文件中的 live_migration_retry_count 配置项设定。live_migration_retry_count 配置项默认值为 30。LibvirtDriver 对象 plug_vifs 方法的定义参见第 14.4.2 小节。

创建虚拟机磁盘镜像的相关代码定义在 LibvirtDriver 类的 pre_block_migration 方法中，其定义如下：

```
01  class LibvirtDriver(driver.ComputeDriver):
02      def pre_block_migration(self, ctxt, instance, disk_info_json):
03          # 获取虚拟机镜像文件的存放目录
04          instance_dir = libvirt_utils.get_instance_path(instance)
05          # 如果目录已存在，则报错
06          if os.path.exists(instance_dir):
07              raise exception.DestinationDiskExists(path=instance_dir)
08          # 创建虚拟机镜像文件的存放目录
09          os.mkdir(instance_dir)
10          # 创建虚拟机磁盘镜像文件及其 backing file
11          self._create_images_and_backing(ctxt, instance, disk_info_json)
```

LibvirtDriver 类的 pre_block_migration 方法中调用了 _create_images_and_backing 方法，其定义如下：

```
01  class LibvirtDriver(driver.ComputeDriver):
02      def _create_images_and_backing(self, ctxt, instance, disk_info_json):
03          # 将虚拟机磁盘信息封装成字典
04          disk_info = jsonutils.loads(disk_info_json)
05          # 获取虚拟机文件存放的目录
```

---

[1] 定义在/opt/stack/nova/nova/virt/libvirt/driver.py 文件中。

```
06              instance_dir = libvirt_utils.get_instance_path(instance)
07              for info in disk_info:
08                  # 获取虚拟机镜像文件名
09                  base = os.path.basename(info['path'])
10                  #构造虚拟机镜像文件路径名
11                  instance_disk = os.path.join(instance_dir, base)
12                  # 如果磁盘镜像文件没有backing file,则直接创建
13                  if not info['backing_file'] and not os.path.exists
                    (instance_disk):
14                      libvirt_utils.create_image(info['type'], instance_disk,
                        info['disk_size'])
15                  # 如果磁盘镜像文件有backing file
16                  else:
17                      # 构造磁盘镜像文件backing file 的文件名
18                      cache_name = os.path.basename(info['backing_file'])
19                      cache_name = cache_name.split('_')[0]
20                      # 创建磁盘镜像文件的Image对象
21                      image = self.image_backend.image(instance, instance_disk,
22                                              CONF.libvirt_images_type)
23                      # 创建磁盘镜像文件及其backing file
24                      image.cache(fetch_func=libvirt_utils.fetch_image ,
                        context=ctxt,
25                          filename=cache_name, image_id=instance['image_ref'],
26                          user_id=instance['user_id'], project_id=instance
                            ['project_id'],
27                          size=info['virt_disk_size'])
28              # 下载虚拟机的kernel 和ramdisk 镜像
29              self._fetch_instance_kernel_ramdisk(ctxt, instance)
```

_create_images_and_backing 方法工作流程如下:

代码第04~06 行获取虚拟机的磁盘镜像文件信息。

代码第07~27 行定义的for 语句块依次处理虚拟机的各个磁盘镜像。其中,代码第09~11 行构造虚拟机磁盘镜像文件的路径名。在本书示例中,虚拟机主磁盘镜像文件路径为/opt/stack/data/instances/<instance-name>/disk。代码第13~27 行创建虚拟机的磁盘镜像。

创建虚拟机磁盘镜像又可分为两种情况。

- 磁盘镜像没有指定backing file 文件。对于这类镜像,代码第14 行调用了libvirt_utils 包[1]的create_image 方法处理。该方法最终执行了qemu-img create 命令。
- 磁盘镜像指定了backing file 文件。这类磁盘镜像处理流程如下:首先,代码第21~22 行调用了LibvirtDriver 对象的image_backend 成员变量[2]的image 方法,根据磁盘镜像文件格式,创建相对应的Image 对象。例如,在本书示例中,主磁盘镜像的格式为qcow2。因此,image_backend 变量的image 方法会返回一个Qcow2 对象。然后,代码第24~27 行调用Image 对象的cache 方法[3]下载磁盘镜像的backing file[4],并创建虚拟机的磁盘镜像文件。

代码第29 行调用_fetch_instance_kernel_ramdisk 方法直接通过Glance 服务器下载虚拟

---

1 即nova.virt.libvirt.utils 包,对应于/opt/stack/nova/nova/virt/libvirt/utils.py 文件。

2 LibvirtDriver 对象的image_backend 成员变量是一个Backend 对象,定义在/opt/stack/nova/nova/virt/libvirt/imagebackend.py 文件中。

3 Qcow2 对象cache 方法的工作流程已在第16.2.2 小节介绍过。

4 在本书示例中,磁盘镜像文件的backing file 保存在/opt/stack/data/instances/_base 目录下。

机所需的 kernel 和 ramdisk 镜像文件。

> 注意：细心的读者可能已经发现，虚拟机迁移时创建虚拟机磁盘镜像文件的方法与新建虚拟机时创建磁盘镜像文件的方法完全一致。因此，虚拟机迁移时，在目标节点上创建的镜像文件不会保存在源节点上对镜像文件的修改。

### 2. Compute Driver的live_migration方法

> 注意：Compute Driver 的 live_migration 方法在源节点上运行。

Compute Driver 的 live_migration 方法定义如下[1]：

```
class LibvirtDriver(driver.ComputeDriver):
def    live_migration(self,    ctxt,    instance_ref,    dest,    post_method, 
recover_method,
                       block_migration=False, migrate_data=None):
        greenthread.spawn(self._live_migration, ctxt, instance_ref, dest,
            post_method, recover_method, block_migration, migrate_data)
```

可以看到，LibvirtDriver 对象的 live_migration 方法创建了一个绿色线程，线程中执行的是 LibvirtDriver 对象的_live_migration 方法。LibvirtDriver 类的_live_migration 方法定义如下：

```
01    class LibvirtDriver(driver.ComputeDriver):
02       def _live_migration(self, ctxt, instance_ref, dest, post_method,
03                       recover_method, block_migration=False, migrate_
                        data=None):
04        try:
05           # 获取虚拟机迁移所需的参数
06           if block_migration:
07              flaglist = CONF.block_migration_flag.split(',')
08           else:
09              flaglist = CONF.live_migration_flag.split(',')
10           # 将参数转化为 libvirt 包中定义的常量
11           flagvals = [getattr(libvirt, x.strip()) for x in flaglist]
12           # 对所有的参数执行位或运算
13           logical_sum = reduce(lambda x, y: x | y, flagvals)
14           # 获取虚拟机对应的virDomain对象
15           dom = self._lookup_by_name(instance_ref["name"])
16           # 调用 varDomain 包的 migrateToURI 方法实现虚拟机迁移
17           dom.migrateToURI(CONF.live_migration_uri % dest,
18                   logical_sum, None, CONF.live_migration_bandwidth)
19        except Exception as e:
20           …
21        # 创建定时任务等待迁移完毕
22        timer = utils.FixedIntervalLoopingCall(f=None)
23        timer.f = wait_for_live_migration
24        timer.start(interval=0.5).wait()
```

LibvirtDriver 类的_live_migration 方法工作流程如下：

代码第 06～13 行设置虚拟机在线迁移所需的参数。其中代码第 07 行设置 block migration（即迁移磁盘设备）模式下的参数。该参数通过 nova.conf 配置文件中的 block_migration_flag 配置项指定。默认的配置如下：

---

1 定义在/opt/stack/nova/nova/virt/libvirt/driver.py 文件中。

```
block_migration_flag=VIR_MIGRATE_UNDEFINE_SOURCE, VIR_MIGRATE_PEER2PEER, \
                     VIR_MIGRATE_NON_SHARED_INC
```

> **注意**：配置中的每个 flag 都对应于 libvirt 包中定义的一个整型常量。每个整型常量都对应于一项迁移参数。例如 VIR_MIGRATE_UNDEFINE_SOURCE 参数指定迁移成功后，删除源节点上的虚拟机。VIR_MIGRATE_PEER2PEER 参数指定直接连接源节点与目标节点，VIR_MIGRATE_NON_SHARED_INC 参数指定源节点与目标节点不共享增量。

代码第 11 行将 flaglist 中定义的 flag 转化为 libvirt 包中定义的整型常量。代码第 13 行将这些整型常量通过位或运算合并。

代码第 17~18 行调用 virDomain 对象的 migrateToURI 方法实现虚拟机的迁移，相当于执行了 virsh migrate 命令。

代码第 22~24 行创建了一个定时线程不断执行 wait_for_live_migration 方法，等待迁移完毕。这里的 wait_for_live_migration 方法是 LibvirtDriver 类的_live_migration 方法的内部方法，其定义如下：

```
01         def wait_for_live_migration():
02             try:
03                 # 获取虚拟机的状态
04                 self.get_info(instance_ref)['state']
05             # 如果虚拟机不存在了，就说明迁移成功
06             except exception.NotFound:
07                 timer.stop()
08                 # 调用 post_method 方法
09                 post_method(ctxt, instance_ref, dest, block_migration,
                     migrate_data)
```

wait_for_live_migration 方法会查看虚拟机的状态。如果虚拟机不存在，就说明虚拟机已经从源节点迁出，即迁移成功。此时，调用外部传入的 post_method 方法。前面介绍过，这里的 post_method 方法是 ComputeManager 对象的_post_live_migration 方法。稍后将会对_post_live_migration 方法做进一步分析。

> **注意**：wait_for_live_migration 方法调用的 get_info 是通过调用 libvirt 包中的相关方法查询虚拟机的状态。因此，它只能看到本地虚拟机的状态。

### 3. ComputeManager对象的_post_live_migration方法

ComputeManager 对象的_post_live_migration 方法在源节点上执行。在_post_live_migration 方法中调用了许多的空方法。为了节省篇幅，直接将相关代码略去了。

ComputeManager 对象的_post_live_migration 方法定义如下[1]：

```
01 class ComputeManager(manager.SchedulerDependentManager):
02     def _post_live_migration(self, ctxt, instance_ref,
03                 dest, block_migration=False, migrate_data=None):
04         ...
05         # 获取虚拟机的网络信息
06         network_info = self._get_instance_nw_info(ctxt, instance_ref)
```

---

[1] 定义在/opt/stack/nova/nova/compute/manager.py 文件中。

```
07      ...
08      # 向目标节点发送 post_live_migration_at_destination RPC 请求
09      self.compute_rpcapi.post_live_migration_at_destination(ctxt,
10                      instance_ref, block_migration, dest)
11      # 判断源节点和目标节点是否共用同一块磁盘
12      is_shared_storage = True
13      if migrate_data:
14          is_shared_storage = migrate_data.get('is_shared_storage', True)
15      # 如果需要迁移磁盘设备，或源节点和目标节点不是共用磁盘
16      if block_migration or not is_shared_storage:
17          # 清除源节点上的虚拟机资源
18          self.driver.destroy(instance_ref, self._legacy_nw_info
            (network_info))
19      # 否则
20      else:
21          # 只删除虚拟机的 OpenVSwitch 端点
22          self.driver.unplug_vifs(instance_ref, self._legacy_nw_info
            (network_info))
23      ...
```

ComputeManager 对象的 _post_live_migration 方法主要做了以下两件工作。

☐ 远程调用目标节点 Nova Compute 服务 ComputeManager 对象的 post_live_migration_at_destination 方法。post_live_migration_at_destination 方法的主要功能是在目标节点上定义虚拟机。

☐ 在本地（即源节点上）调用 Compute Driver 的 destroy 方法，清除虚拟机的资源。

接下来，分别分析 ComputeManager 对象的 post_live_migration_at_destination 方法和 Compute Driver 对象的 destroy 方法。

（1）ComputeManager 对象的 post_live_migration_at_destination 方法定义如下[1]：

```
01  class ComputeManager(manager.SchedulerDependentManager):
02      def post_live_migration_at_destination(self, context, instance,
        block_migration=False):
03          # 调用 Compute Driver 的 post_live_migration_at_destination 方法
04          self.driver.post_live_migration_at_destination(context, instance,
05                  self._legacy_nw_info(network_info), block_migration,
                    block_device_info)
06          # 获取虚拟机的电源状态
07          current_power_state = self._get_power_state(context, instance)
08          # 更新 Nova 数据库中的虚拟机状态（迁移结束）
09          instance = self._instance_update(context, instance['uuid'],
10                  host=self.host, power_state=current_power_state,
11                  vm_state=vm_states.ACTIVE, task_state=None,
12                  expected_task_state=task_states.MIGRATING)
```

ComputeManager 对象的 post_live_migration_at_destination 方法首先调用 Compute Driver 对象的 post_live_migration_at_destination 方法定义虚拟机。然后，调用自身的 _instance_update 方法更新虚拟机的状态。这里，主要是将虚拟机的 task_state 从 MIGRATING 更新为 None，表示虚拟机迁移结束。

ComputeManager 对象的 post_live_migration_at_destination 方法定义如下[2]：

---

1 定义在/opt/stack/nova/nova/compute/manager.py 文件中。

2 定义在/opt/stack/nova/nova/virt/libvirt/driver.py 文件中。

```
01  class LibvirtDriver(driver.ComputeDriver):
02      def post_live_migration_at_destination(self, ctxt, instance_ref,
    network_info,
03                              block_migration, block_device_info=None):
04          # 获取目标节点上已定义的虚拟机列表
05          dom_list = self._conn.listDefinedDomains()
06          # 如果新迁移的虚拟机没有定义
07          if instance_ref["name"] not in dom_list:
08              # 生成虚拟机的 XML 定义文件
09              disk_info = blockinfo.get_disk_info(CONF.libvirt_type,
                  instance_ref)
10              self.to_xml(instance_ref, network_info, disk_info,
11                          block_device_info, write_to_disk=True)
12              # 获取虚拟机的 virDomain 对象
13              dom = self._lookup_by_name(instance_ref["name"])
14              # 定义虚拟机
15              self._conn.defineXML(dom.XMLDesc(0))
```

LibvirtDriver 对象的 post_live_migration_at_destination 方法检查迁移过来的虚拟机是否被定义。如果虚拟机未定义，则生成虚拟机的 XML 定义文件，并定义虚拟机。

> **注意：**
> 
> ① ComputeManager 对象的 post_live_migration_at_destination 方法运行在目标节点上。
> 
> ② 在第 16.3.1 小节介绍过，虚拟机迁移到目标节点后，会处于非持久化状态。也就是说，当虚拟机被关闭以后，虚拟机就会被删除。为了使虚拟机持久化，必须在目标节点上重新定义虚拟机。

（2）Compute Driver 的 destroy 方法定义如下[1]：

```
01  class LibvirtDriver(driver.ComputeDriver):
02      def destroy(self, instance, network_info, block_device_info=None,
    destroy_disks=True):
03          # 关闭虚拟机
04          self._destroy(instance)
05          # 清除虚拟机相关资源
06          self._cleanup(instance, network_info, block_device_info,
                  destroy_disks)
```

LibvirtDriver 对象的 destroy 方法依次调用了_destroy 方法和_cleanup 方法。_destroy 方法的功能是关闭虚拟机。由于在执行 LibvirtDriver 对象的 live_migration 方法时已经将虚拟机关闭且删除了，因此这里的_destroy 方法相当于什么也没做。LibvirtDriver 对象的_cleanup 方法定义如下：

```
01  class LibvirtDriver(driver.ComputeDriver):
02      def _cleanup(self, instance, network_info, block_device_info,
    destroy_disks):
03          # 删除虚拟机
04          self._undefine_domain(instance)
05          # 删除虚拟机 OpenVSwitch 端点
06          self.unplug_vifs(instance, network_info)
07          ...
```

---

[1] 定义在/opt/stack/nova/nova/virt/libvirt/driver.py 文件中。

LibvirtDriver 对象的_cleanup 方法除了删除虚拟机和 OpenVSwitch 端点外，还需删除虚拟机防火墙以及它的块存储设备。这里不再详述了。

本小节的最后，总结一下 Nova Compute 服务处理虚拟机迁移请求的流程。

（1）Nova Compute 服务中处理虚拟机迁移请求的方法是 ComputeManager 对象的 live_migration 方法。live_migration 方法首先向目标节点发送 pre_live_migration RPC 请求，为虚拟机的迁移准备镜像文件和 XML 定义文件。然后，调用 LibvirtDriver 的 live_migration 方法执行虚拟机迁移操作。最后，调用 ComputeManager 对象的_post_live_migration 方法完成虚拟机迁移的后续工作。

（2）目标节点发送 pre_live_migration RPC 请求的方法是 ComputeManager 对象的 pre_live_migration 方法。ComputeManager 对象的 pre_live_migration 方法首先调用 LibvirtDriver 对象的 pre_live_migration 方法迁移虚拟机的块存储设备并创建虚拟机 OpenVSwitch 端点。然后调用 LibvirtDriver 的 pre_block_migration 方法创建虚拟机的磁盘设备。

（3）源节点上 Compute Driver 的 live_migration 方法调用了 LibvirtDriver 对象的 live_migration 方法。LibvirtDriver 对象的 live_migration 方法创建了一个绿色线程执行 LibvirtDriver 对象的_live_migration 方法。LibvirtDriver 对象的_live_migration 方法通过调用 virDomain 对象的 migrateToURI 方法实现虚拟机的迁移。virDomain 对象的 migrateToURI 方法相当于执行了 virsh migrate 命令。

（4）源节点上 ComputeManager 对象的_post_live_migration 方法首先远程调用目标节点的 Nova Compute 服务 ComputeManager 对象的 post_live_migration_at_destination 方法。ComputeManager 对象的 post_live_migration_at_destination 方法的主要功能是在目标节点上定义虚拟机，并更新 Nova 数据库中虚拟机的 task_state。然后，源节点上 ComputeManager 对象的_post_live_migration 方法调用本地 LibvirtDriver 对象的 destroy 方法清除源节点上的虚拟机资源。

## 16.4　虚拟机快照管理

在第 2 章介绍了 raw 格式和 qcow2 格式镜像文件的制作方法。通过定制自己的镜像文件，可以很方便地批量安装特定的系统，避免了重复安装操作系统和在操作系统中重复搭建软件环境的繁琐工作。于是，很自然就产生一个疑问，能否把 Nova 服务上某个虚拟机的镜像文件上传到 Glance 服务中，以提供给其他虚拟机使用呢？如果这样的功能可以实现，那么就可以很方便地通过 OpenStack 定制自己的集群开发环境了。

打个比方，假如需要在 OpenStack 上搭建 Hadoop 开发环境[1]，那么可以首先在 OpenStack 上启动一台虚拟机。在这台虚拟机上安装 Hadoop 软件包和 Java 开发包。然后，将这台虚拟机的磁盘镜像文件上传到 Glance 服务器中。接下来，可以使用新上传的磁盘镜像文件创建 Hadoop 集群所需的虚拟机。整个过程，只需要安装一次 Hadoop 软件包和 Java 开发包。而不必在集群的每个节点上重复安装 Hadoop 开发环境。这样，当集群规模很大时，可以

---

[1] Hadoop 开发环境的搭建将在第 17 章介绍。

节省许多安装时间。

> **注意**：搭建 Hadoop 开发环境，除了安装 Hadoop 和 Java 软件包外，还需修改各个节点的配置文件。各个节点配置文件的修改，可以通过脚本实现。由于修改配置文件所需传送的数据量毕竟很小，因此可以很快完成。但是安装软件包，涉及很多文件的读写操作，就算是用脚本实现，也会消耗大量时间。

本节将介绍 Nova 创建虚拟机快照的流程。

## 16.4.1　Nova API 创建快照流程

Nova API 服务中处理创建虚拟机快照请求的方法是 servers 资源 Controller 对象的 _action_create_image 方法，其定义如下[1]：

```
01  class Controller(wsgi.Controller):
02      @wsgi.response(202)
03      …
04      @wsgi.action('createImage')
05      def _action_create_image(self, req, id, body):
06          # 获取客户的上下文
07          context = req.environ['nova.context']
08          # 获取客户传入的参数
09          entity = body.get("createImage", {})
10          # 获取新建的 snapshot 镜像名
11          image_name = entity.get("name")
12          …
13          # 获取虚拟机信息
14          instance = self._get_server(context, req, id)
15          try:
16              if self.compute_api.is_volume_backed_instance(context,
                  instance, bdms):
17                  …
18              else:
19                  # 调用 Compute API 的 snapshot 方法
20                  image = self.compute_api.snapshot(context, instance,
21                                  image_name, extra_properties=props)
22          except exception.InstanceInvalidState as state_error:
23              …
24          # 获取新建的快照镜像文件的 id
25          image_id = str(image['id'])
26          # 获取访问该快照镜像文件的 url
27          image_ref = os.path.join(req.application_url, context.
                project_id, 'images', image_id)
28          # 返回
29          resp = webob.Response(status_int=202)
30          resp.headers['Location'] = image_ref
31          return resp
```

> **注意**：_action_create_image 方法对应的操作是 CreateImage 操作，它是 servers 资源的成员操作。方法中定义的 id 参数是虚拟机的 id。_action_create_image 方法的功能是为该虚拟机的磁盘镜像文件创建快照。

---

[1] 定义在/opt/stack/nova/nova/api/openstack/compute/servers.py 文件中。

在客户端发送 CreateImage HTTP 请求时，需传入 name 参数指定新建的快照镜像文件名。Controller 对象的_action_create_image 方法调用了 Compute API 的 snapshot 方法处理快照创建请求。Compute API 的 snapshot 方法定义如下[1]：

```
01  class API(base.Base):
02      def snapshot(self, context, instance, name, extra_properties=None,
            image_id=None):
03          # 如果客户指定了快照的 uuid
04          if image_id:
05              # 从 Glance 服务器中获取快照的信息
06              image_meta = self.image_service.show(context, image_id)
07          # 否则
08          else:
09              # 在 Glance 数据库中为快照创建 Image 记录
10              image_meta = self._create_image(context, instance, name,
11                      'snapshot', extra_properties=extra_properties)
12          # 更新虚拟机的状态，将 task_states 设置为 IMAGE_SNAPSHOT
13          instance = self.update(context, instance,
14                      task_state=task_states.IMAGE_SNAPSHOT,
15                      expected_task_state=None)
16          # 远程调用 Nova Compute 服务 ComputeManager 对象的 snapshot_instance 方法
17          self.compute_rpcapi.snapshot_instance(context, instance=instance,
18                  image_id=image_meta['id'], image_type='snapshot')
19          return image_meta
```

注意：snapshot 方法中的 image_id 参数是指新建的快照的 uuid。在这里，image_id 的值为 None。

Compute API 的 snapshot 方法首先检查外部是否传入了 image_id 参数。如果传入了 image_id 参数，则调用 image serviced 对象的 show 方法获取 Glance 数据库中镜像的信息；如果没有传入 image_id，则调用 Compute API 的_create_image 方法在 Glance 数据库中创建镜像记录。

镜像信息获取完毕后，Compute API 的 update 方法将虚拟机的 task state 更新为 IMAGE_SNAPSHOT。最后，snapshot 方法远程调用虚拟机所在主机的 Nova Compute 服务的 ComputeManager 对象的 snapshot_instance 方法创建和上传虚拟机快照。

ComputeManager 对象的 snapshot_instance 方法将在第 16.4.2 小节介绍，这里先介绍 Compute API 的_create_image 方法，其定义如下：

```
01  class API(base.Base):
02      def _create_image(self, context, instance, name, image_type,
03              backup_type=None, rotation=None, extra_properties=None):
04          instance_uuid = instance['uuid']
05          # 设置镜像的属性
06          properties = {
07              'instance_uuid': instance_uuid,          # 镜像所属虚拟机的 uuid
08              'user_id': str(context.user_id),         # 用户的 uuid
09              'image_type': image_type,                # 镜像类型，本节示例为 snapshot
10          }
11          sent_meta = {
12              'name': name,                            # 镜像名
```

---

[1] 定义在/opt/stack/nova/nova/compute/api.py 文件中。

```
13              'is_public': False,                      # 镜像是否被其他租户使用
14              'properties': properties,                # 其他附加属性
15          }
16
17          # 获取虚拟机的系统信息
18          system_meta = self.db.instance_system_metadata_get(context,
            instance_uuid)
19          # 获取虚拟机的原始镜像文件
20          base_image_ref = system_meta.get('image_base_image_ref')
21          if base_image_ref:
22              properties['base_image_ref'] = base_image_ref
23          # 如果镜像类型为 backup
24          if image_type == 'backup':
25              properties['backup_type'] = backup_type
26          # 本节示例的镜像类型为 snapshot
27          elif image_type == 'snapshot':
28              # 获取虚拟机所需的最小内存和最小磁盘
29              min_ram, min_disk = self._get_minram_mindisk_params(context,
                instance)
30              # 将快照镜像所需的最小内存和最小磁盘，设置成虚拟机所需的最小内存和磁盘
31              if min_ram is not None:
32                  sent_meta['min_ram'] = min_ram
33              if min_disk is not None:
34                  sent_meta['min_disk'] = min_disk
35          ...
36          # 往 Glance 数据库中创建快照镜像记录
37          return self.image_service.create(context, sent_meta)
```

Compute API 的_create_image 方法首先设置了快照镜像的一些必要的参数，然后调用 image service 的 create 方法在 Glance 数据库中创建快照镜像的记录。

代码第 18～22 行查询和设置了快照镜像的原始镜像属性（base_image_ref）。快照镜像的原始镜像，也就是虚拟机所使用的磁盘镜像。虚拟机的磁盘镜像属性保存在 Nova 数据库的 InstanceSystemMetadata 表中。

代码第 27～34 行设置了快照镜像所需的最小内存和最小磁盘，它们的值与虚拟机所需的最小内存和磁盘相同。

代码第 37 行调用了 image service 的 create 方法创建快照镜像的数据库记录。

> **注意**：Compute API 的_create_image 方法只是在 Glance 数据库中创建了快照镜像的记录，它并没有创建和上传快照镜像文件。

## 16.4.2 Nova Compute 创建快照流程

Nova API 服务接收到创建虚拟机快照请求后，调用了 Compute API 的 snapshot 方法。Compute API 的 snapshot 方法首先在 Glance 数据库中创建快照镜像记录。然后远程调用虚拟机所在主机的 Nova Compute 服务的 ComputeManager 对象的 snapshot_instance 方法创建和上传虚拟机快照。ComputeManager 对象的 snapshot_instance 方法定义如下[1]：

```
01  class ComputeManager(manager.SchedulerDependentManager):
02      @exception.wrap_exception(notifier=notifier, publisher_id=publisher_id()
```

---

[1] 定义在/opt/stack/nova/nova/compute/manager.py 文件中。

```
03      @reverts_task_state
04      @wrap_instance_fault
05      def snapshot_instance(self, context, image_id, instance, image_
        type='snapshot',
06                            backup_type=None, rotation=None):
07          context = context.elevated()
08          # 获取虚拟机目前的电源状态
09          current_power_state = self._get_power_state(context, instance)
10          # 更新虚拟机的电源状态
11          instance = self._instance_update(context, instance['uuid'],
12                                           power_state=current_power_state)
13          …
14          # 调用 Compute Driver 的 snapshot 方法上传磁盘快照
15          self.driver.snapshot(context, instance, image_id, update_task_
        state)
16          # 磁盘快照上传结束,将虚拟机的 task state 更新为 None
17          instance = self._instance_update(context, instance['uuid'],
18                  task_state=None, expected_task_state=task_states.IMAGE_
                    UPLOADING)
19          …
```

从上面的代码可以看到,ComputeManager 对象的 snapshot_instance 方法的主要功能是更新 Nova 数据库中虚拟机的状态。创建和上传虚拟机磁盘快照的工作是通过调用 Compute Driver 的 snapshot 方法完成的。本书示例的 Compute Driver 是一个 LibvirtDriver 对象。

在 LibvirtDriver 对象的 snapshot 方法中,共实现了以下两种类型的快照创建方式。

❑ 实时快照。是指在创建虚拟机快照时,无需将虚拟机挂起,只需要结束虚拟机的所有 IO 操作即可。

❑ 非实时快照。是指在创建快照时需要将虚拟机挂起或关闭。

注意:实时快照和非实时快照各有优劣。

① 实时快照由于无需将虚拟机挂起或关闭,因此在创建快照时几乎不会影响虚拟机的运行。但是由于在创建快照前要关闭所有的 IO 操作,因此可能会造成一些 IO 错误。

② 非实时快照的适用范围比实时快照要广。所有能够创建实时快照的镜像都可以创建非实时快照,反之不然。

LibvirtDriver 对象的 snapshot 方法既然实现了这两种快照创建方式,那么很自然首先要判断在哪种情况下创建实时快照,哪种情况下创建非实时快照。以下是 LibvirtDriver 对象的 snapshot 方法中判断快照创建方式的代码[1]:

```
01  class LibvirtDriver(driver.ComputeDriver):
02  def snapshot(self, context, instance, image_href, update_task_state):
03      try:
04          # 获取虚拟机的 virDomain 对象
05          virt_dom = self._lookup_by_name(instance['name'])
06      except exception.InstanceNotFound:
07          raise exception.InstanceNotRunning(instance_id=instance['uuid'])
08      …
09      # 获取虚拟机磁盘镜像文件在本地的路径
10      disk_path = libvirt_utils.find_disk(virt_dom)
```

---

[1] 定义在/opt/stack/nova/nova/virt/libvirt/driver.py 文件中。

```
11          # 获取本地虚拟机磁盘镜像文件的格式
12          source_format = libvirt_utils.get_disk_type(disk_path)
13          …
14          # 获取虚拟机的电源状态
15          (state, _max_mem, _mem, _cpus, _t) = virt_dom.info()
16          state = LIBVIRT_POWER_STATE[state]
17          # 如果libvirt和qemu的版本够新,且磁盘镜像文件格式不是lvm,则创建实时快照
18          if self.has_min_version(MIN_LIBVIRT_LIVESNAPSHOT_VERSION,
19                                  MIN_QEMU_LIVESNAPSHOT_VERSION,
20                                  REQ_HYPERVISOR_LIVESNAPSHOT) \
21              and not source_format == "lvm":
22              live_snapshot = True
23          # 否则创建非实时快照
24          else:
25              live_snapshot = False
26          # 如果虚拟机的电源关闭,那么执行非实时快照
27          if state == power_state.SHUTDOWN:
28              live_snapshot = False
29          …
```

上面代码片段的工作流程如下:

代码第 03~07 行创建了虚拟机的 virDomain 对象。

代码第 10~12 行获取虚拟机磁盘镜像的格式。其中代码第 10 行通过查询虚拟机的 XML 定义文件,获取虚拟机磁盘镜像文件的路径[1]。代码第 12 行调用 libvirt_utils 包[2]的 get_disk_type 方法获取虚拟机磁盘镜像文件格式,该方法相当于执行了 qemu-img info 命令。在本书示例中,虚拟机磁盘镜像文件为 qcow2 格式。

代码第 15~20 行获取虚拟机的电源状态。相当于执行了如下命令:

```
virsh dominfo <instance-name>
```

代码第 18~28 行判断能否创建实时快照。其中代码第 18~20 行调用 LibvirtDriver 对象的 has_min_version 方法检查计算节点上的 libvirt 和 qemu 版本。代码第 21 行检查虚拟机磁盘镜像文件格式。代码第 27~28 行检查虚拟机的电源状态。

通过上面的代码可知,要想创建实时快照必须满足:

(1) 虚拟机不是处于关闭状态。

(2) 虚拟机的磁盘文件不是 lvm 格式。

(3) 要求至少是 qemu 1.3 和 libvirt 1.0.0 版本。

接下来,分别介绍 LibvirtDriver 对象的 snapshot 方法创建实时快照和非实时快照的相关代码。

### 1. 非实时快照

LibvirtDriver 对象的 snapshot 方法中,创建非实时快照的相关代码如下:

```
01  class LibvirtDriver(driver.ComputeDriver):
02      def snapshot(self, context, instance, image_href, update_task_state):
03          …
04          # 获取快照的格式
```

---

[1] 在本书示例中,虚拟机的磁盘镜像文件的路径为/opt/stack/data/instances/<instance-name>/disk。

[2] 即 nova.virt.libvirt.utils 包,定义在/opt/stack/nova/nova/virt/libvirt/utils.py 文件中。

```
05      image_format = CONF.snapshot_image_format or source_format
06      ...
07      # 生成快照镜像文件名
08      snapshot_name = uuid.uuid4().hex
09      ...
10      # 如果不执行实时快照,且虚拟机处于活动状态
11      # 那么首先将虚拟机挂起,并保存其运行状态
12      if CONF.libvirt_type != 'lxc' and not live_snapshot:
13          if state == power_state.RUNNING or state == power_state.PAUSED:
14              virt_dom.managedSave(0)
15      # 依据本地磁盘镜像文件格式,创建相应的 Image 对象
16      snapshot_backend = self.image_backend.snapshot(disk_path, snapshot_name,
17                                                     image_type=source_format)
18      ...
19          # 创建虚拟机镜像文件的内部快照
20          snapshot_backend.snapshot_create()
21      # 将虚拟机状态更新为 IMAGE_PENDING_UPLOAD
22      update_task_state(task_state=task_states.IMAGE_PENDING_UPLOAD)
23      # 获取虚拟机快照保存目录
24      snapshot_directory = CONF.libvirt_snapshots_directory
25      # 创建虚拟机快照保存目录
26      fileutils.ensure_tree(snapshot_directory)
27      # 创建临时目录
28      with utils.tempdir(dir=snapshot_directory) as tmpdir:
29          try:
30              # 构造快照文件的路径
31              out_path = os.path.join(tmpdir, snapshot_name)
32              ...
33              # 提取虚拟机快照文件
34              snapshot_backend.snapshot_extract(out_path, image_format)
35          finally:
36              if not live_snapshot:
37                  # 删除虚拟机磁盘镜像文件的内部快照
38                  snapshot_backend.snapshot_delete()
39              # 恢复虚拟机原来的状态
40              if CONF.libvirt_type != 'lxc' and not live_snapshot:
41                  if state == power_state.RUNNING:
42                      self._create_domain(domain=virt_dom)
43                  elif state == power_state.PAUSED:
44                      self._create_domain(domain=virt_dom,
45                                          launch_flags=libvirt.VIR_DOMAIN_START_PAUSED)
46          # 将虚拟机的 task_state 更新为 IMAGE_UPLOADING
47          update_task_state(task_state=task_states.IMAGE_UPLOADING,
48                            expected_state=task_states.IMAGE_PENDING_UPLOAD)
49          # 将虚拟机快照镜像上传到服务器
50          with libvirt_utils.file_open(out_path) as image_file:
51              image_service.update(context, image_href, metadata, image_file)
```

非在线迁移的工作流程如下:

代码第 05 行获取虚拟机快照镜像的格式。虚拟机快照镜像的格式由 nova.conf 文件的 snapshot_image_format 配置项设定。如果 snapshot_image_format 配置项为 None,那么将虚拟机快照镜像格式设置为虚拟机磁盘镜像文件的格式。默认情况下,snapshot_image_format 配置项为 None,而虚拟机磁盘镜像为 qcow2 格式。因此,虚拟机快照镜像格式为 qcow2。

代码第 08 行设置虚拟机快照镜像文件名 snapshot_name，该文件名是一个随机生成的 uuid。在创建虚拟机快照时，Nova 需要先将快照的镜像文件保存在本地，然后再上传到 Glance 服务器中。这里的 snapshot_name 是虚拟机快照镜像文件在本地的文件名。

> **注意**：
> ① 这里的 snapshot_name 不是虚拟机快照镜像的 uuid。在代码中，虚拟机快照镜像的 uuid 是通过 image_href 参数传入的。
> ② 本地不会保存虚拟机的快照镜像文件，当磁盘快照上传到 Glance 服务器以后，会将本地的磁盘快照镜像文件删除。

代码第 12~14 行的工作是保存虚拟机的运行状态。相当于执行了如下命令：

```
virsh managedsave <instance-name>
```

> **注意**：以上命令执行完后，libvirt 会保存当前虚拟机的内存快照，并关闭虚拟机。

代码第 16~17 行创建虚拟机磁盘镜像文件对应的 Image 对象。由于本书示例中磁盘镜像文件为 qcow2 格式，因此其对应的 Image 对象是 Qcow2 类。

代码第 20 行调用了 Qcow2 对象的 snapshot_create 方法创建虚拟机磁盘镜像文件的内部 snapshot。Qcow2 类的 snapshot_create 方法调用了 libvirt_utils 包的 create_snapshot 方法，该方法相当于执行了如下命令：

```
qemu-img snapshot -c <snapshot_name> <disk_path>
```

以上命令中<snapshot-name>是快照名，<disk_path>是虚拟机磁盘镜像文件的路径名。qemu-img snapshot 命令的用法，参见第 2.3.7 小节 "qcow2 格式磁盘镜像文件的快照管理" 部分。

代码第 24~26 行获取和创建计算节点上虚拟机快照镜像文件的存储目录。虚拟机快照的存储目录是通过 nova.conf 配置文件的 libvirt_snapshots_directory 配置项指定。默认的 libvirt_snapshots_directory 配置项值为$instances_path/snapshots 目录。其中$instances_path 是 instances_path 配置项的值。因此，本书示例中，libvirt_snapshots_directory 配置项的值为/opt/stack/data/instances/snapshots。

代码第 28~34 行的工作是将磁盘镜像文件的内部快照提取出来。其中代码第 28 行在 libvirt_snapshots_directory 目录下创建了一个临时目录 tmpdir 来保存快照文件。代码第 30 行构造快照文件的保存路径 out_path=<tmpdir>/<snapshot_name>。代码第 34 行调用 Qcow2 对象的 snapshot_extract 方法提取内部快照。Qcow2 对象的 snapshot_extract 方法调用了 libvirt_utils 包的 extract_snapshot 方法。该方法相当于执行了如下命令：

```
qemu-img convert -f qcow2 -O qcow2 -s <snapshot_name> <disk_path> <out_path>
```

以上命令中，<snapshot_name>是创建的内部快照名，<disk_path>是虚拟机磁盘镜像所在的路径，<out_path>是虚拟机快照的输出路径。

> **注意**：虚拟机镜像快照的 backing_file，其实就是虚拟机使用的 Glance 磁盘镜像文件。由于同一个 Glance 镜像文件在不同主机上缓存的文件名不一定相同。为保证虚拟机快照能够在所有节点上使用，在提取虚拟机镜像快照文件时，去除了其文件本身的 backing file 属性。但是在 Glance 数据库中，保存了快照的 backing file 的 uuid。

代码第 38 行的工作是删除创建的磁盘镜像内部快照，相当于执行了 qemu-img snapshot -d 命令。

代码第 40~45 行的工作是恢复虚拟机之前的运行状态，相当于执行了 virsh start 命令。

> **注意**：virsh start 命令执行完毕后，虚拟机会恢复到关闭前的状态。当关闭前虚拟机是处于暂停状态时，执行完 virsh start 命令后，虚拟机会恢复到暂停状态。

代码第 50~51 行的工作是将虚拟机的快照上传到 Glance 服务器中。

最后，总结一下创建虚拟机磁盘镜像快照的流程。

（1）如果虚拟机处于运行或暂停状态，通过 virsh managedsave 命令保存虚拟机当前的状态，并关闭虚拟机。

（2）通过 qemu-img snapshot -c 命令创建虚拟机内部快照。

（3）通过 qemu-img convert 命令提取虚拟机的内部快照。

（4）通过 qemu-img snapshot -d 命令删除虚拟机内部快照。

（5）通过 virsh start 命令，将虚拟机恢复到关闭之前的状态。

### 2．实时快照

LibvirtDriver 对象的 snapshot 方法中，创建实时快照的相关代码如下：

```
01    class LibvirtDriver(driver.ComputeDriver):
02        def snapshot(self, context, instance, image_href, update_task_state):
03            …
04            with utils.tempdir(dir=snapshot_directory) as tmpdir:
05                try:
06                    if live_snapshot:
07                        # 调用_live_snapshot方法，创建实时快照
08                        self._live_snapshot(virt_dom, disk_path, out_path,
                               image_format)
09                    …
10                    # 将虚拟机快照镜像文件上传到Glance服务器中
11                    with libvirt_utils.file_open(out_path) as image_file:
12                        image_service.update(context, image_href, metadata,
                               image_file)
```

LibvirtDriver 对象的 snapshot 方法中，创建实时快照的代码比较简单，就是调用了 LibvirtDriver 对象的_live_snapshot 方法。

> **注意**：在以上代码中，调用 LibvirtDriver 对象的_live_snapshot 方法时传入了如下参数，vir_dom 是虚拟机的 virDomain 对象；disk_path 是虚拟机磁盘镜像文件所在路径；out_path 是虚拟机磁盘镜像快照文件的保存路径；image_format 是虚拟机磁盘镜像快照文件的格式，本小节示例为 qcow2 格式。这些变量的值与创建非实时快照时相应变量的值一样。

LibvirtDriver 对象的_live_snapshot 方法定义如下：

```
01    class LibvirtDriver(driver.ComputeDriver):
02        def _live_snapshot(self, domain, disk_path, out_path, image_format):
03            # 获取虚拟机的XML定义文件
04            xml = domain.XMLDesc(0)
05            try:
```

```
06                # 终止虚拟机的所有块 IO 操作
07                domain.blockJobAbort(disk_path, 0)
08            except Exception:
09                pass
10            # 获取虚拟机磁盘镜像文件的实际大小
11            src_disk_size = libvirt_utils.get_disk_size(disk_path)
12            # 获取虚拟机磁盘镜像文件的 backing file
13            src_back_path = libvirt_utils.get_disk_backing_file(disk_path,
                 basename=False)
14            # 构造虚拟机镜像快照的临时文件名
15            disk_delta = out_path + '.delta'
16            # 创建 qcow2 格式的磁盘镜像
17            libvirt_utils.create_cow_image(src_back_path, disk_delta, src_
                 disk_size)
18            try:
19                # undefine 虚拟机
20                if domain.isPersistent():
21                    domain.undefine()
22                # 将 disk_path 镜像文件中的数据复制到 disk_delta 镜像文件中
23                domain.blockRebase(disk_path, disk_delta, 0,
24                              libvirt.VIR_DOMAIN_BLOCK_REBASE_COPY |
25                              libvirt.VIR_DOMAIN_BLOCK_REBASE_REUSE_EXT |
26                              libvirt.VIR_DOMAIN_BLOCK_REBASE_SHALLOW)
27                # 等待数据复制完毕
28                while _wait_for_block_job(domain, disk_path):
29                    time.sleep(0.5)
30                # 结束复制
31                domain.blockJobAbort(disk_path, 0)
32                # 修改 disk_delta 磁盘镜像文件所属的用户
33                libvirt_utils.chown(disk_delta, os.getuid())
34            finally:
35                # 重新定义虚拟机
36                self._conn.defineXML(xml)
37            # 将临时镜像文件转化为实际的快照镜像文件
38            libvirt_utils.extract_snapshot(disk_delta, 'qcow2', None, out_
                 path, image_format)
```

LibvirtDriver 对象的 _live_snapshot 方法工作流程如下：

代码第 07 行调用 virDomain 对象的 blockJobAbort 方法，终止虚拟机中的所有块 IO 操作。

代码第 11～17 行创建了一个临时的镜像文件。其中第 11 和 13 行分别获取了虚拟机磁盘镜像文件的大小及其 backing file，相当于执行了 qemu-img info 命令。代码第 17 行调用 libvirt_utils 包的 create_cow_image 方法创建了一个 qcow2 格式的镜像，相当于执行了如下命令：

```
qemu-img create -f qcow2 -o backing_file=<src_disk_path>,size=<src_
disk_size> <disk_delta>
```

其中<src_disk_path>是虚拟机磁盘镜像文件的 backing file，即虚拟机使用的 Glance 磁盘镜像文件。<src_disk_size>是虚拟机磁盘镜像文件的大小。<disk_delta>是临时的快照镜像文件路径。

代码第 20～21 行对虚拟机执行 undefine 操作。因为只有非持久化的虚拟机才能执行实时复制操作。undefine 操作的作用是将虚拟机变为非持久化的虚拟机（即虚拟机关闭后，就会被删除）。

代码第 23～26 行调用 virDomain 对象的 blockRebase 方法将 disk_path 镜像文件中的数据复制到 disk_delta 镜像文件中。

代码第 28～29 行不断调用 _wait_for_block_job 方法等待复制操作完毕。这里的 _wait_for_block_job 方法是 LibvirtDriver 对象的 _live_snapshot 方法的内部方法，其定义如下：

```
01          def _wait_for_block_job(domain, disk_path):
02              # 获取虚拟机的块操作信息
03              status = domain.blockJobInfo(disk_path, 0)
04              try:
05                  cur = status.get('cur', 0)            # 当前的块指针
06                  end = status.get('end', 0)            # 结尾块指针
07              except Exception:
08                  return False
09              # 如果当前块指针到达结尾，说明复制操作结束
10              if cur == end and cur != 0 and end != 0:
11                  return False
12              # 否则，复制操作还在进行
13              else:
14                  return True
```

代码第 31 行调用 virDomain 对象的 blockJobAbort 方法中断镜像文件的复制操作。

代码第 36 行重新定义了虚拟机，将虚拟机持久化。

代码第 38 行调用了 libvirt_utils 包的 extract_snapshot 方法将临时的快照文件转化为正式的快照文件。相当于执行了如下方法。

```
qemu-img convert -f qcow2 -O qcow2 <disk_delta> <out_path>
```

这里的<disk_delta>是临时的快照文件路径名，<out_path>是正式的快照文件路径名。

**注意**：正式快照文件与临时快照文件唯一的不同是，正式快照文件没有 backing file 属性。

本小节的最后，再总结一下实时快照的创建步骤。

（1）调用 virDomain 对象的 blockJobAbort 方法中断虚拟机中的所有块 IO 操作。

（2）创建 qcow2 格式的临时快照文件。

（3）undefine 虚拟机，将虚拟机非持久化。

（4）调用 virDomain 对象的 blockRebase 方法将磁盘镜像文件中的数据复制到临时快照文件中。

（5）等待复制操作完成后，调用 blockJobAbort 方法显式终止复制操作。

（6）重新定义虚拟机，将虚拟机持久化。

（7）执行 qemu-img convert 命令去除临时快照文件中的 backing file 属性。

## 16.5 小　　结

### 16.5.1 Nova RPC 定时任务的创建

（1）在 Service 对象的 start 方法中创建 DynamicLoopCall 对象，并调用其 start 方法。

(2) DynamicLoopCall 对象的 start 方法创建绿色线程,运行其_inner 内部方法。

(3) DynamicLoopCall 对象 start 方法的_inner 内部方法循环调用 Manager 对象的 periodic_tasks 方法。Manager 对象的 periodic_tasks 方法会返回下次调用之前的休眠时间。

(4) Manager 对象的 periodic_tasks 方法依次检查 Manager 对象中定义的周期方法。如果周期方法到了运行的时刻,则执行该周期方法。

(5) Manager 对象的每个周期方法都需加载 periodic_task 装饰器,该装饰器会设置方法的_periodic_task、_periodic_last_run 和_periodic_spacing 属性。

(6) Manager 类的 metaclass 类为 ManagerMeta 类。在 ManagerMeta 类的初始化方法中,会检查 Manager 类中的所有方法,如果方法的 periodic_tasks 为 True,则认为该方法是周期方法,并将该方法的引用添加到 Manager 类的_periodic_tasks 列表中。

### 16.5.2　Nova Compute 创建虚拟机

#### 1. Nova Compute服务创建虚拟机请求的总流程

(1) Nova Compute 服务处理虚拟机创建请求的方法是 ComputeManager 对象的 run_instance 方法。run_instance 方法最终会调用_run_instance 方法。

(2) ComputeManager 对象的_run_instance 方法主要完成了以下 4 个工作。
- ❏ 验证虚拟机的 uuid 是否被占用。
- ❏ 为虚拟机预留充足的硬件资源。
- ❏ 为虚拟机创建虚拟网络资源。
- ❏ 调用 Compute Driver 的 spawn 方法进一步处理。

(3) Compute Driver 的 spawn 方法完成了 3 个工作。
- ❏ 创建虚拟机镜像文件。
- ❏ 创建虚拟机 XML 定义文件。
- ❏ 定义虚拟机和虚拟网络。

#### 2. LibvirtDriver对象创建qcow2格式磁盘镜像文件的流程

(1) LibvirtDriver 类中完成虚拟机镜像文件创建工作的方法是_create_img 方法。它在完成必要的准备工作后,调用了 Qcow2 类的 cache 方法。

(2) Qcow2 类的 cache 方法主要调用了 create_image 方法。Qcow2 类的 create_image 方法首先检查本地计算节点上是否缓存了虚拟机所需的磁盘镜像文件。如果缓存文件不存在,则调用 libvirt_utils 包的 fetch_image 方法从 Glance 服务器下载。然后,Qcow2 类的 create_image 方法调用 copy_qcow2_img 方法创建 qcow2 格式的虚拟机磁盘镜像文件。

(3) libvirt_utils 包的 fetch_image 方法调用了 fetch_to_raw 方法。fetch_to_raw 方法首先调用 fetch 方法从 Glance 服务器上下载镜像文件,然后检查下载的镜像文件格式是否正确。如果下载的镜像不是 raw 格式,fetch_to_raw 方法还会尝试将其转化为 raw 格式。

(4) copy_qcow2_img 方法是 Qcow2 类 create_image 方法的内部方法。它主要通过执行 qemu-img 命令完成虚拟机磁盘镜像文件的创建。创建的虚拟机磁盘镜像文件会把缓存的镜像文件作为 backing file。

· 521 ·

### 3. LibvirtDriver对象创建虚拟机XML定义文件的流程

（1）LibvirtDriver 类中创建虚拟机 XML 定义文件的工作在 to_xml 方法中完成。首先，LibvirtDriver 类的 to_xml 方法调用自身的 get_guest_config 方法获取虚拟机的配置信息。get_guest_config 方法返回的是一个 LibvirtConfigGuest 对象 。该对象对应于虚拟机 XML 定义文件的根节点。然后，to_xml 方法调用 LibvirtConfigGuest 对象的 to_xml 方法将配置信息转化为 XML 格式的字符串。最后，to_xml 方法将虚拟机配置信息写入到 instance_path 目录下的 libvirt.xml 配置文件中。本书示例中的 instance_path 为/opt/stack/data/instances/<instance-name>。

（2）LibvirtDriver 类的 get_guest_config 方法首先创建一个 LibvirtConfigGuest 对象。并设置了该对象的 libvirt_type（本书示例为 kvm）、虚拟机名、虚拟机 uuid、内存、虚拟 CPU、操作系统类型（本书示例为 HVM）以及系统时钟等属性。另外，get_guest_config 方法分别调用了 get_guest_cpu_config、get_guest_storage_config 和 vif_driver 对象的 get_config 方法设置虚拟机的 CPU 模式、磁盘和网络接口等属性。

（3）get_guest_storage_config 方法调用了 get_guest_disk_config 方法配置主磁盘的主要参数。LibvirtDriver 类的 get_guest_disk_config 方法首先调用自身的 image_backend 成员变量的 image 方法返回一个 Qcow2 对象。然后调用 Qcow2 对象的 libvirt_info 方法设置虚拟机主磁盘的 LibvirtConfigGuestDisk 对象。Qcow2 对象的 libvirt_info 方法设置的主要虚拟机磁盘参数有磁盘驱动（本书示例为 qemu）、磁盘类型（本书示例为 qcow2）、磁盘源文件路径和磁盘总线类型（本书示例为 virtio）等。

（4）在本书示例中，LibvirtDriver 对象的 vif_driver 成员变量是一个 LibvirtOpenVswitchVirtualPortDriver 对象，它的 get_config 方法调用了其父类的 get_config_ovs_bridge 方法。LibvirtOpenVswitchVirtualPortDriver 类的父类是 LibvirtGenericVIFDriver 类，它的 get_config_ovs_bridge 方法首先调用其父类的 get_config 方法设置网络接口的 MAC 地址和网卡模式（本书示例的网卡模式为 virtio）。然后调用 designer 包的 set_vif_host_backend_ovs_config 方法设置网络接口的网桥名（本书示例为 br-int）、虚拟机 OpenvSwitch 端点 uuid 以及虚拟机 OpenVSwitch 端点名等属性。

## 16.5.3　virsh 命令迁移虚拟机

### 1. 配置HOST1和HOST2上的libvirtd服务监听远程请求

分别在 HOST1 和 HOST2 上执行如下操作。

（1）设置/etc/libvirt/libvirtd.conf 配置文件中的如下配置项。

```
listen_tls = 0                         # 禁用 TLS 连接
listen_tcp = 1                         # 启用监听 TCP 端口
auth_tcp = "none"                      # 禁用用户身份认证
listen_addr = "0.0.0.0"                # 监听所有主机的 TCP 请求
```

（2）在/etc/default/libvirt-bin 配置文件中设置如下配置项。

```
libvirtd_opts="-d -l"
```

（3）重启 libvirtd 服务。

```
# service libvirt-bin restart
```

2. 在HOST1上创建虚拟机，并迁移到HOST2上

（1）在 HOST1 上创建 qcow2 格式的 ttylinux 虚拟机磁盘镜像文件。

```
qemu-img create -f qcow2 \
> -o cluster_size=2M,backing_file=/image/ttylinux.img ttylinux.qcow2 2G
```

（2）在 HOST1 的/image 目录下创建 ttylinux.xml 虚拟机 XML 定义文件，定义和启动虚拟机。

```
virsh define ttylinux.xml
virsh start ttylinux
```

（3）在 HOST2 上创建虚拟机的 qcow2 格式镜像。

```
qemu-img create -f qcow2 \
> -o cluster_size=2M,backing_file=/image/ttylinux.img ttylinux.qcow2 2G
```

（4）将虚拟机的 XML 定义文件从 HOST1 复制到 HOST2 上。并且在 HOST1 执行如下命令实现在线迁移。

```
virsh migrate --live ttylinux qemu+tcp://HOST2/system
```

### 16.5.4 Nova Compute 在线迁移

#### 1. 虚拟机迁移的前期检查

主要涉及如下方法。

（1）Scheduler 对象的_live_migration_src_check 方法对源主机进行初步检查。该方法主要检查虚拟机是否启动，源主机的 Nova Compute 服务是否处于活动状态。

（2）Scheduler 对象的_live_migration_dest_check 方法对目标主机进行初步检查。该方法主要检查目标主机的 Nova Compute 服务是否处于活动状态，目标主机内存是否足够。

（3）Scheduler 对象的_live_migration_common_check 方法检查源主机和目标主机的 Hypervisor 类型和版本是否一致。只有源主机和目标主机的 Hypervisor 类型和版本完全一致，才能实现虚拟机迁移。

（4）ComputeManager 对象的 check_can_live_migrate_destination 方法。该方法主要检查目标主机的磁盘空间是否足够，CPU 特性是否与源节点匹配，以及源节点与目标节点是否共用磁盘空间。

#### 2. Nova Compute服务处理虚拟机迁移请求的流程

（1）Nova Compute 服务中处理虚拟机迁移请求的方法是 ComputeManager 对象的 live_migration 方法。live_migration 方法首先向目标节点发送 pre_live_migration RPC 请求，为虚拟机的迁移准备镜像文件和 XML 定义文件。然后，调用 LibvirtDriver 的 live_migration 方法执行虚拟机迁移操作。最后，调用 ComputeManager 对象的_post_live_migration 方法完成虚拟机迁移的后续工作。

（2）目标节点发送 pre_live_migration RPC 请求的方法是 ComputeManager 对象的

pre_live_migration 方法。ComputeManager 对象的 pre_live_migration 方法首先调用 LibvirtDriver 对象的 pre_live_migration 方法迁移虚拟机的块存储设备并创建虚拟机 OpenVSwitch 端点。然后调用 LibvirtDriver 的 pre_block_migration 方法创建虚拟机的磁盘设备。

（3）源节点上 Compute Driver 的 live_migration 方法调用了 LibvirtDriver 对象的 live_migration 方法。LibvirtDriver 对象的 live_migration 方法创建了一个绿色线程执行 LibvirtDriver 对象的_live_migration 方法。LibvirtDriver 对象的_live_migration 方法通过调用 virDomain 对象的 migrateToURI 方法实现虚拟机的迁移。virDomain 对象的 migrateToURI 方法相当于执行了 virsh migrate 命令。

（4）源节点上 ComputeManager 对象的_post_live_migration 方法首先远程调用目标节点的 Nova Compute 服务的 ComputeManager 对象的 post_live_migration_at_destination 方法。ComputeManager 对象的 post_live_migration_at_destination 方法的主要功能是在目标节点上定义虚拟机，并更新 Nova 数据库中虚拟机的 task_state。然后，源节点上 ComputeManager 对象的_post_live_migration 方法调用本地 LibvirtDriver 对象的 destroy 方法清除源节点上的虚拟机资源。

### 16.5.5　Nova Compute 服务创建快照流程

#### 1．非实时快照

（1）保存虚拟机当前状态，并关闭虚拟机。

```
virsh managedsave <dom>
```

（2）创建虚拟机内部快照。

```
qemu-img snapshot -c <snapshot_name> <disk_path>
```

（3）通过 qemu-img convert 命令提取虚拟机的内部快照。

```
qemu-img convert -f qcow2 -O qcow2 -s <snapshot_name> <disk_path> <out_path>
```

（4）通过 qemu-img snapshot -d 命令删除虚拟机内部快照。

```
qemu-img snapshot -d <snapshot_name> <disk_path>
```

（5）通过 virsh start 命令，将虚拟机恢复到关闭之前的状态。

```
virsh start <dom>
```

#### 2．实时快照

（1）调用 virDomain 对象的 blockJobAbort 方法中断虚拟机中的所有块 IO 操作。

（2）创建 qcow2 格式的临时快照文件。

（3）undefine 虚拟机，将虚拟机非持久化。

（4）调用 virDomain 对象的 blockRebase 方法将磁盘镜像文件中的数据复制到临时快照文件中。

（5）等待复制操作完成后，调用 blockJobAbort 方法显式终止复制操作。

（6）重新定义虚拟机，将虚拟机持久化。

（7）执行 qemu-img convert 命令去除临时快照文件中的 backing file 属性。

# 第 4 篇　扩展篇

- ▶▶ 第 17 章　从 OpenStack 到云应用
- ▶▶ 第 18 章　基于 Nova 的扩展
- ▶▶ 第 19 章　添加自定义组件

# 第 17 章　从 OpenStack 到云应用

在第 1.2.4 小节介绍了云计算平台的 3 层架构：IasS（基础设施即服务）、PaaS（平台即服务）和 SaaS（软件即服务）。其中虚拟机管理是属于 IaaS 层部分的内容，也是云计算平台中最核心、最难实现的功能。同时，也应该看到，一个云计算平台只有虚拟机管理，是远远不够的。毕竟，创建虚拟机的目的是为了让虚拟机帮助完成其他任务的。因此，在创建虚拟机之后，还需要在虚拟机上部署测试环境，即部署 PaaS 层。这里说的测试环境包括 Apache、MySQL 和 PHP 等环境。本章首先介绍如何在虚拟机上部署 Hadoop 环境，然后介绍如何在 OpenStack 平台上部署 Android 系统。

本章主要涉及到的知识如下。

- 部署 Hadoop 环境：学会 Hadoop 的单节点（standalone）、伪分布式（psedu-distributed）和全分布式（Fully distributed）3 种部署方案。
- 部署 Chukwa 环境：学会安装和使用 Chukwa，掌握如何利用 Chukwa 生成 Hadoop 性能分析报表。
- 学会在 OpenStack 环境下创建 Android 虚拟机，掌握创建 Android 虚拟机 XML 定义文件与 Linux 虚拟机 XML 定义文件的区别。

## 17.1　Hadoop 简介

Hadoop 是由 Apache 软件基金会（Apache Software Foundation）于 2005 年作为 Lucene 的子项目 Nutch 的一部分正式引入。它主要由两部分组成：一个是 Map/Reduce 并行架构，一个是分布式文件系统 HDFS（Hadoop Distributed File System）。

本节将分别对 HDFS 文件系统和 Map Reduce（M/R）机制做一个简单的介绍。

### 17.1.1　HDFS 文件系统

HDFS 是 Hadoop 系统的基础，它具有高容错性、价格低廉、高吞吐量等特点。在分布式系统中，硬件出错是很常见的。一个 HDFS 系统是由数百甚至是上千个文件存储服务器组成。这么大规模的服务器集群，难保其中一部分会出现故障。因此，故障的检测和自动恢复，是 HDFS 系统很重要的设计目标。HDFS 系统的低廉性也是显而易见的，也是所有分布式系统的共同特点。多台低性能的服务器，要比一台高性能的服务器廉价得多。在 HDFS 系统中，面临的是大数据集的应用程序，一个典型的 HDFS 文件大小是 GB 到 TB 的级别。面对这么大的数据集，需要的不是实时的用户交互，而是批量的数据处理。因此，HDFS 去掉 POSIX 一小部分关键语义以获得更好的数据吞吐率。

一个 HDFS 主要由 NameNode（名字节点）和 DataNode（数据节点）组成：

- NameNode 是一个运行在 Hadoop 集群单独的一个服务器上的服务，它是 HDFS 文件系统的核心。NameNode 本身并不保存文件的数据，它只是保存 HDFS 系统所有文件和文件夹的元数据（metadata）。NameNode 保存了 HDFS 系统中所有文件所属数据块的位置信息。当客户端需要访问 HDFS 上的文件时，首先需要查询 NameNode 中的元数据，获取查询文件的位置信息。然后，客户端再访问相应的数据存储节点。

- DataNode 是文件系统的工作节点，它分布在 Hadoop 集群的几乎所有的服务器上。一个 DataNode 通常包含多个块，块是 HDFS 系统保存文件的基本存储单元，一个典型的 HDFS 文件块为 64M。DataNode 根据客户端或者 NameNode 的调度存储和检索数据，并且定期向 NameNode 发送它们所存储的块的列表。

注意：① NameNode 并不持久化保存 HDFS 文件系统的元数据，这些数据会在 HDFS 系统启动时从数据节点重建。② 由于 HDFS 需要存储的文件一般都很大，因此一个文件可能并不是完全存储在一个 DataNode 中。

NameNode 和 DataNode 的关系如图 17.1 所示。

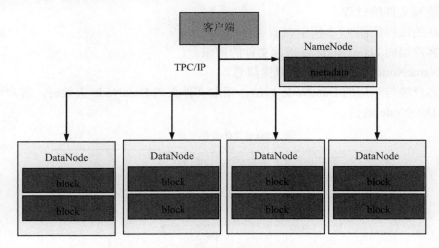

图 17.1　HDFS 分布式文件系统结构图

为了保证系统的鲁棒性，HDFS 文件系统采用了数据备份机制。在进行数据备份时，备份块存放的位置，对于 HDFS 系统的可靠性和效率有很重要的影响。由于 HDFS 可以部署在大规模的集群上，这些集群可能属于不同的机架。理想的情况，当然是把备份放置在不同的机架上。因为当一台机器发生故障（比如网络故障）时，很可能同一机架上的其他机器也会发生故障。因此将副本备份到不同的集群上，可以有效地降低数据失效的风险。但是，不同机架上的机器通信带宽不如同一机架上机器通信带宽大。因此，在不同机架的机器上进行备份，必然会导致效率低下。一般情况下，HDFS 复制因子为 3。副本存放的策略为：第 1 个副本放在本地节点，第 2 个副本放到本地机架上的另外一个节点，而将第 3 个副本放到不同机架上的节点。这样可以有效地减少机架间通信的压力，也保证了数据的高可靠性。

为了减小带宽消耗，提高读文件的效率，HDFS 尝试返回给一个读操作离它最近的副本。因此在读文件时，同机架节点的副本优先于不同机架节点的副本，本地数据中心的副本优先于远程的副本。

要实现系统的鲁棒性，还有一个重要的问题，就是数据恢复。一个 DataNode 会定时向 NameNode 发送一个心跳包。网络的中断等原因可能会造成一些 DataNode 和 NameNode 失去联系。此时，NameNode 将这些 DataNode 标记为死亡状态，不再将新的 IO 请求转发给这些 DataNode。由于它们的数据将对 HDFS 不再可用，因此可能会导致一些块的复制因子降低到指定值以下。NameNode 会检查所有的需要复制的块，并开始复制它们到其他的 DataNode 上。需要进行数据复制的原因可能还有副本损坏、数据节点磁盘损坏或者文件的复制因子增大等。

从 DataNode 上取一个文件块有可能是坏块。出现坏块的原因可能是存储设备错误、网络错误和软件漏洞等。为了判断 HDFS 上的文件块是否损坏，HDFS 客户端实现了 HDFS 文件块内容的校验。在创建 HDFS 文件时，客户端会为每一个文件块计算一个校验码并将校验码存储在一个单独的隐藏文件中。当客户端访问该文件时，客户端便可以根据校验码来判断文件块是否损坏。

作为一个文件系统，其基本的操作当然还是读写文件。本小节的最后，再简单介绍一下 HDFS 读写文件的过程。

读文件的流程如图 17.2 所示。

（1）客户端向 NameNode 发送读文件的请求。

（2）NameNode 返回文件块的位置信息。

（3）客户端与相应的 DataNode 通信，读取文件。当 DataNode 失效时，客户端会与保存副本的 DataNode 通信。

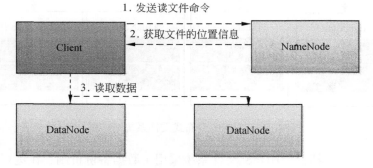

图 17.2　从 HDFS 读文件的流程

写文件的流程如下，参见图 17.3。

（1）客户端向 NameNode 发送写文件请求。

（2）NameNode 会返回一个 DataNode 列表。

（3）客户端会将这一系列的 DataNode 组成一个管道。客户端首先会将数据写入第 1 个 DataNode，写入成功后第 1 个 DataNode 会将数据写入第 2 个 DataNode。如此类推。

（4）所有的 DataNode 成功写入数据后，DataNode 向客户端报告写入完成。

（5）客户端向 NameNode 发送写文件完成的消息。

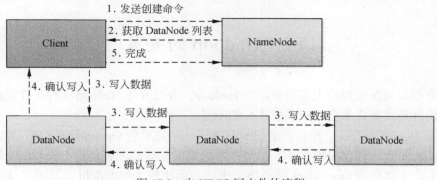

图 17.3　向 HDFS 写文件的流程

## 17.1.2　Map Reduce 机制

一个分布式计算平台，光实现分布式文件系统还不够，还需要有一套完整、简单、可行的并行计算机制。在 Hadoop 中，采用的是 Map Reduce 机制。Map Reduce 机制最初是由 Google Lab 开发的。

Hadoop 中的 Map Reduce 机制，是由 JobTracker 和 TaskTracker 两个服务来完成的。

- 在一个 Hadoop 系统中，只有一个 JobTracker。它的功能是将任务外包给其他节点上的 TaskTracker 来执行。在理想的情况下，当然希望执行任务的 TaskTracker 节点与存储数据的 DataNode 节点是属于同一个节点。这样会极大提高 IO 的效率。如果不能保证是统一节点，也希望 TaskTracker 节点与 DataNode 节点尽可能的近。JobTracker 首先会向 NameNode 询问保存数据的 DataNode 节点的信息。然后选择最近的 TaskTracker 节点，并将任务提交给最近的 TaskTracker 节点执行。
- TaskTracker 与 DataNode 一样，几乎分布于 Hadoop 集群所有的节点上。和 DataNode 类似，TaskTracker 会定期向 JobTracker 发送心跳包。如果 JobTracker 长时间没有收到 TaskTracker 的心跳包，就认为该 TaskTracker 失效了，也就不会给它分配任务了。

通过以上分析可以知道，NameNode、DataNode 的结构与 JobTracker、TaskTracker 的结构非常的类似。事实上，在 Hadoop 中通常也是将 NameNode、DataNode 同 JobTracker、TaskTracker 部署在一起的。在 Hadoop 中，将节点分为主节点（master）和从节点（slave）。主节点只有一个，用于启动 NameNode 和 JobTracker 服务；从节点有多个，用于启动 DataNode 和 TaskTracker 服务。图 17.4 描绘了典型的 Hadoop 服务分布图。

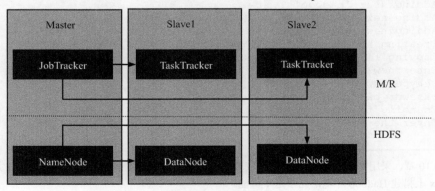

图 17.4　Hadoop 系统典型的结构关系图

## 17.2 Hadoop 的安装

本节介绍如何在虚拟机上安装和运行 Hadoop，并且介绍 Hadoop 3 种工作模式（单节点模式、伪分布式模式和全分布式模式）的配置。

通过第 1~9 章的学习，相信读者已经搭建了一个完整的 OpenStack 环境，并且能够使用 OpenStack 平台来创建虚拟机了。但是，考虑到可能有的读者是将 OpenStack 环境搭建在虚拟机上。在这样的 OpenStack 平台下，无法启动比较大的虚拟机[1]。因此，本节并不通过 OpenStack 创建虚拟机，而是直接利用 Libvirt 创建虚拟机。不过有了本节的知识，相信读者也能够大致了解如何在 OpenStack 平台上搭建 Hadoop 环境。

### 17.2.1 准备工作

首先，需创建两台虚拟机。读者可以采用第 2.3 节介绍的方法手动创建虚拟机，也可以采用自动化脚本[2]。在本章示例中，假设两台虚拟机的主机名为 master 和 slave。虚拟机准备好以后，完成如下步骤。

#### 1．修改虚拟机的/etc/hosts文件

将 master 和 slave 节点的/etc/hosts 文件配置如下：

```
root@master:~# cat /etc/hosts
127.0.0.1       localhost
10.239.131.168  master
10.239.131.235  slave
```

注意：以上配置中，10.239.131.168 为 master 节点的地址，10.239.131.235 为 slave 节点的地址，读者需根据实际情形修改。

#### 2．创建普通用户

在 master 和 slave 节点上执行如下命令：

```
01  root@master:~# adduser hadoop
02  Adding user 'hadoop' ...
03  Adding new group 'hadoop' (1001) ...
04  Adding new user 'hadoop' (1001) with group 'hadoop' ...
05  Creating home directory '/home/hadoop' ...
06  Copying files from '/etc/skel' ...
07  Enter new UNIX password:
08  Retype new UNIX password:
09  passwd: password updated successfully
10  Changing the user information for hadoop
11  Enter the new value, or press ENTER for the default
```

---

1 在第 10 章，采用的 ttylinux，是一个比较轻便简单的虚拟机，便于在 OpenStack 上进行实验。但是要在 ttylinux 上搭建 Hadoop 环境，几乎是不可能。

2 自动化创建虚拟机的流程，参见本书第 2.5 节"快速启动虚拟机"部分。

```
12          Full Name []: hadoop
13          Room Number []:
14          Work Phone []:
15          Home Phone []:
16          Other []:
17  Is the information correct? [Y/n] Y
```

以上命令创建了名为 hadoop 的用户。

### 3. 配置两台虚拟机之间的无密码SSH访问

> 注意：这部分的命令都必须在 hadoop 用户下执行。

（1）在 master 和 slave 节点上分别以 hadoop 身份执行如下命令，创建 ssh key 文件。

```
01  hadoop@master:~$ ssh-keygen -t rsa
02  Generating public/private rsa key pair.
03  Enter file in which to save the key (/home/hadoop/.ssh/id_rsa):
04  Created directory '/home/hadoop/.ssh'.
05  Enter passphrase (empty for no passphrase):
06  Enter same passphrase again:
07  Your identification has been saved in /home/hadoop/.ssh/id_rsa.
08  Your public key has been saved in /home/hadoop/.ssh/id_rsa.pub.
09  The key fingerprint is:
10  3b:70:9a:2d:44:57:80:d8:00:56:f5:dc:4e:30:b8:7f hadoop@master
11  The key's randomart image is:
12  …
```

执行完以上命令后，会在~/.ssh 文件下创建 id_rsa 和 id_rsa.pub 文件。

（2）在 master 节点下，将 id_rsa.pub 文件复制为 authorized_keys 文件。

```
hadoop@master:~/.ssh$ cp id_rsa.pub authorized_keys
```

（3）将 slave 节点下，将 id_rsa.pub 文件的内容追加到 authorized_keys 文件中。

```
hadoop@master:~/.ssh$ scp slave:'pwd'/id_rsa.pub slave_rsa
hadoop@slave's password:
id_rsa.pub                                      100%  394     0.4KB/s   00:00
hadoop@master:~/.ssh$ cat slave_rsa >> authorized_keys
hadoop@master:~/.ssh$ rm slave_rsa
```

（4）将 master 节点的 authorized_keys 文件复制到 slave 节点下。

```
hadoop@master:~/.ssh$ scp authorized_keys slave:'pwd'
hadoop@slave's password:
authorized_keys                                 100%  789     0.8KB/s   00:00
```

（5）修改 master 节点和 slave 节点的 authorized_keys 文件的权限。

```
hadoop@master:~/.ssh$ chmod 0700 authorized_keys
```

以上步骤完成后，便可以实现 master 节点和 slave 节点之间的无密码访问。

### 3. 安装jdk包

Hadoop 是用 Java 编写的，因此，为了运行 Hadoop 服务，首先需要安装 jdk。这里的 Hadoop 需要 jdk 1.6 以上的版本，本书使用的版本为 jdk 1.6.0_26。以下步骤需在 master 和 slave 节点上运行。

(1)将 jdk 安装包[1]下载到/home/hadoop 目录下,并分别在 master 和 slave 节点上执行如下命令:

```
mkdir -p /usr/java
cp ~/ jdk-6u26-linux-x64.bin /usr/java
cd /usr/java
./jdk-6u26-linux-x64.bin
```

以上命令执行完毕后,便会在/usr/java 目录下创建一个 jdk1.6.0_26 目录。

(2)将 Hadoop 源码包[2]分别下载和解压到 master 节点和 slave 节点的/home/hadoop 目录下。以上工作完成后,便可对 Hadoop 进行配置了。

### 17.2.2 Hadoop 的单节点模式

**注意**:除非特别说明,本节所有的脚本都需在 hadoop 用户下执行。

(1)配置 Hadoop 单节点模式

单节点模式是 Hadoop 默认的模式,其配置也非常简单,只需配置 Hadoop 的 Java 路径即可。在 hadoop-env.sh 文件[3]中,添加如下内容:

```
export JAVA_HOME=/usr/java/jdk1.6.0_26
```

(2)准备测试数据

这里,为了简单起见,就以 Hadoop 的配置文件作为测试数据。在 master 节点下,执行如下命令:

```
hadoop@master:~$ mkdir input
hadoop@master:~$ cp hadoop-0.20.2-cdh3u5/conf/* input/
```

以上命令创建了一个 input 目录,并将 Hadoop 的配置文件复制到 input 目录下。

(3)执行 Hadoop Job

```
hadoop@master:~$ /home/hadoop/hadoop-0.20.2-cdh3u5/bin/hadoop jar \
/home/hadoop/hadoop-0.20.2-cdh3u5/hadoop-*-examples.jar    grep    input
output0 'dfs[a-z.]+'
```

为了便于用户快速地使用 Hadoop,在 hadoop-*-examples.jar 包中提供了一些简单的 Hadoop 示例。以上命令执行了 hadoop-*-examples.jar 包下的 grep 示例。该示例会搜索 input 目录下的文件,统计文件中满足正则表达式 dfs[a-z.]+的字符串出现的次数。

(4)查看运行结果

示例执行完毕后,会将结果保存在 output0 目录下的 part-00000 文件中。查看该文件的内容:

```
hadoop@master:~$ cat output0/part-00000
3       dfs.class
```

---

[1] 可从 http://www.oracle.com/technetwork/java/javasebusiness/downloads/java-archive-downloads-javase6-419409.html#jdk-6u26-oth-JPR 下载。

[2] 可从 http://archive.cloudera.com/cdh/3/hadoop-0.20.2-cdh3u5.tar.gz 下载。

[3] /home/hadoop/hadoop-0.20.2-cdh3u5/conf/hadoop-env.sh。

```
2       dfs.period
1       dfs.file
1       dfs.servers
1       dfsadmin
1       dfsmetrics.log
```

从以上输出可以看到，字符串"dfs.class"出现了 3 次，可以通过 Linux 的 grep 命令进行验证。

```
hadoop@master:~$ cd input/
hadoop@master:~/input$ ls * | xargs -i grep -Hn "dfs.class" {}
hadoop-metrics.properties:2:dfs.class=org.apache.hadoop.metrics.spi.
NullContext
hadoop-metrics.properties:5:#dfs.class=org.apache.hadoop.metrics.file.
FileContext
hadoop-metrics.properties:10:# dfs.class=org.apache.hadoop.metrics.
ganglia.GangliaContext
```

可以看到字符串"dfs.class"确实出现了 3 次，Hadoop Job 运行正确。

> 注意：细心的读者可能发现，运行 Hadoop Job 是非常耗时的。这是因为 Hadoop 对所有的 Job，哪怕是非常简单的 Job 都要执行 Map 和 Reduce 操作，因此需要耗费一定的时间。Hadoop 面向的是大规模的数据，它的 M/R 机制可以很方便地让用户开发出并行的程序。而并行程序的优势，只有在大规模数据中才能体现。

### 17.2.3 Hadoop 的伪分布式模式

所谓伪分布式模式，就是指 Hadoop 系统中只有一个节点的分布式模式。它与单节点模式的不同点在于，伪分布式模式需要启动 NameNode、DataNode、JobTracker 和 TaskTracker 服务。当用户向 Hadoop 提交 Job 时，Hadoop 会把 Job 提交给 JobTracker 处理。

接下来，介绍伪分布式模式的配置和测试。

#### 1. 伪分布式模式的配置

> 注意：本节介绍的配置文件都在/home/hadoop/hadoop-0.20.2-cdh3u5/conf 目录下。

（1）hadoop-env.sh，在 hadoop-env.sh 中需配置 JAVA 路径，参见 17.2.2 小节"配置 Hadoop 单节点模式"部分。

（2）core-site.xml，其配置如下：

```
01  <configuration>
02      <property>
03          <name>hadoop.tmp.dir</name>
04          <value>/home/hadoop/hdfs/tmp</value>
05      </property>
06      <property>
07          <name>fs.default.name</name>
08          <value>hdfs://master:9000/</value>
09      </property>
10  </configuration>
```

（3）mapred-site.xml，其配置如下：

```
01  <configuration>
02      <property>
03          <name>mapred.local.dir</name>
04          <value>/home/hadoop/hdfs/var</value>
05      </property>
06      <property>
07          <name>mapred.job.tracker</name>
08          <value>master:9001</value>
09          <final>true</final>
10      </property>
11  </configuration>
```

(4) hdfs-site.xml, 其配置如下:

```
01  <configuration>
02      <property>
03          <name>dfs.replication</name>
04          <value>1</value>
05      </property>
06  </configuration>
```

表 17.1 列出了 Hadoop 的 XML 配置文件中各个属性的详细说明。

表 17.1 Hadoop XML 配置文件中设置的属性一览

| 属　性 | 所属文件 | 描　述 | 默　认　值 |
| --- | --- | --- | --- |
| hadoop.tmp.dir | core-site.xml | Hadoop 的临时目录 | /tmp/hadoop-${user.name} |
| fs.default.name | core-site.xml | Hadoop NameNode 节点的监听地址 | file:/// |
| mapred.local.dir | mapred-site.xml | 存储 Map Reduce 中间结果的目录 | ${hadoop.tmp.dir}/mapred/local |
| mapred.job.tracker | mapred-site.xml | Hadoop JobTracker 节点的监听地址 | maprfs:/// |
| dfs.replication | hdfs-site.xml | 数据的复制因子 | 3 |

注意：由于 Hadoop 面对的是大规模的数据，因此在实际应用中，需要有专门的磁盘来保存 Hadoop 的数据。

(5) 创建所需的目录。

在前面的配置中，设置了 hadoop.tmp.dir 和 mapred.local.dir 目录。因此需要手动创建相应的目录。

```
hadoop@master:~$ mkdir -p hdfs/tmp
hadoop@master:~$ mkdir -p hdfs/var
```

此外，默认的 Hadoop log 文件保存在 /home/hadoop/hadoop-0.20.2-cdh3u5/logs 目录下。因此，还需创建 logs 目录。

## 2. 启动 Hadoop 服务

(1) 在第一次启动 Hadoop 之前，首先需要格式化 NameNode。

```
hadoop@master:~$ cd hadoop-0.20.2-cdh3u5/bin/
hadoop@master:~/hadoop-0.20.2-cdh3u5/bin$ ./hadoop namenode -format
```

(2) 启动 Hadoop 服务。

```
hadoop@master:~/hadoop-0.20.2-cdh3u5/bin$ ./start-all.sh
```

(3) 服务启动后，可通过 jps 命令验证。

```
01  hadoop@master:~/hadoop-0.20.2-cdh3u5/bin$ jps
02  11733 DataNode
03  11952 SecondaryNameNode
04  12023 JobTracker
05  12265 Jps
06  11239 TaskTracker
07  11515 NameNode
```

**注意：**

① 以上 5 个服务（NameNode、SecondaryNameNode、DataNode、JobTracker 和 TaskTracker）必须全部启动，Hadoop 才是启动成功。

② 在执行 jps 命令之前，需要设置 Java 路径。可以 root 用户身份在/etc/profile 文件的末尾，添加如下配置：

```
export JAVA_HOME=/usr/java/jdk1.6.0_26
export CLASSPATH=$CLASSPATH:$JAVA_HOME/lib:$JAVA_HOME/jre/lib
export PATH=$PATH:$JAVA_HOME/bin:$JAVA_HOME/jre/bin
```

然后使用 source /etc/profile 命令，加载 Java 路径。

### 3. 测试Hadoop服务

这里还是用 grep 示例进行测试。

（1）将 input 目录上传到 HDFS 文件系统中。

```
01  hadoop@master:~$ hadoop-0.20.2-cdh3u5/bin/hadoop fs -mkdir input
02  hadoop@master:~$ hadoop-0.20.2-cdh3u5/bin/hadoop fs -put ~/input/* input
```

以上脚本的第 01 行在 HDFS 文件系统中创建了一个名为 input 的目录。在 HDFS 文件系统中，实现了与 Linux 文件系统类似的文件结构。这里的 input 目录的完整路径是 /user/hadoop/input，其中/user/hadoop 是 hadoop 用户的主目录。脚本的第 02 行是将本地文件上传到 HDFS 文件系统中。其中~/input 是本地文件系统中的目录，最后的 input 是 HDFS 文件系统的目录。

（2）执行如下命令运行 grep 示例。

```
hadoop@master:~$ /home/hadoop/hadoop-0.20.2-cdh3u5/bin/hadoop jar \
> /home/hadoop/hadoop-0.20.2-cdh3u5/hadoop-0.20.2-examples.jar \
> grep input output 'dfs[a-z.]+'
```

此时，在 HDFS 文件系统的/user/hadoop 目录下，会创建一个 output 目录，保存 Job 运行的结果。可通过 hadoop fs -ls 命令，查看 HDFS/user/hadoop 目录下的内容。

```
hadoop@master:~/hadoop-0.20.2-cdh3u5/bin$ ./hadoop fs -ls
Found 2 items
drwxr-xr-x   - hadoop supergroup          0 2013-08-05 07:48 /user/hadoop/input
drwxr-xr-x   - hadoop supergroup          0 2013-08-05 08:01 /user/hadoop/output
```

（3）执行 hadoop fs -get 命令将 HDFS 文件系统中的 output 目录下载到本地。

```
hadoop@master:~/hadoop-0.20.2-cdh3u5/bin$ ./hadoop fs -get output ~/output1
```

读者可以看到，output1 目录下的输出结果 part-00000 与 output0 目录下的输出结果类似。

## 17.2.4　Hadoop 的全分布式模式

有了伪分布式模式部分的知识，要配置全分布式模式是非常容易的。需要在伪分布式模式配置的基础上，修改/home/hadoop/hadoop-0.20.2-cdh3u5/目录下的 masters 文件和 slaves 文件。配置全分布式模式的步骤如下。

（1）在 master 节点上，关闭 Hadoop 服务。

```
hadoop@master:~$ cd hadoop-0.20.2-cdh3u5/bin/
hadoop@master:~/hadoop-0.20.2-cdh3u5/bin$ ./stop-all.sh
```

（2）在 master 节点上，配置 masters 文件和 slaves 文件。

masters 文件和 slaves 文件的内容如下：

```
hadoop@master:~/hadoop-0.20.2-cdh3u5/conf$ cat masters
master
hadoop@master:~/hadoop-0.20.2-cdh3u5/conf$ cat slaves
master
slave
```

以上配置中的 masters 为 Hadoop 系统中的主节点列表，slaves 为 Hadoop 系统中从节点的列表。可以看到，master 节点既是主节点，又是从节点。

（3）将 master 节点上的 Hadoop 配置文件复制至 slave 节点。在 slave 节点上执行如下命令：

```
hadoop@slave:~$ cd hadoop-0.20.2-cdh3u5/conf/
hadoop@slave:~/hadoop-0.20.2-cdh3u5/conf$ rm *
hadoop@slave:~/hadoop-0.20.2-cdh3u5/conf$ scp master:`pwd`/* .
```

（4）配置 slave 节点的/etc/profile 文件。以 root 用户身份，在 slave 节点上/etc/profile 文件的末尾，添加如下配置：

```
export JAVA_HOME=/usr/java/jdk1.6.0_26
export CLASSPATH=$CLASSPATH:$JAVA_HOME/lib:$JAVA_HOME/jre/lib
export PATH=$PATH:$JAVA_HOME/bin:$JAVA_HOME/jre/bin
```

（5）在 slave 节点上，创建所需的文件夹。

```
hadoop@slave:~$ mkdir -p hdfs/tmp
hadoop@slave:~$ mkdir -p hdfs/var
hadoop@slave:~$ mkdir -p hadoop-0.20.2-cdh3u5/logs
```

（6）在 master 节点上执行如下命令启动 Hadoop 服务。

```
hadoop@master:~$ cd hadoop-0.20.2-cdh3u5/bin/
hadoop@master:~/hadoop-0.20.2-cdh3u5/bin$ ./start-all.sh
```

注意：以上命令只需在 master 节点上执行。

（7）使用 jps 命令验证 Hadoop 服务是否成功启动。

```
01  # master 节点
```

```
02  hadoop@master:~$ jps
03  21107 DataNode
04  21422 JobTracker
05  21645 TaskTracker
06  21707 Jps
07  21352 SecondaryNameNode
08  20880 NameNode
09  # slave 节点
10  hadoop@slave:~$ jps
11  6252 TaskTracker
12  6624 Jps
13  6141 DataNode
```

只有 master 节点启动了 NameNode、SecondaryNameNode、DataNode、JobTracker 和 TaskTracker 这 5 个服务，slave 节点启动了 TaskTracker 和 DataNode 服务，Hadoop 才是启动成功。

Hadoop 全分布式模式的测试过程与伪分布式模式完全相同，这里就不再赘述了。值得一提的是，用户可以在任意的一个 Hadoop 节点上提交 Job。

## 17.3　Hadoop 的性能分析

在 Hadoop 运行的都是大作业。因此，有时便想了解在作业运行期间，对系统的 CPU、内存和 IO 等资源的消耗情况进行统计分析。这样的分析，对于帮助开发者合理配置 Hadoop 系统资源、提高 Hadoop 系统的性能是很有帮助的。而 Hitune 正是这样一个分析 Hadoop 性能的工具。Hitune 是运行在 Chukwa 基础之上的。本节首先对 Hitune 和 Chukwa 做一个简单的介绍，然后再介绍搭建 Chukwa-Hitune 环境的步骤。

### 17.3.1　Chukwa 与 Hitune 简介

Chukwa 是一个分布式的日志处理系统。它的主要功能是监控大规模 Hadoop 集群的整体运行情况并对它们的日志进行分析。通过对 Hadoop 集群运行情况的分析，Chukwa 可以提供如下功能：

- 了解一个 job 的运行时间，知道 job 在运行过程中占用的资源情况，分析 job 失败的原因。
- 了解集群的资源消耗情况，了解 Hadoop Job 的整体运行情况，帮助管理员协调集群资源。
- 分析 Hadoop 集群的性能变化，找到集群的资源瓶颈，帮助集群开发者优化集群的性能。

在 Chukwa 系统中，主要由以下几个部分组成。

- Adapter：这是负责采集 Hadoop 集群数据的最基本接口和工具。
- Agent：用于管理 adapter，将 adapter 采集的数据提交给 collector。一个 agent 可以管理多个 adapter。
- Collector：收集 agent 提交的数据，并提交到 Hadoop 集群中。

- Demux：发起 Hadoop Job 对 collector 上传的数据进行分类、排序、去重，将非结构化的数据结构化。
- archive：将同类的数据合并，减少 HDFS 的存储压力。

注意：由于 agent 和 adapter 是用于收集 Hadoop 节点的数据，因此它们需在 Hadoop 的每个节点上运行。

图 17.5 描绘了 Chukwa 各个部件的结构体。

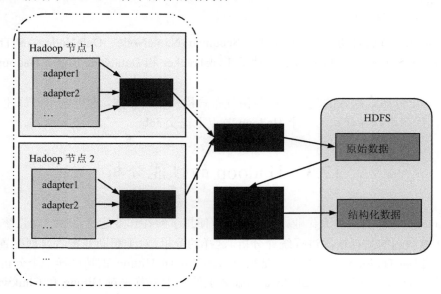

图 17.5　Chukwa 各个部件结构图

HiTune 是运行在 Chukwa 基础之上的 Hadoop 性能分析工具。它的主要特色是将 Chukwa 生成的结构化数据，转化成 csv 文件，并能够实现图形化显示，给人以直观的感受。

## 17.3.2　Chukwa 的安装与配置

Chukwa 的安装主要分为以下几步：
（1）安装 sysstat。
（2）安装 NTP。
（3）下载、配置和安装 Chukwa。
（4）修改 Chukwa 的 initial_adapter 文件。
（5）修改 Hadoop 配置文件。
（6）复制必要的 jar 包。

注意：由于 Chukwa 的安装需要修改 Hadoop 的配置，所以在安装 Chukwa 之前，需要关闭 Hadoop 服务。

### 1．安装sysstat

分别在 master 和 slave 节点上以 root 用户身份执行如下操作。

（1）安装必要的 apt-get 包。

```
root@master:~# apt-get install gcc make gettext
```

（2）将 sysstat 下载到本地[1]，并执行如下命令编译安装。

```
01  root@master:~# tar zxvf sysstat-9.0.6.tar.gz
02  root@master:~# cd sysstat-9.0.6/
03  root@master:~/sysstat-9.0.6# ./configure
04  root@master:~/sysstat-9.0.6# make
05  root@master:~/sysstat-9.0.6# make install
```

## 2. 安装NTP

在这里，将 master 节点设置成 NTP 服务器，slave 节点定时同步 master 节点的时间。

（1）在 master 和 slave 节点上安装 ntp 包。

```
root@master:~# apt-get install ntp
```

（2）修改 master 节点的/etc/ntp.conf 文件。删除如下行：

```
restrict default kod nomodify notrap nopeer noquery
restrict -6 default kod nomodify notrap nopeer noquery
```

同时，在 ntp.conf 文件末尾添加如下内容：

```
restrict default nomodify noquery notrap
restrict 10.239.131.0 mask 255.255.255.0 nomodify notrap
server  127.127.1.0
fudge   127.127.1.0   stratum 8
```

注意：这里的 10.239.131.0 是 master 节点和 slave 节点所属网段的地址，读者需根据实际情况修改。

（3）在 master 节点上重启 ntpd 服务。

```
root@master:~# service ntpd stop
root@master:~# service ntpd start
```

（4）在 master 节点上验证 NTP 服务是否启动。

```
root@master:~# ntpq
ntpq> pe
     remote           refid      st t when poll reach   delay   offset  jitter
==============================================================================
 rikku.vrillusio  .INIT.          16 u    -   64    0   0.000    0.000   0.000
 dns1.synet.edu.  .INIT.          16 u    -   64    0   0.000    0.000   0.000
 Hshh.org         .INIT.          16 u    -   64    0   0.000    0.000   0.000
 LOCAL(0)         .LOCL.           8 l    6   64    1   0.000    0.000   0.000
```

注意：以上输出中，最重要的是最后一行，这行记录，显示了本地 NTP 服务的信息。需要特别注意的是 st 列的信息，它显示的是 NTP 服务的 stratum，16 表示 NTP 服务不可用。这里本地 NTP 服务的 st 为 8，说明服务可用。

（5）在 slave 节点上同步 master 节点时间。在 slave 节点上执行如下命令：

---

[1] 可以直接从 https://github.com/JiYou/openstack/blob/master/chap17/hadoop/sysstat-9.0.6.tar.gz 下载。

```
root@slave:~# ntpdate master
25 Jan 05:45:51 ntpdate[3640]: adjust time server 10.239.82.125 offset
0.199617 sec
```

（6）设置定时任务。在 slave 节点的/etc/crontab 文件末尾添加如下行：

```
10 * * * * /usr/sbin/ntpdate master
```

以上命令设置 slave 节点每一小时同步一次 NTP 服务器时间。

### 3. 下载、配置和安装Chukwa

**注意**：以下命令必须以 hadoop 用户身份，分别在 master 和 slave 节点上运行。

（1）将 chukwa 安装包下载[1]到本地，然后执行如下命令配置 chukwa。

```
01  hadoop@master:~$ unzip HiTune-master.zip
02  hadoop@master:~$ cd HiTune-master/
03  hadoop@master:~/HiTune-master$ ./configure
04  The role of the cluster - either "hadoop" or "chukwa"[chukwa]:
05  The folder to install HiTune[/home/hadoop]:
06  The list of nodes in the Hadoop cluster - multiple nodes can be separated
    with comma, and
07  can also be specified as hostname1-100 or 192.168.0.1-100[localhost]:
    master,slave
08  The list of collector nodes in the Chukwa cluster - multiple nodes can
    be separated with
09  comma, and can also be specified as hostname1-100 pattern or
10  192.168.0.1-100[localhost]:master,slave
11  The HDFS URI of the Chukwa cluster[hdfs://127.0.0.1:9000]:
    hdfs://master:9000
12  Java home[]:/home/hadoop/jdk1.6.0_26
13  Java platform[Linux-i386-32]:Linux_amd64_64
14  Hadoop home[/usr/lib/hadoop]:/home/hadoop/hadoop-0.20.2-cdh3u5
15  Hadoop configuration folder[/home/hadoop/hadoop-0.20.2-cdh3u5/conf]:
16  Hadoop core jar file[]:/home/hadoop/hadoop-0.20.2-cdh3u5/hadoop-core-
    0.20.2-cdh3u5.jar
17  Chukwa's log dir - it is strongly recommended to put the Chukwa log folder
    under the
18  hadoop_log_dir [/var/log/hadoop/chukwa]:/home/hadoop/hadoop-0.20.2-
    cdh3u5/logs/chukwa
19  Hadoop history log folder - it is usually under /history/done
20  [/var/log/hadoop/history/done]:/home/hadoop/hadoop-0.20.2-cdh3u5
    /logs/history/done
```

以上脚本中，第 05 行设置 Chukwa 的安装路径，这里设置为/home/hadoop。第 06~07 行设置 Hadoop 集群的节点列表。在 Hadoop 集群的每个节点上，都会运行 chukwa-agent 服务。第 08~10 行设置 chukwa-collector 节点的列表。第 11 行设置 HDFS 的 URI 地址，需和 hadoop 的 core-site.xml 配置文件一致。第 12 行设置 Java 路径。第 13 行设置 Java 平台。其中 Linux-amd64-64 是 64 位系统，而 Linux-i386-32 是 32 位系统。第 14 行设置 Hadoop 的安装路径。第 15 行设置 Hadoop 配置文件路径。第 16 行设置 Hadoop core jar 文件的路径。第 17~18 行设置 Chukwa 的 log 文件路径。Chukwa 推荐将 log 文件目录设置在 Hadoop 的日志文件目录下。第 19 行设置 Hadoop 的 Job 历史文件的目录。在 Hadoop 中，通常将

---

1 下载地址为 https://github.com/intel-hadoop/HiTune/archive/master.zip。

一个 Job 分割成多个子任务。要想分析 Job 的运行情况，就必须知道这些子任务的运行情况。Chukwa 会从该目录下，提取 Job 各个子任务的运行时间等信息。

以上脚本运行完成后，会在 /home/hadoop /HiTune-master 目录下生成一个 chukwa-cluster.conf 文件。如果在运行 configure 脚本时，有什么参数输入错误，可以在 chukwa-cluster.conf 文件中做相应的更正。

（2）分别在 master 和 slave 节点上执行如下命令完成安装。

```
hadoop@master:~/HiTune-master$ ./install.sh -f chukwa-cluster.conf -r chukwa
```

以上命令完成后，会在/home/hadoop 目录下创建 chukwa-hitune-dist 目录。

### 4. 修改Chukwa的initial_adapter文件

Chukwa 的 initial_adapter 文件在/home/hadoop/chukwa-hitune-dist/conf 目录下。将该文件的最后一行由：

```
add    org.apache.hadoop.chukwa.datacollection.adaptor.DirTailingAdaptor
HiTune.JobHistoryLog /home/hadoop/hadoop-0.20.2-cdh3u5/logs/history/done
*_*_job_*_*_*_*
org.apache.hadoop.chukwa.datacollection.adaptor.filetailer.CharFileTail
ingAdaptorUTF8NewLineEscaped 0
```

修改为：

```
add    org.apache.hadoop.chukwa.datacollection.adaptor.DirTailingAdaptor
HiTune.JobHistoryLog /home/hadoop/hadoop-0.20.2-cdh3u5/logs/history/done
job_*_*_*_*
org.apache.hadoop.chukwa.datacollection.adaptor.filetailer.CharFileTail
ingAdaptorUTF8NewLineEscaped 0
```

> **注意**：这应该是 Chukwa 与 Hadoop 的版本不一致造成的问题。如果读者使用其他版本的 Hadoop，在修改时，最好查看一下/home/hadoop/hadoop-0.20.2-cdh3u5/logs/history/done 文件夹下的 job 历史文件的文件名格式。

### 5. 修改hadoop配置

（1）在 mapred-site.xml 文件中添加如下配置：

```
01    <property>
02        <name>mapred.job.reuse.jvm.num.tasks</name>
03        <value>1</value>
04    </property>
05    <property>
06        <name>mapred.child.java.opts</name>
07        <value>-Xmx200m \
08 -javaagent:/home/hadoop/chukwa-hitune-dist/hitune/HiTuneInstrument
   Agent-0.9.jar=\
09 traceoutput=/home/hadoop/chukwa-hitune-dist/hitune_output,taskid=
   @taskid@</value>
10    </property>
11    <property>
12        <name>mapreduce.job.counters.limit</name>
13        <value>32000</value>
14    </property>
```

在以上配置中，引用了一个 hitune_output 目录。这个目录保存了 Chukwa Agent 收集的系统信息。这个目录，需要手动创建。

```
hadoop@slave:~$ cd chukwa-hitune-dist/
hadoop@slave:~/chukwa-hitune-dist$ mkdir hitune_output
```

（2）在 hdfs-site.xml 文件中添加如下配置：

```
<property>
    <name>dfs.datanode.max.xcievers</name>
    <value>4096</value>
</property>
```

（3）覆盖 Hadoop 的 log4j 和 metrics 配置文件。

```
hadoop@master:~/chukwa-hitune-dist/conf$ cp hadoop-log4j.properties \
> /home/hadoop/hadoop-0.20.2-cdh3u5/conf/log4j.properties
hadoop@master:~/chukwa-hitune-dist/conf$ cp hadoop-metrics.properties \
> /home/hadoop/hadoop-0.20.2-cdh3u5/conf/hadoop-metrics.properties
```

6. 复制jar包

```
01  hadoop@master:~/chukwa-hitune-dist$ cp chukwa-agent-0.4.0.jar \
02  > /home/hadoop/hadoop-0.20.2-cdh3u5/lib
03  hadoop@master:~/chukwa-hitune-dist$ cp chukwa-hadoop-0.4.0-client.jar\
04  > /home/hadoop/hadoop-0.20.2-cdh3u5/lib
05  hadoop@master:~/chukwa-hitune-dist$ cp tools-0.4.0.jar\
06  > /home/hadoop/hadoop-0.20.2-cdh3u5/lib
07  hadoop@master:~/chukwa-hitune-dist$ cp /home/hadoop/hadoop-0.20.2-cdh3u5/lib/* lib/
```

## 17.3.3　使用 Hitune 分析 Hadoop 的性能

本小节介绍如何使用 Hitune 来分析 Hadoop 的性能。在第 17.3.1 小节介绍过，Hitune 需要依赖 Chukwa 来收集数据。因此，首先需要启动 Hadoop 和 Chukwa。然后，在 Hadoop 上运行 Job。当 Chukwa 收集完 Job 的信息后，便可使用 Hitune 生成报表。Hitune 生成的报表是 csv 文件。因此，需要在 Excel 中查看报表的内容。接下来，将逐步介绍如何生成 Hadoop Job 的报表。

注意：本小节的脚本只需在 master 节点上运行。

### 1. 启动Chukwa服务

（1）启动 Hadoop。

（2）在 master 节点上执行如下命令，启动 Chukwa。

```
hadoop@master:~ $ cd chukwa-hitune-dist/bin
hadoop@master:~/chukwa-hitune-dist/bin$ ./start-all.sh
```

以上步骤完成后，master 和 slave 节点上分别运行如下服务。

```
01  # master 节点
02  hadoop@master:~/chukwa-hitune-dist/bin$ jps
03  18784 DataNode
04  20453 CollectorStub
```

```
05    20848 DemuxManager
06    19283 TaskTracker
07    19043 JobTracker
08    20943 PostProcessorManager
09    20781 ChukwaArchiveManager
10    18581 NameNode
11    18985 SecondaryNameNode
12    20710 ChukwaAgent
13    20949 Jps
14    # slave 节点
15    hadoop@slave:~$ jps
16    27082 Jps
17    26545 CollectorStub
18    26757 ChukwaAgent
19    25280 TaskTracker
20    25077 DataNode
```

如果 Chukwa 启动成功，会在 HDFS 上生成如下目录。

```
hadoop@slave:~$ cd hadoop-0.20.2-cdh3u5/bin/
hadoop@slave:~/hadoop-0.20.2-cdh3u5/bin$ ./hadoop fs -ls /chukwa
Found 9 items
drwxr-xr-x-hadoop supergroup    0 2013-08-06 12:06 /chukwa/archivesProcessing
drwxr-xr-x-hadoop supergroup    0 2013-08-06 12:15 /chukwa/dataSinkArchives
drwxr-xr-x-hadoop supergroup    0 2013-08-06 12:18 /chukwa/demuxProcessing
drwxr-xr-x-hadoop supergroup    0 2013-08-06 12:06 /chukwa/finalArchives
drwxr-xr-x-hadoop supergroup    0 2013-08-06 12:16 /chukwa/logs
drwxr-xr-x-hadoop supergroup    0 2013-08-06 12:18 /chukwa/postProcess
drwxr-xr-x-hadoop supergroup    0 2013-08-06 12:16 /chukwa/repos
drwxr-xr-x-hadoop supergroup    0 2013-08-06 12:16 /chukwa/rolling
drwxr-xr-x-hadoop supergroup    0 2013-08-06 12:18 /chukwa/temp
```

**注意**：Chukwa 要想完全启动，需要 5~15 分钟的时间。如果一时还没有生成好这 9 个目录，可以稍等片刻。

### 2．运行Hadoop Job

为了使得报表能够更"好看"一些，在这里，需要运行一个比较大的 Job。这里，依然以 grep 示例程序为例。在这里，可以采用 HiBench 工具包。

（1）将 HiBench 工具包下载[1]并解压到 master 节点的/home/hadoop 目录下。此时，会在/home/hadoop 目录下生成一个 HiBench-master 目录。

（2）修改 hibench-configure.sh 文件[2]。将如下语句块：

```
01    ###################### Global Paths ##################
02
03    HADOOP_EXECUTABLE=
04    HADOOP_CONF_DIR=
05    HADOOP_EXAMPLES_JAR=
06
07    if [ -n "$HADOOP_HOME" ]; then
08         HADOOP_EXECUTABLE=$HADOOP_HOME/bin/hadoop
09         HADOOP_CONF_DIR=$HADOOP_HOME/conf
10         HADOOP_EXAMPLES_JAR=$HADOOP_HOME/hadoop-examples*.jar
```

---

1 下载地址为 https://github.com/intel-hadoop/HiBench/archive/master.zip。
2 /home/hadoop/HiBench-master/bin/hibench-config.sh。

修改为：

```
01  #################### Global Paths ################
02  export HADOOP_HOME=/home/hadoop/hadoop-0.20.2-cdh3u5
03  HADOOP_EXECUTABLE=
04  HADOOP_CONF_DIR=
05  HADOOP_EXAMPLES_JAR=
06
07  if [ -n "$HADOOP_HOME" ]; then
08       HADOOP_EXECUTABLE=$HADOOP_HOME/bin/hadoop
09       HADOOP_CONF_DIR=$HADOOP_HOME/conf
10       HADOOP_EXAMPLES_JAR=$HADOOP_HOME/hadoop-*examples*.jar
```

（3）运行 HiBench Job。

配置完成后，便可利用 HiBench 运行大 Hadoop Job 了。HiBench 提供了很多个不同的 Job 示例，限于篇幅，无法一一列举。这里只列举最简单的 wordcount Job。

进入 wordcount/bin 目录，可以看到目录下有以下文件。

```
hadoop@master:~$ cd HiBench-master/wordcount/bin/
hadoop@master:~/HiBench-master/wordcount/bin$ ls
prepare.sh  run.sh
```

其中，prepare.sh 用于准备输入数据，run.sh 用于启动 wordcount Job。默认情况下，prepare.sh 会生成 3.2G 的大数据。这样的数据规模，对于虚拟机来说，显然太大了。为此，这里将数据规模改成 32M。可修改 wordcount/conf/configure.sh[1] 文件，将 DATASIZE 由：

```
DATASIZE=3200000000
```

改成：

```
DATASIZE=32000000
```

修改完毕后，以此运行 wordcount/bin/ 目录下的 prepare.sh 和 run.sh 文件。首先运行 prepare.sh。

```
01  hadoop@master:~$ cd HiBench-master/wordcount/bin/
02  hadoop@master:~/HiBench-master/wordcount/bin$ ./prepare.sh
03  ========= preparing wordcount data=========
04  …
05  13/08/08 08:35:41 INFO mapred.JobClient: Running job: job_201308080824_0005
06  13/08/08 08:35:42 INFO mapred.JobClient:  map 0% reduce 0%
07  …
```

> 注意：以上输出的第 05 行指出了 prepare.sh 发起的 Hadoop Job 的 id 为 201308080824_0005。这个 id 非常重要。在利用 HiTune 生成报表时需要制定 Hadoop Job 的 id。

接下来，运行 run.sh。

```
01  hadoop@master:~/HiBench-master/wordcount/bin$
02  hadoop@master:~/HiBench-master/wordcount/bin$ ./run.sh
03  ========= running wordcount bench =========
04  …
05  13/08/08 08:41:15 INFO mapred.JobClient: Running job: job_201308080824_0009
```

---

[1] /home/hadoop/HiBench-master/wordcount/conf/configure.sh。

```
06  13/08/08 08:41:16 INFO mapred.JobClient:  map 0% reduce 0%
07  …
```

从以上输出可以看到，run.sh 发起的 Hadoop Job id 为 job_201308080824_0009。

### 3．生成报表

当 Hadoop Job 运行完毕后，还不能立即生成报表，还需等待 Chukwa 收集 Job 运行的数据。这时，需要注意查看 HDFS 中的/.JOBS 文件夹。如果该文件夹下出现了相应 Job 的 xml 文件，才说明 Job 的运行数据收集完毕。

```
hadoop@master:~ $ ./hadoop-0.20.2-cdh3u5/bin /hadoop fs -ls /.JOBS
Found 39 items
…
-rw-r--r--1 hadoop supergroup 479 2013-08-08 10:58 /.JOBS/201308080824_0009.xml
…
```

从以上输出可以看到，在/.JOBS 目录下已经产生了 job_201308080824_0009 的 xml 文件，说明该 Job 的数据收集已经完成。

Job 的数据收集完毕后，可执行如下步骤，生成报表。

（1）关闭 Chukwa Agent。

```
hadoop@master:~$ ./chukwa-hitune-dist/bin/stop-agents.sh
```

**注意**：必须养成随时关闭 Chukwa Agent 的好习惯。否则，Chukwa 会不断生成分析数据。最后可能把磁盘空间占满，导致 Chukwa 服务崩溃。

（2）运行 Hitune 的分析工具来生成 csv 报表。

```
hadoop@master:~$ cd chukwa-hitune-dist/hitune/bin/
hadoop@master:~/ chukwa-hitune-dist/hitune/bin$ ./ HiTuneAnalysis.sh -id 201308080824_0009
```

**注意**：以上命令可能需要运行较长时间。

以上命令执行完毕以后，csv 报表文件保存在 HDFS 的/chukwa/report 目录下。

```
hadoop@master:~$ hadoop-0.20.2-cdh3u5/bin/hadoop fs -ls /chukwa/report
Found 1 items
drwxr-xr-x   - hadoop supergroup          0 2013-08-08 11:12
 /chukwa/report/201308080824_0009
```

（3）通过 get 命令将 csv 报表保存在本地。

```
hadoop@master:~$ hadoop-0.20.2-cdh3u5/bin/hadoop fs -get \
> /chukwa/report/201308080824_0009 ~
```

（4）查看生成的报表文件。

```
01  hadoop@master:~$ cd 201308080824_0009/
02  hadoop@master:~/ 201308080824_0009$ ls
03  datanodemetric.csv    jobtrackermetric.csv        namenodemetric.csv
04  hotspots_map.csv      jvmmetrics.csv              ReduceAttempt.csv
05  hotspots_red.csv      MapAttempt.csv              ReduceTask.csv
06  instruments_map.csv   mapredshuffleinmetric.csv   tasktrackermetric.csv
07  instruments_red.csv   mapredshuffleoutmetric.csv
08  job.csv               MapTask.csv
```

可以看到，在 201308080824_0009 文件夹下有许多的 csv 文件，其中每个文件都统计了该 Job 的某一项属性。

（5）关于图形化报表的生成方法，可参考 Hitune 自带的说明文档[1]。这里就不再赘述了。

## 17.4　Hadoop 和 Chukwa 的自动化安装

为了帮助读者快速部署 Hadoop 和 Chukwa 集群，本书提供了自动化安装脚本[2]。以下是自动化安装脚本的使用方法。

（1）准备好 Hadoop 和 Chukwa 集群，并且将自动化安装脚本下载到集群各个主机的 /root 目录下。

（2）下载 Hadoop[3]、Chukwa[4]和 jdk[5]安装包，并分别复制到集群各个节点的/root/hadoop 目录下。以上命令执行完毕后，各节点的/root/hadoop 目录下应形成如下目录结构。

```
chukwa-install.sh           hadoop-install.sh              localrc
cluster-install.sh          hitune.zip                     nkill
configure-chukwa.sh         hosts                          scripts
hadoop-0.20.2-cdh3u5.tar.gz jdk-6u26-linux-x64.bin         sysstat-9.0.6.tar.gz
```

（3）修改 localrc 文件。需要设定的配置项如下：

```
01  # Common
02  MASTER=master
03  SLAVES="master slave"
04  AGENTS="master slave"
05  COLLECTORS="master"
06  RUN_USER=hadoop
07  LOGIN_PASSWORD=%PASSWORD%
08  # Hadoop
09  # HADOOP_INSTALL_DIR=/home/$RUN_USER
10  # HADOOP_CONF_DIR=/etc/hadoop
11  # JAVA_HOME=/usr/java
12  # HADOOP_LOG_DIR=/var/log/hadoop
13  # HADOOP_PID_DIR=/var/hadoop/pids
14  # Chukwa
15  # NTP_SERVER=$MASTER
16  # CHUKWA_INSTALL_DIR=/home/$RUN_USER
17  # CHUKWA_LOG_DIR=$HADOOP_LOG_DIR/chukwa
18  # HADOOP_HISTORY_DIR=$HADOOP_LOG_DIR/history/done
```

---

1　/home/hadoop/chukwa-hitune-dist/hitune/visualreport/HiTune_visual_report_user_manual.pdf。
2　下载地址为 https://github.com/JiYou/openstack/blob/master/chap17/hadoop/。
3　可从 http://archive.cloudera.com/cdh/3/hadoop-0.20.2-cdh3u5.tar.gz 下载。
4　下载地址为 https://github.com/intel-hadoop/HiTune/archive/master.zip。
5　可从 http://www.oracle.com/technetwork/java/javasebusiness/downloads/java-archive-downloads-javase6-419409.html#jdk-6u26-oth-JPR 下载。

localrc 文件中各个配置项的说明见表 17.2。

表 17.2 localrc 文件需要设置的配置项

| 属　　性 | 描　　述 | 默　认　值 |
|---|---|---|
| MASTER | Hadoop master 节点地址 | 本机 |
| SLAVES | Hadoop slave 节点列表 | 本机 |
| AGENTS | Chukwa 代理节点列表 | 本机 |
| COLLECTORS | Chukwa collector 节点列表 | 空 |
| RUN_USER | 集群节点登录的用户名 | hadoop |
| LOGIN_PASSWORD | 集群节点 root 用户的登录密码 | |
| HADOOP_INSTALL_DIR | Hadoop 包的安装目录 | /home/$RUN_USER |
| HADOOP_CONF_DIR | Hadoop 配置文件的路径 | /etc/hadoop |
| JAVA_HOME | Java 包的路径 | /usr/java |
| HADOOP_LOG_DIR | Hadoop 服务 log 文件的输出路径 | /var/log/hadoop |
| HADOOP_PID_DIR | Hadoop 服务 pid 文件路径 | /var/hadoop/pids |
| NTP_SERVER | NTP 服务地址 | $MASTER |
| CHUKWA_INSTALL_DIR | Chukwa 包安装目录 | /home/$RUN_USER |
| CHUKWA_LOG_DIR | Chukwa 服务 log 文件输出路径 | $HADOOP_LOG_DIR/chukwa |
| HADOOP_HISTORY_DIR | Hadoop job 历史文件输出路径 | $HADOOP_LOG_DIR/history/done |

**注意:**
① LOGIN_PASSWORD 是集群节点 root 用户登录的密码,所有的集群节点 root 用户的登录密码必须一致。RUN_USER 是集群节点上运行 Hadoop 和 Chukwa 服务的用户名。如果节点上没有创建 RUN_USER 用户,安装脚本会自动创建 RUN_USER 用户。新创建的 RUN_USER 用户的登录密码是 LOGIN_PASSWORD。如果节点上已经创建 RUN_USER 用户,必须将用户的登录密码设置为 LOGIN_PASSWORD。
② COLLECTOR 配置项默认为空。如果 COLLECTOR 配置项为空,则不安装 Chukwa 服务。

(4) 运行如下命令安装 Hadoop 和 Chukwa 服务。

```
# cd /root/hadoop
# ./cluster-install.sh
```

**注意:** cluster-install.sh 脚本只需在 MASTER 节点上运行。该脚本会自动创建 RUN_USER 用户,配置无密码 SSH 访问,并根据需求在集群节点上安装 Hadoop 和 Chukwa 服务。读者也可以运行 hadoop-install.sh 和 chukwa-install.sh 脚本在单个节点上安装 Hadoop 和 Chukwa 服务。

(5) 运行 Hadoop 和 Chukwa 服务。

这里,假设 Hadoop 和 Chukwa 包都安装在/home/hadoop 目录下。为了简单起见,安装脚本会把 Hadoop 对应的目录重命名为 hadoop。

要启动 Hadoop 服务,可以在 MASTER 节点上执行如下命令:

```
$ cd /home/hadoop/hadoop/bin
$ ./hadoop namenode -format
$ ./start-all.sh
```

要启动 Chukwa 服务，可以在 COLLECTOR 列表的任意节点上执行如下命令：

```
$ cd /home/hadoop/chukwa-hitune-dist/bin
$ ./start-all.sh
```

## 17.5 OpenStack 上的 Android 测试环境

在本书的大部分章节中，都是利用 OpenStack 系统创建 Linux 虚拟机。那么，是否能够在 OpenStack 系统上创建其他操作系统的虚拟机呢？答案是肯定的。本节将介绍如何在 OpenStack 上部署 Android 环境。

### 17.5.1 Android 测试环境简介

Android 是一组针对移动设备的程序集。它包括操作系统、中间件和一些关键性的应用。它的内部结构如图 17.6 所示。下面对图 17.6 列出的各个部分做一个简要的介绍。

- Linux 内核：Android 采用了 Linux 2.6 作为操作系统的内核。内核的主要功能是实现内存、网络等资源的管理，实现系统的安全控制等。
- 库：Android 包含了一系列的 C/C++库。这些库被应用于 Android 系统的各个组件中。它们包括标准的 C 函数库 System C，用于处理各种视频、音频格式的 Media lib，用于 3D 图形加速的 3D lib 以及轻量级的数据库 Sqlite 等。
- Android Runtime：它包含一个核心库，实现了 Java 核心库的大部分功能。另外，Dalvik Virtual Machine 在 Linux 内核的基础上，实现了线程管理和底层内存管理等功能。
- 应用程序框架：它为开发人员提供了一系列的 API。应用程序框架的作用是实现组件之间的复用。任何的应用都可以分发自己的组件。同时，任何应用也可以使用别人分发的组件。
- 应用程序：在 Android 系统中附带了一些关键性的应用程序，包括短信、日历、浏览器、通信录等一些最基本的功能。所有的应用程序都是使用 Java 开发的。

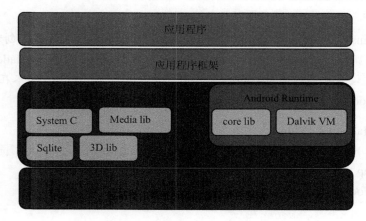

图 17.6　Android 平台内部结构图

## 17.5.2 搭建 Android 测试环境

本小节介绍如何在 OpenStack 上架设 Android 测试环境。首先需要制作 Android 的磁盘镜像文件，然后将镜像上传至 Glance，最后利用 nova 命令创建 Android 虚拟机。

### 1．制作Android镜像

制作 Android 镜像的流程与第 2 章介绍的制作 Ubuntu 镜像的流程非常类似。
（1）将 Android 的 iso 镜像下载[1]到本地。这里，依然假设镜像下载在/image 目录下。
（2）创建 raw 格式的磁盘镜像文件。

```
root@ubuntu:/image# qemu-img create -f raw android.img 1G
```

（3）构造 Android 虚拟机的 XML 定义文件。本书提供了虚拟机 XML 定义文件的模板，读者可以在模板[2]的基础之上进行修改。以下是模板的部分内容：

```
01  <domain type='kvm'>
02    <name>%NAME%</name>
03    <uuid>%UUID%</uuid>
04    …
05    <disk type='file' device='disk'>
06      <driver name='qemu' type='raw' cache='none'/>
07      <source file='%IMAGAE-PATH%'/>
08      <target dev='hda' bus='ide'/>
09    </disk>
10    <disk type='file' device='cdrom'>
11      <driver name='qemu' type='raw'/>
12      <source file='%IOS-PATH%'/>
13      <target dev='hdb' bus='ide'/>
14      <readonly/>
15      <address type='drive' controller='0' bus='1' unit='0'/>
16    </disk>
17    …
18    <interface type='bridge'>
19      <mac address='%MAC%'/>
20      <source bridge='br100'/>
21      <target dev='vnet0'/>
22      <alias name='net0'/>
23      <address type='pci' domain='0x0000' bus='0x00' slot='0x03' function='0x0'/>
24    </interface>
25    …
```

将模板下载到本地后，需替换%NAME%、%UUID%、%IMAGE-PATH%、%ISO-PATH%和%MAC%字段。其中%NAME%为虚拟机名，可任意指定。%UUID%为虚拟机 uuid，可使用 uuid 命令自动生成。%IMAGE-PATH%为创建的 android.img 磁盘镜像文件的路径。%ISO-PATH%为下载的 Android iso 镜像文件的路径。%MAC%为虚拟机的 MAC 地址，可采用如下命令生成：

---

[1] 下载地址为 http://android-x86.googlecode.com/files/android-x86-4.0-RC1-eeepc.iso。
[2] 本节使用的 XML 定义文件模板，参见 https://github.com/JiYou/openstack/blob/master/chap17/android/android.xml。

```
echo "fa:95:$(dd if=/dev/urandom count=1 2>/dev/null | \
md5sum | sed 's/^\(..\)\(..\)\(..\)\(..\).*$/\1:\2:\3:\4/')"
```

> **注意**：在以上配置文件的第 08 行，设置了磁盘镜像文件的 bus 为 ide。细心的读者可能会发现，在创建 Ubuntu 磁盘镜像时，其 bus 属性为 virtio。但是，由于 Android 不支持 virtio，因此需将 bus 属性设置为 ide。

（4）创建和启动虚拟机。

```
root@ubuntu:/image# virsh define android.xml
root@ubuntu:/image# virsh start android
```

在这里，假设虚拟机 XML 定义文件名为 android.xml，虚拟机名为 android。读者需根据实际情形修改。

（5）使用 TightVNC 完成虚拟机的安装。

虚拟机启动以后，使用 vncdisplay 命令查看虚拟机的 VNC 端口。

```
root@ubuntu:/image# virsh vncdisplay android
```

并利用 TightVNC 登录虚拟机完成安装[1]。安装的流程参见[2]，图 17.7 为 Android 系统的安装界面。

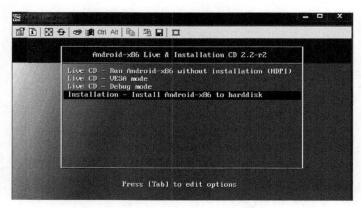

图 17.7　Android 系统的安装界面

（6）Android 系统安装完毕后，使用如下命令关闭和删除虚拟机：

```
root@ubuntu:/image# virsh destroy android
root@ubuntu:/image# virsh undefine android
```

至此，Android 虚拟机的磁盘镜像文件制作完毕。

### 2．将Android镜像上传至OpenStack

由于制作的镜像比较大，因此无法直接使用 glance image-create 命令上传。需使用第 5.3.4 小节介绍的方法。

以下是上传镜像的脚本：

---

[1] TightVNC 的使用参见本书第 2.4 节"制作 image"部分。
[2] https://github.com/JiYou/openstack/blob/master/chap17/android/android_install_guide.pdf。

```
01  TOKEN=`curl -s -d  "{\"auth\":{\"passwordCredentials\": {\"username\":
    \"glance\", \
02  \"password\": \"%KEYSTONE_GLANCE_PASSWORD%\"}, \
03  \"tenantName\": \"service\"}}" \
04  -H "Content-type: application/json" \
05  http://%KEYSTONE_HOST%:5000/v2.0/tokens | \
06  python -c "import sys; import json; \
07  tok = json.loads(sys.stdin.read()); \
08  print tok['access']['token']['id'];"`
09
10  glance -A $TOKEN add name="android" is_public=true container_format=ami \
11  disk_format=ami < <(zcat --force "/image/android.img")
```

镜像上传好以后，还需修改镜像的属性：

```
glance image-update --property hw_disk_bus=ide <image-id>
```

> 注意：以上命令中<image-id>为上传的 android 镜像的 uuid，可通过 glance image-list 命令查看所有镜像的 uuid。这里的 hw_disk_bus 属性是告诉 OpenStack，该磁盘镜像的 bus 属性需设置为 ide。默认情况下，OpenStack Nova 会在虚拟机的 XML 定义文件中，将磁盘镜像的 bus 属性设置为 virtio。

### 3. 利用Nova启动Android虚拟机

（1）修改 nova.conf 配置文件。

在 nova.conf 配置文件的[DEFAULT]组下添加如下属性：

```
use_cow_images=false
use_usb_tablet=false
```

其中，use_cow_images=false 指定在创建虚拟机时，不使用 qcow2 格式的镜像。在默认情况下，为了节省空间，Nova 会为虚拟机创建 qcow2 格式的磁盘镜像文件。这样，所有的虚拟机都可以共用同一块 raw 格式的磁盘源镜像。但是，由于 Android 不支持 qcow2 格式，因此需将 use_cow_image 属性禁掉。

use_usb_tablet=false 指定虚拟机不使用 tablet 设备。当给 Android 虚拟机添加 tablet 设备时，会导致虚拟机的鼠标不可用。故在此将其禁掉。

（2）重新启动[1]Nova，并执行如下命令创建虚拟机：

```
nova boot --flavor 1 --image <image-id> --nic net-id=<net-id> android
```

其中<image-id>为上传的 android 镜像的 uuid，可通过 glance image-list 命令查看所有镜像的 uuid。<net-id>是选择的虚拟网络的 uuid，可通过 quantum net-list 命令查看所有网络的 uuid。

> 注意：由于镜像比较大，所以当 nova 命令执行完毕后，可能虚拟机还未创建完成。可使用 nova list 命令查看虚拟机的状态。

```
root@ubuntu:~# nova list
+----------------------------------+------+--------+------------------+
| ID                               | Name | Status | Networks         |
+----------------------------------+------+--------+------------------+
```

---

[1] 参见第 8 章。

| c34ec0a2-d39e-4037-a3dc-e71824ffbe1a | android | ACTIVE | net1=192.168.1.3 |
+--------------------------------------+---------+--------+--------------------+

如上所示，当虚拟机的 status 变为 ACTIVE 时，说明虚拟机创建并启动完成。

（3）执行 virsh vncdisplay 命令查看虚拟机的 VNC 端口。

```
virsh vncdisplay instance-00000004
```

注意：以上命令中，instance-00000004 为 android 虚拟机在 Libvirt 中的名字，读者需根据实际情况修改。

（4）知道了虚拟机的 VNC 端口号后，可使用 TightVNC 登录虚拟机。图 17.8 是虚拟机的屏保界面。

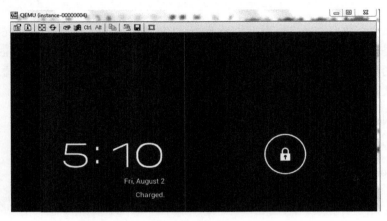

图 17.8　Android 虚拟机屏保界面

在虚拟机锁屏界面下，用鼠标将界面上的锁图标拖到右边框中，便会解开屏幕锁，进入 Android 的开始界面。单击开始界面右上方的功能图标，便可进入 Android 系统的功能界面，如图 17.9 所示。

图 17.9　Android 虚拟机功能界面

> **注意**：笔者在实验时，发现电脑鼠标与虚拟机鼠标存在漂移的情况。这个问题，笔者还没能解决，留待与读者一起探讨。

## 17.6 常见错误与分析

### 17.6.1 Hadoop 常见错误

#### 1. NameNode无法启动

出现这个错误的原因可能是因为 NameNode 没有格式化。可以尝试如下步骤：

（1）关闭 Hadoop 所有的服务。

```
hadoop@master:~$ cd hadoop-0.20.2-cdh3u5/bin/
hadoop@master:~/hadoop-0.20.2-cdh3u5/bin$ ./stop-all.sh
```

（2）使用 jps 命令查看是否 master 节点和 slave 节点上所有的服务都正常关闭了。如果存在无法关闭的僵尸进程，可采用 kill 命令强制关闭。jps 命令输出结果的第 1 列数据，即是服务的进程号。

（3）清除 master 节点和 slave 节点的 hadoop.tmp.dir 目录。该目录在 core-site.xml 配置文件中设定。例如，本书示例中的 hadoop.tmp.dir 目录为/home/hadoop/hdfs/tmp，可用如下命令清除。

```
$ rm -r /home/hadoop/hdfs/tmp
```

（4）重新格式化 NameNode，并启动 Hadoop 服务。

```
hadoop@master:~$ cd hadoop-0.20.2-cdh3u5/bin/
hadoop@master:~/hadoop-0.20.2-cdh3u5/bin$ ./hadoop namenode -format
hadoop@master:~/hadoop-0.20.2-cdh3u5/bin$ ./stop-all.sh
```

#### 2. DataNode无法与NameNode通信

如果在 DataNode 的 log 文件中出现如下错误：

```
2013-07-30 21:15:29,415 INFO org.apache.hadoop.ipc.Client: Retrying connect to server: master/10.239.82.205:9000. Already tried 0 time(s).
```

说明 DataNode 与 NameNode 通信失败。

此时，可以首先查看一下 log 文件中输出的 NameNode 的 IP 是否正确。

- 如果 log 文件中输出的 NameNode 的 IP 不正确，那说明是配置出错。可先关闭 Hadoop 服务，然后修改 core-site.xml 文件中的 fs.default.name 属性。
- 如果 log 文件中输出的 NamNode 的 IP 是正确的，那么可能是 NameNode 服务死了。可查看 NameNode 的日志文件，判断出错的原因。或者尝试重新启动，格式化 NameNode。

#### 3. 文件只能被复制到0个节点上

如果在运行 Hadoop Job 或者是操作 HDFS 文件系统中，出现如下错误：

```
org.apache.hadoop.ipc.RemoteException: java.io.IOException: File /user/
hadoop/PiEstimator_TMP_3_141592654/in/part0 could only be replicated to 0
nodes, instead of 1
```

说明 Hadoop 系统中的所有 DataNode 不可用。造成这种情况的原因，可能是 DataNode 出现了坏块，或者是 DataNode 与 NameNode 通信失败。可尝试清除 mapred.local.dir 目录下的文件，并重新格式化 NameNode。

## 17.6.2  Chukwa 常见错误

### 1. sysstat编译错误

在编译 sysstat 时，如果出现如下错误：

```
install: cannot stat `nls/af.gmo': No such file or directory
```

可能的原因是 gettext 包没有装好。可以尝试首先安装 gettext 包：

```
# apt-get install gettext
```

然后重新编译 sysstat：

```
# cd sysstat-9.0.6
# ./configure
# make
# make install
```

### 2. Demux.log中出现job counters LimitExceededException的异常

在 Hadoop 中，默认的 job counter 的最大值为 120。这个值对于 Chukwa 来说，太小了。因此，在运行 Chukwa 时，有时会发现在 HDFS 的/chukwa 文件夹下，始终无法生成 9 个目录。查看 Demux.log 会发现如下异常：

```
org.apache.hadoop.mapreduce.counters.LimitExceededException: Too many
counters: 121 max=120
```

解决这个异常的方法是，首先关闭 Chukwa 和 Hadoop。然后修改 Hadoop 的 mapred-site.xml 配置文件，将它的 mapreduce.job.counters.limit 属性设置成比较大的值。例如，在本书中，将该属性的值设置为 32000。

```
<property>
  <name>mapreduce.job.counters.limit</name>
  <value>32000</value>
</property>
```

mapred-site.xml 配置文件修改好以后，重新启动 Chukwa 和 Hadoop 即可。

### 3. 没有生成/.JOBS目录

有的时候，Chukwa 正常运行，在 HDFS 的/chukwa 目录下，生成了 9 个目录。但是始终无法生成/.JOBS 目录。产生这个错误的原因很可能是 Chukwa 的 initial_adapters 配置文件中的 HiTune.JobHistoryLog adapter 配置有问题。

这个 adapter 的功能是读取 Hadoop 的 Job 历史文件。默认情况下，该 adapter 的配置

如下:

```
add     org.apache.hadoop.chukwa.datacollection.adaptor.DirTailingAdaptor
HiTune.JobHistoryLog /home/hadoop/hadoop-0.20.2-cdh3u5/logs/history/done
*_*_job_*_*_*
org.apache.hadoop.chukwa.datacollection.adaptor.filetailer.CharFileTail
ingAdaptorUTF8NewLineEscaped 0
```

在这里，需仔细检查 Job 历史文件的存储路径。默认的存储路径为:

```
/home/hadoop/hadoop-0.20.2-cdh3u5/logs/history/done/
```

读者可以查看一下这个目录是否创建成功。如果这个目录没有创建，那说明 Job 历史文件不是存放在该目录下，读者需在 initial_adapters 配置文件中修改其存放目录。

如果存放目录配置正确，那可能是 Job 历史文件的文件名格式有问题。一般情况下，日志历史文件是如下格式:

```
master_1375930318605_job_201308081051_0023_hadoop_Chukwa-Demux_20130808
_11_07
```

这里的 master 是发起 Job 的主机名，1375930318605 是发起 job 的时间，201308081051_0023 是 job 的 id。最后的那串字符是对 job 的描述。比如，在本例中，可以看到这是由 Chukwa 的 Demux 服务发起的 job。有的 Hadoop 版本，其 job 历史文件名没有最前面的 master 和 1375930318605 字段。此时，需要将 initial_adapters 配置文件中的 job 文件名格式由 "*_*_job_*_*_*_*" 改为 "job_*_*_*_*"。

#### 4．Chukwa长运行时间导致Hadoop崩溃

Chukwa 是一个非常耗资源的服务，它在运行过程中，会不断向 Hadoop 提交 Job，并产生大量的 log 文件。为了维护系统的稳定性，需做到如下两点。

❑ 当不需要分析 Job 的性能时，及时将 Chukwa Agent 服务关闭。
关闭的方法是在 master 节点上执行如下命令:

```
$ /home/hadoop/chukwa-hitune-dist/stop-agent.sh
```

❑ 定期清理 master 和 slave 节点的 chukwa-hitune-dist/hitune_output 目录下的旧文件。例如，可以执行如下命令，清理 1 小时前的文件。

```
$ cd /home/hadoop/chukwa-hitune-dist/hitune_output
$ find . -cmin +60 -type f | xargs -i rm {}
```

### 17.6.3　搭建 Android 测试环境

#### 1．虚拟机停留在Detecting android界面

利用 OpenStack 创建虚拟机时，发现虚拟机停留在如图 17.10 所示的界面。

图 17.10　Android 虚拟机寻找启动盘界面

出现这个错误的原因可能是因为虚拟机 XML 定义文件[1]中，磁盘镜像文件的配置不正确。正确的配置如下：

```
<disk type="file" device="disk">
  <driver name="qemu" type="raw" cache="none"/>
  <source file="/opt/stack/data/nova/instances/<inst-id>/disk"/>
  <target bus="ide" dev="hda"/>
</disk>
```

这里，要特别注意 driver 的 type 属性为 raw，target 的 bus 属性为 ide。如果 driver 的 type 属性不为 raw，需检查一下/etc/nova/nova.conf 配置文件下的 use_cow_image[2]属性是否设置为 false。

如果 target 的 bus 属性不为 ide，那可能有以下两个原因。

❑ Glance 镜像的属性没有配置正确。可使用 glance image-show 命令检查一下上传的 Android 镜像是否设置了 hw_disk_bus 属性。

```
root@ubuntu:~# glance image-show <image-id>
+----------------------+-------------------------------------+
| Property             | Value                               |
+----------------------+-------------------------------------+
| Property 'hw_disk_bus' | ide                               |
…
```

❑ Nova 版本过低。目前，只有本书提供的 OpenStack 版本[3]及以后的版本，才能设置磁盘镜像的 bus 属性。若使用其他版本，Nova 依然会将磁盘镜像的 bus 属性设置为默认的 virtio。

### 2. 在TighVNC中无法使用鼠标操作虚拟机

产生这个错误的原因是虚拟机的 XML 定义文件的问题。打开虚拟机的 XML 定义文件，查看其是否有如下配置：

```
<input type='tablet' bus='usb'/>
```

如果存在类似的与 tablet 有关的配置，需将对应的配置删除。对于 OpenStack 平台，可在 nova.conf 配置文件中设置 use_usb_tablet 属性为 false。

## 17.7 小　　结

### 17.7.1 安装 Hadoop

#### 1. 安装Hadoop服务的总流程

（1）配置 master 和 slave 节点的/etc/hosts 文件。

---

[1] 在本书中，虚拟机的 XML 定义文件的存储路径为/opt/stack/data/nova/instances/<inst-id>/libvirt.xml。其中，<inst-id>为虚拟机的 uuid。
[2] 对于不同版本的 Nova，该属性名可能有所差别，读者可参考 Nova 安装包下的配置文件模板。
[3] 即 2013 年 5 月发行的版本。

(2) 在 master 和 slave 节点上创建普通用户。

```
# adduser hadoop
```

(3) 配置 master 和 slave 节点在普通用户下，无密码 SSH 访问。

(4) 下载 Hadoop 源码包，并解压到指定目录下。修改 Hadoop 的配置文件，需修改的文件有 core-site.xml、mapred-site.xml、hdfs-site.xml、masters 和 slaves。

(5) 创建目录。需创建 hadoop.tmp.dir（在 core-site.xml 文件中指定）和 mapred.local.dir（在 mapred-site.xml 文件中指定）目录，以及 logs 文件目录。

**2. 配置无密码SSH访问的流程**

(1) 生成密钥。分别在 master 和 slave 节点上执行。

```
$ ssh-keygen -t rsa
```

(2) 在 master 和 slave 节点上以普通用户身份创建~/.ssh/authorized_keys 文件，并将 master 和 slave 节点下~/.ssh/id_rsa.pub 文件的内容追加到 authorized_keys 文件中。

(3) 修改 authorized_keys 文件的权限。

```
$ chmod 0700 ~/.ssh/authorized_keys
```

## 17.7.2　安装 Chukwa

**1. 安装Chukwa服务的总流程**

(1) 在 master 和 slave 节点上安装 systat。首先下载 systat 源码包，然后执行如下脚本。

```
# apt-get install gcc make gettext
# tar zxvf sysstat-9.0.6.tar.gz
# cd sysstat-9.0.6/
# ./configure
# make
# make install
```

(2) 安装和配置 NTP 服务。

(3) 下载 Hitune 源码包，并执行如下命令完成安装。

```
$ unzip HiTune-master.zip
$ cd HiTune-master/
$ ./configure
$ ./install.sh -f chukwa-cluster.conf -r chukwa
```

(4) 配置 initial_adapters 文件。

(5) 修改 Hadoop 配置文件。修改 mapred-site.xml 和 hdfs-site.xml 文件，覆盖 Hadoop 的 logj4 和 metrics 配置文件，创建 hitune_output 目录。

(6) 复制 jar 包。将 chukwa-hitune-dist 目录下的 chukwa-agent-0.4.0.jar、chukwa-hadoop-0.4.0-client.jar 和 tools-0.4.0.jar 文件复制到 hadoop-0.20.2-cdh3u5/lib 目录下。将 hadoop-0.20.2-cdh3u5/lib 目录下的 jar 文件复制到 chukw-hitune-dist/lib 目录下。

### 2．安装NTP服务的流程

（1）在 master 和 slave 节点上安装 NTP。

```
# apt-get install ntp
```

（2）在 master 节点上配置/etc/ntp.conf 文件。

（3）在 master 节点上重启 ntpd 服务。

```
# service ntpd stop
# service ntpd start
```

（4）在 slave 节点的/etc/crontab 文件中添加如下行。

```
10 * * * * /usr/sbin/ntpdate master
```

## 17.7.3　Hadoop Job 报表

（1）启动 Hadoop。

```
$ ~/hadoop-0.20.2-cdh3u5/bin/start-all.sh
```

（2）启动 Chukwa。

```
$ ~/chukwa-hitune-dist/bin/start-all.sh
```

（3）运行 Hibench Job。

```
$ cd ~/HiBench-master/wordcount/bin
$ ./prepare.sh
$ ./run.sh
```

（4）查看 HDFS 上/.JOBS 目录下是否生成了 job 的 XML 文件。

```
$ ~/hadoop-0.20.2-cdh3u5/bin/hadoop fs -ls /.JOBS
```

（5）关闭 chukwa-agent。

```
$ ~/chukwa-hitune-dist/bin/stop-agents.sh
```

（6）生成报表。

```
$ cd ~/chukwa-hitune-dist/hitune/bin
$ ./HiTuneAnalysis.sh -id <job-id>
```

（7）下载报表。

```
$ ~/hadoop-0.20.2-cdh3u5/bin/hadoop fs -get /chukwa/report/<job-id> ~
```

## 17.7.4　创建 Android 虚拟机

### 1．创建Android虚拟机的总流程

（1）制作虚拟机镜像。

（2）将虚拟机镜像上传到 Glance，并注意添加 image 的 hw_disk_bus 属性。

```
glance image-update --property hw_disk_bus=ide <image-id>
```

(3) 修改 nova.conf 配置文件。主要添加如下配置:

```
use_cow_images=false
use_usb_tablet=false
```

(4) 启动虚拟机。

```
nova boot --flavor 1 --image <image-id> --nic net-id=<net-id> android
```

2. 制作Android虚拟机镜像的流程

(1) 下载 Android 的 ios 镜像文件。
(2) 创建 raw 格式的空磁盘。
(3) 构建虚拟机 XML 定义文件,并定义和启动虚拟机。
(4) 利用 TightVNC 完成虚拟机的安装。
(5) 关闭和删除虚拟机。

# 第 18 章　基于 Nova 的扩展

第 15 章和第 16 章对 Nova 的源代码做了一个比较系统的分析。本章在这基础之上，介绍如何为 Nova 模块添加自定义功能。一个设计良好的系统，在设计之初就应该考虑到以后的扩展问题。在实现功能扩展时，应该尽量避免修改系统原来的代码。为了实现这点，在设计系统时，就应该预留足够的接口，做到各个模块之间的松耦合性。好在 OpenStack 正是这样一个设计良好的系统。本章首先介绍如何为 Nova 设计调度算法，然后介绍如何添加 Nova 扩展 API 和 Nova Client 模块。最后，再介绍如何添加自定义的 Nova 服务。

本章主要涉及的知识点有：
- 如何添加自定义的 filter，定制 Nova Scheduler 调度算法。
- 如何添加 Extension API。
- 如何添加和使用自定义的 Nova Client 模块。
- 如何添加自定义的 Nova 服务。

## 18.1　定制调度算法

通常，一个 OpenStack 系统中包含许多的计算节点。这就产生了一个问题，当客户端发出创建虚拟机请求时，应该将虚拟机创建在哪个计算节点上呢？第 15.4 节介绍过，Nova Scheduer 服务实现了这样的调度工作。是 Nova Scheduler 决定虚拟机应该创建在哪个计算节点上。要完成这样的调度工作，当然应该有一套完善的调度算法。第 15.4.2 小节介绍过，在 Nova Scheduler 中，其调度算法主要是通过 filter[1]和 weight[2]来实现的，其中 filter 是用于选择可用的计算节点，而 weight 是用于在可用的节点中选择一个最佳的节点。本节首先介绍如何配置 Nova 自带的 filter，再介绍如何添加自定义的 filter。

### 18.1.1　配置 filter

在第 15.4.2 小节介绍过，Nova Scheduler 最终会使用 HostManager 的 get_filtered_hosts 方法[3]来选择可用的计算节点。在 get_filtered_hosts 方法中，调用了 _choose_host_filters 方法来选择使用的 filter。该方法的定义如下[4]：

---

1　定义在 /opt/stack/nova/nova/scheduler/filters 文件夹下。
2　定义在 /opt/stack/nova/nova/scheduler/weights 文件夹下。
3　get_filtered_hosts 方法的定义参见第 15.4.4 小节的 "get_filtered_hosts 方法" 部分。
4　定义在 /opt/stack/nova/nova/scheduler/host_manager.py 文件下。

```
01  class HostManager(object):
02      def _choose_host_filters(self, filter_cls_names):
03          # 如果客户端没有传入 filter_cls_names 参数，则使用默认的 filter
04          if filter_cls_names is None:
05              filter_cls_names = CONF.scheduler_default_filters
06          # 将 filter_cls_names 封装为列表
07          if not isinstance(filter_cls_names, (list, tuple)):
08              filter_cls_names = [filter_cls_names]
09          # 好的 filter 列表
10          good_filters = []
11          # 遍历 filter_cls_names 中所有的 filter
12          for filter_name in filter_cls_names:
13              for cls in self.filter_classes:
14                  # 在可用 filter 列表中找到了当前的 filter
15                  if cls.__name__ == filter_name:
16                      # 将当前 filter 对应的对象添加到好 filter 列表
17                      good_filters.append(cls)
18                      break
19          …
20          return good_filters
```

在 _choose_host_filters 方法中，filter_cls_names 是客户端要求选用的 filter 列表。_choose_host_filters 方法的工作流程如下。

（1）_choose_host_filters 方法检查是否从外部传入了 filter_cls_names 列表。如果外部没有传入 filter_cls_names 列表，则使用 nova.conf 配置文件中指定的默认的 filter 列表。目前，在创建虚拟机时，还不支持从客户端传入所需的 filter。因此，filter_cls_names 采用的都是配置文件中指定的默认的 filter。默认 filter 的配置，稍后再做介绍。

（2）_choose_host_filters 方法判断 filter_cls_names 中指定的 filter 是否有效（即是否是好 filter）。对于 filter_cls_names 列表中的每个 filter，_choose_host_filters 方法会检查它是否在可用 filter 列表（即 self.filter_classes 列表）中出现。如果 filter 在可用 filter 列表中出现了，就说明该 filter 是好的。_choose_host_filters 方法最后会回一个好 filter 的列表。

在 _choose_host_filters 方法中，引用了 self.filter_classes 变量。该变量保存了 Nova Scheduler 所有可用 filter 的列表。它是在 HostManager 类的初始化方法中设定，相关代码如下：

```
class HostManager(object):
    def __init__(self):
        …
        self.filter_classes = self.filter_handler.get_matching_classes(
            CONF.scheduler_available_filters)
        …
```

HostManager 类初始化方法调用的 filter_handler 对象的 get_matching_classes 方法[1]会加载 nova.conf 配置文件中 scheduler_available_filters 属性设置的 filter。稍后将对加载可用 filter 的过程做更加详细的介绍。

接下来，分别介绍一下可用 filter 和默认 filter 的设置。

### 1. 注册可用filter

前面介绍过，可用的 filter 是在 nova.conf 文件中通过 scheduler_available_filters 属性设

---

[1] filter_handler 对象的 get_matching_classes 方法在第 15.4.4 小节介绍。

置的。scheduler_available_filters 属性的默认值如下：

```
scheduler_available_filters=nova.scheduler.filters.standard_filters
```

这里的 standard_filters 其实是一个方法。它最终会返回 nova.scheduler.filters 包下定义的所有的 filter 类。这些类都定义在 nova/scheduler/filters 文件夹下[1]。

### 2．设置默认的filter

默认的 filter 是通过 nova.conf 文件下的 scheduler_default_filters 属性设置，其默认值如下：

```
scheduler_default_filters=RetryFilter,AvailabilityZoneFilter,RamFilter,
ComputeFilter,ComputeCapabilitiesFilter,ImagePropertiesFilter
```

表 18.1 列出了各个 filter 类的功能。

表 18.1　nova.conf文件中配置的默认filter一览

| filter 类 | 描 述 |
| --- | --- |
| RetryFilter | 剔除那些上次已经被尝试调度过的计算节点 |
| AvailabilityZoneFilter | 剔除那些 availability zone 不满足要求的计算节点 |
| RamFilter | 剔除那些内存过小的计算节点 |
| ComputeFilter | 剔除那些非活动的计算节点 |
| ComputeCapabilityFilter | 检查计算节点的其他属性 |
| ImagePropertiesFilter | 剔除那些硬件架构、Hypervisor、虚拟机模式等属性不满足磁盘镜像要求的节点 |

💡注意：

① 从表 18.1 可以看出，Nova 定义的默认的 filter 都是一些很基本的 filter。因此，除非是对 Nova 非常熟悉，否则不要随意去除默认的 filter。在定制自己的 filter 时，可在默认 filter 的基础上，添加一些所需的 filter。

② 在默认 filter 中，只需指定 filter 的类名，不能使用其完整的包名。

本小节的最后，再总结一下 _choose_host_filters 方法的工作流程。

（1）检查是否从外部传入了 filter_cls_names 列表。如果外部没有传入 filter_cls_names 列表，则使用 nova.conf 配置文件中的 scheduler_default_filters 配置项指定的 filter 作为 filter_cls_names 列表。

（2）依次检查 filter_cls_names 列表中的 filter 是否可用。

（3）返回 filter_cls_names 中所有可用的 filter 列表。

Nova Scheduler 服务中的可用 filter 列表通过 nova.conf 配置文件中的 scheduler_available_filters 配置项指定。scheduler_available_filters 配置项的默认值为 nova.scheduler.filters.standard_filters。它是一个方法，会返回 nova/scheduler/filters 文件夹下所有的 filter 类。

---

1 /opt/stack/nova/nova/scheduler/filters/。

## 18.1.2　添加自定义 filter

有了第 18.1.1 小节的知识，添加自定义的 filter 已经不是什么难事了。本书提供了一个非常简单的 filter 类——SpecifiedHostFilter 类，其定义如下[1]：

```
01  class SpecifiedHostFilter(filters.BaseHostFilter):
02      # 初始化方法
03      def __init__(self):
04          # 通知成功加载 SpecifiedHostFilter 对象
05          LOG.info("SpecifiedHostFilter is initialized!")
06
07      def host_passes(self, host_state, filter_properties):
08          # 获取客户端要求的计算节点主机名
09          scheduler_hints = filter_properties.get('scheduler_hints', {})
10          requested_host = scheduler_hints.get('requested_host', None)
11          # 如果客户提供了要求的计算节点，则检查当前计算节点与客户要求的节点是否匹配
12          if requested_host:
13              return requested_host == host_state.host
14          # 如果客户端没有提供要求的计算节点，则返回真
15          return True
```

注意：任何 filter 类必须继承 filters.BaseHostFilter 类。

SpecifiedHostFilter 类共定义了两个方法：初始化和 host_passes 方法，其中初始化方法是用于往 log 文件中添加记录，表示 SpecifiedHostFilter 对象成功加载；host_passes 方法是每个 filter 类都必须实现的方法。它提供了两个参数——host_state 和 filter_properties，其中 host_state 保存了询问的计算节点的信息。filter_properties 保存了一些帮助 Nova Scheduler 完成调度的信息。host_passes 方法的功能就是根据 filter_properties 提供的信息决定 host_state 代表的计算节点是否可用。可用则返回 True，否则返回 False。

filter_properties 变量其实是一个字典。SpecifiedHostFilter 类的 host_passes 方法首先检查 filter_properties 变量的 scheduler_hints 项中是否包含 requested_host 属性。如果含有 requested_host 属性，则检查 requested_host 与 host_state 的 host 是否匹配；如果不含有，则认为虚拟机可以启动在任意的计算节点上，故返回 True。

scheduler_hints 是通过客户端传入的一个字典。在 Nova API 中，会将该字典封装在 filter_properties 中。在 18.1.3 小节将详细介绍 filter_properties 的构造过程。本小节，将首先介绍如何加载自定义的 SpecifiedHostFilter 类，然后测试 SpecifiedHostFilter 对象的工作情况。

### 1. 加载SpecifiedHostFilter类

（1）将目录[2]下载到本地的/opt/stack/nova/nova 目录下，形成如下目录结构：

```
/opt/stack/nova/nova/
```

---

[1] 定义在 https://github.com/JiYou/openstack/blob/master/chap18/myproject/specified_host_filter.py 文件中。

[2] https://github.com/JiYou/openstack/blob/master/chap18/myproject/。

```
└── myproject/
    ├── __init__.py
    └── specified_host_filter.py
```

（2）修改 nova.conf 文件，配置如下属性：

```
scheduler_available_filters=nova.scheduler.filters.standard_filters
scheduler_available_filters=nova.myproject.specified_host_filter.Specif
iedHostFilter
scheduler_default_filters=RetryFilter,AvailabilityZoneFilter,RamFilter,
ComputeFilter,ComputeCapabilitiesFilter,ImagePropertiesFilter,TrustedFi
lter,SpecifiedHostFilter
```

> 注意：
> ① 在以上配置中，scheduler_available_filters 被设置了两次，其中第 1 次为 Nova 的默认设置。第 2 次为本书添加的配置，它的功能是将 SpecifiedHostFilter 类添加为可用 filter。在 nova.conf 中，如果一个属性支持多个值，都可以像 cheduler_available_filters 属性那样，设置多次。Nova 会将多次设置的值封装成一个列表。
> ② 配置中的 scheduler_default_filters 属性是在默认属性的基础上，添加了 SpecifiedHostFilter 类。

（3）重启 nova-scheduler：

```
ps aux | grep -v "grep" | grep -v "res"| grep "nova-scheduler" | awk '{print
$2}' | xargs -i kill -9 {} ;
rm -rfv /var/log/nova/nova-scheduler.log >/dev/null
nohup python /opt/stack/nova/bin/nova-scheduler --config-file=/etc/nova/
nova.conf \
--logfile=/var/log/nova/nova-scheduler.log>/var/log/nova/nova-scheduler
.log 2>&1 &
```

**2．客户端测试**

nova-scheduler 重启完毕后，便可开始测试新添加的 filter 的工作情况了。

（1）使用 nova 命令创建一台虚拟机。

```
root@ubuntu:~# nova boot --flavor 1 --image <image-id> --nic net-id=<net-id>
test1
```

以上命令中<image-id>为虚拟机使用的磁盘镜像的 uuid，可使用 glance image-list 命令查看所有磁盘镜像的 uuid。<net-id>为虚拟机使用的虚拟网络的 uuid，可使用 quantum net-list 命令查看所有虚拟网络的 uuid。

（2）查看虚拟机的运行情况。

```
root@ubuntu:~# nova list
+--------------------------------------+-------+--------+----------------+
| ID                                   | Name  | Status | Networks       |
+--------------------------------------+-------+--------+----------------+
| 94bdfe5a-d9d4-46ac-a1b2-8ce70a5db48c | test1 | ACTIVE | net1=192.168.1.11 |
+--------------------------------------+-------+--------+----------------+
```

可以看到，虚拟机运行正常。新添加的 SpecifiedHostFilter 类并没有对 Nova 造成实际的影响。

(3) 查看 nova-scheduler 的日志文件,可看到如下输出:

```
2013-08-12 19:48:39,561 INFO nova.myproject.specified_host_filter [req-
0aa2147e-d366-45ec-8321-f0304cf39189    c9b873c9366847a3a262dac63bcfe4cf
a192d02cf2f7484b985d4b646dfe89ae] SpecifiedHostFilter is initialized!
```

这是在执行 SpecifiedHostFilter 类的初始化方法时输出的 log,说明 SpecifiedHostFilter 对象已经在工作了。

(4) 在创建虚拟机时设置 scheduler_hints 变量的 requested_host 参数。

```
root@ubuntu:~# nova boot --flavor 1 --image <image-id> --nic net-id=<net-id> \
> --hint requested_host=no-such-host test2
```

以上命令中,使用--hint 参数来定制 scheduler_hints 变量中的过滤参数。在这里,设置了 scheduler_hints 变量的 requested_host 参数为 no-such-host。前面介绍过,SpecifiedHostFilter 类的 host_passes 方法会检查 scheduler_hints 变量的 requested_host 属性。如果用户设置了 requested_host 属性,host_passes 方法会检查计算节点的主机名与 requested_host 属性是否匹配。但实际上,并没有名为 no-such-host 的计算节点。因此,最后 Nova-scheduler 应该找不到可用的计算节点。

(5) 查看一下虚拟机的状态。

```
root@ubuntu:~# nova list
+--------------------------------------+-------+--------+-------------------+
| ID                                   | Name  | Status | Networks          |
+--------------------------------------+-------+--------+-------------------+
| 94bdfe5a-d9d4-46ac-a1b2-8ce70a5db48c | test1 | ACTIVE | net1=192.168.1.11 |
| 20863cb7-2106-4a58-9c3e-5b6558b868f2 | test2 | ERROR  |                   |
+--------------------------------------+-------+--------+-------------------+
```

可以看到 test2 的 status 被设置为 ERROR,说明虚拟机创建失败。

(6) 将 requested_host 属性设置为 ubuntu,查看运行的结果。

```
root@ubuntu:~# nova boot --flavor 1 --image <image-id> --nic net-id=<net-id> \
> --hint requested_host=ubuntu test3
root@ubuntu:~# nova list
+--------------------------------------+-------+--------+-------------------+
| ID                                   | Name  | Status | Networks          |
+--------------------------------------+-------+--------+-------------------+
| 94bdfe5a-d9d4-46ac-a1b2-8ce70a5db48c | test1 | ACTIVE | net1=192.168.1.11 |
| 20863cb7-2106-4a58-9c3e-5b6558b868f2 | test2 | ERROR  |                   |
| b52fa11d-21a4-4a55-a4d6-71fd77381351 | test3 | ACTIVE | net1=192.168.1.12 |
+--------------------------------------+-------+--------+-------------------+
```

可以看到虚拟机 test3 创建成功。

注意:这里的 ubuntu 为本章示例使用的主机名,读者需根据实际情形修改。

本小节的最后,总结一下添加自定义 filter 的步骤。

(1) 定义 filter 类,主要实现 host_passes 方法。

(2) 修改 nova.conf 配置文件中的 scheduler_available_filters 和 scheduler_default_filters 配置项,将新定义的 filter 类加载进来。注意:在修改 scheduler_available_filters 和

scheduler_default_filters 配置项时，不要覆盖 Nova 默认的配置项。应该在原来配置的基础上添加新的 filter 类。

（3）重启 nova-scheduler 服务。

## 18.1.3　filter_properties

在 Nova-Scheduler 中，所有的 filter 都必须实现 host_passes 方法。在 host_passes 方法中，有两个很重要的参数：host_state 和 filter_properties，其中 filter_properties 包含了许多客户端传入的参数，这些参数是 Nova-Scheduler 实现调度的依据。为了帮助读者定义更复杂的 filter 类，本小节将详细介绍一下 filter_properties 变量的构造。

处理创建虚拟机请求的 API 方法为 nova.api.openstack.compute.servers.Controller 类的 create 方法[1]，该方法会调用 compute_api 的 create 方法。compute_api 的 create 方法调用了 compute_api 的 _create_instance 方法。compute_api 的 _create_instance 方法的定义如下[2]：

```
01  class API(base.Base):
02      def _create_instance(self, context, instance_type, image_href,
03                 kernel_id, ramdisk_id,
04                 min_count, max_count, display_name,
05                 display_description, key_name, key_data,
06                 security_group, availability_zone, user_data,
07                 metadata, injected_files, admin_password,
08                 access_ip_v4, access_ip_v6, requested_networks,
09                 config_drive, block_device_mapping, auto_disk_config,
10                 reservation_id=None, scheduler_hints=None):
11          ...
12          #根据 availability_zone 获取 forced_host
13          availability_zone, forced_host = self._handle_availability_
            zone(availability_zone)
14          ...
15          # 将 scheduler_hints 添加到 filter_properties 变量中
16          filter_properties = dict(scheduler_hints=scheduler_hints)
17          if forced_host:
18              # 检查是否有 forced_host 权限
19              check_policy(context, 'create:forced_host', {})
20              # 将 forced_hosts 添加到 filter_properties 变量中
21              filter_properties['force_hosts'] = [forced_host]
22          ...
23          self.scheduler_rpcapi.run_instance(context, request_spec=
            request_spec,
24              admin_password=admin_password, injected_files=injected_
                files,
25              requested_networks=requested_networks, is_first_time=True,
26              filter_properties=filter_properties)
```

从以上代码可以看到，在 _create_instance 方法中，filter_properties 变量共添加了 forced_hosts 和 scheduler_hints 两项内容。之后，_create_instance 方法远程调用了 NovaScheduler 服务 manager 对象的 run_instance 方法[3]。Nova Scheduler 服务 manager 对象

---

1　定义在/opt/stack/nova/nova/api/openstack/compute/servers.py 文件中。

2　定义在/opt/stack/nova/nova/compute/api.py 文件中。

3　定义在/opt/stack/nova/nova/scheduler/manager.py 文件中。

的 run_instance 方法最终会调用 FilterScheduler 对象的_schedule 方法[1]。该方法的定义如下：

```
01  class FilterScheduler(driver.Scheduler):
02    def _schedule(self, context, request_spec, filter_properties,
instance_uuids=None):
03        ...
04        config_options = self._get_configuration_options()
                                              # 获取最新配置信息
05        ...
06        self._populate_retry(filter_properties, properties)
                                              # 设置调度次数
07        ...
08        filter_properties.update({'context': context,    # 设置上下文
09                                  'request_spec': request_spec,
                                              # 客户端传入的特殊要求
10                                  'config_options': config_options, # 配置文件选项
11                                  'instance_type': instance_type}) # 虚拟机规格
12        #设置租户 id 和操作系统类型
13        self.populate_filter_properties(request_spec, filter_properties)
14        ...
```

_schedule 方法分别调用了_populate_retry 方法向 filter_properties 添加 retry 属性，调用 populate_filter_properties 方法向 filter_properties 添加 project_id 和 os_type 属性。其中，populate_filter_properties 方法非常简单，这里就不再详细分析了。_populate_retry 方法的定义如下：

```
01  class FilterScheduler(driver.Scheduler):
02    def _populate_retry(self, filter_properties, instance_properties):
03        max_attempts = self._max_attempts()         # 获取最大尝试次数
04        retry = filter_properties.pop('retry', {})  # 获取已经尝试的次数
05        # max_attempts 为 1，表示不支持多次调度
06        if max_attempts == 1:
07            return
08        # 如果支持多次调度
09        if retry:
10            retry['num_attempts'] += 1        # 如果存在 retry，则尝试次数加 1
11        else:                                 # 不存在 retry，说明是第 1 次尝试
12            retry = {
13                'num_attempts': 1,            # 已经尝试的次数为 1
14                'hosts': []                   # 尝试过的计算节点列表
15            }
16        filter_properties['retry'] = retry
                                      # 设置 filter_properties 的 retry 属性
17        if retry['num_attempts'] > max_attempts:
                                      # 超出最多尝试次数，抛出异常
18            msg = _("Exceeded max scheduling attempts %(max_attempts)d for "
19                    "instance %(instance_uuid)s") % locals()
20            raise exception.NoValidHost(reason=msg)
```

_populate_retry 方法维护了 filter_properties 变量的 retry 属性。当尝试的次数超过最大值时，抛出异常。

---

[1] 定义在/opt/stack/nova/nova/scheduler/filter_scheduler.py 文件中。

🔔 **注意**：最多尝试次数可在 nova.conf 文件中通过 scheduler_max_attempts 配置项设定。

通过上面的分析可知，在 FilterScheduler 对象的 _schedule 方法中，为 filter_properties 添加了 context、request_spec、config_options、instance_type、retry、project_id 和 os_type 属性。

本小节的最后，通过图 18.1 对本小节涉及的方法的调用关系做了简单小结。表 18.2 总结了 filter_properties 提供的各个属性。

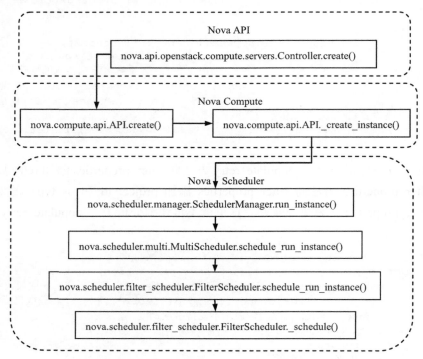

图 18.1　第 18.1.3 小节涉及的函数调用关系图

表 18.2　filter_properties 中包含的属性一览

| 属 性 名 | 描　　述 |
| --- | --- |
| scheduler_hints | 提供虚拟机调度的扩展参数 |
| forced_hosts | 指明虚拟机必须创建在 forced_hosts 列表中的计算节点上 |
| context | 用户的上下文参数 |
| request_spec | 保存了虚拟机的详细信息。包括虚拟机磁盘镜像信息、安全组等 |
| config_options | 保存了 Nova 的最新配置信息 |
| instance_type | 保存了虚拟机规格 |
| retry | 保存了已经尝试的调度次数 |
| project_id | 保存了当前用户的租户 id |
| os_type | 保存了虚拟机的操作系统类型 |

🔔 **注意**：Nova-Scheduler 的 filter 是一个轻量级的模块，在 filter 中不能有与 Nova 其他服务交互的代码（比如查询数据库、执行 RPC 调用等）。因此，过滤所需的信息都是通过 filter_properties 参数传入的。

## 18.2 自定义 Extension API

作为一个开源的项目，OpenStack 在设计之初，就已经考虑到模块扩展的问题。前面已经介绍过，在 OpenStack 中，各个 OpenStack 组件之间、客户端服务器之间，都是通过 Restful API 实现通信的。因此，模块的扩展，很重要的一块就是 Restful API 的扩展。作为 OpenStack 重中之重的组件，Nova 在设计时，就很好地考虑到了 Restful API 的扩展问题。

在 Nova API 中，有两种类型的 API，即标准 API 和 Extension API。所谓标准 API，是指 Nova API 固有的 API。在启动 Nova API 时，这些 API 也会随之启动，不能随意地装载和卸载；而 Extension API，是指可以通过修改配置，随意装载和卸载的 API。这两种 API 只是形式上的不同，本质上并没有任何的不同。

本节首先介绍在 Nova 中 Extension API 的启动流程，然后介绍如何定义和使用自己的 Extension API。

### 18.2.1 Extension API 的启动流程

本小节介绍 Extension API 的启动流程。事实上，Extension API 属于标准 API 的一部分。只是在标准 API 的基础之上，添加了额外的 url 映射而已。因此，要学习 Extension API 的启动过程，还得从标准 API 说起。

在第 15.2 节介绍过，Nova API 中，核心应用程序为 osapi_compute_app_v2，其定义如下[1]：

```
[app:osapi_compute_app_v2]
paste.app_factory = nova.api.openstack.compute:APIRouter.factory
```

nova.api.openstack.compute.APIRouter 类在第 15.2 节已经做过较为详细的分析了，它继承自 nova.api.openstack.APIRouter 类。nova.api.openstack.compute.APIRouter 类主要重载了 _setup_routes 方法，该方法加载了与虚拟机有关的 url 映射。加载 Extension API 部分的代码，是在 nova.api.openstack.APIRouter 类的初始化方法中实现的。查看其初始化方法的定义[2]：

```
01  class APIRouter(base_wsgi.Router):
02      def __init__(self, ext_mgr=None, init_only=None):
03          # 创建 ExtensionManager 对象
04          if ext_mgr is None:
05              if self.ExtensionManager:
06                  ext_mgr = self.ExtensionManager()
07              else:
08                  raise Exception(_("Must specify an ExtensionManager class"))
09
10          mapper = ProjectMapper()
11          self.resources = {}
```

---

[1] 定义在/etc/nova/api-paste.ini 文件中。
[2] 定义在/opt/stack/nova/nova/api/openstack/__init__.py 文件中。

```
12            # 加载标准 API 的 url 映射
13            self._setup_routes(mapper, ext_mgr, init_only)
14            # 加载 Extension API 的 url 映射
15            self._setup_ext_routes(mapper, ext_mgr, init_only)
16            # 加载 Extension API 的扩展方法
17            self._setup_extensions(ext_mgr)
18            super(APIRouter, self).__init__(mapper)
```

> 注意：在 APIRouter 类的初始化方法中使用的 self.ExtensionManager 变量是 nova.api.openstack.compute.extension.ExtensionManager 类[1]。

在 APIRouter 类的初始化方法中，主要做了 4 件事：

- 创建 ExtensionManager 对象。
- 调用_setup_routes 方法，加载标准 API 的 url 映射。
- 调用_setup_ext_routes 方法，加载 Extension API 的 url 映射。
- 调用_setup_extensions 方法，加载 Extension API 的 controller 对象的扩展方法。

其中，_setup_routes 方法已经在第 15.2 节介绍过。_setup_extensions 方法由于在本书示例中没有用到，限于篇幅，不做介绍。这里，分别介绍 ExtensionManager 对象的创建和_setup_ext_routes 方法的定义。

### 1. ExtensionManager对象的创建

ExtensionManger 类的主要功能是添加 Extension API 的 url 映射，是一个非常核心的类。查看其初始化方法的定义[2]：

```
class ExtensionManager(base_extensions.ExtensionManager):
    def __init__(self):
        self.cls_list = CONF.osapi_compute_extension    # Extension API 列表
        ...
        self._load_extensions()                          # 加载 Extension API
```

ExtensionManager 的初始化方法主要做了两件事：读取 Extension API 配置和调用_load_extensions 加载 Extension API 对象列表。

在 nova.conf 配置文件中，osapi_compute_extension 的默认值为：

```
osapi_compute_extension=nova.api.openstack.compute.contrib.standard_extensions
```

这里的 standard_extensions 是一个方法，稍后再做介绍。这里先介绍_load_extensions 方法，其定义如下[3]：

```
01  class ExtensionManager(object):
02      def _load_extensions(self):
03          extensions = list(self.cls_list)     # 将 self.cls_list 封装成列表
04          for ext_factory in extensions:
                                                 # 对列表中的每个元素，调用 load_extension 方法
05              try:
```

---

[1] 参见/opt/stack/nova/nova/api/openstack/compute/__init__.py 文件中 APIRouter 类的定义。
[2] 定义在/opt/stack/nova/nova/api/openstack/compute/extensions.py 文件中。
[3] 定义在/opt/stack/nova/nova/api/openstack/extensions.py 文件中。

```
06              self.load_extension(ext_factory)
07          except Exception as exc:
                LOG.warn(_('Failed to load extension %(ext_factory)s: ''%
                (exc)s') % locals())
```

_load_extensions 方法为 Extension API 列表中的每个元素调用了 load_extension 方法加载 Extension API 对象。load_extension 方法定义如下：

```
01  class ExtensionManager(object):
02      def load_extension(self, ext_factory):
03          if isinstance(ext_factory, basestring):
04              factory = importutils.import_class(ext_factory)
                                                           # 加载 ext_factory 类
05          else:
06              factory = ext_factory
07          factory(self)                                  # 调用 ext_factory 方法
```

🔔 注意：在这里，ext_factory 即配置文件中定义的 standard_extensions 方法。

从以上代码可以看到，load_extension 方法调用了 standard_extensions 方法。查看 standard_extensions 方法的定义[1]：

```
def standard_extensions(ext_mgr):
    extensions.load_standard_extensions(ext_mgr, LOG, __path__, __package__)
```

🔔 注意：以上方法中，__path__ 值为 /opt/stack/nova/nova/api/openstack/compute/contrib。__package__ 的值为 nova.api.openstack.compute.contrib。

standard_extensions 方法调用了 extensions.load_standard_extensions 方法。以下是 load_standard_extensions 方法的定义：

```
01  def load_standard_extensions(ext_mgr, logger, path, package, ext_list
    =None):
02      # our_dir=/opt/stack/nova/nova/api/openstack/compute/contrib
03      our_dir = path[0]
04      # 遍历 our_dir 下的所有文件和目录
05      # dirpath: 遍历的路径名；dirnames: dirpath 下的目录列表
06      # filenames: dirpath 下的文件列表
07      for dirpath, dirnames, filenames in os.walk(our_dir):
08          # 计算 dirpath 与 our_dir 的相对路径
09          relpath = os.path.relpath(dirpath, our_dir)
10          if relpath == '.':           # dirpath 与 our_dir 为同一目录
11              relpkg = ''
12          else:                        # dirpath 为 our_dir 的子目录
13              #将斜杠（/）替换成点号（.）
14              relpkg = '.%s' % '.'.join(relpath.split(os.sep))
15          # 遍历 dirpath 下所有的文件
16          for fname in filenames:
17              # root: 文件名；ext: 扩展名
18              root, ext = os.path.splitext(fname)
19              # 跳过 __init__ 和非 .py 文件
20              if ext != '.py' or root == '__init__':
21                  continue
22              # 构造类名，将文件名首字母大写
```

---

[1] 定义在 /opt/stack/nova/nova/api/openstack/compute/contrib/__init__.py 文件中。

```
23              classname = "%s%s" % (root[0].upper(), root[1:])
24              # 构造完整的类路径
25              classpath = ("%s%s.%s.%s" % (package, relpkg, root, classname))
26              …
27              # 调用 load_extension 方法，加载 Extension API
28              try:
29                  ext_mgr.load_extension(classpath)
30              except Exception as exc:
31                  logger.warn(_('Failed to load extension %(classpath)s:
                        %(exc)s') % locals())
32              …
```

load_standard_extensions 方法遍历/opt/stack/nova/nova/api/openstack/compute/contrib/目录下的所有文件。对于每个非__init__的 py 文件，都会搜索该文件下的 ExtensionDescriptor 子类。ExtensionDescriptor 子类名为将相应文件名的首字母大写后的字符串。例如，flavor_access.py 文件中定义的 ExtensionDescriptor 子类为 Flavor_access 类。

load_standard_extensions 方法对 contrib 目录下的每个 ExtensionDescriptor 子类都调用了一次 ExtensionManager 对象的 load_extension 方法。该方法的定义如下：

```
01  class ExtensionManager(object):
02    def load_extension(self, ext_factory):
03      if isinstance(ext_factory, basestring):
04        factory = importutils.import_class(ext_factory)
                                                         # 加载 ext_factory 类
05      else:
06        factory = ext_factory
07      factory(self)                                    # 创建 ext_factory 对象
```

注意：在这里，ext_factory 是 contrib 目录下定义的 ExtensionDescriptor 子类。

可以看到，load_extension 方法为每个 contrib 目录下定义的 ExtensionDescriptor 子类都创建了一个对象。ExtensionDescriptor 子类重载了 get_controller_extensions 方法和 get_resources 方法，其初始化方法，依然在 ExtensionDescriptor 类中定义[1]，其代码如下：

```
class ExtensionDescriptor(object):
  def __init__(self, ext_mgr):
    ext_mgr.register(self)
    self.ext_mgr = ext_mgr
```

ExtensionDescriptor 类的初始化方法调用了 ExtensionManager 对象的 register 方法。查看 register 方法的定义：

```
01  class ExtensionManager(object):
02    def register(self, ext):
03      if not self._check_extension(ext):
                                            # 检查 ExtensionDescriptor 对象是否合法
04        return
05
06      alias = ext.alias                   # ExtensionDescriptor 对象的别名
07      …
08      self.extensions[alias] = ext        # 保存 ExtensionDescriptor 对象
09      self.sorted_ext_list = None
```

---

[1] 定义在/opt/stack/nova/nova/api/openstack/extensions.py 文件中。

register 方法会将 contrib 目录下的所有 ExtensionDescriptor 子类的实例都保存在 ExtensionManager 对象中。

本小节的最后，总结一下 ExtensionManager 对象在初始化方法的工作流程，参见图 18.2。

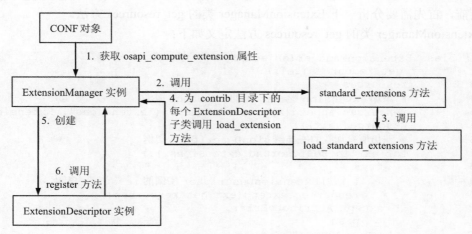

图 18.2　ExtensionManger 对象初始化流程

（1）ExtensionManger 类的初始化方法主要完成以下两项工作。
- 读取 Extension API 配置。
- 调用_load_extensions 加载 Extension API 对象列表。初始化方法执行完毕后，会把所有配置的 Extension API 对象保存在 ExtensionManager 对象的 extensions 成员变量中。

（2）ExtensionManger 类的_load_extensions 方法为 Extension API 列表中的每个元素都调用了 load_extension 方法加载相应的 Extension API 对象。Extension API 列表通过 nova.conf 配置文件中的 osapi_compute_extension 配置项指定。在默认情况下，Extension API 列表只有一个元素，即 standard_extensions。standard_extensions 其实是一个方法。ExtensionManger 类的 load_extension 方法会调用 standard_extensions 方法。

（3）standard_extensions 方法调用了 extensions 包的 load_standard_extensions 方法。load_standard_extensions 方法会遍历 nova/api/openstack/compute/contrib/ 目录下的所有 ExtensionDescriptor 子类。每个 ExtensionDescriptor 子类对应于一个 Extension API 类。load_standard_extensions 方法会调用 ExtensionManger 类的 load_extension 方法加载 ExtensionDescriptor 子类对应的 Extension API。

（4）ExtensionManager 对象的 load_extension 方法主要的功能是创建 Extension API 对象。在每个 ExtensionDescriptor 子类的初始化方法中，都会调用 ExtensionManager 对象的 register 方法注册 Extension API 对象。

（5）ExtensionManager 对象的 register 方法首先检查要注册的 Extension API 对象是否合法。若合法，则将其保存在 ExtensionManager 对象的 extensions 变量中。extensions 变量其实是一个字典，它的键值是 Extension API 对象的 alias 属性，其值是相应的 Extension API 对象。

## 2. _setup_ext_routes方法

_setup_ext_routes 方法的主要功能是添加 Extension API 的 url 映射。在_setup_ext_routes 方法中调用了 ExtensionManager 实例的 get_resources 方法。因此，在分析_setup_ext_routes 方法之前，首先需要分析一下 ExtensionManager 类的 get_resources 方法。

ExtensionManager 类的 get_resources 方法定义如下：

```
01  class ExtensionManager(object):
02      def get_resources(self):
03          resources = []
04          # 添加 extension manager 的 resource 资源
05          resources.append(ResourceExtension('extensions', Extensions
            Resource(self)))
06          # 遍历所有加载的 ExtensionDescriptor 实例
07          for ext in self.sorted_extensions():
08              try:
09                  # 添加 ExtensionDescriptor 实例的 resource 资源
10                  resources.extend(ext.get_resources())
11              except AttributeError:
12                  pass
13          return resources
```

ExtensionManager 类的 get_resources 方法添加了两个对象的 resource 资源，即 ExtensionManager 实例本身的 resource 资源和注册的 ExtensionDescriptor 实例的 resource 资源。所谓 resource 资源，其实就是一些扩展的 url 映射。ExtensionManager 实例的 resource 资源主要用于添加对 ExtensionManager 实例进行查询的 url 映射。这部分内容不再详述，有兴趣的读者可自行研究。这里，主要介绍 ExtensionDescriptor 实例的 resource 对象。

在 contrib 文件夹下，定义了许多 ExtensionDescriptor 子类。这里仅以 Flavor_acess 类为例加以说明。对于每个 ExtensionDescriptor 子类，它的 resource 资源都是通过 get_resources 方法创建的。以下是 Flavor_acess 类的 get_resources 方法的定义[1]：

```
01  class Flavor_access(extensions.ExtensionDescriptor):
02      def get_resources(self):
03          resources = []
04          # 创建 ResourceExtension 对象
05          res = extensions.ResourceExtension( 'os-flavor-access',
06              controller=FlavorAccessController(),
07              parent=dict(member_name='flavor', collection_name='flavors'))
08          resources.append(res)
09
10          return resources
```

ExtensionDescriptor 类的 get_resources 方法会返回一个 ResourceExtension 对象的列表。ResourceExtension 类的定义如下[2]：

```
01  class ResourceExtension(object):
02      def __init__(self, collection, controller=None, parent=None,
        collection_actions=None,
03              member_actions=None, custom_routes_fn=None, inherits=None):
```

---

[1] 定义在/opt/stack/nova/nova/api/openstack/compute/contrib/flavor_access.py 文件中。

[2] 定义在/opt/stack/nova/nova/api/openstack/extensions.py 文件中。

```
04          if not collection_actions:
05              collection_actions = {}
06          if not member_actions:
07              member_actions = {}
08          self.collection = collection                    # 集合名
09          self.controller = controller            # 处理 url 请求的 controller 实例
10          self.parent = parent                            # 父资源
11          self.collection_actions = collection_actions    # 集合有关的操作
12          self.member_actions = member_actions            # 成员有关的操作
13          self.custom_routes_fn = custom_routes_fn        # 自定义的路由方法
14          self.inherits = inherits                  # 继承的标准 API 资源别名
```

ResourceExtension 类其实是一个存储与 url 映射有关信息的一个数据类。ResourceExtension 类中定义的各个成员变量的详细说明，参见表 18.3。

表 18.3 ResourceExtension类中定义的成员变量

| 变量名 | 描述 |
| --- | --- |
| collection | 集合名，是一个字符串 |
| controller | 处理 url 请求的 controller 对象 |
| parent | 父资源。如果一个资源定义了父资源，那么在构造 url 时，需添加父资源有关的字段。例如，其 url 形式可能为/{租户 id}/{父资源集合名}/{父资源 id}/{子资源名}/{子资源 id} |
| collection_actions | 自定义的与集合有关的操作，是一个字符串列表 |
| member_actions | 自定义的与成员有关的操作，是一个字符串列表 |
| custom_routes_fn | 自定义的添加 url 映射的方法，这是预留的扩展接口 |
| inherits | 一个 Extension API 资源可继承自标准 API 资源。inherits 保存的是继承的标准 API 资源的别名。如果没有继承的资源，inherits 为 None |

对 ExtensionManager 类的 get_resources 方法有了一个较为深入的了解后，分析 APIRouter 类的_setup_ext_routes方法就比较容易了。以下是_setup_ext_routes方法的定义[1]：

```
01  class APIRouter(base_wsgi.Router):
02      def _setup_ext_routes(self, mapper, ext_mgr, init_only):
03          for resource in ext_mgr.get_resources():
04              ...
05              inherits = None
06              # 如果当前 resource 继承自其他标准 resource
07              if resource.inherits:
08                  # 获取继承的标准 resource 的实例
09                  inherits = self.resources.get(resource.inherits)
10                  # 如果当前 resource 没有定义 controller，则使用继承 resource 的
                    controller
11                  if not resource.controller:
12                      resource.controller = inherits.controller
13              # 封装资源的 controller，实现报文的序列化/反序列化功能
14              wsgi_resource = wsgi.Resource(resource.controller, inherits
                =inherits)
15              # 将当前资源添加到 resources 字典中
16              self.resources[resource.collection] = wsgi_resource
17              # 构造参数
18              kargs = dict(controller=wsgi_resource, collection=resource.
```

---

[1] 定义在/opt/stack/nova/nova/api/openstack/__init__.py 文件中。

```
19                collection_actions,
                   member=resource.member_actions)
20           if resource.parent:
21               kargs['parent_resource'] = resource.parent
22           # 调用 resource 方法，添加 url 映射
23           mapper.resource(resource.collection, resource.collection,
                 **kargs)
24           # 调用自定义路由方法，添加自定义 url 映射
25           if resource.custom_routes_fn:
26               resource.custom_routes_fn(mapper, wsgi_resource)
```

APIRouter 类的_setup_ext_routes 方法工作流程如下。

（1）代码第 03 行调用 ExtensionManager 对象的 get_resources 方法获取所有 Extension API 的 resource 资源。ExtensionManager 对象的 get_resources 方法会调用每个 Extension API 对应 ExtensionDescriptor 子类的 get_resources 方法。ExtensionDescriptor 子类的 get_resources 方法会返回一个 ResourceExtension 对象的列表。ResourceExtension 类其实是一个存储与 url 映射有关信息的一个数据类。

（2）代码第 07～12 行检查当前的 resource 资源是否继承自标准的 resource 资源。如果当前的 resource 资源继承自标准 resource 资源，那么其处理 url 请求的 controller 对象就是标准 resource 资源对应的 controller 对象；否则，需在 Extension API 对应的 ExtensionDescriptor 子类中指定 controller 对象。

（3）代码第 14 行将对应资源的 controller 对象封装成 Resource 对象，实现报文的序列化/反序列化功能。

（4）代码第 18～24 行调用 Mapper 对象的 resource 方法[1]注册资源的 url 映射。

注意：通过上面的分析，可以看到 Extension API 与标准 API 在添加 url 映射时没有任何本质的不同[2]，只是 Extension API 功能是为了方便扩展，因此其设计更加灵活而已。

## 18.2.2 实现自定义 Extension API

通过第 18.2.1 小节的分析，可以很清晰地知道要添加一个自定义的 Extension API 需要实现以下两个类：

- 实现 get_resources 方法的 ExtensionDescriptor 子类。
- 用于处理 url 请求的 Controller 类。

本小节通过一个比较简单的 Extension API 示例，来详细介绍 Extension API 的添加和启动流程。Extension API 的调用，将在第 18.3.2 小节介绍。在第 18.4 节将通过一个比较复杂的 Extension API，介绍 Extension API 与 Nova 其他模块（包括自定义模块）的通信流程。

本小节示例的 ExtensionDescriptor 子类和 Controller 类都定义在 simple_extension.py[3]文件中。接下来，将逐一介绍 Extension API 的定义和启动。

---

[1] Mapper 对象的 resource 方法为相应资源添加了一系列标准的 url 映射。

[2] 读者可回忆一下/opt/stack/nova/nova/api/openstack/compute/__init__.py 文件中定义的 APIRouter._setup_routes 方法。

[3] https://github.com/JiYou/openstack/blob/master/chap18/myproject/simple_extension.py

## 1. Extension API的定义

首先查看一下 ExtensionDescriptor 子类的定义:

```
01  class Simple_extension(extensions.ExtensionDescriptor):
02      name = "simple_extension"                    # Extension API 名
03      alias = "simple_extension"                   # Extension API 别名
04
05      def get_resources(self):
06          resources = [extensions.ResourceExtension(
07                       'simple_extension'          # 集合名
08                       Controller(),               # controller 实例
09                       collection_actions = {'is_ok':'GET',})]
                                                     # 自定义的集合操作
10          return resources
```

在 get_resources 方法中,定义了一个自定义的集合操作 is_ok,这个操作对应的处理方法为 is_ok 方法,该方法在 Controller 类中定义。Controller 的定义如下:

```
class Controller(wsgi.Controller):
    def is_ok(self, req):
        return {'key':'ok'}
```

Controller 类非常简单,它定义了一个 is_ok 方法,该方法返回了一个字典。

## 2. Extension API的启动

(1) 将 github 上的 simple_extension.py 文件下载到/opt/stack/nova/nova/myproject 目录下,形成如下目录结构。

```
/opt/stack/nova/nova/
└── myproject/
    ├── __init__.py
    └── simple_extension.py
```

(2) 修改 nova.conf 配置文件,在[DEFAULT]组下添加如下设置:

```
osapi_compute_extension=nova.api.openstack.compute.contrib.standard_extensions
osapi_compute_extension=nova.myproject.simple_extension.Simple_extension
```

**注意**: 在添加自定义 Extension API 时,要记得保留其标准的 Extension API。

(3) 重启 Nova API:

```
ps aux | grep -v "grep" | grep -v "res"| grep "nova-api" | awk '{print $2}' | xargs -i kill -9 {} ;
rm -rfv /var/log/nova/nova-api.log >/dev/null
nohup python /opt/stack/nova/bin/nova-api --config-file=/etc/nova/nova.conf --logfile=/var/log/nova/nova-api.log>/var/log/nova/nova-api.log 2>&1 &
```

(4) 验证 Extension API 是否成功加载:

```
root@ubuntu:~# less /var/log/nova/nova-api.log | grep simple_extension
2013-08-14 18:19:33,114 4152 AUDIT nova.api.openstack.extensions [-] Loaded extension: simple_extension
2013-08-14 18:19:33,206 4152 AUDIT nova.api.openstack.extensions [-] Loaded
```

```
extension: simple_extension
```

如果输出为如上结构，就说明 Extension API 加载成功。

## 18.3　自定义 Extention API 客户端

　　Extension API 可以很方便地实现 Nova 服务器端的扩展。当服务器端实现了扩展，对客户端的扩展也就成了必然的要求。例如，在 18.2.2 小节添加了一个自定义的 Extension API。那么，在 Nova Client 端就必然需要提供接口来调用添加的 API。本节介绍 Nova Client 的扩展。

### 18.3.1　Extention API 客户端加载流程

　　在第 12.1.1 小节介绍过，在 Keystone 的 Client 类[1]中，定义了许多的 manager 成员变量，其中每个 manager 成员变量都定义了一系列接口，发送相应资源的 HTTP 请求，其实，OpenStack 其他组件的 Client 类都采用了类似的结构。另外，为了方便实现扩展，Nova Client 还支持添加自定义的 manager。以下是 Nova Client 类的初始化方法的定义[2]：

```
01   class Client(object):
02       def __init__(self, username, api_key, project_id, auth_url=None,
03                ..., extensions=None,...):
04           ...
05           # 如果外部传入了 extensions 参数
06           if extensions:
07               # 遍历 extensions 中的每个 extension manager
08               for extension in extensions:
09                   if extension.manager_class:
10                       # 添加自定义的 extension manager
11                       setattr(self, extension.name, extension.manager_
                            class(self))
12           ...
```

　　Nova Client 类的初始化方法遍历 extensions 列表，对 extensions 列表中的每一个元素 extension，都会往 Client 实例中添加一个成员变量，其变量名由 extension.name 指定，其变量类型由 extension.manager_class 指定。因此，只要构造 extensions 参数，就可以实现对 Nova Client 的扩展了。第 18.3.2 小节，将通过一个示例，介绍扩展 Nova Client 的流程。

### 18.3.2　添加 Extention API 客户端

　　本小节将为第 18.2.2 小节定义的 Extension API 添加 Nova Client 扩展模块。首先，介绍 Nova Client 扩展模块的定义。然后，介绍 Nova Client 扩展模块的调用方法。最后，查看 Extension API 的执行结果。

---

[1] 定义在/usr/local/lib/python2.7/dist-packages/keystoneclient/v2_0/client.py 文件中。

[2] 定义在/usr/local/lib/python2.7/dist-packages/novaclient/v1_1/client.py 文件中。

### 1. Nova Client扩展模块的定义

要添加 Nova Client 扩展模块，首先需定义 extension manager 类。本例中的 extension manager 类定义[1]如下：

```
01  class SimpleExtensionManager(base.ManagerWithFind):
02      # 发送 GET /simple_extension/is_ok 请求
03      def is_ok(self):
04          url = "/simple_extension/is_ok"          # 请求的 url
05          resp, body = self.api.client.get(url)    # 调用 HTTP GET 方法
06          return body                              # 返回结果
```

注意：以上代码中的 self.api 为一个 Nova Client 对象。

SimpleExtensionManager 类的 is_ok 方法通过 Nova Client 对象向 Nova API 发送 GET /simple_extension/is_ok 请求。这个请求交给在 18.2.2 小节介绍的 simple_extension.Controller 类中的 is_ok 方法处理。最终，SimpleExtensionManager 类的 is_ok 方法会返回一个字典 {'key':'ok'}。

### 2. Nova Client扩展模块的调用

调用 Nova Client 扩展模块的代码定义如下[2]：

```
01  from novaclient.v1_1 import client as nova_client
02  from nova.myproject.client import simple_extension_manager
03  # 设置用户验证信息
04  user_info = {
05      'username':'nova',                                 # 用户名
06      'password':'%KEYSTONE_NOVA_PASSWORD%',             # 密码
07      'tenant':'service',                                # 租户名
08      'authurl':'http://%KEYSTONE_HOST%:5000/v2.0'}      # keystone 服务器地址
09  # 定义 extension manager 元数据类
10  class ExtensionManagerMeta(object):
11      def __init__(self, name, manager_class):
12          # extension manager 在 Nova Client 实例中的成员变量名
13          self.name = name
14          # extension manager 的类
15          self.manager_class = manager_class
16  # 设置 Nova Client 实例的 extensions 参数
17  extensions=[ExtensionManagerMeta('simple_extension_manager',
18                          simple_extension_manager.SimpleExtension
                            Manager)]
19  # 创建 Nova Client 对象
20  client = nova_client.Client(user_info.get('username'), user_info.get
    ('password'),
21                          project_id=user_info.get('tenant'),
22                          auth_url=user_info.get('authurl'),
23                          extensions=extensions)
```

---

[1] 定义在 https://github.com/JiYou/openstack/blob/master/chap18/myproject/client/simple_extension_manager.py 文件中。

[2] 定义在 https://github.com/JiYou/openstack/blob/master/chap18/myproject/simple_extension_main.py 文件中。

```
24    # 执行 SimpleExtensionManager 对象的 is_ok 方法。
25    print client.simple_extension_manager.is_ok()
```

代码中第 04～08 行定义的 user_info 变量设置了用户的验证信息。第 10～15 行定义的 ExtensionManagerMeta 类定义了 extension manager 的元数据类。这里的 name 指定了 extension manager 的名字，manager_class 指定了 extension manager 的数据类型。第 17～18 行定义的 extensions 变量是向 Nova Client 对象传入的 extensions 参数，它是含有一个元素的列表，该元素是一个 ExtensionManagerMeta 类型的对象，它指明在 Nova Client 要添加一个名为 simple_extension_manager 的成员变量，这个成员变量的类型为 SimpleExtensionManager。第 20～23 行创建了一个 Nova Client 对象。第 25 行调用 SimpleExtensionManager 对象的 is_ok 方法，发送 HTTP GET 请求。

**3．测试Nova Client扩展模块**

本小节的最后，来测试一下第 18.2.2 小节定义的 Extension API。

> 注意：在完成本部分操作前，必须保证第 18.2.2 小节定义的 Extension API 成功启动。

（1）下载 myproject 目录下相应的文件，形成如下目录：

```
/opt/stack/nova/nova/
└── myproject/
    ├── client/
    │   ├── __init__.py
    │   └── simple_extension_manager.py
    ├── __init__.py
    ├── simple_extension_main.py
    └── simple_extension.py
```

（2）修改 simple_extension_main.py 文件，替换文件中的%KEYSTONE_HOST%和%KEYSTONE_NOVA_PASSWORD%字段，其中%KEYSTONE_HOST%为 Keystone 服务器的 IP 地址，%KEYSTONE_NOVA_PASSWORD%为 nova 用户登录 keystone 服务器的密码。

（3）执行如下命令，调用 Extension API：

```
root@ubuntu:~# cd /opt/stack/nova-2013.1/nova/myproject/
root@ubuntu:/opt/stack/nova-2013.1/nova/myproject# python simple_extension_main.py
{u'key': u'ok'}
```

可以看到，客户端成功得到服务器端发来的数据。

本小节的最后，总结一下添加 Nova Client 扩展模块的步骤。

（1）定义扩展的 Nova Client Manager 类，该类主要定义了向 Nova API 服务发送各种 HTTP 请求的方法。

（2）构造 Nova Client 的 extensions 参数。extensions 参数是一个列表，列表中的每个元素都是一个二元组，其 key 值为扩展 Manager 在 Nova Client 的变量名，其 value 值为扩展 Manager 的类型。

（3）创建 Nova Client 对象，并将 extensions 参数传入 Nova Client 类的初始化方法中。

## 18.4　Nova 中添加自定义模块

OpenStack Nova 是由许多的模块组成的，其中最基本的有 Nova API、Nova Scheduler、Nova Conductor 和 Nova Compute。只有这 4 个模块正常启动了，才能保证 Nova 能够正常地创建和管理虚拟机。同时，Nova 还有许多其他的模块，例如 Nova Cells、Nova Cert 和 Nova Console 等。由于模块之间都是通过 RPC 调用的，模块之间具有很高的松耦合性。因此，有的模块无论启动与否，Nova 都能够正常运行。另外，RPC 调用的松耦合性，也必然带来高可扩展性的特点。本节将介绍如何添加自定义的模块。

### 18.4.1　添加新模块

一个 Nova 模块，其本质就是一个 RPC 服务器。在第 11.3 节介绍了如何定义和启动 RPC 服务，其流程还是相当繁琐的。幸运的是，Nova 已经把启动 RPC 服务的代码封装好了。因此，添加 Nova 模块是非常简单的。需要做的事情有：

- 定义 Manager 类，一个 Manager 类封装了所有 RPC 请求的处理方法。
- 设置必要的配置项，包括 Nova 模块监听的 RPC 请求的主题、Nova 模块使用的 Manager 类等。
- 定义启动代码。所有 Nova 模块的启动代码几乎都是类似的，因此，可以仿造 Nova 的标准模块，编写启动代码。

本小节首先分别从以上 3 个方面介绍 Nova 模块的定义，然后介绍 Nova 模块的启动。

#### 1. Manager类的定义

在这里，首先定义了一个非常简单的 Manager 类。然后在后续章节中，通过不断地添加方法，使得自定义的 Nova 模块的功能不断丰富。以下是 Manager 类的定义[1]：

```
class MyProjectManager(manager.Manager):
    def __init__(self, *args, **kwargs):
        LOG.info('nova-myproject manager is initialized!')
```

Manager 类非常简单，只有一个初始化方法。

> 注意：所有的 Mananger 类必须继承 manager.Manager 类。

#### 2. 定义配置项

一个 Nova 模块需要做的最基本配置有主题和 Manager 类。以下是示例中的配置项[2]：

```
01  # 设置myproject默认配置
02  myproject_opts = [
03      cfg.StrOpt('myproject_topic',                          # 主题
```

---

[1] 定义在 https://github.com/JiYou/openstack/blob/master/chap18/myproject/manager.py 文件中。
[2] 定义在 https://github.com/JiYou/openstack/blob/master/chap18/myproject/myproject_opts.py 文件中。

```
04                default='myproject',
05                help='the topic myproject nodes listen on'),
06     cfg.StrOpt('myproject_manager',                          # manager 类
07                default='nova.myproject.manager.MyProjectManager',
08                help='Manager for myproject'),
09            ]
10 # 注册 myproject 配置
11 CONF = cfg.CONF
12 CONF.register_opts(myproject_opts)
```

> 注意：
> （1）myproject_opts 中的配置项只是 nova-myproject 的默认配置，可在 nova.conf 文件中自定义其配置项。
> （2）默认情况下，Nova 会将<topic>_manager 配置项作为 Nova 模块的 Manager 类，其中，<topic>为配置的 Nova 模块主题。例如，默认配置下，Nova MyProject 的主题为 myproject，故其 Manager 类由 myproject_manager 配置项指定。

### 3．定义启动脚本

Nova 各个模块的启动脚本大同小异。因此，只需在 Nova 标准模块的启动脚本上稍加修改，便可编写出 Nova MyProject 模块的启动脚本了。本例中的 Nova MyProject 的启动脚本是在 Nova Scheduler 的基础上进行修改的。以下是其部分代码[1]：

```
01 ...
02 # 检查是否存在 myproject_topic 配置项
03 CONF.import_opt('myproject_topic', 'nova.myproject.myproject_opts')
04 if __name__ == '__main__':
05     ...
06     # 定义服务
07     server = service.Service.create(binary='nova-myproject',    # 服务名
08                                     topic=CONF.myproject_topic)  # 服务主题
09     # 启动服务
10     service.serve(server)
11     service.wait()
```

以上代码中调用的 CONF.import_opt 方法首先加载 myproject_opts.py 文件下定义的配置，并检查配置中是否定义了 myproject_topic 配置。

### 4．Nova模块的启动

（1）下载 myproject 目录下的相应文件，形成如下目录结构。

```
opt/stack/nova/nova/
└ myproject/
  ├── __init__.py
  ├── manager.py
  ├── myproject_opts.py
  └── nova-myproject
```

---

[1] 启动脚本定义在 https://github.com/JiYou/openstack/blob/master/chap18/myproject/nova-myproject 文件中。

（2）启动 nova-myproject。

```
nohup python /opt/stack/nova/nova/myproject/nova-myproject -config -file=
/etc/nova/nova.conf >/var/log/nova/nova-myproject.log 2>&1 &
```

（3）使用 nova-manage 命令查看 nova-myproject 模块运行的情况。

```
root@hd-devstack:~# nova-manage service list
Binary           Host          Zone       Status     State Updated_At
nova-scheduler   hd-devstack   internal   enabled    :-)   2013-08-10 01:13:50
nova-conductor   hd-devstack   internal   enabled    :-)   2013-08-10 01:13:58
nova-compute     hd-devstack   nova       enabled    :-)   2013-08-10 01:13:54
nova-myproject   hd-devstack   internal   enabled    :-)   2013-08-10 01:13:51
```

可以看到 nova-manage 已经识别出了 nova-myproject 服务。

## 18.4.2 添加新模块的 API

第 18.4.1 小节介绍了 Nova 模块启动的过程。本小节将介绍如何在 Nova API 中远程调用 Nova 模块的方法。在这里要实现一个简单的功能，就是查询 Nova 模块所在主机的 CPU 使用率。

要实现这一功能，需定义如下代码：

❑ 在 Nova MyProject 模块的 Manager 类中定义获取本地 CPU 使用率的方法。
❑ 在 Nova MyProject 模块中定义相应的接口，供 Nova API 调用。
❑ 添加新的 Extension API，实现与 Nova MyProject 的交互。
❑ 为新的 Extension API 添加 Nova Client 扩展模块。
❑ 定义 Nova Client 的调用代码。

本小节首先从这 5 个方面介绍本小节示例定义的代码，然后再介绍如何运行本小节示例。

### 1. Manager 类的定义

在 Manager 类主要添加了 get_cpu_usage 方法，其定义如下[1]。

```
01  class MyProjectManager(manager.Manager):
02     def get_cpu_usage(self, context):
03        usage = self._get_cpu_usage()                      # 获取本地主机的 CPU 信息
04        if usage:
05           idle = usage['idle']                            # CPU 空闲时间
06           total = usage['total']                          # CPU 运行总时间
07           return {'usage': 100 - idle * 100 / total}      # 返回 CPU 使用率
08        else:
09           return {'usage': 0}                             # 本地 CPU 信息获取失败，返回 0
```

get_cpu_usage 方法调用了 _get_cpu_usage 方法获取本地主机 CPU 信息。_get_cpu_usage 方法会读取本地的 /proc/stat 文件，它会返回一个字典，包含 CPU 的空闲时间和运行总时间。请自行参见 _get_cpu_usage 方法的定义。

---

[1] 定义在 https://github.com/JiYou/openstack/blob/master/chap18/myproject/manager.py 文件中。

> 注意：这里的 get_cpu_usage 方法是用于处理 RPC 请求的方法。在 Manager 类中定义的所有处理 RPC 请求的方法，其第 1 个参数都是 context，用于保存用户的上下文信息。之后的参数，是方法的自定义参数。

### 2．MyProjectAPI类的定义

MyProjectAPI 类中定义了一系列的接口，这些接口会远程调用 Manager 类中定义的 RPC 处理方法。以下是 MyProjectAPI 类的定义[1]。

（1）初始化方法

```
01  class MyProjectAPI(nova.openstack.common.rpc.proxy.RpcProxy):
02      BASE_RPC_API_VERSION = '1.0'                     # Manager 类的版本
03      def __init__(self):
04          super(MyProjectAPI, self).__init__(topic=CONF.myproject_topic,
05                              default_version=self.BASE_RPC_API_VERSION)
```

初始化方法主要设置了 Nova MyProject 服务的主题和 RPC API 的版本。这里的 RPC API 版本是指 Manager 类的版本，其中，1.0 是初始版本，也是 Manager 类的默认版本。

> 注意：RPC API 类必须继承自 RpcProxy 类，在 RpcProxy 类中定义了基本的 rpc.call 和 rpc.cast 等方法。

（2）get_cpu_usage 方法

```
01  class MyProjectAPI(nova.openstack.common.rpc.proxy.RpcProxy):
02      def get_cpu_usage(self, ctxt, host):
03          # 构造 topic.host 类型的主题
04          topic = rpc.queue_get_for(ctxt, CONF.myproject_topic, host)
05          # 发起 rpc.call 调用
06          return self.call(ctxt, self.make_msg('get_cpu_usage'), topic=topic)
```

get_cpu_usage 方法的工作流程如下：

调用 rpc.queue_get_for 方法构造消息的主题。为了实现 Nova Myproject 服务的多节点部署，get_cpu_usage 方法采用的主题类型为 topic.host 类型。这样，就可实现查询指定的 Nova MyProject 节点的 CPU 使用率。

调用 make_msg 方法构造 RPC 消息。make_msg 方法的第 1 个参数为远程调用的方法名，该方法必须在 Manager 类中定义。make_msg 方法的其他参数为 RPC 方法的（除 context 外的）自定义参数。

调用 self.call 方法发起 RPC 调用。self.call 方法实现了 rpc.call 的功能。

### 3．Extension API的定义

为了远程调用 Nova MyProject 中定义的 RPC API，本例中新定义了一个 Extension API。以下分别是其 ExtensionDescriptor 子类和 Controller 类的定义[2]。

---

[1] 定义在 https://github.com/JiYou/openstack/blob/master/chap18/myproject/rpcapi.py 文件中。

[2] 定义在 https://github.com/JiYou/openstack/blob/master/chap18/myproject/myproject_extension.py 文件中。

### (1) ExtensionDescriptor 子类

```
01  class Myproject_extension(extensions.ExtensionDescriptor):
02      name = "myproject_extension"                    # Extension API 名
03      alias = "myproject_extension"                   # 别名
04      def get_resources(self):
05          resources = [extensions.ResourceExtension('myproject_hosts',
                                                       # 集合名
06                        Controller(),                 # Controller 对象
07                        member_actions = {            # 成员操作
08                        'cpu_usage':'GET',
09                        })]
10          return resources
```

为了增加代码的可读性,这里将集合名定义为 myproject_hosts。代码中定义了一个 cpu_usage 成员操作。由于在 Extension API 中集合名和成员名被定义成一样的,这个操作对应于 GET /myproject_hosts/{host-id}/cpu_usage 请求。这里的{host-id}为要查询的 Nova MyProject 节点主机名。

### (2) Controller 类

Controller 类中主要定义了 cpu_usage 方法。

```
class Controller(wsgi.Controller):
    def cpu_usage(self, req, id):
        ctxt = req.environ['nova.context']        # 获取用户上下文信息
        return self.myproject_rpcapi.get_cpu_usage(ctxt, id)
                                                  # 调用 MyProjectAPI 的接口
```

> 注意:cpu_usage 方法处理的是成员操作。所有的成员操作的处理方法都必须定义参数 id,这里的 id 是成员的 id。

### 4. Nova Client扩展模块的定义

Nova Client 扩展模块定义[1]如下:

```
01  class MyProjectExtensionManager(base.ManagerWithFind):
02      def cpu_usage(self, host):
03          url = "/myproject_hosts/%s/cpu_usage" % host    # 构造请求的 URL
04          resp, body = self.api.client.get(url)  # 向服务器发送 HTTP GET 请求
05          return body
```

### 5. Nova Client调用代码

本例中的 Nova Client 调用代码与 simple_extension_main.py 文件中定义的代码非常类似,这里仅列出其部分代码[2]:

```
01  ...
02  # 构造 extensions 参数
03  extensions=[ExtensionManagerMeta(
04              'myproject_extension_manager',
```

---

[1] 定义在 https://github.com/JiYou/openstack/blob/master/chap18/myproject/client/myproject_extension_manager.py 文件中。

[2] 定义在 https://github.com/JiYou/openstack/blob/master/chap18/myproject/myproject_extension_main.py 文件中。

```
05                    myproject_extension_manager.MyProjectExtensionManager)]
06   …
07   print 'Calling cpu_usage...'
08   # 调用 MyProjectExtensionManager 类的 cpu_usage 方法,发送 HTTP GET 请求
09   print client.myproject_extension_manager.cpu_usage('%HOST%')
```

> 注意:代码中的%HOST%为要查询的主机名。

### 6. 示例代码的运行和测试

(1)将 myproject 目录下的文件下载到本地,形成如下目录结构。

```
opt/stack/nova/nova/
└── myproject/
    ├── client/
    │   ├── __init__.py
    │   └── myproject_extension_manager.py
    ├── __init__.py
    ├── manager.py
    ├── myproject_extension_main.py
    ├── myproject_extension.py
    ├── myproject_opts.py
    ├── nova-myproject
    └── rpcapi.py
```

(2)重启 nova-project 服务。

```
ps aux | grep -v "grep" | grep -v "res"| grep "nova-myproject" | awk '{print $2}' | xargs -i kill -9 {} ;
rm -rfv /var/log/nova/nova-myproject.log >/dev/null
nohup python /opt/stack/nova/nova/myproject/nova-myproject \
--config-file=/etc/nova/nova.conf >/var/log/nova/nova-myproject.log 2>&1 &
```

(3)在/etc/nova/nova.conf 文件中添加如下设置。

```
osapi_compute_extension=nova.myproject.myproject_extension.Myproject_extension
```

(4)重启 nova-api 服务。

```
ps aux | grep -v "grep" | grep -v "res"| grep "nova-api" | awk '{print $2}' | xargs -i kill -9 {} ;
rm -rfv /var/log/nova/nova-api.log >/dev/null
nohup python /opt/stack/nova/bin/nova-api \
--config-file=/etc/nova/nova.conf >/var/log/nova/nova-api.log 2>&1 &
```

(5)运行客户端测试脚本。

```
root@hd-devstack:~# python /opt/stack/nova/nova/myproject/myproject_extension_main.py
Calling cpu_usage...
{u'usage': 4.673199093338283}
```

> 注意:这里的 CPU 利用率是从机器启动到目前为止 CPU 的平均利用率。

本小节的最后,总结一下添加自定义 Nova 模块的步骤。

(1)定义 Manager 类,Manager 类中主要定义了处理 RPC 请求的方法。要注意,所有处理 RPC 请求的方法,其第 1 个参数都必须是 context,它保存了用户的上下文信息。

（2）定义 Manager 类的 RPC API，RPC API 主要定义了一系列接口方法，远程调用 Manager 类中的方法。在 RPC API 中可调用 RpcProxy.call 方法发起 rpc.call 调用，调用 RpcProxy.cast 方法发起 rpc.cast 调用，调用 RpcProxy.make_msg 方法构造 RPC 消息。

（3）构造必要的配置项，包括主题和 Manager 类等。

（4）定义 Nova 模块启动脚本。建议在 Nova 标准模块启动脚本基础上进行修改。

## 18.4.3 添加定时任务

第 18.4.2 小节的示例已经可以获取 CPU 从机器启动到目前为止 CPU 的平均使用率了。但是，平均使用率显然意义不是很大。通常有意义的是当前 CPU 的使用率。计算当前 CPU 使用率的方法如下：首先，获取当前 CPU 的运行总时间 t1 和空闲总时间 i1。等待一段时间后，再次获取 CPU 的运行总时间 t2 和空闲总时间 i2。最后，100–(i2–i1)*100/(t2–t1)即为 CPU 的实时运行时间。

但是，这样的方法有一个很明显的弊端，就是需要等待一段时间，来获取两个时刻的 CPU 运行总时间。为了避免这个弊端，可考虑如下解决方案：启动一个定时器，每隔一段时间获取一次 CPU 的运行总时间和空闲总时间。Manager 类始终维护最近两个时刻的 CPU 运行信息。这样，就可以根据这两个时刻的 CPU 运行信息，获取 CPU 的实时使用率了。

幸运的是，Nova 已经实现了定时器接口。本小节将介绍如何在 Manager 类中添加定时任务。

本小节只介绍 Manager 类的定义和示例程序的测试。RPC API[1]、Extension API[2]和 Nova Client 扩展模块[3]的定义，以及 Nova Client 的调用[4]部分的代码比较简单，不再赘述。

### 1. Manager类的定义

在 Manager 类中，添加了两个方法——定时获取 CPU 运行时间的 update_cpu_info 方法和获取 CPU 实时利用率的 get_cpu_usage2 方法。接下来，分别查看它们的定义[5]。

（1）update_cpu_info 方法

```
01  # 设置默认的更新周期
02  myproject_opts = [
03      cfg.IntOpt('txt_timer_interval',
04               default=60,                          # 以秒为单位
05               help='time of interval in senconds to wait for updating cpu info'),
06  ]
07  # 加载更新周期
08  CONF = cfg.CONF
09  CONF.register_opts(myproject_opts)
10
```

---

1 参见 https://github.com/JiYou/openstack/blob/master/chap18/myproject/rpcapi.py 文件。
2 参见 https://github.com/JiYou/openstack/blob/master/chap18/myproject/myproject_extension.py 文件。
3 参见 https://github.com/JiYou/openstack/blob/master/chap18/myproject/client/myproject_extension_manager.py 文件。
4 参见 https://github.com/JiYou/openstack/blob/master/chap18/myproject/myproject_extension_main.py 文件。
5 定义在 https://github.com/JiYou/openstack/blob/master/chap18/myproject/manager.py 文件中。

```
11  class MyProjectManager(manager.Manager):
12      @manager.periodic_task(spacing=CONF.txt_timer_interval)
13      def update_cpu_info(self, context):
14          LOG.info('updating cpu info...')
15          # 获取最新的本地 CPU 利用率
16          cpu_info = self._get_cpu_usage()
17          if cpu_info:
18              # 更新最新的本地 CPU 利用率
19              self.cpu_info1 = self.cpu_info2
20              self.cpu_info2 = cpu_info
```

> **注意**：Manager 类中定义的每个周期任务都必须加载 manager.periodic_task 装饰器。在装饰器中，spacing 用于设置定时任务的运行周期。

（2）get_cpu_usage2 方法

```
01  class MyProjectManager(manager.Manager):
02      def get_cpu_usage2(self, context):
03          # 获取最近两个时刻的 CPU 运行时间
04          cpu_info1, cpu_info2 = self.cpu_info1, self.cpu_info2
05          total = cpu_info2['total'] - cpu_info1['total']   # 实时运行总时间
06          idle = cpu_info2['idle'] - cpu_info1['idle']      # 实时空闲时间
07          if total > 1:                                      # 成功获取实时信息
08              return {'usage': 100 - idle * 100 / total}
09          else:                                              # 获取实时信息失败
10              return {'usage': 0}
```

### 2. 示例程序的测试

（1）将 myproject 目录下的文件下载到本地，形成如下目录结构：

```
opt/stack/nova/nova/
└── myproject/
    ├── client/
    │   ├── __init__.py
    │   └── myproject_extension_manager.py
    ├── __init__.py
    ├── cpu_bound_job.py
    ├── manager.py
    ├── myproject_extension_main.py
    ├── myproject_extension.py
    ├── myproject_opts.py
    ├── nova-myproject
    └── rpcapi.py
```

（2）重启 nova-api 和 nova-myproject。

（3）等待 1 分钟后，执行如下命令：

```
root@hd-devstack:/opt/stack/nova/nova/myproject# python myproject_extension_main.py
Calling cpu_usage...
{u'usage': 4.675023316309392}
Calling cpu_usage2...
{u'usage': 4.312080536912745}
```

这里的 cpu_usage 为 CPU 平均使用率，cpu_usage2 为 CPU 的实时使用率。可以看到，平均 CPU 利用率和实时 CPU 利用率稍有差别。

（4）运行一个 CPU 密集的任务，查看 CPU 利用率的变化。

```
root@hd-devstack:/opt/stack/nova/nova/myproject# python cpu_bound_job.py &
```

这里的 cpu_bound_job.py 是本书定义的一个 CPU 密集任务的示例[1]。

等待 1 分钟后，运行如下命令：

```
root@hd-devstack:/opt/stack/nova/nova/myproject#     python   myproject_
extension_main.py
Calling cpu_usage...
{u'usage': 4.7126169455089695}
Calling cpu_usage2...
{u'usage': 98.8003998667111}
```

可以看到实时 CPU 利用率变化很大了，但是平均利用率几乎没有变化。

> 注意：由于实时 CPU 利用率每 1 分钟更新 1 次，故在运行 CPU 密集任务后，需要等待一段时间才能看到 CPU 利用率的变化。

## 18.4.4　添加数据库接口

第 18.4.3 小节通过定时任务，已经比较满意地解决了获取实时 CPU 使用率的问题。但是还有另外一个问题需要解决。前面说过，本书定义的 Nova MyProject 服务可以运行在多个节点上。如果 Nova API 想获取所有 Nova MyProject 节点上的 CPU 使用率，那该怎么办呢？一个简单的方法是依次查询每个 Nova MyProject 节点的 CPU 利用率。但是，这样的方案，需要为每个主机发起一次 RPC 调用，而 RPC 调用是非常耗时的。因此这样的设计，必然会影响系统的性能。为了解决这一问题，可以将所有节点的 CPU 运行信息保存在数据库中。这样，只要一次操作，便可得到所有 Nova MyProject 节点的 CPU 运行信息。本小节将介绍如何在 Nova 中定义自己的数据库。

本小节将涉及如下内容：

（1）数据库表的创建。
（2）数据库表对应的 Model 类的定义。
（3）底层数据库查询方法的定义。
（4）在 Manager 类的定义。
（5）本地 API 的定义。
（6）Extension API 的定义。
（7）Nova Client 扩展模块的定义。
（8）示例程序的设计。

### 1. 数据库表的创建

要使用 Nova 数据库，其第一步工作当然是创建相应的数据库表。在 OpenStack 中，实现了一个非常优美的数据库升级/降级机制。可以通过修改极少的代码，实现对数据库结

---

[1] https://github.com/JiYou/openstack/blob/master/chap18/myproject/cpu_bound_job.py。

构的修改。

在 OpenStack 中，采用了数据库版本的概念。在 migrate_repo/versions 文件夹下，定义了许多数据库版本的 py 文件[1]。每个文件都以版本号开头，后面跟一串任意说明性的字符串，表示该版本对数据库做的修改。以 145_add_volume_usage_cache.py 文件为例，该文件对应的数据库版本号为 145。从文件名来看，这个版本在第 144 版本的基础上，做了一个 add_volume_usage_cache 的操作，即添加了一个名为 volume_usage_cache 的表。

在任何版本的 py 文件中，都需要定义一个 upgrade 方法和一个 downgrade 方法，其中，upgrade 方法定义了从前一个版本升级到当前版本需要执行的操作。而 downgrade 方法定义了从当前版本降级到前一个版本需要执行的操作。

对于本小节示例，定义的数据库版本的 upgrade 方法的功能是创建 myproject_hosts 表，而 downgrade 方法的功能是删除 myproject_hosts 表。

由于本书使用的 Nova 数据库最高版本为 161，因此自定义的数据库版本为 162。

> **注意**：在定义新版本的数据库时，必须保证版本号的连续性。

接下来，分析一下示例定义的数据版本文件中 ugrade 方法和 downgrade 方法的定义[2]。

（1）ugrade 方法

```
01  def upgrade(migrate_engine):
02      #绑定数据库引擎
03      meta = MetaData()
04      meta.bind = migrate_engine
05      # 定义数据库表结构
06      myproject_hosts = Table('myproject_hosts',              # 表名
07          meta,
08          # 列
09          Column('created_at', DateTime(timezone=False)),     # 创建时间
10          Column('updated_at', DateTime(timezone=False)),     # 更新时间
11          Column('deleted_at', DateTime(timezone=False)),     # 删除时间
12          Column('deleted', Boolean(create_constraint=True, name=None)),
                                                                # 是否被删除
13          Column('id', Integer(), primary_key=True, nullable=False),
                                                                # 主键
14          Column('host_name', String(36), nullable=False),    # 主机名
15          Column('cpu_usage', Float()),                       # CPU 使用率
16          # MySQL 引擎
17          mysql_engine='InnoDB',
18          # MySql 字符集
19          mysql_charset='utf8'
20      )
21      # 创建数据库表
22      try:
23          myproject_hosts.create()
24      except Exception:
25          LOG.exception("Exception while creating table 'myproject_hosts'")
```

---

[1] /opt/stack/nova/nova/db/sqlalchemy/migrate_repo/versions。

[2] 定义在 https://github.com/JiYou/openstack/blob/master/chap18/myproject/db/162_add_myproject_hosts.py 文件中。

```
26            meta.drop_all(tables=[myproject_hosts])
27            raise
```

> **注意**：在 Nova 中，每个数据库表都有 created_at、updated_at、deleted_at 和 deleted 字段，这是 OpenStack 数据库的规范。因此，在设计自定义数据库时，应该满足这样的规范。

upgrade 方法中的 myproject_hosts 变量指明新建表的表名为 myproject_hosts。同时定义了表中各个字段的名字和类型。表 18.4 对 myproject_hosts 表中的各个字段做了一个详细说明。

表 18.4  myproject_hosts 表中各个字段的说明

| 字段名 | 类型 | 描述 |
| --- | --- | --- |
| created_at | datetime | 创建时间 |
| updated_at | datetime | 最后一次更新时间 |
| deleted_at | datetime | 删除时间 |
| deleted | tinyint(1) | 记录是否被删除 |
| id | int(11) | 记录的 id |
| host_name | varchar(36) | 主机名 |
| cpu_usage | float | 主机最新的 CPU 利用率 |

（2）downgrade 方法

```
01  def downgrade(migrate_engine):
02      # 绑定数据库引擎
03      meta = MetaData()
04      meta.bind = migrate_engine
05      # 加载数据库表
06      myproject_hosts = Table('myproject_hosts', meta, autoload=True)
07      # 删除数据库表
08      try:
09          myproject_hosts.drop()
10      except Exception:
11          LOG.error(_("myproject_hosts table not dropped"))
12          raise
```

### 2. 数据库 Model 类的定义

将数据库表中的记录对象化，早已不是什么新鲜的概念了。这样的设计，为数据库的各种查询操作提供了很大的方便。在 OpenStack 中，也采用了这样的设计。因此，在定义数据库表的同时，也要为新建的表定义 Model 类。

以下是 myproject_hosts 表对应的 Model 类的定义[1]。

```
01  class MyProjectHost(BASE, NovaBase):
02      __tablename__ = 'myproject_hosts'              # 表名
03      id = Column(Integer, primary_key=True)         # 记录的 id
04      host_name = Column(String(36))                 # 主机名
05      cpu_usage = Column(Float())                    # CPU 利用率
```

---

[1] 定义在 https://github.com/JiYou/openstack/blob/master/chap18/myproject/db/models.py 文件中。

在 MyProjectHost 类中，__tablename__ 指定了 Model 类对应的表名。此后的每个类变量都对应于数据库表的某个字段，变量名必须和字段名完全一致。由于在 NovaBase 类中定义了 created_at、updated_at、deleted_at 和 deleted 字段，因此在 MyProjectHost 类中不必重复定义。

### 3. 底层数据库查询方法的定义

要实现应用程序与数据库的交互，除了创建数据库表和定义 Model 类外，还有一个很重要的一个方面就是定义数据库查询的方法。由于 OpenStack 已经将数据库对象化了，因此不必再编写底层 SQL 语句，而是调用 Nova 提供的接口方法。本小节将介绍如何利用 Nova 提供的接口实现数据库的查询、更新和添加操作。

示例中所有的数据库查询方法都定义[1]在文件中，各个方法的简单说明如表 18.5 所示。

表 18.5　第 18.4.4 小节示例定义的数据库查询方法一览

| 方　法　名 | 描　　述 |
| --- | --- |
| myproject_host_create | 创建一条 myproject_host 表记录 |
| myproject_host_get | 获取一条 myproject_host 表记录 |
| myproject_host_update | 更新/创建一条 myproject_host 表记录 |
| myproject_host_get_all | 获取所有 myproject_host 表记录 |
| _filter_down_hosts | 过滤掉那些最近没有更新的主机信息 |

接下来，通过对表 18.5 中介绍的各个方法的分析，介绍如何定义数据库查询方法。

（1）myproject_host_create 方法

```
01  def myproject_host_create(context, values):
02      host_ref = models.MyProjectHost()        # 创建 MyProjectHost 对象
03      host_ref.update(values)       # 更新 MyProjectHost 对象中各个成员的值
04      host_ref.save()               # 将 MyProjectHost 对象写入数据库
05      return host_ref
```

在 OpenStack 中，一个 Model 类对应一张表，一个 Model 对象对应一条记录。创建一条数据库的记录可以总结为：

① 创建 Model 对象。
② 调用 Model 对象的 update 方法，更新 Model 对象中字段的值。
③ 调用 Model 对象的 save 方法将对象存入数据库。

> 注意：在 myproject_host_create 方法中，参数 values 是一个字典，字典中的每个二元组对应于数据库记录的一个 {<字段名>: <字段值>} 对。

（2）myproject_host_get 方法

```
01  def myproject_host_get(context, host_name, session=None,
02                         check_update = True):
03      # 查询主机名为 host_name 的记录
04      query = model_query(context, models.MyProjectHost, session=session).\
05                  filter_by(host_name=host_name)
```

---

[1] 定义在 https://github.com/JiYou/openstack/blob/master/chap18/myproject/db/api.py 文件中。

```
06          # 检查记录的 CPU 信息是否是最新的
07          if check_update:
08              query = _filter_down_hosts(query)
09          # 返回查询记录对应的 Model 对象
10          return query.first()
```

代码中:

第 04 行的 model_query 方法会返回 myproject_host 表中所有的记录,其第 2 个参数指定要查询哪个 Model 类。前面介绍过,一个 Model 类对应于一张数据库表。因此,指定了 Model 类,也就等价于指定了需要查询的数据库表。

第 05 行调用的 filter_by 方法在返回结果的基础上进行过滤。filter_by 方法只能接受一个参数,该参数为一个简单的语句。在第 05 行代码中,filter_by 方法的参数是 host_name=host_name,其中第 1 个 host_name 是 MyProjectHost 类的一个类成员变量,它对应于 myproject_hosts 表中的 host_name 字段。第 2 个 host_name 是 myproject_host_get 方法传入的参数,它是一个具体的主机名。第 05 行的 filter_by 方法会过滤掉主机名不为 host_name 的所有记录。

第 08 行的 _filter_down_hosts 方法,是本小节示例自定义的方法。它会在第 05 行的 filter_by 方法的基础上对返回结果进行进一步的过滤,过滤掉那些最近没有更新的主机信息。代码第 10 行返回查询结果的第 1 条记录对应的 Model 对象的应用。

在 Nova 中,数据库查询的基本步骤总结如下:

① 调用 model_query 方法获得相应表的 query 对象。

② 调用 query 对象的 filter 和 filter_by 方法,过滤掉不满足要求的记录,其中 filter_by 方法用于执行比较简单的过滤语句,而 filter 方法主要用于执行比较复杂的过滤语句。在 _filter_down_hosts 方法中,将给出调用 filter 方法的示例。

③ 调用 query 对象的 all 和 first 方法,返回满足要求的记录的 Model 对象。其中 all 方法返回的是所有满足要求的 Model 对象的列表,first 方法返回的是满足要求的第 1 条记录的 Model 对象的引用。

(3) myproject_host_update 方法

```
01  def myproject_host_update(context, host_name, values):
02      session = get_session()                              # 申请 session 对象
03      with session.begin():
04          # 获取要更新记录对应的 Model 对象的引用
05          host_ref = myproject_host_get(context, host_name, session=session,
06                                         check_update=False)
07          # 如果记录存在
08          if host_ref:
09              host_ref.update(values)                      # 更新记录相应字段的值
10              host_ref.save(session=session)               # 将记录更新至数据库
11          # 如果记录不存在
12          else:
13              values['host_name'] = host_name              # 设置主机名
14              myproject_host_create(context, values)       # 创建新的记录
15      return host_ref
```

myproject_host_update 方法首先查看要更新的记录是否存在。若存在,则更新相应记录;若不存在,则创建新记录。

在 Nova 中，数据库更新的基本步骤总结如下：
① 获取数据库中相应记录的 Model 对象。
② 调用 update 方法更新 Model 对象相应字段的值。
③ 调用 save 方法，将更新结果保存至数据库。

> 注意：由于更新方法涉及到两次数据库操作——数据库查询和数据库更新。为了保证数据库的一致性，需要自己创建 session。一个 session 相当于一把排它锁。当进程申请一个 session 时，只有拥有这个 session id 的进程才能执行数据库操作，其他 session 下的数据库操作都将被阻塞。

（4）myproject_host_get_all 方法

```
01  def myproject_host_get_all(context, session=None, check_update = True):
02      # 查询 myproject_hosts 表的所有记录
03      query = model_query(context, models.MyProjectHost, session=session)
04      if check_update:                                # 如果需要检查更新时间
05          query = _filter_down_hosts(query)           # 过滤掉最近没有更新的记录
06      return query.all()                              # 返回满足要求的 model 对象的列表
```

（5）_filter_down_hosts 方法

```
01  def _filter_down_hosts(query):
02      # 当前时间
03      now = timeutils.utcnow()
04      # 最近更新时间允许的最小值
05      last_update = now - datetime.timedelta(seconds=CONF.host_down_time)
06      # 过滤最近更新时间小于 last_update 的记录
07      query = query.filter(
08          or_(models.MyProjectHost.created_at>last_update,
09              models.MyProjectHost.updated_at>last_update)
10      )
11      return query
```

以上代码中 last_update 是一个时间阈值，最近更新时间早于这个阈值的记录就认为是失效的记录。代码中的 query.filter 方法的功能就是过滤掉那些最近更新时间早于 last_update 的记录。在这里，调用了 or_方法。or_方法的参数是一个语句列表。当记录满足 or_语句列表中的任何语句，就认为记录满足要求。例如在本例中，query.filter 方法会保留那些 created_at 字段或者 updated_at 字段大于 last_update 的记录。与 or_方法对应的还有 and_方法和 not_方法，它们之间可以任意嵌套。

> 注意：在代码中，models.MyProjectHost.created_at 和 models.MyProjectHost.updated_at 不能简写成 created_at 和 updated_at。

第 18.5.5 小节总结了创建数据库以及对数据库进行增、删、改、查操作的流程。

### 4. Manager类的定义

Manager 类新添加了两个方法——update_cpu_usage 方法和 get_all_cpu_usage 方法。其中 update_cpu_usage 方法是一个定时任务，它的功能是向数据库更新本地主机的 CPU 使用率。get_all_cpu_usage 方法的功能是查询数据库，返回所有主机的 CPU 使用率。

以下是这两个方法[1]的详细分析。

(1) update_cpu_usage 方法

```
01  class MyProjectManager(manager.Manager):
02      @manager.periodic_task(spacing=CONF.txt_timer_interval)
03      def update_cpu_usage(self, context):
04          # 获取最新的 CPU 使用率
05          cpu_usage = self.get_cpu_usage2(context)
06          # 最新的 CPU 使用率获取成功
07          if cpu_usage['usage'] > 0.00001:
08              # 构造需更新的{<字段名>:<字段值>}字典
09              values = {'cpu_usage': cpu_usage['usage']}
10              # 更新数据库
11              db.myproject_host_update(context, CONF.host, values)
12              LOG.info('Finished updating cpu usage into database.')
```

以上代码中，values 变量指明需要将记录的 cpu_usage 字段值设置成 cpu_usage['usage']。CONF.host 是本地主机的主机名。

(2) get_all_cpu_usage 方法

```
01  class MyProjectManager(manager.Manager):
02      def get_all_cpu_usage(self, context):
03          # 获取所有活动主机记录的 Model 对象列表
04          host_list = db.myproject_host_get_all(context)
05          hosts = []
06          for host in host_list:                    # 对列表中的每个 Model 对象
07              # 构造相应的字典
08              host_dict = {
09                  'host_name': host.host_name,      # 主机名
10                  'usage': host.cpu_usage,          # CPU 使用率
11                  }
12              hosts.append(host_dict)
13          return {'hosts': hosts}
```

get_all_cpu_usage 方法主要做了两件事：

(1) 从数据库中获取所有活动主机记录的 Model 对象列表。
(2) 将 Model 对象转化为字典。

> 注意：由于 HTTP 协议无法传输对象，因此必须将对象序列化，将其转化为字典。

**5．本地 API 的定义**

本小节为 Manager 类的 get_all_cpu_usage 方法定义相应的 API 接口，其定义如下[2]：

```
01  class API(object):
02      def __init__(self):
03          self.manager = manager.MyProjectManager()
                                                    # 创建 MyProjectManager 对象
04
05      def get_all_cpu_usage(self, context):
06          # 调用 manager 对象的 get_all_cpu_usage 方法
07          return self.manager.get_all_cpu_usage(context)
```

---

1 定义在 https://github.com/JiYou/openstack/blob/master/chap18/myproject/manager.py 文件中。
2 定义在 https://github.com/JiYou/openstack/blob/master/chap18/myproject/api.py 文件中。

> 注意:由于 get_all_cpu_usage 方法是直接查询数据库,因此没必要执行 RPC 调用,执行调用本地 MyProjectManager 对象的方法即可。

### 6. Extension API 的定义

在 Myproject_extension 类中新添加了一个 cpu_usage_all 集合操作,该操作对应的 URL 为 GET /myproject_hosts/cup_usage_all,其定义如下[1]:

```
01  class Myproject_extension(extensions.ExtensionDescriptor):
02      …
03      def get_resources(self):
04          resources = [extensions.ResourceExtension('myproject_hosts',
05                       Controller(),
06                       member_actions = {'cpu_usage':'GET', 'cpu_usage2':
                         'GET',},
07                       collection_actions = {'cpu_usage_all':'GET',}
08                       )]
09          return resources
```

处理该集合操作的方法为 Controller 类的 cpu_usage_all 方法,其定义如下:

```
class Controller(wsgi.Controller):
    def cpu_usage_all(self, req):
        ctxt = req.environ['nova.context']
        return self.myproject_api.get_all_cpu_usage(ctxt)
```

Controller 类的 cpu_usage_all 方法调用了本地 API 的 get_all_cpu_usage 方法。

### 7. Nova Client 扩展模块的定义

Nova Client 扩展模块添加了 cpu_usage_all 方法,其功能是向 Nova API 发送 GET /myproject_hosts/cup_usage_all 请求,定义如下[2]:

```
01  class MyProjectExtensionManager(base.ManagerWithFind):
02      def cpu_usage_all(self):
03          url = "/myproject_hosts/cpu_usage_all"
04          resp, body = self.api.client.get(url)
05          return body
```

### 8. 示例程序的调用

(1)准备两个 Nova 节点,为了简单起见,将这两个 Nova 节点分别命名为 hd-devstack 和 hd-compute,其中,hd-devstack 启动 nova-api 和 nova-myproject 服务,hd-compute 只启动 nova-myporject 服务。

(2)将 myproject 目录[3]分别下载到 hd-devstack 和 hd-compute 节点的 nova/[4]目录下。

(3)配置两个节点的 nova.conf 文件,在文件中添加如下配置:

```
osapi_compute_extension=nova.myproject.myproject_extension.Myproject_
extension
```

---

1 定义在 https://github.com/JiYou/openstack/blob/master/chap18/myproject/myproject_extension.py 文件中。
2 https://github.com/JiYou/openstack/blob/master/chap18/myproject/client/myproject_extension_manager.py
3 https://github.com/JiYou/openstack/blob/master/chap18/myproject/。
4 /opt/stack/nova/nova 目录。

> 注意：两台节点的配置必须完全一致。

（4）将数据库版本文件复制到 migrate_repo/versions 目录下。

```
cp /opt/stack/nova/nova/myproject/db/162_add_myproject_hosts.py \
/opt/stack/nova/nova/db/sqlalchemy/migrate_repo/versions/
```

（5）在 hd-devstack 目录下执行如下命令，同步数据库。

```
nova-manage db sync
```

（6）分别在 hd-devstack 和 hd-compute 节点上启动 nova-myproject 服务。

（7）在 hd-devstack 上启动 nova-api 服务。

（8）使用如下命令查看服务的启动情况。

```
root@hd-devstack:~# nova-manage service list | grep ':-)'
nova-scheduler   hd-devstack   internal   enabled   :-)   2013-08-13 06:42:53
nova-conductor   hd-devstack   internal   enabled   :-)   2013-08-13 06:42:58
nova-compute     hd-devstack   nova       enabled   :-)   2013-08-13 06:42:57
nova-myproject   hd-devstack   internal   enabled   :-)   2013-08-13 06:42:49
nova-myproject   hd-compute    internal   enabled   :-)   2013-08-13 06:42:56
```

可以看到两台机子的 nova-myproject 服务已经成功启动。

（9）修改 myproject_extension_main.py 文件[1]，根据实际情形，将字段 %KEYSTONE_HOST% 和 %KEYSTONE_NOVA_PASSWORD% 替换成相应的值。

（10）等待 2 分钟后，在 hd-devstack 上运行 myproject_extension_main.py 文件。

```
root@hd-devstack:/opt/stack/nova/nova/myproject# python myproject_
extension_main.py
Calling cpu_usage...
{u'usage': 8.700476741393103}
Calling cpu_usage2...
{u'usage': 4.896863994633577}
Calling cpu_usage_all...
{u'hosts': [{u'usage': 4.89686, u'host_name': u'hd-devstack'}, {u'usage':
0.0835841, u'host_name': u'hd-compute'}]}
```

可以看到，最后一行输出了 hd-devstack 和 hd-compute 的 CPU 利用率。

（11）关闭 hd-compute 节点上的 nova-myproject 服务。

（12）等待 2 分钟后，再次在 hd-devstack 上运行 myproject_extension_main.py 文件。

```
root@hd-devstack:/opt/stack/nova/nova/myproject# python myproject_
extension_main.py
Calling cpu_usage...
{u'usage': 8.696021916127862}
Calling cpu_usage2...
{u'usage': 4.694835680751169}
Calling cpu_usage_all...
{u'hosts': [{u'usage': 4.69484, u'host_name': u'hd-devstack'}]}
```

可以看到，hd-compute 节点上的 nova-myproject 服务关闭以后，cpu_usage_all 方法不再返回 hd-compute 节点的 CPU 使用率。

---

1 /opt/stack/nova/nova/myproject/myproject_extension_main.py。

## 18.5 小　　结

### 18.5.1　定制 filter 的步骤

（1）定义 filter 类，主要实现 host_passes 方法。

（2）修改 nova.conf 配置文件中的 scheduler_available_filters 和 scheduler_default_filters 配置项，将新定义的 filter 类加载进来。注意：在修改 scheduler_available_filters 和 scheduler_default_filters 配置项时，不要覆盖 Nova 默认的配置项。应该在原来配置的基础上添加新的 filter 类。

（3）重启 nova-scheduler 服务。

### 18.5.2　添加 Extension API 的步骤

（1）定义 ExtensionDescriptor 子类和 Controller 类，其中 ExtensionDescriptor 子类需实现 get_resources 方法，该方法会构造一个 ExtensionResource 对象，保存 Extension API 的路由信息。Controller 方法定义了处理各类 url 请求的方法。

（2）修改 nova.conf 配置文件中的 osapi_compute_extension 配置项。注意不要覆盖默认的配置，而是在原有 Extension API 基础上添加自定义的 Extension API。

（3）重启 nova-api 服务。

### 18.5.3　扩展 Nova Client 模块的方法

（1）定义扩展的 Nova Client Manager 类，该类主要定义了向 Nova API 服务发送各种 HTTP 请求的方法。

（2）构造 Nova Client 的 extensions 参数。extensions 参数是一个列表，列表中的每个元素都是一个二元组，其 key 值为扩展 Manager 在 Nova Client 的变量名，其 value 值为扩展 Manager 的类型。

（3）创建 Nova Client 对象，并将 extensions 参数传入 Nova Client 类的初始化方法中。

### 18.5.4　添加 Nova 模块的步骤

（1）定义 Manager 类。Manager 类中主要定义了处理 RPC 请求的方法。要注意，所有处理 RPC 请求的方法，其第 1 个参数都必须是 context，它保存了用户的上下文信息。

（2）定义 Manager 类的 RPC API。RPC API 主要定义了一系列接口方法，远程调用 Manager 类中的方法。在 RPC API 中可调用 RpcProxy.call 方法发起 rpc.call 调用，调用 RpcProxy.cast 方法发起 rpc.cast 调用，调用 RpcProxy.make_msg 方法构造 RPC 消息。

（3）构造必要的配置项，包括主题和 Manager 类等。

（4）定义 Nova 模块启动脚本。建议在 Nova 标准模块启动脚本的基础上进行修改。

## 18.5.5 创建自定义 Nova 数据库

### 1. 创建自定义Nova数据库的步骤

（1）定义数据库版本文件。数据库版本文件主要定义了 upgrade 和 downgrade 方法，其中，upgrade 方法定义了从前一个版本升级到当前版本需执行的操作。而 downgrade 方法定义了从当前版本降级到前一个版本需执行的操作。

（2）定义数据库表的 Model 类。Model 类中需定义一系列的类变量，每个类变量对应于数据库表的一个记录。

（3）定义底层数据库查询接口。

### 2. 执行数据库查询操作的步骤

（1）调用 model_query 方法获得相应表的 query 对象。
（2）调用 query 对象的 filter 和 filter_by 方法，过滤掉不满足要求的记录。
（3）调用 query 对象的 all 和 first 方法，返回满足要求的记录的 Model 对象。

### 3. 执行数据库创建操作的步骤

（1）创建新的 Model 对象。
（2）调用 Model 对象的 update 方法，更新 Model 对象中字段的值。
（3）调用 Model 对象的 save 方法将对象存入数据库。

### 4. 执行数据库更新操作的步骤

（1）获取数据库中相应记录的 Model 对象。
（2）调用 update 方法更新 Model 对象相应字段的值。
（3）调用 save 方法，将更新结果保存至数据库。

值得注意的是，由于更新操作涉及两次数据操作，为保证数据的完整性，需要自己创建 session。这样，在整个更新操作的过程中，别的应用无法访问数据库。

# 第 19 章　添加自定义组件

第 3 篇主要剖析了 OpenStack 的主要组件[1]，并且分析了各组件的原理与各种技术细节。从第 3 篇学到的本领可以无碍地修改 OpenStack 中的源码，为企业提供定制服务。在本章中，将介绍如何添加一个自定义组件。自定义组件可以像 Cinder、Quantum 和 Nova 服务一样很轻松地融入到 OpenStack 大环境中。

需要注意的是，本章的重点是介绍添加自定义组件中的关键技术，而不是从头至尾地设计一个高可用的组件。甚至本章设计的自定义组件也是不完整的，需要不断地完善。本章主要涉及的关键技术点有：

- ❏ 需求分析。
- ❏ 添加自定义组件所做的准备工作。
- ❏ 自定义组件的设计思想与设计原则。
- ❏ 数据库的设计。
- ❏ 为自定义组件添加模块。
- ❏ 添加 RESTful API 接口。
- ❏ 利用 RabbitMQ 进行 RPC 通信。
- ❏ 编写客户端程序，发送 RESTful 请求。

## 19.1　自定义组件概述

基于 OpenStack 的二次开发，带来的最大的问题便是 OpenStack 版本升级带来的巨大的工作量。那么，有没有可能自己动手写一个类似于 Cinder、Glance 这样独立的组件呢？这正是自定义组件想法的来源。

### 19.1.1　自定义组件及优缺点

第 3 篇中介绍了各种详细的技术细节，学习并掌握这些技术，可以更好地为企业提供定制服务。但是，不同企业，所需要定制的服务各不相同。有的定制服务只需要简单地修改源码便可以达到目的；有的定制服务却需要大规模地修改代码。

每次 OpenStack 版本升级的过程，都是无比痛苦的。如果之前定制的服务，修改了之

---

[1] 要注意组件与模块的区分。一般而言，将 Nova 称为组件，而 Nova 内部中的 conductor、scheduler 和 compute 则称为模块。可以认为组件主要指大项目，如 Nova、Cinder、Swift；而模块主要指项目内部的各类子服务，如 api、scheduler、compute 等。

前版本的大部分代码，版本升级会带来巨大的工作量。那么，如何减少版本升级额外带来的工作量呢？如何更好地与 OpenStack 协调地进行工作呢？

答案非常简单，即是自定义组件。那么，什么是自定义组件？所谓自定义组件是指自己动手写一个与已有组件 Cinder、Quantum、Nova 相似的组件。

自定义组件有以下优点：
- 自定义组件通过 RESTful API 与其他组件进行交互。由于 RESTful API 变化相对较少，版本升级带来的工作量会随之减小。
- 自定义组件可以自由定义 RESTful API，有充分的自由度。
- 自定义组件可以较好地融合到 OpenStack 中，亦能用于别的项目。

然而，自定义组件也存在着一些缺点：
- 如果涉及到请求处理流程时，有些力不从心。比如，虚拟机启动流程的更改。
- 需要额外的工作量。需要自己设计 API 服务、RPC 消息传输、数据库等。

### 19.1.2　自定义组件的使用

在使用自定义组件之前，首先需要对自定义组件进行定位。譬如核弹，威力很大，但是定位于非常规的战略手段，通常情况下不可使用；其次，反导系统则属于常规战略手段；再者，分进合击、分割包围则属于战术手段。其他步枪、手枪、山炮则属于武器级别。

如果把写云计算代码类比成为一场战争，与之对应的又是什么样的情况呢？抛开 OpenStack 不管，重写整个云平台，则属于非常规战略手段，可以类比为"核弹"；其次，添加自定义组件则类似于常规战略手段，可以类比为"反导系统"；再者，修改 Nova、Cinder、添加 Extention API 则属于战术手段；其他的如设置 Image 格式、选择 KVM/Xen 则属于"武器级别"。

打一场战争之前，首先要确定战争的级别与规模，确定战争的目标及终止点。与此类似，写代码之前，也要分析清楚需求的边界，确定产品的目标及何时交付产品。

因此，在使用自定义组件时，首先分析需求：
- OpenStack 版本升级带来的影响如何？是否会大量地增加工作量。
- 是否有必要使用自定义组件，因为自定义组件也会有相应的工作量的增加。
- 直接修改 OpenStack 原生的代码，是否更加简单？

通过思考这些问题，可以决定是否采用自定义组件的方式进行开发。

### 19.1.3　需求

假设面临这样的需求：需要监控与管理 OpenStack 中的一系列服务。具体包括以下方面：
- 需要监控的服务的状态。
- 测试服务能否正常工作。
- 服务出错时捕获出错信息。
- 关闭、启动和重启服务。

这样的需求，如果是将代码写在 Nova、Swift 和 Quantum 中，都不是很合适。一种比较理想的解决方法就是自定义一个组件来管理这一系列服务。可能会想到 Ceilometer 不也在监控服务么？这里需要明白 Ceilometer 项目最初的目的是进行计量，而不是服务的监控。并且 Ceilometer 也并不进行测试、关闭和重启服务这样的操作。为了完成这样的需求，并且不会因为 OpenStack 版本变化带来大规模的工作量，自定义组件是一个非常好的解决方法。

> 注意：这里所提供的需求也只是供学习与参考，并非完全从实际出发，毕竟本章的重点是对自定义组件的技术与方法进行详细的介绍。

## 19.2 准备工作

"磨刀不误砍柴工"，写代码之前还是应该做好相应的准备工作。本章已经准备好了一些基本的代码、安装脚本以供使用，并非完全从零开始。如果熟悉了 OpenStack 的基本框架，利用 Cinder 或者 Nova 为蓝本，创建这些基本框架，将会非常容易，因此，不再详细介绍。

### 19.2.1 开发环境

首先应该选择开发环境，文中依然采用了 Ubuntu-12.10 Server 作为 Linux 开发环境。首先应该确保操作系统有 apt-get 系统包，管理软件均可正常使用。

### 19.2.2 准备安装包

首先，需要从 GitHub 上下载本书所用到的安装包：

```
01  git clone https://github.com/JiYou/openstack.git
02  cd openstack
05  # 创建链接文件，否则安装服务时，会报错"文件无法找到"
06  ./create_link.sh
07  # 创建本地 deb 源和 python 包源
08  cd ./tools/
09  ./create_http_repo.sh
```

### 19.2.3 安装依赖服务

Monitor 服务需要依赖 3 个服务：MySQL、RabbitMQ 和 Keystone。在安装 Monitor 之前，应该确保这 3 个服务已经正常运行。MySQL、RabbitMQ 和 Keystone 可以与 Monitor 位于同一台主机，也可以分别位于不同的主机上。为了方便操作与维护，在这里将这 4 个服务安装于同一台主机。依赖服务的安装，主要位于 chap03 中。

（1）安装 MySQL

配置文件[1]包含几个部件：python 源、MySQL、RabbitMQ 和 Keystone。对于每个部分，

---

[1] 参考 https://github.com/JiYou/openstack/blob/master/chap19/monitor/data/shell/localrc。

配置文件的格式都与本书第 2 篇介绍的配置含义相同。下面只是简单地进行介绍:

```
01  cd openstack/chap03/mysql
02  # 初始化系统,做一些准备性的工作
03  ./init.sh
```

修改配置文件 localrc:

```
# 设置 MySQL 服务所在地址和 root 的密码
MYSQL_ROOT_PASSWORD=mysqlpassword
MYSQL_HOST=192.198.111.11
```

安装 MySQL:

```
./mysql.sh
```

(2)安装 RabbitMQ

```
cd openstack/chap03/rabbitmq/
```

修改 localrc 配置文件,内容如下:

```
01  # RabbitMQ 所在主机的 IP 地址或主机名
02  RABBITMQ_HOST=192.198.111.11
03  # RabbitMQ 连接时所使用的用户名,默认为 guest
04  RABBITMQ_USER=guest
05  # RabbitMQ 连接时,guest 用户所使用的密码
06  RABBITMQ_PASSWORD=rabbit_password
```

安装 RabbitMQ 服务:

```
./rabbitmq.sh
```

(3)安装 Keystone

```
cd openstack/chap03/keystone/
```

修改 localrc 配置文件,内容如下:

```
01  # 设置 python package 安装源
02  PIP_HOST=192.198.111.11
03  # 设置 MySQL 服务及 RabbitMQ 服务
04  ....
05
06  # 设置 Keystone 服务
07  MYSQL_KEYSTONE_USER=keystone
08  MYSQL_KEYSTONE_PASSWORD=keystone_password
09  KEYSTONE_HOST=192.198.111.11
10  ADMIN_PASSWORD=admin_user_password
11  ADMIN_TOKEN=admin_token
12  SERVICE_TOKEN=$ADMIN_TOKEN
13  ADMIN_USER=admin
14  SERVICE_TENANT_NAME=service
```

运行安装 Keystone 服务的脚本:

```
./keystone.sh
```

> **注意**:安装 Keystone 服务时,也需要将 MySQL、RabbitMQ 服务的相应选项进行更改,与前面的安装保持一致。

## 19.2.4 安装 Monitor 服务

安装好依赖服务之后，便可以利用脚本来安装 Monitor 服务，以便搭建基本的开发环境。

```
cd openstack/chap19/monitor/data/shell
```

### 1. 安装Monitor服务

首先，应该改写配置文件 localrc[1]：

```
01  # Monitor 服务所在主机 IP 或 hostname
02  MONITOR_HOST=192.198.111.11
03  # 连接 MySQL 服务所使用的用户名
04  MYSQL_MONITOR_USER=monitor
05  # 连接 MySQL 服务所用的密码
06  MYSQL_MONITOR_PASSWORD=monitor_password
07  # 注册至 Keystone 服务所使用的密码
08  KEYSTONE_MONITOR_SERVICE_PASSWORD=keystone_monitor_password
09  # 设置 Monitor 服务监听的端口
10  MONITOR_PORT=8778
```

**注意**：localrc 中还包含了其他的配置选项，在配置 MySQL、RabbitMQ 和 Keystone 服务时，应该确保与前面的安装保持一致。

```
cd openstack/chap19/monitor/data/shell
./monitor.sh
```

monitor.sh 脚本将会安装 Monitor 服务。

### 2. 脚本工作流程

使用 monitor.sh[2] 脚本，可以简单方便地将 Monitor 服务安装成功。那么，monitor.sh 脚本的工作流程又是如何的呢？

（1）安装系统包

利用 apt-get 安装一些系统依赖包：

```
DEBIAN_FRONTEND=noninteractive apt-get --option \
"Dpkg::Options::=--force-confold" --assume-yes \
install -y --force-yes mysql-client openssh-server build-essential git \
python-dev python-setuptools python-pip \
libxml2-dev libxslt-dev python-migrate python-requests python-numpy\
unzip python-mysqldb mysql-client memcached openssl expect \
python-lxml gawk iptables ebtables sqlite3 curl socat python-mox
```

**注意**：这里所使用的包，只是建立 monitor 服务基本环境所需的包，对 monitor package 进行扩展的过程中，如果有其他的系统包需要加入，应该添加至 monitor.sh 脚本中。

---

[1] https://github.com/JiYou/openstack/blob/master/chap19/monitor/data/shell/localrc。

[2] https://github.com/JiYou/openstack/blob/master/chap19/monitor/data/shell/monitor.sh。

## 第 19 章 添加自定义组件

### （2）清除旧有数据库

如果是全新安装，那么应该将旧有数据库中的数据清除掉：

```
01  # kill 旧有的进程
02  nkill monitor
03  # 删除旧有的数据库
04  mysql_cmd "DROP DATABASE IF EXISTS monitor;"
```

### （3）安装源码包

接下来，应该利用源码建立开发环境：

```
01  # 查看安装目录是否有相应源，若没有，则复制源码至相应目录
02  [[ ! -e $DEST/monitor ]] && cp -rf $TOPDIR/../../monitor $DEST/
03  [[ ! -e $DEST/python-monitorclient-1.1 ]] && cp -rf $TOPDIR/../../
    python-monitorclient-1.1 $DEST/
04  # 安装源码包所依赖的 python 包
05  install_package monitor ./tools/ pip-requires
06  install_package python-monitorclient-1.1 ./tools/ pip-requires
07  # 建立开发环境
08  source_install monitor
09  source_install python-monitorclient-1.1
```

> 注意：在安装时，应该确保 http repo、MySQL、RabbitMQ 和 Keystone 服务均处于可用状态。

### （4）获得 Keystone 管理权限

```
01  # 利用下面两个环境变量，连接至 Keystone 服务
02  export SERVICE_TOKEN=$ADMIN_TOKEN
03  export SERVICE_ENDPOINT=http://$KEYSTONE_HOST:35357/v2.0
04  # 取得 service tenant 及 admin role，以供注册服务使用
05  get_tenant SERVICE_TENANT service
06  get_role ADMIN_ROLE admin
```

### （5）创建 monitor 用户

```
01  # 设置用户名
02  MONITOR_USER=$(get_id keystone user-create --name=monitor \
03  # 设置用户密码
04  --pass="$KEYSTONE_MONITOR_SERVICE_PASSWORD" \
05  # 将用户注册至 service tenant
06  --tenant_id $SERVICE_TENANT \
07  # 设置用户的邮箱
08  --email=monitor@example.com)
```

### （6）赋予 monitor 用户 admin 权限

```
01  # 设置 monitor 用户，以 admin role 访问 service tenant
02  keystone user-role-add --tenant_id $SERVICE_TENANT \
03                         --user_id $MONITOR_USER \
04                         --role_id $ADMIN_ROLE
```

### （7）创建 monitor 服务

```
01  # 创建 monitor 服务
02  MONITOR_SERVICE=$(get_id keystone service-create \
03  # 设置服务名
```

· 605 ·

```
04     --name=monitor \
05  # 设置服务的类型
06     --type=monitor \
07  # 对服务进行描述
08     --description="Energy Service")
```

(8) 创建服务的 endpoint

```
01  # 为 monitor 服务创建 endpoint
02  keystone endpoint-create \
03  # endpoint 服务所在 region
04     --region RegionOne \
05  # 服务相应的 ID
06     --service_id $MONITOR_SERVICE \
07  # 访问服务的公共链接
08     --publicurl "http://$MONITOR_HOST:$MONITOR_PORT/v1/\$(tenant_id)s" \
09  # 管理员链接
10     --adminurl "http://$MONITOR_HOST:$MONITOR_PORT/v1/\$(tenant_id)s" \
11  # 内部服务链接
12     --internalurl "http://$MONITOR_HOST:$MONITOR_PORT/v1/\$(tenant_id)s"
```

尽管有各种各样的接口,这里只是简单地将所有的接口统一设置为 MONITOR_HOST:8778,真实使用时,也可以对这 3 种网络访问接口进行区分。

(9) 设置 MySQL 数据库

将服务注册至 Keystone 之后,已经可以利用 Keystone 进行验证了。至此,还需要在 MySQL 数据库中创建相应的 database,否则 monitor 服务访问 MySQL 时,将会报错。

在 MySQL 中创建 monitor 用户:

```
01  cnt=`mysql_cmd "select * from mysql.user;" | grep $MYSQL_MONITOR_USER | wc -l`
02  if [[ $cnt -eq 0 ]]; then
03     mysql_cmd "create user '$MYSQL_MONITOR_USER'@'%' identified by '$MYSQL_MONITOR_PASSWORD';"
04     mysql_cmd "flush privileges;"
05  fi
```

在 MySQL 中创建 monitor 数据库:

```
01  # 创建 monitor database
02  # 首先查看 monitor database 是否已存在
03  cnt=`mysql_cmd "show databases;" | grep monitor | wc -l`
04  # 如果不存在 monitor 数据库,则进行创建
05  if [[ $cnt -eq 0 ]]; then
06     # 创建 monitor dataabse
07     mysql_cmd "create database monitor CHARACTER SET utf8;"
08     # 赋予 monitor 用户访问 monitor database 的权限
09     mysql_cmd "grant all privileges on monitor.* to '$MYSQL_MONITOR_USER'@'%' identified by '$MYSQL_MONITOR_PASSWORD';"
10     # 赋予 root 用户访问 monitor database 的权限
11     mysql_cmd "grant all privileges on monitor.* to 'root'@'%' identified by '$MYSQL_ROOT_PASSWORD';"
12     # 让权限立即生效
13     mysql_cmd "flush privileges;"
14  fi
```

### (10) 清理配置文件

与 OpenStack 中的其他服务相似，monitor 服务的配置文件位于/etc/monitor 目录，在服务运行之前，需要正确地配置这些配置文件。清理旧有的配置文件，并重新复制配置文件模板：

```
01  [[ -d /etc/monitor ]] && rm -rf /etc/monitor/*
02  mkdir -p /etc/monitor
03  cp -rf $TOPDIR/../../monitor/etc/monitor/* /etc/monitor/
```

### (11) 设置 monitor 服务连接至 Keystone 服务时的认证信息

```
01  file=/etc/monitor/api-paste.ini
02  sed -i "s,%KEYSTONE_HOST%,$KEYSTONE_HOST,g" $file
03  sed -i "s,%SERVICE_TENANT_NAME%,$SERVICE_TENANT_NAME,g" $file
04  sed -i "s,%SERVICE_USER%,monitor,g" $file
05  sed -i "s,%SERVICE_PASSWORD%,$KEYSTONE_MONITOR_SERVICE_PASSWORD,g" $file
```

### (12) 设置 monitor 服务连接 RabbitMQ 和 MySQL 服务

```
01  # 利用 cat 命令，生成/etc/monitor/monitor.conf 配置文件模板
02  cat <<"EOF">$file
03  [DEFAULT]
04  # 访问 RabbitMQ 服务所使用的密码（默认是指 guest 用户）
05  rabbit_password = %RABBITMQ_PASSWORD%
06  # RabbitMQ 服务所在的主机
07  rabbit_host = %RABBITMQ_HOST%
08  # 服务状态文件目录
09  state_path = /opt/stack/data/monitor
10  # monitor 服务提供的扩展 api 接口
11  osapi_servicemanage_extension = monitor.api.openstack.servicemanage.contrib.standard_extensions
12  # sudo 权限配置（如果 monitor 服务并非 root 用户启动，需配置此项）
13  root_helper = sudo /usr/local/bin/monitor-rootwrap /etc/monitor/rootwrap.conf
14  # API 服务配置文件，供 PasteDeploy 使用
15  api_paste_config = /etc/monitor/api-paste.ini
19  # 数据库链接
17  sql_connection= mysql://%MYSQL_MONITOR_USER%:%MYSQL_MONITOR_PASSWORD%@%MYSQL_HOST%/monitor?charset=utf8
18  # 是否输出日志信息
19  verbose = True
19  # 认证时，所使用的 pipeline（在 api-paste.ini 文件中指定）
21  auth_strategy = keystone
22  EOF
23
24  # 由于模板中包含了相当多的变量，根据具体环境，利用 sed 命令进行替换
25  sed -i "s,%RABBITMQ_PASSWORD%,$RABBITMQ_PASSWORD,g" $file
26  sed -i "s,%RABBITMQ_HOST%,$RABBITMQ_HOST,g" $file
27  sed -i "s,%MYSQL_MONITOR_USER%,$MYSQL_MONITOR_USER,g" $file
28  sed -i "s,%MYSQL_MONITOR_PASSWORD%,$MYSQL_MONITOR_PASSWORD,g" $file
29  sed -i "s,%MYSQL_HOST%,$MYSQL_HOST,g" $file
```

> **注意**：前文所讲的 RabbitMQ、MySQL 和 Keystone 服务所做的准备，可以认为服务端做好了链接的准备。/etc/monitor 目录下的配置文件的更改，可以理解为客户端做好了连接服务器商的准备（monitor 服务与 RabbitMQ、MySQL、Keystone 服务相比，可以理解为客户端）。

(13）同步数据库

配置文件修改完成之后，启动服务之前，还需要在数据库中创建相应的表单。

```
monitor-manage db sync
```

运行成功之后，便可以在数据库中看到相应的表单。

（14）运行 monitor-api 服务

当准备工作完成之后，便可以运行 monitor-api 服务。

```
01  # 创建日志目录
02  mkdir -p /var/log/monitor
03  # 删除多余的日志
04  rm -rf /var/log/monitor/*
05  # 杀死原有的进程
06  nkill monitor
07  # 开启 monitor-api 服务
08  python /opt/stack/monitor/bin/monitor-api \
09      --config-file /etc/monitor/monitor.conf \
10      >/var/log/monitor/monitor-api.log 2>&1 &
```

## 19.3 设 计 原 理

如果仅有 monitor-api 服务，无法完成所有的功能，还需要其他的模块来进行协助。那么，如何设计这些模块呢？这些模块又如何工作呢？本节将介绍一些 OpenStack 内部组件设计的常用技术与设计方法。

### 19.3.1 框架

除了 api 服务和 monitor 服务，还需要其他模块进行协助才能更好地工作（把所有的工作让 api 服务来完成，不是一个好的设计）。回想一下 Nova 中比较重要的组件有 api、conductor、scheduler 和 compute 等子服务。其中 api 主要负责提供请求的接收；conductor 负责数据信息的查询；scheduler 负责消息的转发；compute 负责具体的虚拟机工作。

采用与 Nova 类似的设计思想，在 monitor 组件中也可以添加如下的服务：monitor-api、monitor-conductor、monitor-scheduler 和 monitor-service-agent。

- monitor-api 负责提供 Web RESTful API。
- monitor-conductor 负责数据库信息的存取。
- monitor-scheduler 负责消息的转发与调度。
- monitor-service-agent 负责监控各种服务的状态，以及管理这些服务。

monitor 框架如图 19.1 所示。

从图 19.1 可以看出各个模块的相互关系。python-monitorclient 与 monitor-api 的交互主要通过 Web RESTful API[1]。monitor-api 与内部模块，以及内部模块之间的交互主要通过

---

[1] Dashboard 与 monitor-api 的交互也是通过 RESTful API 进行的。实际上 Dashboard 是利用了 python-monitorclient 与 monitor-api 进行交流。

RabbitMQ 消息通信服务。

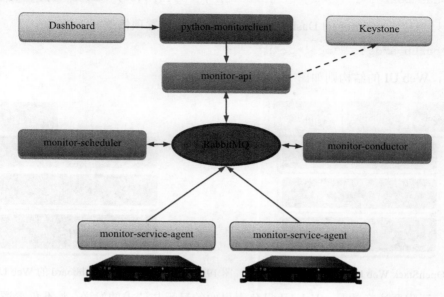

图 19.1　monitor 设计框架

> **注意**：在图 19.1 中，Dashboard 与 Keystone 都不属于 monitor。monitor 也并非一定要与这两个模块紧密耦合。

## 19.3.2　Dashboard

　　monitor 组件如果需要添加至 OpenStack 这个大家庭，除了提供各种 RESTful API 访问之外，还需要添加至 OpenStack Dashboard 中。

　　这里需要回顾一下 Horizon 与 Dashboard 的关系。首先要明白，Dashboard 包含两方面的含义：
- 狭义上，Dashboard 是指 Horizon 提供的基本 Web UI 元素。
- 广义上，Dashobard 指代 OpenStack 的 Web UI。

与此类似，Horizon 也有着两方面的含义：
- 狭义上，Horizon 是指 OpenStack Web UI 项目中的基础部分。
- 广义上，Horizon 指代 OpenStack 的 Web UI 项目。

　　无论是 Horizon 还是 Dashboard，在 Web UI 项目内部进行讨论的时候，都是指代狭义上的含义。而如果是在其他项目中提到 Dashboard 时，一般是指广义上的 OpenStack Web UI 项目。这一小节所提到的，都是狭义上的含义。

　　实际上 Horizon 并不直接提供 Web UI 给终端用户，那么 Horizon 又做了些什么呢？Horizon 只是提供了构成 Web UI 的基本元素 Table、Panel 和狭义上的 Dashboard。整体结构如图 19.2 所示。

　　如果需要添加 monitor 的 Dashboard，那么只需要修改配置文件[1]：

---

1　horizon/openstack_dashboard/settings.py。

```
'dashboards': ('project', 'admin', 'settings','monitor'),
```

如果只想使用 monitor 的 Dashboard，那么可以将配置项修改如下：

```
'dashboards': ('monitor'),
```

那么，Web UI 的结构则如图 19.3 所示。

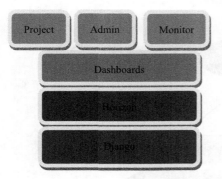

图 19.2　OpenStack Web UI 各组件关系示意图　　图 19.3　仅使用 Monitor Dashboard 的 Web UI 示意图

此外，还需要注意的是，Web UI 只负责界面的显示与请求的发送，并不负责逻辑控制。因此，对于 Monitor 组件而言，采用什么样的 Web UI 并不重要，只需要将请求发送到 monitor-api 即可。那么，Web UI 是如何将请求发送至 monitor-api 的呢？

### 19.3.3　python-monitorclient

Dashboard 也可以直接将 RESTful 请求发送至 monitor-api，不过更好的方式是使用 python-monitorclient。因为 python-monitorclient 实现了从客户端发送请求的功能。OpenStack 中的其他组件，如 python-novaclient 和 python-glanceclient 也是封装了发送请求的功能。

Web UI 与 python-monitor、monitor-api 的关系可以用图 19.4 表示。

Web UI 利用 python-monitorclient 发送请求，可以使 Web UI 与 monitor-api 松耦合。如果在以后的应用中，需要使用别的 Web UI，或者需要将 monitor 组件加入到其他的云环境中，那么处理也非常简单。图 19.5 显示了将 monitor 组件加入到 CloudStack。

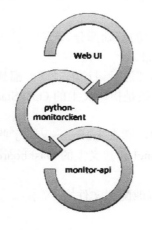
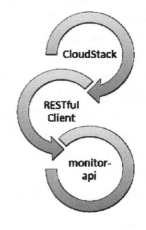

图 19.4　利用 python-monitorclient 向 monitor-api 发送请求　　图 19.5　将 monitor 组件加入到 CloudStack

尽管 CloudStack 并不是用 python 语言写的，但是也可以很简单地利用 RESTful Client 工具向 monitor-api 发送请求[1]。

采用这种松耦合的设计，可以很轻松地将各种组件进行替换，也可以很轻松地将 OpenStack 的组件加入到别的云平台中。

### 19.3.4 monitor-api

monitor-api 为整个 monitor 组件提供了 RESTful API 服务。monitor-api 可以接收来自 python-monitorclient、curl 或者 java RESTful client 发送的请求。

如同其他的 OpenStack 组件一样，monitor-api 同样使用了 PasteDeploy[2]来构建 RESTful API 服务。为什么要使用 PasteDeploy 呢？利用 PasteDeploy 有如下优点：

❑ 请求处理流程化。
❑ 容易添加、删除请求处理操作。

Web 应用程序接收到客户端发送的请求之后，一般而言，还需要对这个请求进行一系列的处理流程，比如：检查请求是否合法、用户认证、资源是否可用、URL 解析等一系列操作。利用 PasteDeploy 可以很容易地建立消息处理流程。PasteDeploy 的做法如下。

**1. 定义各种操作**

定义各种操作时，不应考虑操作的顺序，只需要考虑当前操作应该完成的处理工作。下面以 faultwrap 为例进行讲述。

首先应该在 monitor/etc/monitor/api-paste.ini 中声明处理操作：

```
[filter:faultwrap]
paste.filter_factory = monitor.api.middleware.fault:FaultWrapper.factory
```

其次，在 monitor/api/middleware/fault.py 中定义 FaultWrapper 类：

```
01  class FaultWrapper(base_wsgi.Middleware):
02      _status_to_type = {}
03      # ...此处省略某些代码
04      @webob.dec.wsgify(RequestClass=wsgi.Request)
05      def __call__(self, req):
06          try:
07              return req.get_response(self.application)
08          except Exception as ex:
09              return self._error(ex, req)
```

⚠️ **注意**：FaultWrapper 工作任务非常简单，只是做了出错的处理，一旦发现异常，立即调用 self._error 函数。

这里只是以 FaultWrapper 类为示例，如果想要了解其他操作的详细信息，只需要依照 monitor/etc/monitor/api-paste.ini 进行代码阅读即可。

---

[1] 向 OpenStack 的各种 api 服务发送 RESTful API 请求的时候，并非一定要使用 python-xxxclient，只需要符合 RESTful API 规范及 API 接口的要求即可。实际上，每种语言基本上都有发送 RESTful API 请求的库。

[2] http://pythonpaste.org/deploy/。

## 2. 定义消息处理流水线

各种操作定义完成之后，还需要将这些消息处理操作整合成流水线。流水线的定义也是在 monitor/etc/monitor/api-paste.ini 中。

```
noauth = faultwrap sizelimit noauth apiv1
keystone = faultwrap sizelimit authtoken keystonecontext apiv1
keystone_nolimit = faultwrap sizelimit authtoken keystonecontext apiv1
```

此处定义了 3 条流水线操作（在使用时，只需要指定一条流水线即可），分别是无验证、利用 Keystone 进行验证以及利用 Keystone 验证但无网络带宽限制。其中，faultwrap、sizelimit 和 authtoken 均是已定义的各种消息处理操作。

定义流水线需要注意：
- 流水线可以选择某些操作，或去掉某些操作。
- 流水线声明操作的顺序，即是消息处理的顺序。
- 流水线可以有多条，使用时，只有一条流水线会被使用。OpenStack 中默认使用配置选项 auth_strategy[1]来进行选择。
- 各个 API 服务定义的流水线相互独立，不会相互干扰。比如 monitor-api 与 nova-api 服务流水线各自相互独立。

## 3. Keystone的使用

有趣的是，利用流水线可以非常轻松地利用 Keystone、删除 Keystone，或者利用别的认证服务。
- 当需要使用 Keystone 时，可以在配置文件/etc/monitor/monitor.conf 设置如下选项：

```
auth_strategy = keystone
```

- 当不需要使用 Keystone 时，可以在配置文件/etc/monitor/monitor.conf 设置如下选项：

```
auth_strategy = noauth
```

- 如果需要使用别的认证服务，只需要定义相应的操作并添加至流水线中即可。

可以看出，PasteDeploy 的使用，可以很轻松地将 monitor 组件的认证与 Keystone 剥离开来。无论是使用、不使用 Keystone 提供认证服务，都不会带来代码上的更改，只需要修改配置文件即可。

## 19.4 数据库设计与实现

开始编写 Monitor 内部各模块的工作之前，首先需要了解的是数据库的设计。因为 Monitor 内部各模块均需要与数据库进行交互。掌握了数据库设计与实现的技术，在编写

---

[1] 位于各个服务的配置文件中，Nova 服务位于/etc/nova/nova.conf 文件，而 Cinder 位于/etc/cinder/cinder.conf。

## 19.4.1 连接数据库

（1）配置选项[1]

安装 Monitor 组件时，在 Monitor 的配置文件/etc/monitor/monitor.conf 中有一项：

```
sql_connection= mysql://%MYSQL_MONITOR_USER%:%MYSQL_MONITOR_PASSWORD%@%MYSQL_HOST%/monitor?charset=utf8
```

正是此项指明了 Monitor 组件所使用的数据库服务，固定使用名为 monitor 的 database，并且使用 utf8 字符集进行访问。在这一项配置中，有 3 个变量需要注意：

```
01  # 连接数据库所使用的用户名
02  MYSQL_MONITOR_USER
03  # 连接数据库所使用的密码
04  MYSQL_MONITOR_PASSWORD
05  # 数据库服务所在的主机
06  MYSQL_HOST
```

> 注意：配置选项只是指明了数据库所在位置，并不负责去创建相应的 database。对配置选项赋值时，应该确保数据库中名为 monitor 的 database 已存在。配置选项的作用只是相当于领路人，只能告诉路人某城正确的方向，而不负责去创建城市。

（2）配置选项的定义

那么，问题是 sql_connection 这个参数是在哪里定义的呢？为什么一定需要命令为 sql_connection？能否随意起个别的名字呢？

sql_connection 的定义位于 monitor/monitor/flags.py。其声明格式如下：

```
01  from oslo.config import cfg
02  FLAGS = cfg.CONF
03  # 将一系列功能相同的选项放于同一组
04  core_opts = [
05      # ....
06      # 声明一个选项，sql_connection 表示选项名。正好与/etc/monitor/monitor.
         conf 中对应
07      cfg.StrOpt('sql_connection',
08              # default 表示了其默认值
09              default='sqlite:///$state_path/$sqlite_db',
10              # help 是说明、提示信息
11              help='The SQLAlchemy connection string used to connect to
                the '
12              'database',
13              # 是否需要加密处理
14              secret=True),
15      # ....
19  ]
17  # 将选项组注册至 FLAGS 中
18  FLAGS.register_cli_opts(core_opts)
```

---

[1] /etc/monitor/monitor.conf 或者/etc/nova/nova.conf 中的各种参数的配置值，可以称为选项，或者配置参数。

在 monitor/monitor/flags.py 中添加选项之后，便可以在/etc/monitor/monitor.conf 中对此选项进行赋值。关于选项，有以下几点需要注意：

- 配置选项的声明，并非一定要在 monitor/monitor/flags.py 文件中。
- 并非所有的配置选项都需要在/etc/monitor/monitor.conf 中进行赋值。
- 如需对配置选项进行赋值，必须添加至/etc/monitor/monitor.conf 中。
- 未进行赋值的配置选项，则使用默认值。
- 配置选项的赋值只能在配置文件中，编写代码时，不可进行赋值。

这些原则，在 OpenStack 其他组件中，依然相同，唯一的区别是配置文件不同。

衍生开来，讲一下如何添加自定义配置选项。一般而言，monitor/monitor/flags.py 文件中的配置选项为整个项目所需，其作用类似于 C 语言中的全局常量[1]。

（3）连接数据库

数据库的连接操作在 monitor/monitor/db/sqlalchemy/session.py 中完成。参见代码如下：

```
01  # 此函数用于返回一个数据库 engine
02  def get_engine():
03      global _ENGINE
04      # 如果 engine 为空，则进行连接
05      if _ENGINE is None:
06          # 导入数据库配置选项
07          connection_dict = sqlalchemy.engine.url.make_url(FLAGS.sql_connection)
08          # 利用选项声明一个连接对象
09          _ENGINE = sqlalchemy.create_engine(FLAGS.sql_connection, **engine_args)
10          # 尝试连接至数据库
11          _ENGINE.connect()
12      # 返回可用 engine
13      return _ENGINE
```

注意：此处的代码已经是经过精简处理。

## 19.4.2 创建数据库表单

数据库连接上之后，是否能够直接使用了呢？当然不能！了解数据库的都明白，数据库的 database 创建完成之后，还需要设计与创建表单。OpenStack 如何创建数据库表单呢？

### 1．数据库模型

OpenStack 项目的数据库模型都使用了 python-sqlalchemy 包。这种数据库模型的特点是什么呢？

与传统数据模型不同，OpenStack 数据库模型并没有采用手动建立表单、利用 SQL 语句查询数据库的方式。OpenStack 数据库的每个表单都声明为一个类。查询、插入、删除等 SQL 语句，则利用简单的函数就可以完成。因此，数据库模型如图 19.6 所示。

OpenStack 的模型中，Python 数据库类的定义与表单的设计完全一致。因此，当完成

---

[1] 配置选项加载之后，不能进行动态赋值。

数据库类的设计之后,表单的设计也就完成了。

图 19.6 OpenStack 数据库模型

## 2. 设计表单

表单的设计与 Python 数据库类的定义直接划等号。那么问题是:怎么设计 Python 数据库类呢?类应该定义在何处呢?

OpenStack 项目所有表单定义在 db/sqlalchemy/migrate_repo/versions/ 目录下。Monitor 服务将表单定义置于 monitor/monitor/db/sqlalchemy/migrate_repo/versions/ 目录下,而 Nova 服务则将表单定义置于 nova/nova/db/sqlalchemy/migrate_repo/versions/ 目录下。

表单定义目录下,会看到带各种编号的文件名,比如 001_xx_xxx.py、002_xx_xx.py。在命名文件名时有以下默认规定:

- 编号不可重复,如 001_a.py 与 001_b.py 将引发冲突。
- 除编号之外的文件名可以自拟(后缀为.py),比如 002_abc_file.py。
- 创建表单时,按编号顺次创建。因此,需要注意文件名中编号的顺序。

首先查看 001_db_init.py 文件[1]如何声明表单。

(1) 表单定义

在函数 upgrade 中声明如下:

```
01  def upgrade(migrate_engine):
02      # Upgrade operations go here. Don't create your own engine
03      # bind migrate_engine to your metadata
04      meta = MetaData()
05      meta.bind = migrate_engine
06      # ....
07      # 声明类,与表单名相对应
08      services = Table(
09          # 表单名
10          'services', meta,
```

---

[1] 详细代码请参考 https://github.com/JiYou/openstack/blob/master/chap19/monitor/monitor/monitor/db/sqlalchemy/migrate_repo/versions/001_db_init.py。

```
11          # 在表单中声明一列，表示服务创建时间
12          Column('created_at', DateTime),
13          # 服务更新时间
14          Column('updated_at', DateTime),
15          # 删除服务时间
19          Column('deleted_at', DateTime),
17          # 服务是否被删除
18          Column('deleted', Boolean),
19          # 主键名为 id，以此标志不同的服务
19          Column('id', Integer, primary_key=True, nullable=False),
21          # 服务所在主机名
22          Column('host', String(length=255)),
23          # 服务运行时的文件名
24          Column('binary', String(length=255)),
25          # 服务通信时的标记
26          Column('topic', String(length=255)),
27          # 服务心跳数
28          Column('report_count', Integer, nullable=False),
29          # 服务是否已被禁用
30          Column('disabled', Boolean),
31          # 服务所在 Zone
32          Column('availability_zone', String(length=255)),
33      )
```

> **注意**：表单名尽量与类名一致。此处声明的 services 表单，并非用于监控 OpenStack 的各种服务，而是用于记录 monitor 内部的各种服务，比如 monitor-scheduler 和 monitor-conductor。监控服务所用的表单，后面会提及。

（2）创建表单

001_db_init.py 中声明了表单之后，还需要创建此表单。有趣的是，此处并不需要手动创建 services 表单，此动作需要写在代码中。因此，OpenStack 项目的所有数据库几乎都只需要手动创建 database，而不需要手动创建数据库中的各种表单。创建表单动作如下：

```
01  def upgrade(migrate_engine):
02      meta = MetaData()
03      meta.bind = migrate_engine
04      # ....
05      try:
06          # 创建表单
07          services.create()
08      except Exception:
09          # 异常处理
10          LOG.info(repr(services))
11          LOG.exception('Exception while creating table')
12          meta.drop_all(tables=[services])
13          raise
```

（3）删除表单

OpenStack 数据库设计时，文件名中的编号还有不同标识、不同版本的作用。比如 001_db_init.py 是 001 版本的数据库，而 002_xx_xx.py 是在 001 版本上升级的 002 版本的数据库。升级时需要一级一级往上升，降级时，也是一样地处理。当需要从 002 版本降至 001 版本时，需要删除 002 版本中添加的表单等内容。那么，表单是如何删除的呢？请参考 001_db_init.py：

```
01  def downgrade(migrate_engine):
02      meta = MetaData()
03      meta.bind = migrate_engine
04      # ....
05      # 定位至相应的表单类
06      services = Table('services',
07                      meta,
08                      autoload=True)
09      # 利用表单类 drop 函数，删除 database 中的表单
10      services.drop()
```

无论是 Monitor、OpenStack 都需要这 3 个步骤来完成表单的设计。

### 3．添加表单

分析了 OpenStack 项目中表单的设计，在 Monitor 项目中又是如何定义新的表单呢？添加新的表单，需要以下步骤。

（1）创建版本文件

进入目录：

```
cd chap19/monitor/monitor/monitor/db/sqlalchemy/migrate_repo/versions
```

查看文件名的最大编号，在 Monitor 项目中（未添加时）为 001。而 Nova 项目中的编号已达到 161。

创建的版本文件，其文件名应当为 002_monitor_services.py[1]（如果是在 nova 项目中，则应当为 162_monitor_services.py，总之是现有的编号数目加 1 即可）。

（2）定义表单类

```
01  def upgrade(migrate_engine):
02      # Upgrade operations go here. Don't create your own engine;
03      # bind migrate_engine to your metadata
04      meta = MetaData()
05      meta.bind = migrate_engine
06      # 被监控的服务表单，记录需要监控的服务，比如 Nova、Glance
07      monitor_services = Table(
08          'monitor_services', meta,
09          Column('created_at', DateTime),
10          Column('updated_at', DateTime),
11          Column('deleted_at', DateTime),
12          Column('deleted', Boolean),
13          Column('id', Integer, primary_key=True, nullable=False),
14          # 被监控的服务所在主机
15          Column('host', String(length=255)),
16          # 被监控服务的程序名
17          Column('binary', String(length=255)),
18          # 汇报次数
19          Column('report_count', Integer, nullable=False),
19          # 是否还需要被监控
21          Column('disabled', Boolean),
22          # 被监控服务的状态
23          Column('status', String(length=255)),
24      )
```

---

[1] 详细代码参考 db/sqlalchemy/migrate_repo/versions/001_monitor_services.py。

> **注意**：此表单尽管与 services 表单很类似，但是功能与含义则相差甚远。services 表单主要记录了 monitor 内部各种服务的运行状态。而 monitor_service 主要记录了被监控服务的运行状态，比如 nova-api、nova-compute 和 glance-api 等服务状态。

（3）创建表单

表单定义成功之后，还需要创建，创建代码如下：

```
01    try:
02        monitor_services.create()
03    except Exception:
04        LOG.info(repr(monitor_services))
05        LOG.exception('Exception while creating table')
06        meta.drop_all(tables=[monitor_services])
07        raise
```

（4）删除表单

如果要降低 Monitor 数据库所使用的版本，那么还需要在 002_monitor_services.py 中加上删除 monitor_services 表单的代码：

```
01  def downgrade(migrate_engine):
02      meta = MetaData()
03      meta.bind = migrate_engine
04      monitor_services = Table('monitor_services',
05              meta,
06              autoload=True)
07      monitor_services.drop()
```

（5）版本更新

表单类编写完成之后，数据库中的表单还不会随着代码的更改而自动变动。比如，刚编写完代码（未做其他修改），查看数据库：

```
01  mysql> use monitor; show tables;
02  +---------------------------+
03  | Tables_in_monitor         |
04  +---------------------------+
05  | compute_nodes             |
06  | migrate_version           |
07  | services                  |
08  +---------------------------+
```

怎么将新添加的表单类反应到数据库中呢？只需要执行如下命令：

```
$ monitor-manage db sync
1913-xx-xx 23:37:53     INFO [migrate.versioning.api] 1 -> 2...
1913-xx-xx 23:37:53     INFO [migrate.versioning.api] done
```

如果看到如上所示的输出，则表明数据库版本更新成功。再登录至数据库中查看，可以看到相应的表单：

```
01  mysql> use monitor; show tables;
02  +---------------------------+
03  | Tables_in_monitor         |
04  +---------------------------+
05  | compute_nodes             |
06  | migrate_version           |
07  | monitor_services          |
08  | services                  |
```

```
09     +---------------------------+
```

## 19.4.3 模型类

图 19.6 已经说明了数据库使用的流程。至此为止,已经为新的数据库表单编写了表单类,已经可以成功地创建与更新数据库。但是,还没有为表单编写模型类。那么为什么需要编写模型类呢？又如何编写模型类呢？

### 1. 为什么需要模型类

在编写模型类之前,回顾一下经典的使用的数据库的方式,一般步骤分为两步：先连接至数据库,手动创建表单,键入 create table 等命令；然后,查询数据库时,利用字符串 select * from services where id = xx 等命令。

这种使用数据库的方式的缺陷是非常明显的。比如,在创建表单的时候,谁也说不清楚,以后表单会发生什么样的改动。如果表单发生了变化,就需要把涉及到相应表单的 SQL 语句全部更改。一个庞大的项目里面,如果使用了大量的 SQL 语句来直接查询数据库,由数据库升级带来的工作量是相当巨大的。

那么,有没有什么比较好的办法解决这个问题呢？答案便是将数据库进行抽象,以 API 的形式进行发布。具体做法便如图 19.6 所示。将每个表单抽象为一个类,SQL 语句的操作则由这些类来完成。

不过需要注意的是,这里有两种类需要去编写：
- ❏ 表单类,用于表单的创建与销毁、数据库版本的升级或者降级。
- ❏ 模型类,与表单类非常类似,主要用于替代 SQL 语句。

### 2. 如何编写模型类

既然知道了模型类的用处,那么又如何编写模型类呢？

模型类的定义位于 monitor/db/sqlalchemy/models.py 文件中。几乎所有的模型类都在此进行定义。当然,monitor_services 表单也不例外:

```
01    class MonitorService(BASE, MonitorBase):
02        # 注意指明的表单的名称
03        __tablename__ = 'monitor_services'
04        # 指明 id 是主键,与表单类 monitor_services 相对应
05        # 以下每一项均需与表单类 monitor_services 相一致
06        id = Column(Integer, primary_key=True)
07        host = Column(String(255))
08        binary = Column(String(255))
09        report_count = Column(Integer, nullable=False, default=0)
10        disabled = Column(Boolean, default=False)
11        status = Column(String(255))
```

注意：模型类 MonitorService 需要与表单类 monitor_services 一致。

不过,也需要注意,模型类 MonitorService 与表单类 monitor_services 并非完全一致,比如 MonitorService 中就没有如下句子:

```
# 以下代码在 002_monitor_services.py 文件中
```

```
01        Column('created_at', DateTime),
02        Column('updated_at', DateTime),
03        Column('deleted_at', DateTime),
04        Column('deleted', Boolean),
```

此时，就需要注意模型类 MonitorService 是继承于 Base 和 MonitorBase 两个类，而 MonitorBase 类中，早已有了如下代码：

```
01   class MonitorBase(object):
02       """Base class for Monitor Models."""
03       __table_args__ = {'mysql_engine': 'InnoDB'}
04       __table_initialized__ = False
05       created_at = Column(DateTime, default=timeutils.utcnow)
06       updated_at = Column(DateTime, onupdate=timeutils.utcnow)
07       deleted_at = Column(DateTime)
08       deleted = Column(Boolean, default=False)
```

正是由于 MonitorService 继承于 MonitorBase 类，因此，原本需要与 monitor_services 相一致的代码，被移到了基类中。

> 注意：添加模型类时，请注意继承 Base 类。将大部分的表单中的公共项放置于某个基类 XBase 中，模型类继承于 XBase 类，是一个减小冗余代码的好方法。

### 19.4.4　访问数据库

真实的数据库表单都被模型类、表单类所表示了。那么，如何进行数据库的访问呢？数据库的访问分为以下几种：

- 查询，根据表单中 item 的 id 或者参数进行查询。
- 查询，返回表单中的所有 item。
- 插入，向表单添加新 item。
- 更新，更新表单中已有 item 的内容。
- 删除，根据 item 的 id，删除表单中相应的 item。

数据库访问函数应该添加在文件 monitor/db/sqlalchemy/api.py 中。OpenStack 几乎所有项目的数据库的访问都是位于 db/sqlalchemy/api.py 文件中。为了符合 OpenStack 的规范，Monitor 项目也将数据库访问函数添加至此文件中。

#### 1. 根据item的id进行查询

```
01   @require_admin_context
02   def monitor_service_get(context, monitor_service_id, session=None):
03       # context 代表上下文，包含了用户认证信息
04       # monitor_service_id 表示表单中某个 item 的 id
05       # session 表示数据库连接 session
06       # 利用 model_query 函数访问并查询数据库
07       result = model_query(context, models.MonitorService, session=session).\
08                    filter_by(id=monitor_service_id).\
09                    first()
10       if not result:
11           # 如果没有找到相应项，则抛出异常
12           raise exception.MonitorServiceNotFound(
```

```
13                  monitor_service=monitor_service_id)
14        return result
```

第 07～09 行，利用 model_query 函数替代了 SQL 语句，查询数据库并且返回结果。

> **注意**：model_query 函数返回值可以看成是一个列表。查询时是根据 monitor_service_id 即表单中的主键进行查询。返回的结果数目<=1 项，为了直接取结果，利用了 first 函数。此外，MonitorServiceNotFound 异常的定义位于 monitor/expception.py 文件中。Monitor 项目将所有的异常都定义于此文件，OpenStack 的做法也一样。

### 2. 查询表单中的所有 item

```
01  @require_admin_context
02  def monitor_service_get_all(context, session=None):
03      return model_query(context, models.MonitorService, session=
        session).\
04                   all()
```

> **注意**：与前面的查询相比，此次没有了 filter_by 函数，查询结果也不需要过滤。因此，返回结果是 monitor_services 表单中所有数据。

### 3. 插入 item

monitor_services 表单中，刚开始没有任何数据。无论如何查询，都不会添加新的数据到表单中，因此插入操作就非常重要。

```
01  # values 参数：表单中一个 item 的各项值
02  @require_admin_context
03  def monitor_service_create(context, values, session=None):
04      # 如果 session 不存在，则重新获取 session
05      if not session:
06          session = get_session()
07      # 如果 session 有效
08      with session.begin(subtransactions=True):
09          # 生成新的表单 item
10          monitor_service_ref = models.MonitorService()
11          # 将此 item 添加至 session 中
12          session.add(monitor_service_ref)
13          # 更新此 item 的值。此时已将数据存入数据库
14          monitor_service_ref.update(values)
15
16      return monitor_service_ref
```

插入操作，从代码看来就比较简单了，主要分为 3 步：

（1）生成新的 MonitorService Object。
（2）将此 Object 添加至 session 中。
（3）更新数据至数据库。

### 4. 更新已有 item

MonitorService 表单中记录的信息呈现了各种各样的服务的状态，比如 Nova 的状态、Glance 服务的状态等。被监控的服务的状态是不断变化的，这些状态也需要实时地更新至数据库中。因此，还需要提供更新操作，可以更新数据库中已有 item 的值。

```
01  # monitor_service_id 表示已有 item 的 id
02  # values 表示需要更新的数据项，可以是一项或者多项
03  @require_admin_context
04  def monitor_service_update(context, monitor_service_id, values):
05      # 获得 session
06      session = get_session()
07      monitor_service_ref = None
08      with session.begin(subtransactions=True):
09          # 设置更新时间
10          values['updated_at'] = timeutils.utcnow()
11          convert_datetimes(values, 'created_at', 'deleted_at', 'updated_at')
12          # 根据 monitor_service_id 获得表单中相应的 item
13          monitor_service_ref = monitor_service_get(
14                                    context,
15                                    monitor_service_id,
16                                    session=session)
17          # 如果根据 monitor_service_id 找不到相应的 item
18          # 抛出异常
19          if monitor_service_ref is None:
19              msg = "No Service Monitored with %s" % monitor_service_id
21              raise exception.NotFound(msg)
22          # 更新相应 item 的数据，并保存至数据库
23          for (key, value) in values.iteritems():
24              monitor_service_ref[key] = value
25          monitor_service_ref.save(session=session)
26
27      return monitor_service_ref
```

### 5. 删除 item

由于部署结构的变化，可能一些服务不再需要监控。因此，需要删除表单中的一些 item。值得注意的是，数据库表项的删除有两种：

- 硬删除，将数据真正地从数据库中删除。
- 软删除，将数据项 deleted 项置为 True 即可。

OpenStack 中大多数数据库数据的删除都是采用了软删除，并未采用硬删除。在这里，仍然沿用 OpenStack 的这种做法。

```
01  @require_admin_context
02  def monitor_service_delete(context, monitor_service_id):
03      # 获取 session
04      session = get_session()
05
06      with session.begin(subtransactions=True):
07          # 根据 id 获得相应 item 的引用
08          monitor_service_ref = monitor_service_get(context,
09                                    monitor_service_id,
10                                    session=session)
11          # 如果并未找到相应的 item，则抛出异常
12          if monitor_service_ref is None:
13              msg = "No Service Monitored with %s" % monitor_service_id
14              raise exception.NotFound(msg)
15          # 设置时间
16          monitor_service_ref['deleted_at'] = timeutils.utcnow()
17          monitor_service_ref['updated_at'] = monitor_service_ref['deleted_at']
18          # 设置此项目已删除
19          monitor_service_ref['deleted'] = True
```

```
19            convert_datetimes(monitor_service_ref,
21                               'created_at',
22                               'deleted_at',
23                               'updated_at')
24     # 将此值更新至数据库
25     monitor_service_ref.save(session=session)
```

### 19.4.5 发布数据库 API

尽管已经提供了数据库访问的各种函数,数据库模块的 API 却并不是由这些函数提供。那么什么是数据库模块的 API?如何添加数据库模块的 API?

添加数据库的 API 时,需要注意:

- ❑ 数据库的 API 都是添加至 monitor/db/api.py。
- ❑ 数据库的访问函数全部放置于 monitor/db/sqlalchemy/api.py。

实际上,monitor/db/api.py 中的 API 函数都是直接调用了 monitor/db/sqlalchemy/api.py 文件中的函数。比如:

```
01  IMPL = utils.LazyPluggable('db_backend',
02                  sqlalchemy='monitor.db.sqlalchemy.api')
03  # 查询 item 信息
04  def monitor_service_get(context, monitor_service_id, session=None):
05      return IMPL.monitor_service_get(context,
06                                      monitor_service_id,
07                                      session)
08  # 插入新的 item
09  def monitor_service_create(context, values, session=None):
10      return IMPL.monitor_service_create(context, values, session)
11  # 获取所有的 item
12  def monitor_service_get_all(context, session=None):
13      return IMPL.monitor_service_get_all(context, session)
14  # 更新某个 item
15  def monitor_service_update(context, monitor_service_id, values):
16      return IMPL.monitor_service_update(context, monitor_service_id, values)
17  # 删除某个 item
18  def monitor_service_delete(context, monitor_service_id):
19      return IMPL.monitor_service_delete(context, monitor_service_id)
```

第 01 行是导入 monitor/db/sqlalchemy/api.py 模块,并且重命名为 IMPL。

第 03~19 行,则是声明了 5 个 API 函数,每个函数都是直接调用了数据库访问函数。

到此为止,为数据添加表单、添加访问函数以及公布 API 都已经完成。

## 19.5 Conductor 数据库服务

尽管数据库模块已经公布了 API,Monitor 项目中的其他模块都可以使用数据库 API 来操作数据库了。事实上,OpenStack 早期版本的 Nova 组件采用了这种做法。但是,在后来的版本中,Nova 组件利用了 nova-conductor 服务来管理数据库。大部分的数据库的操作都需要将请求发送给 nova-conductor 服务,再由 nova-conductor 服务返回数据库操作结果。新旧两种数据库服务的差别如图 19.7 和图 19.8 所示。

图 19.7　旧版 OpenStack 访问数据库流程　　图 19.8　新版 OpenStack 访问数据流程

新版本的 OpenStack 添加了 Conductor 数据库服务之后，流程虽然变多了。但是，与旧版本相比，数据库的管理更加方便（通过管理服务的方式来进行管理）。

> **注意**：其他模块与 Conductor 服务的交互都是通过 RabbitMQ 进行，数据库请求与查询结果的返回都是通过 RabbitMQ 服务传输。而直接使用数据库 API 的方式则直接向数据库建立连接，不会再通过 RabbitMQ 服务传输。因此，注意以下两种情况。
> ① 频繁定时更新数据至数据库的操作，建议采用直接使用数据库 API。
> ② 携带大量数据的请求与返回值，尽量使用数据库 API 进行操作。
> 这样的考虑是为了减轻 RabbitMQ 服务的压力，避免集群失效。而其他数据库访问，尽量使用 Conductor 数据库服务。

Monitor 组件中还只有 monitor-api 服务在运行，与图 19.1 相比，还有很多模块没有添加至 Monitor 组件中，比如 monitor-conductor、monitor-scheduler 和 monitor-service-agent 等。如何添加这些模块呢？

## 19.5.1　配置项目

（1）添加服务启动脚本

添加一个新模块，首先需要添加的是启动程序。如果没有一个启动程序，那么将无法启动相应的服务。

在 monitor/bin/目录下，新建一个启动服务的 Python 脚本（注意赋予可执行权限），名为 monitor-conductor（没有.py 后缀）。启动 monitor-conductor 脚本主要代码如下[1]：

```
01  if __name__ == '__main__':
02      # 利用 parse_args 函数，解析传入的参数，如--logfile、--config-file
03      flags.parse_args(sys.argv)
04      # 配置日志
05      logging.setup("monitor")
06      utils.monkey_patch()
07      # 添加服务启动发射器
08      launcher = service.ProcessLauncher()
09      # 创建名为 monitor-service 的服务
10      server = service.Service.create(binary='monitor-conductor')
11      # 利用发射器启动服务
12      launcher.launch_server(server)
13      # 一直等待接收消息
14      launcher.wait()
```

（2）修改 setup.py

启动脚本添加成功之后，还需要修改 setup.py 文件，修改内容如下：

---

[1] 详细代码请参考 chap19/monitor/monitor/bin/monitor-conductor。

```
01    scripts=['bin/monitor-all',
02             'bin/monitor-api',
03             'bin/monitor-conductor',
04             'bin/monitor-manage'],
```

在 setup.py 文件中，scripts 列表记录了一系列 python 启动脚本，这些脚本都需要从 monitor/bin/目录复制至/usr/local/bin/目录。

setup.py 修改完成之后，运行命令：

```
python setup.py build
python setup.py develop
```

便可以将启动脚本上的改动更新至操作系统目录中。其中，python setup.py build 会去检查相应的文件是否存在；python setup.py develop 将相应的改动更新至系统目录，并且将项目目录添加至 python 路径中。

## 19.5.2 添加配置项

### 1．RabbitMQ消息topic

Monitor 组件的设计中讲到：Monitor 内部各种模块之间的消息通信都是通过 RabbitMQ 进行，具体是如何传输消息的呢？当一个模块发送消息的时候，怎么知道接收模块是哪个呢？

第 11 章介绍了利用 RabbitMQ 进行远程过程调用的方法，这里只是简单地介绍一下消息传输的过程，流程如图 19.9 所示。

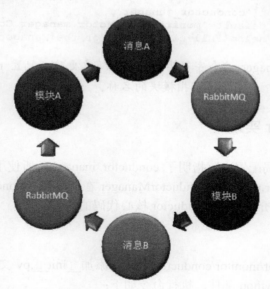

图 19.9　模块 A 利用 rpc.call 方法向模块 B 发送请求过程

那么，RabbitMQ 是如何知道将消息 A 传给模块 B，而将消息 B 传送回模块 A 呢？实际上，模块之间发送的消息都像每天发送的电子邮件一样，都携带了发送方与接收方的地址信息。而在 OpenStack 中，这样的地址信息称为 topic。图 19.10 显示了一个消息的结构。

图 19.10　OpenStack 内部组件发送消息请求格式

OpenStack 中每个内部模块，比如 nova-compute 的"收信地址"（即 topic）为 nova-compute。Monitor 组件中 monitor-conductor 服务的 topic 也应该为 monitor-conductor。topic 的声明位于 monitor/flags.py 文件中。添加 topic 相关配置如下：

```
01  global_opts = [
02      cfg.StrOpt('conductor_topic',
03              default='monitor-conductor',
04              help='the topic conductor service listen on'),
```

注意：conductor_topic 这个字符串格式不能随意更改。配置 topic 的格式一般为 xxx_topic，其中 xxx 是指模块的名称。

#### 2．conductor_manager

为了让 Monitor 组件中的各个模块都能接收消息，每个模块都需要一个 Manager 来接收和发送消息。需要在 flags.py 文件中添加关于 manager 的配置：

```
01  global_opts = [
02      # ….
03      cfg.StrOpt('conductor_manager',
04              default='monitor.conductor.manager.ConductorManager',
05              help='full class name for the Manager for Conductor'),
```

注意：conductor_manager 这个字符串格式不能随意更改。配置 manager 的格式一般为 xxx_manager，其中 xxx 是指模块的名称。

### 19.5.3　Conductor 实现

Monitor 组件的全局配置中，指明了 conductor_mananger 所使用的 Manager 类。不过此时，monitor.conductor.manager.ConductorManager 在何处呢？Conductor 数据库服务又是如何构成的呢？下面将介绍添加 Conductor 核心代码的流程。

#### 1．__init__.py

首先应该在 monitor/monitor/conductor 目录下添加 __init__.py 文件，表示 conductor 是一个可以被 import 的 python 部件。执行命令如下：

```
echo "" > __init__.py
```

#### 2．manager.py

manager.py 中定义了 Conductor 数据库服务需要完成的一系列操作，ConductorManager 类的大部分成员函数都是将请求直接转给 db/api.py（即数据库 API）。ConductorManager

类大致定义如下[1]：

```
01  class ConductorManager(manager.Manager):
02      # 设置 RPC API 访问版本，不需要修改
03      RPC_API_VERSION = '1.2'
04      # 类的初始化函数，在此初始化类成员
05      def __init__(self, service_name=None, *args, **kwargs):
06          super(ConductorManager, self).__init__(*args, **kwargs)
07      # 服务启动时，需要对所在主机做初始化的操作
08      def init_host(self):
09          LOG.info('init_host in ConductorManager.')
10      # 测试数据库 db API
11      def service_get_all(self, context):
12          service_list = db.service_get_all(context)
13          for x in service_list:
14              LOG.debug('x.id = %s' % x.id)
15              LOG.debug('x.topic = %s' % x.topic)
16      # 测试 Conductor 服务
17      def test_service(self, context):
18          LOG.info('test_service in conductor')
19          return {'key': 'test_server_in_conductor'}
```

> 注意：在 ConductorManager 类中，只是写了一些测试性函数，以测试服务是否能够正常运行以及数据库访问是否正常。真正的功能性函数后面再添加。

### 3. rpcapi.py

manager.py 准备好之后，Conductor 服务就可以正常运行了，也能够接收消息。那么，如何发送请求到 ConductorManager 呢？这就需要使用 rpcapi.py 了。

```
01  from oslo.config import cfg
02  # 从 flags.py 中引入配置项，比如 CONF.conductor_topic
03  CONF = cfg.CONF
04  class ConductorAPI(monitor.openstack.common.rpc.proxy.RpcProxy):
05      BASE_RPC_API_VERSION = '1.0'
06      # 初始化函数，注意设置 topic，一般而言默认使用 CONF.conductor_topic
07      def __init__(self, topic=None):
08          super(ConductorAPI, self).__init__(
09              topic=topic or CONF.conductor_topic,
10              default_version=self.BASE_RPC_API_VERSION)
11      # 测试 Conductor 服务，调用其 test_service 函数
12      def test_service(self, ctxt):
13          ret = self.call(ctxt, self.make_msg('test_service'))
14          return ret
```

写 rpcapi.py 时，按照以下步骤：

（1）添加 ConductorAPI 类，父类为 monitor.openstack.common.rpc.proxy.RpcProxy。
（2）初始化函数直接调用父类的初始化函数，注意对 topic 值的设置。
（3）利用 RPC 发送请求时，第一个参数一定是 context。

> 注意：topic 值的设置非常重要，如果值没有设置正确，会导致模块之间 RPC 调用超时失败。

---

[1] https://github.com/JiYou/openstack/blob/master/chap19/monitor/monitor/monitor/conductor/manager.py。

此外，尽管 rpcapi.py 名称中带有 api，实际上 rpcapi.py 主要是为其他模块所使用（使用时，首先需要生成一个 conductor.rpcapi.ConductorAPI 类的实例）。使用方式如下：

```
01  class SchedulerManager(manager.Manager):
02      # ....
03      def __init__(self, service_name=None, *args, **kwargs):
04          super(ConductorManager, self).__init__(*args, **kwargs)
05          self.conductor_api = conductor.rpcapi.ConductorAPI()
06
07      # 利用 conductor_api object 向 Conductor 发送请求
08      def test_conductor_service(self, context):
09          return self.conductor_api.test_service(context)
```

发送请求的流程如图 19.11 所示。

图 19.11　其他模块利用 rpcapi.py 调用 ConductorManager 中的函数

### 4．api.py

rpcapi.py 文件主要是提供给其他模块使用的，而 api.py 主要是提供给 Monitor-api 服务使用。因此，rpcapi.py 与 api.py 最主要的区别就在于供谁使用。一定要记住，Conductor、Scheduler 等服务的 api.py 文件主要是提供给 monitor-api 服务调用，除此之外的其他模块都使用 rpcapi.py。

api.py 中提供的函数，都是直接调用了 rpcapi.py 中的函数。但是，这并不意味着两个文件完全等价。如果 ConductorManager 中有一个函数，可能只会被 Scheduler 函数所调用，而不会被 monitor-api 所调用，那么这个函数就只会出现在 rpcapi.py 中，而不会出现在 api.py 中。简而言之，api.py 提供的接口是 rpcapi.py 的子集。

api.py 调用 rpcapi.py 中的 def test_service 函数如下：

```
01  class API(object):
02      def __init__(self):
03          self.conductor_rpcapi = rpcapi.ConductorAPI()
04
05      def test_service(self, context):
06          LOG.info('conductor/api.py test_service()')
07          return self.conductor_rpcapi.test_service(context)
```

可以看出，api.py 就是简单地将请求转给了 rpcapi.py。

## 19.5.4　启动 Conductor 服务

添加 Conductor 服务成功之后，如何启动 Conductor 服务呢？这时就需要依靠 shell 脚本了。准备服务控制脚本 monitor-conductor[1]，放置于/etc/init.d/目录[2]。monitor-conductor 脚

---

[1] https://github.com/JiYou/openstack/blob/master/chap19/monitor/data/etc/init.d/monitor-conductor。
[2] 注意不要混淆了 python 脚本 monitor-conductor 与服务控制 shell 脚本 monitor-conductor。

本主要分为 4 个部分：

```
01  # 查看服务状态
02  $ service monitor-conductor status
03  # 开启服务
04  $ service monitor-conductor start
05  # 关闭服务
06  $ service monitor-conductor stop
07  # 重启服务
08  $ service monitor-conductor restart
```

## 19.6　添加 RESTful API

经过前文的介绍，添加 Conductor 数据库服务成功之后，就可以顺利地添加其他模块，比如 monitor-scheduler、monitor-service-agent 和 monitor-strategy。但是，如何将 Monitor 组件的功能提供给网络上的其他服务呢？这就需要发布 RESTful API。

### 19.6.1　RESTful API 处理流程

添加 RESTful API 之前，应该明白 RESTful API 的处理流程，如图 19.12 所示。

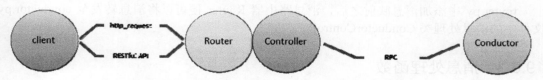

图 19.12　client 向 monitor-api 发送 API 请求处理流程

整个 RESTful API 的请求与处理主要分为以下几个步骤。

（1）客户端向 monitor-api 服务端发送 http request。客户端可以是各种工具，也可以是已经提供的 python-monitorclient。

（2）monitor-api 接收到请求之后，最终会交给 Router 进行消息的分发。

（3）Router 消息路由器会根据设置的消息映射将请求转发至相应的 Controller。

（4）Controller 利用其他模块提供的 api.py，发送 RPC 请求。

（5）RPC 请求经过 RabbitMQ 转发之后，最终会到达相应的模块。图 19.12 展示了向 Conductor 服务发送请求的处理流程。

（6）Conductor 模块接收到消息之后，将请求交给相应的成员函数来进行处理。

如何利用 RPC 发送消息，以及 Conductor 模块的生成，已经在前面的章节进行了介绍。这里只需要介绍 Router 如何转发消息、Controller 如何发送 RPC 请求以及 client 如何发送请求。按照一般 C/S 设计流程，先介绍服务端代码。

### 19.6.2　消息路由器 Router

第 11 章中介绍了 Router 的原理与用法。由 PasteDeploy 包的设计思想可以知道，RESTful API 消息处理的最后一步便是消息路由器 Router。为了添加 API，首先需要向

router.py[1]中添加相应的消息映射：

```
01  # 导入消息处理模块 conductor
02  from monitor.api.v1 import conductor
03
04  class APIRouter(monitor.api.openstack.APIRouter):
05
06      ExtensionManager = extensions.ExtensionManager
07
08      def _setup_routes(self, mapper, ext_mgr):
09          # ....
10          # 添加资源
11          self.resources['conductor'] = conductor.create_resource(ext_mgr)
12          # 将消息映射添加至 mapper 中
13          mapper.resource("conductor", "conductor",
14                          controller=self.resources['conductor'],
15                          collection={'detail': 'GET',
16                                      # 添加名为 test_service 的 API
17                                      # 请求方式为 POST
18                                      'test_service': "POST"},
19                          member={'action': 'POST'})
```

第 02 行，导入模块时，conductor.py 还并未存在，需要在接下来的操作中添加此文件。

第 11～14 行，注意几个 conductor 字符串需要保持一致，消息映射时，才能正确形成路由。

第 18 行，添加 API 函数至 collection 中。collection 中记录了所有的 API 接口。

router.py 中添加消息映射之后，消息路由器 Router 便可以将消息转发至 conductor.py 文件中的消息处理类 ConductorController。

### 19.6.3 消息处理函数

参照 PasteDeploy 设计的 Router 只是一个消息转发器，不负责消息的处理。消息的处理位于 conductor.py[2] 文件中的 ConductorController 类。

```
01  class ConductorController(wsgi.Controller):
02      # 生成 monitor/conductor/api.py 中 API 对象的实例
03      # 进而可以向 conductor 数据库服务发送 RPC 请求
04      def __init__(self, ext_mgr):
05          self.conductor_api = conductor.API()
06          self.ext_mgr = ext_mgr
07          super(ConductorController, self).__init__()
08
09      # 添加 XML 解析器
10      @wsgi.serializers(xml=ConductorsTemplate)
11      def test_service(self, req):
12          search_opts = {}
13          search_opts.update(req.GET)
14          # 获得请求的上下文，这里面包含了用户认证信息
15          context = req.environ['monitor.context']
16          remove_invalid_options(context,
17                                 search_opts,
18                                 self._get_conductor_search_options())
```

---

1 https://github.com/JiYou/openstack/blob/master/chap19/monitor/monitor/monitor/api/v1/router.py。

2 https://github.com/JiYou/openstack/blob/master/chap19/monitor/monitor/monitor/api/v1/conductor.py。

```
19        # 利用 context，开始调用 monitor/conductor/api.py 中提供的函数
19        res = self.conductor_api.test_service(context)
21
22        return {'test': res}
```

## 19.6.4 客户端发送请求

当服务端准备好之后，只需要重启 monitor-api 服务，RESTful API 就已经在服务端添加成功。

```
$ service monitor-api restart
```

此时，还需要编写客户端代码，以便向服务端发送请求。添加客户端代码非常简单，只需要利用 python-monitorclient/monitorclient/v1/monitors.py 发送请求即可。实现如下：

```
01 class ServiceManageManager(base.ManagerWithFind):
02     resource_class = ServiceManage
03     # 添加 test_service 函数，发送请求
04     def test_service(self, req=None):
05         # 设置请求的 URL
06         url = '/conductor/test_service'
07         # 发送请求至服务端
08         return self.api.client.post(url)
```

## 19.6.5 客户端的使用

### 1. client.py

客户端发送请求的函数已经添加成功，但是客户端工具 python-monitorclient 如何使用呢？首先需要写一个简单的 python 脚本 client.py[1]：

```
01 from monitorclient.v1 import client
02
03 ec = client.Client(# keystone 中注册的用户名
04                    'monitor',
05                    # 密码
06                    'keystone_monitor_password',
07                    # 用户所在的 tenant
08                    'service',
09                    # 注意 192.168.111.11 是 keystone 主机的 IP 地址
10                    # 不是 monitor-api 服务所在的主机
11                    # 此外，注意端口与版本号不能随意更改
12                    'http://192.168.111.11:5000/v2.0/')
13
14 ret = ec.monitors.test_service()
15 print ret
```

### 2. 参数的选择

如果不知道用户名与密码如何设置，可以查看 /etc/monitor/api-paste.ini 文件中关于

---

[1] https://github.com/JiYou/openstack/blob/master/chap19/monitor/data/client.py。

Keystone 认证部分的配置[1]:

```
01  [filter:authtoken]
02  paste.filter_factory = keystoneclient.middleware.auth_token:filter_
    factory
03  service_protocol = http
04  service_host = 192.168.111.11
05  service_port = 5000
06  auth_host = 192.168.111.11
07  auth_port = 35357
08  auth_protocol = http
09  admin_tenant_name = service
10  admin_user = monitor
11  admin_password = keystone_monitor_password
12  signing_dir = /var/lib/monitor
```

注意: client.py 使用的端口是 5000。api-paste.ini 只是提供给不知道如何给 client.py 填写参数使用的。client.py 与 api-paste.ini 并无关联。

如果对 Keystone 认证比较熟悉,填写注册之后的用户、密码和 tenant,就应该可以正常地访问 monitor-api 服务。

### 3. 主机与端口

有趣的是,在 client.py 并未提及任何 monitor-api 所在主机及端口。那么,client.py 发送的请求是如何到达 monitor-api 服务的呢?实际上,从客户端发送 API 请求,到 monitor-api 接收到请求,需要经历以下步骤。

(1) client.py 发送请求至 Keystone

client.py 在发送请求时,并没有直接将请求发给 monitor-api,而是将请求发给了 Keystone 服务(如图 19.13)。这也正是为什么在创建链接时需要写明 Keystone 服务所在主机及服务端口。

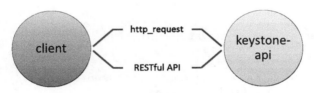

图 19.13 客户端向 Keystone 发送请求

(2) Keystone 查询服务信息

Keystone 接收到请求之后,会检查用户的认证信息,如果认证不能通过,则会拒绝此请求。如果请求通过了认证,keystone-api 服务会查询 monitor-api 注册至 Keystone 的信息。这部分信息是在安装 monitor 组件时,写在安装脚本 monitor.sh[2] 中的。注册过程如下:

```
keystone endpoint-create \
   --region RegionOne \
   --service_id $MONITOR_SERVICE \
   --publicurl "http://$MONITOR_HOST:$MONITOR_PORT/v1/\$(tenant_id)s" \
```

---

1 注意: api-paste.ini 文件只是帮助写 client.py 时,填写参数。两者并无关联。
2 https://github.com/JiYou/openstack/blob/master/chap19/monitor/data/shell/monitor.sh。

```
--adminurl "http://$MONITOR_HOST:$MONITOR_PORT/v1/\$(tenant_id)s" \
--internalurl "http://$MONITOR_HOST:$MONITOR_PORT/v1/\$(tenant_id)s"
```

注册完成之后,也可以通过 keystone 命令 keystone service-list[1]查询服务信息,如图 19.14 所示。

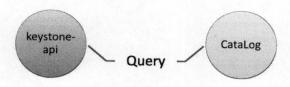

图 19.14　keystone-api 查询数据库 CataLog,以获得服务信息

(3)建立连接

当 Keystone 查询到 monitor 服务信息之后,便将此请求转给 monitor-api,从而客户端与 monitor-api 建立连接。拿到连接之后,客户端就可以直接与 monitor-api 进行通信了,如图 19.15 所示。

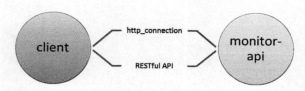

图 19.15　客户端利用建立的链接与 monitor-api 进行交互

## 19.7　小　　结

本章主要介绍了如何创建一个自定义组件,并且介绍了自定义组件中最为关键的几个方面:
- 数据库设计与连接。
- 数据库表单的各种操作。
- 添加新模块来提供新的服务。
- 模块之间如何利用 RPC 进行消息通信。
- 如何添加新的 RESTful API。

本章重点在于介绍如何掌握这些关键技术,而不是设计一个完全可以直接使用的组件。因此,这个组件本身也是不完整的。但是,如果熟练掌握了本章的关键技术,完整地自定义一个模块也不是难事。本章只是介绍了自定义组件技术的关键部分,很多细枝末节的部分都没有讲到,而这些细节,在 Nova、Cinder 中都有涉及。查明这些实现细节的过程,也是阅读 OpenStack 代码的好机会,也有助于提升云计算应用开发的能力。

此外,由于 horizon 是一个较为单独的模块,很多在 OpenStack 上做二次开发的公司都没有使用,而是自行设计了 Web UI。如果对 horizon 感兴趣,可以参考一个简单的实例[2]。

---

1 注意设置环境变量。
2 https://github.com/JiYou/openstack/tree/master/packages/source/visualizations。